吕京 史光华 主编

实验动物机构认可标准法规实用手册

国内篇

U0341538

中国质检出版社
中国标准出版社
北　京

图书在版编目(CIP)数据

实验动物机构认可标准法规实用手册.国内篇/吕京，史光华主编.—北京：中国标准出版社，2014.10

ISBN 978-7-5066-7596-3

Ⅰ.①实…　Ⅱ.①吕…②史…　Ⅲ.①实验动物—标准—汇编—中国　Ⅳ.①Q95-33

中国版本图书馆CIP数据核字（2014）第170207号

中国质检出版社
中国标准出版社出版发行
北京市朝阳区和平里西街甲2号（100029）
北京市西城区三里河北街16号（100045）
网址：www.spc.net.cn
总编室：(010) 64275323　发行中心：(010) 51780235
读者服务部：(010) 68523946
中国标准出版社秦皇岛印刷厂印刷
各地新华书店经销

*

开本 880×1230　1/16　印张 54.25　字数 1520 千字
2014 年 10 月第一版　2014 年 10 月第一次印刷

*

定价 220.00 元

如有印装差错　由本社发行中心调换
版权专有　侵权必究
举报电话：(010) 68510107

编辑委员会

主　编　　吕　京　　史光华

编　委　　吕　京　　史光华　　高　诚
　　　　　程树军　　朱德生　　陶雨风
　　　　　蔡露敏　　陶凌云　　颜　如

前　言

实验动物的质量直接关系到动物试验结果的准确性、可靠性，直接关系到相关科学研究的水平。随着科技的进步和人类认识的不断深入，实验动物的质量被赋予新的内涵，抛开实验动物的福利与伦理不顾，按照传统做法机械地谈论实验动物的质量，已远远不能满足新时代对实验动物工作的需要。只有建立在保障实验动物福利和伦理水平基础上的动物质量，才真正具有科学上的意义。

关注动物福利和伦理已是大势所趋。美国的农业部（USDA）和国立卫生研究院（NIH）、欧盟的《REACH法规》都对实验动物的福利提出了要求，我国科技部也出台了《关于善待实验动物的指导性意见》。

在"十二五"国家科技支撑计划项目资助下，中国合格评定国家认可中心（CNAS）承担了《实验动物质量保证条件和认可评价关键技术的研究与示范》的研究项目，致力于研究建立以动物福利伦理为核心、可与国家通行做法相接轨、并适合中国国情的实验动物机构认可评价制度。GB/T 27416《实验动物机构　质量和能力的通用要求》是该项目重要研究成果之一。它既是认可机构开展实验动物机构认可的技术评价依据，也是实验动物机构获得认可需遵守的基本准则。

对于实验动物机构而言，要获得认可，了解并遵守国家相关政策和法律法规的规定，满足相关技术标准的要求是非常必要的。我们鼓励实验动物机构参考我国尚未引入的国外发达国家和组织的一些良好的作法。鉴于此，我们编辑了这本《实验动物机构认可标准法规实用手册》，以方便实验动物机构使用。

本手册的国内篇收入了我国关于实验动物机构的法律法规和相关政策，以及相关的现行有效的国家标准。通过甄别比较，在国际篇中，我们以节选和简介的形式选择介绍了部分国外发达国家和组织有关实验动物的法律法规和技术标准，便于实验动物机构借鉴和使用。

　　本手册可作为一本工具书，为那些旨在加强实验动物质量、福利和伦理管理水平，获得认可的机构提供支持和帮助。此外，本手册也可供与实验动物学、医生、生物学、兽医学等有关的研究机构的人员学习和使用。希望广大的科研工作者和管理人员就其中感兴趣的和有异议的问题，开展更为深入的研究，以期共同推动我国实验动物管理水平的进步。

　　本手册在编辑过程中难免存在疏漏和错误，请读者及时反馈和批评指正，以利于我们不断改进。

编者

2014 年 6 月

Contents 目 录

第1章 法 律

中华人民共和国动物防疫法

（1997 年 7 月 3 日第八届全国人民代表大会常务委员会第二十六次会议通过　2007 年 8 月 30 日第十届全国人民代表大会常务委员会第二十九次会议修订　2007 年 8 月 30 日中华人民共和国主席令第七十一号公布　自 2008 年 1 月 1 日起施行）

第一章　总则

第一条　为了加强对动物防疫活动的管理，预防、控制和扑灭动物疫病，促进养殖业发展，保护人体健康，维护公共卫生安全，制定本法。

第二条　本法适用于在中华人民共和国领域内的动物防疫及其监督管理活动。

进出境动物、动物产品的检疫，适用《中华人民共和国进出境动植物检疫法》。

第三条　本法所称动物，是指家畜家禽和人工饲养、合法捕获的其他动物。

本法所称动物产品，是指动物的肉、生皮、原毛、绒、脏器、脂、血液、精液、卵、胚胎、骨、蹄、头、角、筋以及可能传播动物疫病的奶、蛋等。

本法所称动物疫病，是指动物传染病、寄生虫病。

本法所称动物防疫，是指动物疫病的预防、控制、扑灭和动物、动物产品的检疫。

第四条　根据动物疫病对养殖业生产和人体健康的危害程度，本法规定管理的动物疫病分为下列三类：

（一）一类疫病，是指对人与动物危害严重，需要采取紧急、严厉的强制预防、控制、扑灭等措施的；

（二）二类疫病，是指可能造成重大经济损失，需要采取严格控制、扑灭等措施，防止扩散的；

（三）三类疫病，是指常见多发、可能造成重大经济损失，需要控制和净化的。

前款一、二、三类动物疫病具体病种名录由国务院兽医主管部门制定并公布。

第五条　国家对动物疫病实行预防为主的方针。

第六条　县级以上人民政府应当加强对动物防疫工作的统一领导，加强基层动物防疫队伍建设，建立健全动物防疫体系，制定并组织实施动物疫病防治规划。

乡级人民政府、城市街道办事处应当组织群众协助做好本管辖区域内的动物疫病预防与控制工作。

第七条　国务院兽医主管部门主管全国的动物防疫工作。

县级以上地方人民政府兽医主管部门主管本行政区域内的动物防疫工作。

县级以上人民政府其他部门在各自的职责范围内做好动物防疫工作。

军队和武装警察部队动物卫生监督职能部门分别负责军队和武装警察部队现役动物及饲养自用动物的防疫工作。

第八条　县级以上地方人民政府设立的动物卫生监督机构依照本法规定，负责动物、动物产品的检疫工作和其他有关动物防疫的监督管理执法工作。

第九条　县级以上人民政府按照国务院的规定，根据统筹规划、合理布局、综合设置的原则建立动物疫病预防控制机构，承担动物疫病的监测、检测、诊断、流行病学调查、疫情报告以及其他预防、控制等技术工作。

第十条　国家支持和鼓励开展动物疫病的科学研究以及国际合作与交流，推广先进适用的科学研究成果，普及动物防疫科学知识，提高动物疫病防治的科学技术水平。

第十一条 对在动物防疫工作、动物防疫科学研究中做出成绩和贡献的单位和个人，各级人民政府及有关部门给予奖励。

第二章 动物疫病的预防

第十二条 国务院兽医主管部门对动物疫病状况进行风险评估，根据评估结果制定相应的动物疫病预防、控制措施。

国务院兽医主管部门根据国内外动物疫情和保护养殖业生产及人体健康的需要，及时制定并公布动物疫病预防、控制技术规范。

第十三条 国家对严重危害养殖业生产和人体健康的动物疫病实施强制免疫。国务院兽医主管部门确定强制免疫的动物疫病病种和区域，并会同国务院有关部门制定国家动物疫病强制免疫计划。

省、自治区、直辖市人民政府兽医主管部门根据国家动物疫病强制免疫计划，制订本行政区域的强制免疫计划；并可以根据本行政区域内动物疫病流行情况增加实施强制免疫的动物疫病病种和区域，报本级人民政府批准后执行，并报国务院兽医主管部门备案。

第十四条 县级以上地方人民政府兽医主管部门组织实施动物疫病强制免疫计划。乡级人民政府、城市街道办事处应当组织本管辖区域内饲养动物的单位和个人做好强制免疫工作。

饲养动物的单位和个人应当依法履行动物疫病强制免疫义务，按照兽医主管部门的要求做好强制免疫工作。

经强制免疫的动物，应当按照国务院兽医主管部门的规定建立免疫档案，加施畜禽标识，实施可追溯管理。

第十五条 县级以上人民政府应当建立健全动物疫情监测网络，加强动物疫情监测。

国务院兽医主管部门应当制定国家动物疫病监测计划。省、自治区、直辖市人民政府兽医主管部门应当根据国家动物疫病监测计划，制定本行政区域的动物疫病监测计划。

动物疫病预防控制机构应当按照国务院兽医主管部门的规定，对动物疫病的发生、流行等情况进行监测；从事动物饲养、屠宰、经营、隔离、运输以及动物产品生产、经营、加工、贮藏等活动的单位和个人不得拒绝或者阻碍。

第十六条 国务院兽医主管部门和省、自治区、直辖市人民政府兽医主管部门应当根据对动物疫病发生、流行趋势的预测，及时发出动物疫情预警。地方各级人民政府接到动物疫情预警后，应当采取相应的预防、控制措施。

第十七条 从事动物饲养、屠宰、经营、隔离、运输以及动物产品生产、经营、加工、贮藏等活动的单位和个人，应当依照本法和国务院兽医主管部门的规定，做好免疫、消毒等动物疫病预防工作。

第十八条 种用、乳用动物和宠物应当符合国务院兽医主管部门规定的健康标准。

种用、乳用动物应当接受动物疫病预防控制机构的定期检测；检测不合格的，应当按照国务院兽医主管部门的规定予以处理。

第十九条 动物饲养场（养殖小区）和隔离场所，动物屠宰加工场所，以及动物和动物产品无害化处理场所，应当符合下列动物防疫条件：

（一）场所的位置与居民生活区、生活饮用水源地、学校、医院等公共场所的距离符合国务院兽医主管部门规定的标准；

（二）生产区封闭隔离，工程设计和工艺流程符合动物防疫要求；

（三）有相应的污水、污物、病死动物、染疫动物产品的无害化处理设施设备和清洗消毒设施设备；

（四）有为其服务的动物防疫技术人员；

（五）有完善的动物防疫制度；

（六）具备国务院兽医主管部门规定的其他动物防疫条件。

第二十条 兴办动物饲养场（养殖小区）和隔离场所，动物屠宰加工场所，以及动物和动物产品无害化处理场所，应当向县级以上地方人民政府兽医主管部门提出申请，并附具相关材料。受理申请的兽医主管部门应当依照本法和《中华人民共和国行政许可法》的规定进行审查。经审查合格的，发给动物防疫条件合格证；不合格的，应当通知申请人并说明理由。需要办理工商登记的，申请人凭动物防疫条件合格证向工商行政管理部门申请办理登记注册手续。

动物防疫条件合格证应当载明申请人的名称、场（厂）址等事项。

经营动物、动物产品的集贸市场应当具备国务院兽医主管部门规定的动物防疫条件，并接受动物卫生监督机构的监督检查。

第二十一条 动物、动物产品的运载工具、垫料、包装物、容器等应当符合国务院兽医主管部门规定的动物防疫要求。

染疫动物及其排泄物、染疫动物产品，病死或者死因不明的动物尸体，运载工具中的动物排泄物以及垫料、包装物、容器等污染物，应当按照国务院兽医主管部门的规定处理，不得随意处置。

第二十二条 采集、保存、运输动物病料或者病原微生物以及从事病原微生物研究、教学、检测、诊断等活动，应当遵守国家有关病原微生物实验室管理的规定。

第二十三条 患有人畜共患传染病的人员不得直接从事动物诊疗以及易感染动物的饲养、屠宰、经营、隔离、运输等活动。

人畜共患传染病名录由国务院兽医主管部门会同国务院卫生主管部门制定并公布。

第二十四条 国家对动物疫病实行区域化管理，逐步建立无规定动物疫病区。无规定动物疫病区应当符合国务院兽医主管部门规定的标准，经国务院兽医主管部门验收合格予以公布。

本法所称无规定动物疫病区，是指具有天然屏障或者采取人工措施，在一定期限内没有发生规定的一种或者几种动物疫病，并经验收合格的区域。

第二十五条 禁止屠宰、经营、运输下列动物和生产、经营、加工、贮藏、运输下列动物产品：

（一）封锁疫区内与所发生动物疫病有关的；

（二）疫区内易感染的；

（三）依法应当检疫而未经检疫或者检疫不合格的；

（四）染疫或者疑似染疫的；

（五）病死或者死因不明的；

（六）其他不符合国务院兽医主管部门有关动物防疫规定的。

第三章 动物疫情的报告、通报和公布

第二十六条 从事动物疫情监测、检验检疫、疫病研究与诊疗以及动物饲养、屠宰、经营、隔离、运输等活动的单位和个人，发现动物染疫或者疑似染疫的，应当立即向当地兽医主管部门、动物卫生监督机构或者动物疫病预防控制机构报告，并采取隔离等控制措施，防止动物疫情扩散。其他单位和个人发现动物染疫或者疑似染疫的，应当及时报告。

接到动物疫情报告的单位，应当及时采取必要的控制处理措施，并按照国家规定的程序上报。

第二十七条 动物疫情由县级以上人民政府兽医主管部门认定；其中重大动物疫情由省、自治区、直辖市人民政府兽医主管部门认定，必要时报国务院兽医主管部门认定。

第二十八条　国务院兽医主管部门应当及时向国务院有关部门和军队有关部门以及省、自治区、直辖市人民政府兽医主管部门通报重大动物疫情的发生和处理情况；发生人畜共患传染病的，县级以上人民政府兽医主管部门与同级卫生主管部门应当及时相互通报。

国务院兽医主管部门应当依照我国缔结或者参加的条约、协定，及时向有关国际组织或者贸易方通报重大动物疫情的发生和处理情况。

第二十九条　国务院兽医主管部门负责向社会及时公布全国动物疫情，也可以根据需要授权省、自治区、直辖市人民政府兽医主管部门公布本行政区域内的动物疫情。其他单位和个人不得发布动物疫情。

第三十条　任何单位和个人不得瞒报、谎报、迟报、漏报动物疫情，不得授意他人瞒报、谎报、迟报动物疫情，不得阻碍他人报告动物疫情。

第四章　动物疫病的控制和扑灭

第三十一条　发生一类动物疫病时，应当采取下列控制和扑灭措施：

（一）当地县级以上地方人民政府兽医主管部门应当立即派人到现场，划定疫点、疫区、受威胁区，调查疫源，及时报请本级人民政府对疫区实行封锁。疫区范围涉及两个以上行政区域的，由有关行政区域共同的上一级人民政府对疫区实行封锁，或者由各有关行政区域的上一级人民政府共同对疫区实行封锁。必要时，上级人民政府可以责成下级人民政府对疫区实行封锁。

（二）县级以上地方人民政府应当立即组织有关部门和单位采取封锁、隔离、扑杀、销毁、消毒、无害化处理、紧急免疫接种等强制性措施，迅速扑灭疫病。

（三）在封锁期间，禁止染疫、疑似染疫和易感染的动物、动物产品流出疫区，禁止非疫区的易感染动物进入疫区，并根据扑灭动物疫病的需要对出入疫区的人员、运输工具及有关物品采取消毒和其他限制性措施。

第三十二条　发生二类动物疫病时，应当采取下列控制和扑灭措施：

（一）当地县级以上地方人民政府兽医主管部门应当划定疫点、疫区、受威胁区。

（二）县级以上地方人民政府根据需要组织有关部门和单位采取隔离、扑杀、销毁、消毒、无害化处理、紧急免疫接种、限制易感染的动物和动物产品及有关物品出入等控制、扑灭措施。

第三十三条　疫点、疫区、受威胁区的撤销和疫区封锁的解除，按照国务院兽医主管部门规定的标准和程序评估后，由原决定机关决定并宣布。

第三十四条　发生三类动物疫病时，当地县级、乡级人民政府应当按照国务院兽医主管部门的规定组织防治和净化。

第三十五条　二、三类动物疫病呈暴发性流行时，按照一类动物疫病处理。

第三十六条　为控制、扑灭动物疫病，动物卫生监督机构应当派人在当地依法设立的现有检查站执行监督检查任务；必要时，经省、自治区、直辖市人民政府批准，可以设立临时性的动物卫生监督检查站，执行监督检查任务。

第三十七条　发生人畜共患传染病时，卫生主管部门应当组织对疫区易感染的人群进行监测，并采取相应的预防、控制措施。

第三十八条　疫区内有关单位和个人，应当遵守县级以上人民政府及其兽医主管部门依法作出的有关控制、扑灭动物疫病的规定。

任何单位和个人不得藏匿、转移、盗掘已被依法隔离、封存、处理的动物和动物产品。

第三十九条　发生动物疫情时，航空、铁路、公路、水路等运输部门应当优先组织运送控制、扑灭疫病的人员和有关物资。

第四十条　一、二、三类动物疫病突然发生，迅速传播，给养殖业生产安全造成严重威胁、危害，以及可能对公众身体健康与生命安全造成危害，构成重大动物疫情的，依照法律和国务院的规定采取应急处理措施。

第五章　动物和动物产品的检疫

第四十一条　动物卫生监督机构依照本法和国务院兽医主管部门的规定对动物、动物产品实施检疫。

动物卫生监督机构的官方兽医具体实施动物、动物产品检疫。官方兽医应当具备规定的资格条件，取得国务院兽医主管部门颁发的资格证书，具体办法由国务院兽医主管部门会同国务院人事行政部门制定。

本法所称官方兽医，是指具备规定的资格条件并经兽医主管部门任命的，负责出具检疫等证明的国家兽医工作人员。

第四十二条　屠宰、出售或者运输动物以及出售或者运输动物产品前，货主应当按照国务院兽医主管部门的规定向当地动物卫生监督机构申报检疫。

动物卫生监督机构接到检疫申报后，应当及时指派官方兽医对动物、动物产品实施现场检疫；检疫合格的，出具检疫证明、加施检疫标志。实施现场检疫的官方兽医应当在检疫证明、检疫标志上签字或者盖章，并对检疫结论负责。

第四十三条　屠宰、经营、运输以及参加展览、演出和比赛的动物，应当附有检疫证明；经营和运输的动物产品，应当附有检疫证明、检疫标志。

对前款规定的动物、动物产品，动物卫生监督机构可以查验检疫证明、检疫标志，进行监督抽查，但不得重复检疫收费。

第四十四条　经铁路、公路、水路、航空运输动物和动物产品的，托运人托运时应当提供检疫证明；没有检疫证明的，承运人不得承运。

运载工具在装载前和卸载后应当及时清洗、消毒。

第四十五条　输入到无规定动物疫病区的动物、动物产品，货主应当按照国务院兽医主管部门的规定向无规定动物疫病区所在地动物卫生监督机构申报检疫，经检疫合格的，方可进入；检疫所需费用纳入无规定动物疫病区所在地地方人民政府财政预算。

第四十六条　跨省、自治区、直辖市引进乳用动物、种用动物及其精液、胚胎、种蛋的，应当向输入地省、自治区、直辖市动物卫生监督机构申请办理审批手续，并依照本法第四十二条的规定取得检疫证明。

跨省、自治区、直辖市引进的乳用动物、种用动物到达输入地后，货主应当按照国务院兽医主管部门的规定对引进的乳用动物、种用动物进行隔离观察。

第四十七条　人工捕获的可能传播动物疫病的野生动物，应当报经捕获地动物卫生监督机构检疫，经检疫合格的，方可饲养、经营和运输。

第四十八条　经检疫不合格的动物、动物产品，货主应当在动物卫生监督机构监督下按照国务院兽医主管部门的规定处理，处理费用由货主承担。

第四十九条　依法进行检疫需要收取费用的，其项目和标准由国务院财政部门、物价主管部门规定。

第六章　动物诊疗

第五十条　从事动物诊疗活动的机构，应当具备下列条件：

（一）有与动物诊疗活动相适应并符合动物防疫条件的场所；

（二）有与动物诊疗活动相适应的执业兽医；

（三）有与动物诊疗活动相适应的兽医器械和设备；

（四）有完善的管理制度。

第五十一条 设立从事动物诊疗活动的机构，应当向县级以上地方人民政府兽医主管部门申请动物诊疗许可证。受理申请的兽医主管部门应当依照本法和《中华人民共和国行政许可法》的规定进行审查。经审查合格的，发给动物诊疗许可证；不合格的，应当通知申请人并说明理由。申请人凭动物诊疗许可证向工商行政管理部门申请办理登记注册手续，取得营业执照后，方可从事动物诊疗活动。

第五十二条 动物诊疗许可证应当载明诊疗机构名称、诊疗活动范围、从业地点和法定代表人（负责人）等事项。

动物诊疗许可证载明事项变更的，应当申请变更或者换发动物诊疗许可证，并依法办理工商变更登记手续。

第五十三条 动物诊疗机构应当按照国务院兽医主管部门的规定，做好诊疗活动中的卫生安全防护、消毒、隔离和诊疗废弃物处置等工作。

第五十四条 国家实行执业兽医资格考试制度。具有兽医相关专业大学专科以上学历的，可以申请参加执业兽医资格考试；考试合格的，由国务院兽医主管部门颁发执业兽医资格证书；从事动物诊疗的，还应当向当地县级人民政府兽医主管部门申请注册。执业兽医资格考试和注册办法由国务院兽医主管部门商国务院人事行政部门制定。

本法所称执业兽医，是指从事动物诊疗和动物保健等经营活动的兽医。

第五十五条 经注册的执业兽医，方可从事动物诊疗、开具兽药处方等活动。但是，本法第五十七条对乡村兽医服务人员另有规定的，从其规定。

执业兽医、乡村兽医服务人员应当按照当地人民政府或者兽医主管部门的要求，参加预防、控制和扑灭动物疫病的活动。

第五十六条 从事动物诊疗活动，应当遵守有关动物诊疗的操作技术规范，使用符合国家规定的兽药和兽医器械。

第五十七条 乡村兽医服务人员可以在乡村从事动物诊疗服务活动，具体管理办法由国务院兽医主管部门制定。

第七章 监督管理

第五十八条 动物卫生监督机构依照本法规定，对动物饲养、屠宰、经营、隔离、运输以及动物产品生产、经营、加工、贮藏、运输等活动中的动物防疫实施监督管理。

第五十九条 动物卫生监督机构执行监督检查任务，可以采取下列措施，有关单位和个人不得拒绝或者阻碍：

（一）对动物、动物产品按照规定采样、留验、抽检；

（二）对染疫或者疑似染疫的动物、动物产品及相关物品进行隔离、查封、扣押和处理；

（三）对依法应当检疫而未经检疫的动物实施补检；

（四）对依法应当检疫而未经检疫的动物产品，具备补检条件的实施补检，不具备补检条件的予以没收销毁；

（五）查验检疫证明、检疫标志和畜禽标识；

（六）进入有关场所调查取证，查阅、复制与动物防疫有关的资料。

动物卫生监督机构根据动物疫病预防、控制需要，经当地县级以上地方人民政府批准，可以在车站、港口、机场等相关场所派驻官方兽医。

第六十条 官方兽医执行动物防疫监督检查任务，应当出示行政执法证件，佩戴统一标志。

动物卫生监督机构及其工作人员不得从事与动物防疫有关的经营性活动，进行监督检查不得收取任何费用。

第六十一条　禁止转让、伪造或者变造检疫证明、检疫标志或者畜禽标识。

检疫证明、检疫标志的管理办法，由国务院兽医主管部门制定。

第八章　保障措施

第六十二条　县级以上人民政府应当将动物防疫纳入本级国民经济和社会发展规划及年度计划。

第六十三条　县级人民政府和乡级人民政府应当采取有效措施，加强村级防疫员队伍建设。

县级人民政府兽医主管部门可以根据动物防疫工作需要，向乡、镇或者特定区域派驻兽医机构。

第六十四条　县级以上人民政府按照本级政府职责，将动物疫病预防、控制、扑灭、检疫和监督管理所需经费纳入本级财政预算。

第六十五条　县级以上人民政府应当储备动物疫情应急处理工作所需的防疫物资。

第六十六条　对在动物疫病预防和控制、扑灭过程中强制扑杀的动物、销毁的动物产品和相关物品，县级以上人民政府应当给予补偿。具体补偿标准和办法由国务院财政部门会同有关部门制定。

因依法实施强制免疫造成动物应激死亡的，给予补偿。具体补偿标准和办法由国务院财政部门会同有关部门制定。

第六十七条　对从事动物疫病预防、检疫、监督检查、现场处理疫情以及在工作中接触动物疫病病原体的人员，有关单位应当按照国家规定采取有效的卫生防护措施和医疗保健措施。

第九章　法律责任

第六十八条　地方各级人民政府及其工作人员未依照本法规定履行职责的，对直接负责的主管人员和其他直接责任人员依法给予处分。

第六十九条　县级以上人民政府兽医主管部门及其工作人员违反本法规定，有下列行为之一的，由本级人民政府责令改正，通报批评；对直接负责的主管人员和其他直接责任人员依法给予处分：

（一）未及时采取预防、控制、扑灭等措施的；

（二）对不符合条件的颁发动物防疫条件合格证、动物诊疗许可证，或者对符合条件的拒不颁发动物防疫条件合格证、动物诊疗许可证的；

（三）其他未依照本法规定履行职责的行为。

第七十条　动物卫生监督机构及其工作人员违反本法规定，有下列行为之一的，由本级人民政府或者兽医主管部门责令改正，通报批评；对直接负责的主管人员和其他直接责任人员依法给予处分：

（一）对未经现场检疫或者检疫不合格的动物、动物产品出具检疫证明、加施检疫标志，或者对检疫合格的动物、动物产品拒不出具检疫证明、加施检疫标志的；

（二）对附有检疫证明、检疫标志的动物、动物产品重复检疫的；

（三）从事与动物防疫有关的经营性活动，或者在国务院财政部门、物价主管部门规定外加收费用、重复收费的；

（四）其他未依照本法规定履行职责的行为。

第七十一条　动物疫病预防控制机构及其工作人员违反本法规定，有下列行为之一的，由本级

人民政府或者兽医主管部门责令改正,通报批评;对直接负责的主管人员和其他直接责任人员依法给予处分:

(一)未履行动物疫病监测、检测职责或者伪造监测、检测结果的;

(二)发生动物疫情时未及时进行诊断、调查的;

(三)其他未依照本法规定履行职责的行为。

第七十二条 地方各级人民政府、有关部门及其工作人员瞒报、谎报、迟报、漏报或者授意他人瞒报、谎报、迟报动物疫情,或者阻碍他人报告动物疫情的,由上级人民政府或者有关部门责令改正,通报批评;对直接负责的主管人员和其他直接责任人员依法给予处分。

第七十三条 违反本法规定,有下列行为之一的,由动物卫生监督机构责令改正,给予警告;拒不改正的,由动物卫生监督机构代作处理,所需处理费用由违法行为人承担,可以处一千元以下罚款:

(一)对饲养的动物不按照动物疫病强制免疫计划进行免疫接种的;

(二)种用、乳用动物未经检测或者经检测不合格而不按照规定处理的;

(三)动物、动物产品的运载工具在装载前和卸载后没有及时清洗、消毒的。

第七十四条 违反本法规定,对经强制免疫的动物未按照国务院兽医主管部门规定建立免疫档案、加施畜禽标识的,依照《中华人民共和国畜牧法》的有关规定处罚。

第七十五条 违反本法规定,不按照国务院兽医主管部门规定处置染疫动物及其排泄物,染疫动物产品,病死或者死因不明的动物尸体,运载工具中的动物排泄物以及垫料、包装物、容器等污染物以及其他经检疫不合格的动物、动物产品的,由动物卫生监督机构责令无害化处理,所需处理费用由违法行为人承担,可以处三千元以下罚款。

第七十六条 违反本法第二十五条规定,屠宰、经营、运输动物或者生产、经营、加工、贮藏、运输动物产品的,由动物卫生监督机构责令改正、采取补救措施,没收违法所得和动物、动物产品,并处同类检疫合格动物、动物产品货值金额一倍以上五倍以下罚款;其中依法应当检疫而未检疫的,依照本法第七十八条的规定处罚。

第七十七条 违反本法规定,有下列行为之一的,由动物卫生监督机构责令改正,处一千元以上一万元以下罚款;情节严重的,处一万元以上十万元以下罚款:

(一)兴办动物饲养场(养殖小区)和隔离场所,动物屠宰加工场所,以及动物和动物产品无害化处理场所,未取得动物防疫条件合格证的;

(二)未办理审批手续,跨省、自治区、直辖市引进乳用动物、种用动物及其精液、胚胎、种蛋的;

(三)未经检疫,向无规定动物疫病区输入动物、动物产品的。

第七十八条 违反本法规定,屠宰、经营、运输的动物未附有检疫证明,经营和运输的动物产品未附有检疫证明、检疫标志的,由动物卫生监督机构责令改正,处同类检疫合格动物、动物产品货值金额百分之十以上百分之五十以下罚款;对货主以外的承运人处运输费用一倍以上三倍以下罚款。

违反本法规定,参加展览、演出和比赛的动物未附有检疫证明的,由动物卫生监督机构责令改正,处一千元以上三千元以下罚款。

第七十九条 违反本法规定,转让、伪造或者变造检疫证明、检疫标志或者畜禽标识的,由动物卫生监督机构没收违法所得,收缴检疫证明、检疫标志或者畜禽标识,并处三千元以上三万元以下罚款。

第八十条 违反本法规定,有下列行为之一的,由动物卫生监督机构责令改正,处一千元以上一万元以下罚款:

（一）不遵守县级以上人民政府及其兽医主管部门依法作出的有关控制、扑灭动物疫病规定的；

（二）藏匿、转移、盗掘已被依法隔离、封存、处理的动物和动物产品的；

（三）发布动物疫情的。

第八十一条　违反本法规定，未取得动物诊疗许可证从事动物诊疗活动的，由动物卫生监督机构责令停止诊疗活动，没收违法所得；违法所得在三万元以上的，并处违法所得一倍以上三倍以下罚款；没有违法所得或者违法所得不足三万元的，并处三千元以上三万元以下罚款。

动物诊疗机构违反本法规定，造成动物疫病扩散的，由动物卫生监督机构责令改正，处一万元以上五万元以下罚款；情节严重的，由发证机关吊销动物诊疗许可证。

第八十二条　违反本法规定，未经兽医执业注册从事动物诊疗活动的，由动物卫生监督机构责令停止动物诊疗活动，没收违法所得，并处一千元以上一万元以下罚款。

执业兽医有下列行为之一的，由动物卫生监督机构给予警告，责令暂停六个月以上一年以下动物诊疗活动；情节严重的，由发证机关吊销注册证书：

（一）违反有关动物诊疗的操作技术规范，造成或者可能造成动物疫病传播、流行的；

（二）使用不符合国家规定的兽药和兽医器械的；

（三）不按照当地人民政府或者兽医主管部门要求参加动物疫病预防、控制和扑灭活动的。

第八十三条　违反本法规定，从事动物疫病研究与诊疗和动物饲养、屠宰、经营、隔离、运输，以及动物产品生产、经营、加工、贮藏等活动的单位和个人，有下列行为之一的，由动物卫生监督机构责令改正；拒不改正的，对违法行为单位处一千元以上一万元以下罚款，对违法行为个人可以处五百元以下罚款：

（一）不履行动物疫情报告义务的；

（二）不如实提供与动物防疫活动有关资料的；

（三）拒绝动物卫生监督机构进行监督检查的；

（四）拒绝动物疫病预防控制机构进行动物疫病监测、检测的。

第八十四条　违反本法规定，构成犯罪的，依法追究刑事责任。

违反本法规定，导致动物疫病传播、流行等，给他人人身、财产造成损害的，依法承担民事责任。

第十章　附则

第八十五条　本法自 2008 年 1 月 1 日起施行。

中华人民共和国野生动物保护法

(1988 年 11 月 8 日第七届全国人民代表大会常务委员会第四次会议通过 根据 2004 年 8 月 28 日第十届全国人民代表大会常务委员会第十一次会议《关于修改〈中华人民共和国野生动物保护法〉的决定》修正)

第一章 总则

第一条 为保护、拯救珍贵、濒危野生动物，保护、发展和合理利用野生动物资源，维护生态平衡，制定本法。

第二条 在中华人民共和国境内从事野生动物的保护、驯养繁殖、开发利用活动，必须遵守本法。

本法规定保护的野生动物，是指珍贵、濒危的陆生、水生野生动物和有益的或者有重要经济、科学研究价值的陆生野生动物。

本法各条款所提野生动物，均系指前款规定的受保护的野生动物。

珍贵、濒危的水生野生动物以外的其他水生野生动物的保护，适用渔业法的规定。

第三条 野生动物资源属于国家所有。

国家保护依法开发利用野生动物资源的单位和个人的合法权益。

第四条 国家对野生动物实行加强资源保护、积极驯养繁殖、合理开发利用的方针，鼓励开展野生动物科学研究。

在野生动物资源保护、科学研究和驯养繁殖方面成绩显著的单位和个人，由政府给予奖励。

第五条 中华人民共和国公民有保护野生动物资源的义务，对侵占或者破坏野生动物资源的行为有权检举和控告。

第六条 各级政府应当加强对野生动物资源的管理，制定保护、发展和合理利用野生动物资源的规划和措施。

第七条 国务院林业、渔业行政主管部门分别主管全国陆生、水生野生动物管理工作。

省、自治区、直辖市政府林业行政主管部门主管本行政区域内陆生野生动物管理工作。自治州、县和市政府陆生野生动物管理工作的行政主管部门，由省、自治区、直辖市政府确定。

县级以上地方政府渔业行政主管部门主管本行政区域内水生野生动物管理工作。

第二章 野生动物保护

第八条 国家保护野生动物及其生存环境，禁止任何单位和个人非法猎捕或者破坏。

第九条 国家对珍贵、濒危的野生动物实行重点保护。国家重点保护的野生动物分为一级保护野生动物和二级保护野生动物。国家重点保护的野生动物名录及其调整，由国务院野生动物行政主管部门制定，报国务院批准公布。

地方重点保护野生动物，是指国家重点保护野生动物以外，由省、自治区、直辖市重点保护的野生动物。地方重点保护的野生动物名录，由省、自治区、直辖市政府制定并公布，报国务院备案。

国家保护的有益的或者有重要经济、科学研究价值的陆生野生动物名录及其调整，由国务院野生动物行政主管部门制定并公布。

第十条 国务院野生动物行政主管部门和省、自治区、直辖市政府，应当在国家和地方重点保护野生动物的主要生息繁衍的地区和水域，划定自然保护区，加强对国家和地方重点保护野生动物及其生存环境的保护管理。

自然保护区的划定和管理，按照国务院有关规定办理。

第十一条　各级野生动物行政主管部门应当监视、监测环境对野生动物的影响。由于环境影响对野生动物造成危害时，野生动物行政主管部门应当会同有关部门进行调查处理。

第十二条　建设项目对国家或者地方重点保护野生动物的生存环境产生不利影响的，建设单位应当提交环境影响报告书；环境保护部门在审批时，应当征求同级野生动物行政主管部门的意见。

第十三条　国家和地方重点保护野生动物受到自然灾害威胁时，当地政府应当及时采取拯救措施。

第十四条　因保护国家和地方重点保护野生动物，造成农作物或者其他损失的，由当地政府给予补偿。补偿办法由省、自治区、直辖市政府制定。

第三章　野生动物管理

第十五条　野生动物行政主管部门应当定期组织对野生动物资源的调查，建立野生动物资源档案。

第十六条　禁止猎捕、杀害国家重点保护野生动物。因科学研究、驯养繁殖、展览或者其他特殊情况，需要捕捉、捕捞国家一级保护野生动物的，必须向国务院野生动物行政主管部门申请特许猎捕证；猎捕国家二级保护野生动物的，必须向省、自治区、直辖市政府野生动物行政主管部门申请特许猎捕证。

第十七条　国家鼓励驯养繁殖野生动物。

驯养繁殖国家重点保护野生动物的，应当持有许可证。许可证的管理办法由国务院野生动物行政主管部门制定。

第十八条　猎捕非国家重点保护野生动物的，必须取得狩猎证，并且服从猎捕量限额管理。

持枪猎捕的，必须取得县、市公安机关核发的持枪证。

第十九条　猎捕者应当按照特许猎捕证、狩猎证规定的种类、数量、地点和期限进行猎捕。

第二十条　在自然保护区、禁猎区和禁猎期内，禁止猎捕和其他妨碍野生动物生息繁衍的活动。

禁猎区和禁猎期以及禁止使用的猎捕工具和方法，由县级以上政府或者其野生动物行政主管部门规定。

第二十一条　禁止使用军用武器、毒药、炸药进行猎捕。

猎枪及弹具的生产、销售和使用管理办法，由国务院林业行政主管部门会同公安部门制定，报国务院批准施行。

第二十二条　禁止出售、收购国家重点保护野生动物或者其产品。因科学研究、驯养繁殖、展览等特殊情况，需要出售、收购、利用国家一级保护野生动物或者其产品的，必须经国务院野生动物行政主管部门或者其授权的单位批准；需要出售、收购、利用国家二级保护野生动物或者其产品的，必须经省、自治区、直辖市政府野生动物行政主管部门或者其授权的单位批准。

驯养繁殖国家重点保护野生动物的单位和个人可以凭驯养繁殖许可证向政府指定的收购单位，按照规定出售国家重点保护野生动物或者其产品。

工商行政管理部门对进入市场的野生动物或者其产品，应当进行监督管理。

第二十三条　运输、携带国家重点保护野生动物或者其产品出县境的，必须经省、自治区、直辖市政府野生动物行政主管部门或者其授权的单位批准。

第二十四条　出口国家重点保护野生动物或者其产品的，进出口中国参加的国际公约所限制进出口的野生动物或者其产品的，必须经国务院野生动物行政主管部门或者国务院批准，并取得国家濒危物种进出口管理机构核发的允许进出口证明书。海关凭允许进出口证明书查验放行。

涉及科学技术保密的野生动物物种的出口，按照国务院有关规定办理。

第二十五条　禁止伪造、倒卖、转让特许猎捕证、狩猎证、驯养繁殖许可证和允许进出口证明书。

第二十六条　外国人在中国境内对国家重点保护野生动物进行野外考察或者在野外拍摄电影、录像，必须经国务院野生动物行政主管部门或者其授权的单位批准。

建立对外国人开放的猎捕场所，应当报国务院野生动物行政主管部门备案。

第二十七条　经营利用野生动物或者其产品的，应当缴纳野生动物资源保护管理费。收费标准和办法由国务院野生动物行政主管部门会同财政、物价部门制定，报国务院批准后施行。

第二十八条　因猎捕野生动物造成农作物或者其他损失的，由猎捕者负责赔偿。

第二十九条　有关地方政府应当采取措施，预防、控制野生动物所造成的危害，保障人畜安全和农业、林业生产。

第三十条　地方重点保护野生动物和其他非国家重点保护野生动物的管理办法，由省、自治区、直辖市人民代表大会常务委员会制定。

第四章　法律责任

第三十一条　非法捕杀国家重点保护野生动物的，依照关于惩治捕杀国家重点保护的珍贵、濒危野生动物犯罪的补充规定追究刑事责任。

第三十二条　违反本法规定，在禁猎区、禁猎期或者使用禁用的工具、方法猎捕野生动物的，由野生动物行政主管部门没收猎获物、猎捕工具和违法所得，处以罚款；情节严重、构成犯罪的，依照刑法第一百三十条的规定追究刑事责任。

第三十三条　违反本法规定，未取得狩猎证或者未按狩猎证规定猎捕野生动物的，由野生动物行政主管部门没收猎获物和违法所得，处以罚款，并可以没收猎捕工具，吊销狩猎证。

违反本法规定，未取得持枪证持枪猎捕野生动物的，由公安机关比照治安管理处罚条例的规定处罚。

第三十四条　违反本法规定，在自然保护区、禁猎区破坏国家或者地方重点保护野生动物主要生息繁衍场所的，由野生动物行政主管部门责令停止破坏行为，限期恢复原状，处以罚款。

第三十五条　违反本法规定，出售、收购、运输、携带国家或者地方重点保护野生动物或者其产品的，由工商行政管理部门没收实物和违法所得，可以并处罚款。

违反本法规定，出售、收购国家重点保护野生动物或者其产品，情节严重、构成投机倒把罪、走私罪的，依照刑法有关规定追究刑事责任。

没收的实物，由野生动物行政主管部门或者其授权的单位按照规定处理。

第三十六条　非法进出口野生动物或者其产品的，由海关依照海关法处罚；情节严重、构成犯罪的，依照刑法关于走私罪的规定追究刑事责任。

第三十七条　伪造、倒卖、转让特许猎捕证、狩猎证、驯养繁殖许可证或者允许进出口证明书的，由野生动物行政主管部门或者工商行政管理部门吊销证件，没收违法所得，可以并处罚款。

伪造、倒卖特许猎捕证或者允许进出口证明书，情节严重、构成犯罪的，比照刑法第一百六十七条的规定追究刑事责任。

第三十八条　野生动物行政主管部门的工作人员玩忽职守、滥用职权、徇私舞弊的，由其所在单位或者上级主管机关给予行政处分；情节严重、构成犯罪的，依法追究刑事责任。

第三十九条　当事人对行政处罚决定不服的，可以在接到处罚通知之日起十五日内，向作出处罚决定机关的上一级机关申请复议；对上一级机关的复议决定不服的，可以在接到复议决定通知之日起十五日内，向法院起诉。当事人也可以在接到处罚通知之日起十五日内，直接向法院起诉。当事人逾期不申请复议或者不向法院起诉又不履行处罚决定的，由作出处罚决定的机关申请法院强制执行。

对海关处罚或者治安管理处罚不服的，依照海关法或者治安管理处罚条例的规定办理。

第五章　附则

第四十条　中华人民共和国缔结或者参加的与保护野生动物有关的国际条约与本法有不同规定的，适用国际条约的规定，但中华人民共和国声明保留的条款除外。

第四十一条　国务院野生动物行政主管部门根据本法制定实施条例，报国务院批准施行。

省、自治区、直辖市人民代表大会常务委员会可以根据本法制定实施办法。

第四十二条　本法自 1989 年 3 月 1 日起施行。

中华人民共和国进出境动植物检疫法

(1991 年 10 月 30 日第七届全国人民代表大会常务委员会第二十二次会议通过，主席令第 53 号发布 根据 2009 年 8 月 27 日中华人民共和国第十一届全国人民代表大会常务委员会第十次会议《全国人民代表大会常务委员会关于修改部分法律的决定》进行修正)

第一章 总则

第一条 为防止动物传染病、寄生虫病和植物危险性病、虫、杂草以及其他有害生物（以下简称病虫害）传入、传出国境，保护农、林、牧、渔业生产和人体健康，促进对外经济贸易的发展，制定本法。

第二条 进出境的动植物、动植物产品和其他检疫物，装载动植物、动植物产品和其他检疫物的装载容器、包装物，以及来自动植物疫区的运输工具，依照本法规定实施检疫。

第三条 国务院设立动植物检疫机关（以下简称国家动植物检疫机关），统一管理全国进出境动植物检疫工作。国家动植物检疫机关在对外开放的口岸和进出境动植物检疫业务集中的地点设立的口岸动植物检疫机关，依照本法规定实施进出境动植物检疫。

贸易性动物产品出境的检疫机关，由国务院根据情况规定。

国务院农业行政主管部门主管全国进出境动植物检疫工作。

第四条 口岸动植物检疫机关在实施检疫时可以行使下列职权：

（一）依照本法规定登船、登车、登机实施检疫；

（二）进入港口、机场、车站、邮局以及检疫物的存放、加工、养殖、种植场所实施检疫，并依照规定采样；

（三）根据检疫需要，进入有关生产、仓库等场所，进行疫情监测、调查和检疫监督管理；

（四）查阅、复制、摘录与检疫物有关的运行日志、货运单、合同、发票及其他单证。

第五条 国家禁止下列各物进境：

（一）动植物病原体（包括菌种、毒种等）、害虫及其他有害生物；

（二）动植物疫情流行的国家和地区的有关动植物、动植物产品和其他检疫物；

（三）动物尸体；

（四）土壤。

口岸动植物检疫机关发现有前款规定的禁止进境物的，作退回或者销毁处理。

因科学研究等特殊需要引进本条第一款规定的禁止进境物的，必须事先提出申请，经国家动植物检疫机关批准。

本条第一款第二项规定的禁止进境物的名录，由国务院农业行政主管部门制定并公布。

第六条 国外发生重大动植物疫情并可能传入中国时，国务院应当采取紧急预防措施，必要时可以下令禁止来自动植物疫区的运输工具进境或者封锁有关口岸；受动植物疫情威胁地区的地方人民政府和有关口岸动植物检疫机关，应当立即采取紧急措施，同时向上级人民政府和国家动植物检疫机关报告。

邮电、运输部门对重大动植物疫情报告和送检材料应当优先传送。

第七条 国家动植物检疫机关和口岸动植物检疫机关对进出境动植物、动植物产品的生产、加工、存放过程，实行检疫监督制度。

第八条　口岸动植物检疫机关在港口、机场、车站、邮局执行检疫任务时，海关、交通、民航、铁路、邮电等有关部门应当配合。

第九条　动植物检疫机关检疫人员必须忠于职守，秉公执法。

动植物检疫机关检疫人员依法执行公务，任何单位和个人不得阻挠。

第二章　进境检疫

第十条　输入动物、动物产品、植物种子、种苗及其他繁殖材料的，必须事先提出申请，办理检疫审批手续。

第十一条　通过贸易、科技合作、交换、赠送、援助等方式输入动植物、动植物产品和其他检疫物的，应当在合同或者协议中订明中国法定的检疫要求，并订明必须附有输出国家或者地区政府动植物检疫机关出具的检疫证书。

第十二条　货主或者其代理人应当在动植物、动植物产品和其他检疫物进境前或者进境时持输出国家或者地区的检疫证书、贸易合同等单证，向进境口岸动植物检疫机关报检。

第十三条　装载动物的运输工具抵达口岸时，口岸动植物检疫机关应当采取现场预防措施，对上下运输工具或者接近动物的人员、装载动物的运输工具和被污染的场地作防疫消毒处理。

第十四条　输入动植物、动植物产品和其他检疫物，应当在进境口岸实施检疫。未经口岸动植物检疫机关同意，不得卸离运输工具。

输入动植物，需隔离检疫的，在口岸动植物检疫机关指定的隔离场所检疫。

因口岸条件限制等原因，可以由国家动植物检疫机关决定将动植物、动植物产品和其他检疫物运往指定地点检疫。在运输、装卸过程中，货主或者其代理人应当采取防疫措施。指定的存放、加工和隔离饲养或者隔离种植的场所，应当符合动植物检疫和防疫的规定。

第十五条　输入动植物、动植物产品和其他检疫物，经检疫合格的，准予进境；海关凭口岸动植物检疫机关签发的检疫单证或者在报关单上加盖的印章验放。

输入动植物、动植物产品和其他检疫物，需调离海关监管区检疫的，海关凭口岸动植物检疫机关签发的《检疫调离通知单》验放。

第十六条　输入动物，经检疫不合格的，由口岸动植物检疫机关签发《检疫处理通知单》，通知货主或者其代理人作如下处理：

（一）检出一类传染病、寄生虫病的动物，连同其同群动物全群退回或者全群扑杀并销毁尸体；

（二）检出二类传染病、寄生虫病的动物，退回或者扑杀，同群其他动物在隔离场或者其他指定地点隔离观察。

输入动物产品和其他检疫物经检疫不合格的，由口岸动植物检疫机关签发《检疫处理通知单》，通知货主或者其代理人作除害、退回或者销毁处理。经除害处理合格的，准予进境。

第十七条　输入植物、植物产品和其他检疫物，经检疫发现有植物危险性病、虫、杂草的，由口岸动植物检疫机关签发《检疫处理通知单》，通知货主或者其代理人作除害、退回或者销毁处理。经除害处理合格的，准予进境。

第十八条　本法第十六条第一款第一项、第二项所称一类、二类动物传染病、寄生虫病的名录和本法第十七条所称植物危险性病、虫、杂草的名录，由国务院农业行政主管部门制定并公布。

第十九条　输入动植物、动植物产品和其他检疫物，经检疫发现有本法第十八条规定的名录之外，对农、林、牧、渔业有严重危害的其他病虫害的，由口岸动植物检疫机关依照国务院农业行政主管部门的规定，通知货主或者其代理人作除害、退回或者销毁处理。经除害处理合格的，准予进境。

第三章　出境检疫

第二十条　货主或者其代理人在动植物、动植物产品和其他检疫物出境前，向口岸动植物检疫机关报检。

出境前需经隔离检疫的动物，在口岸动植物检疫机关指定的隔离场所检疫。

第二十一条　输出动植物、动植物产品和其他检疫物，由口岸动植物检疫机关实施检疫，经检疫合格或者经除害处理合格的，准予出境；海关凭口岸动植物检疫机关签发的检疫证书或者在报关单上加盖的印章验放。检疫不合格又无有效方法作除害处理的，不准出境。

第二十二条　经检疫合格的动植物、动植物产品和其他检疫物，有下列情形之一的，货主或者其代理人应当重新报检：

（一）更改输入国家或者地区，更改后的输入国家或者地区又有不同检疫要求的；

（二）改换包装或者原未拼装后来拼装的；

（三）超过检疫规定有效期限的。

第四章　过境检疫

第二十三条　要求运输动物过境的，必须事先商得中国国家动植物检疫机关同意，并按照指定的口岸和路线过境。

装载过境动物的运输工具、装载容器、饲料和铺垫材料，必须符合中国动植物检疫的规定。

第二十四条　运输动植物、动植物产品和其他检疫物过境的，由承运人或者押运人持货运单和输出国家或者地区政府动植物检疫机关出具的检疫证书，在进境时向口岸动植物检疫机关报检，出境口岸不再检疫。

第二十五条　过境的动物经检疫合格的，准予过境；发现有本法第十八条规定的名录所列的动物传染病、寄生虫病的，全群动物不准过境。

过境动物的饲料受病虫害污染的，作除害、不准过境或者销毁处理。

过境的动物的尸体、排泄物、铺垫材料及其他废弃物，必须按照动植物检疫机关的规定处理，不得擅自抛弃。

第二十六条　对过境植物、动植物产品和其他检疫物，口岸动植物检疫机关检查运输工具或者包装，经检疫合格的，准予过境；发现有本法第十八条规定的名录所列的病虫害的，作除害处理或者不准过境。

第二十七条　动植物、动植物产品和其他检疫物过境期间，未经动植物检疫机关批准，不得开拆包装或者卸离运输工具。

第五章　携带、邮寄物检疫

第二十八条　携带、邮寄植物种子、种苗及其他繁殖材料进境的，必须事先提出申请，办理检疫审批手续。

第二十九条　禁止携带、邮寄进境的动植物、动植物产品和其他检疫物的名录，由国务院农业行政主管部门制定并公布。

携带、邮寄前款规定的名录所列的动植物、动植物产品和其他检疫物进境的，作退回或者销毁处理。

第三十条　携带本法第二十九条规定的名录以外的动植物、动植物产品和其他检疫物进境的，在进境时向海关申报并接受口岸动植物检疫机关检疫。

携带动物进境的，必须持有输出国家或者地区的检疫证书等证件。

第三十一条　邮寄本法第二十九条规定的名录以外的动植物、动植物产品和其他检疫物进境的，由口岸动植物检疫机关在国际邮件互换局实施检疫，必要时可以取回口岸动植物检疫机关检疫；未经检疫不得运递。

第三十二条　邮寄进境的动植物、动植物产品和其他检疫物，经检疫或者除害处理合格后放行；经检疫不合格又无有效方法作除害处理的，作退回或者销毁处理，并签发《检疫处理通知单》。

第三十三条　携带、邮寄出境的动植物、动植物产品和其他检疫物，物主有检疫要求的，由口岸动植物检疫机关实施检疫。

第六章　运输工具检疫

第三十四条　来自动植物疫区的船舶、飞机、火车抵达口岸时，由口岸动植物检疫机关实施检疫。发现有本法第十八条规定的名录所列的病虫害的，作不准带离运输工具、除害、封存或者销毁处理。

第三十五条　进境的车辆，由口岸动植物检疫机关作防疫消毒处理。

第三十六条　进出境运输工具上的泔水、动植物性废弃物，依照口岸动植物检疫机关的规定处理，不得擅自抛弃。

第三十七条　装载出境的动植物、动植物产品和其他检疫物的运输工具，应当符合动植物检疫和防疫的规定。

第三十八条　进境供拆船用的废旧船舶，由口岸动植物检疫机关实施检疫，发现有本法第十八条规定的名录所列的病虫害的，作除害处理。

第七章　法律责任

第三十九条　违反本法规定，有下列行为之一的，由口岸动植物检疫机关处以罚款：

（一）未报检或者未依法办理检疫审批手续的；

（二）未经口岸动植物检疫机关许可擅自将进境动植物、动植物产品或者其他检疫物卸离运输工具或者运递的；

（三）擅自调离或者处理在口岸动植物检疫机关指定的隔离场所中隔离检疫的动植物的。

第四十条　报检的动植物、动植物产品或者其他检疫物与实际不符的，由口岸动植物检疫机关处以罚款；已取得检疫单证的，予以吊销。

第四十一条　违反本法规定，擅自开拆过境动植物、动植物产品或者其他检疫物的包装的，擅自将过境动植物、动植物产品或者其他检疫物卸离运输工具的，擅自抛弃过境动物的尸体、排泄物、铺垫材料或者其他废弃物的，由动植物检疫机关处以罚款。

第四十二条　违反本法规定，引起重大动植物疫情的，依照刑法有关规定追究刑事责任。

第四十三条　伪造、变造检疫单证、印章、标志、封识，依照刑法有关规定追究刑事责任。

第四十四条　当事人对动植物检疫机关的处罚决定不服的，可以在接到处罚通知之日起十五日内向作出处罚决定的机关的上一级机关申请复议；当事人也可以在接到处罚通知之日起十五日内直接向人民法院起诉。

复议机关应当在接到复议申请之日起六十日内作出复议决定。当事人对复议决定不服的，可以在接到复议决定之日起十五日内向人民法院起诉。复议机关逾期不作出复议决定的，当事人可以在复议期满之日起十五日内向人民法院起诉。

当事人逾期不申请复议也不向人民法院起诉、又不履行处罚决定的，作出处罚决定的机关可以申请人民法院强制执行。

第四十五条　动植物检疫机关检疫人员滥用职权，徇私舞弊，伪造检疫结果，或者玩忽职守，延误检疫出证，构成犯罪的，依法追究刑事责任；不构成犯罪的，给予行政处分。

第八章 附则

第四十六条 本法下列用语的含义是：

（一） "动物"是指饲养、野生的活动物，如畜、禽、兽、蛇、龟、鱼、虾、蟹、贝、蚕、蜂等；

（二）"动物产品"是指来源于动物未经加工或者虽经加工但仍有可能传播疫病的产品，如生皮张、毛类、肉类、脏器、油脂、动物水产品、奶制品、蛋类、血液、精液、胚胎、骨、蹄、角等；

（三）"植物"是指栽培植物、野生植物及其种子、种苗及其他繁殖材料等；

（四）"植物产品"是指来源于植物未经加工或者虽经加工但仍有可能传播病虫害的产品，如粮食、豆、棉花、油、麻、烟草、籽仁、干果、鲜果、蔬菜、生药材、木材、饲料等；

（五）"其他检疫物"是指动物疫苗、血清、诊断液、动植物性废弃物等。

第四十七条 中华人民共和国缔结或者参加的有关动植物检疫的国际条约与本法有不同规定的，适用该国际条约的规定。但是，中华人民共和国声明保留的条款除外。

第四十八条 口岸动植物检疫机关实施检疫依照规定收费。收费办法由国务院农业行政主管部门会同国务院物价等有关主管部门制定。

第四十九条 国务院根据本法制定实施条例。

第五十条 本法自一九九二年四月一日起施行。一九八二年六月四日国务院发布的《中华人民共和国进出口动植物检疫条例》同时废止。

第 2 章　法　规

- 2.1　行政法规
- 2.2　地方法规

2.1 行政法规

实验动物管理条例

(1988 年 10 月 31 日国务院批准　1988 年 11 月 14 日国家科学技术委员会令第 2 号发布　根据 2011 年 1 月 8 日《国务院关于废止和修改部分行政法规的决定》修订)

第一章　总　则

第一条　为了加强实验动物的管理工作，保证实验动物质量，适应科学研究、经济建设和社会发展的需要，制定本条例。

第二条　本条例所称实验动物，是指经人工饲育，对其携带的微生物实行控制，遗传背景明确或者来源清楚的，用于科学研究、教学、生产、检定以及其他科学实验的动物。

第三条　本条例适用于从事实验动物的研究、保种、饲育、供应、应用、管理和监督的单位和个人。

第四条　实验动物的管理，应当遵循统一规划、合理分工，有利于促进实验动物科学研究和应用的原则。

第五条　国家科学技术委员会主管全国实验动物工作。

省、自治区、直辖市科学技术委员会主管本地区的实验动物工作。

国务院各有关部门负责管理本部门的实验动物工作。

第六条　国家实行实验动物的质量监督和质量合格认证制度。具体办法由国家科学技术委员会另行制定。

第七条　实验动物遗传学、微生物学、营养学和饲育环境等方面的国家标准由国家技术监督局制定。

第二章　实验动物的饲育管理

第八条　从事实验动物饲育工作的单位，必须根据遗传学、微生物学、营养学和饲育环境方面的标准，定期对实验动物进行质量监测。各项作业过程和监测数据应有完整、准确的记录，并建立统计报告制度。

第九条　实验动物的饲育室、实验室应设在不同区域，并进行严格隔离。

实验动物饲育室、实验室要有科学的管理制度和操作规程。

第十条　实验动物的保种、饲育应采用国内或国外认可的品种、品系，并持有效的合格证书。

第十一条　实验动物必须按照不同来源，不同品种、品系和不同的实验目的，分开饲养。

第十二条　实验动物分为四级：一级，普通动物；二级，清洁动物；三级，无特定病原体动物；四级，无菌动物。

对不同等级的实验动物，应当按照相应的微生物控制标准进行管理。

第十三条　实验动物必须饲喂质量合格的全价饲料。霉烂、变质、虫蛀、污染的饲料，不得用于饲喂实验动物。直接用作饲料的蔬菜、水果等，要经过清洗消毒，并保持新鲜。

第十四条　一级实验动物的饮水，应当符合城市生活饮水的卫生标准。二、三、四级实验动物的饮水，应当符合城市生活饮水的卫生标准并经灭菌处理。

第十五条　实验动物的垫料应当按照不同等级实验动物的需要，进行相应处理，达到清洁、干燥、吸水、无毒、无虫、无感染源、无污染。

第三章 实验动物的检疫和传染病控制

第十六条 对引入的实验动物，必须进行隔离检疫。

为补充种源或开发新品种而捕捉的野生动物，必须在当地进行隔离检疫，并取得动物检疫部门出具的证明。野生动物运抵实验动物处所，需经再次检疫，方可进入实验动物饲育室。

第十七条 对必须进行预防接种的实验动物，应当根据实验要求或者按照《中华人民共和国动物防疫法》的有关规定，进行预防接种，但用作生物制品原料的实验动物除外。

第十八条 实验动物患病死亡的，应当及时查明原因，妥善处理，并记录在案。

实验动物患有传染性疾病的，必须立即视情况分别予以销毁或者隔离治疗。对可能被传染的实验动物，进行紧急预防接种，对饲育室内外可能被污染的区域采取严格消毒措施，并报告上级实验动物管理部门和当地动物检疫、卫生防疫单位，采取紧急预防措施，防止疫病蔓延。

第四章 实验动物的应用

第十九条 应用实验动物应当根据不同的实验目的，选用相应的合格实验动物。申报科研课题和鉴定科研成果，应当把应用合格实验动物作为基本条件。应用不合格实验动物取得的检定或者安全评价结果无效，所生产的制品不得使用。

第二十条 供应用的实验动物应当具备下列完整的资料：

（一）品种、品系及亚系的确切名称；

（二）遗传背景或其来源；

（三）微生物检测状况；

（四）合格证书；

（五）饲育单位负责人签名。

无上述资料的实验动物不得应用。

第二十一条 实验动物的运输工作应当有专人负责。实验动物的装运工具应当安全、可靠。不得将不同品种、品系或者不同等级的实验动物混合装运。

第五章 实验动物的进口与出口管理

第二十二条 从国外进口作为原种的实验动物，应附有饲育单位负责人签发的品系和亚系名称以及遗传和微生物状况等资料。

无上述资料的实验动物不得进口和应用。

第二十三条 实验动物工作单位从国外进口实验动物原种，必须向国家科学技术委员会指定的保种、育种和质量监控单位登记。

第二十四条 出口实验动物，必须报国家科学技术委员会审批。经批准后，方可办理出口手续。

出口应用国家重点保护的野生动物物种开发的实验动物，必须按照国家的有关规定，取得出口许可证后，方可办理出口手续。

第二十五条 进口、出口实验动物的检疫工作，按照《中华人民共和国进出境动植物检疫法》的规定办理。

第六章 从事实验动物工作的人员

第二十六条 实验动物工作单位应当根据需要，配备科技人员和经过专业培训的饲育人员。各类人员都要遵守实验动物饲育管理的各项制度，熟悉、掌握操作规程。

第二十七条 地方各级实验动物工作的主管部门，对从事实验动物工作的各类人员，应当逐步实行资格认可制度。

第二十八条 实验动物工作单位对直接接触实验动物的工作人员，必须定期组织体格检查。对患有传染性疾病，不宜承担所做工作的人员，应当及时调换工作。

第二十九条 从事实验动物工作的人员对实验动物必须爱护，不得戏弄或虐待。

第七章 奖励与处罚

第三十条 对长期从事实验动物饲育管理，取得显著成绩的单位或者个人，由管理实验动物工作的部门给予表彰或奖励。

第三十一条 对违反本条例规定的单位，由管理实验动物工作的部门视情节轻重，分别给予警告、限期改进、责令关闭的行政处罚。

第三十二条 对违反本条例规定的有关工作人员，由其所在单位视情节轻重，根据国家有关规定，给予行政处分。

第八章 附则

第三十三条 省、自治区、直辖市人民政府和国务院有关部门，可以根据本条例，结合具体情况，制定实施办法。

军队系统的实验动物管理工作参照本条例执行。

第三十四条 本条例由国家科学技术委员会负责解释。

第三十五条 本条例自发布之日起施行。

中华人民共和国水生野生动物保护实施条例

(1993 年 9 月 17 日国务院批准 1993 年 10 月 5 日农业部令第 1 号发布 根据 2011 年 1 月 8 日《国务院关于废止和修改部分行政法规的决定》修订)

第一章 总则

第一条 根据《中华人民共和国野生动物保护法》(以下简称《野生动物保护法》)的规定,制定本条例。

第二条 本条例所称水生野生动物,是指珍贵、濒危的水生野生动物;所称水生野生动物产品,是指珍贵、濒危的水生野生动物的任何部分及其衍生物。

第三条 国务院渔业行政主管部门主管全国水生野生动物管理工作。

县级以上地方人民政府渔业行政主管部门主管本行政区域内水生野生动物管理工作。

《野生动物保护法》和本条例规定的渔业行政主管部门的行政处罚权,可以由其所属的渔政监督管理机构行使。

第四条 县级以上各级人民政府及其有关主管部门应当鼓励、支持有关科研单位、教学单位开展水生野生动物科学研究工作。

第五条 渔业行政主管部门及其所属的渔政监督管理机构,有权对《野生动物保护法》和本条例的实施情况进行监督检查,被检查的单位和个人应当给予配合。

第二章 水生野生动物保护

第六条 国务院渔业行政主管部门和省、自治区、直辖市人民政府渔业行政主管部门,应当定期组织水生野生动物资源调查,建立资源档案,为制定水生野生动物资源保护发展规划、制定和调整国家和地方重点保护水生野生动物名录提供依据。

第七条 渔业行政主管部门应当组织社会各方面力量,采取有效措施,维护和改善水生野生动物的生存环境,保护和增殖水生野生动物资源。

禁止任何单位和个人破坏国家重点保护的和地方重点保护的水生野生动物生息繁衍的水域、场所和生存条件。

第八条 任何单位和个人对侵占或者破坏水生野生动物资源的行为,有权向当地渔业行政主管部门或者其所属的渔政监督管理机构检举和控告。

第九条 任何单位和个人发现受伤、搁浅和因误入港湾、河汊而被困的水生野生动物时,应当及时报告当地渔业行政主管部门或者其所属的渔政监督管理机构,由其采取紧急救护措施;也可以要求附近具备救护条件的单位采取紧急救护措施,并报告渔业行政主管部门。已经死亡的水生野生动物,由渔业行政主管部门妥善处理。

捕捞作业时误捕水生野生动物的,应当立即无条件放生。

第十条 因保护国家重点保护的和地方重点保护的水生野生动物受到损失的,可以向当地人民政府渔业行政主管部门提出补偿要求。经调查属实并确实需要补偿的,由当地人民政府按照省、自治区、直辖市人民政府有关规定给予补偿。

第十一条 国务院渔业行政主管部门和省、自治区、直辖市人民政府,应当在国家重点保护的和地方重点保护的水生野生动物的主要生息繁衍的地区和水域,划定水生野生动物自然保护区,加强对国家和地方重点保护水生野生动物及其生存环境的保护管理，具体办法由国务院另行规定。

第三章　水生野生动物管理

第十二条　禁止捕捉、杀害国家重点保护的水生野生动物。

有下列情形之一，确需捕捉国家重点保护的水生野生动物的，必须申请特许捕捉证：

（一）为进行水生野生动物科学考察、资源调查，必须捕捉的；

（二）为驯养繁殖国家重点保护的水生野生动物，必须从自然水域或者场所获取种源的；

（三）为承担省级以上科学研究项目或者国家医药生产任务，必须从自然水域或者场所获取国家重点保护的水生野生动物的；

（四）为宣传、普及水生野生动物知识或者教学、展览的需要，必须从自然水域或者场所获取国家重点保护的水生野生动物的；

（五）因其他特殊情况，必须捕捉的。

第十三条　申请特许捕捉证的程序：

（一）需要捕捉国家一级保护水生野生动物的，必须附具申请人所在地和捕捉地的省、自治区、直辖市人民政府渔业行政主管部门签署的意见，向国务院渔业行政主管部门申请特许捕捉证；

（二）需要在本省、自治区、直辖市捕捉国家二级保护水生野生动物的，必须附具申请人所在地的县级人民政府渔业行政主管部门签署的意见，向省、自治区、直辖市人民政府渔业行政主管部门申请特许捕捉证；

（三）需要跨省、自治区、直辖市捕捉国家二级保护水生野生动物的，必须附具申请人所在地的省、自治区、直辖市人民政府渔业行政主管部门签署的意见，向捕捉地的省、自治区、直辖市人民政府渔业行政主管部门申请特许捕捉证。

动物园申请捕捉国家一级保护水生野生动物的，在向国务院渔业行政主管部门申请特许捕捉证前，须经国务院建设行政主管部门审核同意；申请捕捉国家二级保护水生野生动物的，在向申请人所在地的省、自治区、直辖市人民政府渔业行政主管部门申请特许捕捉证前，须经同级人民政府建设行政主管部门审核同意。

负责核发特许捕捉证的部门接到申请后，应当自接到申请之日起 3 个月内作出批准或者不批准的决定。

第十四条　有下列情形之一的，不予发放特许捕捉证：

（一）申请人有条件以合法的非捕捉方式获得国家重点保护的水生野生动物的种源、产品或者达到其目的的；

（二）捕捉申请不符合国家有关规定，或者申请使用的捕捉工具、方法以及捕捉时间、地点不当的；

（三）根据水生野生动物资源现状不宜捕捉的。

第十五条　取得特许捕捉证的单位和个人，必须按照特许捕捉证规定的种类、数量、地点、期限、工具和方法进行捕捉，防止误伤水生野生动物或者破坏其生存环境。捕捉作业完成后，应当及时向捕捉地的县级人民政府渔业行政主管部门或者其所属的渔政监督管理机构申请查验。

县级人民政府渔业行政主管部门或者其所属的渔政监督管理机构对在本行政区域内捕捉国家重点保护的水生野生动物的活动，应当进行监督检查，并及时向批准捕捉的部门报告监督检查结果。

第十六条　外国人在中国境内进行有关水生野生动物科学考察、标本采集、拍摄电影、录像等活动的，必须向国家重点保护的水生野生动物所在地的省、自治区、直辖市人民政府渔业行政主管部门提出申请，经其审核后，报国务院渔业行政主管部门或者其授权的单位批准。

第十七条　驯养繁殖国家一级保护水生野生动物的，应当持有国务院渔业行政主管部门核发的驯养繁殖许可证；驯养繁殖国家二级保护水生野生动物的，应当持有省、自治区、直辖市人民政府渔业行政主管部门核发的驯养繁殖许可证。

动物园驯养繁殖国家重点保护的水生野生动物的，渔业行政主管部门可以委托同级建设行政主管部门核发驯养繁殖许可证。

第十八条 禁止出售、收购国家重点保护的水生野生动物或者其产品。因科学研究、驯养繁殖、展览等特殊情况，需要出售、收购、利用国家一级保护水生野生动物或者其产品的，必须向省、自治区、直辖市人民政府渔业行政主管部门提出申请，经其签署意见后，报国务院渔业行政主管部门批准；需要出售、收购、利用国家二级保护水生野生动物或者其产品的，必须向省、自治区、直辖市人民政府渔业行政主管部门提出申请，并经其批准。

第十九条 县级以上各级人民政府渔业行政主管部门和工商行政管理部门，应当对水生野生动物或者其产品的经营利用建立监督检查制度，加强对经营利用水生野生动物或者其产品的监督管理。

对进入集贸市场的水生野生动物或者其产品，由工商行政管理部门进行监督管理，渔业行政主管部门给予协助；在集贸市场以外经营水生野生动物或者其产品，由渔业行政主管部门、工商行政管理部门或者其授权的单位进行监督管理。

第二十条 运输、携带国家重点保护的水生野生动物或者其产品出县境的，应当凭特许捕捉证或者驯养繁殖许可证，向县级人民政府渔业行政主管部门提出申请，报省、自治区、直辖市人民政府渔业行政主管部门或者其授权的单位批准。动物园之间因繁殖动物，需要运输国家重点保护的水生野生动物的，可以由省、自治区、直辖市人民政府渔业行政主管部门授权同级建设行政主管部门审批。

第二十一条 交通、铁路、民航和邮政企业对没有合法运输证明的水生野生动物或者其产品，应当及时通知有关主管部门处理，不得承运、收寄。

第二十二条 从国外引进水生野生动物的，应当向省、自治区、直辖市人民政府渔业行政主管部门提出申请，经省级以上人民政府渔业行政主管部门指定的科研机构进行科学论证后，报国务院渔业行政主管部门批准。

第二十三条 出口国家重点保护的水生野生动物或者其产品的，进出口中国参加的国际公约所限制进出口的水生野生动物或者其产品的，必须经进出口单位或者个人所在地的省、自治区、直辖市人民政府渔业行政主管部门审核，报国务院渔业行政主管部门批准；属于贸易性进出口活动的，必须由具有有关商品进出口权的单位承担。

动物园因交换动物需要进出口前款所称水生野生动物的，在国务院渔业行政主管部门批准前，应当经国务院建设行政主管部门审核同意。

第二十四条 利用水生野生动物或者其产品举办展览等活动的经济收益，主要用于水生野生动物保护事业。

第四章 奖励和惩罚

第二十五条 有下列事迹之一的单位和个人，由县级以上人民政府或者其渔业行政主管部门给予奖励：

（一）在水生野生动物资源调查、保护管理、宣传教育、开发利用方面有突出贡献的；

（二）严格执行野生动物保护法规，成绩显著的；

（三）拯救、保护和驯养繁殖水生野生动物取得显著成效的；

（四）发现违反水生野生动物保护法律、法规的行为，及时制止或者检举有功的；

（五）在查处破坏水生野生动物资源案件中作出重要贡献的；

（六）在水生野生动物科学研究中取得重大成果或者在应用推广有关的科研成果中取得显著效益的；

（七）在基层从事水生野生动物保护管理工作 5 年以上并取得显著成绩的；

（八）在水生野生动物保护管理工作中有其他特殊贡献的。

第二十六条　非法捕杀国家重点保护的水生野生动物的，依照刑法有关规定追究刑事责任；情节显著轻微危害不大的，或者犯罪情节轻微不需要判处刑罚的，由渔业行政主管部门没收捕获物、捕捉工具和违法所得，吊销特许捕捉证，并处以相当于捕获物价值 10 倍以下的罚款，没有捕获物的处以 1 万元以下的罚款。

第二十七条　违反野生动物保护法律、法规，在水生野生动物自然保护区破坏国家重点保护的或者地方重点保护的水生野生动物主要生息繁衍场所，依照《野生动物保护法》第三十四条的规定处以罚款的，罚款幅度为恢复原状所需费用的 3 倍以下。

第二十八条　违反野生动物保护法律、法规，出售、收购、运输、携带国家重点保护的或者地方重点保护的水生野生动物或者其产品的，由工商行政管理部门或者其授权的渔业行政主管部门没收实物和违法所得，可以并处相当于实物价值 10 倍以下的罚款。

第二十九条　伪造、倒卖、转让驯养繁殖许可证，依照《野生动物保护法》第三十七条的规定处以罚款的，罚款幅度为 5000 元以下。伪造、倒卖、转让特许捕捉证或者允许进出口证明书，依照《野生动物保护法》第三十七条的规定处以罚款的，罚款幅度为 5 万元以下。

第三十条　违反野生动物保护法规，未取得驯养繁殖许可证或者超越驯养繁殖许可证规定范围，驯养繁殖国家重点保护的水生野生动物的，由渔业行政主管部门没收违法所得，处 3000 元以下的罚款，可以并处没收水生野生动物、吊销驯养繁殖许可证。

第三十一条　外国人未经批准在中国境内对国家重点保护的水生野生动物进行科学考察、标本采集、拍摄电影、录像的，由渔业行政主管部门没收考察、拍摄的资料以及所获标本，可以并处 5 万元以下的罚款。

第三十二条　有下列行为之一，尚不构成犯罪，应当给予治安管理处罚的，由公安机关依照《中华人民共和国治安管理处罚法》的规定予以处罚：

（一）拒绝、阻碍渔政检查人员依法执行职务的；

（二）偷窃、哄抢或者故意损坏野生动物保护仪器设备或者设施的。

第三十三条　依照野生动物保护法规的规定没收的实物，按照国务院渔业行政主管部门的有关规定处理。

第五章　附则

第三十四条　本条例由国务院渔业行政主管部门负责解释。

第三十五条　本条例自发布之日起施行。

中华人民共和国认证认可条例

(2003 年 08 月 20 日国务院第 18 次常务会议通过 2003 年 09 月 03 日国务院令第 390 号发布，自 2003 年 11 月 1 日起施行)

第一章 总则

第一条 为了规范认证认可活动，提高产品、服务的质量和管理水平，促进经济和社会的发展，制定本条例。

第二条 本条例所称认证，是指由认证机构证明产品、服务、管理体系符合相关技术规范、相关技术规范的强制性要求或者标准的合格评定活动。

本条例所称认可，是指由认可机构对认证机构、检查机构、实验室以及从事评审、审核等认证活动人员的能力和执业资格，予以承认的合格评定活动。

第三条 在中华人民共和国境内从事认证认可活动，应当遵守本条例。

第四条 国家实行统一的认证认可监督管理制度。

国家对认证认可工作实行在国务院认证认可监督管理部门统一管理、监督和综合协调下，各有关方面共同实施的工作机制。

第五条 国务院认证认可监督管理部门应当依法对认证培训机构、认证咨询机构的活动加强监督管理。

第六条 认证认可活动应当遵循客观独立、公开公正、诚实信用的原则。

第七条 国家鼓励平等互利地开展认证认可国际互认活动。认证认可国际互认活动不得损害国家安全和社会公共利益。

第八条 从事认证认可活动的机构及其人员，对其所知悉的国家秘密和商业秘密负有保密义务。

第二章 认证机构

第九条 设立认证机构，应当经国务院认证认可监督管理部门批准，并依法取得法人资格后，方可从事批准范围内的认证活动。

未经批准，任何单位和个人不得从事认证活动。

第十条 设立认证机构，应当符合下列条件：

（一）有固定的场所和必要的设施；

（二）有符合认证认可要求的管理制度；

（三）注册资本不得少于人民币 300 万元；

（四）有 10 名以上相应领域的专职认证人员。

从事产品认证活动的认证机构，还应当具备与从事相关产品认证活动相适应的检测、检查等技术能力。

第十一条 设立外商投资的认证机构除应当符合本条例第十条规定的条件外，还应当符合下列条件：

（一）外方投资者取得其所在国家或者地区认可机构的认可；

（二）外方投资者具有 3 年以上从事认证活动的业务经历。

设立外商投资认证机构的申请、批准和登记，按照有关外商投资法律、行政法规和国家有关规定办理。

第十二条 设立认证机构的申请和批准程序：

（一）设立认证机构的申请人，应当向国务院认证认可监督管理部门提出书面申请，并提交符合本条例第十条规定条件的证明文件；

（二）国务院认证认可监督管理部门自受理认证机构设立申请之日起 90 日内，应当作出是否批准的决定。涉及国务院有关部门职责的，应当征求国务院有关部门的意见。决定批准的，向申请人出具批准文件，决定不予批准的，应当书面通知申请人，并说明理由；

（三）申请人凭国务院认证认可监督管理部门出具的批准文件，依法办理登记手续。

国务院认证认可监督管理部门应当公布依法设立的认证机构名录。

第十三条 境外认证机构在中华人民共和国境内设立代表机构，须经批准，并向工商行政管理部门依法办理登记手续后，方可从事与所从属机构的业务范围相关的推广活动，但不得从事认证活动。

境外认证机构在中华人民共和国境内设立代表机构的申请、批准和登记，按照有关外商投资法律、行政法规和国家有关规定办理。

第十四条 认证机构不得与行政机关存在利益关系。

认证机构不得接受任何可能对认证活动的客观公正产生影响的资助；不得从事任何可能对认证活动的客观公正产生影响的产品开发、营销等活动。

认证机构不得与认证委托人存在资产、管理方面的利益关系。

第十五条 认证人员从事认证活动，应当在一个认证机构执业，不得同时在两个以上认证机构执业。

第十六条 向社会出具具有证明作用的数据和结果的检查机构、实验室，应当具备有关法律、行政法规规定的基本条件和能力，并依法经认定后，方可从事相应活动，认定结果由国务院认证认可监督管理部门公布。

第三章　认证

第十七条 国家根据经济和社会发展的需要，推行产品、服务、管理体系认证。

第十八条 认证机构应当按照认证基本规范、认证规则从事认证活动。认证基本规范、认证规则由国务院认证认可监督管理部门制定；涉及国务院有关部门职责的，国务院认证认可监督管理部门应当会同国务院有关部门制定。

属于认证新领域，前款规定的部门尚未制定认证规则的，认证机构可以自行制定认证规则，并报国务院认证认可监督管理部门备案。

第十九条 任何法人、组织和个人可以自愿委托依法设立的认证机构进行产品、服务、管理体系认证。

第二十条 认证机构不得以委托人未参加认证咨询或者认证培训等为理由，拒绝提供本认证机构业务范围内的认证服务，也不得向委托人提出与认证活动无关的要求或者限制条件。

第二十一条 认证机构应当公开认证基本规范、认证规则、收费标准等信息。

第二十二条 认证机构以及与认证有关的检查机构、实验室从事认证以及与认证有关的检查、检测活动，应当完成认证基本规范、认证规则规定的程序，确保认证、检查、检测的完整、客观、真实，不得增加、减少、遗漏程序。

认证机构以及与认证有关的检查机构、实验室应当对认证、检查、检测过程作出完整记录，归档留存。

第二十三条　认证机构及其认证人员应当及时作出认证结论，并保证认证结论的客观、真实。认证结论经认证人员签字后，由认证机构负责人签署。

认证机构及其认证人员对认证结果负责。

第二十四条　认证结论为产品、服务、管理体系符合认证要求的，认证机构应当及时向委托人出具认证证书。

第二十五条　获得认证证书的，应当在认证范围内使用认证证书和认证标志，不得利用产品、服务认证证书、认证标志和相关文字、符号，误导公众认为其管理体系已通过认证，也不得利用管理体系认证证书、认证标志和相关文字、符号，误导公众认为其产品、服务已通过认证。

第二十六条　认证机构可以自行制定认证标志，并报国务院认证认可监督管理部门备案。

认证机构自行制定的认证标志的式样、文字和名称，不得违反法律、行政法规的规定，不得与国家推行的认证标志相同或者近似，不得妨碍社会管理，不得有损社会道德风尚。

第二十七条　认证机构应当对其认证的产品、服务、管理体系实施有效的跟踪调查，认证的产品、服务、管理体系不能持续符合认证要求的，认证机构应当暂停其使用直至撤销认证证书，并予公布。

第二十八条　为了保护国家安全、防止欺诈行为、保护人体健康或者安全、保护动植物生命或者健康、保护环境，国家规定相关产品必须经过认证的，应当经过认证并标注认证标志后，方可出厂、销售、进口或者在其他经营活动中使用。

第二十九条　国家对必须经过认证的产品，统一产品目录，统一技术规范的强制性要求、标准和合格评定程序，统一标志，统一收费标准。

统一的产品目录（以下简称目录）由国务院认证认可监督管理部门会同国务院有关部门制定、调整，由国务院认证认可监督管理部门发布，并会同有关方面共同实施。

第三十条　列入目录的产品，必须经国务院认证认可监督管理部门指定的认证机构进行认证。

列入目录产品的认证标志，由国务院认证认可监督管理部门统一规定。

第三十一条　列入目录的产品，涉及进出口商品检验目录的，应当在进出口商品检验时简化检验手续。

第三十二条　国务院认证认可监督管理部门指定的从事列入目录产品认证活动的认证机构以及与认证有关的检查机构、实验室（以下简称指定的认证机构、检查机构、实验室），应当是长期从事相关业务、无不良记录，且已经依照本条例的规定取得认可、具备从事相关认证活动能力的机构。国务院认证认可监督管理部门指定从事列入目录产品认证活动的认证机构，应当确保在每一列入目录产品领域至少指定两家符合本条例规定条件的机构。

国务院认证认可监督管理部门指定前款规定的认证机构、检查机构、实验室，应当事先公布有关信息，并组织在相关领域公认的专家组成专家评审委员会，对符合前款规定要求的认证机构、检查机构、实验室进行评审；经评审并征求国务院有关部门意见后，按照资源合理利用、公平竞争和便利、有效的原则，在公布的时间内作出决定。

第三十三条　国务院认证认可监督管理部门应当公布指定的认证机构、检查机构、实验室名录及指定的业务范围。

未经指定，任何机构不得从事列入目录产品的认证以及与认证有关的检查、检测活动。

第三十四条　列入目录产品的生产者或者销售者、进口商，均可自行委托指定的认证机构进行认证。

第三十五条　指定的认证机构、检查机构、实验室应当在指定业务范围内，为委托人提供方便、及时的认证、检查、检测服务，不得拖延，不得歧视、刁难委托人，不得牟取不当利益。

指定的认证机构不得向其他机构转让指定的认证业务。

第三十六条　指定的认证机构、检查机构、实验室开展国际互认活动，应当在国务院认证认可监督管理部门或者经授权的国务院有关部门对外签署的国际互认协议框架内进行。

第四章　认可

第三十七条　国务院认证认可监督管理部门确定的认可机构（以下简称认可机构），独立开展认可活动。

除国务院认证认可监督管理部门确定的认可机构外，其他任何单位不得直接或者变相从事认可活动。其他单位直接或者变相从事认可活动的，其认可结果无效。

第三十八条　认证机构、检查机构、实验室可以通过认可机构的认可，以保证其认证、检查、检测能力持续、稳定地符合认可条件。

第三十九条　从事评审、审核等认证活动的人员，应当经认可机构注册后，方可从事相应的认证活动。

第四十条　认可机构应当具有与其认可范围相适应的质量体系，并建立内部审核制度，保证质量体系的有效实施。

第四十一条　认可机构根据认可的需要，可以选聘从事认可评审活动的人员。从事认可评审活动的人员应当是相关领域公认的专家，熟悉有关法律、行政法规以及认可规则和程序，具有评审所需要的良好品德、专业知识和业务能力。

第四十二条　认可机构委托他人完成与认可有关的具体评审业务的，由认可机构对评审结论负责。

第四十三条　认可机构应当公开认可条件、认可程序、收费标准等信息。

认可机构受理认可申请，不得向申请人提出与认可活动无关的要求或者限制条件。

第四十四条　认可机构应当在公布的时间内，按照国家标准和国务院认证认可监督管理部门的规定，完成对认证机构、检查机构、实验室的评审，作出是否给予认可的决定，并对认可过程作出完整记录，归档留存。认可机构应当确保认可的客观公正和完整有效，并对认可结论负责。

认可机构应当向取得认可的认证机构、检查机构、实验室颁发认可证书，并公布取得认可的认证机构、检查机构、实验室名录。

第四十五条　认可机构应当按照国家标准和国务院认证认可监督管理部门的规定，对从事评审、审核等认证活动的人员进行考核，考核合格的，予以注册。

第四十六条　认可证书应当包括认可范围、认可标准、认可领域和有效期限。

认可证书的格式和认可标志的式样须经国务院认证认可监督管理部门批准。

第四十七条　取得认可的机构应当在取得认可的范围内使用认可证书和认可标志。取得认可的机构不当使用认可证书和认可标志的，认可机构应当暂停其使用直至撤销认可证书，并予公布。

第四十八条　认可机构应当对取得认可的机构和人员实施有效的跟踪监督，定期对取得认可的机构进行复评审，以验证其是否持续符合认可条件。取得认可的机构和人员不再符合认可条件的，认可机构应当撤销认可证书，并予公布。

取得认可的机构的从业人员和主要负责人、设施、自行制定的认证规则等与认可条件相关的情况发生变化的，应当及时告知认可机构。

第四十九条　认可机构不得接受任何可能对认可活动的客观公正产生影响的资助。

第五十条　境内的认证机构、检查机构、实验室取得境外认可机构认可的，应当向国务院认证认可监督管理部门备案。

第五章　监督管理

第五十一条　国务院认证认可监督管理部门可以采取组织同行评议，向被认证企业征求意见，对认证活动和认证结果进行抽查，要求认证机构以及与认证有关的检查机构、实验室报告业务活动情况的方式，对其遵守本条例的情况进行监督。发现有违反本条例行为的，应当及时查处，涉及国务院有关部门职责的，应当及时通报有关部门。

第五十二条 国务院认证认可监督管理部门应当重点对指定的认证机构、检查机构、实验室进行监督，对其认证、检查、检测活动进行定期或者不定期的检查。指定的认证机构、检查机构、实验室，应当定期向国务院认证认可监督管理部门提交报告，并对报告的真实性负责；报告应当对从事列入目录产品认证、检查、检测活动的情况作出说明。

第五十三条 认可机构应当定期向国务院认证认可监督管理部门提交报告，并对报告的真实性负责；报告应当对认可机构执行认可制度的情况、从事认可活动的情况、从业人员的工作情况作出说明。

国务院认证认可监督管理部门应当对认可机构的报告作出评价，并采取查阅认可活动档案资料、向有关人员了解情况等方式，对认可机构实施监督。

第五十四条 国务院认证认可监督管理部门可以根据认证认可监督管理的需要，就有关事项询问认可机构、认证机构、检查机构、实验室的主要负责人，调查了解情况，给予告诫，有关人员应当积极配合。

第五十五条 省、自治区、直辖市人民政府质量技术监督部门和国务院质量监督检验检疫部门设在地方的出入境检验检疫机构，在国务院认证认可监督管理部门的授权范围内，依照本条例的规定对认证活动实施监督管理。

国务院认证认可监督管理部门授权的省、自治区、直辖市人民政府质量技术监督部门和国务院质量监督检验检疫部门设在地方的出入境检验检疫机构，统称地方认证监督管理部门。

第五十六条 任何单位和个人对认证认可违法行为，有权向国务院认证认可监督管理部门和地方认证监督管理部门举报。国务院认证认可监督管理部门和地方认证监督管理部门应当及时调查处理，并为举报人保密。

第六章 法律责任

第五十七条 未经批准擅自从事认证活动的，予以取缔，处 10 万元以上 50 万元以下的罚款，有违法所得的，没收违法所得。

第五十八条 境外认证机构未经批准在中华人民共和国境内设立代表机构的，予以取缔，处 5 万元以上 20 万元以下的罚款。

经批准设立的境外认证机构代表机构在中华人民共和国境内从事认证活动的，责令改正，处 10 万元以上 50 万元以下的罚款，有违法所得的，没收违法所得；情节严重的，撤销批准文件，并予公布。

第五十九条 认证机构接受可能对认证活动的客观公正产生影响的资助，或者从事可能对认证活动的客观公正产生影响的产品开发、营销等活动，或者与认证委托人存在资产、管理方面的利益关系的，责令停业整顿；情节严重的，撤销批准文件，并予公布；有违法所得的，没收违法所得；构成犯罪的，依法追究刑事责任。

第六十条 认证机构有下列情形之一的，责令改正，处 5 万元以上 20 万元以下的罚款，有违法所得的，没收违法所得；情节严重的，责令停业整顿，直至撤销批准文件，并予公布：

（一）超出批准范围从事认证活动的；

（二）增加、减少、遗漏认证基本规范、认证规则规定的程序的；

（三）未对其认证的产品、服务、管理体系实施有效的跟踪调查，或者发现其认证的产品、服务、管理体系不能持续符合认证要求，不及时暂停其使用或者撤销认证证书并予公布的；

（四）聘用未经认可机构注册的人员从事认证活动的。

与认证有关的检查机构、实验室增加、减少、遗漏认证基本规范、认证规则规定的程序的，依照前款规定处罚。

第六十一条　认证机构有下列情形之一的，责令限期改正；逾期未改正的，处 2 万元以上 10 万元以下的罚款：

（一）以委托人未参加认证咨询或者认证培训等为理由，拒绝提供本认证机构业务范围内的认证服务，或者向委托人提出与认证活动无关的要求或者限制条件的；

（二）自行制定的认证标志的式样、文字和名称，与国家推行的认证标志相同或者近似，或者妨碍社会管理，或者有损社会道德风尚的；

（三）未公开认证基本规范、认证规则、收费标准等信息的；

（四）未对认证过程作出完整记录，归档留存的；

（五）未及时向其认证的委托人出具认证证书的。

与认证有关的检查机构、实验室未对与认证有关的检查、检测过程作出完整记录，归档留存的，依照前款规定处罚。

第六十二条　认证机构出具虚假的认证结论，或者出具的认证结论严重失实的，撤销批准文件，并予公布；对直接负责的主管人员和负有直接责任的认证人员，撤销其执业资格；构成犯罪的，依法追究刑事责任；造成损害的，认证机构应当承担相应的赔偿责任。

指定的认证机构有前款规定的违法行为的，同时撤销指定。

第六十三条　认证人员从事认证活动，不在认证机构执业或者同时在两个以上认证机构执业的，责令改正，给予停止执业 6 个月以上 2 年以下的处罚，仍不改正的，撤销其执业资格。

第六十四条　认证机构以及与认证有关的检查机构、实验室未经指定擅自从事列入目录产品的认证以及与认证有关的检查、检测活动的，责令改正，处 10 万元以上 50 万元以下的罚款，有违法所得的，没收违法所得。

认证机构未经指定擅自从事列入目录产品的认证活动的，撤销批准文件，并予公布。

第六十五条　指定的认证机构、检查机构、实验室超出指定的业务范围从事列入目录产品的认证以及与认证有关的检查、检测活动的，责令改正，处 10 万元以上 50 万元以下的罚款，有违法所得的，没收违法所得；情节严重的，撤销指定直至撤销批准文件，并予公布。

指定的认证机构转让指定的认证业务的，依照前款规定处罚。

第六十六条　认证机构、检查机构、实验室取得境外认可机构认可，未向国务院认证认可监督管理部门备案的，给予警告，并予公布。

第六十七条　列入目录的产品未经认证，擅自出厂、销售、进口或者在其他经营活动中使用的，责令改正，处 5 万元以上 20 万元以下的罚款，有违法所得的，没收违法所得。

第六十八条　认可机构有下列情形之一的，责令改正；情节严重的，对主要负责人和负有责任的人员撤职或者解聘：

（一）对不符合认可条件的机构和人员予以认可的；

（二）发现取得认可的机构和人员不符合认可条件，不及时撤销认可证书，并予公布的；

（三）接受可能对认可活动的客观公正产生影响的资助的。

被撤职或者解聘的认可机构主要负责人和负有责任的人员，自被撤职或者解聘之日起 5 年内不得从事认可活动。

第六十九条　认可机构有下列情形之一的，责令改正；对主要负责人和负有责任的人员给予警告：

（一）受理认可申请，向申请人提出与认可活动无关的要求或者限制条件的；

（二）未在公布的时间内完成认可活动，或者未公开认可条件、认可程序、收费标准等信息的；

（三）发现取得认可的机构不当使用认可证书和认可标志，不及时暂停其使用或者撤销认可证书并予公布的；

（四）未对认可过程作出完整记录，归档留存的。

第七十条 国务院认证认可监督管理部门和地方认证监督管理部门及其工作人员，滥用职权、徇私舞弊、玩忽职守，有下列行为之一的，对直接负责的主管人员和其他直接责任人员，依法给予降级或者撤职的行政处分；构成犯罪的，依法追究刑事责任：

（一）不按照本条例规定的条件和程序，实施批准和指定的；

（二）发现认证机构不再符合本条例规定的批准或者指定条件，不撤销批准文件或者指定的；

（三）发现指定的检查机构、实验室不再符合本条例规定的指定条件，不撤销指定的；

（四）发现认证机构以及与认证有关的检查机构、实验室出具虚假的认证以及与认证有关的检查、检测结论或者出具的认证以及与认证有关的检查、检测结论严重失实，不予查处的；

（五）发现本条例规定的其他认证认可违法行为，不予查处的。

第七十一条 伪造、冒用、买卖认证标志或者认证证书的，依照《中华人民共和国产品质量法》等法律的规定查处。

第七十二条 本条例规定的行政处罚，由国务院认证认可监督管理部门或者其授权的地方认证监督管理部门按照各自职责实施。法律、其他行政法规另有规定的，依照法律、其他行政法规的规定执行。

第七十三条 认证人员自被撤销执业资格之日起5年内，认可机构不再受理其注册申请。

第七十四条 认证机构未对其认证的产品实施有效的跟踪调查，或者发现其认证的产品不能持续符合认证要求，不及时暂停或者撤销认证证书和要求其停止使用认证标志给消费者造成损失的，与生产者、销售者承担连带责任。

第七章 附则

第七十五条 药品生产、经营企业质量管理规范认证，实验动物质量合格认证，军工产品的认证，以及从事军工产品校准、检测的实验室及其人员的认可，不适用本条例。

依照本条例经批准的认证机构从事矿山、危险化学品、烟花爆竹生产经营单位管理体系认证，由国务院安全生产监督管理部门结合安全生产的特殊要求组织；从事矿山、危险化学品、烟花爆竹生产经营单位安全生产综合评价的认证机构，经国务院安全生产监督管理部门推荐，方可取得认可机构的认可。

第七十六条 认证认可收费，应当符合国家有关价格法律、行政法规的规定。

第七十七条 认证培训机构、认证咨询机构的管理办法由国务院认证认可监督管理部门制定。

第七十八条 本条例自2003年11月1日起施行。1991年5月5日国务院发布的《中华人民共和国产品质量认证管理条例》同时废止。

重大动物疫情应急条例

（2005 年 11 月 16 日国务院第 113 次常务会议通过 2005 年 11 月 18 日国务院令第 450 号发布，自 2005 年 11 月 18 日起施行）

第一章 总则

第一条 为了迅速控制、扑灭重大动物疫情，保障养殖业生产安全，保护公众身体健康与生命安全，维护正常的社会秩序，根据《中华人民共和国动物防疫法》，制定本条例。

第二条 本条例所称重大动物疫情，是指高致病性禽流感等发病率或者死亡率高的动物疫病突然发生，迅速传播，给养殖业生产安全造成严重威胁、危害，以及可能对公众身体健康与生命安全造成危害的情形，包括特别重大动物疫情。

第三条 重大动物疫情应急工作应当坚持加强领导、密切配合，依靠科学、依法防治，群防群控、果断处置的方针，及时发现，快速反应，严格处理，减少损失。

第四条 重大动物疫情应急工作按照属地管理的原则，实行政府统一领导、部门分工负责，逐级建立责任制。

县级以上人民政府兽医主管部门具体负责组织重大动物疫情的监测、调查、控制、扑灭等应急工作。

县级以上人民政府林业主管部门、兽医主管部门按照职责分工，加强对陆生野生动物疫源疫病的监测。

县级以上人民政府其他有关部门在各自的职责范围内，做好重大动物疫情的应急工作。

第五条 出入境检验检疫机关应当及时收集境外重大动物疫情信息，加强进出境动物及其产品的检验检疫工作，防止动物疫病传入和传出。兽医主管部门要及时向出入境检验检疫机关通报国内重大动物疫情。

第六条 国家鼓励、支持开展重大动物疫情监测、预防、应急处理等有关技术的科学研究和国际交流与合作。

第七条 县级以上人民政府应当对参加重大动物疫情应急处理的人员给予适当补助，对作出贡献的人员给予表彰和奖励。

第八条 对不履行或者不按照规定履行重大动物疫情应急处理职责的行为，任何单位和个人有权检举控告。

第二章 应急准备

第九条 国务院兽医主管部门应当制定全国重大动物疫情应急预案，报国务院批准，并按照不同动物疫病病种及其流行特点和危害程度，分别制定实施方案，报国务院备案。

县级以上地方人民政府根据本地区的实际情况，制定本行政区域的重大动物疫情应急预案，报上一级人民政府兽医主管部门备案。县级以上地方人民政府兽医主管部门，应当按照不同动物疫病病种及其流行特点和危害程度，分别制定实施方案。

重大动物疫情应急预案及其实施方案应当根据疫情的发展变化和实施情况，及时修改、完善。

第十条 重大动物疫情应急预案主要包括下列内容：

（一）应急指挥部的职责、组成以及成员单位的分工；

（二）重大动物疫情的监测、信息收集、报告和通报；

（三）动物疫病的确认、重大动物疫情的分级和相应的应急处理工作方案；

（四）重大动物疫情疫源的追踪和流行病学调查分析；

（五）预防、控制、扑灭重大动物疫情所需资金的来源、物资和技术的储备与调度；

（六）重大动物疫情应急处理设施和专业队伍建设。

第十一条　国务院有关部门和县级以上地方人民政府及其有关部门，应当根据重大动物疫情应急预案的要求，确保应急处理所需的疫苗、药品、设施设备和防护用品等物资的储备。

第十二条　县级以上人民政府应当建立和完善重大动物疫情监测网络和预防控制体系，加强动物防疫基础设施和乡镇动物防疫组织建设，并保证其正常运行，提高对重大动物疫情的应急处理能力。

第十三条　县级以上地方人民政府根据重大动物疫情应急需要，可以成立应急预备队，在重大动物疫情应急指挥部的指挥下，具体承担疫情的控制和扑灭任务。

应急预备队由当地兽医行政管理人员、动物防疫工作人员、有关专家、执业兽医等组成；必要时，可以组织动员社会上有一定专业知识的人员参加。公安机关、中国人民武装警察部队应当依法协助其执行任务。

应急预备队应当定期进行技术培训和应急演练。

第十四条　县级以上人民政府及其兽医主管部门应当加强对重大动物疫情应急知识和重大动物疫病科普知识的宣传，增强全社会的重大动物疫情防范意识。

第三章　监测、报告和公布

第十五条　动物防疫监督机构负责重大动物疫情的监测，饲养、经营动物和生产、经营动物产品的单位和个人应当配合，不得拒绝和阻碍。

第十六条　从事动物隔离、疫情监测、疫病研究与诊疗、检验检疫以及动物饲养、屠宰加工、运输、经营等活动的有关单位和个人，发现动物出现群体发病或者死亡的，应当立即向所在地的县（市）动物防疫监督机构报告。

第十七条　县（市）动物防疫监督机构接到报告后，应当立即赶赴现场调查核实。初步认为属于重大动物疫情的，应当在 2 小时内将情况逐级报省、自治区、直辖市动物防疫监督机构，并同时报所在地人民政府兽医主管部门；兽医主管部门应当及时通报同级卫生主管部门。

省、自治区、直辖市动物防疫监督机构应当在接到报告后 1 小时内，向省、自治区、直辖市人民政府兽医主管部门和国务院兽医主管部门所属的动物防疫监督机构报告。

省、自治区、直辖市人民政府兽医主管部门应当在接到报告后 1 小时内报本级人民政府和国务院兽医主管部门。

重大动物疫情发生后，省、自治区、直辖市人民政府和国务院兽医主管部门应当在 4 小时内向国务院报告。

第十八条　重大动物疫情报告包括下列内容：

（一）疫情发生的时间、地点；

（二）染疫、疑似染疫动物种类和数量、同群动物数量、免疫情况、死亡数量、临床症状、病理变化、诊断情况；

（三）流行病学和疫源追踪情况；

（四）已采取的控制措施；

（五）疫情报告的单位、负责人、报告人及联系方式。

第十九条　重大动物疫情由省、自治区、直辖市人民政府兽医主管部门认定；必要时，由国务院兽医主管部门认定。

第二十条　重大动物疫情由国务院兽医主管部门按照国家规定的程序，及时准确公布；其他任何单位和个人不得公布重大动物疫情。

第二十一条　重大动物疫病应当由动物防疫监督机构采集病料，未经国务院兽医主管部门或者省、自治区、直辖市人民政府兽医主管部门批准，其他单位和个人不得擅自采集病料。

从事重大动物疫病病原分离的，应当遵守国家有关生物安全管理规定，防止病原扩散。

第二十二条　国务院兽医主管部门应当及时向国务院有关部门和军队有关部门以及各省、自治区、直辖市人民政府兽医主管部门通报重大动物疫情的发生和处理情况。

第二十三条　发生重大动物疫情可能感染人群时，卫生主管部门应当对疫区内易受感染的人群进行监测，并采取相应的预防、控制措施。卫生主管部门和兽医主管部门应当及时相互通报情况。

第二十四条　有关单位和个人对重大动物疫情不得瞒报、谎报、迟报，不得授意他人瞒报、谎报、迟报，不得阻碍他人报告。

第二十五条　在重大动物疫情报告期间，有关动物防疫监督机构应当立即采取临时隔离控制措施；必要时，当地县级以上地方人民政府可以作出封锁决定并采取扑杀、销毁等措施。有关单位和个人应当执行。

第四章　应急处理

第二十六条　重大动物疫情发生后，国务院和有关地方人民政府设立的重大动物疫情应急指挥部统一领导、指挥重大动物疫情应急工作。

第二十七条　重大动物疫情发生后，县级以上地方人民政府兽医主管部门应当立即划定疫点、疫区和受威胁区，调查疫源，向本级人民政府提出启动重大动物疫情应急指挥系统、应急预案和对疫区实行封锁的建议，有关人民政府应当立即作出决定。

疫点、疫区和受威胁区的范围应当按照不同动物疫病病种及其流行特点和危害程度划定，具体划定标准由国务院兽医主管部门制定。

第二十八条　国家对重大动物疫情应急处理实行分级管理，按照应急预案确定的疫情等级，由有关人民政府采取相应的应急控制措施。

第二十九条　对疫点应当采取下列措施：

（一）扑杀并销毁染疫动物和易感染的动物及其产品；

（二）对病死的动物、动物排泄物、被污染饲料、垫料、污水进行无害化处理；

（三）对被污染的物品、用具、动物圈舍、场地进行严格消毒。

第三十条　对疫区应当采取下列措施：

（一）在疫区周围设置警示标志，在出入疫区的交通路口设置临时动物检疫消毒站，对出入的人员和车辆进行消毒；

（二）扑杀并销毁染疫和疑似染疫动物及其同群动物，销毁染疫和疑似染疫的动物产品，对其他易感染的动物实行圈养或者在指定地点放养，役用动物限制在疫区内使役；

（三）对易感染的动物进行监测，并按照国务院兽医主管部门的规定实施紧急免疫接种，必要时对易感染的动物进行扑杀；

（四）关闭动物及动物产品交易市场，禁止动物进出疫区和动物产品运出疫区；

（五）对动物圈舍、动物排泄物、垫料、污水和其他可能受污染的物品、场地，进行消毒或者无害化处理。

第三十一条　对受威胁区应当采取下列措施：

（一）对易感染的动物进行监测；

（二）对易感染的动物根据需要实施紧急免疫接种。

第三十二条 重大动物疫情应急处理中设置临时动物检疫消毒站以及采取隔离、扑杀、销毁、消毒、紧急免疫接种等控制、扑灭措施的，由有关重大动物疫情应急指挥部决定，有关单位和个人必须服从；拒不服从的，由公安机关协助执行。

第三十三条 国家对疫区、受威胁区内易感染的动物免费实施紧急免疫接种；对因采取扑杀、销毁等措施给当事人造成的已经证实的损失，给予合理补偿。紧急免疫接种和补偿所需费用，由中央财政和地方财政分担。

第三十四条 重大动物疫情应急指挥部根据应急处理需要，有权紧急调集人员、物资、运输工具以及相关设施、设备。

单位和个人的物资、运输工具以及相关设施、设备被征集使用的，有关人民政府应当及时归还并给予合理补偿。

第三十五条 重大动物疫情发生后，县级以上人民政府兽医主管部门应当及时提出疫点、疫区、受威胁区的处理方案，加强疫情监测、流行病学调查、疫源追踪工作，对染疫和疑似染疫动物及其同群动物和其他易感染动物的扑杀、销毁进行技术指导，并组织实施检验检疫、消毒、无害化处理和紧急免疫接种。

第三十六条 重大动物疫情应急处理中，县级以上人民政府有关部门应当在各自的职责范围内，做好重大动物疫情应急所需的物资紧急调度和运输、应急经费安排、疫区群众救济、人的疫病防治、肉食品供应、动物及其产品市场监管、出入境检验检疫和社会治安维护等工作。

中国人民解放军、中国人民武装警察部队应当支持配合驻地人民政府做好重大动物疫情的应急工作。

第三十七条 重大动物疫情应急处理中，乡镇人民政府、村民委员会、居民委员会应当组织力量，向村民、居民宣传动物疫病防治的相关知识，协助做好疫情信息的收集、报告和各项应急处理措施的落实工作。

第三十八条 重大动物疫情发生地的人民政府和毗邻地区的人民政府应当通力合作，相互配合，做好重大动物疫情的控制、扑灭工作。

第三十九条 有关人民政府及其有关部门对参加重大动物疫情应急处理的人员，应当采取必要的卫生防护和技术指导等措施。

第四十条 自疫区内最后一头（只）发病动物及其同群动物处理完毕起，经过一个潜伏期以上的监测，未出现新的病例的，彻底消毒后，经上一级动物防疫监督机构验收合格，由原发布封锁令的人民政府宣布解除封锁，撤销疫区；由原批准机关撤销在该疫区设立的临时动物检疫消毒站。

第四十一条 县级以上人民政府应当将重大动物疫情确认、疫区封锁、扑杀及其补偿、消毒、无害化处理、疫源追踪、疫情监测以及应急物资储备等应急经费列入本级财政预算。

第五章　法律责任

第四十二条 违反本条例规定，兽医主管部门及其所属的动物防疫监督机构有下列行为之一的，由本级人民政府或者上级人民政府有关部门责令立即改正、通报批评、给予警告；对主要负责人、负有责任的主管人员和其他责任人员，依法给予记大过、降级、撤职直至开除的行政处分；构成犯罪的，依法追究刑事责任：

（一）不履行疫情报告职责，瞒报、谎报、迟报或者授意他人瞒报、谎报、迟报，阻碍他人报告重大动物疫情的；

（二）在重大动物疫情报告期间，不采取临时隔离控制措施，导致动物疫情扩散的；

（三）不及时划定疫点、疫区和受威胁区，不及时向本级人民政府提出应急处理建议，或者不按照规定对疫点、疫区和受威胁区采取预防、控制、扑灭措施的；

（四）不向本级人民政府提出启动应急指挥系统、应急预案和对疫区的封锁建议的；

（五）对动物扑杀、销毁不进行技术指导或者指导不力，或者不组织实施检验检疫、消毒、无害化处理和紧急免疫接种的；

（六）其他不履行本条例规定的职责，导致动物疫病传播、流行，或者对养殖业生产安全和公众身体健康与生命安全造成严重危害的。

第四十三条　违反本条例规定，县级以上人民政府有关部门不履行应急处理职责，不执行对疫点、疫区和受威胁区采取的措施，或者对上级人民政府有关部门的疫情调查不予配合或者阻碍、拒绝的，由本级人民政府或者上级人民政府有关部门责令立即改正、通报批评、给予警告；对主要负责人、负有责任的主管人员和其他责任人员，依法给予记大过、降级、撤职直至开除的行政处分；构成犯罪的，依法追究刑事责任。

第四十四条　违反本条例规定，有关地方人民政府阻碍报告重大动物疫情，不履行应急处理职责，不按照规定对疫点、疫区和受威胁区采取预防、控制、扑灭措施，或者对上级人民政府有关部门的疫情调查不予配合或者阻碍、拒绝的，由上级人民政府责令立即改正、通报批评、给予警告；对政府主要领导人依法给予记大过、降级、撤职直至开除的行政处分；构成犯罪的，依法追究刑事责任。

第四十五条　截留、挪用重大动物疫情应急经费，或者侵占、挪用应急储备物资的，按照《财政违法行为处罚处分条例》的规定处理；构成犯罪的，依法追究刑事责任。

第四十六条　违反本条例规定，拒绝、阻碍动物防疫监督机构进行重大动物疫情监测，或者发现动物出现群体发病或者死亡，不向当地动物防疫监督机构报告的，由动物防疫监督机构给予警告，并处 2000 元以上 5000 元以下的罚款；构成犯罪的，依法追究刑事责任。

第四十七条　违反本条例规定，擅自采集重大动物疫病病料，或者在重大动物疫病病原分离时不遵守国家有关生物安全管理规定的，由动物防疫监督机构给予警告，并处 5000 元以下的罚款；构成犯罪的，依法追究刑事责任。

第四十八条　在重大动物疫情发生期间，哄抬物价、欺骗消费者，散布谣言、扰乱社会秩序和市场秩序的，由价格主管部门、工商行政管理部门或者公安机关依法给予行政处罚；构成犯罪的，依法追究刑事责任。

第六章　附则

第四十九条　本条例自公布之日起施行。

中华人民共和国进出境动植物检疫法实施条例

(1996 年 12 月 2 日国务院令第 206 号发布,自 1997 年 1 月 1 日起施行)

第一章　总则

第一条　根据《中华人民共和国进出境动植物检疫法》(以下简称进出境动植物检疫法)的规定,制定本条例。

第二条　下列各物,依照进出境动植物检疫法和本条例的规定实施检疫:

(一)进境、出境、过境的动植物、动植物产品和其他检疫物;

(二)装载动植物、动植物产品和其他检疫物的装载容器、包装物、铺垫材料;

(三)来自动植物疫区的运输工具;

(四)进境拆解的废旧船舶;

(五)有关法律、行政法规、国际条约规定或者贸易合同约定应当实施进出境动植物检疫的其他货物、物品。

第三条　国务院农业行政主管部门主管全国进出境动植物检疫工作。

中华人民共和国动植物检疫局(以下简称国家动植物检疫局)统一管理全国进出境动植物检疫工作,收集国内外重大动植物疫情,负责国际间进出境动植物检疫的合作与交流。国家动植物检疫局在对外开放的口岸和进出境动植物检疫业务集中的地点设立的口岸动植物检疫机关,依照进出境动植物检疫法和本条例的规定,实施进出境动植物检疫。

第四条　国(境)外发生重大动植物疫情并可能传入中国时,根据情况采取下列紧急预防措施:

(一)国务院可以对相关边境区域采取控制措施,必要时下令禁止来自动植物疫区的运输工具进境或者封锁有关口岸;

(二)国务院农业行政主管部门可以公布禁止从动植物疫情流行的国家和地区进境的动植物、动植物产品和其他检疫物的名录;

(三)有关口岸动植物检疫机关可以对可能受病虫害污染的本条例第二条所列进境各物采取紧急检疫处理措施;

(四)受动植物疫情威胁地区的地方人民政府可以立即组织有关部门制定并实施应急方案,同时向上级人民政府和国家动植物检疫局报告。

邮电、运输部门对重大动植物疫情报告和送检材料应当优先传送。

第五条　享有外交、领事特权与豁免的外国机构和人员公用或者自用的动植物、动植物产品和其他检疫物进境,应当依照进出境动植物检疫法和本条例的规定实施检疫;口岸动植物检疫机关查验时,应当遵守有关法律的规定。

第六条　海关依法配合口岸动植物检疫机关,对进出境动植物、动植物产品和其他检疫物实行监管。具体办法由国务院农业行政主管部门会同海关总署制定。

第七条　进出境动植物检疫法所称动植物疫区和动植物疫情流行的国家与地区的名录,由国务院农业行政主管部门确定并公布。

第八条　对贯彻执行进出境动植物检疫法和本条例做出显著成绩的单位和个人,给予奖励。

第二章　检疫审批

第九条　输入动物、动物产品和进出境动植物检疫法第五条第一款所列禁止进境物的检疫审批，由国家动植物检疫局或者其授权的口岸动植物检疫机关负责。

输入植物种子、种苗及其他繁殖材料的检疫审批，由植物检疫条例规定的机关负责。

第十条　符合下列条件的，方可办理进境检疫审批手续：

（一）输出国家或者地区无重大动植物疫情；

（二）符合中国有关动植物检疫法律、法规、规章的规定；

（三）符合中国与输出国家或者地区签订的有关双边检疫协定（含检疫协议、备忘录等，下同）。

第十一条　检疫审批手续应当在贸易合同或者协议签订前办妥。

第十二条　携带、邮寄植物种子、种苗及其他繁殖材料进境的，必须事先提出申请，办理检疫审批手续；因特殊情况无法事先办理的，携带人或者邮寄人应当在口岸补办检疫审批手续，经审批机关同意并经检疫合格后方准进境。

第十三条　要求运输动物过境的，货主或者其代理人必须事先向国家动植物检疫局提出书面申请，提交输出国家或者地区政府动植物检疫机关出具的疫情证明、输入国家或者地区政府动植物检疫机关出具的准许该动物进境的证件，并说明拟过境的路线，国家动植物检疫局审查同意后，签发《动物过境许可证》。

第十四条　因科学研究等特殊需要，引进进出境动植物检疫法第五条第一款所列禁止进境物的，办理禁止进境物特许检疫审批手续时，货主、物主或者其代理人必须提交书面申请，说明其数量、用途、引进方式、进境后的防疫措施，并附具有关口岸动植物检疫机关签署的意见。

第十五条　办理进境检疫审批手续后，有下列情况之一的，货主、物主或者其代理人应当重新申请办理检疫审批手续：

（一）变更进境物的品种或者数量的；

（二）变更输出国家或者地区的；

（三）变更进境口岸的；

（四）超过检疫审批有效期的。

第三章　进境检疫

第十六条　进出境动植物检疫法第十一条所称中国法定的检疫要求，是指中国的法律、行政法规和国务院农业行政主管部门规定的动植物检疫要求。

第十七条　国家对向中国输出动植物产品的国外生产、加工、存放单位，实行注册登记制度。具体办法由国务院农业行政主管部门制定。

第十八条　输入动植物、动植物产品和其他检疫物的，货主或者其代理人应当在进境前或者进境时向进境口岸动植物检疫机关报检。属于调离海关监管区检疫的，运达指定地点时，货主或者其代理人应当通知有关口岸动植物检疫机关。属于转关货物的，货主或者其代理人应当在进境时向进境口岸动植物检疫机关申报；到达指运地时，应当向指运地口岸动植物检疫机关报检。

输入种畜禽及其精液、胚胎的，应当在进境前30日报检；输入其他动物的，应当在进境前15日报检；输入植物种子、种苗及其他繁殖材料的，应当在进境前7日报检。

动植物性包装物、铺垫材料进境时，货主或者其代理人应当及时向口岸动植物检疫机关申报；动植物检疫机关可以根据具体情况对申报物实施检疫。

前款所称动植物性包装物、铺垫材料，是指直接用作包装物、铺垫材料的动物产品和植物、植物产品。

　　第十九条　向口岸动植物检疫机关报检时，应当填写报检单，并提交输出国家或者地区政府动植物检疫机关出具的检疫证书、产地证书和贸易合同、信用证、发票等单证；依法应当办理检疫审批手续的，还应当提交检疫审批单。无输出国家或者地区政府动植物检疫机关出具的有效检疫证书，或者未依法办理检疫审批手续的，口岸动植物检疫机关可以根据具体情况，作退回或者销毁处理。

　　第二十条　输入的动植物、动植物产品和其他检疫物运达口岸时，检疫人员可以到运输工具上和货物现场实施检疫，核对货、证是否相符，并可以按照规定采取样品。承运人、货主或者其代理人应当向检疫人员提供装载清单和有关资料。

　　第二十一条　装载动物的运输工具抵达口岸时，上下运输工具或者接近动物的人员，应当接受口岸动植物检疫机关实施的防疫消毒，并执行其采取的其他现场预防措施。

　　第二十二条　检疫人员应当按照下列规定实施现场检疫：

　　（一）动物：检查有无疫病的临床症状。发现疑似感染传染病或者已死亡的动物时，在货主或者押运人的配合下查明情况，立即处理。动物的铺垫材料、剩余饲料和排泄物等，由货主或者其代理人在检疫人员的监督下，作除害处理。

　　（二）动物产品：检查有无腐败变质现象，容器、包装是否完好。符合要求的，允许卸离运输工具。发现散包、容器破裂的，由货主或者其代理人负责整理完好，方可卸离运输工具。根据情况，对运输工具的有关部位及装载动物产品的容器、外表包装、铺垫材料、被污染场地等进行消毒处理。需要实施实验室检疫的，按照规定采取样品。对易滋生植物害虫或者混藏杂草种子的动物产品，同时实施植物检疫。

　　（三）植物、植物产品：检查货物和包装物有无病虫害，并按照规定采取样品。发现病虫害并有扩散可能时，及时对该批货物、运输工具和装卸现场采取必要的防疫措施。对来自动物传染病疫区或者易带动物传染病和寄生虫病病原体并用作动物饲料的植物产品，同时实施动物检疫。

　　（四）动植物性包装物、铺垫材料：检查是否携带病虫害、混藏杂草种子、沾带土壤，并按照规定采取样品。

　　（五）其他检疫物：检查包装是否完好及是否被病虫害污染。发现破损或者被病虫害污染时，作除害处理。

　　第二十三条　对船舶、火车装运的大宗动植物产品，应当就地分层检查；限于港口、车站的存放条件，不能就地检查的，经口岸动植物检疫机关同意，也可以边卸载边疏运，将动植物产品运往指定的地点存放。在卸货过程中经检疫发现疫情时，应当立即停止卸货，由货主或者其代理人按照口岸动植物检疫机关的要求，对已卸和未卸货物作除害处理，并采取防止疫情扩散的措施；对被病虫害污染的装卸工具和场地，也应当作除害处理。

　　第二十四条　输入种用大中家畜的，应当在国家动植物检疫局设立的动物隔离检疫场所隔离检疫 45 日；输入其他动物的，应当在口岸动植物检疫机关指定的动物隔离检疫场所隔离检疫 30 日。动物隔离检疫场所管理办法，由国务院农业行政主管部门制定。

　　第二十五条　进境的同一批动植物产品分港卸货时，口岸动植物检疫机关只对本港卸下的货物进行检疫，先期卸货港的口岸动植物检疫机关应当将检疫及处理情况及时通知其他分卸港的口岸动植物检疫机关；需要对外出证的，由卸毕港的口岸动植物检疫机关汇总后统一出具检疫证书。

　　在分卸港实施检疫中发现疫情并必须进行船上熏蒸、消毒时，由该分卸港的口岸动植物检疫机关统一出具检疫证书，并及时通知其他分卸港的口岸动植物检疫机关。

　　第二十六条　对输入的动植物、动植物产品和其他检疫物，按照中国的国家标准、行业标准以及国家动植物检疫局的有关规定实施检疫。

第二十七条　输入动植物、动植物产品和其他检疫物，经检疫合格的，由口岸动植物检疫机关在报关单上加盖印章或者签发《检疫放行通知单》；需要调离进境口岸海关监管区检疫的，由进境口岸动植物检疫机关签发《检疫调离通知单》。货主或者其代理人凭口岸动植物检疫机关在报关单上加盖的印章或者签发的《检疫放行通知单》、《检疫调离通知单》办理报关、运递手续。海关对输入的动植物、动植物产品和其他检疫物，凭口岸动植物检疫机关在报关单上加盖的印章或者签发的《检疫放行通知单》、《检疫调离通知单》验放。运输、邮电部门凭单运递，运递期间国内其他检疫机关不再检疫。

第二十八条　输入动植物、动植物产品和其他检疫物，经检疫不合格的，由口岸动植物检疫机关签发《检疫处理通知单》，通知货主或者其代理人在口岸动植物检疫机关的监督和技术指导下，作除害处理；需要对外索赔的，由口岸动植物检疫机关出具检疫证书。

第二十九条　国家动植物检疫局根据检疫需要，并商输出动植物、动植物产品国家或者地区政府有关机关同意，可以派检疫人员进行预检、监装或者产地疫情调查。

第三十条　海关、边防等部门截获的非法进境的动植物、动植物产品和其他检疫物，应当就近交由口岸动植物检疫机关检疫。

第四章　出境检疫

第三十一条　货主或者其代理人依法办理动植物、动植物产品和其他检疫物的出境报检手续时，应当提供贸易合同或者协议。

第三十二条　对输入国要求中国对向其输出的动植物、动植物产品和其他检疫物的生产、加工、存放单位注册登记的，口岸动植物检疫机关可以实行注册登记，并报国家动植物检疫局备案。

第三十三条　输出动物，出境前需经隔离检疫的，在口岸动植物检疫机关指定的隔离场所检疫。输出植物、动植物产品和其他检疫物的，在仓库或者货场实施检疫；根据需要，也可以在生产、加工过程中实施检疫。待检出境植物、动植物产品和其他检疫物，应当数量齐全、包装完好、堆放整齐、唛头标记明显。

第三十四条　输出动植物、动植物产品和其他检疫物的检疫依据：

（一）输入国家或者地区和中国有关动植物检疫规定；

（二）双边检疫协定；

中华人民共和国进出境动植物检疫法实施条例

（三）贸易合同中订明的检疫要求。

第三十五条　经启运地口岸动植物检疫机关检疫合格的动植物、动植物产品和其他检疫物，运达出境口岸时，按照下列规定办理：

（一）动物应当经出境口岸动植物检疫机关临床检疫或者复检；

（二）植物、动植物产品和其他检疫物从启运地随原运输工具出境的，由出境口岸动植物检疫机关验证放行；改换运输工具出境的，换证放行；

（三）植物、动植物产品和其他检疫物到达出境口岸后拼装的，因变更输入国家或者地区而有不同检疫要求的，或者超过规定的检疫有效期的，应当重新报检。

第三十六条　输出动植物、动植物产品和其他检疫物，经启运地口岸动植物检疫机关检疫合格的，运达出境口岸时，运输、邮电部门凭启运地口岸动植物检疫机关签发的检疫单证运递，国内其他检疫机关不再检疫。

第五章　过境检疫

第三十七条　运输动植物、动植物产品和其他检疫物过境（含转运，下同）的，承运人或者押运人应当持货运单和输出国家或者地区政府动植物检疫机关出具的证书，向进境口岸动植物检疫机关报检；运输动物过境的，还应当同时提交国家动植物检疫局签发的《动物过境许可证》。

第三十八条 过境动物运达进境口岸时，由进境口岸动植物检疫机关对运输工具、容器的外表进行消毒并对动物进行临床检疫，经检疫合格的，准予过境。进境口岸动植物检疫机关可以派检疫人员监运至出境口岸，出境口岸动植物检疫机关不再检疫。

第三十九条 装载过境植物、动植物产品和其他检疫物的运输工具和包装物、装载容器必须完好。经口岸动植物检疫机关检查，发现运输工具或者包装物、装载容器有可能造成途中散漏的，承运人或者押运人应当按照口岸动植物检疫机关的要求，采取密封措施；无法采取密封措施的，不准过境。

第六章 携带、邮寄物检疫

第四十条 携带、邮寄植物种子、种苗及其他繁殖材料进境，未依法办理检疫审批手续的，由口岸动植物检疫机关作退回或者销毁处理。邮件作退回处理的，由口岸动植物检疫机关在邮件及发递单上批注退回原因；邮件作销毁处理的，由口岸动植物检疫机关签发通知单，通知寄件人。

第四十一条 携带动植物、动植物产品和其他检疫物进境的，进境时必须向海关申报并接受口岸动植物检疫机关检疫。海关应当将申报或者查获的动植物、动植物产品和其他检疫物及时交由口岸动植物检疫机关检疫。未经检疫的，不得携带进境。

第四十二条 口岸动植物检疫机关可以在港口、机场、车站的旅客通道、行李提取处等现场进行检查，对可能携带动植物、动植物产品和其他检疫物而未申报的，可以进行查询并抽检其物品，必要时可以开包（箱）检查。

旅客进出境检查现场应当设立动植物检疫台位和标志。

第四十三条 携带动物进境的，必须持有输出动物的国家或者地区政府动植物检疫机关出具的检疫证书，经检疫合格后放行；携带犬、猫等宠物进境的，还必须持有疫苗接种证书。

没有检疫证书、疫苗接种证书的，由口岸动植物检疫机关作限期退回或者没收销毁处理。作限期退回处理的，携带人必须在规定的时间内持口岸动植物检疫机关签发的截留凭证，领取并携带出境；逾期不领取的，作自动放弃处理。

携带植物、动植物产品和其他检疫物进境，经现场检疫合格的，当场放行；需要作实验室检疫或者隔离检疫的，由口岸动植物检疫机关签发截留凭证。截留检疫合格的，携带人持截留凭证向口岸动植物检疫机关领回；逾期不领回的，作自动放弃处理。

禁止携带、邮寄进出境动植物检疫法第二十九条规定的名录所列动植物、动植物产品和其他检疫物进境。

第四十四条 邮寄进境的动植物、动植物产品和其他检疫物，由口岸动植物检疫机关在国际邮件互换局（含国际邮件快递公司及其他经营国际邮件的单位，以下简称邮局）实施检疫。邮局应当提供必要的工作条件。

经现场检疫合格的，由口岸动植物检疫机关加盖检疫放行章，交邮局运递。需要作实验室检疫或者隔离检疫的，口岸动植物检疫机关应当向邮局办理交接手续；检疫合格的，加盖检疫放行章，交邮局运递。

第四十五条 携带、邮寄进境的动植物、动植物产品和其他检疫物，经检疫不合格又无有效方法作除害处理的，作退回或者销毁处理，并签发《检疫处理通知单》交携带人、寄件人。

第七章 运输工具检疫

第四十六条 口岸动植物检疫机关对来自动植物疫区的船舶、飞机、火车，可以登船、登机、登车实施现场检疫。有关运输工具负责人应当接受检疫人员的询问并在询问记录上签字，提供运行日志和装载货物的情况，开启舱室接受检疫。

口岸动植物检疫机关应当对前款运输工具可能隐藏病虫害的餐车、配餐间、厨房、储藏室、食品舱等动植物产品存放、使用场所和泔水、动植物性废弃物的存放场所以及集装箱箱体等区域或者部位，实施检疫；必要时，作防疫消毒处理。

第四十七条　来自动植物疫区的船舶、飞机、火车，经检疫发现有进出境动植物检疫法第十八条规定的名录所列病虫害的，必须作熏蒸、消毒或者其他除害处理。发现有禁止进境的动植物、动植物产品和其他检疫物的，必须作封存或者销毁处理；作封存处理的，在中国境内停留或者运行期间，未经口岸动植物检疫机关许可，不得启封动用。对运输工具上的泔水、动植物性废弃物及其存放场所、容器，应当在口岸动植物检疫机关的监督下作除害处理。

第四十八条　来自动植物疫区的进境车辆，由口岸动植物检疫机关作防疫消毒处理。装载进境动植物、动植物产品和其他检疫物的车辆，经检疫发现病虫害的，连同货物一并作除害处理。装运供应香港、澳门地区的动物的回空车辆，实施整车防疫消毒。

第四十九条　进境拆解的废旧船舶，由口岸动植物检疫机关实施检疫。发现病虫害的，在口岸动植物检疫机关监督下作除害处理。发现有禁止进境的动植物、动植物产品和其他检疫物的，在口岸动植物检疫机关的监督下作销毁处理。

第五十条　来自动植物疫区的进境运输工具经检疫或者经消毒处理合格后，运输工具负责人或者其代理人要求出证的，由口岸动植物检疫机关签发《运输工具检疫证书》或者《运输工具消毒证书》。

第五十一条　进境、过境运输工具在中国境内停留期间，交通员工和其他人员不得将所装载的动植物、动植物产品和其他检疫物带离运输工具；需要带离时，应当向口岸动植物检疫机关报检。

第五十二条　装载动物出境的运输工具，装载前应当在口岸动植物检疫机关监督下进行消毒处理。

装载植物、动植物产品和其他检疫物出境的运输工具，应当符合国家有关动植物防疫和检疫的规定。发现危险性病虫害或者超过规定标准的一般性病虫害的，作除害处理后方可装运。

第八章　检疫监督

第五十三条　国家动植物检疫局和口岸动植物检疫机关对进出境动植物、动植物产品的生产、加工、存放过程，实行检疫监督制度。具体办法由国务院农业行政主管部门制定。

第五十四条　进出境动物和植物种子、种苗及其他繁殖材料，需要隔离饲养、隔离种植的，在隔离期间，应当接受口岸动植物检疫机关的检疫监督。

第五十五条　从事进出境动植物检疫熏蒸、消毒处理业务的单位和人员，必须经口岸动植物检疫机关考核合格。

口岸动植物检疫机关对熏蒸、消毒工作进行监督、指导，并负责出具熏蒸、消毒证书。

第五十六条　口岸动植物检疫机关可以根据需要，在机场、港口、车站、仓库、加工厂、农场等生产、加工、存放进出境动植物、动植物产品和其他检疫物的场所实施动植物疫情监测，有关单位应当配合。

未经口岸动植物检疫机关许可，不得移动或者损坏动植物疫情监测器具。

第五十七条　口岸动植物检疫机关根据需要，可以对运载进出境动植物、动植物产品和其他检疫物的运输工具、装载容器加施动植物检疫封识或者标志；未经口岸动植物检疫机关许可，不得开拆或者损毁检疫封识、标志。

动植物检疫封识和标志由国家动植物检疫局统一制发。

第五十八条　进境动植物、动植物产品和其他检疫物，装载动植物、动植物产品和其他检疫物的装载容器、包装物，运往保税区（含保税工厂、保税仓库等）的，在进境口岸依法实施检疫；口岸动植物检疫机关可以根据具体情况实施检疫监督；经加工复运出境的，依照进出境动植物检疫法和本条例有关出境检疫的规定办理。

第九章　法律责任

第五十九条　有下列违法行为之一的，由口岸动植物检疫机关处 5000 元以下的罚款：

（一）未报检或者未依法办理检疫审批手续或者未按检疫审批的规定执行的；

（二）报检的动植物、动植物产品和其他检疫物与实际不符的。

有前款第（二）项所列行为，已取得检疫单证的，予以吊销。

第六十条　有下列违法行为之一的，由口岸动植物检疫机关处 3000 元以上 3 万元以下的罚款：

（一）未经口岸动植物检疫机关许可擅自将进境、过境动植物、动植物产品和其他检疫物卸离运输工具或者运递的；

（二）擅自调离或者处理在口岸动植物检疫机关指定的隔离场所中隔离检疫的动植物的；

（三）擅自开拆过境动植物、动植物产品和其他检疫的包装，或者擅自开拆、损毁动植物检疫封识或者标志的；

（四）擅自抛弃过境动物的尸体、排泄物、铺垫材料或者其他废弃物，或者未按规定处理运输工具上的泔水、动植物性废弃物的。

第六十一条　依照本法第十七条、第三十二条的规定注册登记的生产、加工、存放动植物、动植物产品和其他检疫物的单位，进出境的上述物品经检疫不合格的，除依照本法有关规定作退回、销毁或者除害处理外，情节严重的，由口岸动植物检疫机关注销注册登记。

第六十二条　有下列违法行为之一的，依法追究刑事责任；尚不构成犯罪或者犯罪情节显著轻微依法不需要判处刑罚的，由口岸动植物检疫机关处 2 万元以上 5 万元以下的罚款：

（一）引起重大动植物疫情的；

（二）伪造、变造动植物检疫单证、印章、标志、封识的。

第六十三条　从事进出境动植物检疫熏蒸、消毒处理业务的单位和人员，不按照规定进行熏蒸和消毒处理的，口岸动植物检疫机关可以视情节取消其熏蒸、消毒资格。

第十章　附则

第六十四条　进出境动植物检疫法和本条例下列用语的含义：

（一）"植物种子、种苗及其他繁殖材料"，是指栽培、野生的可供繁殖的植物全株或者部分，如植株、苗木（含试管苗）、果实、种子、砧木、接穗、插条、叶片、芽体、块根、块茎、鳞茎、球茎、花粉、细胞培养材料等；

（二）"装载容器"，是指可以多次使用、易受病虫害污染并用于装载进出境货物的容器，如笼、箱、桶、筐等；

（三）"其他有害生物"，是指动物传染病、寄生虫病和植物危险性病、虫、杂草以外的各种危害动植物的生物有机体、病原微生物，以及软体类、啮齿类、螨类、多足虫类动物和危险性病虫的中间寄主、媒介生物等；

（四）"检疫证书"，是指动植物检疫机关出具的关于动植物、动植物产品和其他检疫物健康或者卫生状况的具有法律效力的文件，如《动物检疫证书》、《植物检疫证书》、《动物健康证书》、《兽医卫生证书》、《熏蒸/消毒证书》等。

第六十五条　对进出境动植物、动植物产品和其他检疫物因实施检疫或者按照规定作熏蒸、消毒、退回、销毁等处理所需费用或者招致的损失，由货主、物主或者其代理人承担。

第六十六条　口岸动植物检疫机关依法实施检疫，需要采取样品时，应当出具采样凭单；验余的样品，货主、物主或者其代理人应当在规定的期限内领回；逾期不领回的，由口岸动植物检疫机关按照规定处理。

第六十七条　贸易性动物产品出境的检疫机关，由国务院根据情况规定。

第六十八条　本条例自 1997 年 1 月 1 日起施行。

2.2　地方法规

北京市实验动物管理条例

(1996 年 10 月 17 日北京市第十届人民代表大会常务委员会第三十一次会议通过　2004 年 12 月 2 日北京市第十二届人民代表大会常务委员会第十七次会议修订)

第一章　总则

第一条　为了加强实验动物的管理工作，保证实验动物和动物实验的质量，适应科学研究、经济建设与社会发展和对外开放的需要，根据国家有关法律、法规，结合本市实际情况，制定本条例。

第二条　本条例所称实验动物，是指经人工饲养、繁育，对其携带的微生物及寄生虫实行控制，遗传背景明确或者来源清楚的，应用于科学研究、教学、生产和检定以及其他科学实验的动物。根据对微生物和寄生虫的控制，实验动物分为普通级、清洁级、无特定病原体级和无菌级。

第三条　本条例适用于在本市行政区域内从事实验动物的科学研究、生产和应用的单位和个人。国家法律、法规另有规定的，按照有关规定办理。

第四条　实验动物的管理工作，应当协调统一，加强规划，合理分工，资源共享，有利于市场规范，促进实验动物的科学研究、生产和应用。

第五条　市科学技术行政部门主管本市实验动物工作，负责制定实验动物发展规划，以科技项目经费支持实验动物科学研究。北京市实验动物管理办公室在市科学技术行政部门的领导下，负责实验动物的日常管理与监督工作。市人民政府有关部门应当按照各自的职责，做好实验动物有关管理工作。

第六条　本市实行实验动物的质量监督和许可证制度。实验动物的质量监控，执行国家标准；国家尚未制定标准的，执行行业标准；国家、行业均未制定标准的，执行地方标准。从事实验动物工作的单位和个人，应当取得市科学技术行政部门颁发的实验动物生产许可证、实验动物使用许可证。实验动物生产许可证、实验动物使用许可证不得转让。

第七条　从事实验动物工作的单位和个人，应当维护动物福利，保障生物安全，防止环境污染。

第八条　管理实验动物工作的部门，应当对在实验动物工作中做出突出贡献的单位和个人，给予表彰和奖励。

第二章　从事实验动物工作的单位及人员

第九条　从事实验动物工作的单位，应当配备科技人员，有实验动物管理机构负责实验动物工作中涉及实验动物项目的管理，并对动物实验进行伦理审查。

第十条　从事实验动物工作的单位，应当组织从业人员进行专业培训。未经培训的，不得上岗。从事实验动物工作的单位，应当组织实验动物专业技术人员参加实验动物学及相关专业的继续教育。

第十一条　从事实验动物工作的单位，应当组织技术工人参加技术等级考核；对从事实验动物工作的专业技术人员，根据其岗位特点和专业水平评定、晋升专业技术职务。

第十二条　从事实验动物工作的单位，应当采取防护措施，保证从业人员的健康与安全，组织从业人员每年进行身体检查，及时调整健康状况不宜从事实验动物工作的人员。

第十三条　从事实验动物工作的人员，应当遵守实验动物的各项管理规定。

第十四条　取得实验动物许可证的单位和个人，生产或者应用实验用犬的，免交管理服务费。

第三章　实验动物的生产

第十五条　从事实验动物及相关产品保种、繁育、生产、供应、运输及有关商业性经营的单位和个人，应当按照实验动物生产许可证许可范围，生产供应或者出售合格的实验动物及相关产品。

第十六条　实验动物生产环境设施应当符合不同等级实验动物标准要求。不同等级、不同品种的实验动物，应当按照相应的标准，在不同的环境设施中分别管理，使用合格的饲料、笼具、垫料等用品。

第十七条　从事实验动物保种、繁育的单位和个人，应当采用国内、国际公认的品种、品系和标准的繁育方法。为补充种源、开发实验动物新品种或者科学研究需要捕捉野生动物的，应当按照国家有关法律、法规办理。

第十八条　从事实验动物及其相关产品生产的单位和个人，应当根据遗传学、寄生虫学、微生物学、营养学和生产环境设施方面的标准，定期进行质量检测。各项操作过程和检测数据应当有完整、准确的记录。

第十九条　从事实验动物及其相关产品生产的单位和个人，供应或者出售实验动物及相关产品时，应当提供质量合格证明。合格证明应当标明实验动物或者相关产品的确切名称、等级、数量、质量检测情况、购买单位名称、出售日期、许可证编号等内容，由出售单位负责人签字并加盖公章。

第二十条　运输实验动物使用的转运工具和笼器具，应当符合所运实验动物的微生物和环境质量控制标准。不同品种、品系、性别和等级的实验动物，不得在同一笼盒内混合装运。

第二十一条　实验动物的进口与出口管理，按照国家有关规定办理。

第四章　实验动物的应用

第二十二条　利用实验动物从事科研、生产、检定、检验和其他活动的单位和个人，应当按照使用许可证许可范围，使用合格的实验动物。

第二十三条　动物实验环境设施应当符合相应实验动物等级标准的要求，使用合格的饲料、笼具、垫料等用品。涉及放射性和感染性等有特殊要求的实验室，应当按照有关规定执行。

第二十四条　进行动物实验应当根据实验目的，使用相应等级标准的实验动物。

不同品种、不同等级和互有干扰的动物实验，不得在同一试验间进行。

第二十五条　申报科研课题、鉴定科研成果、进行检定检验和以实验动物为生产材料生产制品，应当把应用合格实验动物和使用相应等级的动物实验环境设施作为基本条件。应用不合格的实验动物或者在不合格的实验环境设施内取得的动物实验结果无效，生产的制品不得出售。

第二十六条　从事动物实验的人员应当遵循替代、减少和优化的原则进行实验设计，使用正确的方法处理实验动物。

第五章　实验动物的防疫

第二十七条　实验动物的预防免疫，应当结合实验动物的特殊要求办理。

第二十八条　实验动物发生疫情时，应当按照国家和本市有关规定办理。

第二十九条　从事实验动物相关工作的单位和个人，应当对实验动物尸体和废弃物进行无害化处理。

第六章　监督检查

第三十条　市科学技术行政部门对本市从事实验动物生产与应用的单位和个人进行监督检查，监督检查结果应当公示。

第三十一条　市科学技术行政部门聘请实验动物质量监督员，协助其对本市实验动物生产和应用活动进行监督检查。

第三十二条　本市对从事实验动物生产和应用的单位和个人建立信用管理制度。市科学技术行政部门应当公布实验动物许可单位和个人的信用信息。

鼓励公民向市科学技术行政部门举报违法从事实验动物生产和应用的行为。

第七章　法律责任

第三十三条　违反本条例的行为，法律、法规已有规定的，依照其规定追究责任。法律、法规没有规定的，依照本章以下各条相应规定追究责任。

第三十四条　取得实验动物许可证的单位和个人，违反本条例第十条、第十二条、第十六条、第十八条、第十九条、第二十条、第二十三条、第二十四条和第二十九条规定的，由市科学技术行政部门责令限期改正，并根据情节轻重，分别予以警告、暂扣实验动物许可证。

第三十五条　取得实验动物许可证的单位和个人，违反本条例第六条第四款、第十五条、第二十二条规定的，由市科学技术行政部门根据情节轻重，责令停止违法活动、吊销实验动物许可证。

第三十六条　违反本条例第六条第三款规定，未取得实验动物许可证从事实验动物生产和应用的，由市科学技术行政部门责令其停止违法活动，予以通报；由工商行政管理部门依法处理；对责任人员由其所在单位或者上级主管部门给予行政处分。

第三十七条　实验动物管理工作人员玩忽职守，滥用职权，徇私舞弊的，由其所在单位或者上级主管部门给予行政处分；构成犯罪的，依法追究刑事责任。

第八章　附则

第三十八条　本条例自 2005 年 1 月 1 日起施行。

湖北省实验动物管理条例

（2005 年 7 月 29 日湖北省第十届人民代表大会常务委员会第十六次会议通过）

第一章 总则

第一条 为了规范对实验动物工作的管理，保证实验动物和动物实验的质量，维护公共卫生安全，适应科学研究和经济社会发展的需要，根据国家有关规定，结合本省实际，制定本条例。

第二条 本条例所称实验动物，是指经人工饲育，对其携带的微生物实行控制，遗传背景明确或者来源清楚的用于科学研究、教学、生产和检定以及其他科学实验的动物。

第三条 本省行政区域内与实验动物有关的科学研究、生产、应用等活动及其管理与监督，适用本条例。

国家法律、法规另有规定的，按照有关规定办理。

第四条 省科学技术行政部门负责本省行政区域内的实验动物管理工作。市、州科学技术行政部门协助管理本行政区域内的实验动物工作。

卫生、教育、农业、质量技术监督、食品药品监督等有关部门应当在各自职责范围内做好实验动物管理工作。

第五条 实验动物按照国家标准实行分级分类管理。

第六条 实验动物管理实行许可证制度。

从事实验动物保种、繁育、生产、供应、运输、商业性经营以及实验动物相关产品生产、供应的单位和个人，应当按照国家规定取得省科学技术行政部门颁发的《实验动物生产许可证》。使用实验动物及相关产品进行科研、检定、检验和以实验动物为原料或者载体生产产品等活动的单位和个人，应当按照国家规定取得省科学技术行政部门颁发的《实验动物使用许可证》。

第二章 生产与经营

第七条 从事实验动物保种、繁育、生产、供应、运输、商业性经营以及实验动物相关产品生产、供应的单位和个人，应当按照生产许可证许可范围，生产供应合格的实验动物及相关产品。

第八条 实验动物的保种、繁育应当采用国内、国际认可的品种、品系，并持有有效的合格证书。实验动物种子应当来源于国家实验动物种子中心或者国家认可的种源单位。

鼓励支持培育实验动物新品种、品系。

第九条 实验动物生产环境设施应当符合不同等级实验动物标准要求。

不同来源，不同品种、品系和不同实验目的的实验动物，应当分开饲养。实验动物的饲育室和动物实验室应当分开设立。

第十条 实验动物的饲料、笼具、垫料、饮水应当符合国家标准和相关要求。

除特殊实验要求外，不得在实验动物饲料中，添加可能影响实验效果的药品和其他物料。

第十一条 从事实验动物生产活动的单位和个人应当根据遗传学、微生物学、营养学和饲育环境方面的国家标准和要求，定期进行质量监测。各项操作过程和监测数据应当有完整、准确的记录和统计报告。

第十二条 从事实验动物及其相关产品生产的单位和个人，供应、出售实验动物及相关产品时，应当提供质量合格证。合格证应当标明实验动物或者相关产品的确切名称、级别、规格、数量，质量检测情况，供应单位、日期，许可证号，并有负责人签字盖章。

第十三条　运输实验动物应当严格遵守国家有关规定，使用符合实验动物质量标准、等级要求的运输工具和笼器具，保证实验动物的质量及健康要求。

不同品种、品系和等级的实验动物不得混合装运。

第十四条　实验动物的出口管理，按照国家有关规定办理。

第三章　应用

第十五条　使用实验动物及相关产品进行科研、检定、检验和以实验动物为原料或者载体生产产品等活动的单位和个人，应当按照使用许可证许可范围，使用合格的实验动物。

第十六条　动物实验环境设施及饲料、笼具、垫料、饮水应当符合国家标准和相关要求。

第十七条　从事动物实验应当根据应用目的，选用相应等级要求的实验动物。同一间实验室不得同时进行不同品种、不同等级或者互有干扰的动物实验。

第十八条　申报科研课题、鉴定科研成果、进行检定检验和以实验动物为原料或者载体生产产品，应当把应用合格实验动物和使用相应等级的动物实验环境设施作为基本条件。

应用不合格的实验动物或者在不合格的实验环境设施内取得的动物实验结果无效，科研项目不得鉴定、评奖，生产的产品不得出售。

第十九条　应用从国外引进的实验动物以及将引进的实验动物转作种用动物时，应当遵守国家的相关规定并严格管理。

第四章　质量检测与防疫

第二十条　依法获得认证并经省科学技术行政部门批准的实验动物质量检测机构负责实验动物质量及相关条件的检测工作。

检测机构应当严格执行检测标准、方法和操作规程，出具真实、可靠的检测报告。

第二十一条　因培育实验动物新品种而需要捕捉野生动物时，应当按照国家法律法规的规定，申办捕猎证，并进行隔离检疫。

第二十二条　实验动物的预防免疫，应当结合实验动物的特殊要求办理。

第二十三条　实验动物发生传染性疾病以及人畜共患疾病时，从事实验动物工作的单位和个人应当按照国家法律法规的规定，立即报告当地动物防疫监督机构、畜牧兽医行政主管部门和卫生行政部门，并采取有效措施处理。如属重大动物疫情，应当按照国家规定立即启动突发重大动物疫情应急预案。

第五章　生物安全与动物福利

第二十四条　从事实验动物工作的单位和个人，应当保障生物安全，严防可能危及人身健康和公共卫生安全的实验动物流出实验动物环境设施。

第二十五条　凡开展病原体感染、化学染毒和放射性动物实验，应当遵守国家生物安全等级等相关规定。

第二十六条　不再使用的实验动物活体、尸体及废弃物、废水、废气等，应当经无害化处理。

第二十七条　从事实验动物基因修饰研究工作的单位和个人，应当严格执行国家有关基因工程安全管理方面的规定，对其从事的工作进行生物安全性评价，经批准后方可开展工作。

第二十八条　凡涉及伦理问题和物种安全的实验动物工作，应当严格遵守国家有关规定，并符合国际惯例。

第二十九条 从事实验动物工作的单位和个人，应当关爱实验动物，维护动物福利，不得戏弄、虐待实验动物。在符合科学原则的前提下，尽量减少动物使用量，减轻被处置动物的痛苦。鼓励开展动物实验替代方法的研究与应用。

第六章 管理与监督

第三十条 从事实验动物工作的单位，应当加强实验动物管理，制定严格的管理制度和科学的操作规程，并组织从业人员进行专业培训和技术等级考核，达到岗位要求。

对从事实验动物工作的人员，应当采取防护措施，保证其健康与安全，并定期组织健康检查，及时调整调离不宜承担实验动物工作的人员。

第三十一条 申请实验动物生产、使用许可证的单位和个人应当向省科学技术行政部门提交申请材料。省科学技术行政部门应当组织专家评审、进行现场检查核验。对达到等级标准的，省科学技术行政部门应当自受理行政许可申请之日起二十日内作出行政许可决定；对未达到等级标准的，提出整改意见。

第三十二条 实验动物生产、使用许可证的有效期为五年。换领许可证的单位和个人，应当在有效期届满三十日内，向省科学技术行政部门提出申请，由省科学技术行政部门按照规定审核办理。

第三十三条 省科学技术行政部门应当定期对实验动物生产、使用情况进行监督检查，并公布监督检查结果。

省科学技术行政部门应当建立和完善举报制度，公布举报方式，受理群众举报，及时查处实验动物生产与应用中的违法行为。

第三十四条 省科学技术行政部门对从事实验动物生产与应用的单位和个人建立信用管理制度，并通过媒体、网络等形式公布实验动物生产、应用、管理等方面的相关信息，方便公众及时查询和监督。

第七章 法律责任

第三十五条 违反本条例第九条、第十条、第十一条、第十二条、第十三条、第十六条、第十七条、第二十四条、第二十六条、第二十九条、第三十条规定的，由省科学技术行政部门予以警告、责令限期改正；拒不改正的，暂扣实验动物生产、使用许可证。

第三十六条 违反本条例第七条、第十五条规定的，由省科学技术行政部门予以警告、责令限期改正；情节严重的，吊销实验动物生产、使用许可证。

第三十七条 违反本条例规定，未取得实验动物生产、使用许可证擅自从事实验动物生产、应用等活动的，由省科学技术行政部门责令停止违法活动，予以通报，并由工商行政管理部门依法处理。

第三十八条 从事实验动物管理工作的人员，利用职务之便非法从事有关经营活动，或者在实验动物管理工作中，玩忽职守、滥用职权、徇私舞弊的，由其所在单位或者上级主管部门给予行政处分。

第八章 附则

第三十九条 本条例自 2005 年 10 月 1 日起施行。

云南省实验动物管理条例

(2007 年 7 月 27 日云南省第十届人民代表大会常务委员会第三十次会议通过)

第一章　总则

第一条　为了规范实验动物管理工作，保证实验动物的质量，维护公共卫生安全，根据国务院批准的《实验动物管理条例》和有关法律、法规，结合本省实际，制定本条例。

第二条　本省行政区域内从事实验动物的生产、使用和监督管理等活动，应当遵守本条例。

第三条　本条例所称实验动物，是指经人工饲育，对其携带的微生物及寄生虫实行控制，遗传背景明确或者来源清楚，应用于科学研究、教学、生产、检定以及其他科学实验的动物。

第四条　省人民政府科学技术行政主管部门负责本省行政区域内的实验动物管理工作；州(市)人民政府科学技术行政主管部门协助管理本行政区域内的实验动物工作。

卫生、教育、农业、林业、环保、公安、工商、质量技术监督、食品药品监督等有关行政部门应当在各自职责范围内，做好实验动物管理工作。

第五条　实验动物按照国家标准实行分级分类管理。

实验动物质量标准分为四级：一级为普通级，二级为清洁级，三级为无特定病原体级，四级为无菌级(包括悉生动物)。

实验动物的质量监控执行国家标准；国家尚未制定标准的，执行行业标准；国家、行业尚未制定标准的，执行地方标准。

第二章　从事实验动物工作的单位和人员

第六条　从事实验动物工作的单位应当设立实验动物管理机构，配备专业技术人员，负责对实验动物项目的管理和对动物实验伦理审查。

第七条　从事实验动物工作的人员应当经过专业培训，并经省科学技术行政主管部门考核合格。

从事实验动物工作的人员应当遵守实验动物管理的各项规定。

第八条　从事实验动物工作的单位应当组织专业技术人员和技术工人参加实验动物相关专业的继续教育；根据专业技术人员的岗位特点和专业水平评定、晋升其专业技术职务；组织技术工人参加技术等级考核。

第九条　从事实验动物工作的单位应当对从事实验动物的工作人员采取安全防护措施，每年组织身体健康检查，确保工作人员的安全。

第三章　实验动物生产和使用

第十条　从事实验动物生产的单位和个人，应当取得省科学技术行政主管部门颁发的《实验动物生产许可证》，并在许可范围内进行相关活动。

实验动物生产许可证，适用于从事实验动物及相关产品保种、引种、繁育、供应、运输和经营。

第十一条　申请《实验动物生产许可证》的单位和个人应当具备下列条件：

(一)实验动物种子来源于国家实验动物种子中心或者国家认可的保种单位、种源单位；

（二）实验动物的生产环境设施符合国家对不同等级实验动物的标准要求，具有保证实验动物及相关产品质量的基本检测手段；

（三）实验动物饲料、笼具、垫料、饮水等符合国家标准和相关要求；

（四）具有保证实验动物质量和正常生产的专业技术人员和技术工人；

（五）有健全的管理制度和相应的标准操作规程。

第十二条 从事实验动物保种、繁育的单位和个人，应当采用国际、国家认可的品种、品系和标准的繁育方法，其生产的产品应当取得质量合格证或者品质鉴定证书。

鼓励符合国家规定条件的单位申请建立保种或者种源基地，培育实验动物新品种、品系。

第十三条 动物实验需要使用野生动物的，应当经野生动物行政主管部门批准，并依法办理相关手续。

实验动物的建设项目和对环境有重大影响的动物实验，应当依法进行环境评价。

第十四条 不同来源、品种、品系，不同实验目的及其他可能相互影响的实验动物，应当分开饲养。

实验动物饲育室和实验室应当分开设立。

第十五条 从事实验动物保种、繁育、生产的单位和个人应当根据遗传学、微生物学、寄生虫学、营养学的要求和饲育环境的国家标准，定期对实验动物进行质量监测。操作过程和监测数据应当具有完整、准确的记录。

第十六条 从事实验动物生产的单位和个人，在供应、出售实验动物及相关产品时，应当出示实验动物生产许可证和提供质量合格证或者品质鉴定证书。

质量合格证应当标明实验动物或者相关产品的名称、等级、数量、质量检测情况、购买单位名称、出售日期等内容，由出售单位负责人签字并加盖公章。

第十七条 运输实验动物的工具和笼器具，应当符合所运输实验动物的微生物和环境控制标准。

不同品种、品系、性别和等级的实验动物，不得在同一笼器具内混合装运。

第十八条 使用实验动物从事科学研究、检定、检验以及利用实验动物生产的药品和相关产品的单位和个人，应当取得省科学技术行政主管部门颁发的《实验动物使用许可证》，并在许可范围内从事相关活动。

第十九条 申请《实验动物使用许可证》的单位和个人应当具备下列条件：

（一）实验动物的饲育、实验、观察及利用实验动物进行生产的环境及设施、设备符合国家标准和相关要求；

（二）实验动物饲料、笼具、垫料、饮用水等符合国家标准和相关要求；

（三）有经过专业培训合格的实验动物饲养人员和动物实验人员；

（四）有健全的管理制度和相应的标准操作规程；

（五）从事感染性、化学染毒、放射性实验及基因修饰研究、饲育、使用的，应当经有关主管部门认可。

第二十条 动物实验应当选用相应等级要求的实验动物，使用的实验动物及相关产品应当来自有实验动物生产许可证的单位和个人，并且质量合格。

同一间实验室不得同时进行不同品种、不同等级或者互有干扰的动物实验。

第二十一条 与实验动物有关的科研立项，科技成果的验收、鉴定、评奖，进行检定检验和以实验动物为原料或者载体生产产品的，应当把使用合格实验动物和具备相应等级的动物实验环境设施作为基本条件。

第四章　实验动物质量检测与防疫

第二十二条　从事实验动物质量及相关环境设施条件检测工作的质量检测机构，应当经质量技术监督部门计量认证合格。

检验机构应当执行国家检测标准、方法和操作规程，依法出具检验结果。

第二十三条　实验动物的预防免疫，应当结合实验动物的不同使用要求进行。

使用野生动物的，应当采取隔离检疫措施。

第二十四条　实验动物发生传染性疾病或者人畜共患疾病时，从事实验动物工作的单位和个人应当及时采取相应的预防控制措施，同时立即报告当地动物防疫行政部门或者卫生行政部门，并报当地科学技术行政主管部门备案。

第二十五条　从事实验动物相关工作的单位和个人，应当对实验过程中产生的废弃物和实验动物尸体进行无害化处理。

第五章　实验动物生物安全与实验动物福利

第二十六条　从事实验动物工作的单位和个人，应当遵守生物安全的相关规定，防止可能危及人身健康和公共卫生安全的实验动物及病原体流出实验动物环境设施，发生流出的，应当及时采取相应措施，并向有关部门报告。

开展病原体感染、化学染毒和放射性动物实验等工作，应当按照规定办理相关报批手续。

第二十七条　涉及动物实验伦理问题和物种安全的工作，应当符合国家有关规定。

第二十八条　从事实验动物工作的单位和个人，应当善待实验动物，维护动物福利，不得虐待实验动物；逐步开展动物实验替代、优化方法的研究与应用，尽量减少动物使用量。对不再使用的实验动物活体，应当采取尽量减轻痛苦的方式妥善处置。

第六章　实验动物管理与监督

第二十九条　申请实验动物生产、使用许可证的单位和个人，应当按照本条例第十条、第十一条、第十八条、第十九条的规定，向省科学技术行政主管部门提交申请材料。省科学技术行政主管部门在 3 日内作出受理或者不受理的书面决定。不受理的应当说明理由并书面答复申请人；受理的，应当在受理之日起 45 日内进行现场检查核验和组织专家评审；经专家评审合格的，应当在 15 日内作出行政许可决定并予以公示，不合格的，提出整改意见。

第三十条　省、州（市）科学技术行政主管部门对从事实验动物生产与使用的单位和个人进行监督检查；省科学技术行政主管部门应当公示监督检查结果。

第三十一条　省科学技术行政主管部门应当设立实验动物专家委员会，为实验动物管理工作提供咨询和服务。

省科学技术行政主管部门可以聘请实验动物质量义务监督员，协助对实验动物的生产与使用情况进行监督检查。

鼓励单位和个人向省科学技术行政主管部门举报违法从事实验动物生产和使用的行为。

第三十二条　省科学技术行政主管部门应当对从事实验动物生产和使用的单位和个人建立信用档案，并依法向社会公示实验动物单位和个人的信用信息。

第七章　法律责任

第三十三条　违反本条例第十条、第十八条的规定，不按照许可证的许可范围生产或者使用实验动物及相关产品的，由省科学技术行政主管部门责令停止生产、使用，限期改正，没收违法所得；情节严重的，吊销其许可证并予以公告。

未取得许可证，擅自从事实验动物生产、使用等活动的，由省科学技术行政主管部门予以通报，责令停止违法活动；没收违法所得，并处 2000 元以上 2 万元以下的罚款；构成犯罪的，依法追究刑事责任。

第三十四条 从事实验动物工作的单位和个人，有下列情形之一的，由省科学技术行政主管部门责令限期改正；情节严重的，暂扣实验动物生产、使用许可证：

（一）安排未经专业培训合格的人员从事实验动物工作的；

（二）从事实验动物工作未采取防护措施的；

（三）对不同来源、品种、品系和不同实验目的实验动物不分开饲养或者实验动物饲育室和动物实验室不分开设立的；

（四）操作过程和监测数据的记录和统计报告不完整、不准确的；

（五）供应、出售实验动物及相关产品时，不出示实验动物生产许可证和提供质量合格证的；

（六）将不同品种、品系、性别和等级的实验动物，在同一笼器具内混合装运的；

（七）实验动物的环境设施、饲料、笼具、垫料、饮水不符合国家标准的；

（八）在同一间实验室同时进行不同品种、不同等级或者互有干扰的动物实验的；

（九）虐待实验动物的。

第三十五条 检验机构违反本条例第二十二条第二款规定的或者伪造检验报告的，按质量技术监督管理的法律、法规，承担相应的法律责任。

第三十六条 违反本条例第二十四条的规定，实验动物发生传染性疾病或者人畜共患疾病时，未及时采取相应的预防控制措施或者未立即报告有关部门的，由卫生行政部门或者动物防疫行政部门依照有关法律、法规给予处罚；情节严重的，由省科学技术行政主管部门暂扣其实验动物生产、使用许可证，限期改正；拒不改正的，吊销其许可证；构成犯罪的，依法追究刑事责任。

第三十七条 违反本条例第二十五条的规定，实验过程中产生的废弃物和实验动物尸体未进行无害化处理，影响公共卫生安全的，由环境保护行政部门依照有关法律、法规给予处罚；情节严重的，由省科学技术行政主管部门暂扣其实验动物生产、使用许可证，限期改正；拒不改正的，吊销其许可证；构成犯罪的，依法追究刑事责任。

第三十八条 违反本条例第二十六条的规定，发生可能危及人身健康和公共卫生安全的实验动物及病原体流出实验动物环境设施，未及时采取相应措施和未向有关部门报告的，由省科学技术行政主管部门暂扣其实验动物生产、使用许可证，限期改正；拒不改正的，吊销其许可证；构成犯罪的，依法追究刑事责任。

第三十九条 科学技术行政主管部门及其工作人员，有下列情形之一的，由其上级行政机关或者监察机关责令改正；情节严重的，对直接负责的主管人员和其他直接责任人员依法给予处分；构成犯罪的，依法追究刑事责任：

（一）对符合法定条件的实验动物生产和使用许可申请不予受理的；

（二）不在办公场所公示依法应当公示材料的；

（三）在受理、审查、决定实验动物生产和使用许可过程中，未向申请人、利害关系人履行法定告知义务的；

（四）实验动物生产和使用申请人提交的申请材料不齐全、不符合法定形式，不一次告知申请人必须补正全部内容的；

（五）未依法说明不受理实验动物生产和使用许可申请或者不予许可理由的；

（六）对不符合法定条件的申请人准予实施实验动物生产和使用许可或者超越法定职权作出准予许可决定的；

（七）对符合法定条件的申请人不予实施实验动物生产和使用许可或者不在法定期限内作出准予许可决定的；

（八）在办理实验动物生产和使用许可、实施监督检查工作中，滥用职权、玩忽职守、徇私舞弊的。

第八章　附则

第四十条　本条例自 2007 年 10 月 1 日起施行。

黑龙江省实验动物管理条例

(2008 年 10 月 17 日黑龙江省第十一届人民代表大会常务委员会第六次会议通过)

第一章   总则

第一条   为加强实验动物管理，保证实验动物和动物实验的质量，维护公共卫生安全和实验动物福利，适应科学研究和社会发展的需要，根据有关法律、行政法规，结合本省实际，制定本条例。

第二条   实验动物管理工作应当遵循统一规划、合理分工、资源共享、市场规范的原则。

第三条   本条例适用于本省行政区域内从事实验动物生产、使用以及监督管理等活动的单位和个人。

第四条   省科学技术行政部门负责实验动物管理工作，并组织实施本条例。

市（地）科学技术行政部门协助省科学技术行政部门管理本行政区域内的实验动物工作。

卫生、食品和药品监督、教育、畜牧兽医、林业、环境保护、质量技术监督等有关部门应当在各自职责范围内，做好实验动物管理工作。

第五条   动物实验设计和实验活动应当遵循替代、减少和优化的原则。

从事实验动物工作的单位和人员应当善待实验动物，维护实验动物福利，减轻实验动物痛苦。对不使用的实验动物活体，应当采取尽量减轻痛苦的方式进行妥善处理。

第六条   开展病原体感染、化学染毒、放射性动物实验以及从事实验动物基因修饰研究工作的单位和个人，应当遵守国家生物安全等相关规定。

第二章   从事实验动物工作的单位及人员

第七条   从事实验动物工作的单位应当设立实验动物管理机构，配备专业技术人员，负责对实验动物项目管理和伦理审查工作。

第八条   从事实验动物工作的人员应当通过专业培训，并经省科学技术行政部门考核合格，取得岗位证书，持证上岗。未经培训和未取得岗位证书的，不得从事实验动物工作。

省科学技术行政部门应当在 10 个工作日内，对考核合格的实验动物工作人员发放岗位证书。

第九条   从事实验动物工作的单位应当组织专业技术人员和技术工人参加与实验动物相关专业的继续教育；根据专业技术人员的岗位特点和专业水平评定、晋升专业技术职务；组织技术工人参加技术等级考核。

第十条   从事实验动物工作的单位对工作人员应当采取预防保护和保健措施，每年至少组织一次身体健康检查，及时调整健康状况不宜从事实验动物工作的人员。

第三章   实验动物许可

第十一条   本省实行实验动物许可证制度。实验动物许可证包括实验动物生产许可证和实验动物使用许可证。

实验动物生产许可证适用于从事实验动物及其相关产品的保种、繁育、供应、运输等生产经营活动的单位和个人。

实验动物使用许可证适用于从事利用实验动物及其相关产品进行科学研究、实验教学、实验、检定、检验以及利用实验动物生产药品和生物制品等使用活动的单位和个人。

第十二条 　申请实验动物生产许可证的单位和个人应当具备下列条件：

（一）实验动物种子来源于国家实验动物种子中心或者国家认可的保种单位、种源单位，质量符合国家标准；

（二）实验动物的生产环境设施符合国家对不同等级实验动物的标准规定，并具有保证实验动物及其相关产品质量的基本检测手段；

（三）使用的实验动物饲料、垫料、笼器具及饮水等符合国家标准和有关规定；

（四）有健全的质量管理制度和标准操作规程。

第十三条 　申请实验动物使用许可证的单位和个人应当具备下列条件：

（一）使用的实验动物及其相关产品应当来自有实验动物生产许可证的单位，质量符合国家标准；

（二）实验动物饲料、垫料、笼器具、饮用水等符合国家标准和有关规定；

（三）有符合国家标准的动物实验环境设施；

（四）从事感染性、化学染毒、放射性实验及基因修饰研究、饲育、应用的，应当经有关主管部门的认可；

（五）有健全的管理制度和标准的操作规程。

第十四条 　省科学技术行政部门受理实验动物许可申请，应当自受理申请之日起二十日内作出实验动物许可决定。依法作出不予许可的书面决定的，应当说明理由。

实验动物许可证实行年检制度。许可证的有效期五年。

第十五条 　未取得实验动物许可证的单位和个人，不得从事与实验动物有关的活动。

第四章　实验动物生产与使用

第十六条 　实验动物的等级分为四级：一级，普通动物；二级，清洁动物；三级，无特定病原体动物；四级，无菌动物（包括悉生动物）。

不同等级、品种、品系的实验动物应当按照相应的标准，在不同的环境设施中分别管理。

实验动物的生产、使用活动应当在不同区域进行，并严格隔离。

第十七条 　从事实验动物保种、实验动物及其相关产品生产的单位和个人应当符合下列规定：

（一）使用具备有效合格证书的品种、品系的实验动物和标准的繁育方法；

（二）根据遗传学、寄生虫学、微生物学、营养学和生产环境设施方面的标准定期对实验动物进行质量检测或者委托检测；

（三）供应实验动物及其相关产品时，提供质量合格证明。

第十八条 　运输实验动物的工具和笼器具，应当符合所运输实验动物的微生物和环境质量控制标准。

不同品种、品系、性别或者等级的实验动物，不得在同一笼器具内混合装运。

运输实验动物的单位和个人应当凭实验动物生产许可证进行运输。

第十九条 　实验动物涉及野生动物的，依照有关法律、法规的规定执行。

第二十条 　实验动物生产与使用的各项操作过程和检测数据应当有完整、准确的记录，保存时间不得少于三年。有关单位和个人应当对记录的真实性负责。

第二十一条 　从事实验动物工作的单位和个人应当从有实验动物生产许可证的供应单位购买实验动物，并索要合格证；购买的实验动物应当隔离，经检验合格方可使用。

第二十二条 　在科研项目的申报、验收，科研成果的鉴定、评奖，学位论文答辩，发表学术论文，实验教学，检定、检验中涉及实验动物的和以实验动物为生产原料或者载体生产产品的活动，应当符合下列规定：

（一）使用合格实验动物；

（二）使用相应等级的动物实验环境设施；

（三）工作人员应当具备相应的岗位证书。

第五章 实验动物的防疫与质量检测

第二十三条 动物卫生监督机构、海关、交通、运输等有关部门对实验动物的免疫、检疫，应当执行动物防疫的有关法律、法规规定，并结合实验动物的特殊规定办理。

第二十四条 实验动物患病死亡的，应当及时查明原因，妥善处理并详细记录。

实验动物发生传染性疾病以及人畜共患疾病时，从事实验动物工作的单位和个人应当依照有关法律、法规的规定，立即报告当地动物卫生监督机构、卫生行政部门和省科学技术行政部门，并采取隔离等控制措施。

第二十五条 从事实验动物工作的单位和个人对不使用的实验动物尸体以及实验过程中产生的有害废弃物、废水、废气等，应当按照无害化规定进行焚烧、高压等处理，并符合环境保护规定。

禁止食用和买卖实验动物尸体及其附属物。

第二十六条 从事实验动物质量检测工作的机构，应当经质量技术监督部门计量认证合格。

实验动物质量检测机构应当执行相应检测标准和操作规程，出具客观、公正的检验报告。

第六章 实验动物的管理与监督

第二十七条 实验动物的质量监督执行国家标准；尚未制定国家标准的，执行行业标准；国家、行业均未制定标准的，制定并执行地方标准。

第二十八条 省科学技术行政部门对从事实验动物及其相关产品生产与使用的单位和个人进行监督检查，对实验动物及其相关产品的质量组织检测，并公示结果。

第二十九条 省科学技术行政部门可以聘请实验动物质量监督员，协助对实验动物及其相关产品的生产和使用等活动进行监督检查。

第三十条 省科学技术行政部门应当对从事实验动物及其相关产品生产与使用的单位和个人建立信用管理制度，定期公布其信用信息。

第七章 法律责任

第三十一条 违反本条例的规定，未取得实验动物许可证，擅自从事实验动物生产、使用等活动的，由省科学技术行政部门责令其停止违法活动；有违法所得的，没收违法所得，并处五千元以上三万元以下罚款。

第三十二条 从事实验动物工作的单位和个人有下列情形之一的，由省科学技术行政部门责令限期改正；拒不改正的，处二千元以上二万元以下罚款；情节严重的，并处暂扣实验动物生产或者使用许可证：

（一）安排未经培训和未取得岗位证书的人员从事实验动物工作的；

（二）从事实验动物工作未采取防护措施的；

（三）不同来源、品种、品系和不同实验目的的实验动物不分开饲养或者实验动物生产、使用活动在同一区域的；

（四）未使用具备有效合格证书的品种、品系的实验动物和标准的繁育方法的；

（五）未根据遗传学、寄生虫学、微生物学、营养学和生产环境设施方面的标准定期对实验动物进行质量检测或者委托检测的；

（六）操作过程和检测数据的记录不完整、不准确的；

（七）供应、出售实验动物及其相关产品时，不提供实验动物生产许可证和质量合格证的；

（八）不同品种、品系、性别和等级的实验动物，在同一笼器具内混合装运的；

（九）实验动物的环境设施不符合国家标准或者饲料、笼器具、垫料、饮水不合格的；

（十）在同一间实验室同时进行不同品种、等级或者互有干扰的动物实验的；

（十一）在动物实验过程中虐待实验动物，未采取尽量减轻痛苦的方式处置不再使用的动物活体的；

（十二）买卖实验动物尸体及其附属物的。

第三十三条　违反本条例规定，实验动物发生传染性疾病或者人畜共患疾病时，未立即采取隔离等措施或者未向有关部门报告的，由卫生行政部门或者动物卫生监督机构依法进行处罚；省科学技术行政部门视情节暂扣或者吊销实验动物生产或者使用许可证。

第三十四条　违反本条例规定，对不使用的实验动物尸体和在实验过程中产生的废弃物、废水、废气等未进行无害化处理，影响公共卫生安全的，由环境保护行政部门依法进行处罚；省科学技术行政部门视情节暂扣或者吊销实验动物生产或者使用许可证。

第三十五条　实验动物许可证被吊销的单位和个人，自许可证被吊销之日起三年内不得申请实验动物许可证。

实验动物许可证被吊销的单位的法定代表人、主要负责人和直接责任人，三年内不得以个人名义申请实验动物许可证，并不得在其他从事实验动物工作的单位中担任管理人员以上的职务。

第三十六条　实验动物许可证被吊销两次的单位和个人，五年内不得再申请实验动物许可证。

实验动物许可证被吊销两次的单位的法定代表人、主要负责人和直接责任人，五年内不得以个人名义申请实验动物许可证，并不得在其他从事实验动物工作的单位中担任管理人员以上的职务。

第三十七条　省科学技术行政部门及其工作人员，有下列情形之一的，由监察机关或者其他有关行政主管部门责令改正；逾期不改正的，对直接负责的主管人员和其他直接责任人员依法给予行政处分：

（一）对符合法定条件的实验动物生产或者使用许可申请不予受理或者在法定期限内不做出许可决定的；

（二）在受理、审查、颁发实验动物生产或者使用许可过程中，未向申请人、利害关系人履行法定告知义务的；

（三）未依法说明不受理实验动物生产或者使用许可证申请理由的；

（四）对不符合法定条件的申请人准予实验动物生产或者使用许可，或者超越法定职权做出准予许可决定的；

（五）未依法公布有关单位和个人信用信息的；

（六）办理实验动物生产和使用许可、实施监督检查工作中，滥用职权、徇私舞弊、收受贿赂的。

第三十八条　违反本条例，构成犯罪的，依法追究刑事责任。

第八章　附则

第三十九条　本条例所称实验动物，是指经人工饲养、繁育，对其携带的微生物以及寄生虫实行控制，遗传背景明确或者来源清楚，用于科学研究、实验教学、生产和检定以及其他科学实验的动物。

本条例所称实验动物相关产品，是指使用实验动物制作的细胞、血液及其制品、组织和器官等，以及用于实验动物的饲料、垫料、笼器具等材料。

第四十条　本条例自 2009 年 1 月 1 日起施行。

广东省实验动物管理条例

(2010 年 6 月 2 日广东省第十一届人民代表大会常务委员会第十九次会议通过)

第一章 总则

第一条 为了适应科学研究和经济社会发展的需要，加强对生产、使用实验动物的管理，保证实验动物和动物实验的质量，促进自主创新，维护公共卫生安全，根据有关法律、行政法规，结合本省实际，制定本条例。

第二条 本条例适用于本省行政区域内生产、使用实验动物及其监督管理活动。

第三条 实验动物的管理应当遵循统一规划、合理分工、加强监督、有利于促进实验动物科学研究和应用的原则。

实验动物按照国家标准实行分级分类管理。

第四条 省人民政府科学技术主管部门负责全省实验动物管理工作，组织实施本条例。

县级以上人民政府科技、卫生、教育、农业、环保、质监、工商等有关部门在各自职责范围内做好实验动物管理工作。

省实验动物监测机构依照本条例规定负责实验动物和动物实验的质量技术监督和检验测试工作。

第五条 本省实验动物生产、使用实行许可管理和质量监督所需经费，由本级财政予以保障。

第二章 生产与使用管理

第六条 实验动物的生产、使用实行许可管理制度。

第七条 从事实验动物保种、繁育、供应等生产活动的单位和个人，应当取得由省人民政府科学技术主管部门颁发的实验动物生产许可证。

设立动物实验场所使用实验动物进行科学研究、实验和检测等活动的单位和个人，应当取得由省人民政府科学技术主管部门颁发的实验动物使用许可证。

第八条 申请实验动物生产许可证的单位和个人，应当符合下列条件：

（一）有工商营业执照或者事业单位法人证书；

（二）实验动物种子来自国家实验动物种子中心或者国家认可的保种单位、种源单位，遗传背景清楚，质量符合国家标准；

（三）实验动物的生产环境及设施、笼器具、饲料、饮用水等符合国家标准和有关规定；

（四）具有保证正常生产实验动物所需要的专业技术人员和实验动物质量的检测能力；

（五）有健全的饲养、繁育等管理制度和相应的操作规程。

第九条 申请实验动物使用许可证的单位和个人，应当符合下列条件：

（一）有工商营业执照或者事业单位法人证书；

（二）使用的实验动物及其相关产品应当来自有实验动物生产许可证的单位，质量符合国家标准；

（三）实验动物的饲料、垫料、笼器具、饮用水等符合国家标准和有关规定；

（四）有符合国家标准的动物实验环境设施；

（五）具有保证正常使用实验动物所需要的专业技术人员，以及动物实验设施环境质量的检测能力；

（六）有健全的实验室管理制度和相应的动物实验技术操作规程。

第十条　申请实验动物的生产、使用许可证的单位和个人，可以采用书面申请或者电子数据交换等方式向省人民政府科学技术主管部门提出申请。

第十一条　省人民政府科学技术主管部门受理申请后，应当组织专家对申请事项进行现场评审。专家评审的时间不得超过二十个工作日，评审所需时间不计算在作出行政许可决定的期限内。

省人民政府科学技术主管部门应当自受理申请之日起二十个工作日内作出行政许可决定。

第十二条　实验动物的生产、使用许可证的有效期为五年。被许可人需要延续取得行政许可的，应当在许可证有效期届满三个月前，向省人民政府科学技术主管部门提出申请。

省人民政府科学技术主管部门应当根据被许可人的申请，在该行政许可有效期届满前作出是否准予延续的决定；逾期未作出决定的，视为准予延续。

第十三条　实验动物的生产、使用许可证不得转借、转让、出租或者超许可范围使用。

第三章　生产与使用规范

第十四条　具有实验动物生产许可证的单位和个人，对其提供的实验动物应当出具质量合格证明；具有实验动物使用许可证的单位和个人，对在其场所进行的动物实验应当出具动物实验证明。

实验动物质量合格证明和动物实验证明由省人民政府科学技术主管部门印制，免费发放。

第十五条　单位和个人应用实验动物进行医疗卫生、药品等科学研究、实验、检测以及以实验动物为材料和载体生产产品等活动的，应当使用具有实验动物生产许可证的单位和个人生产的符合标准要求的实验动物，并且在具有实验动物使用许可证的场所内进行相关活动。

违反前款规定进行的科学研究、实验、检定、评价的结果无效，相关的科研项目不得验收、鉴定、评奖。

教学示教时使用实验动物的，在保证公共卫生安全的前提下，可以在实验动物使用许可证规定以外的场所内进行。

第十六条　实验动物的饲育室和实验室应当分开设立。不同品种、品系、等级和不同实验目的的实验动物，应当分开饲养。

第十七条　运输实验动物时，使用的笼器具、运输工具应当符合安全和微生物控制等级要求，不同品种、品系和等级的实验动物不得混装，保证实验动物达到相应质量等级。

第十八条　生产、使用实验动物需要捕捉野生动物的，应当遵守国家相关法律法规的规定，并对所捕捉的野生动物进行隔离检疫。

生产、使用实验动物需要从国外引入实验动物的，应当持有供应方提供的动物种系名称、遗传背景、质量状况及生物学特性等有关资料，依照《中华人民共和国进出境动植物检疫法》规定办理有关手续。

第十九条　从事实验动物生产、使用的单位和个人应当按照国家标准对其生产的实验动物和环境设施进行检测。检测过程和检测数据应当有完整、准确的记录。

第二十条　从事实验动物生产、使用的单位和个人，应当对直接从事实验动物工作的人员采取安全防护措施，定期组织与传染病有关的健康检查，调整不适宜承担实验动物工作的人员。

第四章　生物安全与实验动物福利

第二十一条　实验动物的预防免疫应当结合科学研究与实验的要求实施，预防免疫后的实验动物不得用于生物制品的生产、检定。

对应当进行预防免疫的实验动物，依照《中华人民共和国动物防疫法》的规定实施预防免疫。

第二十二条　实验动物发生传染性疾病时，从事实验动物生产、使用的单位和个人应当及时采取隔离、预防控制措施，防止动物疫情扩散，同时报告当地畜牧兽医主管部门、动物防疫监督机构；当发生人畜共患病时，还应当立即报告当地疾病预防控制机构。

发生重大动物疫情的，应当按照国家规定立即启动突发重大动物疫情应急预案。

第二十三条　在实验动物生产、使用过程中产生的废弃物和实验动物尸体应当经无害化处理，其中列入国家危险废物名录的应当按国家规定交由具有相应资质的单位处理。

对实验动物生产、使用过程中产生的废水、废气等，应当进行处理，达到有关标准后排放。

第二十四条　禁止使用后的实验动物流入消费市场。

第二十五条　开展病原体感染、化学染毒和放射性的动物实验，应当符合国家法律法规和国家标准对实验室生物安全、放射卫生防护及环境保护的要求，防范安全事故的发生。

第二十六条　从事实验动物基因工程研究的，应当符合国家对基因工程安全管理的要求。

第二十七条　鼓励共享实验动物的实验数据和资源，倡导减少、替代使用实验动物和优化动物实验方法。

第二十八条　实验动物生产、使用活动涉及实验动物伦理与物种安全问题的，应当遵照国家有关规定，并符合国际惯例。

第二十九条　从事实验动物工作的人员在生产、使用和运输过程中应当维护实验动物福利，关爱实验动物，不得虐待实验动物。

第三十条　对实验动物进行手术时，应当进行有效的麻醉；需要处死实验动物时，应当实施安死术。

第三十一条　从事实验动物生产、使用的单位和个人，在开展动物实验项目时，应当制定保证实验动物福利、符合实验动物伦理要求的实验方案；有条件的应当设立实验动物福利伦理组织，对实验方案进行审查，对实验过程进行监督管理。

第五章　生产与使用监督

第三十二条　省人民政府科学技术主管部门应当制定实验动物生产、使用的年度监督计划，定期对实验动物生产、使用情况进行监督检查，组织开展监督工作。

第三十三条　省实验动物监测机构负责向申请行政许可的单位和个人出具检测报告，配合省人民政府科学技术主管部门对行政许可实施情况进行监督检查，开展实验动物的质量调查、质量标准研究、科学研究等工作。

省实验动物监测机构进行前款规定的检测不收取检测费用。

省实验动物监测机构及其有关人员对所实施的检验、检测结论承担法律责任。

第三十四条　实验动物的检测包括对实验动物遗传、微生物、寄生虫和病理，以及对实验动物饲料、饮用水、笼器具、繁育设施环境和动物实验设施环境等的质量检测。

第三十五条　实验动物的检测执行国家标准；国家尚未制定标准的，执行行业标准；国家、行业均未制定标准的，执行地方标准。

涉及对外检验、检定和外包的动物实验可以按照国际标准或者委托方要求的国外标准执行，但该标准与我国公共卫生安全要求冲突的除外。

第三十六条　实验动物的检测工作应当科学、公正、准确，检测报告应当内容齐全，数据准确，结论明确。

第三十七条　对实验动物检测结果有异议的单位和个人，可以在收到检测报告之日起十五个工作日内向省实验动物监测机构提出复检。

第三十八条　检测结果不合格的，生产或者使用的单位和个人应当查明不合格原因，制定整改方案，按期整改并接受复检；不合格的实验动物或者动物实验场所不得继续销售或者使用，并按照相关规定监督销毁或者作必要的技术处理。

第三十九条　省实验动物监测机构应当汇总其对实验动物和动物实验质量的检测结果，上报省人民政府科学技术主管部门，由省人民政府科学技术主管部门向社会公布检测结果。

第四十条　从事实验动物生产、使用的单位和个人应当接受并配合依法进行的监督和检测。

第四十一条　省人民政府科学技术主管部门应当建立从事实验动物生产、使用的单位和个人的信用制度，并通过媒体、网络等形式依法公布实验动物生产、使用、管理等方面的相关信息。

第四十二条　任何单位和个人对违反本条例的行为有权向省人民政府科学技术主管部门举报或者投诉。

省人民政府科学技术主管部门应当在接到举报或者投诉之日起十五个工作日内决定是否受理，并告知举报人或者投诉人。

对决定受理的案件，省人民政府科学技术主管部门应当及时组织调查，并将处理结果告知举报人或者投诉人。

第六章　法律责任

第四十三条　违反本条例第七条、第十二条规定，未取得实验动物的生产、使用许可证或者许可证已过期，擅自从事实验动物生产或者使用的，由省人民政府科学技术主管部门没收违法所得，并可以处一万元以上三万元以下的罚款。

第四十四条　违反本条例第十三条规定，转借、转让、出租或者超许可范围使用实验动物的生产、使用许可证的，由省人民政府科学技术主管部门暂扣实验动物的生产、使用许可证，责令限期改正；情节严重或者逾期不改的，吊销实验动物的生产、使用许可证。

第四十五条　违反本条例规定，有下列情形之一的，由省人民政府科学技术主管部门责令限期改正；逾期不改的，暂扣实验动物的生产、使用许可证，并处二千元以上一万元以下的罚款：

（一）实验动物的饲育室和实验室不分开设立的；

（二）对不同品种、品系、等级和不同实验目的的实验动物不分开饲养的；

（三）将不同品种、品系和等级的实验动物混装运输的；

（四）检测过程和检测数据的记录不完整、不准确的；

（五）销售不合格的实验动物或者使用不合格的动物实验场所的。

第四十六条　违反本条例第二十四条规定，将使用后的实验动物流入消费市场的，由省人民政府科学技术主管部门责令改正，没收违法所得，并处一万元以上三万元以下的罚款；情节严重或者逾期不改的，吊销实验动物的生产、使用许可证。

第四十七条　违反本条例第二十二条、第二十三条、第二十五条、第二十六条、第四十条规定的，依照国家有关法律法规进行处理，并可由省人民政府科学技术主管部门暂扣或者吊销实验动物的生产、使用许可证。

第四十八条　违反本条例有关规定的单位和个人，引发危害公共安全等重大事故、造成严重后果的，依照国家有关法律法规追究责任。

第四十九条　违反本条例第四十四条、第四十五条、第四十七条规定暂扣实验动物的生产、使用许可证的，有关单位和个人应当按期整改，经验收合格后，省人民政府科学技术主管部门应当立即返还实验动物的生产、使用许可证。

第五十条　省人民政府科学技术主管部门及其工作人员有下列行为之一的，由其上级行政机关或者监察机关责令改正；情节严重的，对直接负责的主管人员和其他直接责任人员依法给予处分；构成犯罪的，依法追究刑事责任：

（一）对不符合法定条件的申请人准予行政许可的；

（二）对符合法定条件的申请人不给予行政许可的；

（三）不在法定期限内作出行政许可决定的；

（四）不按规定程序作出行政许可决定的；

（五）不依法履行职责或者监管不力，造成严重后果的。

第五十一条　省实验动物监测机构及其工作人员违反本条例规定，不依法履行职责、检测不公正、出具虚假报告、滥收费用的，由省人民政府科学技术主管部门责令改正，通报批评；对直接负责的主管人员和其他直接责任人员依法给予处分；对受检单位造成损失的，应当承担相应的赔偿责任；构成犯罪的，依法追究刑事责任。

第七章　附则

第五十二条　本条例下列用语的含义：

（一）实验动物，是指经人工饲养培育，遗传背景明确或者来源清楚，对其质量实行控制，用于科学研究、教学、医药、生产和检定以及其他科学实验的动物。

（二）动物实验，是指以实验动物为对象和材料，在设计的条件下进行实验或者检测，观察、记录反应过程和结果的活动。

（三）实验动物伦理，是指在实验动物生产、使用活动中，人对实验动物的伦理态度和伦理行为规范，主要包括尊重实验动物生命价值、权利福利，在动物实验中审慎考虑平衡实验目的、公众利益和实验动物生命价值权利。

（四）实验动物福利，是指善待实验动物，即在饲养管理和使用实验动物活动中，采取有效措施，保证实验动物能够受到良好的管理与照料，为其提供清洁、舒适的生活环境，提供保证健康所需的充足的食物、饮用水和空间，使实验动物减少或避免不必要的伤害、饥渴、不适、惊恐、疾病和疼痛。

（五）安死术，是指以人道的方法处死动物的技术，使动物在没有惊恐和痛苦的状态下安静地并在尽可能短的时间内死亡。

第五十三条　本条例自 2010 年 10 月 1 日起施行。

第 3 章 规 章

- 3.1 部门规章
- 3.2 地方规章

3.1 部门规章

高致病性动物病原微生物实验室生物安全管理审批办法

（2005 年 5 月 13 日农业部第 10 次常务会议通过农业部第 52 号令发布）

第一章　总则

第一条　为了规范高致病性动物病原微生物实验室生物安全管理的审批工作，根据《病原微生物实验室生物安全管理条例》，制定本办法。

第二条　高致病性动物病原微生物的实验室资格、实验活动和运输的审批，适用本办法。

第三条　本办法所称高致病性动物病原微生物是指来源于动物的、《动物病原微生物分类名录》中规定的第一类、第二类病原微生物。

《动物病原微生物分类名录》由农业部商国务院有关部门后制定、调整并予以公布。

第四条　农业部主管全国高致病性动物病原微生物实验室生物安全管理工作。

县级以上地方人民政府兽医行政管理部门负责本行政区域内高致病性动物病原微生物实验室生物安全管理工作。

第二章　实验室资格审批

第五条　实验室从事高致病性动物病原微生物实验活动，应当取得农业部颁发的《高致病性动物病原微生物实验室资格证书》。

第六条　实验室申请《高致病性动物病原微生物实验室资格证书》，应当具备下列条件：

（一）依法从事动物疫病的研究、检测、诊断，以及菌（毒）种保藏等活动；

（二）符合农业部颁发的《兽医实验室生物安全管理规范》；

（三）取得国家生物安全三级或者四级实验室认可证书；

（四）从事实验活动的工作人员具备兽医相关专业大专以上学历或中级以上技术职称，受过生物安全知识培训；

（五）实验室工程质量经依法检测验收合格。

第七条　符合前条规定条件的，申请人应当向所在地省、自治区、直辖市人民政府兽医行政管理部门提出申请，并提交下列材料：

（一）高致病性动物病原微生物实验室资格申请表一式两份；

（二）实验室管理手册；

（三）国家实验室认可证书复印件；

（四）实验室设立单位的法人资格证书复印件；

（五）实验室工作人员学历证书或者技术职称证书复印件；

（六）实验室工作人员生物安全知识培训情况证明材料；

（七）实验室工程质量检测验收报告复印件。

省、自治区、直辖市人民政府兽医行政管理部门应当自收到申请之日起 10 日内，将初审意见和有关材料报送农业部。

农业部收到初审意见和有关材料后，组织专家进行评审，必要时可到现场核实和评估。农业部自收到专家评审意见之日起 10 日内作出是否颁发《高致病性动物病原微生物实验室资格证书》的决定；不予批准的，及时告知申请人并说明理由。

第八条 《高致病性动物病原微生物实验室资格证书》有效期为 5 年。有效期届满，实验室需要继续从事高致病性动物病原微生物实验活动的，应当在届满 6 个月前，按照本办法的规定重新申请《高致病性动物病原微生物实验室资格证书》。

第三章 实验活动审批

第九条 一级、二级实验室不得从事高致病性动物病原微生物实验活动。三级、四级实验室需要从事某种高致病性动物病原微生物或者疑似高致病性动物病原微生物实验活动的，应当经农业部或者省、自治区、直辖市人民政府兽医行政管理部门批准。

第十条 三级、四级实验室从事某种高致病性动物病原微生物或者疑似高致病性动物病原微生物实验活动的，应当具备下列条件：

（一）取得农业部颁发的《高致病性动物病原微生物实验室资格证书》，并在有效期内；

（二）实验活动限于与动物病原微生物菌（毒）种、样本有关的研究、检测、诊断和菌（毒）种保藏等。

农业部对特定高致病性动物病原微生物或疑似高致病性动物病原微生物实验活动的实验单位有明确规定的，只能在规定的实验室进行。

第十一条 符合前条规定条件的，申请人应当向所在地省、自治区、直辖市人民政府兽医行政管理部门提出申请，并提交下列材料：

（一）高致病性动物病原微生物实验活动申请表一式两份；

（二）高致病性动物病原微生物实验室资格证书复印件；

（三）从事与高致病性动物病原微生物有关的科研项目的，还应当提供科研项目立项证明材料。

从事我国尚未发现或者已经宣布消灭的动物病原微生物有关实验活动的，或者从事国家规定的特定高致病性动物病原微生物病原分离和鉴定、活病毒培养、感染材料核酸提取、动物接种试验等有关实验活动的，省、自治区、直辖市人民政府兽医行政管理部门应当自收到申请之日起 7 日内，将初审意见和有关材料报送农业部。农业部自收到初审意见和有关材料之日起 8 日内作出是否批准的决定；不予批准的，及时通知申请人并说明理由。

从事前款规定以外的其他高致病性动物病原微生物或者疑似高致病性动物病原微生物实验活动的，省、自治区、直辖市人民政府兽医行政管理部门应当自收到申请之日起 15 日内作出是否批准的决定，并自批准之日起 10 日内报农业部备案；不予批准的，应当及时通知申请人并说明理由。

第十二条 实验室申报或者接受与高致病性动物病原微生物有关的科研项目前，应当向农业部申请审查，并提交以下材料：

（一）高致病性动物病原微生物科研项目生物安全审查表一式两份；

（二）科研项目建议书；

（三）科研项目研究中采取的生物安全措施。

农业部自收到申请之日起 20 日内作出是否同意的决定。

科研项目立项后，需要从事与高致病性动物病原微生物有关的实验活动的，应当按照本办法第十条、第十一条的规定，经农业部或者省、自治区、直辖市人民政府兽医行政管理部门批准。

第十三条 出入境检验检疫机构、动物防疫机构在实验室开展检测、诊断工作时，发现高致病性动物病原微生物或疑似高致病性动物病原微生物，需要进一步从事这类高致病性动物病原微生物病原分离和鉴定、活病毒培养、感染材料核酸提取、动物接种试验等相关实验活动的，应当按照本办法第十条、第十一条的规定，经农业部或者省、自治区、直辖市人民政府兽医行政管理部门批准。

第十四条 出入境检验检疫机构为了检验检疫工作的紧急需要，申请在实验室对高致病性动物病原微生物或疑似高致病性动物病原微生物开展病原分离和鉴定、活病毒培养、感染材料核酸提取、动物接种试验等进一步实验活动的，应当具备下列条件，并按照本办法第十一条的规定提出申请。

（一）实验目的仅限于检疫；

（二）实验活动符合法定检疫规程；

（三）取得农业部颁发的《高致病性动物病原微生物实验室资格证书》，并在有效期内。

农业部或者省、自治区、直辖市人民政府兽医行政管理部门自收到申请之时起 2 小时内作出是否批准的决定；不批准的，通知申请人并说明理由。2 小时内未作出决定的，出入境检验检疫机构实验室可以从事相应的实验活动。

第十五条　实验室在实验活动期间，应当按照《病原微生物实验室生物安全管理条例》的规定，做好实验室感染控制、生物安全防护、病原微生物菌（毒）种保存和使用、安全操作、实验室排放的废水和废气以及其他废物处置等工作。

第十六条　实验室在实验活动结束后，应当及时将病原微生物菌（毒）种、样本就地销毁或者送交农业部指定的保藏机构保藏，并将实验活动结果以及工作情况向原批准部门报告。

第四章　运输审批

第十七条　运输高致病性动物病原微生物菌（毒）种或者样本的，应当经农业部或者省、自治区、直辖市人民政府兽医行政管理部门批准。

第十八条　运输高致病性动物病原微生物菌（毒）种或者样本的，应当具备下列条件：

（一）运输的高致病性动物病原微生物菌（毒）种或者样本仅限用于依法进行的动物疫病的研究、检测、诊断、菌（毒）种保藏和兽用生物制品的生产等活动；

（二）接收单位是研究、检测、诊断机构的，应当取得农业部颁发的《高致病性动物病原微生物实验室资格证书》，并取得农业部或者省、自治区、直辖市人民政府兽医行政管理部门颁发的从事高致病性动物病原微生物或者疑似高致病性动物病原微生物实验活动批准文件；接收单位是兽用生物制品研制和生产单位的，应当取得农业部颁发的生物制品批准文件；接收单位是菌（毒）种保藏机构的，应当取得农业部颁发的指定菌（毒）种保藏的文件；

（三）盛装高致病性动物病原微生物菌（毒）种或者样本的容器或者包装材料应当符合农业部制定的《高致病性动物病原微生物菌（毒）种或者样本运输包装规范》。

第十九条　符合前条规定条件的，申请人应当向出发地省、自治区、直辖市人民政府兽医行政管理部门提出申请，并提交以下材料：

（一）运输高致病性动物病原微生物菌（毒）种（样本）申请表一式两份；

（二）前条第二项规定的有关批准文件复印件；

（三）接收单位同意接收的证明材料，但送交菌（毒）种保藏的除外。

在省、自治区、直辖市人民政府行政区域内运输的，省、自治区、直辖市人民政府兽医行政管理部门应当对申请人提交的申请材料进行审查，符合条件的，即时批准，发给《高致病性动物病原微生物菌（毒）种、样本准运证书》；不予批准的，应当即时告知申请人。

需要跨省、自治区、直辖市运输或者运往国外的，由出发地省、自治区、直辖市人民政府兽医行政管理部门进行初审，并将初审意见和有关材料报送农业部。农业部应当对初审意见和有关材料进行审查，符合条件的，即时批准，发给《高致病性动物病原微生物菌（毒）种、样本准运证书》；不予批准的，应当即时告知申请人。

第二十条　申请人凭《高致病性动物病原微生物菌（毒）种、样本准运证书》运输高致病性动物病原微生物菌（毒）种或者样本；需要通过铁路、公路、民用航空等公共交通工具运输的，凭

《高致病性动物病原微生物菌（毒）种、样本准运证书》办理承运手续；通过民航运输的，还需经过国务院民用航空主管部门批准。

第二十一条 出入境检验检疫机构在检疫过程中运输动物病原微生物样本的，由国务院出入境检验检疫部门批准，同时向农业部通报。

第五章 附则

第二十二条 对违反本办法规定的行为，依照《病原微生物实验室生物安全管理条例》第五十六条、第五十七条、第五十八条、第五十九条、第六十条、第六十二条、第六十三条的规定予以处罚。

第二十三条 本办法规定的《高致病性动物病原微生物实验室资格证书》、《从事高致病性动物病原微生物实验活动批准文件》和《高致病性动物病原微生物菌（毒）种、样本准运证书》由农业部印制。

《高致病性动物病原微生物实验室资格申请表》、《高致病性动物病原微生物实验活动申请表》、《运输高致病性动物病原微生物菌（毒）种、样本申请表》和《高致病性动物病原微生物科研项目生物安全审查表》可以从中国农业信息网（http：//www. agri. gov. cn）下载。

第二十四条 本办法自公布之日起施行。

中华人民共和国水生野生动物利用特许办法

（1999 年 6 月 24 日农业部令第 15 号公布，2004 年 7 月 1 日农业部令第 38 号、2010 年 11 月 26 日农业部令 2010 年第 11 号、2013 年 12 月 31 日农业部令 2013 年第 5 号修订）

第一章　总则

第一条　为保护、发展和合理利用水生野生动物资源，加强水生野生动物的保护与管理，规范水生野生动物利用特许证件的发放及使用，根据《中华人民共和国野生动物保护法》、《中华人民共和国水生野生动物保护实施条例》的规定，制定本办法。

第二条　凡需要捕捉、驯养繁殖、运输以及展览、表演、出售、收购、进出口等利用水生野生动物或其产品的，按照本办法实行特许管理。

除第三十八条、第四十条外，本办法所称水生野生动物，是指珍贵、濒危的水生野生动物；所称水生野生动物产品，是指珍贵、濒危水生野生动物的任何部分及其衍生物。

第三条　农业部主管全国水生野生动物利用特许管理工作，负责国家一级保护水生野生动物或其产品利用和进出口水生野生动物或其产品的特许审批。

省级渔业行政主管部门负责本行政区域内国家二级保护水生野生动物或其产品利用特许审批；县级以上渔业行政主管部门负责本行政区域内水生野生动物或其产品特许申请的审核。

第四条　农业部组织国家濒危水生野生动物物种科学委员会，对水生野生动物保护与管理提供咨询和评估。

审批机关在批准驯养繁殖、经营利用以及重要的进出口水生野生动物或其产品等特许申请前，应当委托国家濒危水生野生动物物种科学委员会对特许申请进行评估。评估未获通过的，审批机关不得批准。

第五条　申请水生野生动物或其产品利用特许的单位和个人，必须填报《水生野生动物利用特许证件申请表》（以下简称《申请表》）。《申请表》可向所在地县级以上渔业行政主管部门领取。

第六条　经审批机关批准的，可以按规定领取水生野生动物利用特许证件。

水生野生动物利用特许证件包括《水生野生动物特许捕捉证》（以下简称《捕捉证》）、《水生野生动物驯养繁殖许可证》（以下简称《驯养繁殖证》）、《水生野生动物特许运输证》（以下简称《运输证》）、《水生野生动物经营利用许可证》（以下简称《经营利用证》）。

第七条　各级渔业行政主管部门及其所属的渔政监督管理机构，有权对本办法的实施情况进行监督检查，被检查的单位和个人应当给予配合。

第二章　捕捉管理

第八条　禁止捕捉、杀害水生野生动物。因科研、教学、驯养繁殖、展览、捐赠等特殊情况需要捕捉水生野生动物的，必须办理《捕捉证》。

第九条　凡申请捕捉水生野生动物的，应当如实填写《申请表》，并随表附报有关证明材料：

（一）因科研、调查、监测、医药生产需要捕捉的，必须附上省级以上有关部门下达的科研、调查、监测、医药生产计划或任务书复印件 1 份，原件备查；

（二）因驯养繁殖需要捕捉的，必须附上《驯养繁殖证》复印件 1 份；

（三）因驯养繁殖、展览、表演、医药生产需捕捉的，必须附上单位营业执照或其他有效证件复印件 1 份；

（四）因国际交往捐赠、交换需要捕捉的，必须附上当地县级以上渔业行政主管部门或外事部门出据的公函证明原件 1 份、复印件 1 份。

第十条 申请捕捉国家一级保护水生野生动物的，申请人应当将《申请表》和证明材料报所在地省级人民政府渔业行政主管部门签署意见。省级人民政府渔业行政主管部门应当在 20 日内签署意见，并报农业部审批。

需要跨省捕捉国家一级保护水生野生动物的，申请人应当将《申请表》和证明材料报所在地省级人民政府渔业行政主管部门签署意见。所在地省级人民政府渔业行政主管部门应当在 20 日内签署意见，并转送捕捉地省级人民政府渔业行政主管部门签署意见。捕捉地省级人民政府渔业行政主管部门应当在 20 日内签署意见，并报农业部审批。

农业部自收到省级人民政府渔业行政主管部门报送的材料之日起 40 日内作出是否发放特许捕捉证的决定。

第十一条 申请捕捉国家二级保护水生野生动物的，申请人应当将《申请表》和证明材料报所在地县级人民政府渔业行政主管部门签署意见。所在地县级人民政府渔业行政主管部门应当在 20 日内签署意见，并报省级人民政府渔业行政主管部门审批。

省级人民政府渔业行政主管部门应当自收到县级人民政府渔业行政主管部门报送的材料之日起 40 日内作出是否发放捕捉证的决定。

需要跨省捕捉国家二级保护水生野生动物的，申请人应当将《申请表》和证明材料报所在地省级人民政府渔业行政主管部门签署意见。所在地省级人民政府渔业行政主管部门应当在 20 日内签署意见，并转送捕捉地省级人民政府渔业行政主管部门审批。

捕捉地省级人民政府渔业行政主管部门应当自收到所在地省级人民政府渔业行政主管部门报送的材料之日起 40 日内作出是否发放捕捉证的决定。

第十二条 有下列情形之一的，不予发放《捕捉证》：

（一）申请人有条件以合法的非捕捉方式获得申请捕捉对象或者达到其目的的；

（二）捕捉申请不符合国家有关规定，或者申请使用的捕捉工具、方法以及捕捉时间、地点不当的；

（三）根据申请捕捉对象的资源现状不宜捕捉的。

第十三条 取得《捕捉证》的单位和个人，在捕捉作业以前，必须向捕捉地县级渔业行政主管部门报告，并由其所属的渔政监督管理机构监督进行。

捕捉作业必须按照《捕捉证》规定的种类、数量、地点、期限、工具和方法进行，防止误伤水生野生动物或破坏其生存环境。

第十四条 捕捉作业完成后，捕捉者应当立即向捕捉地县级渔业行政主管部门或其所属的渔政监督管理机构申请查验。捕捉地县级渔业行政主管部门或渔政监督管理机构应及时对捕捉情况进行查验，收回《捕捉证》，并及时向发证机关报告查验结果、交回《捕捉证》。

第三章　驯养繁殖管理

第十五条 从事水生野生动物驯养繁殖的，应当经省级以上渔业行政主管部门批准，取得《驯养繁殖证》后方可进行。

第十六条 申请《驯养繁殖证》，应当具备以下条件：

（一）有适宜驯养繁殖水生野生动物的固定场所和必要的设施；

（二）具备与驯养繁殖水生野生动物种类、数量相适应的资金、技术和人员；

（三）具有充足的驯养繁殖水生野生动物的饲料来源。

第十七条　驯养繁殖国家一级保护水生野生动物的，向省级人民政府渔业行政主管部门提出申请。省级人民政府渔业行政主管部门应当自申请受理之日起 20 日内完成初步审查，并将审查意见和申请人的全部申请材料报农业部审批。

农业部应当自收到省级人民政府渔业行政主管部门报送的材料之日起 15 日内作出是否发放驯养繁殖许可证的决定。

驯养繁殖国家二级保护水生野生动物的，应当向省级人民政府渔业行政主管部门申请。

省级人民政府渔业行政主管部门应当自申请受理之日起 20 日内作出是否发放驯养繁殖证的决定。

第十八条　驯养繁殖水生野生动物的单位和个人，必须按照《驯养繁殖证》的规定进行驯养繁殖活动。

需要变更驯养繁殖种类的，应当按照本办法第十七条规定的程序申请变更手续。经批准后，由审批机关在《驯养繁殖证》上作变更登记。

第十九条　禁止将驯养繁殖的水生野生动物或其产品进行捐赠、转让、交换。因特殊情况需要捐赠、转让、交换的，申请人应当向《驯养繁殖证》发证机关提出申请，由发证机关签署意见后，按本办法第三条的规定报批。

第二十条　接受捐赠、转让、交换的单位和个人，应当凭批准文件办理有关手续，并妥善养护与管理接受的水生野生动物或其产品。

第二十一条　取得《驯养繁殖证》的单位和个人，应当遵守以下规定：

（一）遵守国家和地方野生动物保护法律法规和政策；

（二）用于驯养繁殖的水生野生动物来源符合国家规定；

（三）建立驯养繁殖物种档案和统计制度；

（四）定期向审批机关报告水生野生动物的生长、繁殖、死亡等情况；

（五）不得非法利用其驯养繁殖的水生野生动物或其产品；

（六）接受当地渔业行政主管部门的监督检查和指导。

第四章　经营管理

第二十二条　禁止出售、收购水生野生动物或其产品。因科研、驯养繁殖、展览等特殊情况需要进行出售、收购、利用水生野生动物或其产品的，必须经省级以上渔业行政主管部门审核批准，取得《经营利用证》后方可进行。

第二十三条　出售、收购、利用国家一级保护水生野生动物或其产品的，申请人应当将《申请表》和证明材料报所在地省级人民政府渔业行政主管部门签署意见。所在地省级人民政府渔业行政主管部门应当在 20 日内签署意见，并报农业部审批。

农业部应当自接到省级人民政府渔业行政主管部门报送的材料之日起 20 日内作出是否发放经营利用证的决定。

出售、收购、利用国家二级保护水生野生动物或其产品的，应当向省级人民政府渔业行政主管部门申请。

省级人民政府渔业行政主管部门应当自受理之日起 20 日内作出是否发放经营利用证的决定。

第二十四条　医药保健利用水生野生动物或其产品，必须具备省级以上医药卫生行政管理部门出具的所生产药物及保健品中需用水生野生动物或其产品的证明；利用驯养繁殖的水生野生动物子代或其产品的，必须具备省级以上渔业行政主管部门指定的科研单位出具的属人工繁殖的水生野生动物子代或其产品的证明。

第二十五条　申请《经营利用证》，应当具备下列条件：

（一）出售、收购、利用的水生野生动物物种来源清楚或稳定；

（二）不会造成水生野生动物物种资源破坏；

（三）不会影响国家野生动物保护形象和对外经济交往。

第二十六条　经批准出售、收购、利用水生野生动物或其产品的单位和个人，应当持《经营利用证》到出售、收购所在地的县级以上渔业行政主管部门备案后方可进行出售、收购、利用活动。

第二十七条　出售、收购、利用水生野生动物或其产品的单位和个人，应当遵守以下规定：

（一）遵守国家和地方有关野生动物保护法律法规和政策；

（二）利用的水生野生动物或其产品来源符合国家规定；

（三）建立出售、收购、利用水生野生动物或其产品档案；

（四）接受当地渔业行政主管部门的监督检查和指导。

第二十八条　地方各级渔业行政主管部门应当对水生野生动物或其产品的经营利用建立监督检查制度，加强对经营利用水生野生动物或其产品的监督管理。

第五章　运输管理

第二十九条　运输、携带、邮寄水生野生动物或其产品的，应当经省级渔业行政主管部门批准，取得《运输证》后方可进行。

第三十条　申请运输、携带、邮寄水生野生动物或其产品出县境的，申请人应当向始发地县级人民政府渔业行政主管部门提出。始发地县级人民政府渔业行政主管部门应当在 10 日内签署意见，并报省级人民政府渔业行政主管部门审批。

省级人民政府渔业行政主管部门应当自收到县级人民政府渔业行政主管部门报送的材料之日起 20 日内作出是否发放运输证的决定。

第三十一条　出口水生野生动物或其产品涉及国内运输、携带、邮寄的，申请人凭同意出口批件到始发地省级渔业行政主管部门或其授权单位办理《运输证》。

进口水生野生动物或其产品涉及国内运输、携带、邮寄的，申请人凭同意进口批件到入境口岸所在地省级渔业行政主管部门或其授权单位办理《运输证》。

第三十二条　经批准捐赠、转让、交换水生野生动物或其产品的运输，申请人凭同意捐赠、转让、交换批件到始发地省级渔业行政主管部门或者其授权单位办理《运输证》。

第三十三条　经批准收购水生野生动物或其产品的运输，申请人凭《经营利用证》和出售单位出具的出售物种种类及数量证明，到收购所在地省级渔业行政主管部门或者其授权单位办理《运输证》。

第三十四条　跨省展览、表演水生野生动物或其产品的运输，申请人凭展览、表演地省级渔业行政主管部门同意接纳展览、表演的证明到始发地省级渔业行政主管部门办理前往《运输证》；展览、表演结束后，申请人凭同意接纳展览、表演的证明及前往《运输证》回执到展览、表演地省级渔业行政主管部门办理返回《运输证》。

第三十五条　申请《运输证》，应当具备下列条件：

（一）运输、携带、邮寄的水生野生动物物种来源清楚；

（二）具备水生野生动物活体运输安全保障措施；

（三）运输、携带、邮寄的目的和用途符合国家法律法规和政策规定。

第三十六条　取得《运输证》的单位和个人，运输、携带、邮寄水生野生动物或其产品到达目的地后，必须立即向当地县级以上渔业行政主管部门报告，当地县级以上渔业行政主管部门应及时进行查验，收回《运输证》，并回执查验结果。

第三十七条　县级以上渔业行政主管部门或者其所属的渔政监督管理机构应当对进入本行政区

域内的水生野生动物或其产品的利用活动进行监督检查。

第六章　进出口管理

第三十八条　出口国家重点保护的水生野生动物或者其产品，进出口中国参加的国际公约所限制进出口的水生野生动物或者其产品的，应当向进出口单位或者个人所在地的省级人民政府渔业行政主管部门申请。省级人民政府渔业行政主管部门应当自申请受理之日起 20 日内完成审核，并报农业部审批。

农业部应当自收到省级人民政府渔业行政主管部门报送的材料之日起 20 日内作出是否同意进出口的决定。

动物园因交换动物需要进口第一款规定的野生动物的，农业部在批准前，应当经国务院建设行政主管部门审核同意。

第三十九条　属于贸易性进出口活动的，必须由具有商品进出口权的单位承担，并取得《经营利用证》后方可进行。没有商品进出口权和《经营利用证》的单位，审批机关不得受理其申请。

第四十条　从国外引进水生野生动物的，应当向所在地省级人民政府渔业行政主管部门申请。省级人民政府渔业行政主管部门应当自申请受理之日起 5 日内将申请材料送其指定的科研机构进行科学论证，并应当自收到论证结果之日起 15 日内报农业部审批。

农业部应当自收到省级人民政府渔业行政主管部门报送的材料之日起 20 日内作出是否同意引进的决定。

第四十一条　出口水生野生动物或其产品的，应当具备下列条件：

（一）出口的水生野生动物物种和含水生野生动物成分产品中物种原料的来源清楚；

（二）出口的水生野生动物是合法取得；

（三）不会影响国家野生动物保护形象和对外经济交往；

（四）出口的水生野生动物资源量充足，适宜出口；

（五）符合我国水产种质资源保护规定。

第四十二条　进口水生野生动物或其产品的，应当具备下列条件：

（一）进口的目的符合我国法律法规和政策；

（二）具备所进口水生野生动物活体生存必需的养护设施和技术条件；

（三）引进的水生野生动物活体不会对我国生态平衡造成不利影响或产生破坏作用；

（四）不影响国家野生动物保护形象和对外经济交往。

第七章　附则

第四十三条　违反本办法规定的，由县级以上渔业行政主管部门或其所属的渔政监督管理机构依照野生动物保护法律、法规进行查处。

第四十四条　经批准捕捉、驯养繁殖、运输以及展览、表演、出售、收购、进出口等利用水生野生动物或其产品的单位和个人，应当依法缴纳水生野生动物资源保护费。缴纳办法按国家有关规定执行。

水生野生动物资源保护费专用于水生野生动物资源的保护管理、科学研究、调查监测、宣传教育、驯养繁殖与增殖放流等。

第四十五条　外国人在我国境内进行有关水生野生动物科学考察、标本采集、拍摄电影、录像等活动的，应当向水生野生动物所在地省级渔业行政主管部门提出申请。省级渔业行政主管部门应当自申请受理之日起 20 日内作出是否准予其活动的决定。

第四十六条　本办法规定的《申请表》和水生野生动物利用特许证件由中华人民共和国渔政局

统一制订。已发放仍在使用的许可证件由原发证机关限期统一进行更换。

除《捕捉证》、《运输证》一次有效外，其他特许证件应按年度进行审验，有效期最长不超过五年。有效期届满后，应按规定程序重新报批。

各省、自治区、直辖市渔业行政主管部门应当根据本办法制定特许证件发放管理制度，建立档案，严格管理。

第四十七条 《濒危野生动植物种国际贸易公约》附录一中的水生野生动物或其产品的国内管理，按照本办法对国家一级保护水生野生动物的管理规定执行。

《濒危野生动植物种国际贸易公约》附录二、附录三中的水生野生动物或其产品的国内管理，按照本办法对国家二级保护水生野生动物的管理规定执行。

地方重点保护的水生野生动物或其产品的管理，可参照本办法对国家二级保护水生野生动物的管理规定执行。

第四十八条 本办法由农业部负责解释。

第四十九条 本办法自 1999 年 9 月 1 日起施行。

国家重点保护野生动物名录（1989）

(1988 年 12 月 10 日经国务院批准　1989 年 04 月 14 日林业部、农业部发布)

中文名	学　名	保护级别	
		Ⅰ级	Ⅱ级
兽纲 MAMMALIA			
灵长目	PRIMATES		
懒猴科	Lorisidae		
蜂猴（所有种）	Nycticebus spp.	Ⅰ	
猴科	Cercopithecidae		
短尾猴	Macaca arctoides		Ⅱ
熊猴	Macaca assamensis	Ⅰ	
台湾猴	Macaca cyclopis	Ⅰ	
猕猴	Macaca mulatta		Ⅱ
豚尾猴	Macaca nemestrina	Ⅰ	
藏酋猴	Macaca thibetana		Ⅱ
叶猴（所有种）	Presbytis spp.	Ⅰ	
金丝猴（所有种）	Rhinopithecus spp.	Ⅰ	
猩猩科	Pongidae		
长臂猿（所有种）	Hylobates spp.	Ⅰ	
鳞甲目	PHOLIDOTA		
鲮鲤科	Manidae		
穿山甲	Manis pentadactyla		Ⅱ
食肉目	CARNIVORA		
犬科	Canidae		
豺	Cuon alpinus		Ⅱ
熊科	Ursidae		
黑熊	Selenarctos thibetanus		Ⅱ
棕熊	Ursus arctos		Ⅱ
（包括马熊）	(U. a. pruinosus)		
马来熊	Helarctos malayanus	Ⅰ	
浣熊科	Procyonidae		
小熊猫	Ailurus fulgens		Ⅱ
大熊猫科	Ailuropodidae		
大熊猫	Ailuropoda melanoleuca	Ⅰ	
鼬科	Mustelidae		
石貂	Martes foina		Ⅱ
紫貂	Martes zibellina	Ⅰ	
黄喉貂	Martes flavigula		Ⅱ
貂熊	Gulo gulo	Ⅰ	
＊水獭（所有种）	Lutra spp.		Ⅱ
＊小爪水獭	Aonyx cinerea		Ⅱ
灵猫科	Viverridae		

续表

中文名	学　名	保护级别	
		Ⅰ级	Ⅱ级
斑林狸	Prionodon pardicolor		Ⅱ
大灵猫	Viverra zibetha		Ⅱ
小灵猫	Viverricula indica		Ⅱ
熊狸	Arctictis binturong	Ⅰ	
猫科	Felidae		
草原斑猫	Felis lybica（＝silvestris）		Ⅱ
荒漠猫	Felis bieti		Ⅱ
丛林猫	Felis chaus		Ⅱ
猞猁	Felis lynx		Ⅱ
兔狲	Felis manul		Ⅱ
金猫	Felis temmincki		Ⅱ
渔猫	Felis viverrinus		Ⅱ
云豹	Neofelis nebulosa	Ⅰ	
豹	Panthera pardus	Ⅰ	
虎	Panthera tigris	Ⅰ	
雪豹	Panthera uncia	Ⅰ	
＊鳍足目（所有种）	PINNIPEDIA		Ⅱ
海牛目	SIRENIA		
儒艮科	Dugongidae		
＊儒艮	Dugong dugon	Ⅰ	
鲸目	CETACEA		
喙豚科	Platanistidae		
＊白鱀豚	Lipotes vexillifer	Ⅰ	
海豚科	Delphinidae		
＊中华白海豚	Sousa chinensis	Ⅰ	
＊其他鲸类	(Cetacea)		Ⅱ
长鼻目	PROBOSCIDEA		
象科	Elephantidae		
亚洲象	Elephas maximus	Ⅰ	
奇蹄目	PERISSODACTYLA		
马科	Equidae		
蒙古野驴	Equus hemionus	Ⅰ	
西藏野驴	Equus kiang	Ⅰ	
野马	Equus przewalskii	Ⅰ	
偶蹄目	ARTIODACTYLA		
驼科	Camelidae		
野骆驼	Camelus ferus（＝bactrianus）	Ⅰ	
鼷鹿科	Tragulidae		
鼷鹿	Tragulus javanicus	Ⅰ	
麝科	Moschidae		
麝（所有种）	Moschus spp.		Ⅱ
鹿科	Cervidae		
河麂	Hydropotes inermis		Ⅱ

续表

中文名	学　名	保护级别	
		Ⅰ级	Ⅱ级
黑麂	Muntiacus crinifrons	I	
白唇鹿	Cervus albirostris	I	
马鹿 （包括白臀鹿）	Cervus elaphus (C. e. macneilli)		II
坡鹿	Cervus eldi	I	
梅花鹿	Cervus nippon	I	
豚鹿	Cervus porcinus	I	
水鹿	Cervus unicolor		II
麋鹿	Elaphurus davidianus	I	
驼鹿	Alces alces		II
牛科	Bovidae		
野牛	Bos gaurus	I	
野牦牛	Bos mutus（=grunniens）	I	
黄羊	Procapra gutturosa		II
普氏原羚	Procapra przewalskii	I	
藏原羚	Procapra picticaudata		II
鹅喉羚	Gazella subgutturosa		II
藏羚	Pantholops hodgsoni	I	
高鼻羚羊	Saiga tatarica	I	
扭角羚	Budorcas taxicolor	I	
鬣羚	Capricornis sumatraensis		II
台湾鬣羚	Capricornis crispus	I	
赤斑羚	Naemorhedus cranbrooki	I	
斑羚	Naemorhedus goral		II
塔尔羊	Hemitragus jemlahicus	I	
北山羊	Capra ibex	I	
岩羊	Pseudois nayaur		II
盘羊	Ovis ammon		II
兔形目	LAGOMORPHA		
兔科	Leporidae		
海南兔	Lepus peguensis hainanus		II
雪兔	Lepus timidus		II
塔尔木兔	Lepus yarkandensis		II
啮齿目	RODENTIA		
松鼠科	Sciuridae		
巨松鼠	Ratufa bicolor		II
河狸科	Castoridae		
河狸	Castor fiber	I	
鸟纲 AVES			
鸊鷉目	PODICIPEDIFORMES		
鸊鷉科	Podicipedidae		
角鸊鷉	Podiceps auritus		II
赤颈鸊鷉	Podiceps grisegena		II

续表

中文名	学　名	保护级别	
		Ⅰ级	Ⅱ级
鹱形目	PROCELLARIIFORMES		
信天翁科	Diomedeidae		
短尾信天翁	Diomedea albatrus	Ⅰ	
鹈形目	PELECANIFORMES		
鹈鹕科	Pelecanidae		
鹈鹕（所有种）	Pelecanus spp.		Ⅱ
鲣鸟科	Sulidae		
鲣鸟（所有种）	Sula spp.		Ⅱ
鸬鹚科	Phalacrocoracidae		
海鸬鹚	Phalacrocorax pelagicus		Ⅱ
黑颈鸬鹚	Phalacrocorax niger		Ⅱ
军舰鸟科	Fregatidae		
白腹军舰鸟	Fregata andrewsi	Ⅰ	
鹳形目	CICONIIFORMES		
鹭科	Ardeidae		
黄嘴白鹭	Egretta eulophotes		Ⅱ
岩鹭	Egretta sacra		Ⅱ
海南虎斑鸦	Gorsachius magnificus		Ⅱ
小苇鸦	Ixbrychus minutus		Ⅱ
鹳科	Ciconiidae		
彩鹳	Ibis leucocephalus		Ⅱ
白鹳	Ciconia ciconia	Ⅰ	
黑鹳	Ciconia nigra	Ⅰ	
鹮科	Threskiornithidae		
白鹮	Threskiornis aethiopicus		Ⅱ
黑鹮	Pseudibis papillosa		Ⅱ
朱鹮	Nipponia nippon	Ⅰ	
彩鹮	Plegadis falcinellus		Ⅱ
白琵鹭	Platalea leucorodia		Ⅱ
黑脸琵鹭	Platalea minor		Ⅱ
雁形目	ANSERIFORMES		
鸭科	Anatidae		
红胸黑雁	Branta ruficollis		Ⅱ
白额雁	Anser albifrons		Ⅱ
天鹅（所有种）	Cygnus spp.		Ⅱ
鸳鸯	Aix galericulata		Ⅱ
中华秋沙鸭	Merguss quamatus	Ⅰ	
隼形目	FALCONIFORMES		
鹰科	Accipitridae		
金雕	Aquila chrysaetos	Ⅰ	

续表

中文名	学　名	保护级别	
		Ⅰ级	Ⅱ级
白肩雕	Aquila heliaca	I	
玉带海雕	Haliaeetus leucoryphus	I	
白尾海雕	Haliaeetus albcilla	I	
虎头海雕	Haliaeetus pelagicus	I	
拟兀鹫	Pseudogyps bengalensis	I	
胡兀鹫	Gypaetus barbatus	I	
其它鹰类	（Accipitridae）		Ⅱ
隼科（所有种）	Falconidae		Ⅱ
鸡形目	GALLIFORMES		
松鸡科	Tetraonidae		
细嘴松鸡	Tetrao parvirostris	I	
黑琴鸡	Lyrurus tetrix		Ⅱ
柳雷鸟	Lagopus lagopus		Ⅱ
岩雷鸟	Lagopus mutus		Ⅱ
镰翅鸟	Falcipennis falcipennis		Ⅱ
花尾榛鸡	Tetrastes bonasia		Ⅱ
斑尾榛鸡	Tetrastes sewerzowi	I	
雉科	Phasianidae		
雪鸡（所有种）	Tetraogallus spp.		Ⅱ
雉鹑	Tetraophasis obscurus	I	
四川山鹧鸪	Arborophila rufipectus	I	
海南山鹧鸪	Arborophila ardens	I	
血雉	Ithaginis cruentus		Ⅱ
黑头角雉	Tragopan melanocephalus	I	
红胸角雉	Tragopan satyra	I	
灰腹角雉	Tragopan blythii	I	
红腹角雉	Tragopan temminckii		Ⅱ
黄腹角雉	Tragopan caboti	I	
虹雉（所有种）	Lophophorus spp.	I	
藏马鸡	Crossoptilon crossoptilon		Ⅱ
蓝马鸡	Crossoptilon aurtun		Ⅱ
褐马鸡	Crossoptilon mantchuricum	I	
黑鹇	Lophura leucomelana		Ⅱ
白鹇	Lophura nycthemera		Ⅱ
蓝鹇	Lophura swinhoii	I	
原鸡	Gallus gallus		Ⅱ
勺鸡	Pucrasia macrolopha		Ⅱ
黑颈长尾雉	Syrmaticus humiae	I	
白冠长尾雉	Syrmaticus reevesii		Ⅱ
白颈长尾雉	Syrmaticus ewllioti	I	
黑长尾雉	Syrmaticus mikado	I	

续表

中文名	学　名	保护级别	
		Ⅰ级	Ⅱ级
锦鸡（所有种）	Chrysolophus spp.		Ⅱ
孔雀雉	Polyplectron bicalcaratum	Ⅰ	
绿孔雀	Pavo muticus	Ⅰ	
鹤形目	GRUIFORMES		
鹤科	Gruidae		
灰鹤	Grus grus		Ⅱ
黑颈鹤	Grus nigricollis	Ⅰ	
白头鹤	Grus monacha	Ⅰ	
沙丘鹤	Grus canadensis		Ⅱ
丹顶鹤	Grus japonensis	Ⅰ	
白枕鹤	Grus vipio		Ⅱ
白鹤	Grus leucogeranus	Ⅰ	
赤颈鹤	Grus antigone	Ⅰ	
蓑羽鹤	Anthropoides virgo		Ⅱ
秧鸡科	Rallidae		
长脚秧鸡	Crex crex		Ⅱ
姬田鸡	Porzana parva		Ⅱ
棕背田鸡	Porzana bicolor		Ⅱ
花田鸡	Coturnicops noveboracensis		Ⅱ
鸨科	Otidae		
鸨（所有种）	Otis spp.	Ⅰ	
形鸻目	CHARADRIIFORMES		
雉鸻科	Jacanidae		
铜翅水雉	Metopidius indicus		Ⅱ
鹬科	Soolopacidae		
小勺鹬	Numenius borealis		Ⅱ
小青脚鹬	Tringa guttifer		Ⅱ
燕鸻科	Glareolidae		
灰燕鸻	Glareola lactea		Ⅱ
鸥形目	LARIFORMES		
鸥科	Laridae		
遗鸥	Larus relictus	Ⅰ	
小鸥	Larus minutus		Ⅱ
黑浮鸥	Chlidonias niger		Ⅱ
黄嘴河燕鸥	Sterna aurantia		Ⅱ
黑嘴端凤头燕鸥	Thalasseus zimmermanni		Ⅱ
鸽形目	COLUMBIFORMES		
沙鸡科	Pteroclididae		
黑腹沙鸡	Pterocles orientalis		Ⅱ
鸠鸽科	Columbidae		

续表

中文名	学　名	保护级别	
		I 级	II 级
绿鸠（所有种）	Treron spp.		II
黑颏果鸠	Ptilinopus leclancheri		II
皇鸠（所有种）	Ducula spp.		II
斑尾林鸽	Columba palumbus		II
鹃鸠（所有种）	Macropygia spp.		II
鹦形目	PSITTACIFORMES		
鹦鹉科（所有种）	Psittacidae spp.		II
鹃形目	CUCULIFORMES		
杜鹃科	Cuculidae		
鸦鹃（所有种）	Centropus spp.		II
鸮形目（所有种）	STRIGIFORMES		II
雨燕目	APODIFORMES		
雨燕科	Apodidae		
灰喉针尾雨燕	Hirundapus cochinchinensis		II
凤头雨燕科	Hemiprocnidae		
凤头雨燕	Hemiprocne longipennis		II
咬鹃目	TROGONIFORMES		
咬鹃科	Trogonidae		
橙胸咬鹃	Harpactes oreskios		II
佛法僧目	CORACIIFORMES		
翠鸟科	Alcedinidae		
蓝耳翠鸟	Alcedo meninting		II
鹳嘴翠鸟	Pelargopsis capensis		II
蜂虎科	Meropidae		
黑胸蜂虎	Merops leschenaulti		II
绿喉蜂虎	Merops orientalis		II
犀鸟科（所有种）	Bucertidae		II
鴷形目	PICIFORMES		
啄木鸟科	Picidae		
白腹黑啄木鸟	Dryocopus javensis		II
雀形目	PASSERIFORMES		
阔嘴鸟科（所有种）	Eurylaimidae spp.		II
八色鸫科（所有种）	Pittidae spp.		II
爬行纲 REPTILIA			
龟鳖目	TESTUDOFORMES		
龟科	Emydidae		
＊地龟	Geoemyda spengleri		II
＊三线闭壳龟	Cuora trifasciata		II
＊云南闭壳龟	Cuora yunnanensis		II
陆龟科	Testudinidae		
四爪陆龟	Testudo horsfieldi	I	

续表

中文名	学　名	保护级别	
		Ⅰ级	Ⅱ级
凹甲陆龟	Manouria impressa		Ⅱ
海龟科	Cheloniidae		
＊蠵龟	Caretta caretta		Ⅱ
＊绿海龟	Chelonia mydas		Ⅱ
＊玳瑁	Eretmochelys imbricata		Ⅱ
＊太平洋丽龟	Lepidochelys olivacea		Ⅱ
棱皮龟科	Dermochelyidae		
＊棱皮龟	Dermochelys coriacea		Ⅱ
鳖科	Trionychidae		
＊鼋	Pelochelys bibroni	Ⅰ	
＊山瑞鳖	Trionyx steindachneri		Ⅱ
蜥蜴目	LACERTIFORMES		
壁虎科	Gekkonidae		
大壁虎	Gekko gecko		Ⅱ
鳄蜥科	Shinisauridae		
蜥鳄	Shinisaurus crocodilurus	Ⅰ	
巨蜥科	Varanidae		
巨蜥	Varanus salvator	Ⅰ	
蛇目	SERPENTIFORMES		
蟒科	Boidae		
蟒	Python molurus	Ⅰ	
鳄目	CROCODILIFORMES		
鼍科	Alligatoridae		
扬子鳄	Alligator sinensis	Ⅰ	
两栖纲 AMPHIBIA			
有尾目	CAUDATA		
隐鳃鲵科	Cryptobranchidae		
＊大鲵	Andrias davidianus		Ⅱ
蝾螈科	Salamandridae		
＊细痣疣螈	Tylototriton asperrimus		Ⅱ
＊镇海疣螈	Tylototriton chinhaiensis		Ⅱ
＊贵州疣螈	Tylototriton kweichowensis		Ⅱ
＊大凉疣螈	Tylototriton taliangensis		Ⅱ
＊细瘰疣螈	Tylototriton verrucosus		Ⅱ
无尾目	ANURA		
蛙科	Ranidae		
虎纹蛙	Rana tigrina		Ⅱ
鱼纲 PISCES			
鲈形目	PERCIFORMES		
石首鱼科	Sciaenidae		
＊黄唇鱼	Baha ba flavolabiata		Ⅱ

续表

中文名	学名	保护级别	
		Ⅰ级	Ⅱ级
杜父鱼科	Cottidae		
*松江鲈鱼	Trachidermus fasciatus		Ⅱ
海龙鱼目	SYNGNATHIFORMES		
海龙鱼科	Syngnathidae		
*克氏海马鱼	Hippocampus kelloggi		Ⅱ
鲤形目	CYPRINIFORMES		
胭脂鱼科	Catostomidae		
*胭脂鱼	Myxocyprinus asiaticus		Ⅱ
鲤科	Cyprinidae		
*唐鱼	Tanichthys albonubes		Ⅱ
*大头鲤	Cyprinus pellegrini		Ⅱ
*金钱鲃	Sinocyclocheilus grahami grahami		Ⅱ
*新疆大头鱼	Aspiorhynchus laticeps	Ⅰ	
*大理裂腹鱼	Schizothorax taliensis		Ⅱ
鳗鲡目	ANGUILLIFORMES		
鳗鲡科	Anguillidae		
*花鳗鲡	Anguilla marmorata		Ⅱ
鲑形目	SALMONIFORMES		
鲑科	Salmonidae		
*川陕哲罗鲑	Hucho bleekeri		Ⅱ
*秦岭细鳞鲑	Brachymystax lenok tsinlingensis		Ⅱ
鲟形目	ACIPENSERIFORMES		
鲟科	Acipenseridae		
*中华鲟	Acipenser sinensis	Ⅰ	
*达氏鲟	Acipenser dabryanus	Ⅰ	
匙吻鲟科	Polyodontidae		
*白鲟	Psephurus gladius	Ⅰ	
文昌鱼纲 APPENDICULARIA			
文昌鱼目	AMPHIOXIFORMES		
文昌鱼科	Branchiostomatidae		
*文昌鱼	Branchiotoma belcheri		Ⅱ
珊瑚纲 ANTHOZOA			
柳珊瑚目	GORGONACEA		
红珊瑚科	Coralliidae		
*红珊瑚	Corallium spp.	Ⅰ	
腹足纲 GASTROPODA			
中腹足目	MESOGASTROPODA		
宝贝科	Cypraeidae		
*虎斑宝贝	Cypraea tigris		Ⅱ
冠螺科	Cassididae		
*冠螺	Cassis cornuta		Ⅱ

续表

中文名	学　名	保护级别	
		Ⅰ级	Ⅱ级
瓣鳃纲 LAMELLIBRANCHIA			
异柱目	ANISOMYARIA		
珍珠贝科	Pteriidae		
*大珠母贝	Pinctada maxima		Ⅱ
真瓣鳃目	EULAMELLIBRANCHIA		
砗磲科	Tridacnidae		
*库氏砗磲	Tridacna cookiana	Ⅰ	
蚌科	Unionidae		
*佛耳丽蚌	Lamprotula mansuyi		Ⅱ
头足纲 CEPHALOPODA			
四鳃目	TETRABRANCHIA		
鹦鹉螺科	Nautilidae		
*鹦鹉螺	Nautilus pompilius	Ⅰ	
昆虫纲 INSECTA			
双尾目	DIPLURA		
铗科	Japygidae		
伟铗	Atlasjapyx atlas		Ⅱ
蜻蜓目	ODONATA		
箭蜓科	Gomphidae		
尖板曦箭蜓	Heliogomphus retroflexus		Ⅱ
宽纹北箭蜓	Ophiogomphus spinicorne		Ⅱ
缺翅目	ZORAPTERA		
缺翅虫科	Zorotypidae		
中华缺翅虫	Zorotypus sinensis		Ⅱ
墨脱缺翅虫	Zorotypus medoensis		Ⅱ
蛩蠊目	GRYLLOBLATTODAE		
蛩蠊科	Grylloblattidae		
中华蛩蠊	Galloisiana sinensis	Ⅰ	
鞘翅目	COLEOPTERA		
步甲科	Carabidae		
拉步甲	Carabus (Coptolabrus) lafossei		Ⅱ
硕步甲	Carabus (Apotopterus) davidi		Ⅱ
臂金龟科	Euchiridae		
彩臂金龟（所有种）	Cheirotonus spp.		Ⅱ
犀金龟科	Dynastidae		
叉犀金龟	Allomyrina davidis		Ⅱ
鳞翅目	LEPIDOPTERA		
凤蝶科	Papilionidae		
金斑喙凤蝶	Teinopalpus aureus	Ⅰ	
双尾褐凤蝶	Bhutanitis mansfieldi		Ⅱ

续表

中文名	学　名	保护级别	
		Ⅰ级	Ⅱ级
三尾褐凤蝶	Bhutanitis thaidina dongchuanensis		Ⅱ
中华虎凤蝶	Luehdorfia chinensis huashanensis		Ⅱ
绢蝶科	Parnassidae		
阿波罗绢蝶	Parnassius apollo		Ⅱ
肠鳃纲 ENTEROPNEUSTA			
柱头虫科	Balanoglossidae		
＊多鳃孔舌形虫	Glossobalanus polybranchioporus	Ⅰ	
玉钩虫科	Harrimaniidae		
＊黄岛长吻虫	Saccoglossus hwangtauensis	Ⅰ	

注：标"＊"者，由渔业行政主管部门主管；未标"＊"者，由林业行政主管部门主管。

国家重点保护野生动物名录（2003）

（国家林业局令第 7 号）

中名	学名	保护级别	
		Ⅰ级	Ⅱ级
偶蹄目	ARTIODACTYLA		
麝科	Moschidae		
麝（所有种）	Moschus spp.	Ⅰ	

3.2　地方规章

重庆市实验动物管理办法

（重庆市人民政府令第 195 号　2006 年 4 月 27 日市人民政府第 71 次常务会议通过）

第一条　为加强实验动物的管理，保证实验动物和动物实验的质量，维护公共卫生安全，适应科学研究和经济社会发展的需要，根据国家有关法律、法规的规定，结合本市实际，制定本办法。

第二条　本办法所称实验动物，是指经人工饲养、繁育，遗传背景明确或来源清楚，携带的微生物及寄生虫受到控制，用于科学研究、教学、生产和检定以及其他科学实验的动物。

根据对微生物和寄生虫的控制程度，实验动物分为普通级、清洁级、无特定病原体级和无菌级。

第三条　本市行政区域内与实验动物有关的科学研究、生产、应用等活动及其管理与监督，适用本办法。

法律、法规另有规定的，应从其规定。

第四条　实验动物的管理工作，应当协调统一，加强规划，合理分工，资源共享，有利于环境保护，有利于市场规范，有利于实验动物的科学研究、生产和使用。

第五条　市科学技术行政管理部门负责全市实验动物的管理工作，组织、监督本办法的实施和依法审核、发放《实验动物生产许可证》和《实验动物使用许可证》。

卫生、教育、农业、质量技术监督、食品药品监督等有关部门应当在各自职责范围内做好实验动物管理工作。

第六条　从事实验动物工作的单位和个人，应当保障生物安全，防止环境污染，严格按照规定生产、使用实验动物，禁止将使用后的实验动物流入消费市场。

第七条　从事实验动物生产的单位和个人，必须根据遗传学、寄生虫学、微生物学、营养学和饲育环境设施等有关标准，定期对实验动物进行质量检测，并对各项作业过程和检测数据作好完整、准确的记录。

第八条　实验动物生产、使用的环境设施应当符合不同等级实验动物标准要求。

不同等级、不同品种的实验动物，应当按照相应的标准，在不同的环境设施中分别管理，使用合格的饲料、笼具、垫料等用品。

第九条　依法成立的实验动物质量检测机构，每年应对饲育的实验动物及环境设施按实验动物国家标准进行质量监测，保证检测数据的公正性、科学性、准确性。

第十条　为补充种源、开发实验动物新品种或者科学研究需要捕捉野生动物的，应当按照国家有关法律、法规办理有关手续，并及时将动物名称、特征、数量及照片等有关资料报市科学技术行政管理部门备案。

第十一条　对必须进行预防接种的实验动物，应当按照《中华人民共和国动物防疫法》的规定，预防接种。

根据实验要求，用于特殊科学实验的实验动物，可以不预防接种，但必须通过市科学技术行政管理部门签署意见并报市动物防疫监督机构备案。

第十二条　实验动物发生传染性疾病及人畜共患病时，从事实验动物工作的单位和个人应当立即报告市科学技术行政管理部门、市动物防疫监督机构和市卫生行政管理部门，并按照有关法律、法规的规定，采取有效措施，防止疫情蔓延。重大动物疫情，应当按照国家规定立即启动应急预案。

第十三条 生产实验动物的单位和个人，供应或者出售实验动物，应当提供实验动物质量合格证书。

使用实验动物的单位或个人，应当根据不同的实验目的，使用相应等级标准的实验动物及实验设施。

严禁使用遗传背景不清、质量不合格的实验动物进行科学研究、检定检验和生产产品。

第十四条 申报科研课题、鉴定科研成果、进行检定检验和以实验动物为原料或者载体生产产品，应当把应用合格的实验动物和使用相应等级的动物实验环境设施作为必要的条件。

应用不合格的实验动物或在不合格的实验环境设施中取得的动物实验结果无效，科研项目不得鉴定、评奖，生产的产品不得出售。

第十五条 开展病原体感染、化学染毒和放射性等动物实验，应当按照国家规定执行。

实验动物尸体及废弃物等，必须按照实验动物技术规范，严格消毒、封闭包装并进行无害化处理。

进行病原体感染实验，应当对实验所接触的用品、用具等进行封闭包装和无害化处理，并对环境、场所等进行严格消毒。

第十六条 从市外引入实验动物，应当按照国家有关实验动物技术规范进行隔离检疫，并取得县级以上动物防疫监督机构发放的动物防疫合格证明，同时进行质量检测；从国外引入实验动物，应持有供应方提供的动物种系名称、遗传背景、质量状况及生物学特性等有关资料，按照《中华人民共和国进出境动植物检疫法》规定办理有关手续。

第十七条 从事实验动物工作的单位，应当组织从业人员进行专业培训。未经培训，不得上岗。

从事实验动物工作的单位，应当采取预防措施，保证从业人员的健康和安全，提供相应的劳动保护和福利待遇，每年组织从业人员在县级以上医疗机构进行身体检查，及时调换不宜从事实验动物工作的人员。

第十八条 从事实验动物工作的单位和个人，应当关爱实验动物，维护动物福利，不得戏弄、虐待实验动物。在符合科学原则的前提下，尽量减少实验动物使用量，减轻被处置动物的痛苦。鼓励开展动物实验替代方法的研究和使用。

第十九条 违反本办法，将实验后的实验动物流入消费市场，由市动物防疫监督机构或者市工商行政主管部门处10000元以上30000元以下的罚款。

违反本办法第七条、第八条，第十三条第一、二款，第十七条的，由市科学技术行政管理部门责令限期整改，逾期不改的，处1000元以上10000元以下的罚款。

违反本办法第十三条第三款，第十五条第二、三款的，由市科学技术行政管理部门处30000元罚款。

违反本办法其他规定的，由有关部门依法处理；涉嫌犯罪的，移送司法机关依法处理。

第二十条 实验动物管理工作人员玩忽职守，滥用职权，徇私舞弊的，由所在单位或者上级主管部门给予行政处分；涉嫌犯罪的，移送司法机关依法处理。

第二十一条 本办法自2006年7月1日起施行。

第 4 章　规范性文件

实验动物质量管理办法

（1997 年 12 月 11 日国家科学技术委员会发布　国科发财字〔1997〕593 号）

第一章　总则

第一条　为加强全国实验动物质量管理，建立和完善全国实验动物质量监测体系，保证实验动物和动物实验的质量，适应科学研究、经济建设、社会发展和对外开放的需要，根据《实验动物管理条例》，制定本办法。

第二条　全国执行统一的实验动物质量国家标准。尚未制定国家标准的，可依次执行行业或地方标准。

第三条　全国实行统一的实验动物质量管理制度。

第四条　本办法适用于从事实验动物研究、保种、繁育、饲养、供应、使用、检测以及动物实验等一切与实验动物有关的领域和单位。

第二章　国家实验动物种子中心

第五条　实验动物品种、品系的维持，是保证实验动物质量和科研水平的重要条件。建立国家实验动物种子中心的目的，在于科学地保护和管理我国实验动物资源，实现种质保证。

国家实验动物种子中心的主要任务是：引进、收集和保存实验动物品种、品系；研究实验动物保种新技术；培育实验动物新品种、品系；为国内外用户提供标准的实验动物种子。

第六条　国家实验动物种子中心是一个网络体系，由各具体品种的实验动物种子中心共同组成。

实验动物种子中心，从有条件的单位择优建立。这些单位必须具备下列基本条件：

1. 长期从事实验动物保种工作；

2. 有较强的实验动物研究技术力量和基础条件；

3. 有合格的实验动物繁育设施和检测仪器；

4. 有突出的实验动物保种技术和研究成果。

第七条　实验动物种子中心的申请、审批，按照以下程序执行。

凡经多数专家推荐的、具备上述基本条件的单位，均可填写《国家实验动物种子中心申请书》并附相关资料，由各省（自治区、直辖市）科委或行业主管部门，报国家科委。

国家科委接受申请后，组织专家组，对申请单位进行考察和评审。评审结果报国家科委批准后，即为实验动物种子中心。

实验动物种子中心受各自的主管部门领导，业务上接受国家科委的指导和监督。

第八条　国家实验动物种子中心，统一负责实验动物的国外引种和为用户提供实验动物种子。其国际交流与技术合作需报国家科委审批。其他任何单位，如确有必要，也可直接向国外引进国内没有的实验动物品种、品系，供本单位做动物实验，但不得作为实验动物种子向用户提供。

第三章　实验动物生产和使用许可证

第九条　实验动物生产和使用，实行许可证制度。实验动物生产和使用单位，必须取得许可证。

实验动物生产许可证，适用于从事实验动物繁育和商业性经营的单位。

实验动物使用许可证，适用于从事动物实验和利用实验动物生产药品、生物制品的单位。

第十条 从事实验动物繁育和商业性经营的单位，取得生产许可证，必须具备下列基本条件：

1. 实验动物种子来源于国家实验动物保种中心，遗传背景清楚，质量符合国家标准；

2. 生产的实验动物质量符合国家标准；

3. 具有保证实验动物质量的饲养、繁育环境设施及检测手段；

4. 使用的实验动物饲料符合国家标准；

5. 具有健全有效的质量管理制度；

6. 具有保证正常生产和保证动物质量的专业技术人员、熟练技术工人及检测人员，所有人员持证上岗；

7. 有关法律、行政法规规定的其他条件。

第十一条 从事动物实验和利用实验动物生产药品、生物制品的单位，取得使用许可证必须具备下列基本条件：

1. 使用的实验动物，必须有合格证；

2. 实验动物饲育环境及设施符合国家标准；

3. 实验动物饲料符合国家标准；

4. 有经过专业培训的实验动物饲养和动物实验人员；

5. 具有健全有效的管理制度；

6. 有关法律、行政法规规定的其他条件。

第十二条 实验动物生产、使用许可证的申请、审批，按照以下程序执行。

各申请许可证的单位可向所在省（自治区、直辖市）科委提交申请书，并附上由国家认可的检测机构出具的检测报告及相关资料。检测机构，可由各申请单位自行选择。

各省（自治区、直辖市）科委负责受理许可证申请，并进行考核和审批。凡通过批准的，由国家科委授权省（自治区、直辖市）科委发给实验动物生产许可证或实验动物使用许可证。

实验动物生产许可证和实验动物使用许可证由国家科委统一制定，全国有效。

第十三条 取得许可证的单位，必须接受每年的复查。复查合格者，许可证继续有效；任何一项条件复查不合格的，限期三个月进行整改，并接受再次复查。如仍不合格，取消其实验动物生产或使用资格，由发证部门收回许可证。但在条件具备时，可重新提出申请。

第十四条 对实验动物生产、使用单位的每年复查，由省（自治区、直辖市）科委组织实施。每年的复查结果报国家科委备案。

第十五条 取得许可证的实验动物生产单位，必须对饲养、繁育的实验动物按有关国家标准进行质量检测。出售时应提供合格证。合格证必须标明：实验动物生产许可证号；品种、品系的确切名称；级别；遗传背景或来源；微生物及寄生虫检测状况，并有单位负责人签名。

第十六条 实验动物生产单位，供应或出售不合格实验动物，或者合格证内容填写不实的，视情节轻重，可予以警告处分或吊销许可证；给用户造成严重后果的，应承担经济和法律责任。

第十七条 未取得实验动物生产许可证的单位，一律不准饲养、繁育和经营实验动物。未取得实验动物使用许可证的单位，进行动物实验和生产药品和生物制品所使用的实验动物，一律视为不合格。

第四章 检测机构

第十八条 实验动物质量检测机构，分国家和省两级管理。

各级实验动物检测机构以国家标准（GB/T15481）"校准和检验实验室能力的通用要求"为基

本条件。必须是实际从事检测活动的相对独立实体；不能从事实验动物商业性饲育经营活动；具有合理的人员结构，中级以上技术职称人员比例不得低于全部技术人员的 50%；有检测所需要的仪器设备和专用场所。

实验动物质量检测机构必须取得中国实验室国家认可委员会的认可，并遵守有关规定。

第十九条　国家实验动物质量检测机构设在实验动物遗传、微生物、寄生虫、营养及环境设施方面具有较高技术水平的单位，受国务院有关部门或有关省（自治区、直辖市）科技主管部门领导，业务上接受国家科委指导和监督。

第二十条　国家实验动物质量检测机构是实验动物质量检测、检验方法和技术的研究机构，实验动物质量检测人员的培训机构和具有权威性的实验动物质量检测服务机构。其主要任务是：开展实验动物及相关条件的检测方法、检测技术研究；培训实验动物质量检测人员；接受委托对省级实验动物质量检测机构的设立进行审查和年度检查；提供实验动物质量检测和仲裁检验服务；进行国内外技术交流与合作。

第二十一条　国家实验动物质量检测机构申请、审批，按照以下程序执行。

符合上述基本条件的单位，均可填写《国家实验动物质量检测机构申请书》，并附相关资料，由各省（自治区、直辖市）科委或行业主管部门，报国家科委。

国家科委接受申请后，组织专家组对申请单位进行考核和评审，评审结果报国家科委批准后，即为国家实验动物质量检测机构。

第二十二条　省级实验动物质量检测机构主要从事实验动物质量的检测服务，依隶属关系受所属主管部门领导。

第二十三条　省级实验动物质量检测机构申请、审批，按照以下程序执行。

符合上述基本条件的单位，可向省（自治区、直辖市）科委提出申请，填写《实验动物质量检测机构申请书》，并附相关资料。

省（自治区、直辖市）科委委托国家实验动物质量检测机构，对申请单位按实验动物质量检测机构基本条件进行审查（或考试），并提出审查报告。凡审查合格者，经省（自治区、直辖市）科委批准并报国家科委备案，即为省级实验动物质量检测机构。

第二十四条　国家实验动物质量检测机构每两年要接受国家科委组织的专家组的检查。省级实验动物质量检测机构每年要接受国家实验动物质量检测机构的检查（或考试）。检查不合格者，限期三个月进行整改，并再次接受复查，如仍不合格，则停止其实验动物质量检测资格。

第五章　附则

第二十五条　本办法由国家科委负责解释。

第二十六条　本办法自发布之日起生效实施。

国家实验动物种子中心管理办法

(1998 年 5 月 12 日科学技术部发布　国科发财字〔1998〕174 号)

第一章　总则

第一条　为了贯彻实施《实验动物质量管理办法》,科学地保护和管理我国实验动物资源,实现种质保证,加强国家实验动物种子中心的管理,制定本办法。

第二条　根据国家科学技术发展的需要,由科学技术部统一协调,择优建立各品种的国家实验动物种子中心,必要时各品种实验动物种子中心可设分中心和特定品种、品系保种站。

第三条　国家实验动物种子中心受各自的主管部门领导,业务上接受科学技术部的指导和监督。

第二章　任务

第四条　国家实验动物种子中心的主要任务是:

一、引进、收集、保存实验动物品种品系;

二、研究实验动物保种新技术;

三、培育实验动物新品种、品系;

四、为国内外用户提供标准的实验动物种子。

第五条　国家实验动物种子中心统一负责实验动物的国外引种和为用户提供实验动物种子。

第六条　国家实验动物种子中心进行国际交流和合作,需报科学技术部审批。

第三章　组织机构

第七条　国家实验动物种子中心,可以是依托于科研院所或高等院校的相对独立的实体,也可以是独立的法人。

国家实验动物种子中心负责指导和协调分中心和保种站的业务工作。

第八条　国家实验动物种子中心必须具备以下基本条件:

一、长期从事实验动物保种工作;

二、有较强的实验动物研究技术力量和基础条件;

三、有合格的实验动物繁育设施和检测仪器;

四、有突出的实验动物保种技术和研究成果。

第九条　非独立的国家实验动物种子中心的工作,由其依托单位负责监督和检查,并对其正常运行给予必要的技术支撑和后勤保障。国家实验动物种子中心主要负责人的任免要报科学技术部备案。

第十条　国家实验动物种子中心设学术委员会,由学术委员会确立国家实验动物种子中心业务目标,并对其技术成果进行评价。

第十一条　国家实验动物种子中心的申请、审批程序:

一、科学技术部组织实验动物方面的专家按第八条各项条件,推荐国家实验动物种子中心候选单位。

二、凡经多数专家推荐的候选单位,均可提出申请,填写《国家实验动物种子中心申请书》并附相关资料，由各省（自治区、直辖市）科技主管部门或行业主管部门，报科学技术部。

三、科学技术部接受申请后，组织专家组，对申请单位进行考察、评审，必要时可进行答辩。

四、科学技术部批准。

第四章　经费和管理

第十二条　经批准的国家实验动物种子中心，由其主管部门提供必要的建设费用，科学技术部给予一次性补贴经费。

第十三条　国家实验动物种子中心日常运行费用自行解决或由依托单位负责解决，也可通过面向社会服务收入补充部分运行费用。

第十四条　对于实验动物种子供应，国家实验动物种子中心根据有关部门的规定制定收费标准。

第十五条　国家实验动物种子中心应当建立和健全各项严格的管理制度和系统的实验动物谱系档案，加强对实验动物质量及相关设施的监控。

第十六条　国家实验动物种子中心应当采取有力措施，保持不同层次业务骨干的相对稳定，对与保种、育种工作有关的人员必须进行专业培训，持证上岗。

第五章　检查与监督

第十七条　国家实验动物种子中心应当接受国家实验动物质量检测机构的定期和不定期检查。对检查中发现的问题，国家实验动物种子中心应提出整改方案，限期改正，并接受复检。

第十八条　对问题较严重又没有整改措施的国家实验动物种子中心，科学技术部给予警告。警告后仍不改正的，取消其中心资格。

第十九条　向用户提供不合格的实验动物种子，造成用户经济损失的，国家实验动物种子中心应予以赔偿，并负责更换合格的种子。情节严重的，依法追究直接责任人的法律责任。

第六章　附则

第二十条　本办法自发布之日起施行。

国家啮齿类实验动物种子中心引种、供种实施细则

(1998 年 9 月 30 日科学技术部发布 国科财字〔1998〕048 号)

一、依据《实验动物质量管理办法》及《国家实验动物种子中心管理办法》，为做好啮齿类实验动物的供种、引种工作，制定本实施细则。

二、国家啮齿类实验动物种子中心统一负责啮齿类实验动物的国外引种和国内供种工作。

三、国家啮齿类种用动物的确定，由国家啮齿类实验动物种子中心提出，科学技术部组织专家进行核查，对质量符合要求、有关数据资料齐全的品种、品系予以确认。

四、国家啮齿类实验动物种子中心负责发布啮齿类实验动物供种名录，包括动物品种、品系名称，质量等级等，保证根据生产单位的需要提供动物种子。保种范围应通过国外引种、国内收集等不同方式，不断增加和调整，以满足我国实验动物事业发展的需要。

五、引种和供种

1. 引种申请

由生产繁殖单位向种子中心提出书面申请，说明拟引进的动物品种、品系、性别、数目、质量要求，以及供应时间等。引种单位应出具当地实验动物管理部门核发的生产繁殖许可证明及相关文件。种子中心接受申请后应于 10 日内作出答复。

2. 供种协议

由种子中心与引种单位签定供种协议，内容包括：引入种子动物的品种、品系全称，质量等级，数目，性别，费用（动物价格、包装运输费用等），供种时间、方式，双方应承担的责任、义务，质量争议及仲裁等。协议双方签字、盖章后生效。

3. 供种

向用户发出动物种子时，种子中心应同时向用户提供下列文件：

①装箱单，包括动物品种、品系名称（近交系动物的繁殖代数）、性别、数量、质量等级，包装运输方式，运出时间，责任人等。

②种子动物的近期质量检测报告，包括半年内的微生物及寄生虫质量检测和一年以内的近交系动物遗传质量检测结果。

③种子动物的生物学特性资料，包括动物的繁殖性能、生长曲线、主要脏器系数、临床血液生理生化指标及其他特性等。

4. 动物质量异议及索赔

引种单位对种子中心提供的动物质量有异议时，应在动物到达之日起 20 日内向种子中心提出。经核实确系种子中心向用户提供不合格的动物种子，造成用户经济损失的，国家实验动物种子中心应予以赔偿，并负责更换合格的动物种子。

国家实验动物质量检测中心负责对种子中心提供种用动物的质量进行仲裁检测。

国家实验动物主管部门是对种子中心履行供种协议争议的最高仲裁机构。

六、引种单位所引进的动物种子，只限本单位生产繁殖使用，不能作为种子向其他单位供应。单位自行从国外引进的动物，应报种子中心备案，在确定为国家种用动物之前，只限本单位使用，不能向其他单位供种。

七、为了加强实验动物质量标准化工作，引种单位在引进种用动物后，每年应向种子中心反馈动物的生产繁殖情况、质量状况及使用情况的有关资料。一般情况下，用于繁殖的种用动物应根据

具体情况，定期更换。

八、为了保证我国封闭群动物的遗传异质性和基因多态性的相对稳定，由国家种子中心牵头组织，建立我国封闭群动物重点生产繁殖单位的种群交换制度。各引种单位应通过有偿提供或交换等方式，积极支持并参与这一工作。

九、本实施细则自发布之日起实行。

实验动物许可证管理办法（试行）

（2001年12月5日科学技术部、卫生部、教育部、农业部、国家质量监督检验检疫总局、国家中医药管理局、中国人民解放军总后勤部卫生部发布　国科发财字［2001］545号）

第一章　总　则

第一条　根据《实验动物管理条例》（中华人民共和国国家科学技术委员会令第2号，1988）及有关规定，为加强实验动物管理，保障科研工作需要，提高科学研究水平，制定本办法。

第二条　本办法适用于在中华人民共和国境内从事与实验动物工作有关的组织和个人。

第三条　实验动物许可证包括实验动物生产许可证和实验动物使用许可证。

实验动物生产许可证，适用于从事实验动物及相关产品保种、繁育、生产、供应、运输及有关商业性经营的组织和个人。实验动物使用许可证适用于使用实验动物及相关产品进行科学研究和实验的组织和个人。

许可证由各省、自治区、直辖市科技厅（科委、局）印制、发放和管理。

第四条　有条件的省、自治区、直辖市应建立省级实验动物质量检测机构，负责检测实验动物生产和使用单位的实验动物质量及相关条件，为许可证的管理提供技术保证。

省级实验动物质量检测机构的认证按照《实验动物质量管理办法》（国科发财字［1997］593号）和国家认证认可监督管委员会的有关规定进行办理，并按照《中华人民共和国计量法》的有关规定，通过计量认证。

尚未建立省级实验动物质量检测机构的省、自治区、直辖市，应委托其他省级实验动物质量检测机构负责实验动物质量及相关条件的检测，且必须由委托方和受委托方两省、自治区、直辖市科技厅（科委、局）签定协议，并报科技部备案。

第二章　申　请

第五条　申请实验动物生产许可证的组织和个人，必须具备下列条件：

1. 实验动物种子来源于国家实验动物保种中心或国家认可的种源单位，遗传背景清楚，质量符合现行的国家标准；

2. 具有保证实验动物及相关产品质量的饲养、繁育、生产环境设施及检测手段；

3. 使用的实验动物饲料、垫料及饮水等符合国家标准及相关要求；

4. 具有保证正常生产和保证动物质量的专业技术人员、熟练技术工人及检测人员；

5. 具有健全有效的质量管理制度；

6. 生产的实验动物质量符合国家标准；

7. 法律、法规规定的其他条件。

第六条　申请实验动物使用许可证的组织和个人，必须具备下列条件：

1. 使用的实验动物及相关产品必须来自有实验动物生产许可证的单位，质量合格；

2. 实验动物饲育环境及设施符合国家标准；

3. 使用的实验动物饲料、垫料及饮水等符合国家标准及相关要求；

4. 有经过专业培训的实验动物饲养和动物实验人员；

5. 具有健全有效的管理制度；

6. 法律、法规规定的其他条件。

第七条　申请实验动物生产或使用许可证的组织和个人向其所在的省、自治区、直辖市科技厅（科委、局）提交实验动物生产许可证申请（附件 1）或实验动物使用许可证申请书（附件 2），并附上由省级实验动物质量检测机构出具的检测报告及相关材料。

第三章　审批和发放

第八条　省、自治区、直辖市科技厅（科委、局）负责受理许可证申请，并进行考核和审批。

各省、自治区、直辖市科技厅（科委、局）受理申请后，应组织专家组对申请单位的申请材料及实际情况进行审查和现场验收，出具专家组验收报告。对申请生产许可证的单位，其生产用的实验动物种子须按照《关于当前许可证发放过程中有关实验动物种子问题的处理意见》（国科财字〔1999〕044 号）进行确认。

省、自治区、直辖市科技厅（科委、局）在受理申请后的三个月内给出相应的评审结果。合格者由省、自治区、直辖市科技厅（科委、局）签发批准实验动物生产或使用许可证的文件，发放许可证。

第九条　省、自治区、直辖市科技厅（科委、局）将有关材料（申请书及申请材料、专家组验收报告、批准文件）报送科技部及有关部门备案。

第十条　实验动物许可证采取全国统一的格式和编码方法（附件 3、附件 4）。

第四章　管理和监督

第十一条　凡取得实验动物生产许可证的单位，应严格按照国家有关实验动物的质量标准进行生产和质量控制。在出售实验动物时，应提供实验动物质量合格证（附件 5），并附符合标准规定的近期实验动物质量检测报告。实验动物质量合格证内容应该包括生产单位、生产许可证编号、动物品种品系、动物质量等级、动物规格、动物数量、最近一次的质量检测日期、质量检测单位、质量负责人签字，使用单位名称、用途等。

第十二条　许可证的有效期为五年，到期重新审查发证。换领许可证的单位需在有效期满前六个月内向所在省、自治区、直辖市科技厅（科委、局）提出申请。省、自治区、直辖市科技厅（科委、局）按照对初次申请单位同样的程序进行重新审核办理。

第十三条　具有实验动物许可证的单位在接受外单位委托的动物实验时，双方应签署协议书，使用许可证复印件必须与协议书一并使用，方可作为实验结论合法性的有效文件。

第十四条　实验动物许可证不得转借、转让、出租给其他人使用权，取得实验动物生产许可证的单位也不得代售无许可证单位生产的动物及相关产品。

第十五条　取得实验动物许可证的单位，需变更许可证登记事项，应提前一个月向原发机关提出申请，如果申请变更适用范围，按本规定第八条～第十三条办理。进行改、扩建的设施，视情况按新建设施或变更登记事项办理。停止从事许可证范围工作的，应在停止后一个月内交回许可证。许可证遗失的，应及时报失补领。

第十六条　许可证实行年检管理制度。年检不合格的单位，由省、自治区、直辖市科技厅（科委、局）吊销其许可证，并报科技部及有关部门备案，予以公告。

第十七条　未取得实验动物生产许可证的单位不得从事实验动物生产、经营活动。未取得实验动物使用许可证的单位，或者使用的实验动物及相关产品来自未取得生产许可证的单位或质量不合格的，所进行的动物实验结果不予以承认。

第十八条　已取得实验动物许可证的单位，违反本办法第十四条规定或生产、使用不合格动物的，一经核实，发证机关有权收回其许可证，并予公告。情节恶劣、造成严重后果的，依法追究行政责任和法律责任。

第十九条 许可证发放机关及其工作人员必须严格遵守《实验动物管理条例》及有关规定等以及本办法的规定。

第五章 附 则

第二十条 军队系统关于本许可证的印制、发放与管理工作，参照本办法由军队主管部门执行。

第二十一条 各部门和地方可根据行业或地方特点制定相应的管理实施细则，并报科技部备案。

第二十二条 本办法由科学技术部负责解释。

第二十三条 本办法自二〇〇二年一月一日起实施。

附件1（略）

附件2（略）

附件3（略）

附件4（略）

关于善待实验动物的指导性意见

(2006 年 9 月 30 日科学技术部发布　国科发财字〔2006〕398 号)

第一章　总则

第一条　为了提高实验动物管理工作质量和水平，维护动物福利，促进人与自然和谐发展，适应科学研究、经济建设和对外开放的需要，根据《实验动物管理条例》，提出本意见。

第二条　本意见所称善待实验动物，是指在饲养管理和使用实验动物过程中，要采取有效措施，使实验动物免遭不必要的伤害、饥渴、不适、惊恐、折磨、疾病和疼痛，保证动物能够实现自然行为，受到良好的管理与照料，为其提供清洁、舒适的生活环境，提供充足的、保证健康的食物、饮水，避免或减轻疼痛和痛苦等。

第三条　本意见适用于以实验动物为工作对象的各类组织与个人。

第四条　各级实验动物管理部门负责对本意见的贯彻落实情况进行管理和监督。

第五条　实验动物生产单位及使用单位应设立实验动物管理委员会（或实验动物道德委员会、实验动物伦理委员会等）。其主要任务是保证本单位实验动物设施、环境符合善待实验动物的要求，实验动物从业人员得到必要的培训和学习，动物实验实施方案设计合理，规章制度齐全并能有效实施，并协调本单位实验动物的应用者之间尽可能合理地使用动物以减少实验动物的使用数量。

第六条　善待实验动物包括倡导"减少、替代、优化"的"3R"原则，科学、合理、人道地使用实验动物。

第二章　饲养管理过程中善待实验动物的指导性意见

第七条　实验动物生产、经营单位应为实验动物提供清洁、舒适、安全的生活环境。饲养室的内环境指标不得低于国家标准。

第八条　实验动物笼具、垫料质量应符合国家标准。笼具应定期清洗、消毒；垫料应灭菌、除尘，定期更换，保持清洁、干爽。

第九条　各类动物所占笼具最小面积应符合国家标准，保证笼具内每只动物都能实现自然行为，包括：转身、站立、伸腿、躺卧、舔梳等。笼具内应放置供实验动物活动和嬉戏的物品。

孕、产期实验动物所占用笼具面积，至少应达到该种动物所占笼具最小面积的 110% 以上。

第十条　对于非人灵长类实验动物及犬、猪等天性喜爱运动的实验动物，种用动物应设有运动场地并定时遛放。运动场地内应放置适于该种动物玩耍的物品。

第十一条　饲养人员不得戏弄或虐待实验动物。在抓取动物时，应方法得当，态度温和，动作轻柔，避免引起动物的不安、惊恐、疼痛和损伤。在日常管理中，应定期对动物进行观察，若发现动物行为异常，应及时查找原因，采取有针对性的必要措施予以改善。

第十二条　饲养人员应根据动物食性和营养需要，给予动物足够的饲料和清洁的饮水。其营养成分、微生物控制等指标必须符合国家标准。

应充分满足实验动物妊娠期、哺乳期、术后恢复期对营养的需要。

对实验动物饮食、饮水进行限制时，必须有充分的实验和工作理由，并报实验动物管理委员会（或实验动物道德委员会、实验动物伦理委员会等）批准。

第十三条　实验犬、猪分娩时，宜有兽医或经过培训的饲养人员进行监护，防止发生意外。对出生后不能自理的幼仔，应采取人工喂乳、护理等必要的措施。

第三章　应用过程中善待实验动物的指导性意见

第十四条　实验动物应用过程中，应将动物的惊恐和疼痛减少到最低程度。实验现场避免无关人员进入。

在符合科学原则的条件下，应积极开展实验动物替代方法的研究与应用。

第十五条　在对实验动物进行手术、解剖或器官移植时，必须进行有效麻醉。术后恢复期应根据实际情况，进行镇痛和有针对性的护理及饮食调理。

第十六条　保定实验动物时，应遵循"温和保定，善良抚慰，减少痛苦和应激反应"的原则。保定器具应结构合理、规格适宜、坚固耐用、环保卫生、便于操作。在不影响实验的前提下，对动物身体的强制性限制宜减少到最低程度。

第十七条　处死实验动物时，须按照人道主义原则实施安死术。处死现场，不宜有其他动物在场。确认动物死亡后，方可妥善处置尸体。

第十八条　在不影响实验结果判定的情况下，应选择"仁慈终点"，避免延长动物承受痛苦的时间。

第十九条　灵长类实验动物的使用仅限于非用灵长类动物不可的实验。除非因伤病不能治愈而备受煎熬者，猿类灵长类动物原则上不予处死，实验结束后单独饲养，直至自然死亡。

第四章　运输过程中善待实验动物的指导性意见

第二十条　实验动物的国内运输应遵循国家有关活体动物运输的相关规定；国际运输应遵循相关规定，运输包装应符合 IATA 的要求。

第二十一条　实验动物运输应遵循的规则

1. 通过最直接的途径本着安全、舒适、卫生的原则尽快完成。

2. 运输实验动物，应把动物放在合适的笼具里，笼具应能防止动物逃逸或其他动物进入，并能有效防止外部微生物侵袭和污染。

3. 运输过程中，能保证动物自由呼吸，必要时应提供通风设备。

4. 实验动物不应与感染性微生物、害虫及可能伤害动物的物品混装在一起运输。

5. 患有伤病或临产的怀孕动物，不宜长途运输，必须运输的，应有监护和照料。

6. 运输时间较长的，途中应为实验动物提供必要的饮食和饮用水，避免实验动物过度饥渴。

第二十二条　实验动物的运输应注意的事项

1. 在装、卸过程中，实验动物应最后装上运输工具。到达目的地时，应最先离开运输工具。

2. 地面或水陆运送实验动物，应有人负责照料；空运实验动物，发运方应将飞机航班号、到港时间等相关信息及时通知接收方，接收方接收后应尽快运送到最终目的地。

3. 高温、高热、雨雪和寒冷等恶劣天气运输实验动物时，应对实验动物采取有效的防护措施。

4. 地面运送实验动物应使用专用运输工具，专用运输车应配置维持实验动物正常呼吸和生活的装置及防震设备。

5. 运输人员应经过专门培训，了解和掌握有关实验动物方面的知识。

第五章　善待实验动物的相关措施

第二十三条　生产、经营和使用实验动物的组织和个人必须取得相应的行政许可。

第二十四条　使用实验动物进行研究的科研项目，应制定科学、合理、可行的实施方案。该方案经实验动物管理委员会（或实验动物道德委员会、实验动物伦理委员会等）批准后方可组织实施。

第二十五条　使用实验动物进行动物实验应有益于科学技术的创新与发展；有益于教学及人才培养；有益于保护或改善人类及动物的健康及福利或有其他科学价值。

第二十六条　各级实验动物管理部门应根据实际情况制定实验动物从业人员培训计划并组织实施，保证相关人员了解善待实验动物的知识和要求，正确掌握相关技术。

第二十七条　有下列行为之一者，视为虐待实验动物。情节较轻者，由所在单位进行批评教育，限期改正；情节较重或屡教不改者，应离开实验动物工作岗位；因管理不妥屡次发生虐待实验动物事件的单位，将吊销单位实验动物生产许可证或实验动物使用许可证。

1. 非实验需要，挑逗、激怒、殴打、电击或用有刺激性食品、化学药品、毒品伤害实验动物的；

2. 非实验需要，故意损害实验动物器官的；

3. 玩忽职守，致使实验动物设施内环境恶化，给实验动物造成严重伤害、痛苦或死亡的；

4. 进行解剖、手术或器官移植时，不按规定对实验动物采取麻醉或其他镇痛措施的；

5. 处死实验动物不使用安死术的；

6. 在动物运输过程中，违反本意见规定，给实验动物造成严重伤害或大量死亡的；

7. 其它有违善待实验动物基本原则或违反本意见规定的。

第六章　附则

第二十八条　相关术语

1. 实验动物：是指经人工饲育，对其携带的微生物实行控制，遗传背景明确或者来源清楚的用于科学研究、教学、生产、检定以及其他科学实验的动物。

2. "3R"（减少、替代、优化）原则：

减少（Reduction）：是指如果某一研究方案中必须使用实验动物，同时又没有可行的替代方法，则应把使用动物的数量降低到实现科研目的所需的最小量。

替代（Replacement）：是指使用低等级动物代替高等级动物，或不使用活着的脊椎动物进行实验，而采用其他方法达到与动物实验相同的目的。

优化（Refinement）：是指通过改善动物设施、饲养管理和实验条件，精选实验动物、技术路线和实验手段，优化实验操作技术，尽量减少实验过程对动物机体的损伤，减轻动物遭受的痛苦和应激反应，使动物实验得出科学的结果。

3. 保定：为使动物实验或其他操作顺利进行而采取适当的方法或设备限制动物的行动，实施这种方法的过程叫保定。

4. 安死术：是指用公众认可的、以人道的方法处死动物的技术。其含义是使动物在没有惊恐和痛苦的状态下安静地、无痛苦地死亡。

5. 仁慈终点：是指动物实验过程中，选择动物表现疼痛和压抑的较早阶段为实验的终点。

第二十九条　本意见由科学技术部负责解释。

第三十条　本意见自发布之日起执行。

第5章 技术标准

- 5.1 认证认可相关标准
- 5.2 相关质量标准
- 5.3 检测方法标准

5.1 认证认可相关标准

ICS 13.100
C 52

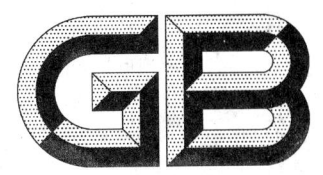

中华人民共和国国家标准

GB 19489—2008
代替 GB 19489—2004

实验室　生物安全通用要求

Laboratories—General requirements for biosafety

2008-12-26 发布

2009-07-01 实施

中华人民共和国国家质量监督检验检疫总局
中国国家标准化管理委员会　发布

前　言

本标准的第 3.1.10、6.3.1.5、6.3.10.4、6.3.10.5、6.5.1.4 和 6.5.1.9 条为推荐性条款,其余为强制性条款。

本标准代替 GB 19489—2004《实验室 生物安全通用要求》。

本标准与 GB 19489—2004 相比,主要变化如下:

——对标准要素的划分进行了调整,明确区分了技术要素和管理要素(2004 年版的第 6 章至第 20 章,本版的第 5 章至第 7 章);

——删除了 2004 年版的部分术语和定义(2004 年版的 2.2、2.3、2.8 和 2.11);

——修订了 2004 年版的部分术语和定义(2004 年版的 2.1、2.4、2.6、2.7、2.9、2.10、2.12、2.13、2.14 和 2.15);

——增加了新的术语和定义(本版的 2.2、2.8、2.9、2.11、2.12、2.14、2.17、2.18 和 2.19);

——删除了危害程度分级(2004 年版的第 3 章);

——修订和增加了风险评估和风险控制的要求(2004 年版的第 4 章,本版的第 3 章);

——修订了对实验室设计原则、设施和设备的部分要求(2004 年版的第 6 章、第 7 章和 9.3 节,本版的第 5 章和第 6 章);

——增加了对实验室设施自控系统的要求(本版的 6.3.8);

——增加了对从事无脊椎动物操作实验室设施的要求(本版的 6.5.5);

——增加了对管理的要求(本版的 7.4、7.5、7.8、7.9、7.10、7.11、7.12 和 7.13);

——删除了部分与 GB 19781—2005《医学实验室　安全要求》重复的内容(2004 年版的第 3 章、第 12 章、第 13 章、第 14 章、第 15 章和第 17 章);

——增加了附录 A、附录 B 和附录 C。

本标准的某些内容可能涉及专利权问题,本标准的发布机构不承担识别这些专利权的责任。

本标准的附录 A、附录 B 和附录 C 均为资料性附录。

本标准由全国认证认可标准化技术委员会(SAC/TC 261)提出并归口。

本标准起草单位:中国合格评定国家认可中心、国家质量监督检验检疫总局科技司、中国疾病预防控制中心、中国动物疫病预防控制中心、中国人民解放军军事医学科学院、中国农业科学院哈尔滨兽医研究所、天津国家生物防护装备工程技术研究中心、中国医学科学院病原生物学研究所、中华人民共和国珠海出入境检验检疫局、中华人民共和国天津出入境检验检疫局、中华人民共和国公安部消防局。

本标准主要起草人:宋桂兰、吕京、武桂珍、吴东来、王继伟、王宏伟、钱军、祁建城、何兆伟、鹿建春、薄清如、王健伟、陆兵、魏强、侯艳梅、关云涛、沈纹。

本标准所代替标准的历次版本发布情况为:

——GB 19489—2004。

引　言

　　实验室生物安全涉及的绝不仅是实验室工作人员的个人健康,一旦发生事故,极有可能会给人群、动物或植物带来不可预计的危害。

　　实验室生物安全事件或事故的发生是难以完全避免的,重要的是实验室工作人员应事先了解所从事活动的风险及应在风险已控制在可接受的状态下从事相关的活动。实验室工作人员应认识但不应过分依赖于实验室设施设备的安全保障作用,绝大多数生物安全事故的根本原因是缺乏生物安全意识和疏于管理。

　　由于实验室生物安全的重要性,世界卫生组织于2004年出版了第三版《实验室生物安全手册》,世界标准化组织于2006年启动了对 ISO 15190—2003《医学实验室　安全要求》的修订程序,一些重要的国际专业组织陆续制定了相关的新的文件。

　　我国于2004年11月12日发布了《病原微生物实验室生物安全管理条例》,明确规定实验室的生物安全防护级别应与其拟从事的实验活动相适应。

　　经过近5年的实践,国内对生物安全实验室建设、运行和管理的需求及相应要求有了更深入的理解和新的共识。为适应我国生物安全实验室建设和管理的需要,促进发展,有必要修订 GB 19489—2004。

实验室　生物安全通用要求

1　范围

本标准规定了对不同生物安全防护级别实验室的设施、设备和安全管理的基本要求。

第5章以及6.1和6.2是对生物安全实验室的基础要求,需要时,适用于更高防护水平的生物安全实验室以及动物生物安全实验室。

针对与感染动物饲养相关的实验室活动,本标准规定了对实验室内动物饲养设施和环境的基本要求。需要时,6.3和6.4适用于相应防护水平的动物生物安全实验室。

本标准适用于涉及生物因子操作的实验室。

2　术语和定义

下列术语和定义适用于本标准。

2.1

气溶胶　aerosols

悬浮于气体介质中的粒径一般为 0.001 μm～100 μm 的固态或液态微小粒子形成的相对稳定的分散体系。

2.2

事故　accident

造成死亡、疾病、伤害、损坏以及其他损失的意外情况。

2.3

气锁　air lock

具备机械送排风系统、整体消毒灭菌条件、化学喷淋(适用时)和压力可监控的气密室,其门具有互锁功能,不能同时处于开启状态。

2.4

生物因子　biological agents

微生物和生物活性物质。

2.5

生物安全柜　biological safety cabinet,BSC

具备气流控制及高效空气过滤装置的操作柜,可有效降低实验过程中产生的有害气溶胶对操作者和环境的危害。

2.6

缓冲间　buffer room

设置在被污染概率不同的实验室区域间的密闭室,需要时,设置机械通风系统,其门具有互锁功能,不能同时处于开启状态。

2.7

定向气流　directional airflow

特指从污染概率小区域流向污染概率大区域的受控制的气流。

2.8

危险　hazard

可能导致死亡、伤害或疾病、财产损失、工作环境破坏或这些情况组合的根源或状态。

2.9

危险识别　hazard identification

识别存在的危险并确定其特性的过程。

2.10

高效空气过滤器（HEPA 过滤器）　high efficiency particulate air filter

通常以 $0.3~\mu m$ 微粒为测试物，在规定的条件下滤除效率高于 99.97% 的空气过滤器。

2.11

事件　incident

导致或可能导致事故的情况。

2.12

实验室　laboratory

涉及生物因子操作的实验室。

2.13

实验室生物安全　laboratory biosafety

实验室的生物安全条件和状态不低于容许水平，可避免实验室人员、来访人员、社区及环境受到不可接受的损害，符合相关法规、标准等对实验室生物安全责任的要求。

2.14

实验室防护区　laboratory containment area

实验室的物理分区，该区域内生物风险相对较大，需对实验室的平面设计、围护结构的密闭性、气流，以及人员进入、个体防护等进行控制的区域。

2.15

材料安全数据单　material safety data sheet，MSDS

详细提供某材料的危险性和使用注意事项等信息的技术通报。

2.16

个体防护装备　personal protective equipment，PPE

防止人员个体受到生物性、化学性或物理性等危险因子伤害的器材和用品。

2.17

风险　risk

危险发生的概率及其后果严重性的综合。

2.18

风险评估　risk assessment

评估风险大小以及确定是否可接受的全过程。

2.19

风险控制　risk control

为降低风险而采取的综合措施。

3　风险评估及风险控制

3.1　实验室应建立并维持风险评估和风险控制程序，以持续进行危险识别、风险评估和实施必要的控制措施。实验室需要考虑的内容包括：

3.1.1　当实验室活动涉及致病性生物因子时，实验室应进行生物风险评估。风险评估应考虑（但不限于）下列内容：

  a)　生物因子已知或未知的特性，如生物因子的种类、来源、传染性、传播途径、易感性、潜伏期、剂量-效应（反应）关系、致病性（包括急性与远期效应）、变异性、在环境中的稳定性、与其他生物和环境的交互作用、相关实验数据、流行病学资料、预防和治疗方案等；

b) 适用时,实验室本身或相关实验室已发生的事故分析；

c) 实验室常规活动和非常规活动过程中的风险(不限于生物因素),包括所有进入工作场所的人员和可能涉及的人员(如:合同方人员)的活动；

d) 设施、设备等相关的风险；

e) 适用时,实验动物相关的风险；

f) 人员相关的风险,如身体状况、能力、可能影响工作的压力等；

g) 意外事件、事故带来的风险；

h) 被误用和恶意使用的风险；

i) 风险的范围、性质和时限性；

j) 危险发生的概率评估；

k) 可能产生的危害及后果分析；

l) 确定可接受的风险；

m) 适用时,消除、减少或控制风险的管理措施和技术措施,及采取措施后残余风险或新带来风险的评估；

n) 适用时,运行经验和所采取的风险控制措施的适应程度评估；

o) 适用时,应急措施及预期效果评估；

p) 适用时,为确定设施设备要求、识别培训需求、开展运行控制提供的输入信息；

q) 适用时,降低风险和控制危害所需资料、资源(包括外部资源)的评估；

r) 对风险、需求、资源、可行性、适用性等的综合评估。

3.1.2 应事先对所有拟从事活动的风险进行评估,包括对化学、物理、辐射、电气、水灾、火灾、自然灾害等的风险进行评估。

3.1.3 风险评估应由具有经验的专业人员(不限于本机构内部的人员)进行。

3.1.4 应记录风险评估过程,风险评估报告应注明评估时间、编审人员和所依据的法规、标准、研究报告、权威资料、数据等。

3.1.5 应定期进行风险评估或对风险评估报告复审,评估的周期应根据实验室活动和风险特征而确定。

3.1.6 开展新的实验室活动或欲改变经评估过的实验室活动(包括相关的设施、设备、人员、活动范围、管理等),应事先或重新进行风险评估。

3.1.7 操作超常规量或从事特殊活动时,实验室应进行风险评估,以确定其生物安全防护要求,适用时,应经过相关主管部门的批准。

3.1.8 当发生事件、事故等时应重新进行风险评估。

3.1.9 当相关政策、法规、标准等发生改变时应重新进行风险评估。

3.1.10 采取风险控制措施时宜首先考虑消除危险源(如果可行),然后再考虑降低风险(降低潜在伤害发生的可能性或严重程度),最后考虑采用个体防护装备。

3.1.11 危险识别、风险评估和风险控制的过程不仅适用于实验室、设施设备的常规运行,而且适用于对实验室、设施设备进行清洁、维护或关停期间。

3.1.12 除考虑实验室自身活动的风险外,还应考虑外部人员活动、使用外部提供的物品或服务所带来的风险。

3.1.13 实验室应有机制监控其所要求的活动,以确保相关要求及时并有效地得以实施。

3.2 实验室风险评估和风险控制活动的复杂程度决定于实验室所存在危险的特性,适用时,实验室不一定需要复杂的风险评估和风险控制活动。

3.3 风险评估报告应是实验室采取风险控制措施、建立安全管理体系和制定安全操作规程的依据。

3.4 风险评估所依据的数据及拟采取的风险控制措施、安全操作规程等应以国家主管部门和世界卫生组织、世界动物卫生组织、国际标准化组织等机构或行业权威机构发布的指南、标准等为依据;任何新技术在使用前应经过充分验证,适用时,应得到相关主管部门的批准。

3.5 风险评估报告应得到实验室所在机构生物安全主管部门的批准;对未列入国家相关主管部门发布的病原微生物名录的生物因子的风险评估报告,适用时,应得到相关主管部门的批准。

4 实验室生物安全防护水平分级

4.1 根据对所操作生物因子采取的防护措施,将实验室生物安全防护水平分为一级、二级、三级和四级,一级防护水平最低,四级防护水平最高。依据国家相关规定:

a) 生物安全防护水平为一级的实验室适用于操作在通常情况下不会引起人类或者动物疾病的微生物;

b) 生物安全防护水平为二级的实验室适用于操作能够引起人类或者动物疾病,但一般情况下对人、动物或者环境不构成严重危害,传播风险有限,实验室感染后很少引起严重疾病,并且具备有效治疗和预防措施的微生物;

c) 生物安全防护水平为三级的实验室适用于操作能够引起人类或者动物严重疾病,比较容易直接或者间接在人与人、动物与人、动物与动物间传播的微生物;

d) 生物安全防护水平为四级的实验室适用于操作能够引起人类或者动物非常严重疾病的微生物,以及我国尚未发现或者已经宣布消灭的微生物。

4.2 以 BSL-1、BSL-2、BSL-3、BSL-4(bio-safety level,BSL)表示仅从事体外操作的实验室的相应生物安全防护水平。

4.3 以 ABSL-1、ABSL-2、ABSL-3、ABSL-4(animal bio-safety level,ABSL)表示包括从事动物活体操作的实验室的相应生物安全防护水平。

4.4 根据实验活动的差异、采用的个体防护装备和基础隔离设施的不同,实验室分以下情况:

4.4.1 操作通常认为非经空气传播致病性生物因子的实验室。

4.4.2 可有效利用安全隔离装置(如:生物安全柜)操作常规量经空气传播致病性生物因子的实验室。

4.4.3 不能有效利用安全隔离装置操作常规量经空气传播致病性生物因子的实验室。

4.4.4 利用具有生命支持系统的正压服操作常规量经空气传播致病性生物因子的实验室。

4.5 应依据国家相关主管部门发布的病原微生物分类名录,在风险评估的基础上,确定实验室的生物安全防护水平。

5 实验室设计原则及基本要求

5.1 实验室选址、设计和建造应符合国家和地方环境保护和建设主管部门等的规定和要求。

5.2 实验室的防火和安全通道设置应符合国家的消防规定和要求,同时应考虑生物安全的特殊要求;必要时,应事先征询消防主管部门的建议。

5.3 实验室的安全保卫应符合国家相关部门对该类设施的安全管理规定和要求。

5.4 实验室的建筑材料和设备等应符合国家相关部门对该类产品生产、销售和使用的规定和要求。

5.5 实验室的设计应保证对生物、化学、辐射和物理等危险源的防护水平控制在经过评估的可接受程度,为关联的办公区和邻近的公共空间提供安全的工作环境,及防止危害环境。

5.6 实验室的走廊和通道应不妨碍人员和物品通过。

5.7 应设计紧急撤离路线,紧急出口应有明显的标识。

5.8 房间的门根据需要安装门锁,门锁应便于内部快速打开。

5.9 需要时(如:正当操作危险材料时),房间的入口处应有警示和进入限制。

5.10 应评估生物材料、样本、药品、化学品和机密资料等被误用、被偷盗和被不正当使用的风险,并采取相应的物理防范措施。

5.11 应有专门设计以确保存储、转运、收集、处理和处置危险物料的安全。

5.12 实验室内温度、湿度、照度、噪声和洁净度等室内环境参数应符合工作要求和卫生等相关要求。

5.13 实验室设计还应考虑节能、环保及舒适性要求,应符合职业卫生要求和人机工效学要求。

5.14 实验室应有防止节肢动物和啮齿动物进入的措施。

5.15 动物实验室的生物安全防护设施还应考虑对动物呼吸、排泄、毛发、抓咬、挣扎、逃逸、动物实验(如:染毒、医学检查、取样、解剖、检验等)、动物饲养、动物尸体及排泄物的处置等过程产生的潜在生物危险的防护。

5.16 应根据动物的种类、身体大小、生活习性、实验目的等选择具有适当防护水平的、适用于动物的饲养设施、实验设施、消毒灭菌设施和清洗设施等。

5.17 不得循环使用动物实验室排出的空气。

5.18 动物实验室的设计,如:空间、进出通道、解剖室、笼具等应考虑动物实验及动物福利的要求。

5.19 适用时,动物实验室还应符合国家实验动物饲养设施标准的要求。

6 实验室设施和设备要求

6.1 BSL-1实验室

6.1.1 实验室的门应有可视窗并可锁闭,门锁及门的开启方向应不妨碍室内人员逃生。

6.1.2 应设洗手池,宜设置在靠近实验室的出口处。

6.1.3 在实验室门口处应设存衣或挂衣装置,可将个人服装与实验室工作服分开放置。

6.1.4 实验室的墙壁、天花板和地面应易清洁、不渗水、耐化学品和消毒灭菌剂的腐蚀。地面应平整、防滑,不应铺设地毯。

6.1.5 实验室台柜和座椅等应稳固,边角应圆滑。

6.1.6 实验室台柜等和其摆放应便于清洁,实验台面应防水、耐腐蚀、耐热和坚固。

6.1.7 实验室应有足够的空间和台柜等摆放实验室设备和物品。

6.1.8 应根据工作性质和流程合理摆放实验室设备、台柜、物品等,避免相互干扰、交叉污染,并应不妨碍逃生和急救。

6.1.9 实验室可以利用自然通风。如果采用机械通风,应避免交叉污染。

6.1.10 如果有可开启的窗户,应安装可防蚊虫的纱窗。

6.1.11 实验室内应避免不必要的反光和强光。

6.1.12 若操作刺激或腐蚀性物质,应在30 m内设洗眼装置,必要时应设紧急喷淋装置。

6.1.13 若操作有毒、刺激性、放射性挥发物质,应在风险评估的基础上,配备适当的负压排风柜。

6.1.14 若使用高毒性、放射性等物质,应配备相应的安全设施、设备和个体防护装备,应符合国家、地方的相关规定和要求。

6.1.15 若使用高压气体和可燃气体,应有安全措施,应符合国家、地方的相关规定和要求。

6.1.16 应设应急照明装置。

6.1.17 应有足够的电力供应。

6.1.18 应有足够的固定电源插座,避免多台设备使用共同的电源插座。应有可靠的接地系统,应在关键节点安装漏电保护装置或监测报警装置。

6.1.19 供水和排水管道系统应不渗漏,下水应有防回流设计。

6.1.20 应配备适用的应急器材,如消防器材、意外事故处理器材、急救器材等。

6.1.21 应配备适用的通讯设备。

6.1.22 必要时,应配备适当的消毒灭菌设备。

6.2 BSL-2 实验室

6.2.1 适用时,应符合 6.1 的要求。

6.2.2 实验室主入口的门、放置生物安全柜实验间的门应可自动关闭;实验室主入口的门应有进入控制措施。

6.2.3 实验室工作区域外应有存放备用物品的条件。

6.2.4 应在实验室工作区配备洗眼装置。

6.2.5 应在实验室或其所在的建筑内配备高压蒸汽灭菌器或其他适当的消毒灭菌设备,所配备的消毒灭菌设备应以风险评估为依据。

6.2.6 应在操作病原微生物样本的实验间内配备生物安全柜。

6.2.7 应按产品的设计要求安装和使用生物安全柜。如果生物安全柜的排风在室内循环,室内应具备通风换气的条件;如果使用需要管道排风的生物安全柜,应通过独立于建筑物其他公共通风系统的管道排出。

6.2.8 应有可靠的电力供应。必要时,重要设备(如:培养箱、生物安全柜、冰箱等)应配置备用电源。

6.3 BSL-3 实验室

6.3.1 平面布局

6.3.1.1 实验室应明确区分辅助工作区和防护区,应在建筑物中自成隔离区或为独立建筑物,应有出入控制。

6.3.1.2 防护区中直接从事高风险操作的工作间为核心工作间,人员应通过缓冲间进入核心工作间。

6.3.1.3 适用于 4.4.1 的实验室辅助工作区应至少包括监控室和清洁衣物更换间;防护区应至少包括缓冲间(可兼作脱防护服间)及核心工作间。

6.3.1.4 适用于 4.4.2 的实验室辅助工作区应至少包括监控室、清洁衣物更换间和淋浴间;防护区应至少包括防护服更换间、缓冲间及核心工作间。

6.3.1.5 适用于 4.4.2 的实验室核心工作间不宜直接与其他公共区域相邻。

6.3.1.6 如果安装传递窗,其结构承压力及密闭性应符合所在区域的要求,并具备对传递窗内物品进行消毒灭菌的条件。必要时,应设置具备送排风或自净化功能的传递窗,排风应经 HEPA 过滤器过滤后排出。

6.3.2 围护结构

6.3.2.1 围护结构(包括墙体)应符合国家对该类建筑的抗震要求和防火要求。

6.3.2.2 天花板、地板、墙间的交角应易清洁和消毒灭菌。

6.3.2.3 实验室防护区内围护结构的所有缝隙和贯穿处的接缝都应可靠密封。

6.3.2.4 实验室防护区内围护结构的内表面应光滑、耐腐蚀、防水,以易于清洁和消毒灭菌。

6.3.2.5 实验室防护区内的地面应防渗漏、完整、光洁、防滑、耐腐蚀、不起尘。

6.3.2.6 实验室内所有的门应可自动关闭,需要时,应设观察窗;门的开启方向不应妨碍逃生。

6.3.2.7 实验室内所有窗户应为密闭窗,玻璃应耐撞击、防破碎。

6.3.2.8 实验室及设备间的高度应满足设备的安装要求,应有维修和清洁空间。

6.3.2.9 在通风空调系统正常运行状态下,采用烟雾测试等目视方法检查实验室防护区内围护结构的严密性时,所有缝隙应无可见泄漏(参见附录 A)。

6.3.3 通风空调系统

6.3.3.1 应安装独立的实验室送排风系统,应确保在实验室运行时气流由低风险区向高风险区流动,同时确保实验室空气只能通过 HEPA 过滤器过滤后经专用的排风管道排出。

6.3.3.2 实验室防护区房间内送风口和排风口的布置应符合定向气流的原则,利于减少房间内的涡流和气流死角;送排风应不影响其他设备(如:Ⅱ级生物安全柜)的正常功能。

6.3.3.3 不得循环使用实验室防护区排出的空气。

6.3.3.4 应按产品的设计要求安装生物安全柜和其排风管道,可以将生物安全柜排出的空气排入实验室的排风管道系统。

6.3.3.5 实验室的送风应经过 HEPA 过滤器过滤,宜同时安装初效和中效过滤器。

6.3.3.6 实验室的外部排风口应设置在主导风的下风向(相对于送风口),与送风口的直线距离应大于 12 m,应至少高出本实验室所在建筑的顶部 2 m,应有防风、防雨、防鼠、防虫设计,但不应影响气体向上空排放。

6.3.3.7 HEPA 过滤器的安装位置应尽可能靠近送风管道在实验室内的送风口端和排风管道在实验室内的排风口端。

6.3.3.8 应可以在原位对排风 HEPA 过滤器进行消毒灭菌和检漏(参见附录 A)。

6.3.3.9 如在实验室防护区外使用高效过滤器单元,其结构应牢固,应能承受 2 500 Pa 的压力;高效过滤器单元的整体密封性应达到在关闭所有通路并维持腔室内的温度在设计范围上限的条件下,若使空气压力维持在 1 000 Pa 时,腔室内每分钟泄漏的空气量应不超过腔室净容积的 0.1%。

6.3.3.10 应在实验室防护区送风和排风管道的关键节点安装生物型密闭阀,必要时,可完全关闭。应在实验室送风和排风总管道的关键节点安装生物型密闭阀,必要时,可完全关闭。

6.3.3.11 生物型密闭阀与实验室防护区相通的送风管道和排风管道应牢固、易消毒灭菌、耐腐蚀、抗老化,宜使用不锈钢管道;管道的密封性应达到在关闭所有通路并维持管道内的温度在设计范围上限的条件下,若使空气压力维持在 500 Pa 时,管道内每分钟泄漏的空气量应不超过管道内净容积的 0.2%。

6.3.3.12 应有备用排风机。应尽可能减少排风机后排风管道正压段的长度,该段管道不应穿过其他房间。

6.3.3.13 不应在实验室防护区内安装分体空调。

6.3.4 供水与供气系统

6.3.4.1 应在实验室防护区内的实验间的靠近出口处设置非手动洗手设施;如果实验室不具备供水条件,则应设非手动手消毒灭菌装置。

6.3.4.2 应在实验室的给水与市政给水系统之间设防回流装置。

6.3.4.3 进出实验室的液体和气体管道系统应牢固、不渗漏、防锈、耐压、耐温(冷或热)、耐腐蚀。应有足够的空间清洁、维护和维修实验室内暴露的管道,应在关键节点安装截止阀、防回流装置或 HEPA 过滤器等。

6.3.4.4 如果有供气(液)罐等,应放在实验室防护区外易更换和维护的位置,安装牢固,不应将不相容的气体或液体放在一起。

6.3.4.5 如果有真空装置,应有防止真空装置的内部被污染的措施;不应将真空装置安装在实验场所之外。

6.3.5 污物处理及消毒灭菌系统

6.3.5.1 应在实验室防护区内设置生物安全型高压蒸汽灭菌器。宜安装专用的双扉高压灭菌器,其主体应安装在易维护的位置,与围护结构的连接之处应可靠密封。

6.3.5.2 对实验室防护区内不能高压灭菌的物品应有其他消毒灭菌措施。

6.3.5.3 高压蒸汽灭菌器的安装位置不应影响生物安全柜等安全隔离装置的气流。

6.3.5.4 如果设置传递物品的渡槽,应使用强度符合要求的耐腐蚀性材料,并方便更换消毒灭菌液。

6.3.5.5 淋浴间或缓冲间的地面液体收集系统应有防液体回流的装置。

6.3.5.6 实验室防护区内如果有下水系统,应与建筑物的下水系统完全隔离;下水应直接通向本实验室专用的消毒灭菌系统。

6.3.5.7 所有下水管道应有足够的倾斜度和排量,确保管道内不存水;管道的关键节点应按需要安装防回流装置、存水弯(深度应适用于空气压差的变化)或密闭阀门等;下水系统应符合相应的耐压、耐热、耐化学腐蚀的要求,安装牢固,无泄漏,便于维护、清洁和检查。

6.3.5.8 应使用可靠的方式处理处置污水(包括污物),并应对消毒灭菌效果进行监测,以确保达到排放要求。

6.3.5.9 应在风险评估的基础上,适当处理实验室辅助区的污水,并应监测,以确保排放到市政管网之前达到排放要求。

6.3.5.10 可以在实验室内安装紫外线消毒灯或其他适用的消毒灭菌装置。

6.3.5.11 应具备对实验室防护区及与其直接相通的管道进行消毒灭菌的条件。

6.3.5.12 应具备对实验室设备和安全隔离装置(包括与其直接相通的管道)进行消毒灭菌的条件。

6.3.5.13 应在实验室防护区内的关键部位配备便携的局部消毒灭菌装置(如:消毒喷雾器等),并备有足够的适用消毒灭菌剂。

6.3.6 电力供应系统

6.3.6.1 电力供应应满足实验室的所有用电要求,并应有冗余。

6.3.6.2 生物安全柜、送风机和排风机、照明、自控系统、监视和报警系统等应配备不间断备用电源,电力供应应至少维持 30 min。

6.3.6.3 应在安全的位置设置专用配电箱。

6.3.7 照明系统

6.3.7.1 实验室核心工作间的照度应不低于 350 lx,其他区域的照度应不低于 200 lx,宜采用吸顶式防水洁净照明灯。

6.3.7.2 应避免过强的光线和光反射。

6.3.7.3 应设不少于 30 min 的应急照明系统。

6.3.8 自控、监视与报警系统

6.3.8.1 进入实验室的门应有门禁系统,应保证只有获得授权的人员才能进入实验室。

6.3.8.2 需要时,应可立即解除实验室门的互锁;应在互锁门的附近设置紧急手动解除互锁开关。

6.3.8.3 核心工作间的缓冲间的入口处应有指示核心工作间工作状态的装置(如:文字显示或指示灯),必要时,应同时设置限制进入核心工作间的连锁机制。

6.3.8.4 启动实验室通风系统时,应先启动实验室排风,后启动实验室送风;关停时,应先关闭生物安全柜等安全隔离装置和排风支管密闭阀,再关实验室送风及密闭阀,后关实验室排风及密闭阀。

6.3.8.5 当排风系统出现故障时,应有机制避免实验室出现正压和影响定向气流。

6.3.8.6 当送风系统出现故障时,应有机制避免实验室内的负压影响实验室人员的安全、影响生物安全柜等安全隔离装置的正常功能和围护结构的完整性。

6.3.8.7 应通过对可能造成实验室压力波动的设备和装置实行连锁控制等措施,确保生物安全柜、负压排风柜(罩)等局部排风设备与实验室送排风系统之间的压力关系和必要的稳定性,并应在启动、运行和关停过程中保持有序的压力梯度。

6.3.8.8 应设装置连续监测送排风系统 HEPA 过滤器的阻力,需要时,及时更换 HEPA 过滤器。

6.3.8.9 应在有负压控制要求的房间入口的显著位置,安装显示房间负压状况的压力显示装置和控制区间提示。

6.3.8.10 中央控制系统应可以实时监控、记录和存储实验室防护区内有控制要求的参数、关键设施设备的运行状态;应能监控、记录和存储故障的现象、发生时间和持续时间;应可以随时查看历史记录。

6.3.8.11 中央控制系统的信号采集间隔时间应不超过 1 min,各参数应易于区分和识别。

6.3.8.12 中央控制系统应能对所有故障和控制指标进行报警,报警应区分一般报警和紧急报警。

6.3.8.13 紧急报警应为声光同时报警,应可以向实验室内外人员同时发出紧急警报;应在实验室核心工作间内设置紧急报警按钮。

6.3.8.14 应在实验室的关键部位设置监视器,需要时,可实时监视并录制实验室活动情况和实验室周围情况。监视设备应有足够的分辨率,影像存储介质应有足够的数据存储容量。

6.3.9 实验室通讯系统

6.3.9.1 实验室防护区内应设置向外部传输资料和数据的传真机或其他电子设备。

6.3.9.2 监控室和实验室内应安装语音通讯系统。如果安装对讲系统,宜采用向内通话受控、向外通话非受控的选择性通话方式。

6.3.9.3 通讯系统的复杂性应与实验室的规模和复杂程度相适应。

6.3.10 参数要求

6.3.10.1 实验室的围护结构应能承受送风机或排风机异常时导致的空气压力载荷。

6.3.10.2 适用于4.4.1的实验室核心工作间的气压(负压)与室外大气压的压差值应不小于30 Pa,与相邻区域的压差(负压)应不小于10 Pa;适用于4.4.2的实验室的核心工作间的气压(负压)与室外大气压的压差值应不小于40 Pa,与相邻区域的压差(负压)应不小于15 Pa。

6.3.10.3 实验室防护区各房间的最小换气次数应不小于12次/h。

6.3.10.4 实验室的温度宜控制在18 ℃~26 ℃范围内。

6.3.10.5 正常情况下,实验室的相对湿度宜控制在30%~70%范围内;消毒状态下,实验室的相对湿度应能满足消毒灭菌的技术要求。

6.3.10.6 在安全柜开启情况下,核心工作间的噪声应不大于68 dB(A)。

6.3.10.7 实验室防护区的静态洁净度应不低于8级水平。

6.4 BSL-4实验室

6.4.1 适用时,应符合6.3的要求。

6.4.2 实验室应建造在独立的建筑物内或建筑物中独立的隔离区域内。应有严格限制进入实验室的门禁措施,应记录进入人员的个人资料、进出时间、授权活动区域等信息;对与实验室运行相关的关键区域也应有严格和可靠的安保措施,避免非授权进入。

6.4.3 实验室的辅助工作区应至少包括监控室和清洁衣物更换间。适用于4.4.2的实验室防护区应至少包括防护走廊、内防护服更换间、淋浴间、外防护服更换间和核心工作间,外防护服更换间应为气锁。

6.4.4 适用于4.4.4的实验室的防护区应包括防护走廊、内防护服更换、淋浴间、外防护服更换间、化学淋浴间和核心工作间。化学淋浴间应为气锁,具备对专用防护服或传递物品的表面进行清洁和消毒灭菌的条件,具备使用生命支持供气系统的条件。

6.4.5 实验室防护区的围护结构应尽量远离建筑外墙;实验室的核心工作间应尽可能设置在防护区的中部。

6.4.6 应在实验室的核心工作间内配备生物安全型高压灭菌器;如果配备双扉高压灭菌器,其主体所在房间的室内气压应为负压,并应设在实验室防护区内易更换和维护的位置。

6.4.7 如果安装传递窗,其结构承压力及密闭性应符合所在区域的要求;需要时,应配备符合气锁要求的并具备消毒灭菌条件的传递窗。

6.4.8 实验室防护区围护结构的气密性应达到在关闭受测房间所有通路并维持房间内的温度在设计范围上限的条件下,当房间内的空气压力上升到500 Pa后,20 min内自然衰减的气压小于250 Pa。

6.4.9 符合4.4.4要求的实验室应同时配备紧急支援气罐,紧急支援气罐的供气时间应不少于60 min/人。

6.4.10 生命支持供气系统应有自动启动的不间断备用电源供应,供电时间应不少于60 min。

6.4.11 供呼吸使用的气体的压力、流量、含氧量、温度、湿度、有害物质的含量等应符合职业安全的要求。

6.4.12 生命支持系统应具备必要的报警装置。

6.4.13 实验室防护区内所有区域的室内气压应为负压,实验室核心工作间的气压(负压)与室外大气压的压差值应不小于60 Pa,与相邻区域的压差(负压)应不小于25 Pa。

6.4.14 适用于4.4.2的实验室,应在Ⅲ级生物安全柜或相当的安全隔离装置内操作致病性生物因子;同时应具备与安全隔离装置配套的物品传递设备以及生物安全型高压蒸汽灭菌器。

6.4.15 实验室的排风应经过两级HEPA过滤器处理后排放。

6.4.16 应可以在原位对送风HEPA过滤器进行消毒灭菌和检漏。

6.4.17 实验室防护区内所有需要运出实验室的物品或其包装的表面应经过可靠消毒灭菌。

6.4.18 化学淋浴消毒灭菌装置应在无电力供应的情况下仍可以使用,消毒灭菌剂储存器的容量应满足所有情况下对消毒灭菌剂使用量的需求。

6.5 动物生物安全实验室

6.5.1 ABSL-1实验室

6.5.1.1 动物饲养间应与建筑物内的其他区域隔离。

6.5.1.2 动物饲养间的门应有可视窗,向里开;打开的门应能够自动关闭,需要时,可以锁上。

6.5.1.3 动物饲养间的工作表面应防水和易于消毒灭菌。

6.5.1.4 不宜安装窗户。如果安装窗户,所有窗户应密闭;需要时,窗户外部应装防护网。

6.5.1.5 围护结构的强度应与所饲养的动物种类相适应。

6.5.1.6 如果有地面液体收集系统,应设防液体回流装置,存水弯应有足够的深度。

6.5.1.7 不得循环使用动物实验室排出的空气。

6.5.1.8 应设置洗手池或手部清洁装置,宜设置在出口处。

6.5.1.9 宜将动物饲养间的室内气压控制为负压。

6.5.1.10 应可以对动物笼具清洗和消毒灭菌。

6.5.1.11 应设置实验动物饲养笼具或护栏,除考虑安全要求外还应考虑对动物福利的要求。

6.5.1.12 动物尸体及相关废物的处置设施和设备应符合国家相关规定的要求。

6.5.2 ABSL-2实验室

6.5.2.1 适用时,应符合6.5.1的要求。

6.5.2.2 动物饲养间应在出入口处设置缓冲间。

6.5.2.3 应设置非手动洗手池或手部清洁装置,宜设置在出口处。

6.5.2.4 应在邻近区域配备高压蒸汽灭菌器。

6.5.2.5 适用时,应在安全隔离装置内从事可能产生有害气溶胶的活动;排气应经HEPA过滤器的过滤后排出。

6.5.2.6 应将动物饲养间的室内气压控制为负压,气体应直接排放到其所在的建筑物外。

6.5.2.7 应根据风险评估的结果,确定是否需要使用HEPA过滤器过滤动物饲养间排出的气体。

6.5.2.8 当不能满足6.5.2.5时,应使用HEPA过滤器过滤动物饲养间排出的气体。

6.5.2.9 实验室的外部排风口应至少高出本实验室所在建筑的顶部2 m,应有防风、防雨、防鼠、防虫设计,但不应影响气体向上空排放。

6.5.2.10 污水(包括污物)应消毒灭菌处理,并应对消毒灭菌效果进行监测,以确保达到排放要求。

6.5.3 ABSL-3实验室

6.5.3.1 适用时,应符合6.5.2的要求。

6.5.3.2 应在实验室防护区内设淋浴间,需要时,应设置强制淋浴装置。

6.5.3.3 动物饲养间属于核心工作间,如果有入口和出口,均应设置缓冲间。

6.5.3.4 动物饲养间应尽可能设在整个实验室的中心部位,不应直接与其他公共区域相邻。

6.5.3.5 适用于4.4.1实验室的防护区应至少包括淋浴间、防护服更换间、缓冲间及核心工作间。当不能有效利用安全隔离装置饲养动物时,应根据进一步的风险评估确定实验室的生物安全防护要求。

6.5.3.6 适用于4.4.3的动物饲养间的缓冲间应为气锁,并具备对动物饲养间的防护服或传递物品的表面进行消毒灭菌的条件。

6.5.3.7 适用于 4.4.3 的动物饲养间,应有严格限制进入动物饲养间的门禁措施(如:个人密码和生物学识别技术等)。

6.5.3.8 动物饲养间内应安装监视设备和通讯设备。

6.5.3.9 动物饲养间内应配备便携式局部消毒灭菌装置(如:消毒喷雾器等),并应备有足够的适用消毒灭菌剂。

6.5.3.10 应有装置和技术对动物尸体和废物进行可靠消毒灭菌。

6.5.3.11 应有装置和技术对动物笼具进行清洁和可靠消毒灭菌。

6.5.3.12 需要时,应有装置和技术对所有物品或其包装的表面在运出动物饲养间前进行清洁和可靠消毒灭菌。

6.5.3.13 应在风险评估的基础上,适当处理防护区内淋浴间的污水,并应对灭菌效果进行监测,以确保达到排放要求。

6.5.3.14 适用于 4.4.3 的动物饲养间,应根据风险评估的结果,确定其排出的气体是否需要经过两级 HEPA 过滤器的过滤后排出。

6.5.3.15 适用于 4.4.3 的动物饲养间,应可以在原位对送风 HEPA 过滤器进行消毒灭菌和检漏。

6.5.3.16 适用于 4.4.1 和 4.4.2 的动物饲养间的气压(负压)与室外大气压的压差值应不小于 60 Pa,与相邻区域的压差(负压)应不小于 15 Pa。

6.5.3.17 适用于 4.4.3 的动物饲养间的气压(负压)与室外大气压的压差值应不小于 80 Pa,与相邻区域的压差(负压)应不小于 25 Pa。

6.5.3.18 适用于 4.4.3 的动物饲养间及其缓冲间的气密性应达到在关闭受测房间所有通路并维持房间内的温度在设计范围上限的条件下,若使空气压力维持在 250 Pa 时,房间内每小时泄漏的空气量应不超过受测房间净容积的 10%。

6.5.3.19 在适用于 4.4.3 的动物饲养间从事可传染人的病原微生物活动时,应根据进一步的风险评估确定实验室的生物安全防护要求;适用时,应经过相关主管部门的批准。

6.5.4 ABSL-4 实验室

6.5.4.1 适用时,应符合 6.5.3 的要求。

6.5.4.2 淋浴间应设置强制淋浴装置。

6.5.4.3 动物饲养间的缓冲间应为气锁。

6.5.4.4 应有严格限制进入动物饲养间的门禁措施。

6.5.4.5 动物饲养间的气压(负压)与室外大气压的压差值应不小于 100 Pa;与相邻区域的压差(负压)应不小于 25 Pa。

6.5.4.6 动物饲养间及其缓冲间的气密性应达到在关闭受测房间所有通路并维持房间内的温度在设计范围上限的条件下,当房间内的空气压力上升到 500 Pa 后,20 min 内自然衰减的气压小于 250 Pa。

6.5.4.7 应有装置和技术对所有物品或其包装的表面在运出动物饲养间前进行清洁和可靠消毒灭菌。

6.5.5 对从事无脊椎动物操作实验室设施的要求

6.5.5.1 该类动物设施的生物安全防护水平应根据国家相关主管部门的规定和风险评估的结果确定。

6.5.5.2 如果从事某些节肢动物(特别是可飞行、快爬或跳跃的昆虫)的实验活动,应采取以下适用的措施(但不限于):

    a) 应通过缓冲间进入动物饲养间,缓冲间内应安装适用的捕虫器,并应在门上安装防节肢动物逃逸的纱网;

    b) 应在所有关键的可开启的门窗上安装防节肢动物逃逸的纱网;

    c) 应在所有通风管道的关键节点安装防节肢动物逃逸的纱网;应具备分房间饲养已感染和未感染节肢动物的条件;

    d) 应具备密闭和进行整体消毒灭菌的条件;

e) 应设喷雾式杀虫装置；

f) 应设制冷装置，需要时，可以及时降低动物的活动能力；

g) 应有机制确保水槽和存水弯管内的液体或消毒灭菌液不干涸；

h) 只要可行，应对所有废物高压灭菌；

i) 应有机制监测和记录会飞、爬、跳跃的节肢动物幼虫和成虫的数量；

j) 应配备适用于放置装蜱螨容器的油碟；

k) 应具备带双层网的笼具以饲养或观察已感染或潜在感染的逃逸能力强的节肢动物；

l) 应具备适用的生物安全柜或相当的安全隔离装置以操作已感染或潜在感染的节肢动物；

m) 应具备操作已感染或潜在感染的节肢动物的低温盘；

n) 需要时，应设置监视器和通讯设备。

6.5.5.3 是否需要其他措施，应根据风险评估的结果确定。

7 管理要求

7.1 组织和管理

7.1.1 实验室或其母体组织应有明确的法律地位和从事相关活动的资格。

7.1.2 实验室所在的机构应设立生物安全委员会，负责咨询、指导、评估、监督实验室的生物安全相关事宜。实验室负责人应至少是所在机构生物安全委员会有职权的成员。

7.1.3 实验室管理层应负责安全管理体系的设计、实施、维持和改进，应负责：

a) 为实验室所有人员提供履行其职责所需的适当权力和资源；

b) 建立机制以避免管理层和实验室人员受任何不利于其工作质量的压力或影响（如：财务、人事或其他方面的），或卷入任何可能降低其公正性、判断力和能力的活动；

c) 制定保护机密信息的政策和程序；

d) 明确实验室的组织和管理结构，包括与其他相关机构的关系；

e) 规定所有人员的职责、权力和相互关系；

f) 安排有能力的人员，依据实验室人员的经验和职责对其进行必要的培训和监督；

g) 指定一名安全负责人，赋予其监督所有活动的职责和权力，包括制定、维持、监督实验室安全计划的责任，阻止不安全行为或活动的权力，直接向决定实验室政策和资源的管理层报告的权力；

h) 指定负责技术运作的技术管理层，并提供可以确保满足实验室规定的安全要求和技术要求的资源；

i) 指定每项活动的项目负责人，其负责制定并向实验室管理层提交活动计划、风险评估报告、安全及应急措施、项目组人员培训及健康监督计划、安全保障及资源要求；

j) 指定所有关键职位的代理人。

7.1.4 实验室安全管理体系应与实验室规模、实验室活动的复杂程度和风险相适应。

7.1.5 政策、过程、计划、程序和指导书等应文件化并传达至所有相关人员。实验室管理层应保证这些文件易于理解并可以实施。

7.1.6 安全管理体系文件通常包括管理手册、程序文件、说明及操作规程、记录等文件，应有供现场工作人员快速使用的安全手册。

7.1.7 应指导所有人员使用和应用与其相关的安全管理体系文件及其实施要求，并评估其理解和运用的能力。

7.2 管理责任

7.2.1 实验室管理层应对所有员工、来访者、合同方、社区和环境的安全负责。

7.2.2 应制定明确的准入政策并主动告知所有员工、来访者、合同方可能面临的风险。

7.2.3 应尊重员工的个人权利和隐私。

7.2.4 应为员工提供持续培训及继续教育的机会,保证员工可以胜任所分配的工作。

7.2.5 应为员工提供必要的免疫计划、定期的健康检查和医疗保障。

7.2.6 应保证实验室设施、设备、个体防护装备、材料等符合国家有关的安全要求,并定期检查、维护、更新,确保不降低其设计性能。

7.2.7 应为员工提供符合要求的适用防护用品和器材。

7.2.8 应为员工提供符合要求的适用实验物品和器材。

7.2.9 应保证员工不疲劳工作和不从事风险不可控制的或国家禁止的工作。

7.3 个人责任

7.3.1 应充分认识和理解所从事工作的风险。

7.3.2 应自觉遵守实验室的管理规定和要求。

7.3.3 在身体状态许可的情况下,应接受实验室的免疫计划和其他的健康管理规定。

7.3.4 应按规定正确使用设施、设备和个体防护装备。

7.3.5 应主动报告可能不适于从事特定任务的个人状态。

7.3.6 不应因人事、经济等任何压力而违反管理规定。

7.3.7 有责任和义务避免因个人原因造成生物安全事件或事故。

7.3.8 如果怀疑个人受到感染,应立即报告。

7.3.9 应主动识别任何危险和不符合规定的工作,并立即报告。

7.4 安全管理体系文件

7.4.1 实验室安全管理的方针和目标

7.4.1.1 在安全管理手册中应明确实验室安全管理的方针和目标。安全管理的方针应简明扼要,至少包括以下内容:

    a) 实验室遵守国家以及地方相关法规和标准的承诺;

    b) 实验室遵守良好职业规范、安全管理体系的承诺;

    c) 实验室安全管理的宗旨。

7.4.1.2 实验室安全管理的目标应包括实验室的工作范围、对管理活动和技术活动制定的安全指标,应明确、可考核。

7.4.1.3 应在风险评估的基础上确定安全管理目标,并根据实验室活动的复杂性和风险程度定期评审安全管理目标和制定监督检查计划。

7.4.2 安全管理手册

7.4.2.1 应对组织结构、人员岗位及职责、安全及安保要求、安全管理体系、体系文件架构等进行规定和描述。安全要求不能低于国家和地方的相关规定及标准的要求。

7.4.2.2 应明确规定管理人员的权限和责任,包括保证其所管人员遵守安全管理体系要求的责任。

7.4.2.3 应规定涉及的安全要求和操作规程应以国家主管部门和世界卫生组织、世界动物卫生组织、国际标准化组织等机构或行业权威机构发布的指南或标准等为依据,并符合国家相关法规和标准的要求;任何新技术在使用前应经过充分验证,适用时,应得到国家相关主管部门的批准。

7.4.3 程序文件

7.4.3.1 应明确规定实施具体安全要求的责任部门、责任范围、工作流程及责任人、任务安排及对操作人员能力的要求、与其他责任部门的关系、应使用的工作文件等。

7.4.3.2 应满足实验室实施所有的安全要求和管理要求的需要,工作流程清晰,各项职责得到落实。

7.4.4 说明及操作规程

7.4.4.1 应详细说明使用者的权限及资格要求、潜在危险、设施设备的功能、活动目的和具体操作步骤、防护和安全操作方法、应急措施、文件制定的依据等。

7.4.4.2 实验室应维持并合理使用实验室涉及的所有材料的最新安全数据单。

7.4.5 安全手册

7.4.5.1 应以安全管理体系文件为依据,制定实验室安全手册(快速阅读文件);应要求所有员工阅读安全手册并在工作区随时可供使用;安全手册宜包括(但不限于)以下内容:

 a) 紧急电话、联系人;

 b) 实验室平面图、紧急出口、撤离路线;

 c) 实验室标识系统;

 d) 生物危险;

 e) 化学品安全;

 f) 辐射;

 g) 机械安全;

 h) 电气安全;

 i) 低温、高热;

 j) 消防;

 k) 个体防护;

 l) 危险废物的处理和处置;

 m) 事件、事故处理的规定和程序;

 n) 从工作区撤离的规定和程序。

7.4.5.2 安全手册应简明、易懂、易读,实验室管理层应至少每年对安全手册评审和更新。

7.4.6 记录

7.4.6.1 应明确规定对实验室活动进行记录的要求,至少应包括:记录的内容、记录的要求、记录的档案管理、记录使用的权限、记录的安全、记录的保存期限等。保存期限应符合国家和地方法规或标准的要求。

7.4.6.2 实验室应建立对实验室活动记录进行识别、收集、索引、访问、存放、维护及安全处置的程序。

7.4.6.3 原始记录应真实并可以提供足够的信息,保证可追溯性。

7.4.6.4 对原始记录的任何更改均不应影响识别被修改的内容,修改人应签字和注明日期。

7.4.6.5 所有记录应易于阅读,便于检索。

7.4.6.6 记录可存储于任何适当的媒介,应符合国家和地方的法规或标准的要求。

7.4.6.7 应具备适宜的记录存放条件,以防损坏、变质、丢失或未经授权的进入。

7.4.7 标识系统

7.4.7.1 实验室用于标示危险区、警示、指示、证明等的图文标识是管理体系文件的一部分,包括用于特殊情况下的临时标识,如"污染"、"消毒中"、"设备检修"等。

7.4.7.2 标识应明确、醒目和易区分。只要可行,应使用国际、国家规定的通用标识。

7.4.7.3 应系统而清晰地标示出危险区,且应适用于相关的危险。在某些情况下,宜同时使用标识和物理屏障标示出危险区。

7.4.7.4 应清楚地标示出具体的危险材料、危险,包括:生物危险、有毒有害、腐蚀性、辐射、刺伤、电击、易燃、易爆、高温、低温、强光、振动、噪声、动物咬伤、砸伤等;需要时,应同时提示必要的防护措施。

7.4.7.5 应在须验证或校准的实验室设备的明显位置注明设备的可用状态、验证周期、下次验证或校准的时间等信息。

7.4.7.6 实验室入口处应有标识,明确说明生物防护级别、操作的致病性生物因子、实验室负责人姓名、紧急联络方式和国际通用的生物危险符号;适用时,应同时注明其他危险。

7.4.7.7 实验室所有房间的出口和紧急撤离路线应有在无照明的情况下也可清楚识别的标识。

7.4.7.8 实验室的所有管道和线路应有明确、醒目和易区分的标识。

7.4.7.9 所有操作开关应有明确的功能指示标识,必要时,还应采取防止误操作或恶意操作的措施。

7.4.7.10 实验室管理层应负责定期(至少每 12 个月一次)评审实验室标识系统,需要时及时更新,以确保其适用现有的危险。

7.5 文件控制

7.5.1 实验室应对所有管理体系文件进行控制,制定和维持文件控制程序,确保实验室人员使用现行有效的文件。

7.5.2 应将受控文件备份存档,并规定其保存期限。文件可以用任何适当的媒介保存,不限定为纸张。

7.5.3 应有相应的程序以保证:

    a) 管理体系所有的文件应在发布前经过授权人员的审核与批准;

    b) 动态维持文件清单控制记录,并可以识别现行有效的文件版本及发放情况;

    c) 在相关场所只有现行有效的文件可供使用;

    d) 定期评审文件,需要修订的文件经授权人员审核与批准后及时发布;

    e) 及时撤掉无效或已废止的文件,或可以确保不误用;

    f) 适当标注存留或归档的已废止文件,以防误用。

7.5.4 如果实验室的文件控制制度允许在换版之前对文件手写修改,应规定修改程序和权限。修改之处应有清晰的标注、签署并注明日期。被修改的文件应按程序及时发布。

7.5.5 应制定程序规定如何更改和控制保存在计算机系统中的文件。

7.5.6 安全管理体系文件应具备唯一识别性,文件中应包括以下信息:

    a) 标题;

    b) 文件编号、版本号、修订号;

    c) 页数;

    d) 生效日期;

    e) 编制人、审核人、批准人;

    f) 参考文献或编制依据。

7.6 安全计划

7.6.1 实验室安全负责人应负责制定年度安全计划,安全计划应经过管理层的审核与批准。需要时,实验室安全计划应包括(不限于):

    a) 实验室年度工作安排的说明和介绍;

    b) 安全和健康管理目标;

    c) 风险评估计划;

    d) 程序文件与标准操作规程的制定与定期评审计划;

    e) 人员教育、培训及能力评估计划;

    f) 实验室活动计划;

    g) 设施设备校准、验证和维护计划;

    h) 危险物品使用计划;

    i) 消毒灭菌计划;

    j) 废物处置计划;

    k) 设备淘汰、购置、更新计划;

    l) 演习计划(包括泄漏处理、人员意外伤害、设施设备失效、消防、应急预案等);

    m) 监督及安全检查计划(包括核查表);

    n) 人员健康监督及免疫计划;

    o) 审核与评审计划;

    p) 持续改进计划;

q) 外部供应与服务计划;

r) 行业最新进展跟踪计划;

s) 与生物安全委员会相关的活动计划。

7.7 安全检查

7.7.1 实验室管理层应负责实施安全检查,每年应至少根据管理体系的要求系统性地检查一次,对关键控制点可根据风险评估报告适当增加检查频率,以保证:

a) 设施设备的功能和状态正常;

b) 警报系统的功能和状态正常;

c) 应急装备的功能及状态正常;

d) 消防装备的功能及状态正常;

e) 危险物品的使用及存放安全;

f) 废物处理及处置的安全;

g) 人员能力及健康状态符合工作要求;

h) 安全计划实施正常;

i) 实验室活动的运行状态正常;

j) 不符合规定的工作及时得到纠正;

k) 所需资源满足工作要求。

7.7.2 为保证检查工作的质量,应依据事先制定的适用于不同工作领域的核查表实施检查。

7.7.3 当发现不符合规定的工作、发生事件或事故时,应立即查找原因并评估后果;必要时,停止工作。

7.7.4 生物安全委员会应参与安全检查。

7.7.5 外部的评审活动不能代替实验室的自我安全检查。

7.8 不符合项的识别和控制

7.8.1 当发现有任何不符合实验室所制定的安全管理体系的要求时,实验室管理层应按需要采取以下措施(不限于):

a) 将解决问题的责任落实到个人;

b) 明确规定应采取的措施;

c) 只要发现很有可能造成感染事件或其他损害,立即终止实验室活动并报告;

d) 立即评估危害并采取应急措施;

e) 分析产生不符合项的原因和影响范围,只要适用,应及时采取补救措施;

f) 进行新的风险评估;

g) 采取纠正措施并验证有效;

h) 明确规定恢复工作的授权人及责任;

i) 记录每一不符合项及其处理的过程并形成文件;

7.8.2 实验室管理层应按规定的周期评审不符合项报告,以发现趋势并采取预防措施。

7.9 纠正措施

7.9.1 纠正措施程序中应包括识别问题发生的根本原因的调查程序。纠正措施应与问题的严重性及风险的程度相适应。只要适用,应及时采取预防措施。

7.9.2 实验室管理层应将因纠正措施所致的管理体系的任何改变文件化并实施。

7.9.3 实验室管理层应负责监督和检查所采取纠正措施的效果,以确保这些措施已有效解决了识别出的问题。

7.10 预防措施

7.10.1 应识别无论是技术还是管理体系方面的不符合项来源和所需的改进,定期进行趋势分析和风险分析,包括对外部评价的分析。如果需要采取预防措施,应制定行动计划、监督和检查实施效果,以减少类似不符合项发生的可能性并借机改进。

7.10.2 预防措施程序应包括对预防措施的评价,以确保其有效性。

7.11 持续改进

7.11.1 实验室管理层应定期系统地评审管理体系,以识别所有潜在的不符合项来源、识别对管理体系或技术的改进机会。适用时,应及时改进识别出的需改进之处,应制定改进方案,文件化、实施并监督。

7.11.2 实验室管理层应设置可以系统地监测、评价实验室活动风险的客观指标。

7.11.3 如果采取措施,实验室管理层还应通过重点评审或审核相关范围的方式评价其效果。

7.11.4 需要时,实验室管理层应及时将因改进措施所致的管理体系的任何改变文件化并实施。

7.11.5 实验室管理层应有机制保证所有员工积极参加改进活动,并提供相关的教育和培训机会。

7.12 内部审核

7.12.1 应根据安全管理体系的规定对所有管理要素和技术要素定期进行内部审核,以证实管理体系的运作持续符合要求。

7.12.2 应由安全负责人负责策划、组织并实施审核。

7.12.3 应明确内部审核程序并文件化,应包括审核范围、频次、方法及所需的文件。如果发现不足或改进机会,应采取适当的措施,并在约定的时间内完成。

7.12.4 正常情况下,应按不大于 12 个月的周期对管理体系的每个要素进行内部审核。

7.12.5 员工不应审核自己的工作。

7.12.6 应将内部审核的结果提交实验室管理层评审。

7.13 管理评审

7.13.1 实验室管理层应对实验室安全管理体系及其全部活动进行评审,包括设施设备的状态、人员状态、实验室相关的活动、变更、事件、事故等。

7.13.2 需要时,管理评审应考虑以下内容(不限于):

    a) 前次管理评审输出的落实情况;

    b) 所采取纠正措施的状态和所需的预防措施;

    c) 管理或监督人员的报告;

    d) 近期内部审核的结果;

    e) 安全检查报告;

    f) 适用时,外部机构的评价报告;

    g) 任何变化、变更情况的报告;

    h) 设施设备的状态报告;

    i) 管理职责的落实情况;

    j) 人员状态、培训、能力评估报告;

    k) 员工健康状况报告;

    l) 不符合项、事件、事故及其调查报告;

    m) 实验室工作报告;

    n) 风险评估报告;

    o) 持续改进情况报告;

    p) 对服务供应商的评价报告;

    q) 国际、国家和地方相关规定和技术标准的更新与维持情况;

    r) 安全管理方针及目标;

    s) 管理体系的更新与维持;

    t) 安全计划的落实情况、年度安全计划及所需资源。

7.13.3 只要可行,应以客观方式监测和评价实验室安全管理体系的适用性和有效性。

7.13.4 应记录管理评审的发现及提出的措施,应将评审发现和作为评审输出的决定列入含目的、目标和措施的工作计划中,并告知实验室人员。实验室管理层应确保所提出的措施在规定的时间内完成。

7.13.5 正常情况下,应按不大于 12 个月的周期进行管理评审。

7.14 实验室人员管理

7.14.1 必要时,实验室负责人应指定若干适当的人员承担实验室安全相关的管理职责。实验室安全管理人员应:

　　a) 具备专业教育背景;
　　b) 熟悉国家相关政策、法规、标准;
　　c) 熟悉所负责的工作,有相关的工作经历或专业培训;
　　d) 熟悉实验室安全管理工作;
　　e) 定期参加相关的培训或继续教育。

7.14.2 实验室或其所在机构应有明确的人事政策和安排,并可供所有员工查阅。

7.14.3 应对所有岗位提供职责说明,包括人员的责任和任务,教育、培训和专业资格要求,应提供给相应岗位的每位员工。

7.14.4 应有足够的人力资源承担实验室所提供服务范围内的工作以及承担管理体系涉及的工作。

7.14.5 如果实验室聘用临时工作人员,应确保其有能力胜任所承担的工作,了解并遵守实验室管理体系的要求。

7.14.6 员工的工作量和工作时间安排不应影响实验室活动的质量和员工的健康,符合国家法规要求。

7.14.7 在有规定的领域,实验室人员在从事相关的实验室活动时,应有相应的资格。

7.14.8 应培训员工独立工作的能力。

7.14.9 应定期评价员工可以胜任其工作任务的能力。

7.14.10 应按工作的复杂程度定期评价所有员工的表现,应至少每 12 个月评价一次。

7.14.11 人员培训计划应包括(不限于):

　　a) 上岗培训,包括对较长期离岗或下岗人员的再上岗培训;
　　b) 实验室管理体系培训;
　　c) 安全知识及技能培训;
　　d) 实验室设施设备(包括个体防护装备)的安全使用;
　　e) 应急措施与现场救治;
　　f) 定期培训与继续教育;
　　g) 人员能力的考核与评估。

7.14.12 实验室或其所在机构应维持每个员工的人事资料,可靠保存并保护隐私权。人事档案应包括(不限于):

　　a) 员工的岗位职责说明;
　　b) 岗位风险说明及员工的知情同意证明;
　　c) 教育背景和专业资格证明;
　　d) 培训记录,应有员工与培训者的签字及日期;
　　e) 员工的免疫、健康检查、职业禁忌症等资料;
　　f) 内部和外部的继续教育记录及成绩;
　　g) 与工作安全相关的意外事件、事故报告;
　　h) 有关确认员工能力的证据,应有能力评价的日期和承认该员工能力的日期或期限;
　　i) 员工表现评价。

7.15 实验室材料管理

7.15.1 实验室应有选择、购买、采集、接收、查验、使用、处置和存储实验室材料(包括外部服务)的政策和程序,以保证安全。

7.15.2 应确保所有与安全相关的实验室材料只有在经检查或证实其符合有关规定的要求之后投入使用,应保存相关活动的记录。

7.15.3 应评价重要消耗品、供应品和服务的供应商,保存评价记录和允许使用的供应商名单。

7.15.4 应对所有危险材料建立清单,包括来源、接收、使用、处置、存放、转移、使用权限、时间和数量等内容,相关记录安全保存,保存期限不少于 20 年。

7.15.5 应有可靠的物理措施和管理程序确保实验室危险材料的安全和安保。

7.15.6 应按国家相关规定的要求使用和管理实验室危险材料。

7.16 实验室活动管理

7.16.1 实验室应有计划、申请、批准、实施、监督和评估实验室活动的政策和程序。

7.16.2 实验室负责人应指定每项实验室活动的项目负责人,同时见 7.1.3i)。

7.16.3 在开展活动前,应了解实验室活动涉及的任何危险,掌握良好工作行为(参见附录 B);为实验人员提供如何在风险最小情况下进行工作的详细指导,包括正确选择和使用个体防护装备。

7.16.4 涉及微生物的实验室活动操作规程应利用良好微生物标准操作要求和(或)特殊操作要求。

7.16.5 实验室应有针对未知风险材料操作的政策和程序。

7.17 实验室内务管理

7.17.1 实验室应有对内务管理的政策和程序,包括内务工作所用清洁剂和消毒灭菌剂的选择、配制、效期、使用方法、有效成分检测及消毒灭菌效果监测等政策和程序,应评估和避免消毒灭菌剂本身的风险。

7.17.2 不应在工作面放置过多的实验室耗材。

7.17.3 应时刻保持工作区整洁有序。

7.17.4 应指定专人使用经核准的方法和个体防护装备进行内务工作。

7.17.5 不应混用不同风险区的内务程序和装备。

7.17.6 应在安全处置后对被污染的区域和可能被污染的区域进行内务工作。

7.17.7 应制定日常清洁(包括消毒灭菌)计划和清场消毒灭菌计划,包括对实验室设备和工作表面的消毒灭菌和清洁。

7.17.8 应指定专人监督内务工作,应定期评价内务工作的质量。

7.17.9 实验室的内务规程和所用材料发生改变时应通知实验室负责人。

7.17.10 实验室规程、工作习惯或材料的改变可能对内务人员有潜在危险时,应通知实验室负责人并书面告知内务管理负责人。

7.17.11 发生危险材料溢洒时,应启用应急处理程序。

7.18 实验室设施设备管理

7.18.1 实验室应有对设施设备(包括个体防护装备)管理的政策和程序,包括设施设备的完好性监控指标、巡检计划、使用前核查、安全操作、使用限制、授权操作、消毒灭菌、禁止事项、定期校准或检定,定期维护、安全处置、运输、存放等。

7.18.2 应制定在发生事故或溢洒(包括生物、化学或放射性危险材料)时,对设施设备去污染、清洁和消毒灭菌的专用方案(参见附录 C)。

7.18.3 设施设备维护、修理、报废或被移出实验室前应先去污染、清洁和消毒灭菌;但应意识到,可能仍然需要要求维护人员穿戴适当的个体防护装备。

7.18.4 应明确标示出设施设备中存在危险的部位。

7.18.5 在投入使用前应核查并确认设施设备的性能可满足实验室的安全要求和相关标准。

7.18.6 每次使用前或使用中应根据监控指标确认设施设备的性能处于正常工作状态,并记录。

7.18.7 如果使用个体呼吸保护装置,应做个体适配性测试,每次使用前核查并确认符合佩戴要求。

7.18.8 设施设备应由经过授权的人员操作和维护,现行有效的使用和维护说明书应便于有关人员使用。

7.18.9 应依据制造商的建议使用和维护实验室设施设备。

7.18.10 应在设施设备的显著部位标示出其唯一编号、校准或验证日期、下次校准或验证日期、准用或停用状态。

7.18.11 应停止使用并安全处置性能已显示出缺陷或超出规定限度的设施设备。

7.18.12 无论什么原因,如果设备脱离了实验室的直接控制,待该设备返回后,应在使用前对其性能进行确认并记录。

7.18.13 应维持设施设备的档案,适用时,内容应至少包括(不限于):
    a) 制造商名称、型式标识、系列号或其他唯一性标识;
    b) 验收标准及验收记录;
    c) 接收日期和启用日期;
    d) 接收时的状态(新品、使用过、修复过);
    e) 当前位置;
    f) 制造商的使用说明或其存放处;
    g) 维护记录和年度维护计划;
    h) 校准(验证)记录和校准(验证)计划;
    i) 任何损坏、故障、改装或修理记录;
    j) 服务合同;
    k) 预计更换日期或使用寿命;
    l) 安全检查记录。

7.19 废物处置

7.19.1 实验室危险废物处理和处置的管理应符合国家或地方法规和标准的要求,应征询相关主管部门的意见和建议。

7.19.2 应遵循以下原则处理和处置危险废物:
    a) 将操作、收集、运输、处理及处置废物的危险减至最小;
    b) 将其对环境的有害作用减至最小;
    c) 只可使用被承认的技术和方法处理和处置危险废物;
    d) 排放符合国家或地方规定和标准的要求。

7.19.3 应有措施和能力安全处理和处置实验室危险废物。

7.19.4 应有对危险废物处理和处置的政策和程序,包括对排放标准及监测的规定。

7.19.5 应评估和避免危险废物处理和处置方法本身的风险。

7.19.6 应根据危险废物的性质和危险性按相关标准分类处理和处置废物。

7.19.7 危险废物应弃置于专门设计的、专用的和有标识的用于处置危险废物的容器内,装量不能超过建议的装载容量。

7.19.8 锐器(包括针头、小刀、金属和玻璃等)应直接弃置于耐扎的容器内。

7.19.9 应由经过培训的人员处理危险废物,并应穿戴适当的个体防护装备。

7.19.10 不应积存垃圾和实验室废物。在消毒灭菌或最终处置之前,应存放在指定的安全地方。

7.19.11 不应从实验室取走或排放不符合相关运输或排放要求的实验室废物。

7.19.12 应在实验室内消毒灭菌含活性高致病性生物因子的废物。

7.19.13 如果法规许可,只要包装和运输方式符合危险废物的运输要求,可以运送未处理的危险废物到指定机构处理。

7.20 危险材料运输

7.20.1 应制定对危险材料运输的政策和程序,包括危险材料在实验室内、实验室所在机构内及机构外部的运输,应符合国家和国际规定的要求。

7.20.2 应建立并维持危险材料接收和运出清单,至少包括危险材料的性质、数量、交接时包装的状态、交接人、收发时间和地点等,确保危险材料出入的可追溯性。

7.20.3 实验室负责人或其授权人员应负责向为实验室送交危险材料的所有部门提供适当的运输指南和说明。

7.20.4 应以防止污染人员或环境的方式运输危险材料,并有可靠的安保措施。

7.20.5 危险材料应置于被批准的本质安全的防漏容器中运输。

7.20.6 国际和国家关于道路、铁路、水路和航空运输危险材料的公约、法规和标准适用,应按国家或国际现行的规定和标准,包装、标示所运输的物品并提供文件资料。

7.21 应急措施

7.21.1 应制定应急措施的政策和程序,包括生物性、化学性、物理性、放射性等紧急情况和火灾、水灾、冰冻、地震、人为破坏等任何意外紧急情况,还应包括使留下的空建筑物处于尽可能安全状态的措施,应征询相关主管部门的意见和建议。

7.21.2 应急程序应至少包括负责人、组织、应急通讯、报告内容、个体防护和应对程序、应急设备、撤离计划和路线、污染源隔离和消毒灭菌、人员隔离和救治、现场隔离和控制、风险沟通等内容。

7.21.3 实验室应负责使所有人员(包括来访者)熟悉应急行动计划、撤离路线和紧急撤离的集合地点。

7.21.4 每年应至少组织所有实验室人员进行一次演习。

7.22 消防安全

7.22.1 应有消防相关的政策和程序,并使所有人员理解,以确保人员安全和防止实验室内危险的扩散。

7.22.2 应制定年度消防计划,内容至少包括(不限于):
   a) 对实验室人员的消防指导和培训,内容至少包括火险的识别和判断、减少火险的良好操作规程、失火时应采取的全部行动;
   b) 实验室消防设施设备和报警系统状态的检查;
   c) 消防安全定期检查计划;
   d) 消防演习(每年至少一次)。

7.22.3 在实验室内应尽量减少可燃气体和液体的存放量。

7.22.4 应在适用的排风罩或排风柜中操作可燃气体或液体。

7.22.5 应将可燃气体或液体放置在远离热源或打火源之处,避免阳光直射。

7.22.6 输送可燃气体或液体的管道应安装紧急关闭阀。

7.22.7 应配备控制可燃物少量泄漏的工具包。如果发生明显泄漏,应立即寻求消防部门的援助。

7.22.8 可燃气体或液体应存放在经批准的贮藏柜或库中。贮存量应符合国家相关的规定和标准。

7.22.9 需要冷藏的可燃液体应存放在防爆(无火花)的冰箱中。

7.22.10 需要时,实验室应使用防爆电器。

7.22.11 应配备适当的设备,需要时用于扑灭可控制的火情及帮助人员从火场撤离。

7.22.12 应依据实验室可能失火的类型配置适当的灭火器材并定期维护,应符合消防主管部门的要求。

7.22.13 如果发生火警,应立即寻求消防部门的援助,并告知实验室内存在的危险。

7.23 事故报告

7.23.1 实验室应有报告实验室事件、伤害、事故、职业相关疾病以及潜在危险的政策和程序,符合国家和地方对事故报告的规定要求。

7.23.2 所有事故报告应形成书面文件并存档(包括所有相关活动的记录和证据等文件)。适用时,报告应包括事实的详细描述、原因分析、影响范围、后果评估、采取的措施、所采取措施有效性的追踪、预防类似事件发生的建议及改进措施等。

7.23.3 事故报告(包括采取的任何措施)应提交实验室管理层和安全委员会评审,适用时,还应提交更高管理层评审。

7.23.4 实验室任何人员不得隐瞒实验室活动相关的事件、伤害、事故、职业相关疾病以及潜在危险,应按国家规定上报。

附　录　A

（资料性附录）

实验室围护结构严密性检测和排风 HEPA 过滤器检漏方法指南

A.1　引言

本附录旨在为评价实验室围护结构的严密性和对排风 HEPA 过滤器检漏提供参考。

A.2　围护结构严密性检测方法

A.2.1　烟雾检测法

A.2.1.1　在实验室通风空调系统正常运行的条件下，在需要检测位置的附近，通过人工烟源（如：发烟管、水雾震荡器等）造成可视化流场，根据烟雾流动的方向判断所检测位置的严密程度。

A.2.1.2　检测时避免检测位置附近有其他干扰气流物或障碍物。

A.2.1.3　采用冷烟源，发烟量适当，宜使用专用的发烟管。

A.2.1.4　检测的位置包括围护结构的接缝、门窗缝隙、插座、所有穿墙设备与墙的连接处等。

A.2.2　恒定压力下空气泄漏率检测法

A.2.2.1　检测过程

a)　将受测房间的温度控制在设计温度范围内，并保持稳定；

b)　在房间内的中央位置设置 1 个温度计（最小示值 0.1 ℃），以记录测试过程中室内温度的变化；

c)　关闭并固定好房间围护结构所有的门、传递窗、阀门和气密阀等；

d)　通过穿越围护结构的插管安装压力计（量程可达到 500 Pa，最小示值 10 Pa）；

e)　在真空泵或排风机和房间之间的管道上安装 1 个调节阀，通过调节真空泵或排风机的流量使房间相对房间外环境产生并维持 250 Pa 的负压差；测试持续的时间宜不超过 10 min，以避免压力变化及温度变化造成的影响；

f)　记录真空泵或排风机的流量，按式（A.1）计算房间围护结构的小时空气泄漏率：

$$T_f = \frac{Q}{V_1 - V_2} \quad \cdots\cdots\cdots\cdots\cdots\cdots\cdots\cdots\cdots\cdots (A.1)$$

式中：

T_f——为房间围护结构的小时空气泄漏率；

Q——真空泵或风机的流量，单位为立方米每小时（m^3/h）；

V_1——房间内的空间体积，单位为立方米（m^3）；

V_2——房间内物品的体积，单位为立方米（m^3）。

A.2.2.2　检测报告

检测报告的主要内容包括：

a)　检测条件

1)　检测设备；

2)　检测方法；

3)　受测房间压力和温度的动态变化；

4)　房间内的空间体积及室内物品的体积；

       5)   房间内的负压差及测试持续的时间；

       6)   检测点的时间；

       7)   真空泵或排风机的流量；

   b)   检测结果

       1)   受测房间小时空气泄漏率的计算结果；

       2)   受测房间围护结构的严密性评价。

A.2.3　压力衰减检测法

A.2.3.1　检测过程

   a)   将受测房间的温度控制在设计温度范围内，并保持稳定；

   b)   在房间内的中央位置设置 1 个温度计（最小示值 0.1 ℃），以记录测试过程中室内温度的变化；

   c)   关闭并固定好房间围护结构所有的门、传递窗、阀门和气密阀等；

   d)   通过穿越围护结构的插管安装压力计（量程可达到 750 Pa，最小示值 10 Pa）；

   e)   在真空泵或排风机和房间之间的管道上安装 1 个球阀，以便在达到实验压力后能保证真空泵或排风机与受测房间密封；

   f)   将受测试房间与真空泵或排风机连接，使房间与室外达到 500 Pa 的负压差。压差稳定后关闭房间与真空泵或排风机之间的阀门；

   g)   每分钟记录 1 次压差和温度，连续记录至少 20 min；

   h)   断开真空泵或鼓风机，慢慢打开球阀，使房间压力恢复到正常状态；

   i)   如果需要进行重复测试，20 min 后进行。

A.2.3.2　检测报告

检测报告的主要内容包括：

   a)   检测条件

       1)   检测设备；

       2)   检测方法；

       3)   受测房间压力和温度的动态变化；

       4)   检测持续的时间；

       5)   检测点的时间；

   b)   检测结果

       1)   受测房间 20 min 的压力衰减率；

       2)   受测房间围护结构严密性的评价。

A.3　排风 HEPA 过滤器的扫描检漏方法

A.3.1　检测条件

    在实验室排风 HEPA 过滤器的排风量在最大运行风量下，待实验室压力、温度、湿度和洁净度稳定后开始检测。

A.3.2　检测用气溶胶

    检测用气溶胶的中径通常为 0.3 μm，所发生气溶胶的浓度和粒径要分布均匀和稳定。可采用癸二酸二异辛酯［di(2-ethylhexyl)sebacate，DEHS］、邻苯二甲酸二辛酯（dioctyl phthalate，DOP）或聚 α 烯烃（polyaphaolefin，PAO）等物质用于发生气溶胶，应优先选用对人和环境无害的物质。

A.3.3　检测方法

A.3.3.1　图 A.1 为扫描检漏法检测示意图。

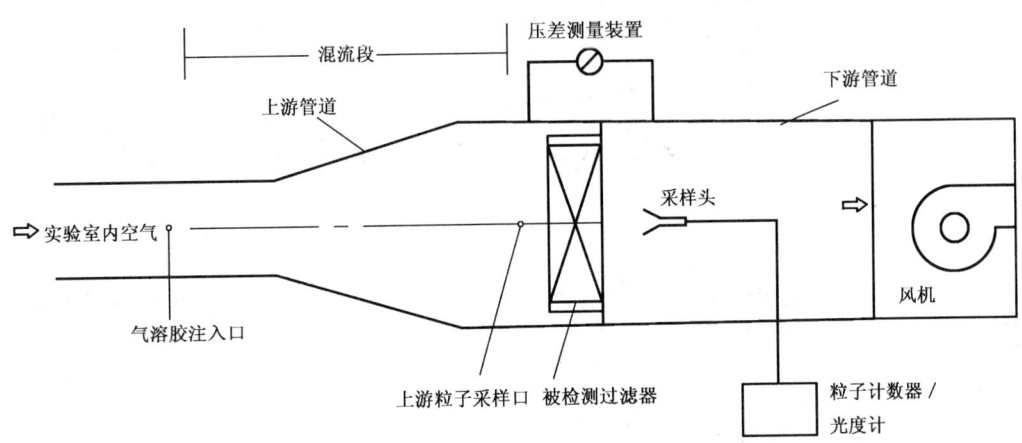

图 A.1 扫描检漏法检测示意图

A.3.3.2 检测过程

a) 测量过滤器的通风量,取 4 次测量的均值;

b) 测量过滤器两侧的压差,压力测量的断面要位于流速均匀的区域;

c) 测量上游气溶胶的浓度,将气溶胶注入被测过滤器的上游管道并保持浓度稳定,采样 4 次,每次读数与 4 次读数平均值的差别控制在 15% 内;

d) 扫描排风 HEPA 过滤器,采样头距被测过滤器的表面 2 cm～3 cm,扫描的速度不超过 5 cm/s,扫描范围包括过滤器的所有表面及过滤器与装置的连接处,为了获得具有统计意义的结果,需要在下游记录到足够多的粒子。

A.3.4 检测报告

检测报告的主要内容包括:

a) 检测条件

1) 检测设备;

2) 检测方法;

3) 示踪粒子的中径;

4) 温度和相对湿度;

5) 被测过滤器通风量;

b) 检测结果

1) 过滤器两侧的压差;

2) 过滤器的平均过滤效率和最低过滤效率;

3) 如果有明显的漏点,标出漏点的位置。

附　录　B

（资料性附录）

生物安全实验室良好工作行为指南

B.1　引言

本附录旨在帮助生物安全实验室制定专用的良好操作规程。实验室应牢记,本附录的内容不一定满足或适用于特定的实验室或特定的实验室活动,应根据各实验室的风险评估结果制定适用的良好操作规程。

B.2　生物安全实验室标准的良好工作行为

B.2.1　建立并执行准入制度。所有进入人员要知道实验室的潜在危险,符合实验室的进入规定。

B.2.2　确保实验室人员在工作地点可随时得到生物安全手册。

B.2.3　建立良好的内务规程。对个人日常清洁和消毒进行要求,如洗手、淋浴(适用时)等。

B.2.4　规范个人行为。在实验室工作区不要饮食、抽烟、处理隐形眼镜、使用化妆品、存放食品等;工作前,掌握生物安全实验室标准的良好操作规程。

B.2.5　正确使用适当的个体防护装备,如手套、护目镜、防护服、口罩、帽子、鞋等。个体防护装备在工作中发生污染时,要更换后才能继续工作。

B.2.6　戴手套工作。每当污染、破损或戴一定时间后,更换手套;每当操作危险性材料的工作结束时,除去手套并洗手;离开实验间前,除去手套并洗手。严格遵守洗手的规程。不要清洗或重复使用一次性手套。

B.2.7　如果有可能发生微生物或其他有害物质溅出,要佩戴防护眼镜。

B.2.8　存在空气传播的风险时需要进行呼吸防护,用于呼吸防护的口罩在使用前要进行适配性试验。

B.2.9　工作时穿防护服。在处理生物危险材料时,穿着适用的指定防护服。离开实验室前按程序脱下防护服。用完的防护服要消毒灭菌后再洗涤。工作用鞋要防水、防滑、耐扎、舒适,可有效保护脚部。

B.2.10　安全使用移液管,要使用机械移液装置。

B.2.11　配备降低锐器损伤风险的装置和建立操作规程。在使用锐器时要注意:

　　a)　不要试图弯曲、截断、破坏针头等锐器,不要试图从一次性注射器上取下针头或套上针头护套。必要时,使用专用的工具操作;

　　b)　使用过的锐器要置于专用的耐扎容器中,不要超过规定的盛放容量;

　　c)　重复利用的锐器要置于专用的耐扎容器中,采用适当的方式消毒灭菌和清洁处理;

　　d)　不要试图直接用手处理打破的玻璃器具等(参见附录C),尽量避免使用易碎的器具。

B.2.12　按规程小心操作,避免发生溢洒或产生气溶胶,如不正确的离心操作、移液操作等。

B.2.13　在生物安全柜或相当的安全隔离装置中进行所有可能产生感染性气溶胶或飞溅物的操作。

B.2.14　工作结束或发生危险材料溢洒后,要及时使用适当的消毒灭菌剂对工作表面和被污染处进行处理(参见附录C)。

B.2.15　定期清洁实验室设备。必要时使用消毒灭菌剂清洁实验室设备。

B.2.16　不要在实验室内存放或养与工作无关的动植物。

B.2.17　所有生物危险废物在处置前要可靠消毒灭菌。需要运出实验室进行消毒灭菌的材料,要置于专用的防漏容器中运送,运出实验室前要对容器进行表面消毒灭菌处理。

B.2.18　从实验室内运走的危险材料,要按照国家和地方或主管部门的有关要求进行包装。

B.2.19　在实验室入口处设置生物危险标识。

B.2.20 采取有效的防昆虫和啮齿类动物的措施,如防虫纱网、挡鼠板等。

B.2.21 对实验室人员进行上岗培训并评估与确认其能力。需要时,实验室人员要接受再培训,如长期未工作、操作规程或有关政策发生变化等。

B.2.22 制定有关职业禁忌症、易感人群和监督个人健康状态的政策。必要时,为实验室人员提供免疫计划、医学咨询或指导。

B.3 生物安全实验室特殊的良好工作行为

B.3.1 经过有控制措施的安全门才能进入实验室,记录所有人员进出实验室的日期和时间并保留记录。

B.3.2 定期采集和保存实验室人员的血清样本。

B.3.3 只要可行,为实验室人员提供免疫计划、医学咨询或指导。

B.3.4 正式上岗前实验室人员需要熟练掌握标准的和特殊的良好工作行为及微生物操作技术和操作规程。

B.3.5 正确使用专用的个体防护装备,工作前先做培训、个体适配性测试和检查,如对面具、呼气防护装置、正压服等的适配性测试和检查。

B.3.6 不要穿个人衣物和佩戴饰物进入实验室防护区,离开实验室前淋浴。用过的实验防护服按污染物处理,先消毒灭菌再洗涤。

B.3.7 Ⅲ级生物安全柜的手套和正压服的手套有破损的风险,为了防止意外感染事件,需要另戴手套。

B.3.8 定期消毒灭菌实验室设备。仪器设备在修理、维护或从实验室内移出以前,要进行消毒灭菌处理。消毒人员要接受专业的消毒灭菌培训,使用专用个体防护装备和消毒灭菌设备。

B.3.9 如果发生可能引起人员暴露感染性物质的事件,要立即报告和进行风险评估,并按照实验室安全管理体系的规定采取适当的措施,包括医学评估、监护和治疗。

B.3.10 在实验室内消毒灭菌所有的生物危险废物。

B.3.11 如果需要从实验室内运出具有活性的生物危险材料,要按照国家和地方或主管部门的有关要求进行包装,并对包装进行可靠的消毒灭菌,如采用浸泡、熏蒸等方式消毒灭菌。

B.3.12 包装好的具有活性的生物危险物除非采用经确认有效的方法灭活后,不要在没有防护的条件下打开包装。如果发现包装有破损,立即报告,由专业人员处理。

B.3.13 定期检查防护设施、防护设备、个体防护装备,特别是带生命支持系统的正压服。

B.3.14 建立实验室人员就医或请假的报告和记录制度,评估是否与实验室工作相关。

B.3.15 建立对怀疑或确认发生实验室获得性感染的人员进行隔离和医学处理的方案并保证必要的条件(如:隔离室等)。

B.3.16 只将必需的仪器装备运入实验室内。所有运入实验室的仪器装备,在修理、维护或从实验室内移出以前要彻底消毒灭菌,比如生物安全柜的内外表面以及所有被污染的风道、风扇及过滤器等均要采用经确认有效的方式进行消毒灭菌,并监测和评价消毒灭菌效果。

B.3.17 利用双扉高压锅、传递窗、渡槽等传递物品。

B.3.18 制定应急程序,包括可能的紧急事件和急救计划,并对所有相关人员培训和进行演习。

B.4 动物生物安全实验室的良好工作行为

B.4.1 适用时,执行生物安全实验室的标准或特殊良好工作行为。

B.4.2 实验前了解动物的习性,咨询动物专家并接受必要的动物操作的培训。

B.4.3 开始工作前,实验人员(包括清洁人员、动物饲养人员、实验操作人员等)要接受足够的操作训练和演练,应熟练掌握相关的实验动物和微生物操作规程和操作技术,动物饲养人员和实验操作人员要有实验动物饲养或操作上岗合格证书。

B.4.4 将实验动物饲养在可靠的专用笼具或防护装置内,如负压隔离饲养装置(需要时排风要通过 HEPA 过滤器排出)等。

B.4.5 考虑工作人员对动物的过敏性和恐惧心理。

B.4.6 动物饲养室的入口处设置醒目的标识并实行严格的准入制度,包括物理门禁措施(如:个人密码和生物学识别技术等)。

B.4.7 个体防护装备还要考虑方便操作和耐受动物的抓咬和防范分泌物喷射等,要使用专用的手套、面罩、护目镜、防水围裙、防水鞋等。

B.4.8 操作动物时,要采用适当的保定方法或装置来限制动物的活动性,不要试图用人力强行制服动物。

B.4.9 只要可能,限制使用针头、注射器或其他锐器,尽量使用替代的方案,如改变动物染毒途径等。

B.4.10 操作灵长类和大型实验动物时,需要操作人员已经有非常熟练的工作经验。

B.4.11 时刻注意是否有逃出笼具的动物,濒临死亡的动物及时妥善处理。

B.4.12 不要试图从事风险不可控的动物操作。

B.4.13 在生物安全柜或相当的隔离装置内从事涉及产生气溶胶的操作,包括更换动物的垫料、清理排泄物等。如果不能在生物安全柜或相当的隔离装置内进行操作,要组合使用个体防护装备和其他的物理防护装置。

B.4.14 选择适用于所操作动物的设施、设备、实验用具等,配备专用的设备消毒灭菌和清洗设备,培训专业的消毒灭菌和清洗人员。

B.4.15 从事高致病性生物因子感染的动物实验活动,是极为专业和风险高的活动,实验人员应参加针对特定活动的专门培训和演练(包括完整的感染动物操作过程、清洁和消毒灭菌、处理意外事件等),而且要定期评估实验人员的能力,包括管理层的能力。

B.4.16 只要可能,尽量不使用动物。

B.5 生物安全实验室的清洁

B.5.1 由受过培训的专业人员按照专门的规程清洁实验室。外雇的保洁人员可以在实验室消毒灭菌后负责清洁地面和窗户(高级别生物安全实验室不适用)。

B.5.2 保持工作表面的整洁。每天工作完后都要对工作表面进行清洁并消毒灭菌。宜使用可移动或悬挂式的台下柜,以便于对工作台下方进行清洁和消毒灭菌。

B.5.3 定期清洁墙面,如果墙面有可见污物时,及时进行清洁和消毒灭菌。不宜无目的或强力清洗,避免破坏墙面。

B.5.4 定期清洁易积尘的部位,不常用的物品最好存放在抽屉或箱柜内。

B.5.5 清洁地面的时间视工作安排而定,不在日常工作时间做常规清洁工作。清洗地板最常用的工具是浸有清洁剂的湿拖把;家用型吸尘器不适于生物安全实验室使用;不要使用扫帚等扫地。

B.5.6 可以用普通废物袋收集塑料或纸制品等非危险性废物。

B.5.7 用专用的耐扎容器收集带针头的注射器、碎玻璃、刀片等锐利性废弃物。

B.5.8 用专用的耐高压蒸汽消毒灭菌的塑料袋收集任何具有生物危险性或有潜在生物危险性的废物。

B.5.9 根据废弃物的特点选用可靠的消毒灭菌方式,如是否包含基因改造生物、是否混有放射性等其他危险物、是否易形成胶状物堵塞灭菌器的排水孔等,要监测和评价消毒灭菌效果。

附　录　C

（资料性附录）

实验室生物危险物质溢洒处理指南

C.1　引言

本附录旨在为实验室制定生物危险物质溢洒处理程序提供参考。溢洒在本附录中指包含生物危险物质的液态或固态物质意外地与容器或包装材料分离的过程。实验室人员熟悉生物危险物质溢洒处理程序、溢洒处理工具包的使用方法和存放地点对降低溢洒的危害非常重要。

本附录描述了实验室生物危险物质溢洒的常规处理方法，实验室需要根据其所操作的生物因子，制定专用的程序。如果溢洒物中含有放射性物质或危险性化学物质，则应使用特殊的处理程序。

C.2　溢洒处理工具包

C.2.1　基础的溢洒处理工具包通常包括：

    a)　对感染性物质有效的消毒灭菌液，消毒灭菌液需要按使用要求定期配制；

    b)　消毒灭菌液盛放容器；

    c)　镊子或钳子、一次性刷子、可高压的扫帚和簸箕或其他处理锐器的装置；

    d)　足够的布巾、纸巾或其他适宜的吸收材料；

    e)　用于盛放感染性溢洒物以及清理物品的专用收集袋或容器；

    f)　橡胶手套；

    g)　面部防护装备，如面罩、护目镜、一次性口罩等；

    h)　溢洒处理警示标识，如"禁止进入"、"生物危险"等；

    i)　其他专用的工具。

C.2.2　明确标示出溢洒处理工具包的存放地点。

C.3　撤离房间

C.3.1　发生生物危险物质溢洒时，立即通知房间内的无关人员迅速离开，在撤离房间的过程中注意防护气溶胶。关门并张贴"禁止进入"、"溢洒处理"的警告标识，至少 30 min 后方可进入现场处理溢洒物。

C.3.2　撤离人员按照离开实验室的程序脱去个体防护装备，用适当的消毒灭菌剂和水清洗所暴露皮肤。

C.3.3　如果同时发生了针刺或扎伤，可以用消毒灭菌剂和水清洗受伤区域，挤压伤处周围以促使血往伤口外流；如果发生了黏膜暴露，至少用水冲洗暴露区域 15 min。立即向主管人员报告。

C.3.4　立即通知实验室主管人员。必要时，由实验室主管人员安排专人清除溢洒物。

C.4　溢洒区域的处理

C.4.1　准备清理工具和物品，在穿着适当的个体防护装备（如：鞋、防护服、口罩、双层手套、护目镜、呼吸保护装置等）后进入实验室。需要两人共同处理溢洒物，必要时，还需配备一名现场指导人员。

C.4.2　判断污染程度，用消毒灭菌剂浸湿的纸巾（或其他吸收材料）覆盖溢洒物，小心从外围向中心倾倒适当量的消毒灭菌剂，使其与溢洒物混合并作用一定的时间。应注意按消毒灭菌剂的说明确定使用浓度和作用时间。

C.4.3 到作用时间后,小心将吸收了溢洒物的纸巾(或其他吸收材料)连同溢洒物收集到专用的收集袋或容器中,并反复用新的纸巾(或其他吸收材料)将剩余物质吸净。破碎的玻璃或其他锐器要用镊子或钳子处理。用清洁剂或消毒灭菌剂清洁被污染的表面。所处理的溢洒物以及处理工具(包括收集锐器的镊子等)全部置于专用的收集袋或容器中并封好。

C.4.4 用消毒灭菌剂擦拭可能被污染的区域。

C.4.5 按程序脱去个体防护装备,将暴露部位向内折,置于专用的收集袋或容器中并封好。

C.4.6 按程序洗手。

C.4.7 按程序处理清除溢洒物过程中形成的所有废物。

C.5 生物安全柜内溢洒的处理

C.5.1 处理溢洒物时不要将头伸入安全柜内,也不要将脸直接面对前操作口,而应处于前视面板的后方。选择消毒灭菌剂时需要考虑其对生物安全柜的腐蚀性。

C.5.2 如果溢洒的量不足 1 mL 时,可直接用消毒灭菌剂浸湿的纸巾(或其他材料)擦拭。

C.5.3 如溢洒量大或容器破碎,建议按如下操作:

   a) 使生物安全柜保持开启状态;

   b) 在溢洒物上覆盖浸有消毒灭菌剂的吸收材料,作用一定时间以发挥消毒灭菌作用。必要时,用消毒灭菌剂浸泡工作表面以及排水沟和接液槽;

   c) 在安全柜内对所戴手套消毒灭菌后,脱下手套。如果防护服已被污染,脱掉所污染的防护服后,用适当的消毒灭菌剂清洗暴露部位;

   d) 穿好适当的个体防护装备,如双层手套、防护服、护目镜和呼吸保护装置等;

   e) 小心将吸收了溢洒物的纸巾(或其他吸收材料)连同溢洒物收集到专用的收集袋或容器中,并反复用新的纸巾(或其他吸收材料)将剩余物质吸净;破碎的玻璃或其他锐器要用镊子或钳子处理;

   f) 用消毒灭菌剂擦拭或喷洒安全柜内壁、工作表面以及前视窗的内侧;作用一定时间后,用洁净水擦干净消毒灭菌剂;

   g) 如果需要浸泡接液槽,在清理接液槽前要先报告主管人员;可能需要用其他方式消毒灭菌后再进行清理。

C.5.4 如果溢洒物流入生物安全柜内部,需要评估后采取适用的措施。

C.6 离心机内溢洒的处理

C.6.1 在离心感染性物质时,要使用密封管以及密封的转子或安全桶。每次使用前,检查并确认所有密封圈都在位并状态良好。

C.6.2 离心结束后,至少再等候 5 min 打开离心机盖。

C.6.3 如果打开盖子后发现离心机已经被污染,立即小心关上。如果离心期间发生离心管破碎,立即关机,不要打开盖子。切断离心机的电源,至少 30 min 后开始清理工作。

C.6.4 穿着适当的个体防护装备,准备好清理工具。必要时,清理人员需要佩戴呼吸保护装置。

C.6.5 消毒灭菌后小心将转子转移到生物安全柜内,浸泡在适当的非腐蚀性消毒灭菌液内,建议浸泡 60 min 以上。

C.6.6 小心将离心管转移到专用的收集容器中。一定要用镊子夹取破碎物,可以用镊子夹着棉花收集细小的破碎物。

C.6.7 通过用适当的消毒灭菌剂擦拭和喷雾的方式消毒灭菌离心转子仓室和其他可能被污染的部位,空气晾干。

C.6.8 如果溢洒物流入离心机的内部,需要评估后采取适用的措施。

C.7 评估与报告

C.7.1 对溢洒处理过程和效果进行评估,必要时对实验室进行彻底的消毒灭菌处理和对暴露人员进行医学评估。

C.7.2 按程序记录相关过程和报告。

参 考 文 献

[1]　中华人民共和国国务院.《病原微生物实验室生物安全管理条例》[国务院令第 424 号],北京：中华人民共和国国务院,2004-11-12.

[2]　中华人民共和国农业部.《兽医实验室生物安全管理规范》[302 号公告],北京:中华人民共和国农业部,2003-10-15.

[3]　The Minister of Health, Canada. The Laboratory Biosafety Guidelines [M]. 3rd ed. Ottawa: Health Canada, 2004.

[4]　U. S. Department of Health and Human Services, Centers for Disease Control and Prevention, National Institutes of Health. Biosafety in Microbiological and Biomedical Laboratories [M]. 5th ed. Washington: U. S. Government Printing Office, 2007.

[5]　Standards Australia. AS/NZS 2243.3-2002 Safety in laboratories—Part 3: Microbiological aspects and containment facilities [S]. New Zealand: Standards Australia, 2002.

[6]　European Committee for Standardization. EN1822-4(2000) High efficiency air filter (HEPA and ULPA)—Part 4: Determining leakage of filter element (Scan method) [S]. Brussels: European Committee for Standardization, 2000.

[7]　European Committee for Standardization. CWA 15793: 2008 Laboratory biorisk management standard [S]. Brussels: European Committee for Standardization, 2008.

[8]　中华人民共和国国家质量监督检验检疫总局,中国国家标准化管理委员会. GB 19781—2005 医学实验室 安全要求[S]. 北京:中国标准出版社,2005.

[9]　Institute of Environmental Science and Technology. IEST-RP-CC0034.2 (2005) HEPA and ULPA Filter Leak Tests [S]. Arlington Heights Illinois: Institute of Environmental Science and Technology, 2005.

[10]　International Organization for Standards. ISO 15189-2007 Medical laboratories—Particular requirements for quality and competence [S]. Geneva: International Organization for Standards, 2007.

[11]　International Organization for Standards. ISO 10648-2: 1994 Containment enclosures—Part 2: Classification according to leak tightness and associated checking methods [S]. Geneva: International Organization for Standards, 1994.

[12]　Mani, P. , Langevin, P. ,国际兽医生物安全工作组.兽医生物安全设施—设计与建造手册[M].中国动物疾病预防控制中心译. 北京:中国农业出版社,2007.

[13]　World Health Organization. Laboratory biosafety manual [M]. 3rd ed. Geneva: World Health Organization, 2004.

ICS 13.020
Z 00

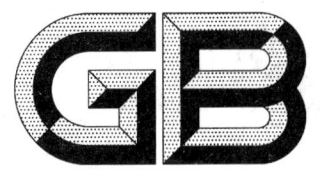

中华人民共和国国家标准

GB/T 24001—2004/ISO 14001:2004
代替 GB/T 24001—1996

环境管理体系　要求及使用指南

Environmental management systems—
Requirements with guidance for use

(ISO 14001:2004,IDT)

2005-05-10 发布　　　　　　　　　　　　　　　2005-05-15 实施

中华人民共和国国家质量监督检验检疫总局
中国国家标准化管理委员会　发 布

前　言

本标准是 GB/T 24000 系列中的一项标准。

本标准等同采用 ISO 14001：2004《环境管理体系　要求及使用指南》。

本标准代替 GB/T 24001—1996。

本标准与 GB/T 24001—1996 的主要差异为：

——名称中的"环境管理体系　规范及使用指南"改为"环境管理体系　要求及使用指南"。

——对术语作了下列修改：

- 增加了对审核员、纠正措施、文件、不符合、预防措施、程序、记录等 7 个术语的定义。
- 术语"环境表现（行为）"改为"环境绩效"。
- 对持续改进、环境影响、环境管理体系、环境目标、环境绩效、环境方针、环境指标、内部审核、组织、污染预防等 10 个术语的定义作了编辑性修改。

——对要素作了下列修改：

- "目标和指标"和"环境管理方案"合并为"目标、指标和方案"；
- "组织结构和职责"改为"资源、作用、职责和权限"；
- "培训、意识和能力"改为"能力、培训和意识"；
- "环境管理体系文件"改为"文件"；
- "检查和纠正措施"改为"检查"；
- "监测和测量"分解为"监测和测量"和"合规性评价"；
- "不符合，纠正和预防措施"改为"不符合、纠正措施和预防措施"；
- "记录"改为"记录控制"；
- "环境管理体系审核"改为"内部审核"。

本标准的附录 A 和附录 B 为资料性附录。

本标准由全国环境管理标准化技术委员会提出并归口。

本标准由中国标准化研究院负责起草。

本标准参加起草单位：中国标准化研究院、中国合格评定国家认可中心、华夏认证中心、中国质量认证中心、方圆标志认证中心、清华大学环境科学与工程系、宝山钢铁股份有限公司、海尔集团、广州本田汽车有限公司。

本标准主要起草人：范与华、李燕、王顺祺、刘克、陈全、张天柱、黄进、糜建青、史春洁、陈建伟。

本标准 1996 年首次发布，2005 年第一次修订。

引　言

现在,各种类型的组织都越来越重视通过依照环境方针和目标来控制其活动、产品和服务对环境的影响,以实现并证实良好的环境绩效。这是由于有关的立法更趋严格,促进环境保护的经济政策和其他措施都在相继制定,相关方对环境问题和可持续发展的关注也在普遍增长。

许多组织已经推行了环境"评审"或审核,以评价自身的环境绩效。但仅靠这种"评审"和"审核"本身,可能还不足以为一个组织提供保证,使之确信自己的环境绩效不仅现在满足,并将持续满足法律和方针要求。要使评审或审核行之有效,须在一个纳入组织整体的结构化的管理体系内予以实施。

环境管理标准旨在为组织规定有效的环境管理体系要素,这些要素可与其他管理要求相结合,帮助组织实现其环境目标与经济目标。如同其他标准一样,这些标准不是用来制造非关税贸易壁垒,也不增加或改变组织的法律责任。

本标准规定了对环境管理体系的要求,使组织能根据法律法规要求和重要环境因素信息来制定和实施方针与目标。本标准拟适用于任何类型与规模的组织,并适用于各种地理、文化和社会条件。其运行模式如图1所示。体系的成功实施有赖于组织中各个层次与职能的承诺,特别是最高管理者的承诺。这样一个体系可供组织制定其环境方针,建立实现所承诺的方针的目标和过程,采取必要的措施来改进环境绩效,并证实体系符合本标准的要求。本标准的总体目的是支持环境保护和污染预防,协调它们与社会和经济需求的关系。应当指出的是,其中许多要求是可以同时或重复涉及的。

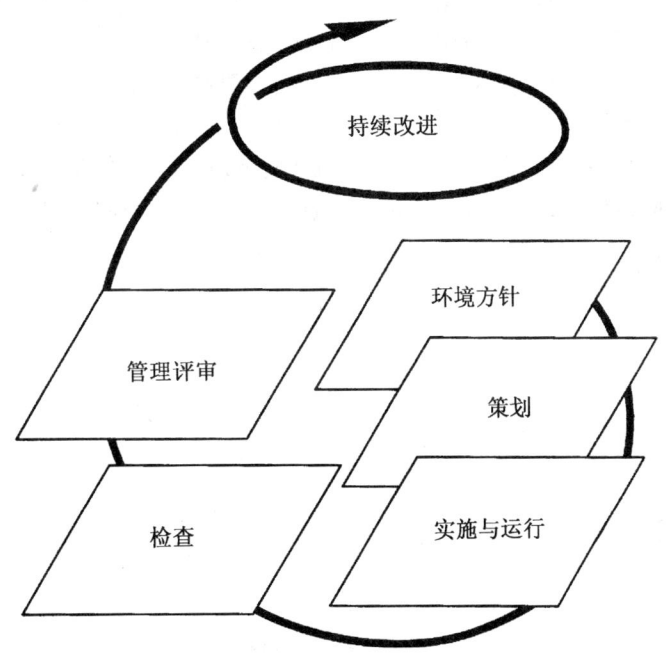

注:本标准基于策划-实施-检查-改进(PDCA)的运行模式。关于 PDCA 的含义简要说明如下:

　　——策划:建立所需的目标和过程,以实现组织的环境方针所期望的结果;

　　——实施:对过程予以实施;

　　——检查:根据环境方针、目标、指标以及法律法规和其他要求,对过程进行监测和测量,并报告其结果;

　　——改进:采取措施,以持续改进环境管理体系的绩效。

许多组织通过由过程组成的体系以及过程之间的相互作用对运行进行管理,这种方式称为"过程方法"。GB/T 19001—2000 提倡使用过程方法。由于 PDCA 可以应用于所有的过程,因此这两种方式可以看作是兼容的。

图 1　本标准的环境管理体系（EMS）模式

本标准第二版的修订重点是更加明确地表述第一版的内容;同时对 GB/T 19001 的内容予以必要的考虑,以加强两标准的兼容性,从而满足广大用户的需求。

为便于使用,本标准附录 A 和正文第 4 章的相关条目采用了对应的序号。如 A.3.3 对应 4.3.3,其内容都是关于目标、指标和方案的论述,A.5.5 和 4.5.5 的内容都是关于内部审核等。另外,还在附录 B 中给出了 GB/T 24001—2004 与 GB/T 19001—2000 之间相近技术内容的对应关系。

本标准规定了对组织的环境管理体系的要求,能够用于对组织的环境管理体系进行认证(或注册)和(或)自我声明。本标准和用来为组织建立、实施或改进环境管理体系提供一般性帮助的非认证性指南有重要区别。环境管理涉及多方面内容,其中有些还具有战略与竞争意义。一个组织可以通过对本标准的成功实施,使相关方确信组织已建立了适当的环境管理体系。

其他一些标准,特别是 ISO/TC 207 制定的关于环境管理的各种技术文件,提供了环境管理支持技术的指南。对其他标准的参阅仅用于获取信息。

本标准仅包含那些可以进行客观审核的要求。须要得到对环境管理体系中诸多问题更加全面指导的组织,可参阅 GB/T 24004—2004。

本标准除了要求在方针中承诺遵守适用的法律法规要求和其他应遵守的要求,以及进行污染预防和持续改进外,未提出对环境绩效的绝对要求,因而两个从事类似活动但具有不同环境绩效的组织,可能都是符合本标准要求的。

系统地采用和实施一系列环境管理技术,有助于为所有相关方带来更好的结果。然而,采用本标准本身,并不能保证取得这样的结果。环境管理体系能够促使组织为实现环境目标,在适宜和经济条件许可时,考虑采用最佳可行技术,同时充分考虑到采用这些技术的成本效益。

本标准不包含针对其他管理体系的要求,如质量、职业健康安全、财务或风险等管理体系要求,但可以将本标准所规定的要素与其他管理体系的要素进行协调,或加以整合。组织可通过对现有管理体系作出修改,以建立符合本标准要求的环境管理体系。这里还要指出,对各种管理体系要素的应用,可能因不同的用途和不同相关方而异。

环境管理体系的详细程度、复杂程度、体系文件的规模及所投入的资源等,取决于多方面因素,如体系覆盖的范围,组织的规模,组织的活动、产品和服务的性质等。中小型企业尤其如此。

环境管理体系　要求及使用指南

1　范围

本标准规定了对环境管理体系的要求,使一个组织能够根据法律法规和它应遵守的其他要求,以及关于重要环境因素的信息,制定和实施环境方针与目标。本标准适用于组织确定其能够控制的、或能够施加影响的那些环境因素。但标准本身并未提出具体的环境绩效准则。

本标准适用于任何有下列愿望的组织:

a)　建立、实施、保持并改进环境管理体系;

b)　使自己确信能符合所声明的环境方针;

c)　通过下列方式证实对本标准的符合:

1)　进行自我评价和自我声明;

2)　寻求组织的相关方(如顾客)对其符合性的确认;

3)　寻求外部对其自我声明的确认;

4)　寻求外部组织对其环境管理体系进行认证(或注册)。

本标准旨在使其所有要求都能够纳入任何一个环境管理体系。其应用程度取决于诸如组织的环境方针,活动、产品和服务的性质,运行场所和条件等因素。本标准还在附录 A 中对如何使用本标准提供了资料性的指南。

2　规范性引用文件

无规范性引用文件。保留本章是为使本版中的章条号和前一版(GB/T 24001—1996)保持一致。

3　术语和定义

下列术语和定义适用于本标准。

3.1

审核员　auditor

有能力实施审核的人员。

[GB/T 19000—2000,3.9.9]

3.2

持续改进　continual improvement

不断对**环境管理体系**(3.8)进行强化的过程,目的是根据**组织**(3.16)的**环境方针**(3.11),实现对整体**环境绩效**(3.10)的改进。

注:该过程不必同时发生于活动的所有方面。

3.3

纠正措施　corrective action

为消除已发现的**不符合**(3.15)的原因所采取的措施。

3.4

文件　document

信息及其承载媒体。

注1:媒体可以是纸张,计算机磁盘、光盘或其他电子媒体,照片或标准样品,或它们的组合。

注2:摘编自 GB/T 19000—2000 的 3.7.2。

3.5

环境　environment

组织（3.16)运行活动的外部存在,包括空气、水、土地、自然资源、植物、动物、人,以及它们之间的相互关系。

注:从这一意义上,外部存在从**组织**(3.16)内延伸到全球系统。

3.6

环境因素　environmental aspect

一个**组织**（3.16)的活动、产品和服务中能与**环境**（3.5)发生相互作用的要素。

注:重要环境因素是指具有或能够产生重大**环境影响**(3.7)的环境因素。

3.7

环境影响　environmental impact

全部或部分地由**组织**（3.16)的**环境因素**(3.6)给**环境**（3.5)造成的任何有害或有益的变化。

3.8

环境管理体系　environmental management system（EMS)

组织(3.16)管理体系的一部分,用来制定和实施其**环境方针**（3.11),并管理其**环境因素**（3.6)。

注1:管理体系是用来建立方针和目标,并进而实现这些目标的一系列相互关联的要素的集合。

注2:管理体系包括组织结构、策划活动、职责、惯例、**程序**(3.19)、过程和资源。

3.9

环境目标　environmental objective

组织(3.16)依据其**环境方针**（3.11)规定的自己所要实现的总体环境目的。

3.10

环境绩效　environmental performance

组织（3.16)对其**环境因素**（3.6)进行管理所取得的可测量结果。

注:在**环境管理体系**(3.8)条件下,可对照**组织**（3.16)的**环境方针**（3.11)、**环境目标**（3.9)、**环境指标**（3.12)及其他环境绩效要求对结果进行测量。

3.11

环境方针　environmental policy

由最高管理者就**组织**（3.16)的**环境绩效**(3.10)正式表述的总体意图和方向。

注:环境方针为采取措施,以及建立**环境目标**（3.9)和**环境指标**（3.12)提供了一个框架。

3.12

环境指标　environmental target

由**环境目标**（3.9)产生,为实现环境目标所须规定并满足的具体的绩效要求,它们可适用于整个**组织**（3.16)或其局部。

3.13

相关方　interested party

关注**组织**(3.16)的**环境绩效**(3.10)或受其环境绩效影响的个人或团体。

3.14

内部审核　internal audit

客观地获取审核证据并予以评价,以判定**组织**（3.16)对其设定的环境管理体系审核准则满足程度的系统的、独立的、形成文件的过程。

注:在许多情况下,尤其是对于小型组织,独立性可通过与所审核活动无责任关系来体现。

3.15

不符合　nonconformity

未满足要求。

[GB/T 19000—2000,3.6.2]

注：此术语在 GB/T 19000—2000 中为"不合格（不符合）"。

3.16

组织 organization

具有自身职能和行政管理的公司、集团公司、商行、企事业单位、政府机构、社团或其结合体，或上述单位中具有自身职能和行政管理的一部分，无论其是否具有法人资格、公营或私营。

注：对于拥有一个以上运行单位的组织，可以把一个运行单位视为一个组织。

3.17

预防措施 preventive action

为消除潜在**不符合**（3.15）原因所采取的措施。

3.18

污染预防 prevention of pollution

为了降低有害的**环境影响**（3.7)而采用(或综合采用)过程、惯例、技术、材料、产品、服务或能源以避免、减少或控制任何类型的污染物或废物的产生、排放或废弃。

注：污染预防可包括源削减或消除，过程、产品或服务的更改，资源的有效利用，材料或能源替代，再利用、回收、再循环、再生和处理。

3.19

程序 procedure

为进行某项活动或过程所规定的途径。

注1：程序可以形成文件，也可以不形成文件。

注2：摘编自 GB/T 19000—2000 的 3.4.5。

3.20

记录 record

阐明所取得的结果或提供所从事活动的证据的**文件**(3.4)。

注：摘编自 GB/T 19000—2000 的 3.7.6。

4 环境管理体系要求

4.1 总要求

组织应根据本标准的要求建立、实施、保持和持续改进环境管理体系，确定如何实现这些要求，并形成文件。

组织应界定环境管理体系的范围，并形成文件。

4.2 环境方针

最高管理者应确定本组织的环境方针，并在界定的环境管理体系范围内，确保其：

a) 适合于组织活动、产品和服务的性质、规模和环境影响；

b) 包括对持续改进和污染预防的承诺；

c) 包括对遵守与其环境因素有关的适用法律法规和其他要求的承诺；

d) 提供建立和评审环境目标和指标的框架；

e) 形成文件，付诸实施，并予以保持；

f) 传达到所有为组织或代表组织工作的人员；

g) 可为公众所获取。

4.3 策划

4.3.1 环境因素

组织应建立、实施并保持一个或多个程序，用来：

a) 识别其环境管理体系覆盖范围内的活动、产品和服务中能够控制、或能够施加影响的环境因素，此时应考虑到已纳入计划的或新的开发、新的或修改的活动、产品和服务等因素；

b) 确定对环境具有、或可能具有重大影响的因素（即重要环境因素）。

组织应将这些信息形成文件并及时更新。

组织应确保在建立、实施和保持环境管理体系时，对重要环境因素加以考虑。

4.3.2 法律法规和其他要求

组织应建立、实施并保持一个或多个程序，用来：

a) 识别适用于其活动、产品和服务中环境因素的法律法规和其他应遵守的要求，并建立获取这些要求的渠道；

b) 确定这些要求如何应用于组织的环境因素。

组织应确保在建立、实施和保持环境管理体系时，对这些适用的法律法规和其他要求加以考虑。

4.3.3 目标、指标和方案

组织应针对其内部有关职能和层次，建立、实施并保持形成文件的环境目标和指标。

如可行，目标和指标应可测量。目标和指标应符合环境方针，包括对污染预防、持续改进和遵守适用的法律法规和其他要求的承诺。

组织在建立和评审目标和指标时，应考虑法律法规和其他要求，以及自身的重要环境因素。此外，还应考虑可选的技术方案，财务、运行和经营要求，以及相关方的观点。

组织应制定、实施并保持一个或多个用于实现其目标和指标的方案，其中应包括：

a) 规定组织内各有关职能和层次实现目标和指标的职责；

b) 实现目标和指标的方法和时间表。

4.4 实施与运行

4.4.1 资源、作用、职责和权限

管理者应确保为环境管理体系的建立、实施、保持和改进提供必要的资源。资源包括人力资源和专项技能、组织的基础设施，以及技术和财力资源。

为便于环境管理工作的有效开展，应对作用、职责和权限作出明确规定，形成文件，并予以传达。

组织的最高管理者应任命专门的管理者代表，无论他（们）是否还负有其他方面的责任，应明确规定其作用、职责和权限，以便：

a) 确保按照本标准的要求建立、实施和保持环境管理体系；

b) 向最高管理者报告环境管理体系的运行情况以供评审，并提出改进建议。

4.4.2 能力、培训和意识

组织应确保所有为它或代表它从事被确定为可能具有重大环境影响的工作的人员，都具备相应的能力。该能力基于必要的教育、培训或经历。组织应保存相关的记录。

组织应确定与其环境因素和环境管理体系有关的培训需求并提供培训，或采取其他措施来满足这些需求。应保存相关的记录。

组织应建立、实施并保持一个或多个程序，使为它或代表它工作的人员都意识到：

a) 符合环境方针与程序和符合环境管理体系要求的重要性；

b) 他们工作中的重要环境因素和实际或潜在环境影响，以及个人工作的改进所能带来的环境效益；

c) 他们在实现与环境管理体系要求符合性方面的作用与职责；

d) 偏离规定的运行程序的潜在后果。

4.4.3 信息交流

组织应建立、实施并保持一个或多个程序，用于有关其环境因素和环境管理体系的：

a) 组织内部各层次和职能间的信息交流；

b) 与外部相关方联络的接收、形成文件和回应。

组织应决定是否就其重要环境因素与外界进行信息交流,并将决定形成文件。如决定进行外部交流,则应规定交流的方式并予以实施。

4.4.4 文件

环境管理体系文件应包括:

a) 环境方针、目标和指标;

b) 对环境管理体系覆盖范围的描述;

c) 对环境管理体系主要要素及其相互作用的描述,以及相关文件的查询途径;

d) 本标准要求的文件,包括记录;

e) 组织为确保对涉及重要环境因素的过程进行有效策划、运行和控制所需的文件和记录。

4.4.5 文件控制

应对本标准和环境管理体系所要求的文件进行控制。记录是一种特殊类型的文件,应依据4.5.4的要求进行控制。

组织应建立、实施并保持一个或多个程序,以规定:

a) 在文件发布前进行审批,确保其充分性和适宜性;

b) 必要时对文件进行评审和更新,并重新审批;

c) 确保对文件的更改和现行修订状态做出标识;

d) 确保在使用处能得到适用文件的有关版本;

e) 确保文件字迹清楚,易于识别;

f) 确保对策划和运行环境管理体系所需的外来文件做出标识,并对其发放予以控制;

g) 防止对过期文件的非预期使用。如须将其保留,要做出适当的标识。

4.4.6 运行控制

组织应根据其方针、目标和指标,识别和策划与所确定的重要环境因素相关的运行,以确保其通过下列方式在规定的条件下进行:

a) 建立、实施并保持一个或多个形成文件的程序,以控制因缺乏程序文件而导致偏离环境方针、目标和指标的情况;

b) 在程序中规定运行准则;

c) 对于组织使用的产品和服务中所确定的重要环境因素,应建立、实施并保持程序,并将适用的程序和要求通报供方及合同方。

4.4.7 应急准备和响应

组织应建立、实施并保持一个或多个程序,用于识别可能对环境造成影响的潜在的紧急情况和事故,并规定响应措施。

组织应对实际发生的紧急情况和事故作出响应,并预防或减少随之产生的有害环境影响。

组织应定期评审其应急准备和响应程序,必要时对其进行修订,特别是当事故或紧急情况发生后。

可行时,组织还应定期试验上述程序。

4.5 检查

4.5.1 监测和测量

组织应建立、实施并保持一个或多个程序,对可能具有重大环境影响的运行的关键特性进行例行监测和测量。程序中应规定将监测环境绩效、适用的运行控制、目标和指标符合情况的信息形成文件。

组织应确保所使用的监测和测量设备经过校准或验证,并予以妥善维护,且应保存相关的记录。

4.5.2 合规性评价

4.5.2.1 为了履行遵守法律法规要求的承诺,组织应建立、实施并保持一个或多个程序,以定期评价对适用法律法规的遵守情况。

组织应保存对上述定期评价结果的记录。

4.5.2.2　组织应评价对其他要求的遵守情况。这可以和 4.5.2.1 中所要求的评价一起进行,也可以另外制定程序,分别进行评价。

组织应保存对上述定期评价结果的记录。

4.5.3　不符合、纠正措施和预防措施

组织应建立、实施并保持一个或多个程序,用来处理实际或潜在的不符合,采取纠正措施和预防措施。程序中应规定以下方面的要求:

a)　识别和纠正不符合,并采取措施减少所造成的环境影响;

b)　对不符合进行调查,确定其产生原因,并采取措施以避免再度发生;

c)　评价采取预防措施的需求;实施所制定的适当措施,以避免不符合的发生;

d)　记录采取纠正措施和预防措施的结果;

e)　评审所采取的纠正措施和预防措施的有效性。

所采取的措施应与问题和环境影响的严重程度相符。

组织应确保对环境管理体系文件进行必要的更改。

4.5.4　记录控制

组织应根据需要,建立并保持必要的记录,用来证实对环境管理体系及本标准要求的符合,以及所实现的结果。

组织应建立、实施并保持一个或多个程序,用于记录的标识、存放、保护、检索、留存和处置。

环境记录应字迹清楚,标识明确,并具有可追溯性。

4.5.5　内部审核

组织应确保按照计划的时间间隔对环境管理体系进行内部审核。目的是:

a)　判定环境管理体系:

　　1)　是否符合组织对环境管理工作的预定安排和本标准的要求;

　　2)　是否得到了恰当的实施和保持。

b)　向管理者报告审核结果。

组织应策划、制定、实施和保持一个或多个审核方案,此时,应考虑到相关运行的环境重要性和以往的审核结果。

应建立、实施和保持一个或多个审核程序,用来规定:

——策划和实施审核及报告审核结果、保存相关记录的职责和要求;

——审核准则、范围、频次和方法。

审核员的选择和审核的实施均应确保审核过程的客观性和公正性。

4.6　管理评审

最高管理者应按计划的时间间隔,对组织的环境管理体系进行评审,以确保其持续适宜性、充分性和有效性。评审应包括评价改进的机会和对环境管理体系进行修改的需求,包括环境方针、环境目标和指标的修改需求。应保存管理评审记录。

管理评审的输入应包括:

a)　内部审核和合规性评价的结果;

b)　来自外部相关方的交流信息,包括抱怨;

c)　组织的环境绩效;

d)　目标和指标的实现程度;

e)　纠正和预防措施的状况;

f)　以前管理评审的后续措施;

g)　客观环境的变化,包括与组织环境因素有关的法律法规和其他要求的发展变化;

h) 改进建议。

管理评审的输出应包括为实现持续改进的承诺而作出的,与环境方针、目标、指标以及其他环境管理体系要素的修改有关的决策和行动。

附　录　A
（资料性附录）
本标准使用指南

A.1　总要求

本附录增补的内容完全是资料性的，目的是防止对本标准第 4 章要求的错误解释。这些信息阐述第 4 章的要求，并和这些要求相一致，而无意增加、减少或修改这些要求。

实施本标准所规定的环境管理体系是为了改进环境绩效。所以，本标准基于这样一个前提，即组织将定期评审和评价其环境管理体系，以确定改进的机会并付诸实施。这一持续改进过程的范围、程度和时间表，组织依据其经济状况和其他客观条件来确定。对环境管理体系的改进，是为了实现环境绩效的进一步改进。

本标准要求组织：

a)　制定适宜的环境方针；

b)　识别其过去、当前或计划中的活动、产品和服务中的环境因素，以确定其中的重大环境影响；

c)　识别适用的法律法规和组织应遵守的其他要求；

d)　确定优先事项并建立适宜的环境目标和指标；

e)　建立组织机构，制定方案，以实施环境方针，实现目标和指标；

f)　开展策划、控制、监测、纠正措施和预防措施、审核和评审活动，以确保对环境方针的遵守和环境管理体系的适宜性；

g)　有根据客观环境的变化作出调整的能力。

一个尚未建立环境管理体系的组织，首先应当通过评审的方式来确定自己当前的环境状况，以便对其所有的环境因素予以考虑，作为建立环境管理体系的基础。

评审应当包括以下四方面关键内容：

——识别环境因素。包括在正常运行条件下、异常条件下（如启动和关闭）、发生紧急情况或事故时的环境因素；

——确定适用的法律法规和组织应遵守的其他环境要求；

——评审所有现行环境管理惯例和程序（包括与采购和合同活动有关的管理惯例和程序）；

——评价此前发生的紧急情况和事故。

评审时，可根据活动的性质，采用调查表、面谈、直接检查和测量，以及参考过去的审核或其他评审结果等方式。

组织有权自行灵活决定本标准的实施边界，即是在整个组织，还是仅在特定的运行单位实施本标准，由组织自行决定。组织应当规定其环境管理体系的范围并形成文件，以明确界定实施环境管理体系的组织边界。当组织是一个更大组织在给定场所的一部分，对范围的确定尤为必要。边界一经确定，组织在此范围内的所有活动、产品和服务，均须包括在环境管理体系内。在确定环境管理体系的范围时，应当注意其可信度取决于边界的选取。若组织的某一部分被排除在环境管理体系之外，组织应当能对此作出解释。如本标准仅在特定的运行单位实施，可以采纳组织内其他部门业已建立的方针和程序，用来满足本标准的要求，只要其适用于这些行将采用本标准的部门。

A.2　环境方针

环境方针确定了实施与改进组织环境管理体系的方向，具有保持和改进环境绩效的作用。因此，环境方针应当反映最高管理者对遵守适用的环境法律法规和其他环境要求、进行污染预防和持续改进的承诺。环境方针是组织建立目标和指标的基础。环境方针的内容应当清晰明确,使内、外相关方能够理解。应当对方针进行定期评审与修订,以反映不断变化的条件和信息。方针的应用范围应当是可以明确界定的,并反映环境管理体系覆盖范围内活动、产品和服务的特有性质、规模和环境影响。

应当就环境方针和所有为组织或代表组织工作的人员进行沟通,包括与为其工作的合同方进行沟通。对合同方,不必拘泥于传达方针条文,而可采取其他形式,如规则、指令、程序等,或仅传达方针中与之相关的部分。如果该组织是一个更大组织的一部分,组织的最高管理者应当在后者环境方针的框架内规定自己的环境方针,将其形成文件,并得到上级组织的认可。

注:最高管理者可以是个人,也可以是一个集体,他(们)从最高层次上对组织进行领导和控制。

A.3 策划

A.3.1 环境因素

4.3.1 提供了一个过程,供组织对环境因素进行识别,并从中确定环境管理体系应当优先考虑的那些重要环境因素。

组织应通过考虑和当前及过去的有关活动、产品和服务、纳入计划的或新开发的项目、新的或修改的活动以及产品和服务所伴随的投入和产出(无论是期望还是非期望的),识别其环境管理体系范围内的环境因素。这一过程中应考虑到正常和异常(如关闭与启动)的运行条件,以及可合理预见的紧急情况。

组织不必对每一种具体产品、部件和输入的原材料分别进行分析,而可以按活动、产品和服务的类别识别环境因素。

尽管对环境因素的识别不存在惟一的方法,但通常要考虑下列情况:

a) 向大气的排放;

b) 向水体的排放;

c) 向土地的排放;

d) 原材料和自然资源的使用;

e) 能源使用;

f) 能量释放(如热、辐射、振动等);

g) 废物和副产品;

h) 物理属性,如大小、形状、颜色、外观等。

除了能够直接控制的环境因素外,组织还应当对可能施加影响的环境因素加以考虑。例如其使用的产品和服务中的环境因素,及其所提供的产品和服务中的环境因素。以下提供了一些对这种控制和影响进行评价的指导。不过,在任何情况下,对环境因素控制和施加影响的程度都取决于组织自身。

应当考虑的与组织的活动、产品和服务有关的因素,如:

——设计和开发;

——制造过程;

——包装和运输;

——合同方和供方的环境绩效和操作方式;

——废物管理;

——原材料和自然资源的获取和分配;

——产品的分销、使用和报废;

——野生动植物和生物多样性。

对组织所使用产品的环境因素的控制和影响,因不同的供方和市场情况而有很大差异。例如,一个自行负责产品设计的组织,可以通过改变某种输入原料有效地对环境因素施加影响;而一个根据外部产品规范提供产品的组织在这方面的作用就很有限。

一般说来,组织对其提供的产品的使用和处置(例如用户如何使用和处置这些产品)控制作用有限。可行时,可以考虑通过让用户了解正确的使用方法和处置机制来施加影响。

完全地或部分地由环境因素引起的对环境的改变,无论其有益还是有害,都称之为环境影响。环境因素和环境影响之间是因果关系。

在某些地方,文化遗产可能成为组织运行环境中的一个重要因素,因而在理解环境影响时应当加以考虑。

由于一个组织可能有很多环境因素及相关的环境影响,应当规定确定重要环境因素的准则和方法。虽然不存在一种确定重要环境因素的惟一方式,但无论采用何种方式,都应当能提供一致的结果,并规定评价准则和评价方法。评价准则可包括环境事务、法律法规、内外部相关方的关注等方面的问题。

对于重要环境因素的信息,组织除在设计和实施环境管理体系时应考虑如何使用外,还应当考虑将其作为历史数据予以留存的必要。

在识别和评价环境因素的过程中,还应当考虑到从事活动的地点、进行这些分析所需的时间和成本,以及可靠数据的获取。对环境因素的识别不要求作详细的生命周期评价。另外,还可以利用出自于规章或其他要求的信息。

对环境因素进行识别和评价的要求,不改变或增加组织的法律责任。

A.3.2 法律法规和其他要求

组织须要识别适用于其环境因素的法律法规要求,这些要求可包括:

a) 国家或国际法律法规要求;

b) 省部级的法律法规要求;

c) 地方性法律法规要求。

组织应遵守的其他要求,例如:

——与政府机构的协议;

——与顾客的协议;

——非法规性指南;

——自愿性原则或业务规范;

——自愿性环境标志或产品照管承诺;

——行业协会的要求;

——与社区团体或非政府组织的协议;

——组织或其上级组织对公众的承诺;

——本组织的要求。

在识别法律法规和其他要求的过程中,往往已确定了这些要求是如何应用于组织的环境因素的。因此,不一定要求专门为此制定程序。

A.3.3 目标、指标和方案

目标和指标应当具体,可行时应当是可测量的。此外,目标和指标还应当兼顾短期和长期的需要。

对技术的选择,应当根据自身的经济条件,考虑选用适宜的、成本效益高的最佳可行技术。

对组织财务要求的考虑,不意味着组织必须运用环境成本核算方法。

制定并实施一个或多个方案,对于环境管理体系的成功实施非常重要。方案中应当说明如何实现组织的环境目标和指标,包括时间进度、所需的资源和负责实施方案的人员。方案可予以细化,具体到组织运行的基本单元。

在适当和可行时,方案中应当全面考虑计划、设计、生产、营销和处置等各个阶段。无论是当前的还是新增的活动、产品或服务,都可以在这些方面进行考虑。对于产品,可从设计、材料、生产过程、使用和最终处置等方面进行考虑。对于安装或过程的重大修改,可从计划、设计、施工、试运行、运行,以及根据组织决定的适当时间退出使用等方面考虑。

A.4 实施与运行

A.4.1 资源、作用、职责和权限

环境管理体系的成功实施需要为组织或代表组织工作的所有人员的承诺。因此,不能认为只有环境管理部门才承担环境方面的作用和职责,事实上,组织内的其他部门,如运行管理部门、人事部门等,也不能例外。

这一承诺应当始于最高管理者,他(们)应当建立组织的环境方针,并确保环境管理体系得到实施。作为上述承诺的一部分,最高管理者指定专门的管理者代表,规定他(们)对实施环境管理体系的职责和权限。对于大型或复杂的组织,可以有若干名管理者代表。对于中、小型企业,可由一个人承担这些职责。最高管理者还应当确保提供建立、实施和保持环境管理体系所需的适当资源,包括组织的基础设施,例如建筑物、通讯网络、地下贮罐、下水管道等。

另一重要事项是妥善规定环境管理体系中的关键作用和职责,并传达到为组织或代表组织工作的所有人员。

A.4.2 能力、培训和意识

组织应当确定所有负有职责和权限代表其执行任务的人员所须具备的意识、知识、理解和技能。

本标准要求:

a) 其工作可能产生重大环境影响的人员,能够胜任所承担的工作;

b) 确定培训需求,并采取相应措施加以落实;

c) 所有人员了解组织的环境方针和环境管理体系,以及与他们工作有关的组织活动、产品和服务中的环境因素。

可通过培训、教育或工作经历,获得或提高所需的意识、知识、理解和技能。

组织应当要求代表其工作的合同方能够证实他们的员工具有必要的能力和(或)接受了适当的培训。

为了确保人员(特别是行使环境管理职能的人员)的能力,管理者应当确定其所需的经验、技能和培训水平。

A.4.3 信息交流

内部交流对于确保环境管理体系的有效实施至关重要。内部交流可通过例行的工作组会议、通讯简报、公告板、内联网等手段或方法进行。

组织应当按照程序,对来自相关方的交流信息进行接收、形成文件并作出回应。程序可包含与相关方交流的内容,以及对他们所关注问题的考虑。在某些情况下,对相关方关注的响应,可包含组织运行中的环境因素及其环境影响方面的内容。这些程序中,还应当包含就应急计划和其他问题与有关公共机构的联络事宜。

组织在对信息交流进行策划时,一般还要考虑进行交流的对象、交流的主题和内容、可采用的交流方式等方面问题。

在考虑就环境因素进行外部信息交流时,组织应当考虑所有相关方的观点和信息需求。如果决定就环境因素进行外部信息交流,组织可以制定一个相关的程序。程序可因所交流的信息类型、交流的对象及组织的个体条件等具体情况的不同而有所差别。进行外部交流的手段可包括年度报告、通讯简报、网站和社区会议等。

A.4.4 文件

文件的详尽程度,应当足以描述环境管理体系及其各部分协同运作的情况,并指示获取环境管理体系某一部分运行的更详细信息的途径。可将环境文件纳入组织所实施的其他管理体系的文件,而不强求采取手册的形式。

对于不同的组织,环境管理体系文件的规模可能由于以下方面的差别而各不相同:

a) 组织及其活动、产品或服务的规模和类型；
b) 过程及其相互作用的复杂程度；
c) 人员的能力。

这些文件可包括：

——环境方针、目标和指标；

——重要环境因素信息；

——程序；

——过程信息；

——组织机构图；

——内、外部标准；

——现场应急计划；

——记录。

对于程序是否形成文件，应当从下列方面考虑：

——不形成文件可能产生的后果，包括环境方面的后果；

——用来证实遵守法律法规和其他要求的需要；

——保证活动一致性的需要；

——形成文件的益处，例如：易于交流和培训，从而加以实施；易于维护和修订，避免含混和偏离；提
供证实功能；有直观性等；

——出于本标准的要求。

不是为环境管理体系所制定的文件，也可用于本体系。此时应当指明其出处。

A.4.5 文件控制

4.4.5旨在确保组织对文件的建立和保持能够充分适应实施环境管理体系的需要。但组织应当把
主要注意力放在对环境管理体系的有效实施及其环境绩效上，而不是放在建立一个繁琐的文件控制系
统上。

A.4.6 运行控制

组织应当评价与所确定的重要环境因素有关的运行，并确保在运行中能够控制或减少有害的环境
影响，以满足环境方针的要求，实现环境目标和指标。所有的运行，包括维护活动，都应当做到这一点。

在环境管理体系中，本部分是关于在日常运行中贯彻体系要求的规定。其中4.4.6 a)还规定对缺
乏成文程序可能导致偏离环境方针、目标和指标的情况，要用成文程序加以控制。

A.4.7 应急准备和响应

每个组织都有责任制定适合其自身情况的一个或多个应急准备和响应程序。组织在制定这类程序
时应当考虑：

a) 现场危险品的类型，如存在易燃液体，贮罐、压缩气体等，以及发生溅洒或意外泄漏时的应对
措施；
b) 对紧急情况或事故类型和规模的预测；
c) 处理紧急情况或事故的最适当方法；
d) 内、外部联络计划；
e) 把环境损害降到最低的措施；
f) 针对不同类型的紧急情况或事故的补救和响应措施；
g) 事故后考虑制定和实施纠正和预防措施的需要；
h) 定期试验应急响应程序；
i) 应急响应程序实施人员的培训；
j) 关键人员和救援机构(如消防、泄漏清理等部门)名单，包括详细联络信息；

k) 疏散路线和集合地点；

l) 周边设施（如工厂、道路、铁路等）可能发生的紧急情况和事故；

m) 邻近单位相互支援的可能性。

A.5 检查

A.5.1 监测和测量

一个组织的运行可能包括多种特性。例如，与废水排放监测和测量相关的特性可包括生化需氧量、化学需氧量、温度和 pH 值。

对监测和测量取得的数据进行分析，能够识别类型并获取信息。这些信息可用于实施纠正和预防措施。

关键特性是指组织在决定如何管理重要环境因素、实现环境目标和指标、改进环境绩效时须要考虑的那些特性。

为保证测量结果的有效性，应当按规定的时间间隔，或在使用前，根据测量标准对测量仪器进行校准或验证。测量标准要以国家标准或国际测量标准为依据。如果无上述标准，应当保存对校准依据的记录。

A.5.2 合规性评价

组织应当能证实其已对遵守法律法规要求（包括有关许可和执照的要求）的情况进行了评价。

组织应当能证实其已对遵守其他要求的情况进行了评价。

A.5.3 不符合、纠正措施和预防措施

组织在制定程序以执行本节的要求时，根据不符合的性质，有时可能只须制定少量的正式计划，即能达到目的，有时则有赖于更复杂、更长期的活动。文件的制定应当和这些措施的规模相适应。

A.5.4 记录控制

环境记录可包括：

a) 抱怨记录；

b) 培训记录；

c) 过程监测记录；

d) 检查、维护和校准记录；

e) 有关供方与合同方的记录；

f) 偶发事件报告；

g) 应急准备试验记录；

h) 审核结果；

i) 管理评审结果；

j) 和外部进行信息交流的决定；

k) 适用环境法律法规要求的记录；

l) 重要环境因素记录；

m) 环境会议记录；

n) 环境绩效信息；

o) 对法律法规的合规性记录；

p) 和相关方的交流。

应当对机密信息加以适当考虑。

注：记录不是证实符合本标准的惟一证据来源。

A.5.5 内部审核

对环境管理体系的内部审核，可由组织内部人员或组织聘请的外部人员承担，无论哪种情况，从事

审核的人员都应当具备必要的能力,并处在独立的地位,从而能够公正、客观地实施审核。对于小型组织,只要审核员与所审核的活动无责任关系,就可以认为审核员是独立的。

注1:如果组织希望把环境管理体系和环境守法性审核结合在一起,就应当明确划分两者的目的和范围。本标准不涉及环境守法性审核的内容。

注2:关于环境管理体系审核的指南见 GB/T 19011。

A.6 管理评审

管理评审应当覆盖整个环境管理体系,但不必在一次评审中对环境管理体系的所有要素都进行评审,同时评审过程可以延续一段时期。

附 录 B

（资料性附录）

GB/T 24001 与 GB/T 19001 之间的联系

表 B.1 和表 B.2 中给出了 GB/T 24001—2004 与 GB/T 19001—2000 之间，以及 GB/T 19001—2000 和 GB/T 24001—2004 之间相近技术内容的对应关系。

对两个体系进行对照的目的，是向已经采用了其中一个标准，并希望采用另一标准的组织表明两个体系是可以一起使用的。

这里只列出了两个标准中在要求上大体相应的章条间的直接联系。而对许多具体论述中的交叉联系无法一一列出。

表 B.1 GB/T 24001—2004 与 GB/T 19001—2000 的对应情况

GB/T 24001—2004		GB/T 19001—2000	
环境管理体系要求（仅限于标题）	4	4	质量管理体系（仅限于标题）
总要求	4.1	4.1	总要求
环境方针	4.2	5.1	管理承诺
		5.3	质量方针
		8.5.1	持续改进
策划（仅限于标题）	4.3	5.4	策划（仅限于标题）
环境因素	4.3.1	5.2	以顾客为关注焦点
		7.2.1	与产品有关的要求的确定
		7.2.2	与产品有关的要求的评审
法律法规和其他要求	4.3.2	5.2	以顾客为关注焦点
		7.2.1	与产品有关的要求的确定
目标、指标和方案	4.3.3	5.4.1	质量目标
		5.4.2	质量管理体系策划
		8.5.1	持续改进
实施与运行（仅限于标题）	4.4	7	产品实现（仅限于标题）
资源、作用、职责和权限	4.4.1	5.1	管理承诺
		5.5.1	职责和权限
		5.5.2	管理者代表
		6.1	资源提供
		6.3	基础设施
能力、培训和意识	4.4.2	6.2.1	总则
		6.2.2	能力、意识和培训
信息交流	4.4.3	5.5.3	内部沟通
		7.2.3	顾客沟通
文件	4.4.4	4.2.1	（文件要求）总则
文件控制	4.4.5	4.2.3	文件控制

表 B.1（续）

GB/T 24001—2004		GB/T 19001—2000	
运行控制	4.4.6	7.1	产品实现的策划
		7.2.1	与产品有关的要求的确定
		7.2.2	与产品有关的要求的评审
		7.3.1	设计和开发策划
		7.3.2	设计和开发输入
		7.3.3	设计和开发输出
		7.3.4	设计和开发评审
		7.3.5	设计和开发验证
		7.3.6	设计和开发确认
		7.3.7	设计和开发更改的控制
		7.4.1	采购过程
		7.4.2	采购信息
		7.4.3	采购产品的验证
		7.5.1	生产和服务提供的控制
		7.5.2	生产和服务提供过程的确认
		7.5.5	产品防护
应急准备和响应	4.4.7	8.3	不合格品控制
检查（仅限于标题）	4.5	8	测量、分析和改进（仅限于标题）
监测和测量	4.5.1	7.6	监视和测量装置的控制
		8.1	总则
		8.2.3	过程的监视和测量
		8.2.4	产品的监视和测量
		8.4	数据分析
合规性评价	4.5.2	8.2.3	过程的监视和测量
		8.2.4	产品的监视和测量
不符合、纠正措施和预防措施	4.5.3	8.3	不合格品控制
		8.4	数据分析
		8.5.2	纠正措施
		8.5.3	预防措施
记录控制	4.5.4	4.2.4	记录控制
内部审核	4.5.5	8.2.2	内部审核
管理评审	4.6	5.1	管理承诺
		5.6	管理评审（仅限于标题）
		5.6.1	总则
		5.6.2	评审输入
		5.6.3	评审输出
		8.5.1	持续改进

表 B.2　GB/T 19001—2000 与 GB/T 24001—2004 的对应情况

GB/T 19001—2000		GB/T 24001—2004	
质量管理体系（仅限于标题）	4	4	环境管理体系要求
总要求	4.1	4.1	总要求

表 B.2（续）

GB/T 19001—2000		GB/T 24001—2004	
文件要求（仅限于标题）	4.2		
总则	4.2.1	4.4.4	文件
质量手册	4.2.2		
文件控制	4.2.3	4.4.5	文件控制
记录控制	4.2.4	4.5.4	记录控制
管理职责（仅限于标题）	5		
管理承诺	5.1	4.2	环境方针
		4.4.1	资源、作用、职责和权限
以顾客为关注焦点	5.2	4.3.1	环境因素
		4.3.2	法律法规和其他要求
		4.6	管理评审
质量方针	5.3	4.2	环境方针
策划（仅限于标题）	5.4	4.3	策划（仅限于标题）
质量目标	5.4.1	4.3.3	目标、指标和方案
质量管理体系策划	5.4.2	4.3.3	目标、指标和方案
职责、权限与沟通（仅限于标题）	5.5		
职责和权限	5.5.1	4.4.1	资源、作用、职责和权限
管理者代表	5.5.2	4.4.1	资源、作用、职责和权限
内部沟通	5.5.3	4.4.3	信息交流
管理评审（仅限于标题）	5.6		
总则	5.6.1	4.6	管理评审
评审输入	5.6.2	4.6	管理评审
评审输出	5.6.3	4.6	管理评审
资源管理（仅限于标题）	6		
资源提供	6.1	4.4.1	资源、作用、职责和权限
人力资源（仅限于标题）	6.2		
总则	6.2.1	4.4.2	能力、培训和意识
能力、意识和培训	6.2.2	4.4.2	能力、培训和意识
基础设施	6.3	4.4.1	资源、作用、职责和权限
工作环境	6.4		
产品实现（仅限于标题）	7	4.4	实施与运行（仅限于标题）
产品实现的策划	7.1	4.4.6	运行控制
与顾客有关的过程（仅限于标题）	7.2		
与产品有关的要求的确定	7.2.1	4.3.1	环境因素
		4.3.2	法律法规和其他要求
		4.4.6	运行控制

表 B.2（续）

GB/T 19001—2000			GB/T 24001—2004	
与产品有关的要求的评审	7.2.2	4.3.1	环境因素	
		4.4.6	运行控制	
顾客沟通	7.2.3	4.4.3	信息交流	
设计和开发(仅限于标题)	7.3			
设计和开发策划	7.3.1	4.4.6	运行控制	
设计和开发输入	7.3.2	4.4.6	运行控制	
设计和开发输出	7.3.3	4.4.6	运行控制	
设计和开发评审	7.3.4	4.4.6	运行控制	
设计和开发验证	7.3.5	4.4.6	运行控制	
设计和开发确认	7.3.6	4.4.6	运行控制	
设计和开发更改的控制	7.3.7	4.4.6	运行控制	
采购(仅限于标题)	7.4			
采购过程	7.4.1	4.4.6	运行控制	
采购信息	7.4.2	4.4.6	运行控制	
采购产品的验证	7.4.3	4.4.6	运行控制	
生产和服务提供(仅限于标题)	7.5			
生产和服务提供的控制	7.5.1	4.4.6	运行控制	
生产和服务提供过程的确认	7.5.2	4.4.6	运行控制	
标识和可追溯性	7.5.3			
顾客财产	7.5.4			
产品防护	7.5.5	4.4.6	运行控制	
监视和测量装置的控制	7.6	4.5.1	监测和测量	
测量、分析和改进(仅限于标题)	8	4.5	检查(仅限于标题)	
总则	8.1	4.5.1	监测和测量	
监视和测量(仅限于标题)	8.2			
顾客满意	8.2.1			
内部审核	8.2.2	4.5.5	内部审核	
过程的监视和测量	8.2.3	4.5.1	监测和测量	
		4.5.2	合规性评价	
产品的监视和测量	8.2.4	4.5.1	监测和测量	
		4.5.2	合规性评价	
不合格品控制	8.3	4.4.7	应急准备和响应	
		4.5.3	不符合、纠正措施和预防措施	
数据分析	8.4	4.5.1	监测和测量	
改进(仅限于标题)	8.5			
持续改进	8.5.1	4.2	环境方针	
		4.3.3	目标、指标和方案	
		4.6	管理评审	
纠正措施	8.5.2	4.5.3	不符合、纠正措施和预防措施	
预防措施	8.5.3	4.5.3	不符合、纠正措施和预防措施	

参 考 文 献

[1] GB/T 19000—2000　质量管理体系　基础和术语
[2] GB/T 19001—2000　质量管理体系　要求
[3] GB/T 19011—2003　质量和(或)环境管理体系审核指南
[4] GB/T 24004—2004　环境管理体系　原则、体系和支持技术通用指南

ICS 03.120.20
A 00

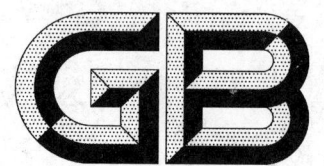

中华人民共和国国家标准

GB/T 27025—2008/ISO/IEC 17025:2005
代替 GB/T 15481—2000

检测和校准实验室能力的通用要求

General requirements for the competence of
testing and calibration laboratories

(ISO/IEC 17025:2005,IDT)

2008-05-08 发布 2008-08-01 实施

中华人民共和国国家质量监督检验检疫总局
中国国家标准化管理委员会 发布

前　　言

本标准等同采用 ISO/IEC 17025:2005《检测和校准实验室能力的通用要求》及其技术勘误表（Technical corrigendum 1,2006-08-15 发布）。

本标准自实施之日起代替 GB/T 15481—2000《检测和校准实验室能力的通用要求》(idt ISO/IEC 17025:1999)。本标准与 GB/T 15481 的主要变化体现在对 GB/T 19001 的引用方面。GB/T 15481—2000 中引用的是 GB/T 19001—1994,而当前 GB/T 19001 已经转化到了 2000 版,因此,本标准中修订为引用GB/T 19001—2000,增加了 GB/T 19001—2000 中的相关要求,以保持与 GB/T 19001—2000 的协调,此外,还增加了"4.10　改进"要素,强调了持续改进的作用。

为满足我国合格评定系列国家标准体系的要求,本标准的编号改变为 GB/T 27025,但与GB/T 15481—2000 仍为继承关系。GB/T 15481—2000 等同采用 ISO/IEC 17025:1999(即第一版),本标准等同采用 ISO/IEC 17025:2005(第二版)。

本标准的附录 A、附录 B 为资料性附录。

本标准由全国认证认可标准化技术委员会(SAC/TC 261)提出并归口。

本标准由中国合格评定国家认可中心负责起草。

本标准参加起草单位:国家认证认可监督管理委员会、中国计量科学研究院、广州电器科学研究院、中华人民共和国北京出入境检验检疫局、中华人民共和国山东出入境检验检疫局、中华人民共和国辽宁出入境检验检疫局。

本标准主要起草人:刘安平、齐晓、乔东、宋桂兰、翟培军、施昌彦、于亚东、茅祖兴、吴国平、曹实、张明霞、刘学惠、曹志军、刘来福。

本标准所代替标准的历次版本发布情况为:

——GB/T 15481—2000。

引　言

　本标准包含了检测和校准实验室希望证明已经运作了管理体系、具有技术能力并能出具技术上有效结果的所有要求。

　本标准的第 4 章规定了实验室开展有效管理的要求；第 5 章规定了实验室所从事的检测和（或）校准的技术能力要求。

　随着管理体系的广泛应用，对作为较大组织一部分的实验室或提供其他服务的实验室，要求其按照既符合 GB/T 19001 又符合本标准的管理体系运作的需要也在增长。本标准注意纳入了 GB/T 19001 中与实验室管理体系所覆盖的检测和校准服务范围有关的所有要求。因此，遵循了本标准的检测和校准实验室也是依据 GB/T 19001 运作的。

　实验室质量管理体系符合 GB/T 19001 的要求，并不证明实验室具有出具技术上有效数据和结果的能力；实验室质量管理体系符合本标准，也不意味其运作符合 GB/T 19001 的所有要求。

　本标准所等同采用的 ISO/IEC 17025 是国际上检测和校准实验室认可机构采用的基础标准。实验室遵循本标准并获得我国认可机构的认可，其检测和校准结果可以借助于我国认可机构与其他国家相应机构签订的互认协议而得到更广泛的承认。

　本标准的应用在方便实验室与其他机构的合作、信息和经验的交流以及标准和程序的协调等方面均具有积极的意义。

检测和校准实验室能力的通用要求

1 范围

1.1 本标准规定了实验室进行检测和(或)校准的能力(包括抽样能力)的通用要求。这些检测和校准包括应用标准方法、非标准方法和实验室制定的方法进行的检测和校准。

1.2 本标准适用于所有从事检测和(或)校准的组织,包括诸如第一方、第二方和第三方实验室,以及将检测和(或)校准作为检查和产品认证工作一部分的实验室。

本标准适用于所有实验室,不论其人员数量的多少或检测和(或)校准活动范围的大小。当实验室不从事本标准所包括的一种或多种活动,例如抽样和新方法的设计(制定)时,可不采用本标准中相关条款的要求。

1.3 本标准中的注是对正文的说明、举例和指导。它们既不包含要求,也不构成本标准的主体部分。

1.4 本标准用于实验室建立质量、行政和技术运作的管理体系。实验室的用户、监管机构和认可机构也可使用本标准对实验室的能力进行确认或承认。本标准不旨在用作实验室认证的基础。

注 1:术语"管理体系"在本标准中是指控制实验室运作的质量、行政和技术体系。

注 2:管理体系的认证有时也称为注册。

1.5 本标准不包含实验室运作中应符合的法规和安全要求。

1.6 如果检测和校准实验室遵守本标准的要求,其针对检测和校准活动所运作的质量管理体系也就满足了 GB/T 19001 的原则。附录 A 提供了本标准与 GB/T 19001 的条款对照。本标准包含了 GB/T 19001中未包含的技术能力要求。

注 1:为确保应用的一致性,或许有必要对本标准的某些要求进行说明或解释。附录 B 给出了制定特定领域应用细则的指南,尤其适用于认可机构(见 GB/T 27011)。

注 2:如果实验室希望其部分或全部检测和校准活动获得认可,应当选择一个依据GB/T 27011运作的认可机构。

2 规范性引用文件

下列文件中的条款通过本标准的引用而成为本标准的条款。凡是注日期的引用文件,其随后所有的修改单(不包括勘误的内容)或修订版均不适用于本标准,然而,鼓励根据本标准达成协议的各方研究是否可使用这些文件的最新版本。凡是不注日期的引用文件,其最新版本适用于本标准。

GB/T 27000 合格评定 词汇和通用原则(GB/T 27000—2006,ISO/IEC 17000:2004,IDT)

VIM,国际通用计量学基本术语,由国际计量局(BIPM)、国际电工委员会(IEC)、国际临床化学和实验医学联合会(IFCC)、国际标准化组织(ISO)、国际理论化学和应用化学联合会(IUPAC)、国际理论物理和应用物理联合会(IUPAP)和国际法制计量组织(OIML)发布

注:参考文献中给出了更多与本标准有关的标准、指南等。

3 术语和定义

本标准使用 GB/T 27000 和 VIM 中给出的相关术语和定义。

注:GB/T 19000 规定了与质量有关的通用定义,GB/T 27000 则专门规定了与认证和实验室认可有关的定义。若 GB/T 19000 与 GB/T 27000 和 VIM 中给出的定义有差异,优先使用 GB/T 27000 和 VIM 中的定义。

4 管理要求

4.1 组织

4.1.1 实验室或其所在组织应是一个能够承担法律责任的实体。

4.1.2 实验室有责任确保所从事检测和校准活动符合本标准的要求,并能满足客户、监管机构或对其

提供承认的组织的需求。

4.1.3　实验室的管理体系应覆盖实验室在固定设施内、离开其固定设施的场所,或在相关的临时或移动设施中进行的工作。

4.1.4　如果实验室所在的组织还从事检测和(或)校准以外的活动,为识别潜在利益冲突,应规定该组织中参与检测和(或)校准活动,或对检测和(或)校准活动有影响的关键人员的职责。

　　注1:如果实验室是某个较大组织的一部分,该组织的设置应当使有利益冲突的部门,如生产、经营或财务部门,不对实验室满足本标准的要求产生不良影响。

　　注2:如果实验室希望作为第三方实验室得到承认,实验室应能证明其公正性,并能证明实验室及其员工不受任何不正当的商业、财务和其他可能影响其技术判断的压力。第三方检测或校准实验室不应当从事任何可能损害其判断独立性和检测或校准诚信度的活动。

4.1.5　实验室应:

　　a)　有管理人员和技术人员,不论他们的其他责任,他们应具有所需的权力和资源来履行包括实施、保持和改进管理体系的职责,识别对管理体系或检测和(或)校准程序的偏离,以及采取措施预防或减少这些偏离(见5.2);

　　b)　有措施确保其管理层和员工不受任何来自内外部的不正当的商业、财务和其他对工作质量有不良影响的压力和影响;

　　c)　有保护客户的机密信息和所有权的政策和程序,包括电子存储和传输结果的保护程序;

　　d)　有政策和程序以避免参与任何会降低其在能力、公正性、判断力或运作诚实性方面的可信度的活动;

　　e)　确定实验室的组织和管理结构、其在母体组织中的地位,以及质量管理、技术运作和支持服务之间的关系;

　　f)　规定对检测和(或)校准质量有影响的所有管理、操作和核查人员的职责、权力和相互关系;

　　g)　由熟悉各项检测和(或)校准的方法、程序、目的和结果评价的人员,对检测和校准人员包括在培员工进行充分地监督;

　　h)　有技术管理者,全面负责技术运作和提供确保实验室运作质量所需的资源;

　　i)　指定一名员工作为质量主管(不论如何称谓),不论其他职责,应赋予其在任何时候都能确保与质量有关的管理体系得到实施和遵循的责任和权力。质量主管应有直接渠道接触决定实验室政策或资源的最高管理者;

　　j)　指定关键管理人员的代理人(见注);

　　k)　确保实验室人员理解他们活动的相关性和重要性,以及如何为实现管理体系目标作出贡献。

　　注:一个人可能有多项职能,对每项职能都指定代理人可能是不现实的。

4.1.6　最高管理者应确保在实验室内部建立适宜的沟通机制并就管理体系有效性的事宜进行沟通。

4.2　管理体系

4.2.1　实验室应建立、实施和保持与其活动范围相适应的管理体系。实验室应将其政策、制度、计划、程序和指导书形成文件。文件化的程度应保证实验室检测和(或)校准结果的质量。体系文件应传达至有关人员,并被其理解、获取和执行。

4.2.2　实验室管理体系中与质量有关的政策,包括质量方针声明,应在质量手册(不论如何称谓)中阐明。应制定总体目标并在管理评审时加以评审。质量方针声明应在最高管理者的授权下发布,至少包括下列内容:

　　a)　实验室管理者对良好职业行为和为客户提供检测和校准服务质量的承诺;

　　b)　管理者关于实验室服务标准的声明;

　　c)　与质量有关的管理体系的目的;

　　d)　要求实验室所有与检测和校准活动有关的人员熟悉质量文件,并在工作中执行政策和程序;

　　e)　实验室管理者对遵守本标准及持续改进管理体系有效性的承诺。

　　注：质量方针声明应当简明,可包括应始终按照声明的方法和客户的要求来进行检测和(或)校准的要求。当检测
　　　　和(或)校准实验室是某个较大组织的一部分时,某些质量方针要素可以列于其他文件之中。

4.2.3　最高管理者应提供建立和实施管理体系以及持续改进其有效性承诺的证据。

4.2.4　最高管理者应将满足客户要求和法定要求的重要性传达到本组织。

4.2.5　质量手册应包括或指明含技术程序在内的支持性程序,并概述管理体系中所用文件的架构。

4.2.6　质量手册中应规定技术管理者和质量主管的作用和责任,包括确保遵守本标准的责任。

4.2.7　当策划和实施管理体系的变更时,最高管理者应确保保持管理体系的完整性。

4.3　文件控制

4.3.1　总则

　　实验室应建立和保持程序来控制构成其管理体系的所有文件(内部制定或来自外部的),诸如法规、标准、其他规范化文件、检测和(或)校准方法,以及图纸、软件、规范、指导书和手册。

　　注1：本标准中的"文件"可以是方针声明、程序、规范、校准表格、图表、教科书、张贴品、通知、备忘录、软件、图纸、计
　　　　划等。这些文件可能承载在各种载体上,无论是硬拷贝或是电子媒体,并且可以是数字的、模拟的、图片的或
　　　　书面的形式。

　　注2：有关检测和校准数据的控制在5.4.7中规定。记录的控制在4.13中规定。

4.3.2　文件的批准和发布

4.3.2.1　发放给实验室人员的所有管理体系文件,在发布之前应由授权人员审查并批准使用。实验室应建立识别管理体系中文件当前的修订状态和分发的控制清单或等效的文件控制程序,并使之易于获取,以防止使用无效和(或)作废的文件。

4.3.2.2　文件控制程序应确保：

　　a)　在对实验室有效运作起重要作用的所有作业场所都能得到相应文件的授权版本；

　　b)　定期审查文件,必要时进行修订,以确保其持续适用并满足使用要求；

　　c)　及时地从所有使用或发布处撤除无效或作废文件,或用其他方法保证防止误用；

　　d)　出于法律或知识保存目的而保留的作废文件,应有适当的标记。

4.3.2.3　实验室制定的管理体系文件应有唯一性标识。该标识应包括发布日期和(或)修订标识、页码、总页数或表示文件结束的标记和发布机构。

4.3.3　文件变更

4.3.3.1　除非另有特别指定,文件的变更应由原审查责任人进行审查和批准。被指定的人员应获得进行审查和批准所依据的有关背景资料。

4.3.3.2　若可行,更改的或新的内容应在文件或适当的附件中标明。

4.3.3.3　如果实验室的文件控制系统允许在文件再版之前对文件进行手写修改,则应确定修改的程序和权限。修改之处应有清晰的标注、签名缩写并注明日期。修订的文件应尽快地正式发布。

4.3.3.4　应制定程序来描述如何更改和控制保存在计算机系统中的文件。

4.4　要求、标书和合同的评审

4.4.1　实验室应建立和保持评审客户要求、标书和合同的程序。这些为签订检测和(或)校准合同而进行评审的政策和程序应确保：

　　a)　对包括所用方法在内的要求予以充分规定,形成文件,并易于理解(见5.4.2)；

　　b)　实验室有能力和资源满足这些要求；

　　c)　选择适当的、能满足客户要求的检测和(或)校准方法(见5.4.2)。

　　客户的要求或标书与合同之间的任何差异,应在工作开始之前得到解决。每项合同应被实验室和客户双方接受。

　　注1：对要求、标书和合同的评审应当以可行和有效的方式进行,并考虑财务、法律和时间安排的影响。对内部客
　　　　户,要求、标书和合同的评审可以简化方式进行。

注2：对实验室能力的评审，应当证实实验室具备了必要的物力、人力和信息资源，且实验室人员对所从事的检测和（或）校准具有必要的技能和专业技术。该评审也可包括以前参加的实验室间比对或能力验证的结果和（或）为确定测量不确定度、检出限、置信限等而使用的已知值样品或物品所做的试验性检测或校准计划的结果。

注3：合同可以是为客户提供检测和（或）校准服务的任何书面的或口头的协议。

4.4.2 应保存包括任何重大变化在内的评审的记录。在执行合同期间，就客户的要求或工作结果与客户进行讨论的有关记录，也应予以保存。

注：对例行和其他简单任务的评审，由实验室中负责合同工作的人员注明日期并加以标识（如签名缩写）即可。对于重复性的例行工作，如果客户要求不变，仅需在初期调查阶段，或在与客户的总协议下对持续进行的例行工作合同批准时进行评审。对于新的、复杂的或先进的检测和（或）校准任务，则应当保存更为全面的记录。

4.4.3 评审的内容应包括被实验室分包出去的任何工作。

4.4.4 对合同的任何偏离均应通知客户。

4.4.5 工作开始后如果需要修改合同，应重复进行同样的合同评审过程，并将所有修改内容通知所有受到影响的人员。

4.5 检测和校准的分包

4.5.1 实验室由于未预料的原因（如工作量、需要更多专业技术或暂时不具备能力）或持续性的原因（如通过长期分包、代理或特殊协议）需将工作分包时，应分包给有能力的分包方，例如按照本标准开展所承担分包工作的分包方。

4.5.2 实验室应将分包安排以书面形式通知客户，适当时应得到客户的准许，最好是书面的同意。

4.5.3 实验室应就分包方的工作对客户负责，由客户或法定管理机构指定的分包方除外。

4.5.4 实验室应保存检测和（或）校准中使用的所有分包方的登记表，并保存其有关工作符合本标准的证明记录。

4.6 服务和供应品的采购

4.6.1 实验室应有选择和购买对检测和（或）校准质量有影响的服务和供应品的政策和程序。还应有与检测和校准有关的试剂和消耗材料的购买、接收和存储的程序。

4.6.2 实验室应确保所购买的、影响检测和（或）校准质量的供应品、试剂和消耗材料，只有在经检验或以其他方式验证了符合有关检测和（或）校准方法中规定的标准规范或要求之后才投入使用。所使用的服务和供应品应符合规定的要求。应保存所采取的符合性检查活动的记录。

4.6.3 影响实验室输出质量的物品的采购文件，应包含描述所购服务和供应品的信息。这些采购文件在发出之前，其技术内容应经过审查和批准。

注：该描述可包括型式、类别、等级、准确的标识、规格、图纸、检验说明，以及包括检测结果批准、质量要求和进行这些工作所依据的管理体系标准在内的其他技术信息。

4.6.4 实验室应对影响检测和校准质量的重要消耗品、供应品和服务的供应商进行评价，并保存这些评价的记录和获批准的供应商名单。

4.7 服务客户

4.7.1 在确保为其他客户保密的前提下，实验室在明确客户要求和允许客户监视其相关工作表现方面应积极与客户或其代表合作。

注1：这种合作可包括：
    a) 允许客户或其代表合理进入实验室的相关区域直接观察为其进行的检测和（或）校准。
    b) 客户出于验证目的所需的检测和（或）校准物品的准备、包装和发送。

注2：客户非常重视与实验室保持技术方面的良好沟通并获得建议和指导，以及根据结果得出的意见和解释。实验室在整个工作过程中，应当与客户尤其是大宗业务的客户保持沟通。实验室应当将检测和（或）校准过程中的任何延误或主要偏离通知客户。

4.7.2 实验室应向客户征求反馈，无论是正面的还是负面的。应分析和利用这些反馈，以改进管理体系、检测和校准活动及客户服务。

注：反馈的类型示例包括：客户满意度调查、与客户一起评价检测或校准报告。

4.8 投诉

实验室应有政策和程序处理来自客户或其他方面的投诉。应保存所有投诉的记录以及实验室针对投诉所开展的调查和纠正措施的记录(见 4.11)。

4.9 不符合检测和(或)校准工作的控制

4.9.1 在检测和(或)校准工作的任何方面,或该工作的结果不符合其程序或与客户达成一致的要求时,实验室应实施既定的政策和程序。该政策和程序应确保:

    a) 确定对不符合工作进行管理的责任和权力,规定当识别出不符合工作时所采取的措施(包括必要时暂停工作、扣发检测报告和校准证书);

    b) 对不符合工作的严重性进行评价;

    c) 立即进行纠正,同时对不符合工作的可接受性作出决定;

    d) 必要时,通知客户并取消工作;

    e) 规定批准恢复工作的职责。

    注:对管理体系或检测和(或)校准活动的不符合工作或问题的识别,可能发生在管理体系和技术运作的各个环节,例如客户投诉、质量控制、仪器校准、消耗材料的核查、对员工的考查或监督、检测报告和校准证书的核查、管理评审和内部或外部审核。

4.9.2 当评价表明不符合工作可能再度发生,或对实验室的运作与其政策和程序的符合性产生怀疑时,应立即执行 4.11 中规定的纠正措施程序。

4.10 改进

实验室应通过利用质量方针、质量目标、审核结果、数据分析、纠正措施、预防措施和管理评审来持续改进管理体系的有效性。

4.11 纠正措施

4.11.1 总则

实验室应制定纠正措施的政策和程序,并应指定合适的人员,在识别出不符合工作或对管理体系或技术运作政策和程序有偏离时实施纠正措施。

    注:实验室管理体系或技术运作中的问题可以通过各种活动来识别,例如不符合工作的控制、内部或外部审核、管理评审、客户的反馈或员工的观察。

4.11.2 原因分析

纠正措施程序应从确定问题根本原因的调查开始。

    注:原因分析是纠正措施程序中最关键有时也是最困难的部分。根本原因通常并不明显,因此需要仔细分析产生问题的所有潜在原因。潜在原因可包括:客户要求、样品、样品规格、方法和程序、员工的技能和培训、消耗品、设备及其校准。

4.11.3 纠正措施的选择和实施

需要采取纠正措施时,实验室应识别出各项可能的纠正措施,并选择和实施最可能消除问题和防止问题再次发生的措施。

纠正措施应与问题的严重程度和风险大小相适应。

实验室应将纠正措施所导致的任何变更制定成文件并加以实施。

4.11.4 纠正措施的监控

实验室应对纠正措施的结果进行监控,以确保所采取的纠正措施是有效的。

4.11.5 附加审核

当对不符合或偏离的识别,导致对实验室符合其政策和程序或符合本标准产生怀疑时,实验室应尽快依据 4.14 的规定对相关活动区域进行审核。

    注:附加审核常在纠正措施实施后进行,以确定纠正措施的有效性。仅在识别出问题严重或对业务有危害时,才有必要进行附加审核。

4.12 预防措施

4.12.1 应识别技术方面和管理体系方面所需的改进和潜在不符合的原因。当识别出改进机会或需采取预防措施时,应制定措施计划并加以实施和监控,以减少这类不符合情况发生的可能性并改进。

4.12.2 预防措施程序应包括措施的启动和控制,以确保其有效性。

注1:预防措施是事先主动识别改进机会的过程,而不是对已发现问题或投诉的反应。

注2:除对运作程序进行评审之外,预防措施还可能涉及数据分析,包括趋势和风险分析以及能力验证结果。

4.13 记录的控制

4.13.1 总则

4.13.1.1 实验室应建立和保持识别、收集、索引、存取、存档、存放、维护和清理质量记录和技术记录的程序。质量记录应包括内部审核报告和管理评审报告以及纠正措施和预防措施的记录。

4.13.1.2 所有记录应清晰明了,并以便于存取的方式存放和保存在具有防止损坏、变质、丢失的适宜环境的设施中。应规定记录的保存期。

注:记录可存于任何媒体上,例如硬拷贝或电子媒体。

4.13.1.3 所有记录应予安全保护和保密。

4.13.1.4 实验室应有程序来保护和备份以电子形式存储的记录,并防止未经授权的侵入或修改。

4.13.2 技术记录

4.13.2.1 实验室应将原始观察、导出数据和建立审核路径的足够信息的记录、校准记录、员工记录以及发出的每份检测报告或校准证书的副本按规定的时间保存。每项检测或校准的记录应包含足够的信息,以便在可能时识别不确定度的影响因素,并确保该检测或校准在尽可能接近原条件的情况下能够复现。记录应包括负责抽样的人员、每项检测和(或)校准的操作人员和结果校核人员的标识。

注1:在某些领域,保留所有的原始观察记录也许是不可能或不实际的。

注2:技术记录是进行检测和(或)校准所得数据(见5.4.7)和信息的累积,它们表明检测和(或)校准是否达到了规定的质量或过程参数。技术记录可包括表格、合同、工作单、工作手册、核查表、工作笔记、控制图、外部和内部的检测报告及校准证书、客户信函、文件和反馈。

4.13.2.2 观察结果、数据和计算应在产生的当时予以记录,并能按照特定任务分类识别。

4.13.2.3 当记录中出现错误时,每一错误应划改,不可擦涂掉,以免字迹模糊或消失,并将正确值填写在其旁边。对记录的所有改动应有改动人的签名或签名缩写。对电子存储的记录也应采取同等措施,以避免原始数据的丢失或改动。

4.14 内部审核

4.14.1 实验室应根据预定的日程表和程序,定期地对其活动进行内部审核,以验证其运作持续符合管理体系和本标准的要求。内部审核计划应涉及管理体系的全部要素,包括检测和(或)校准活动。质量主管负责按照日程表的要求和管理层的需要策划和组织内部审核。审核应由经过培训和具备资格的人员来执行,只要资源允许,审核人员应独立于被审核的活动。

注:内部审核的周期通常应当为一年。

4.14.2 当审核中发现的问题导致对运作的有效性,或对实验室检测和(或)校准结果的正确性或有效性产生怀疑时,实验室应及时采取纠正措施。如果调查表明实验室的结果可能已受影响,应书面通知客户。

4.14.3 审核活动的领域、审核发现的情况和因此采取的纠正措施,应予以记录。

4.14.4 跟踪审核活动应验证和记录纠正措施的实施情况及有效性。

4.15 管理评审

4.15.1 实验室的最高管理者应根据预定的日程表和程序,定期地对实验室的管理体系和检测和(或)校准活动进行评审,以确保其持续适用和有效,并进行必要的变更或改进。评审应考虑到:

——政策和程序的适用性;

——管理和监督人员的报告;

——近期内部审核的结果；

——纠正措施和预防措施；

——由外部机构进行的评审；

——实验室间比对或能力验证的结果；

——工作量和工作类型的变化；

——客户反馈；

——投诉；

——改进的建议；

——其他相关因素,如质量控制活动、资源以及员工培训。

注1：管理评审的典型周期为12个月。

注2：评审结果应当输入实验室策划系统,并包括下年度的目的、目标和活动计划。

注3：管理评审包括对日常管理会议中有关议题的研究。

4.15.2 应记录管理评审中的发现和由此采取的措施。管理者应确保这些措施在适当和约定的时限内得到实施。

5 技术要求

5.1 总则

5.1.1 决定实验室检测和(或)校准的正确性和可靠性的因素有很多,包括：

——人员(5.2)；

——设施和环境条件(5.3)；

——检测和校准方法及方法确认(5.4)；

——设备(5.5)；

——测量的溯源性(5.6)；

——抽样(5.7)；

——检测和校准物品的处置(5.8)。

5.1.2 上述因素对总的测量不确定度的影响程度,在(各类)检测之间和(各类)校准之间明显不同。实验室在制定检测和校准的方法和程序、培训和考核人员、选择和校准所用设备时,应考虑到这些因素。

5.2 人员

5.2.1 实验室管理者应确保所有操作专门设备、从事检测和(或)校准、评价结果、签署检测报告和校准证书的人员的能力。当使用在培员工时,应对其安排适当的监督。对从事特定工作的人员,应按要求根据相应的教育、培训、经验和(或)可证明的技能进行资格确认。

注1：某些技术领域(如无损检测)可能要求从事某些工作的人员持有资格证书,实验室有责任满足规定的人员资格要求。人员资格的要求可能是法定的、特殊技术领域标准包含的,或是客户要求的。

注2：对检测报告所含意见和解释负责的人员,除了具备相应的资格、培训、经验以及所进行的检测方面的充分知识外,还需具有：

——制造被检测物品、材料、产品等所需的相关技术知识、已使用或拟使用方法的知识、在使用过程中可能出现的缺陷或降级等方面的知识；

——法规和标准中阐明的通用要求的知识；

——对相关物品、材料和产品等非正常使用时所产生影响程度的了解。

5.2.2 实验室管理者应制定实验室人员的教育、培训和技能目标。实验室应有确定培训需求和提供人员培训的政策和程序。培训计划应与实验室当前和预期的任务相适应。应对这些培训活动的有效性进行评价。

5.2.3 实验室应使用长期雇佣人员或签约人员。在使用签约人员及其他技术人员及关键支持人员时,实验室应确保这些人员是胜任的且受到监督,并按照实验室管理体系要求工作。

5.2.4　对与检测和（或）校准有关的管理人员、技术人员和关键支持人员，实验室应保留其当前工作的描述。

注：工作描述可用多种方式规定。但至少应当规定以下内容：
　　——从事检测和（或）校准工作方面的职责；
　　　检测和（或）校准策划和结果评价方面的职责；
　　——提交意见和解释的职责；
　　——方法改进、新方法制定和确认方面的职责；
　　——所需的专业知识和经验；
　　——资格和培训计划；
　　——管理职责。

5.2.5　管理层应授权专门人员进行特定类型的抽样、检测和（或）校准、签发检测报告和校准证书、提出意见和解释以及操作特定类型的设备。实验室应保留所有技术人员（包括签约人员）的相关授权、能力、教育和专业资格、培训、技能和经验的记录，并包含授权和（或）能力确认的日期。这些信息应易于获取。

5.3　设施和环境条件

5.3.1　用于检测和（或）校准的实验室设施，包括但不限于能源、照明和环境条件，应有利于检测和（或）校准的正确实施。

实验室应确保其环境条件不会使结果无效，或对所要求的测量质量产生不良影响。在实验室固定设施以外的场所进行抽样、检测和（或）校准时，应予以特别注意。对影响检测和校准结果的设施和环境条件的技术要求应制定成文件。

5.3.2　相关的规范、方法和程序有要求，或对结果的质量有影响时，实验室应监测、控制和记录环境条件。对诸如生物消毒、灰尘、电磁干扰、辐射、湿度、供电、温度、声级和振级等应予以重视，使其适应于相关的技术活动。当环境条件危及到检测和（或）校准的结果时，应停止检测和校准。

5.3.3　应将不相容活动的相邻区域进行有效隔离。应采取措施以防止交叉污染。

5.3.4　应对影响检测和（或）校准质量的区域的进入和使用加以控制。实验室应根据其特定情况确定控制的程度。

5.3.5　应采取措施确保实验室的良好内务，必要时应制定专门的程序。

5.4　检测和校准方法及方法的确认

5.4.1　总则

实验室应使用适合的方法和程序进行所有检测和（或）校准，包括被检测和（或）校准物品的抽样、处理、运输、存储和准备，适当时，还应包括测量不确定度的评定、分析检测和（或）校准数据的统计技术。

如果缺少指导书可能影响检测和（或）校准结果，实验室应具有所有相关设备的使用和操作指导书和（或）处置、准备检测和（或）校准物品的指导书。所有与实验室工作有关的指导书、标准、手册和参考资料应保持现行有效并易于员工取阅（见4.3）。对检测和校准方法的偏离，仅应在该偏离已被文件规定、经技术判断、获得批准和客户接受的情况下才允许发生。

注：如果国际的、区域的或国家的标准，或其他公认的规范已包含了如何进行检测和（或）校准的简要而足够的信息，并且这些标准是以可被实验室操作人员使用的方式书写时，则不需再进行补充或改写为内部程序。对方法中的可选择步骤或其他细节，可能有必要提供附加文件。

5.4.2　方法的选择

实验室应采用满足客户需求并适用于所进行的检测和（或）校准的方法，包括抽样的方法。应优先使用以国际、区域或国家标准发布的方法。实验室应确保使用标准的最新有效版本，除非该版本不适宜或不可能使用。必要时，应采用附加细则对标准加以补充，以确保应用的一致性。

当客户未指定所用方法时，实验室应从国际、区域或国家标准中发布的，或由知名的技术组织或有关科学书籍或期刊公布的，或由设备制造商指定的方法中选择合适的方法。实验室制定的或采用的方法如能满足预期用途并经过确认，也可使用。所选用的方法应通知客户。在引入检测或校准之前，实验室应证实能够正确地运用标准方法。如果标准方法发生了变化,应重新进行证实。

当认为客户建议的方法不适合或已过期时,实验室应通知客户。

5.4.3 实验室制定的方法

实验室为其应用而制定检测和校准方法的过程应是有计划的活动,并应指定具有足够资源的有资格的人员进行。

计划应随方法制定的进度加以更新,并确保所有有关人员之间的有效沟通。

5.4.4 非标准方法

当有必要使用标准方法中未包含的方法时,应征得客户的同意,理解客户的要求,明确检测和(或)校准的目的。所制定的方法在使用前应经适当的确认。

注:对新的检测和(或)校准方法,在进行检测和(或)校准之前应当制定程序。程序中至少应该包含下列信息:

 a) 适当的标识;

 b) 范围;

 c) 被检测或校准物品类型的描述;

 d) 被测定的参数或量和范围;

 e) 仪器和设备,包括技术性能要求;

 f) 所需的参考标准和标准物质;

 g) 要求的环境条件和所需的稳定周期;

 h) 程序的描述,包括:

 ——物品的附加识别标志、处置、运输、存储和准备;

 ——工作开始前所进行的检查;

 ——检查设备工作是否正常,需要时,在每次使用之前对设备进行校准和调整;

 ——观察和结果的记录方法;

 ——需遵循的安全措施;

 i) 接受(或拒绝)的标准和(或)要求;

 j) 需记录的数据以及分析和表达的方法;

 k) 不确定度或评定不确定度的程序。

5.4.5 方法的确认

5.4.5.1 确认是通过检查并提供客观证据,以证实某一特定预期用途的特定要求得到满足。

5.4.5.2 实验室应对非标准方法、实验室设计(制定)的方法、超出其预定范围使用的标准方法、扩充和修改过的标准方法进行确认,以证实该方法适用于预期的用途。确认应尽可能全面,以满足预定用途或应用领域的需要。实验室应记录所获得的结果、使用的确认程序以及该方法是否适合预期用途的声明。

注1:可包括对抽样、处置和运输程序的确认。

注2:用于确定某方法性能的技术应当是下列之一,或是其组合:

 ——使用参考标准或标准物质进行校准;

 ——与其他方法所得的结果进行比较;

 ——实验室间比对;

 ——对影响结果的因素作系统性评审;

 ——根据对方法的理论原理和实践经验的科学理解,对所得结果不确定度进行的评定。

注3:当对已确认的非标准方法作某些改动时,应当将这些改动的影响制定成文件,适当时应当重新进行确认。

5.4.5.3 按照预期用途对被确认方法进行评价时,方法所得值的范围和准确度应适应客户的需求。上述值如:结果的不确定度、检出限、方法的选择性、线性、重复性限和(或)复现性限、抵御外来影响的稳健度和(或)抵御来自样品(或检测物)基体干扰的交互灵敏度。

注1:确认包括对要求的详细说明、对方法特性量的测定、对利用该方法能满足要求的核查以及对有效性的声明。

注2:在方法制定过程中,应当进行定期评审,以验证客户的需求持续得到满足。引起调整方法制定计划的任何要求上的变化,均应当得到批准和授权。

注3：确认通常是成本、风险和技术可行性之间的一种平衡。许多情况下，由于缺乏信息，数值（如：准确度、检出限、
　　　选择性、线性、重复性、复现性、稳健度和交互灵敏度）的范围和不确定度只能以简化的方式给出。

5.4.6　测量不确定度的评定

5.4.6.1　校准实验室或进行自校准的检测实验室，对所有的校准和各种校准类型都应具有并应用评定测量不确定度的程序。

5.4.6.2　检测实验室应具有并应用评定测量不确定度的程序。某些情况下，检测方法的性质会妨碍对测量不确定度进行严密的计量学和统计学上的有效计算。这种情况下，实验室至少应努力找出不确定度的所有分量且作出合理评定，并确保结果的报告方式不会对不确定度造成错觉。合理的评定应依据对方法特性的理解和测量范围，并利用诸如过去的经验和确认的数据。

注1：测量不确定度评定所需的严密程度取决于某些因素，诸如：
　　　——检测方法的要求；
　　　——客户的要求；
　　　——据以作出满足某规范决定的窄限。

注2：某些情况下，公认的检测方法规定了测量不确定度主要来源的值的极限，并规定了计算结果的表示方式，这
　　　时，实验室只要遵守该检测方法和报告的说明(5.10)，即被认为符合本条的要求。

5.4.6.3　在评定测量不确定度时，对给定条件下的所有重要不确定度分量，均应采用适当的分析方法加以考虑。

注1：不确定度的来源包括(但不限于)所用的参考标准和标准物质、方法和设备、环境条件、被检测或校准物品的性
　　　能和状态以及操作人员。

注2：在评定测量不确定度时，通常不考虑被检测和(或)校准物品预计的长期性能。

注3：进一步信息参见 ISO 5725 和《测量不确定度表述指南》(GUM)(见参考文献)。

5.4.7　数据控制

5.4.7.1　应对计算和数据传输进行系统和适当的检查。

5.4.7.2　当利用计算机或自动设备对检测或校准数据进行采集、处理、记录、报告、存储或检索时，实验室应确保：

　　a)　由使用者开发的计算机软件应被制定成足够详细的文件，并对其适用性进行适当确认；

　　b)　建立并实施数据保护的程序。这些程序应包括(但不限于)：数据输入或采集、数据存储、数据传输和数据处理的完整性和保密性；

　　c)　维护计算机和自动设备以确保其功能正常，并提供保护检测和校准数据完整性所必需的环境和运行条件。

注：通用的商用软件(如文字处理、数据库和统计程序)，在其设计的应用范围内可认为是经充分确认的，但实验室
　　对软件进行了配置或调整，则应当按 5.4.7.2 a)进行确认。

5.5　设备

5.5.1　实验室应配备正确进行检测和(或)校准(包括抽样、物品制备、数据处理与分析)所要求的所有抽样、测量和检测设备。当实验室需要使用永久控制之外的设备时，应确保满足本标准的要求。

5.5.2　用于检测、校准和抽样的设备及其软件应达到要求的准确度，并符合检测和(或)校准相应的规范要求。对结果有重要影响的仪器的关键量或值，应制定校准计划。设备(包括用于抽样的设备)在投入使用前应进行校准或核查，以证实其能够满足实验室的规范要求和相应的标准规范。设备在使用前应进行核查和(或)校准(见 5.6)。

5.5.3　设备应由经过授权的人员操作。设备使用和维护的最新版说明书(包括设备制造商提供的有关手册)应便于实验室有关人员取用。

5.5.4　用于检测和校准并对结果有重要影响的每一设备及其软件，如可能，均应加以唯一性标识。

5.5.5　应保存对检测和(或)校准具有重要影响的每一设备及其软件的记录。该记录至少应包括：

　　a)　设备及其软件的标识；

b) 制造商名称、型式标识、系列号或其他唯一性标识;

c) 对设备是否符合规范的核查(见 5.5.2);

d) 当前的位置(如果适用);

e) 制造商的说明书(如果有),或指明其地点;

f) 所有校准报告和证书的日期、结果及复印件,设备调整、验收标准和下次校准的预定日期;

g) 设备维护计划(适当时),以及已进行的维护;

h) 设备的任何损坏、故障、改装或修理。

5.5.6 实验室应具有安全处置、运输、存放、使用和有计划维护测量设备的程序,以确保其功能正常并防止污染或性能退化。

注:在实验室固定场所外使用测量设备进行检测、校准或抽样时,可能需要附加的程序。

5.5.7 曾经过载或处置不当、给出可疑结果,或已显示出缺陷、超出规定限度的设备,均应停止使用。这些设备应予以隔离以防误用,或加贴标签、标记以清晰表明该设备已停用,直至修复并通过校准或测试表明能正常工作为止。实验室应核查这些缺陷或偏离规定极限对先前的检测和(或)校准的影响,并执行"不符合工作控制"程序(见 4.9)。

5.5.8 实验室控制下的需校准的所有设备,只要可行,应使用标签、编码或其他标识表明其校准状态,包括上次校准的日期、再校准或失效日期。

5.5.9 无论什么原因,若设备脱离了实验室的直接控制,实验室应确保该设备返回后,在使用前对其功能和校准状态进行核查并能显示满意结果。

5.5.10 当需要利用期间核查以保持设备校准状态的可信度时,应按照规定的程序进行。

5.5.11 当校准产生了一组修正因子时,实验室应有程序确保其所有备份(例如计算机软件中的备份)得到正确更新。

5.5.12 检测和校准设备包括硬件和软件应得到保护,以避免发生致使检测和(或)校准结果失效的调整。

5.6 测量溯源性

5.6.1 总则

用于检测和(或)校准的对检测、校准和抽样结果的准确性或有效性有显著影响的所有设备,包括辅助测量设备(例如用于测量环境条件的设备),在投入使用前应进行校准。实验室应制定设备校准的计划和程序。

注:该计划应当包含一个对测量标准、用做测量标准的标准物质以及用于检测和校准的测量与检测设备进行选择、使用、校准、核查、控制和维护的系统。

5.6.2 特定要求

5.6.2.1 校准

5.6.2.1.1 对于校准实验室,设备校准计划的制定和实施应确保实验室所进行的校准和测量可溯源到国际单位制(SI)。

校准实验室通过不间断的校准链或比较链与相应测量的 SI 单位基准相连接,以建立测量标准和测量仪器对 SI 的溯源性。对 SI 的链接可以通过参比国家测量标准来达到。国家测量标准可以是基准,它们是 SI 单位的原级实现或是以基本物理常量为根据的 SI 单位约定的表达式,或是由其他国家计量院所校准的次级标准。当使用外部校准服务时,应使用能够证明资格、测量能力和溯源性的实验室的校准服务,以保证测量的溯源性。由这些实验室发布的校准证书应有包括测量不确定度和(或)符合确定的计量规范声明的测量结果(见 5.10.4.2)。

注 1:满足本标准要求的校准实验室即被认为是有资格的。由依据本标准认可的校准实验室发布的带有认可机构标志的校准证书,对相关校准来说,是所报告校准数据溯源性的充分证明。

注 2:对测量 SI 单位的溯源可以通过参比适当的基准(见 VIM:1993,6.4),或参比一个自然常数达到,用相对 SI

单位表示的该常数的值是已知的,并由国际计量大会(CGPM)和国际计量委员会(CIPM)推荐。

注3:持有自己的基准或基于基本物理常量的SI单位表达式的校准实验室,只有在将这些标准直接或间接地与国家计量院的类似标准进行比对之后,方能宣称溯源到SI单位制。

注4:"确定的计量规范"是指在校准证书中必须清楚表明该测量已与何种规范进行过比对,这可以通过在证书中包含该规范或明确指出已参照了该规范来达到。

注5:当"国际标准"和"国家标准"与溯源性关联使用时,则是假定这些标准满足了实现SI单位基准的性能。

注6:对国家测量标准的溯源不要求必须使用实验室所在国的国家计量院。

注7:如果校准实验室希望或需要溯源到本国以外的其他国家计量院,应当选择直接参与或通过区域组织积极参与国际计量局(BIPM)活动的国家计量院。

注8:不间断的校准或比较链,可以通过不同的、能证明溯源性的实验室经过若干步骤来实现。

5.6.2.1.2 某些校准目前尚不能严格按照SI单位进行,这种情况下,校准应通过建立对适当测量标准的溯源来提供测量的可信度,例如:

——使用有能力的供应者提供的有证标准物质来对某种材料给出可靠的物理或化学特性;

——使用规定的方法和(或)被有关各方接受并且描述清晰的协议标准。

可能时,要求参加适当的实验室间比对计划。

5.6.2.2 检测

5.6.2.2.1 对检测实验室,5.6.2.1中给出的要求适用于测量设备和具有测量功能的检测设备,除非已经证实校准带来的贡献对检测结果总的不确定度几乎没有影响。这种情况下,实验室应确保所用设备能够提供所需的测量不确定度。

注:对5.6.2.1的遵循程度应当取决于校准的不确定度对总的不确定度的相对贡献。如果校准是主导因素,则应当严格遵守该要求。

5.6.2.2.2 测量无法溯源到SI单位或与之无关时,与对校准实验室的要求一样,要求测量能够溯源到诸如有证标准物质、约定的方法和(或)协议标准(见5.6.2.1.2)。

5.6.3 参考标准和标准物质

5.6.3.1 参考标准

实验室应有校准其参考标准的计划和程序。参考标准应由5.6.2.1中所述的能够提供溯源的机构进行校准。实验室持有的测量参考标准应仅用于校准而不用于其他目的,除非能证明作为参考标准的性能不会失效。参考标准在任何调整之前和之后均应校准。

5.6.3.2 标准物质

可能时,标准物质应溯源到SI测量单位或有证标准物质。只要技术和经济条件允许,应对内部标准物质进行核查。

注:"标准物质"在我国一些领域也被称为"参考物质"和"标准样品"。

5.6.3.3 期间核查

应根据规定的程序和日程对参考标准、基准、传递标准或工作标准以及标准物质进行核查,以保持其校准状态的置信度。

5.6.3.4 运输和储存

实验室应有程序来安全处置、运输、存储和使用参考标准和标准物质,以防止污染或损坏,确保其完整性。

注:当参考标准和标准物质用于实验室固定场所以外的检测、校准或抽样时,也许有必要制定附加的程序。

5.7 抽样

5.7.1 实验室为后续检测或校准而对物质、材料或产品进行抽样时,应有用于抽样的抽样计划和程序。抽样计划和程序在抽样的地点应能够得到。只要合理,抽样计划应根据适当的统计方法制定。抽样过程应注意需要控制的因素,以确保检测和校准结果的有效性。

注1:抽样是取出物质、材料或产品的一部分作为其整体的代表性样品进行检测或校准的一种规定程序。抽样也可

能是由检测或校准该物质、材料或产品的相关规范要求的。某些情况下(如法庭科学分析),样品可能不具备
代表性,而是由其可获性所决定。

注2:抽样程序应当对取自某个物质、材料或产品的一个或多个样品的选择、抽样计划、提取和制备进行描述,以提
供所需的信息。

5.7.2 当客户对文件规定的抽样程序有偏离、添加或删节的要求时,应详细记录这些要求和相关抽样
信息,并纳入包含检测和(或)校准结果的所有文件中,同时告知相关人员。

5.7.3 当抽样作为检测或校准工作的一部分时,实验室应有程序记录与抽样有关的资料和操作。这些
记录应包括所用的抽样程序、抽样人的识别、环境条件(如果相关)、必要时有抽样位置的图示或其他等
效方法,如果合适,还应包括抽样程序所依据的统计方法。

5.8 检测和校准物品的处置

5.8.1 实验室应有用于检测和(或)校准物品的运输、接收、处置、保护、存储、保留和(或)清理的程序,
包括为保护检测和(或)校准物品的完整性以及实验室与客户利益所需的全部条款。

5.8.2 实验室应具有检测和(或)校准物品的标识系统。物品在实验室的整个期间应保留该标识。标
识系统的设计和使用应确保物品不会在实物上或在涉及的记录和其他文件中混淆。如果合适,标识系
统应包含物品群组的细分和物品在实验室内外部的传递。

5.8.3 在接收检测或校准物品时,应记录异常情况或对检测或校准方法中所述正常(或规定)条件的偏
离。当对物品是否适合于检测或校准存有疑问,或当物品不符合所提供的描述,或对所要求的检测或校
准规定得不够详尽时,实验室应在开始工作之前问询客户,以得到进一步的说明,并记录下讨论的内容。

5.8.4 实验室应有程序和适当的设施避免检测或校准物品在存储、处置和准备过程中发生退化、丢失
或损坏。应遵守随物品提供的处理说明。当物品需要被存放或在规定的环境条件下养护时,应保持、监
控和记录这些条件。当一个检测或校准物品或其一部分需要安全保护时,实验室应对存放和安全作出
安排,以保护该物品或其有关部分的状态和完整性。

注1:在检测之后要重新投入使用的被测物品,需特别注意确保物品的处置、检测或存储或等待过程中不被破坏或
损伤。

注2:应当向负责抽样和运输样品的人员提供抽样程序,及有关样品存储和运输的信息,包括影响检测或校准结果
的抽样信息。

注3:维护检测或校准物品安全的理由是出自记录、安全或价值,或是为了日后进行补充检测和(或)校准的考虑。

5.9 检测和校准结果质量的保证

5.9.1 实验室应有质量控制程序以监控检测和校准的有效性。所得数据的记录方式应便于发现其发
展趋势,如可行,应采用统计技术对结果进行审查。这种监控应有计划并加以评审,可包括(但不限于)
下列内容:

a) 定期使用有证标准物质进行监控,和(或)使用次级标准物质开展内部质量控制;

b) 参加实验室间的比对或能力验证计划;

c) 使用相同或不同方法进行重复检测或校准;

d) 对存留物品进行再检测或再校准;

e) 分析一个物品不同特性量的结果的相关性。

注:选用的方法应当与所进行工作的类型和工作量相适应。

5.9.2 应分析质量控制的数据,当发现质量控制数据超出预先确定的判据时,应采取已计划的措施来
纠正出现的问题,并防止报告错误的结果。

5.10 结果报告

5.10.1 总则

实验室应准确、清晰、明确和客观地报告每一项检测、校准,或一系列的检测或校准的结果,并符合
检测或校准方法中规定的要求。

结果通常应以检测报告或校准证书的形式出具,并且应包括客户要求的、说明检测或校准结果所必

需的和所用方法要求的全部信息。这些信息通常是 5.10.2 和 5.10.3 或 5.10.4 中要求的内容。

在为内部客户进行检测和校准或与客户有书面协议的情况下,可用简化的方式报告结果。对于 5.10.2 至 5.10.4 中所列却未向客户报告的信息,应能方便地从进行检测和(或)校准的实验室中获得。

注1:检测报告和校准证书有时分别称为检测证书和校准报告。

注2:只要满足本标准的要求,检测报告或校准证书可用硬拷贝或电子数据传输的方式发布。

5.10.2　检测报告和校准证书

除非实验室有充分的理由,否则每份检测报告或校准证书应至少包括下列信息:

a)　标题(例如"检测报告"或"校准证书");

b)　实验室的名称和地址,进行检测和(或)校准的地点(如果与实验室的地址不同);

c)　检测报告或校准证书的唯一性标识(如系列号)和每一页上的标识,以确保能够识别该页是属于检测报告或校准证书的一部分,以及表明检测报告或校准证书结束的清晰标识;

d)　客户的名称和地址;

e)　所用方法的识别;

f)　检测或校准物品的描述、状态和明确的标识;

g)　对结果的有效性和应用至关重要的检测或校准物品的接收日期和进行检测或校准的日期;

h)　如与结果的有效性或应用相关时,实验室或其他机构所用的抽样计划和程序的说明;

i)　检测和校准的结果,适用时,带有测量单位;

j)　检测报告或校准证书批准人的姓名、职务、签字或等效的标识;

k)　相关时,结果仅与被检测或被校准物品有关的声明。

注1:检测报告和校准证书的硬拷贝应当有页码和总页数。

注2:建议实验室作出未经实验室书面批准,不得复制(全文复制除外)检测报告或校准证书的声明。

5.10.3　检测报告

5.10.3.1　当需对检测结果作出解释时,除 5.10.2 中所列的要求之外,检测报告中还应包括下列内容:

a)　对检测方法的偏离、增添或删节,以及特定检测条件的信息,如环境条件;

b)　相关时,符合(或不符合)要求和(或)规范的声明;

c)　适用时,评定测量不确定度的声明。当不确定度与检测结果的有效性或应用有关,或客户的指令中有要求,或当不确定度影响到对规范限度的符合性时,检测报告中还需要包括有关不确定度的信息;

d)　适用且需要时,提出意见和解释(见 5.10.5);

e)　特定方法、客户或客户群体要求的附加信息。

5.10.3.2　当需对检测结果作解释时,对含抽样结果在内的检测报告,除了 5.10.2 和 5.10.3.1 所列的要求之外,还应包括下列内容:

a)　抽样日期;

b)　抽取的物质、材料或产品的清晰标识(适当时,包括制造者的名称、标示的型号或类型和相应的系列号);

c)　抽样位置,包括任何简图、草图或照片;

d)　列出所用的抽样计划和程序;

e)　抽样过程中可能影响检测结果解释的环境条件的详细信息;

f)　与抽样方法或程序有关的标准或规范,以及对这些规范的偏离、增添或删节。

5.10.4　校准证书

5.10.4.1　如需对校准结果进行解释时,除 5.10.2 中所列的要求之外,校准证书还应包含下列内容:

a)　校准活动中对测量结果有影响的条件(例如环境条件);

b)　测量不确定度和(或)符合确定的计量规范或条款的声明;

c) 测量可溯源的证据(见 5.6.2.1.1 注 2)。

5.10.4.2 校准证书应仅与量和功能性测试的结果有关。如欲作出符合某规范的声明,应指明符合或不符合该规范的哪些条款。

当符合某规范的声明中略去了测量结果和相关的不确定度时,实验室应记录并保存这些结果,以备日后查阅。

作出符合性声明时,应考虑测量不确定度。

5.10.4.3 当被校准的仪器已被调整或修理时,应报告调整或修理前后的校准结果(如果可获得)。

5.10.4.4 校准证书(或校准标签)不应包含对校准时间间隔的建议,除非已与客户达成协议。该要求可能被法规取代。

5.10.5 意见和解释

当含有意见和解释时,实验室应把作出意见和解释的依据制定成文件。意见和解释应在检测报告中清晰标注。

注 1:意见和解释不应与 GB/T 18346 和 GB/T 27065 中所指的检查和产品认证相混淆。

注 2:检测报告中包含的意见和解释可以包括(但不限于)下列内容:

——对结果符合(或不符合)要求声明的意见;

——合同要求的履行;

——如何使用结果的建议;

——用于改进的指导。

注 3:许多情况下,通过与客户直接对话来传达意见和解释或许更为恰当,但这些对话应当有文字记录。

5.10.6 从分包方获得的检测和校准结果

当检测报告包含了由分包方所出具的检测结果时,这些结果应予以清晰标明。分包方应以书面或电子方式报告结果。

当校准工作被分包时,执行该工作的实验室应向分包给其工作的实验室出具校准证书。

5.10.7 结果的电子传送

当用电话、电传、传真或其他电子或电磁方式传送检测或校准结果时,应满足本标准的要求(见5.4.7)。

5.10.8 报告和证书的格式

报告和证书的格式应设计为适用于所进行的各种检测或校准类型,并尽量减小产生误解或误用的可能性。

注 1:应当注意检测报告或校准证书的编排,尤其是检测或校准数据的表达方式,并易于读者理解。

注 2:表头应当尽可能地标准化。

5.10.9 检测报告和校准证书的修改

对已发布的检测报告或校准证书的实质性修改,应仅以追加文件或信息变更的形式,并包括如下声明:

"对检测报告(或校准证书)的补充,系列号……(或其他标识)",或其他等效的文字形式。

这种修改应满足本标准的所有要求。

当有必要发布全新的检测报告或校准证书时,应注以唯一性标识,并注明所替代的原件。

附　录　A

（资料性附录）

与 GB/T 19001—2000 的条款对照

表 A.1　与 GB/T 19001—2000 的条款对照

GB/T 19001—2000	GB/T 27025[a]
第 1 章	第 1 章
第 2 章	第 2 章
第 3 章	第 3 章
4.1	4.1, 4.1.1, 4.1.2, 4.1.3, 4.1.4, 4.1.5, 4.2, 4.2.1, 4.2.2, 4.2.3, 4.2.4
4.2.1	4.2.2, 4.2.3, 4.3.1
4.2.2	4.2.2, 4.2.5
4.2.3	4.3
4.2.4	4.3.1, 4.13
5.1	4.2.2, 4.2.3
5.1a)	4.1.2, 4.2.4
5.1b)	4.2.2
5.1c)	4.2.2
5.1d)	4.15
5.1e)	4.1.5
5.2	4.4.1
5.3	4.2.2
5.3a)	4.2.2
5.3b)	4.2.3
5.3c)	4.2.2
5.3d)	4.2.2
5.3e)	4.2.2
5.4.1	4.2.2
5.4.2	4.2.1
5.4.2a)	4.2.1
5.4.2b)	4.2.7
5.5.1	4.1.5a), f), h)
5.5.2	4.1.5i)
5.5.2a)	4.1.5i)
5.5.2b)	4.1.5i)

表 A.1（续）

GB/T 19001—2000	GB/T 27025[a]
5.5.2c)	4.2.4
5.5.3	4.1.6
5.6.1	4.15
5.6.2	4.15
5.6.3	4.15
6.1a)	4.10
6.1b)	4.4.1, 4.7, 5.4.2, 5.4.3, 5.4.4, 5.10.1
6.2.1	5.2.1
6.2.2a)	5.2.2, 5.5.3
6.2.2b)	5.2.1, 5.2.2
6.2.2c)	5.2.2
6.2.2d)	4.1.5k)
6.2.2e)	5.2.5
6.3a)	4.1.3, 5.3
6.3b)	5.4.7.2, 5.5, 5.6
6.3c)	4.6, 5.5.6, 5.6.3.4, 5.8, 5.10
6.4	5.3.1, 5.3.2, 5.3.3, 5.3.4, 5.3.5
7.1	
7.1a)	4.2.2
7.1b)	4.1.5a), 4.2.1, 4.2.3
7.1c)	5.4, 5.9
7.1d)	4.1, 5.4, 5.9
7.2.1	4.4.1, 4.4.2, 4.4.3, 4.4.4, 4.4.5, 5.4
7.2.2	4.4.1, 4.4.2, 4.4.3, 4.4.4, 4.4.5, 5.4
7.2.3	4.4.2, 4.4.4, 4.5, 4.7, 4.8
7.3	5.4, 5.9
7.4.1	4.6.1, 4.6.2, 4.6.4
7.4.2	4.6.3
7.4.3	4.6.2
7.5.1	5.1, 5.2, 5.4, 5.5, 5.6, 5.7, 5.8, 5.9
7.5.1a)	4.3.1
7.5.1b)	4.2.1
7.5.1c)	5.3, 5.5
7.5.1d)	5.5

表 A.1（续）

GB/T 19001—2000	GB/T 27025[a]
7.5.1e)	5.3
7.5.1f)	4.7,5.8,5.9,5.10
7.5.2	5.2.5，5.4.2，5.4.5
7.5.2a)	5.4.1
7.5.2b)	5.2.5,5.5.2
7.5.2c)	5.4.1
7.5.2d)	4.13
7.5.2e)	5.9
7.5.3	5.8.2
7.5.4	4.1.5c)，5.8
7.5.5	4.6.1，4.12，5.8，5.10
7.6	5.5，5.6
8.1	4.10，5.4，5.9
8.1a)	5.4,5.9
8.1b)	4.14
8.1c)	4.10
8.2.1	4.7.2
8.2.2	4.11.5，4.14
8.2.3	4.11.5，4.14，5.9
8.2.4	4.5，4.6，4.9，5.5.2，5.5.9,5.8
8.3	4.9
8.4	5.9
8.4a)	4.7.2
8.4b)	4.4,5.4
8.4c)	5.9
8.4d)	4.6.4
8.5.1	4.10
8.5.2	4.11
8.5.3	4.12
[a] GB/T 27025 包含了一系列 GB/T 19001—2000 中未包含的技术能力要求。	

附 录 B
(资料性附录)
制定特定领域应用细则的指南

B.1　本标准中所规定的要求是通用意义上的陈述,当应用于所有检测和校准实验室时,可能需要加以解释。这种有关应用的解释在此称为应用细则。应用细则不应包括本标准中未包含的附加的通用要求。

B.2　应用细则可被认为是本标准一般陈述性准则(要求)在特定检测和校准、检测技术、产品、材料领域或特定的检测或校准的细化。因此,应用细则应由具备适当技术知识和经验的人员来制定,并应确定对于正确实施检测或校准有实质性或重要作用的条款。

B.3　根据当前的应用情况,也许有必要为本标准的技术要求制定应用细则。应用细则的制定,可以通过对每一条款中已经陈述的要求仅提供细节或增添附加信息(如对实验室中温度和湿度的专门规定)来完成。

　　某些情况下,应用细则的涉及面相当窄,仅适用于一个或一组给定的检测或校准方法。而在另一些情况下,应用细则的涉及面又会很宽,可用于各类产品或项目的检测或校准,甚至于整个检测或校准领域。

B.4　如果应用细则适用于某个完整的技术领域中的一组检测或校准方法,对所有的方法应使用相同的措辞。

　　另外,对于特定类型或组别的检测或校准,检测或校准的产品、材料或技术领域,也可制定单独的细则文件来补充本标准。这种文件应仅提供必要的补充信息,同时作为参考文件以维持本标准的主导文件地位。应用细则应避免过于专门化,以限制过细文件的泛滥。

B.5　本附录中的指南应在认可机构和其他评价机构为其需要(例如对特定领域的认可)而制定应用细则时使用。

参 考 文 献

[1] ISO 5725-1,Accuracy (trueness and precision) of measurement methods and results —Part 1：General principles and definitions

[2] ISO 5725-2,Accuracy (trueness and precision) of measurement methods and results —Part 2：Basic method for the determination of repeatability of a standard measurement method

[3] ISO 5725-3,Accuracy (trueness and precision) of measurement methods and results —Part 3：Intermediate measurement of the precision of a standard measurement method

[4] ISO 5725-4,Accuracy (trueness and precision) of measurement methods and results —Part 4：Basic method for the determination of the trueness of a standard measurement method

[5] ISO 5725-6,Accuracy (trueness and precision) of measurement methods and results —Part 6：Use in practice of accuracy values

[6] GB/T 19000—2000   质量管理体系   基础和术语(ISO 9000:2000,IDT)

[7] GB/T 19001—2000   质量管理体系   要求(ISO 9001:2000,IDT)

[8] ISO/IEC 90003,Software engineering—Guidelines for the application of ISO 9001:2000 to computer software

[9] GB/T 19022—2003   测量管理体系   测量过程和测量设备的要求(ISO 10012:2003,IDT)

[10] GB/T 27011—2005   合格评定   认可机构通用要求 (ISO/IEC 17011,IDT)

[11] GB/T 18346—2001   各类检查机构的通用要求(ISO/IEC 17020,IDT)

[12] GB/T 19011   质量和(或)环境管理体系审核指南 (ISO 19011,IDT)

[13] ISO Guide 30,Terms and definitions used in connection with reference materials (GB/T 15000.2—1994 参照此国际标准制定)

[14] GB/T 15000.4—2003   标准样品工作导则(4)   标准样品证书和标签的内容(ISO Guide 31,IDT)

[15] GB/T 15000.9—2004   标准样品工作导则(9)   分析化学中的校准和有证标准样品的使用(ISO Guide 32,IDT)

[16] GB/T 15000.8—2003   标准样品工作导则(8)   有证标准样品的使用(ISO Guide 33,IDT)

[17] GB/T 15000.7—2001   标准样品工作导则(7)   标准样品生产者能力的通用要求 (ISO Guide 34,IDT)

[18] ISO Guide 35,Certification of reference materials—General and statistical principles

[19] GB/T 15483.1   利用实验室间比对的能力验证   第 1 部分:能力验证计划的建立和运作(ISO/IEC Guide 43-1,IDT)

[20] GB/T 15483.2   利用实验室间比对的能力验证   第 2 部分:实验室认可机构对能力验证计划的选择和使用(ISO/IEC Guide 43-2,IDT)

[21] GB/T 15486—1995   校准和检验实验室认可体系   运作和承认的通用要求 (ISO/IEC Guide 58:1993,IDT)

[22] GB/T 27065—2004   产品认证机构通用要求(ISO/IEC Guide 65,IDT)

[23] GUM,Guide to the expression of uncertainty in measurement,由 BIPM、IEC、IFCC、ISO、IUPAC、IUPAP and OIML 发布 (我国 JJF1059—1999 原则上等同采用了该指南)

[24] 有关实验室认可的信息和文件可从国际实验室认可合作组织(ILAC)网上查阅:www.ilac.org

ICS 65.020.30
B 44

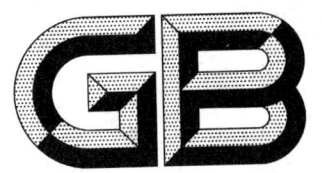

中华人民共和国国家标准

GB/T 27416—2014

实验动物机构　质量和能力的通用要求

Laboratory animal institutions—General requirements for quality and competence

2014-09-03 发布

2014-10-01 实施

中华人民共和国国家质量监督检验检疫总局
中国国家标准化管理委员会　发布

前　言

本标准的结构依据 GB/T 1.1—2009《标准化工作导则　第1部分:标准的结构和编写规则》编制。

本标准由全国认证认可标准化技术委员会(SAC/TC 261)提出并归口。

本标准起草单位:中国合格评定国家认可中心、北京市实验动物管理办公室、中国人民解放军军事医学科学院实验动物中心、中国医学科学院医学实验动物研究所、上海实验动物研究中心、北京实验动物研究中心、中国食品药品检定研究院、中国科学院昆明动物研究所、广东省实验动物监测所、广东出入境检验检疫局、北京大学实验动物中心。

本标准主要起草人:吕京、曾林、史光华、刘云波、高诚、黄韧、卢胜明、朱德生、贺争鸣、李根平、程树军、范薇、孙兆增、吕龙宝、李明华、刘忠华、白玉。

引　言

实验动物是科学研究和相关产业使用的重要对象,实验动物机构是保证实验动物质量和动物实验质量的载体,规范其人员、设施、环境、管理和运作程序等是保证动物质量和动物实验质量的良好途径。

随着社会发展和人类意识的变化,关注动物福利是必然趋势。动物福利与动物质量是密不可分的,对于有生命之动物而言,其福利的优劣将对其生长质量和生活质量有直接影响。

我们要意识到,什么是动物本身真正所需要的福利是难以有统一答案的,其受社会、经济和文化发展的影响。进入文明社会以来,人们通过对动物和人类本身的认识,对人与动物的关系形成了很多共识,但这种认识也是不断发展和变化的。因此,使用本标准者应注意追踪该领域的最新进展。至少,实验动物机构可以做到的是根据相关主管部门的要求,按照系统的理念对员工的工作行为进行管理并对动物的生长环境和生活环境进行控制,按社会现行可接受的准则对待和使用实验动物。

本标准的目的是通过借鉴国际上公认的管理工具和科学成果,指导实验动物机构通过对涉及动物生产繁育和使用全周期的过程进行管理,实现科学和人道地对待动物和减少或避免使用动物,同时,保证实验动物和动物实验的质量,保证员工的职业健康,保证安全和环境友好,并促进科学事业的发展。

实验动物机构 质量和能力的通用要求

1 范围

本标准规定了实验动物机构的设施、管理和运行在质量、安全、动物福利、职业健康等方面应达到的基本要求。本标准所提及的实验动物包括各种来源的用于实验的动物。

本标准适用于所有从事实验动物生产繁育和从事动物实验的机构。

2 规范性引用文件

下列文件对于本标准的应用是必不可少的。凡是注日期的引用文件,仅注日期的版本适用于本文件。凡是不注日期的引用文件,其最新版本(包括所有的修改单)适用于本文件。

GB 14925—2010 实验动物 环境及设施

GB 19489—2008 实验室 生物安全通用要求

GB/T 24001 环境管理体系 要求及使用指南

GB/T 27025 检测和校准实验室能力的通用要求

GB/T 28001 职业健康安全管理体系 要求

GB/T 28002 职业健康安全管理体系 实施指南

GB 50346—2011 生物安全实验室建筑技术规范

GB 50447—2008 实验动物设施建筑技术规范

3 术语与定义

3.1

动物实验 animal experiment

任何为了可接受的目的而使用动物进行的实验,这一过程可能造成动物疼痛、痛苦、苦恼、持久性损伤、受孕、生育等。

注1:实验过程包括实验前、实验和实验后过程。实验前过程指动物准备阶段,包括动物标记;实验过程指准备好的动物被使用,直到不再需要为了实验而进一步观察动物为止;实验后过程指对不需要再用于实验之动物的处置过程。

注2:不包括执业兽医师的临床医疗行为。

注3:动物实验的目的应符合国家的法律法规要求和国际通行的原则。

3.2

实验动物 laboratory animals

按相关标准专门培育和饲养的旨在用于实验或用于其他科学目的的动物。

注1:培育和饲养实验动物可能需要主管部门允许。

注2:实验动物需遗传背景明确或来源清楚,并对其携带的微生物、寄生虫和健康状态等实行控制。

注3:鉴于我国语言习惯,在无需特别区分时,广义的实验动物指实验用动物(见本标准3.5)。

3.3

环境丰富化 environmental enrichment

提供给实验动物尽量多的可以满足其天性的环境和物品。

注:环境丰富化也称环境丰富度。

3.4

安死术 **euthanasia**

以迅速造成动物意识丧失而致身体、心理痛苦最小之处死动物的方法。

注：具体方法需要依据动物的品种和实验类型而定。

3.5

实验用动物 **experimental animals**

用于实验的动物，包括实验动物，也包括畜养动物、野生动物等。

注：通常不包括珍稀野生动物。即使实验目的是为了保护该品种动物或实验必须使用该品种的动物，也需要相关
主管部门的特许。

3.6

人道终止时机 **humane endpoint**

考虑人道对待动物的要求和实验要求，合理终止动物用于实验的时机。

注：人道终止时机也称人道终止点。最佳终止点是指此时已经满足了动物实验的要求，且对实验动物造成的伤害
相对最轻。在实验过程中应随时观察，适时对符合人道终止状态的动物及时终止实验。

3.7

实验动物机构 **laboratory animal institutions**

培育、饲养实验动物和(或)从事动物实验的机构。

3.8

大环境 **macro-environment**

实验动物所处小环境的外围环境。

注：大环境和小环境(见本标准3.9)是相对的概念，例如动物房是动物笼具的大环境、自然环境是户外饲养地大环
境，大环境直接影响小环境的稳定性。

3.9

小环境 **micro-environment**

动物直接置于内生活的环境，通常为人工环境，直接影响动物的生长。

注：小环境是相对于大环境(见本标准3.8)而言的。

4 管理体系

4.1 组织和管理

4.1.1 实验动物机构(以下简称机构)或其母体组织应有明确的法律地位和从事相关活动的资格。

4.1.2 机构的法人或其母体组织的法人应承担对机构合法运行的责任，并保证有足够的资源。

4.1.3 应指定一名机构负责人，规定其权力和责任，并为其提供资源。

4.1.4 机构应建立管理体系。管理层应负责管理体系的设计、实施、维持和改进，应负责：

a) 为机构所有人员提供履行其职责所需的适当权力和资源；

b) 建立机制以避免管理层和员工受任何不利于其工作质量的压力或影响(如：财务、人事或其他
方面的)，或卷入任何可能降低其公正性、判断力和能力的活动；

c) 制定保护机密信息的政策和程序；

d) 明确机构的组织和管理结构，包括与其他相关机构的关系；

e) 规定所有人员的职责、权力和相互关系；

f) 安排有能力的专业人员，依据员工的经验和职责对其进行必要的培训和监督；

g) 指定相关领域的管理负责人，赋予其监督相关活动的职责和权力、阻止不符合规范的行为或活

动的权力和直接向决定政策及资源的管理层报告的权力；

    h) 指定负责技术运作的技术管理层,并提供可以满足相关技术要求的资源；

    i) 指定每项活动的项目负责人,其负责制定并向管理层提交活动方案和计划、风险评估报告、安全及应急措施、项目组人员培训计划、职业健康监督计划、安全保障及资源要求等；

    j) 赋予兽医师足够的权力,包括有权接触所有的动物和所需的资源；

    k) 指定所有关键职位的代理人；

    l) 明确动物福利和实验活动需求发生冲突时,优先的准则、程序和最终决定权,并符合主管部门的规定和伦理标准。

4.1.5 机构应有足够的与其活动相适应的专业人员和相关人员,适用时,应有资质证书。

4.1.6 机构应有足够数量的兽医师。对于较小的机构,如果法规无要求,可以聘用兼职兽医师。应指定一名首席兽医师,负责组织管理机构内所用动物的健康和福利等相关事项,至少包括：

    a) 制定和执行兽医护理计划；

    b) 参与制定动物使用计划；

    c) 保证动物实验的质量与动物福利；

    d) 保证外部供应和服务满足兽医学和动物福利的要求；

    e) 制止不符合兽医学和动物福利的行为；

    f) 对参与动物管理和使用的所有人员提供指导,以保证其合理地管理和使用动物；

    g) 及时而准确地掌握有关动物保健、行为和福利方面的信息；

    h) 预防、控制和治疗动物疾病。

4.1.7 机构应设立动物管理和使用委员会(Institutional Animal Care and Use Committee,以下简称"IACUC"),并设立负责人。IACUC应负责保证机构在从事动物相关活动时,均以科学和人道的方式来管理及使用实验动物,并符合法规和标准的要求。关于IACUC的职责和管理要求见本标准的附录A。

4.1.8 机构应有明确的政策和机制保证IACUC可以独立行使权力,机构负责人不应是IACUC的成员。

4.1.9 机构的管理体系可能涉及质量、健康、环境、安全、伦理、动物福利、检测等内容,应与机构规模、活动的复杂程度、工作内容和风险相适应,并覆盖与实验动物生产和使用有关的所有固定设施和场所,以及临时的、移动的和用于运输的设施设备等。

4.1.10 涉及不同的管理要求时,机构宜建立协调统一的管理体系,以保证工作效率和可操作性。

4.1.11 应合理安排质量、安全、职业健康、环境、动物福利、检测等事项管理的负责人,在保证无利益冲突的前提下人员可以兼职。

4.1.12 涉及生物安全管理时,如果适用,应满足GB 19489的要求。

4.1.13 机构的职业健康安全管理应参照GB/T 28001和GB/T 28002的要求。

4.1.14 涉及环境管理时,如果适用,应参照GB/T 24001的要求。

4.1.15 应有政策和程序保证机构的任何一项活动在实施前已经过系统的评审,以保证符合所规定的政策、要求并具备可实施性。

4.1.16 应建立政策和程序,以选择和使用所购买的可能影响其服务质量的外部服务、设备、供应品以及消耗品等,应有对其进行检查、接受、拒收和保存的程序及标准。

4.1.17 当采购的设备和消耗品可能会影响动物的管理和使用时,在确认这些物品达到规格标准或有关程序中规定的要求之前不应使用,应使用可靠的方法确认并保留记录。

4.1.18 如果委托实验室(不论第一方、第二方或第三方性质的实验室)对机构的设施、环境、饲料、饮水、垫料、动物质量等进行检测,应选择符合 GB/T 27025 要求或有资质的实验室。

4.1.19 应建立供应品的库存控制系统。库存控制系统应至少记录供应品的数量、规格、来源、批号、有效期、机构接收日期、投入使用日期等可能影响动物管理和使用的信息。

4.1.20 应评估和建立合格供应商的名录,并定期评审。

4.1.21 应有专业人员负责咨询来自政府、公众、合作者等各方面的关于机构动物管理和使用的问题。

4.1.22 政策、过程、方案和计划、程序和指导书等应文件化并传达至所有相关人员。管理层应保证这些文件易于理解并可以实施。

4.1.23 管理体系文件通常包括管理手册、程序文件、说明及操作规程、记录等文件,应有供现场工作人员使用的快速指引文件。

4.1.24 应指导所有人员使用和应用与其相关的管理体系文件及其实施要求,并评估其理解和运用的能力。

4.2 人员要求

4.2.1 所有工作人员均应经过适当的培训和能力评估,保证胜任其岗位。

4.2.2 当主管部门有要求时,适用的人员应具备资质证书。

4.2.3 适用时,应无职业禁忌症。

4.2.4 机构应有机制保证聘用人员与全职人员同样履行职责。

4.2.5 兽医师应持有证书和具有执业资格,并在其负责的动物种类的兽医护理方面经过系统培训且具有至少 5 年的实际工作经验。

注 1:本标准所述兽医师不包括涉及家畜、家禽以及与宠物相关领域的兽医师,持有的兽医证书应是经过严格的实验动物科学专业培训后获得的兽医证书,并在相关的实验动物科学领域具有经验和获得技术职称。

注 2:本标准所述兽医师指被机构赋予责任可以独立工作的兽医师,不包括实习兽医师。实习兽医师可在兽医师的指导下工作,但实习兽医师的活动和承担的责任应符合法规的要求。

4.3 管理体系文件

4.3.1 管理的方针和目标

4.3.1.1 在管理手册中应明确机构的管理方针和目标。管理方针应简明扼要,至少包括以下内容:
   a) 遵守国家以及地方相关法规和标准的承诺;
   b) 关于职业健康、安全与动物福利的承诺;
   c) 遵守本标准要求的承诺;
   d) 满足客户和监管机构要求的承诺;
   e) 管理的宗旨。

4.3.1.2 管理目标应包括对管理活动和技术活动制定的控制指标,以及安全指标,应明确、可考核。

4.3.1.3 应在系统评估的基础上确定管理目标,并根据机构活动的复杂性和风险程度定期评审管理目标和制定监督检查计划。

4.4 管理手册

4.4.1 应对组织结构、人员岗位及职责、对机构的要求、管理体系、体系文件架构等进行规定和描述。对机构的要求不应低于国家和地方相关规定及标准的要求。

4.4.2 应明确规定管理人员的权限和责任,包括保证其所管人员遵守管理体系要求的责任。

4.4.3 所有政策和要求应以国家主管部门和国际标准化组织等机构或行业权威机构发布的指南或标

准等为依据,并符合国家相关法规和标准的要求。

4.5 程序文件

4.5.1 应明确规定实施各项要求的责任部门、责任范围、工作流程及责任人、任务安排及对操作人员能力的要求、与其他责任部门的关系、应使用的工作文件等。

4.5.2 应满足机构实施各项要求的需要,工作流程清晰,各项职责得到落实。

4.6 说明及操作规程

4.6.1 应详细说明使用者的权限及资格要求、潜在危险、设施设备的功能、活动目的和具体操作步骤、防护和安全操作方法、应急措施、文件制定的依据等。

4.6.2 应维持并合理使用工作中涉及的所有材料的最新安全数据单。

4.7 安全手册

4.7.1 应以国家、地方等主管部门的安全要求为依据制定安全手册;应要求所有员工阅读安全手册并在工作区随时可供使用;适用时,安全手册应包括(但不限于)以下内容:

a) 紧急电话、联系人;

b) 设施的平面图、紧急出口、撤离路线;

c) 标识系统;

d) 生物危险(包括涉及实验动物和微生物的各种风险);

e) 化学品安全;

f) 辐射;

g) 机械安全;

h) 电气安全;

i) 低温、高热;

j) 消防;

k) 个体防护;

l) 危险废物的处理和处置;

m) 事件、事故处理的规定和程序;

n) 从工作区撤离的规定和程序。

4.7.2 安全手册应简明、易懂、易读,管理层应至少每年对安全手册进行评审,需要时进行更新。

4.8 记录

4.8.1 应明确规定对相关活动进行记录的要求,至少应包括:记录的内容、记录的要求、记录的档案管理、记录使用的权限、记录的安全、记录的保存期限等。保存期限应符合国家和地方法规或标准的要求。

4.8.2 应建立对记录进行识别、收集、索引、访问、存放、维护及安全处置的程序。

4.8.3 原始记录应真实并可以提供足够的信息,保证可追溯性。

4.8.4 对原始记录的任何更改均不应影响识别被修改的内容,修改人应签字和注明日期。

4.8.5 所有记录应易于阅读,便于检索。

4.8.6 记录可存储于任何适当的媒介,包括形成电子文件,应符合国家和地方的法规或标准的要求。

4.8.7 应具备适宜的记录存放条件,以防损坏、变质、丢失或未经授权的进入。

GB/T 27416—2014

4.9 标识系统

4.9.1 机构用于标示危险区、警示、指示、证明等的图文标识是管理体系文件的一部分,包括用于特殊情况下的临时标识,如"污染"、"消毒中"、"设备检修"等。

4.9.2 标识应明确、醒目和易区分。只要可行,应使用国际、国家规定的通用标识。

4.9.3 应系统而清晰地标示出控制区,在某些情况下,宜同时使用标识和物理屏障标示出控制区。

4.9.4 应清楚地标示出具体的危险材料、危险,包括:生物危险、有毒有害、腐蚀性、辐射、刺伤、电击、易燃、易爆、高温、低温、强光、振动、噪声、动物咬伤、砸伤等;需要时,应同时提示必要的防护措施。

4.9.5 应在须核查或校准之设备的明显位置注明设备的可用状态、核查周期、下次核查或校准的时间等信息。

4.9.6 如果涉及病原微生物,在入口处应有标识,明确说明生物防护级别、操作的致病性生物因子、负责人姓名、紧急联络方式和国际通用的生物危险符号;适用时,应同时注明其他危险。

4.9.7 所有房间的出口和紧急撤离路线应有在无照明的情况下也可清楚识别的标识。

4.9.8 所有管道和线路应有明确、醒目和易区分的标识。

4.9.9 所有操作开关应有明确的功能指示标识,必要时,还应采取防止误操作或恶意操作的措施。

4.9.10 管理层应负责定期(至少每12个月一次)评审标识系统,需要时及时更新,以确保其适用。

4.10 文件控制

4.10.1 应对所有管理体系文件进行控制,制定和维持文件控制程序,确保员工使用现行有效的文件。

4.10.2 应将受控文件备份存档,并规定其保存期限。文件可以用任何适当的媒介保存,不限定为纸张。

4.10.3 应有相应的程序以保证:
    a) 所有管理体系文件应在发布前经过授权人员的审核与批准;
    b) 动态维持文件清单控制记录,并可以识别现行有效的文件版本及发放情况;
    c) 在相关场所只有现行有效的文件可供使用;
    d) 定期评审文件,需要修订的文件经授权人员审核与批准后及时发布;
    e) 及时撤掉无效或已废止的文件,或可以确保其不被误用;
    f) 适当标注存留或归档的已废止文件,以防误用。

4.10.4 如果文件控制制度允许在换版之前对文件手写修改,应规定修改程序和权限。修改之处应有清晰的标注、签署并注明日期。被修改的文件应按程序及时发布。

4.10.5 应制定程序规定如何更改和控制保存在计算机系统中的文件或其他电子文件。

4.10.6 管理体系文件应具备唯一识别性,文件中应包括以下信息:
    a) 标题;
    b) 文件编号、版本号、修订号;
    c) 页数;
    d) 生效日期;
    e) 编制人、审核人、批准人;
    f) 参考文献或编制依据。

4.11 工作计划

4.11.1 应制定年度工作计划,并经管理层审核与批准。适用时,工作计划宜包括(不限于):

a) 年度工作安排的说明和介绍；

b) 生产或使用实验动物的计划；

c) IACUC 活动与检查计划；

d) 人员教育、培训及能力评估计划；

e) 设施设备校准、核查和维护计划；

f) 危险物品使用计划；

g) 设施消毒灭菌计划；

h) 应急演习计划；

i) 监督及检查计划（包括核查表）；

j) 职业健康安全计划（包括免疫计划）；

k) 审核与评审计划；

l) 持续改进计划；

m) 行业最新进展跟踪计划。

4.12 检查

4.12.1 管理层应负责实施检查，每年应至少根据管理体系的要求系统性地检查一次，对关键控制点可根据风险评估报告适当增加检查频率，以保证：

a) 设施设备的功能和状态正常；

b) 警报系统的功能和状态正常；

c) 应急装备的功能及状态正常；

d) 消防装备的功能及状态正常；

e) 危险物品的使用及存放安全；

f) 废物处理及处置的安全；

g) 人员能力及健康状态符合工作要求；

h) 安全计划实施正常；

i) 动物管理和使用计划实施正常；

j) 各项活动的状态正常；

k) 不符合规定的工作及时得到纠正；

l) 所需资源满足工作要求。

4.12.2 为保证检查工作的质量，应依据事先制定的适用于不同工作领域的核查表实施检查。

4.12.3 当发现不符合规定的工作、发生事件或事故时，应立即查找原因并评估后果；必要时，停止工作。

4.12.4 外部的评审活动不能代替机构的自我检查。

4.12.5 涉及动物使用与管理的检查活动，应由 IACUC 实施，见本标准的附录 A。当在检查周期内恰有主管机构在该领域的评审报告时，如果适用，IACUC 可以引用本次主管机构检查报告中的相关结果。

4.13 不符合项的识别和控制

4.13.1 当发现有任何不符合机构所制定的管理体系的要求时，管理层应按需要采取以下措施（不限于）：

a) 将解决问题的责任落实到个人；

b) 明确规定应采取的措施；

c) 只要发现很有可能造成人员或动物感染事件或其他损害,适用时,立即终止活动并报告;

d) 立即评估并采取补救措施或应急措施;

e) 分析产生不符合项的原因和影响范围,只要适用,应及时采取适当的纠正措施;

f) 进行新的风险评估并验证措施的有效性;

g) 明确规定恢复工作的授权人及责任;

h) 记录每一不符合项及对其处理的过程并形成文件。

4.13.2 管理层应按规定的周期评审不符合项报告,以发现趋势并采取预防措施。

4.14 纠正措施

4.14.1 纠正措施程序中应包括识别问题发生的根本原因的调查程序。纠正措施应与问题的严重性及风险的程度相适应。只要适用,应及时采取预防措施。

4.14.2 管理层应将因纠正措施所致的管理体系的任何改变文件化并实施。

4.14.3 管理层应负责监督和检查所采取纠正措施的效果,以确保这些措施已有效解决了识别出的问题。

4.15 预防措施

4.15.1 应识别无论是技术还是管理体系方面的不符合项来源和所需的改进,定期进行趋势分析和风险分析,包括对外部评价的分析。如果需要采取预防措施,应制定行动计划、监督和检查实施效果,以减少类似不符合项发生的可能性并借机改进。

4.15.2 预防措施程序应包括对预防措施的评价,以确保其有效性。

4.16 持续改进

4.16.1 应建立机制保证所有员工主动识别所有潜在的不符合项来源、识别对管理体系或技术的改进机会。适用时,应及时改进识别出的需改进之处,应制定改进方案,文件化、实施并监督。

4.16.2 管理层应设置可以系统地监测、评价相关活动的客观指标。

4.16.3 如果采取措施,还应通过重点评审或审核相关范围的方式评价其效果。

4.16.4 需要时,应及时将因改进措施所致的管理体系的任何改变文件化并实施。

4.16.5 管理层应为所有员工提供相关的教育和培训,保证其有能力参与改进活动。

4.17 内部审核

4.17.1 应根据管理体系的规定对所有管理要素和技术要素定期进行内部审核,以证实管理体系的运作持续符合要求。

4.17.2 如果涉及多项管理体系的要求,宜按领域策划、组织并实施审核。

4.17.3 应明确内部审核程序并文件化,应包括审核范围、频次、方法及所需的文件。如果发现不足或改进机会,应采取适当的措施,并在约定的时间内完成。

4.17.4 正常情况下,应按不大于 12 个月的周期对管理体系的每个要素进行内部审核。

4.17.5 员工不应审核自己的工作。

4.17.6 应将内部审核的结果提交管理层评审。

4.18 管理评审

4.18.1 管理层应对管理体系及其全部活动进行评审,包括设施设备的状态、人员状态、相关的活动、变更、事件、事故等。

4.18.2 需要时,管理评审应考虑以下内容(不限于):

a) 前次管理评审输出的落实情况;

b) 所采取纠正措施的状态和所需的预防措施;

c) 管理或监督人员的报告;

d) 近期内部审核的结果;

e) IACUC 的报告,包括动物福利的内容;

f) 风险评估与风险管理报告;

g) 外部机构的评价报告;

h) 动物管理和使用计划,包括是否有可利用的替代实验和是否可减少动物使用量等内容(见本标准的附录 B);

i) 任何变化、变更情况的报告;

j) 设施设备的状态报告;

k) 管理职责的落实情况;

l) 人员状态、培训、能力评估报告;

m) 职业健康安全状况报告;

n) 不符合项、投诉、事件、事故及其调查报告;

o) 持续改进情况报告;

p) 对服务供应商的评价报告;

q) 适用时,来自客户的评价报告;

r) 国际、国家和地方相关规定和技术标准的更新与维持情况;

s) 管理方针及目标;

t) 管理体系的更新与维持;

u) 工作计划的落实情况及所需资源。

4.18.3 只要可行,应以客观方式监测和评价管理体系的适用性和有效性。

4.18.4 应记录管理评审的发现及提出的措施,应将评审发现和作为评审输出的决定列入含目的、目标和措施的工作计划中,并告知员工。管理层应确保所提出的措施在规定的时间内完成。

4.18.5 对于较大的机构,管理评审宜按不同的主题分别进行,典型的管理评审周期是 12 个月。

4.19 应急管理和事故报告

4.19.1 应制定应急管理政策和程序,包括生物性、化学性、物理性、放射性等紧急情况和火灾、水灾、冰冻、地震、人为破坏等任何意外紧急情况,还应包括使留下的空建筑物处于尽可能安全状态的措施,需要时,应征询相关主管部门的意见和建议。

4.19.2 应以国家法律法规、国家和地方的应急预案和要求为基础制定机构的应急措施,同时考虑机构的特点和资源,应急措施中应包括紧急撤离计划。机构的首要责任是保护人员安全和避免波及公共安全。

4.19.3 应建立程序和方法,以识别和监测潜在的事件或紧急情况,并作出响应,以预防和减少可能随之引发的疾病、伤害、损失、业务中断等。

4.19.4 适用时,应急程序应至少包括负责人、组织、应急准备和响应、应急通讯、报告内容、个体防护和应对程序、应急设备和工具包、污染源隔离和消毒灭菌、人员隔离和救治、现场隔离和控制、动物福利和健康、撤离计划和路线、风险沟通等内容。

4.19.5 应使所有人员(包括来访者)熟悉应急行动计划、撤离路线和紧急撤离的集合地点。

4.19.6 应定期演练和评估涉及各种风险的应急程序和应急预案,并制定年度计划。每年应组织进行专项演练,如电力系统故障、危险物质泄漏等应急处置演练,并至少组织所有员工进行一次撤离演习。

4.19.7 应有消防相关的政策和程序,并使所有人员理解,以保证人员安全和动物安全。

4.19.8 应制定年度消防计划,内容至少包括(不限于):

　　a) 对员工的消防指导和培训,内容至少包括火险的识别和判断、减少火险的良好操作规程、失火时应采取的全部行动;

　　b) 消防设施设备和报警系统状态的检查;

　　c) 消防安全定期检查计划;

　　d) 消防演习(每年至少一次)。

4.19.9 只要适用,应配备控制可燃物少量泄漏的工具包。如果发生明显泄漏,应立即寻求消防部门的援助。

4.19.10 应配备适当的设备,需要时用于扑灭可控制的火情及帮助人员从火场撤离。

4.19.11 应依据可能失火的类型配置适当的灭火器材并定期维护,应符合消防主管部门的要求。

4.19.12 如果发生火警,应立即寻求消防部门的援助,并告知机构内存在的危险。

4.19.13 机构应及时处理可控的事故,避免事态扩大;对于机构不能控制的事故,应求助并执行紧急撤离计划,此时的一些防护和控制措施,均应以保护人员安全撤离为目的,而非以救灾为目的。

4.19.14 应有报告紧急事件、伤害、事故、职业相关疾病以及潜在危险的政策和程序,符合国家和地方对事故报告的规定要求,任何人员不得隐瞒。

4.19.15 所有紧急事件、事故报告应形成书面文件并存档(包括所有相关活动的记录和证据等文件)。适用时,报告应包括事实的详细描述、原因分析、影响范围、后果评估、采取的措施、所采取措施有效性的追踪、预防类似事件发生的建议及改进措施等。

4.19.16 事故报告(包括采取的任何措施)应提交机构管理层、安全委员会和IACUC评审,适用时,还应提交更高管理层评审。

4.19.17 在发生事件或紧急情况后,应进行后评估。

5 实验动物设施

5.1 规划与设计

5.1.1 应以保护人员健康、环境安全、保证动物实验的质量以及满足动物福利为宗旨。

5.1.2 应创造适应动物居住和生长的环境条件,而非试图限制或改变动物的生活习性。

5.1.3 设施的选址、设计和建造应符合国家和地方环境保护和建设主管部门等的规定和要求。

5.1.4 设施的防火和安全通道设置应符合国家的消防规定和要求,同时应考虑实验动物和生物安全的特殊要求;必要时,应事先征询消防主管部门的建议。

5.1.5 设施的安全保卫应符合国家相关部门对该类设施的安全管理规定和要求。应根据设施的情况,确定防护范围(包括周围)和防护要求,应建立出入控制系统。

5.1.6 所用的建筑材料和设备等应符合国家相关部门对该类产品生产、销售和使用的规定和要求。

5.1.7 应采用利于工作效率与符合卫生要求的建材,理想的建材应兼具耐用、防潮、防火、无缝隙、光滑、耐酸碱等清洁消毒剂的冲刷、抗碰撞、耐老化、无气味、无毒、无放射性、不变色、不产生粉屑物等特性。

5.1.8 表面涂料如果用于动物可直接接触的表面,应确保其没有毒性。

5.1.9 实验动物设施应为独立的建筑或在建筑物的一个独立区域,或者有严格的隔离措施与其他公共空间隔离。

5.1.10 动物房舍设施的设计应保证对生物、化学、辐射和物理等危险源的防护水平控制在经过评估的可接受程度,为关联的办公区和邻近的公共空间提供安全的工作环境,并防止危害环境。工作人员休息区应与动物饲养区有效隔离。

5.1.11 平面工艺、围护结构的严密性、室内压力、气流组织等的设计应符合控制交叉污染和防止污染扩散的原理,对污染扩散风险较大的房间和走廊应设计为负压(与不期望扩散到的相邻区比)。

  注:如果考虑控制生物风险,检疫和隔离室宜设计为负压室或单独设置。

5.1.12 应事先规划大型设备的安放空间,考虑不相容、承重、与环境的关系等事项。

5.1.13 动物房舍空间的大小应满足动物福利的基本要求,需要考虑动物种类、健康状况、生理需求、繁殖性能、生长期、行为表现、社交活动、运动、安全、相互干扰等对空间的要求。应考虑对动物群居饲养的要求,以及不同类型的动物实验要求。

  注:本标准所述的动物种类一词,在无特别说明时可能涉及品系、群体特征、个体特征(如不同的发育特征、病理生   理特征)等内容。

5.1.14 群养动物房舍的设计应使动物可以在受攻击时逃避或躲藏。

5.1.15 动物对空间的需求包括地面面积、高度、墙面、遮蔽物或笼舍等,其中食物、饮水、器皿及其他非运动或休息设备等所占据的空间,不应算为地面面积。

5.1.16 应意识到房舍最佳空间的确定是复杂的,宜根据权威文献的建议和专家的建议确定。

5.1.17 应设计人员紧急撤离路线,紧急出口应有明显的标识。

5.1.18 应评估动物、生物材料、样本、药品、化学品和机密资料等被误用、被偷盗和被不正当使用的风险,并采取相应的物理防范措施。

5.1.19 应有专门设计以确保存储、转运、收集、处理和处置危险物料的安全。

5.1.20 温度、湿度、照度、噪声、振动、洁净度、换气次数、有害物质浓度等环境参数应符合该区域(小环境或大环境)的工作要求和卫生等相关要求。

5.1.21 动物对光照、噪声和振动等的感受可能不同于人类,对这些因素的控制还应考虑动物健康与福利的要求。

5.1.22 应意识到小环境是动物直接生活的环境,大环境主要是保护和维持小环境,并满足工作要求、保护人员安全和环境安全。因此,应根据需求设定控制参数和要求。

5.1.23 设计还应考虑节能、环保及舒适性要求,应符合职业卫生要求和人机工效学要求。

5.1.24 对于大型机构,在规划设计时宜建立电力监控与管理方案。

5.1.25 门、窗、送风口、排风口、管线通道、各种接口、开关盒等的设计位置应依据房间的功能和内部设备的情况预先确定。

5.1.26 应合理安放或有效隔离可产生振动、噪声、冷热、强光或反射光、气流等的设施设备或源。

5.1.27 动物房舍与进行动物实验频繁的实验间应尽量相邻,需根据不同的要求进行隔离,如设计为套间或设置缓冲间等。

5.1.28 应有充足的空间,保证具备恰当的环境条件,并应易于大型物品进出、照料动物、清洁、实验操作和维护设施。

5.1.29 应有满足工作需要的工作空间和相应的辅助空间。应根据功能或不相容控制原则明确区分不同的功能区或控制区,至少应考虑:

  a) 动物饲育区和特殊饲育区;

  b) 动物接收、检疫及隔离饲育区;

  c) 饲育设备与饲育材料清洁消毒区;

  d) 不同材料的储存区或储存库;

e) 不同的实验功能区；

f) 废物暂存区；

g) 冷藏及冷冻尸体存放库；

h) 行政办公区；

i) 教育训练区；

j) 员工休息区；

k) 设备区和控制室；

l) 门、连接通道、缓冲区等。

注1：对设施的工艺布局应至少满足国家强制性要求，基于实验动物科学的发展，本标准鼓励采用最新且公认的理念和技术。

注2：不同主管部门的要求可能是有差异的，需要时，机构应事先征询主管部门的建议。

5.1.30 应根据动物的种类、身体大小、生活习性、实验目的等设计动物房舍设施和安排，应避免不同习性动物之间的相互干扰，以满足动物饲养、动物实验及动物福利的要求。

5.1.31 应考虑和满足某些种类或不同状态下动物对环境条件的特殊要求。

5.1.32 应有防止野外动物(如节肢动物和啮齿动物等)进入的措施。

5.1.33 应符合生物安全要求，设计时应考虑对动物呼吸、排泄物、毛发、抓咬、挣扎、逃逸等的控制与防护，以及对动物饲养、动物实验(如：染毒、医学检查、取样、解剖、检验等)、动物尸体及排泄物的处置等过程产生的潜在生物危险的防护。

5.1.34 应对设计方案进行综合评估，保证利大弊小且符合相关法规标准的要求。

5.2 建造要求

5.2.1 总则

5.2.1.1 应满足 GB 14925 和 GB 50447 的要求。

5.2.1.2 涉及生物安全要求时，应满足 GB 19489 和 GB 50346 的要求。

5.2.1.3 应对拟采用的技术和解决方案进行综合评估，保证利大弊小且能达到设计要求。

5.2.2 走廊

5.2.2.1 应依据走廊所在的位置和功能设计其宽度，不宜小于 1.5 m，建议的走廊宽度为 1.8 m～2.4 m。

5.2.2.2 应有措施阻隔通过走廊传播的噪音、污染物和其他危险源，如采取设置双层门、缓冲间或气锁等措施。

5.2.2.3 设施的检修入口、检修端、开关箱、消防栓、灭火器箱、电话等设备应尽量设置在走廊合适的位置，且不影响交通和人员逃生。

5.2.3 围护结构

5.2.3.1 门框应根据所在房间的功能和物流情况设计，应足够大。

5.2.3.2 门与门框应紧密结合，避免害虫侵入或藏匿。

5.2.3.3 门的开启方向应考虑气流方向、对安全的影响、动物逃逸等事项，需要时，采取其他措施，如加装门龛、防护门等。

5.2.3.4 门上应设观察窗，有避光需要时可采用有色玻璃或在门的外面安装窗帘。

5.2.3.5 根据需要，应对不同控制区的门按权限设置出入限制。

5.2.3.6 动物房舍是否设窗户应决定于工作要求和动物福利要求。啮齿类动物的房舍不宜设窗户,但非人灵长类动物的房舍宜设窗户。如果安装窗户,应保证其密封性和牢固性符合该房间的工作要求和安全要求。

5.2.3.7 地面的材质、光滑度和房舍内的颜色等应适合于动物的种类和习性。

5.2.3.8 应考虑该区域放置或经过的一些重型设备和大型动物对地面的要求和影响。

5.2.3.9 墙面、天花板和地面应耐腐蚀、易清洁、不吸水、耐冲击,并尽量减少接缝。

5.2.3.10 不宜采取吊顶式天花板,建议采用硬顶结构。

5.2.3.11 如果可行,应暗装管线。对于高级别防护水平的生物安全设施,由于考虑墙体密封要求,通常采用明装管线。

5.2.3.12 应考虑围护结构的强度、防火性、隔音性和保温性等符合所在区域的要求。

5.2.4 通风和空调

5.2.4.1 通风应保证供应充足的氧气,维持温度、湿度,稀释有害因子,需要时,在相邻空间形成定向气流。

5.2.4.2 通风空调系统应设置备用送风机和排风机。

5.2.4.3 适用时,大环境和小环境的通风空调应匹配,以保证各自区域的控制参数符合要求。

5.2.4.4 传感器的设置位置和数量应合理,保证可以代表实际情况。

5.2.4.5 应在房舍内(适用时,包括小环境)适宜的位置安装符合计量要求的温湿度计,以其显示的值作为实际结果。

5.2.4.6 应有适宜的控制方案,以保证每个房舍的温湿度参数符合各自的要求。

5.2.4.7 在设定温湿度的控制限值时应考虑波动范围。应避免环境参数变化范围过大,对设定温度实际的控制精度应达到±2 ℃之内;对设定湿度的实际控制精度应达到±10%之内。

5.2.4.8 应有措施控制任何情况下发生室内压力过高或过低的风险,以及发生规定的定向气流逆转的风险。

5.2.4.9 应监测高效过滤器的阻力并对高效过滤器定期检漏,以保证其性能正常。

5.2.4.10 应有措施控制不同区域空气的交叉污染。

5.2.4.11 应有措施保证对房舍进行气体消毒时不影响其他房间和区域。

5.2.4.12 送风口和排风口的位置、数量和大小应合理,不与房间内设备和物品等以及工作性质相冲突。

5.2.4.13 生物安全设施应设独立的通风空调系统,排出的空气不应循环使用。

5.2.4.14 使用循环风可以节能,但存在有害因子扩散的风险。在全面风险评估和不降低要求的基础上,利用可靠技术在特定区域使用循环风是可接受的。

5.2.4.15 应保证充足的换气次数以满足动物小环境的空气质量,但应意识到其受诸多因素的影响,如笼具的类型、垫料特性和更换频率、房舍大小和通风效率、工作人员密度、动物实验的要求以及动物的种类、生活习惯、体型和数量等,因此应根据实际情况进行必要的调整,以保证空气质量切实符合要求。同时,应避免小环境风速对动物的影响。

5.2.4.16 通风空调系统应适宜于当地气候并考虑极端气候的影响。

5.2.4.17 在不影响工作、安全健康和动物福利的条件下,应尽量采用节能技术和方案。

5.2.5 给水和排水

5.2.5.1 需要时,应在给排水管道的关键节点安装截止阀、防回流装置、高效过滤器或呼吸器。

5.2.5.2 如果安装动物的饮用水管道,管道材质和配件材质应符合卫生要求;安装应符合产品要求。

5.2.5.3 动物饮用水系统应具备定时冲洗功能,以防止饮水长期静止,应在关键节点留水质检测口。

5.2.5.4 动物饮水嘴应适宜于动物种类和习性,保证动物的饮水量,且光滑、易清洁、不易堵塞、耐动物抓咬、配件牢固、不以任何方式损伤动物。

5.2.5.5 如果漏水将直接影响动物的生活或导致危险物质扩散,应有报警机制。

5.2.5.6 如果地面设有排水口,地面坡度应易于排水。

5.2.5.7 应合理设置排水管,存水弯应足够深,排水管的直径应足够大。

5.2.5.8 需要时,应可以封闭所有排水口。

5.2.5.9 应针对房间的特点进行风险评估,有措施保证排水口不会成为危险物质扩散的通道,以及避免各种小生物滋生和出入。

5.2.5.10 应有处理固体污物的措施。

5.2.6 污物处理和消毒灭菌

5.2.6.1 应遵循以下原则处理和处置污物:

 a) 将操作、收集、运输、处理及处置污物的危险减至最小;

 b) 将其对环境、健康的有害作用减至最小;

 c) 只可使用被承认的技术和方法处理和处置污物;

 d) 储存、排放符合国家或地方规定和标准的要求。

5.2.6.2 应考虑普通、生物性、放射性和化学性污物等的不同处理要求,并可实现分类处置。

5.2.6.3 污物处理和消毒的能力应与机构产生废物的量相适应,具备充足的和符合相应要求的污物处置资源,如存储装置和空间、消毒灭菌设备、收集、无害化处理、包装、排放设备等。

5.2.6.4 污物处理方式(如焚烧、炼制等)和排放应符合环境保护主管部门的相关规定和要求。

5.2.6.5 宜优先采用高压蒸汽等物理方式消毒灭菌。

 注:机构应根据风险评估,确定需要达到的消毒水平或灭菌水平。

5.2.6.6 采用气体消毒装置时,应按制造商的要求安装和使用,并与所消毒空间的大小和内部物品的复杂程度相适应。

5.2.6.7 携带可传染性病原的大型动物尸体的消毒灭菌宜选用专门设备。

5.2.6.8 所有消毒灭菌装置在新安装、维修后,应按系统的方案进行消毒灭菌效果验证。

5.2.7 电力和照明

5.2.7.1 应有足够的电力供应,供电原则和设计符合国家法规和标准的要求。

5.2.7.2 应对设施不同系统对供电的需求进行识别和分级,应保证对重要系统和设备的供电有合理的冗余安排,对关键系统和设备应配备备用电源或不间断电源(UPS)。

5.2.7.3 应合理安排配电箱、管线、插座等,规格和性能应符合所在房间的技术要求和特殊要求,如密封性、防水性、防爆性等。电器装置的性能和安全应符合国家相关标准的要求。

5.2.7.4 紧急供电应优先考虑用自动启动的方式切换。

5.2.7.5 重要的开关应安装防止无意操作或误操作的保护装置。

5.2.7.6 应根据动物的种类、习性、实验计划的要求选择适当的光源、照度和颜色,灯具的安装方式应不易积尘。

5.2.7.7 光的照度和波长范围应保证动物获得清晰的视觉和维持生理规律,并满足人员工作和观察动物的需要。

5.2.7.8 宜采用自动控制方案解决灯光模拟昼夜交替的需要。

5.2.7.9 应保证不同位置动物接受的光照一致,至少,应可以通过定期轮换动物饲养位置的方式而解决。

5.2.7.10 每个房间应有独立的电源开关。

5.2.7.11 更换和维修动物房舍内电灯的方式应方便和不影响动物,宜采用可在室外完成的方案。

5.2.7.12 应按法规和标准的要求配备应急照明。

5.2.8 通讯

5.2.8.1 通讯系统应满足工作需要和安全需要。

5.2.8.2 如果是内部电话系统,应考虑紧急报警方式。

5.2.8.3 采用了无线通讯、无线信息采集与管理技术的机构,应有措施保证信号的覆盖范围和强度,并符合国家对该类产品的要求。

5.2.8.4 如果设置了局域网,应有措施保证网络运行的可靠性及数据的安全性。

5.2.9 自控、监视和报警

5.2.9.1 采用机械通风的设施应有自控和报警系统。

5.2.9.2 强烈建议采用自动方式采集环境监测参数(包括光照周期等),并设异常报警。

5.2.9.3 大中型设施和复杂设施应有自控、监视和报警系统,应设中央控制室。只要可行,应采用自动方式采集环境监测参数。

5.2.9.4 应在风险评估的基础上,在重要区域设置监视系统。

5.2.9.5 报警信号和方式应使员工可以区分不同性质的异常情况,紧急报警应为声光同时报警。

5.2.9.6 应在风险评估的基础上,在重要区域设置紧急报警按钮。

5.2.9.7 自控系统采集信号的时间间隔应足够小,储存数据介质的容量应足够大,应可以随时查看运行日志和历史记录。

5.2.9.8 遇到紧急情况,中控系统应可以解除其控制的所有涉及逃生和应急设施设备的互锁功能。在有互锁机制的设施设备旁的明显和方便之处,应安装手动解除互锁按钮。

5.2.10 存储区

5.2.10.1 走廊不应作为存储区用。

5.2.10.2 饲料和垫料的存储区应可控制温度、湿度和通风,并没有虫害、鼠害、微生物(细菌、病毒、真菌等)繁殖、化学危害、异味等。

5.2.10.3 需要时,饲料存储区的温度应可以控制在 4 ℃～20 ℃、湿度控制在＜50%。

5.2.10.4 应具备低温保存动物尸体、组织等的条件。

5.2.10.5 如果涉及感染性物质、放射性物质、剧毒物质、易燃易爆物质等,应有相应的专业设计和措施。

5.2.10.6 应有条件(如控制温湿度等)和空间分类保存所用的各种样本、物品、材料、耗材、备件、文件、记录、废物等,并保证被存放物不变质、不相互影响且安全。

5.2.11 洗刷和消毒

5.2.11.1 大中型机构应设置中心洗刷消毒间,其在机构内的位置和与各功能区等的物流通道应设计合理。

5.2.11.2 热水、蒸汽等管道应有标识并做隔热处理。

5.2.11.3 保证工作环境符合职业卫生要求,需要时,应安装紧急喷淋和洗眼装置等应急装备。

5.2.11.4 使用大型清洗设备和消毒设备时,应有措施保证工作人员的安全。

5.2.11.5 物品传递、洗刷和消毒能力应适应于工作量,符合污染分级和分区控制的原则。

5.2.11.6 所用材料的绝缘性和设备的接地等应符合电气安全要求。

5.2.12 手术室

5.2.12.1 手术室的设计和建造原则是控制污染(包括交叉污染和污染扩散,特别是通过气溶胶传播的污染物)、易清洁和易消毒灭菌,以及适宜于手术流程管理。

5.2.12.2 如果需要进行无菌手术,设施和设备应满足无菌手术的条件。

5.2.12.3 功能完整的手术室通常包括以下区室(不限于):

 a) 手术器材准备与供应室;

 b) 动物术前准备室;

 c) 更衣室与刷手室;

 d) 手术室;

 e) 术后恢复室。

5.2.12.4 应根据需求、动物的种类和手术程序的要求设计和建造手术室,并配备相关的设施和设备。同时,应考虑相关功能区的规划和设计。

5.2.12.5 应保证手术室和术后恢复室的温度及其变化范围满足要求,两室的温差绝对值不应超过3 ℃。

5.2.12.6 如果仅用啮齿类等小型动物进行实验且所用动物数量不大,不一定需要独立的手术室,但不宜在动物饲养间内操作。

5.2.12.7 手术区应与其他功能区域有明确的分隔,应控制人员的进出频率,以降低感染率。

5.2.12.8 如果有生物风险,应在相应防护级别设施中的负压解剖台或生物安全柜中进行手术;如果必须在开放的手术台做手术,应主要依靠个体防护装备和管理措施保证安全。

5.2.13 水生动物饲养室

5.2.13.1 应建立可靠的水生饲养生命支持系统,适用于水生动物的种类、大小、数量以及所用水族箱的安排情况,并可以方便地观察实验动物。需要时,应可以监测水质。

5.2.13.2 应保持动物所需要的水温、光照和气压。水质应符合水生动物的生长需求,并不含可能干扰实验质量和影响动物的物质。

5.2.13.3 饲养系统应可以更新、清除废物和保持水质的各项指标(包括微生物指标)持续符合要求,应可以提供平衡、稳定的环境,保证可靠的氧气和食物供给,以维持动物的生活需要。

5.2.13.4 饲养环境的安排应满足水生动物的生理需求、行为要求、运动和社交活动。应控制可能干扰或影响动物的因素,特别注意光线、声音、振动对水生动物的影响。

5.2.13.5 应有措施防止水生动物逃逸,并可以避免动物被意外卡住或被锐利的边缘伤害。

5.2.13.6 如果涉及用电,应有机制防止人员或水生动物被电击。

5.2.13.7 房间所用材料和设计应防潮湿,地板应防滑、不积水,地面应有足够的重量载荷能力。

5.2.13.8 房间内所有设施和设备应可防潮和耐腐蚀,应有机制保证电气设备工作正常、良好接地和不漏电或有保护装置。

5.2.13.9 应有通风机制,避免形成水汽并在需要时降低湿度。

5.2.14 其他特殊用途的设施

5.2.14.1 动物实验可能涉及影像学检查、生理学检查、行为学研究、毒理学研究、基因操作、传染病学研究等,应根据这些学科的要求、动物种类、实验内容设计和建造适宜的设施。

5.2.14.2 建造原则是保证人员安全、环境安全、实验质量以及动物福利。

5.2.15 室内饲养笼具

5.2.15.1 笼具设计和制造的原则是建立合理的初级屏障,与次级屏障、个体防护和管理措施共同保证人员安全、环境安全、实验质量以及动物福利。

5.2.15.2 笼具应有足够的空间,制作动物笼具的材料应不影响动物健康、耐磨蚀和碰撞、足够坚固、减少噪声、防眩目、不易生锈。

5.2.15.3 在正常使用时,笼具应不以任何方式引起人员和动物受伤。

5.2.15.4 笼具应适于清洗、消毒等操作,一次性笼具除外。

5.2.15.5 笼具底面的设计应适宜于所饲养的动物种类,并易于清除粪便。

5.2.15.6 笼具构造应适宜于动物饮水、进食、休息、睡眠、繁育、排泄等。

5.2.15.7 独立通风的隔离笼具系统应保证小环境的各项参数(如温湿度、换气次数、洁净度、有害因子的浓度、风速等)符合要求,应考虑通风系统失效时对动物的影响及应对措施。需要时应可以对其消毒灭菌和验证消毒效果。

5.2.15.8 适用时,应可以在现场对笼具性能的关键指标(如高效过滤器、密封性能、压力、气流、温湿度等)进行检测。

5.2.16 室外饲养房舍

5.2.16.1 应合理选择建造地址,考虑与周围环境、自然环境的关系和相互影响。

5.2.16.2 应选择适宜的建筑材料。

5.2.16.3 应有措施抵抗严酷的气候和防止动物逃逸。

5.2.16.4 应有措施避免野外动物的影响。

5.2.16.5 应易于清除排泄物等废物,保证房舍清洁、卫生。

5.2.16.6 应可以保证人员安全、环境安全、实验质量以及动物福利。

6 动物饲养

6.1 总则

6.1.1 应有程序和计划以保证和维持所有硬件设施的性能正常。

6.1.2 应意识到,硬件设施的某些缺陷或功能不完善,可以通过管理措施弥补。因此,应针对机构的人员、设施设备、环境、工作内容、动物种类等建立系统的管理程序并实施,以保证实现最终的效果,将可能降低人员安全、环境安全、实验质量以及动物福利等的因素控制在可接受的程度。

> 注:例如,试图通过硬件设计使不同笼盒中动物接受光照的程度一致可能是很困难的,但可以通过轮换笼盒位置的方式实现最终效果。

6.1.3 管理体系应可以及时发现与饲养相关的问题,采取措施,维持体系运行的效果,并持续改进。

6.1.4 应与动物使用者和兽医沟通饲养管理方案和计划,只要可行,应将对动物满足其天性需求的限制程度控制在最低,并通过 IACUC 审核。

6.1.5 如果适用,应满足动物在特定病理生理状态下的特殊饲养要求,包括福利要求,并通过 IACUC 审核。

6.1.6 应按来源、品种品系、等级、相互干扰特征和实验目的等将实验动物分开饲养。应基于饲育和实验要求选择适宜的分开饲养方式,包括小环境隔离或大环境隔离。

6.1.7 应建立每日巡查制度,包括观察设施运行情况、动物行为和健康状况、环境参数和卫生、饮食和垫料等,并记录。如果在巡查过程中发现任何异常情况,应及时报告并采取有效措施。

6.1.8 应建立抽查制度,在需要时对环境卫生、动物饮食卫生和个人卫生抽查,并记录。

6.2 环境控制与监测

6.2.1 无论室外、室内或隔离饲养,应依据权威文件建立明确的房舍等所有功能区域的环境控制指标和参数要求,且充分、合理并可行。

6.2.2 应明确实现本标准 6.2.1 要求之指标和参数的方法,以及实现效果的监测方法。

6.2.3 应定期监测、检查环境指标和参数是否符合控制要求并记录,监测或检查周期的设定取决于学科要求、系统运行的稳定性、法规及标准的要求。

6.2.4 应满足不同动物种类的需求。

6.3 动物行为管理

6.3.1 只要可行,应以群居的方式饲养动物。

6.3.2 若因特殊需求而必须将群居性动物单独饲养时,应在环境中提供可以降低其孤独感的替代物品。

6.3.3 只要可行,应提供群居性动物同种间肢体接触的机会,以及提供通过视觉、听觉、嗅觉等非肢体性接触和沟通的条件。

6.3.4 只要可行,应依照动物种类及饲养目的给实验动物提供适宜的可以促进表现其天性的物品或装置,如休息用的木架、层架或栖木、玩具、供粮装置、筑巢材料、隧道、秋千等。

6.3.5 应使动物可以自由表现其种属特有的活动。

6.3.6 除非治疗或实验需要,应避免对动物做强迫性活动。

6.3.7 应鼓励对动物日常饲养和实验操作进行习惯化训练,以减少动物面对饲养环境变化、新的实验操作以及陌生人时产生的应激。

6.3.8 应由专业人员观察和检查实验动物的福利及行为状况。

6.3.9 应有措施保证可以尽快弥补所发现的任何缺失或不满足动物属性行为的条件,如果已经造成动物痛苦或不安等,应立即采取补救措施。

6.4 动物身份识别

6.4.1 机构应建立针对不同动物进行个体或群体识别的程序和方法,所用方法应经过 IACUC 的审核。

6.4.2 应使用恰当的方式对动物进行个体或群体识别,常用的方法包括在动物室、笼架、围栏和笼具上设置书写的卡片或条形码信息,或使用无线射频、项圈、束带、铭牌、染色、刺青、耳标、刻耳、皮下信号器等标记。

6.4.3 标记物或标记方式应对动物不产生痛苦、过敏、中毒等任何伤害,不影响其生理状态、行为状态和正常生活,也不影响实验结果。

6.4.4 标记物或标记方式应稳定、可靠,可以保证信息被正确记录、清晰辨别且不易丢失。

6.4.5 用于动物识别的信息应包括动物来源、动物品种及品系、研究者姓名及联系方式、关于日期的资料、关于实验或使用目的资料等。

6.4.6 需要时,应针对每个动物建立个体档案,包括动物种类、动物识别、父母系资料、性别、出生或获得日期、来源、转运日期及最后处理日期等。当进行机构间的动物转运时,应可以按要求提供动物身份等相关的信息。

6.4.7 需要时,应建立实验动物的临床档案,包括临床及诊断资料、接种记录、外科手术程序及手术后的照料记录、解剖及病理资料、实验相关的资料等。

6.5 动物遗传学特性监测和基因操作

6.5.1 如果适用,机构应建立明确的政策和程序以管理和监控动物的遗传学特性和涉及基因操作的活动。

6.5.2 应使用国际统一的命名方法和术语描述动物的遗传学特性。

6.5.3 应按公认的技术和程序定期监测动物的遗传学特性。

6.5.4 应建立系统和完整的遗传信息档案。

6.5.5 应有资源、程序和技术以保证近交、突变、封闭或杂交系动物的遗传特性符合相关的技术标准,并可以验证。

6.5.6 如果涉及基因操作,实验目的和方案应经过伦理委员会、生物安全委员会和 IACUC 的审核,应符合国家法规和标准的规定,禁止从事不符合伦理和风险不可控的活动。

6.5.7 在基因操作的各阶段,应保证供体动物和受体动物的福利满足相关标准的要求。

6.5.8 如果发生了不可预测的事件或出现新的表型并影响到实验动物的健康,应及时向 IACUC 报告,进行系统的风险评估并采取措施。

6.5.9 应妥善保管实验材料,并按规定处置。在彻底灭活前,不得将有遗传活性的材料或动物释放到环境中。

6.6 动物营养与卫生

6.6.1 应根据动物的种类和不同发育阶段保证其营养需求和均衡,以避免营养不良或营养过剩。饮食营养和卫生应符合相关标准的要求。

6.6.2 应考虑动物对其食物的心理需求。如果不是特殊需要,应以动物习惯的方式进食和饮水。

6.6.3 应保证动物的饮食环境和节律符合其饮食习惯。

6.6.4 应有措施保证动物的饮食条件和卫生。应选用良好设计的饮食装置,避免造成粪便污染饮食及撒食漏水的现象。

6.6.5 动物群饲时,应有机制保证每个动物均能自由获得食物,避免产生争斗。

6.6.6 不应突然改变饲料的种类,避免导致消化或代谢问题。

6.6.7 对某些动物(如灵长类动物)可给予多样化的饲料或奖赏性食物,但应注意饲料营养成分的均衡。

6.6.8 饮食的品质应符合相应级别动物对膳食的要求。

6.6.9 动物应可以按其意愿随时获得适合饮用且卫生的水。

6.6.10 应选择可靠的水处理方法,保证饮水不影响动物生理、肠道正常菌群及实验结果。

6.6.11 如果适用,应每日检查吸水管、自动给水器等供水设备,以保证清洁且运行正常。使用水瓶提供饮水时,如果需要添加水,应换用新的水瓶。

6.6.12 若使用自动饮水装置,应对动物进行适应性训练,应保证动物可正常饮水。

6.6.13 户外饲养动物的房舍,若有给水系统以外的水源,应保证其符合饮水标准。

6.6.14 应按照本标准 4.1.16 至 4.1.20 的要求,制定关于饲料、垫料等外购品的政策和程序,包括购买、评价和库存等过程,以保证外购品的质量。

6.6.15 应具备与机构动物饲养活动相适应的饲料和垫料保存空间和保存环境,饲料和垫料应分开储存。

6.6.16 应保存饲料的购置量、批号、出厂日期、有效期、保存条件、害虫防治方法、营养成分、有害物质含量、生产商资质、生产商信用评价、质量检查报告等资料和记录。

6.6.17 应合理安排和使用库存的饲料和垫料等。

6.6.18 饲料或垫料应密封保存,存放区域应远离有高温、高湿、污秽、光照、昆虫及其他害虫的环境。饲料、垫料在运输和储存时应放在搁板、架子等上面,不应直接放于地面。

6.6.19 包装开启后应标注开启时间及过期时间,未使用完的饲料或垫料应放于密闭的容器内保存。

6.6.20 变质或发霉的、超过保存期的饲料或垫料不应再使用,应安全销毁,不得委托饲料或垫料的供应商处理。

6.6.21 笼舍内垫料的使用量要充足并根据动物的多少和习性定期更换,以保证动物持续干爽。

6.6.22 应有机制避免饮水在笼舍内泄漏,或可被饲养人员及时发现。

6.6.23 应用可靠的方法定期监测饲料、饮水、垫料的质量,并记录。

6.7 饲养环境的卫生

6.7.1 应保证大环境和小环境的卫生条件有益于动物健康。

6.7.2 应定期清理动物设施的所有区域并进行消毒,包括笼盒、食盒、水瓶、饮水嘴等所有设备及其附件,频率应根据使用情况及污染特性而定。

6.7.3 应优先选用物理的方法清除异物、排泄和代谢物、食物残渣、潮湿、有害物质、气味、颜色、微生物、藻类、害虫等,不应使用对人和动物有毒有害、有气味、易残留的清洁剂和消毒剂。

6.7.4 应建立环境卫生管理程序和计划,包括清洁剂和消毒剂的选择、配制、效期、有效成分、效果监测等内容,以及清洁消毒方法和周期等,也包括防治、控制及清除害虫的程序及计划,并培训相关的人员。

6.7.5 应有充足的与工作风险相适宜的个体防护装备供员工使用。

6.7.6 应将可能面临的风险告知做环境卫生的人员,如果风险变化时,应及时通知。

6.7.7 应指定专人管理和监督环境卫生工作。应在饲养动物前、饲养中和饲养后按区域、设施设备、动物种类和实验要求等特性定期监测和评价环境卫生效果,包括监测与评价害虫防治计划的实施效果。监测指标和频率应根据区域、设施设备、动物种类和实验要求等特性而定。

6.7.8 不同区域的清洁用具不应混用。应随时清理清洁用具本身,其材质应选用抗腐蚀、耐高温的材料。清洁用具应整齐摆放在洁净、无虫害和通风良好之处,已经磨损的清洁用具器具应及时更换。

6.7.9 应建立可行的措施维持环境卫生状态,以尽量减少清洁和消毒的次数和范围。

6.8 废物管理

6.8.1 应建立废物管理程序,以明确机构的废物分类准则、分类处理处置程序和方法、排放标准和监测计划等,并培训相关人员。

6.8.2 危险废物处理和处置的管理应符合国家或地方法规和标准的要求,需要时,应征询相关主管部门的意见和建议。

6.8.3 凡是毒性、致癌、致突变、致畸、环境激素、易燃易爆、传染性、放射性、不稳定、异味、挥发、腐蚀性、放射性等废物均应放入有专门标记的专用容器中,在专业人员的指导下,按相关法规和标准的规定处理和处置。

6.8.4 不应将性质不同的废物混合在一起。

6.8.5 动物房舍内不应积存废物,至少每天清理一次。在消毒灭菌或最终处置之前,应存放在指定的安全地方。

6.8.6 应由经过培训的人员处理危险废物,并应穿戴适当的个体防护装备。

6.8.7 如果法规许可,机构可委托有资质的专业单位处理污物。机构应与委托单位事先签订至少6个月有效期的合同,污物的包装和运输应符合国家法规和标准的要求。

6.9 假日期间动物的管理

6.9.1 应建立假日期间动物管理程序、应急安排和值班计划,并通过IACUC的审核。

6.9.2 每日均应有专业人员按统一的要求照料动物,并安排应急医学处置。

6.9.3 假日值班人数应与假日期间的工作量相适应,除饲养人员外,还应考虑是否需要设施设备保障人员等值班。

6.9.4 遇到紧急情况时,应有安排可以保证相关的专业人员及时到位和实施救援。

7 动物医护

7.1 采购动物

7.1.1 采购前,应确认有足够的设施和专业人员来饲养管理被采购的动物。

7.1.2 采购动物的种类、数量和使用方式应通过IACUC的审核。

7.1.3 应向有资质的生产商采购实验动物,动物来源清楚,质量合格。

7.1.4 若使用野生动物,须有合法的手续并在当地进行隔离检疫,应取得动物检疫部门出具的证明。

7.2 包装与运输动物

7.2.1 应以保证安全、保证动物质量和福利以及尽量减少运输时间为宗旨,根据动物的种类制定包装与运输动物的政策和程序,包括动物在机构内外部的任何运输,应符合国家和国际规定的要求。

7.2.2 国际和国家关于道路、铁路、水路和航空运输动物的公约、法规和标准适用,应按国家或国际现行的规定和标准,包装、标示所运输的动物并提供文件资料。

7.2.3 应建立并维持动物接收和运出清单,至少包括动物的种类、特征、数量、交接人、收发时间和地点等,保证动物的出入情况可以追溯。

7.2.4 机构应负责向承运部门提供适当的运输指南和说明。

7.2.5 应有专人负责实验动物的运输。

7.2.6 运输动物的包装应适宜于运输工具、便于装卸动物、适合动物种类、有足够的空间、通风良好、能防止动物破坏和逃逸、可防止粪便外溢,需要时,应与外部环境有效隔离。

7.2.7 包装应有标签,适用时,应注明动物品种、品系名称(近交系动物的繁殖代数)、性别、数量、质量等级、生物安全等级、运输要求、运出时间,责任人、警示信息等。

7.2.8 运输动物的过程中应携带相关文件,适用时,应包括健康证明、发送和接收机构的地址、联系人、紧急程序、兽医的联系信息、生物安全要求、运输许可等。

7.2.9 应尽量避免在恶劣气候条件下运输动物。

7.2.10 应选择适宜的包装和运输工具,合理安排动物的装载密度。

7.2.11 适用时,应有满足特殊要求(如感染动物、凶猛动物、水生动物等)的动物包装和运输条件,并应符合主管部门的规定和相关标准的要求。

7.2.12 应有可靠的安保措施,适用时,应实时定位和监控运输路线。

7.3 动物疾病预防与控制

7.3.1 总则

7.3.1.1 应有机制和措施保证进入机构之动物的健康状态和携带微生物、寄生虫等的情况持续符合要求,但不包括因实验而导致的可预期的上述变化。

7.3.1.2 应建立动物疾病预防与控制体系,并文件化,包括:

a) 相关的政策、程序和计划;

b) 基于动物种类、来源和健康状态的隔离检疫程序和要求;

c) 动物疾病监测;

d) 动物疾病控制;

e) 动物生物安全。

7.3.1.3 对实验动物疾病的防治,应以控制不合格动物的进入、检疫和监测、疾病的及时处置、规范饲养管理和保证卫生条件和环境条件为原则,一般不对动物进行免疫接种。

注:如果确认不影响实验结果或用途,也可以考虑免疫接种,特别是对猫、犬、羊等动物的传染病预防,免疫是有效措施,应将免疫记录提交给实验动物使用者。

7.3.1.4 应建立动物健康档案。只要可行,应建立动物个体健康档案。档案的信息应至少包括:

a) 动物身份识别;

b) 来源;

c) 合格证明;

d) 进入机构的日期;

e) 隔离与检疫记录;

f) 饲育或实验期间的健康监测或病历记录;

g) 微生物、寄生虫等监测记录;

h) 治疗与免疫记录;

i) 离开机构的日期与接收者,或死亡和尸体处置记录。

7.3.1.5 如果机构发现了动物传染性疾病或人畜共患病,应立即按规定报告,并在风险评估的基础上,采取有效措施,以避免疫情扩散或导致严重后果。应对所有受累区域和物品进行适宜的消毒或灭菌处理,以消灭传染源和传播媒介,经评估、验证已经符合卫生要求后方可再投入使用。对受累动物的处理方案应经过 IACUC 和生物安全委员会的审核。

7.3.2 检疫与隔离

7.3.2.1 对新引入的实验动物,应进行适应性隔离或检疫,在确认满足预定要求之后方可移入饲养区。

7.3.2.2 如果能够依据供应商提供的数据可靠地判断引进之实验动物的健康状况和微生物携带情况,并且可以排除在运输过程中遭受了病原体感染的可能性,则可以不对这些动物进行检疫。

7.3.2.3 应对非实验室培育的动物进行检疫。

7.3.2.4 对为补充种源或开发新品种而捕捉的野生动物应在当地进行隔离检疫,并应取得动物检疫部门出具的证明。对引入的野生动物应再次检疫,在确认无不可接受的病原或疾病(特别是人畜共患病)后方可移入饲养区。

7.3.2.5 对新引进的实验动物,在实验前应保证其生理、行为、感受等适应了新的环境,以减少影响实验结果的因素。

7.3.2.6 应立即隔离患病动物和疑似患病动物,并在兽医师的指导下妥善处置。

7.3.2.7 对患病动物的处置方案应经过 IACUC 的审核。如果确认经过治疗后不影响实验结果,可继续用于实验。

7.3.2.8 如果需要引入感染动物,应按符合生物安全要求的程序操作。

7.3.3 疾病监视和监测

7.3.3.1 实施动物疾病监视的人员应受过专业训练并有工作经历,熟悉相关疾病的临床症状和监视方法。

7.3.3.2 应每日观察动物的状况,但是在动物术后、发病期、濒死前,或对生活能力低下的动物(如残疾等)应增加观察频次。

7.3.3.3 可以利用视频系统监视动物,但是应保证在需要时兽医师可以及时到现场对动物进行处置。

7.3.3.4 如果饲养或实验活动可能导致的动物疾病需要复杂的诊断技术和手段,机构应具备相应的能力和资源后方可从事相关活动。

7.3.3.5 如果适用,机构应建立系统的动物质量监测方案和计划,抽样方法、检测频次、检测标本、检测对象、检测方法和程序、检测指标、结果报告、判定准则等应符合相关标准的要求。对检测实验室的要求见本标准条款4.1.18。

　　注1:具体依据的标准可能需要根据主管部门或用户的要求而定。
　　注2:根据机构所在地域和病原流行状况,可能需要机构建立自己的标准。

7.3.3.6 应同时监测相关员工的健康状态及抽查员工体表微生物污染情况,需要时,应保留本底血清并定期监测。

7.3.4 疾病控制

7.3.4.1 动物疾病控制方案应经过IACUC的审核,如果涉及传染性疾病,还应经过生物安全委员会的审核。

7.3.4.2 如果发生新的、未知的或高致病性病原微生物感染事件,应按国家法规的要求立即报告和采取应急措施,所采取的措施应以风险评估为基础。

7.3.4.3 应评估对患病动物进行治疗或不再用于实验的利弊,经IACUC和实验人员审核后执行。

7.3.4.4 兽医师应对死亡动物进行病理学等检查,提供死亡原因分析报告;对染病动物的发病原因进行检查,提供发病原因分析报告。

7.3.4.5 应及时采取措施以消除引起动物发病或死亡的潜在原因。

7.3.5 动物的生物安全

7.3.5.1 应建立机制以保证进入机构的动物均符合微生物和寄生虫控制标准,除非工作需要,应禁止引入微生物和寄生虫携带背景不明的动物。

7.3.5.2 不同级别的动物应分开饲养,应在独立的相应生物安全防护级别的动物房或设施内饲养感染性动物或从事实验活动。

7.3.5.3 应采取有效措施保证野外动物如鼠类、昆虫等不能进入动物设施。

7.3.5.4 应通过设施功能、环境控制、饮食卫生、物品卫生、流程管理等各种措施,保证在运输、饲养、实验等所有过程中实验动物不被所接触人员、所处环境、所用饮食、所用物品等感染或相互感染。

7.3.5.5 所有从动物设施出来的物品、废物、动物、样本等应经过无害化处理或确保其包装符合相应的生物安全要求,应保证不污染环境和人员。

7.3.5.6 实验人员在患传染性疾病期间及在传染期内不应接触实验动物。

7.4 动物疾病治疗与护理

7.4.1 总则

7.4.1.1 机构应制定明确的动物医护政策、程序和操作规程,以规范对动物的医护行为。应由兽医师制定所有涉及动物医护的操作规程。

7.4.1.2 机构应给予IACUC和兽医师充分的授权,明确其有关动物医护的职责和权力。

7.4.1.3 不应对动物实施不必要的医护措施,所有动物医护措施和方案的必要性、科学性和可接受性应经过 IACUC 的审核。

7.4.1.4 应制定对患病动物放弃医护措施的政策和程序,并经过 IACUC 和实验人员的审核。实验人员可以决定患病动物是否继续用于实验,但不应由实验人员决定是否放弃对患病动物的治疗。

7.4.1.5 对不适合继续用于实验的患病动物的处置方式应经过 IACUC 的审核,并符合相关规定的要求。

7.4.1.6 应有足够的胜任动物医护工作的专业人员、设施设备、技术、器材药品等,与机构的规模、活动相适应。

7.4.1.7 IACUC 应负责审核机构中从事动物医护人员的能力,并对其提供培训指导与咨询。

7.4.1.8 IACUC 应负责监督对动物医护的行为,及时制止和纠正不当行为。需要时,机构应对相关人员的资质进行再评估、考核和确认。

7.4.1.9 应有医护记录,详细记录兽医学检查、检测的结果和医护措施。

7.4.1.10 机构不应使用未通过 IACUC 审核的人员从事动物医护工作。

7.4.2 手术及护理

7.4.2.1 手术计划

7.4.2.1.1 动物使用计划如果涉及手术,应在手术前组成团队,需要时应由包括外科、麻醉、兽医、护理、技术和研究等专业人员组成。

7.4.2.1.2 手术团队应制定详细的手术计划,应说明:
a) 手术的目的和性质、手术方案、术中和术后观察与监测、术后恢复、护理和记录等;
b) 实验要求、手术和所用药品对实验的影响、实验结果观察和记录、动物的福利考虑等;
c) 每个人的分工、职责、需要做的培训等;
d) 手术地点和时间、需要的仪器设备、手术器械、术前准备等;
e) 意外事件应对方案和其他注意事项。

7.4.2.1.3 需要实施无菌手术时,应具备无菌手术条件、无菌手术规程和术后护理规程,不得试图利用抗生素代替无菌条件和无菌技术。

7.4.2.1.4 应评估消毒灭菌技术的可靠性、安全性和对实验的影响。

7.4.2.2 术前准备

7.4.2.2.1 应根据手术方案,做好术前、术中和术后的各项准备工作。

7.4.2.2.2 应进行手术的安全性评估,包括动物的状况、手术者的经验和能力、术前和术后的医护、设施设备的条件、可能的意外等。

7.4.2.2.3 手术方案确定后应安排必要的临床检查,保证动物的状态适宜于实施手术。

7.4.2.2.4 需要时,应进行必要的感染预防和胃肠道准备工作。

7.4.2.2.5 如果动物有其他疾病,应在术前恰当处理。

7.4.2.2.6 应采取措施不使动物产生恐惧感。

7.4.2.3 麻醉与镇痛

7.4.2.3.1 使用动物时,应尽量使动物产生的痛苦及受到的伤害最少。

7.4.2.3.2 动物饲养管理人员和研究人员应熟悉实验对象的行为、生理和生化特征,了解和有能力辨识各类动物对痛苦和疼痛所表现出的反应。

7.4.2.3.3 如果目前尚无资料可利用,应假设相同的操作程序如果可对人类造成疼痛,则也会对动物造成疼痛。

7.4.2.3.4 如果不是实验需要,不应实施复杂、损伤多组织、不易恢复或引起重度疼痛的手术。

7.4.2.3.5 对有疼痛感的动物实施手术时,应采用麻醉等镇痛措施。

7.4.2.3.6 对动物实施手术前,应根据需要由了解动物疼痛特征和麻醉药品特征的专业人员制定完整的术前、术中和术后的麻醉与镇痛方案。

7.4.2.3.7 麻醉可以通过注射(静脉、肌肉、腹腔注射等)或吸入等途径实现。

7.4.2.3.8 如果需要,应准备气管插管、喉头镜、保温垫,以及监视或监测动物呼吸、心率、血气、电解质、血压等生命体征的设备。

7.4.2.3.9 如果不是实验需要,并得到 IACUC 的许可,不应对清醒的动物使用镇静剂、抗焦虑剂或神经肌肉阻断剂等非麻醉类和非镇痛类药品后进行手术。

7.4.2.3.10 应考虑非手术因素(如环境因素)可能导致的动物痛苦,并针对性地采取缓解措施。

7.4.2.3.11 应按主管部门的相关规定购买、使用、保存和处置麻醉类药品。

7.4.2.4 手术

7.4.2.4.1 参与手术的人员应受过良好的培训和具备拟实施手术的能力和资格。

7.4.2.4.2 应严格按手术方案和手术规程操作。

7.4.2.4.3 需要时,应执行严格的手术感染控制程序。

7.4.2.4.4 对存活性手术,应保证动物的存活率和在满足实验要求的情况下考虑动物的存活质量。

7.4.2.4.5 对非存活性手术,应在动物意识恢复之前实施安死术,并清理与缝合创口。

7.4.2.4.6 对感染性动物实施手术,应在相应防护级别的生物安全条件下,由受过生物安全培训的专业人员实施。

7.4.2.4.7 在急救现场或在不具备手术环境的场所实施手术时,应按照兽医师的专业判断处理,并应预期并发症的发生率较高,需加强术后护理。

7.4.2.5 术中监护

7.4.2.5.1 应根据手术的技术要求监视监测麻醉程度、生理机能、临床症状等并记录,需要时采取相应的措施。

7.4.2.5.2 应具备与手术要求相适应的监视、监测设备和急救设备,并保持这些设备的性能可靠。

7.4.2.5.3 应有针对术中意外事件的应急方案。

7.4.2.6 术后观察和护理

7.4.2.6.1 术后观察和护理的设施条件和环境应符合实验要求、临床要求和动物福利要求。

7.4.2.6.2 应有预防与控制术后并发症和术后感染的计划。

7.4.2.6.3 应根据手术计划确定术后监视、护理的责任人员,以及确定监视监测指标和护理要求。

7.4.2.6.4 实验人员和兽医师应负责监督,以保证动物于手术后受到适宜的照料,符合实验要求、临床要求和动物福利要求。

7.4.2.6.5 术后观察和监测的体征、指标及频次应根据动物的状况和实验要求而确定,需要时,及时调整。适用时,可以利用电子监视系统监视动物。

7.4.2.6.6 应注意手术对动物行为和表现的影响,并采取适当的措施。

7.4.2.6.7 应有术后动物疼痛控制方案,并经过 IACUC 和实验人员的审核。

7.4.2.6.8　应有护理日志,并详细记录临床检查和检测的结果。

7.4.3　疼痛与痛苦

7.4.3.1　应按动物的种类建立动物疼痛与痛苦评定指标,并保证相关的人员可以理解、掌握和运用。

7.4.3.2　应由 ICAUC 和实验人员共同决定对经受疼痛或痛苦的动物是否实施人道终止生命。

7.4.3.3　应制定缓解动物疼痛与痛苦的方案。

7.4.3.4　重复使用动物可以减少使用动物的数量,但可能增加动物的痛苦或疼痛。应评估重复使用动物的利弊,并经过 IACUC 的审核。

7.4.4　急救

7.4.4.1　应制定急救计划,以保证动物受伤害时可以第一时间得到应急救治,减少痛苦、降低死亡率或及时实施安乐死等。

7.4.4.2　应根据机构的规模和工作特点,培训足够具备急救能力的人员,并维持这些人员的培训记录和评估考核记录。

7.4.4.3　急救可以由具备相应急救能力的非兽医师实施,但应有文件规定并经过 IACUC 的审核,并不与相关的法规等要求冲突。

7.4.4.4　应配备足够的适宜急救的装备,并保持这些装备的性能可靠。

7.4.5　安死术

7.4.5.1　处死动物是对动物福利的最终剥夺,对必须处死的动物应实施安死术。

7.4.5.2　应有明确的政策规定对动物实施安死术的时机、方案和方式,应经过 IACUC 的审核。

7.4.5.3　只要可行,应采用适宜的国际公认的安死术。

7.4.5.4　在实施安死术时,应使动物在未感到恐惧和紧迫感的状态下迅速失去意识,并且使动物历经最少表情变化、声音变化和身体挣扎,令旁观者容易接受以及对操作人员安全。应考虑药品的经济性和被滥用的风险。如果动物的组织还将用于实验,应选择适宜于动物特征和不影响后续实验结果的安死术。

7.4.5.5　应保持实施安死术操作的区域安静、整洁和相对隐蔽,不对其他动物产生影响。

7.4.6　人道终止时机

7.4.6.1　在动物实验计划中应包括人道终止的时机,并通过 IACUC 的审核。

7.4.6.2　在动物实验计划中应说明实验终点的科学性、必要性和对动物福利的考虑,对一些残酷的实验终点设计应有充分的理由。

7.4.6.3　应根据动物实验的要求和动物状态,明确人道终止时机的判定准则,符合现行的公认原则,并保证相关的人员可以理解、掌握和运用。

7.4.6.4　在实验过程中,应持续评估人道终止的时机,只要无更多的实验价值,应及时终止并记录。

注:例如,对濒死的动物通常应及时实施安死术,而不必待其自己死亡。

7.4.6.5　对终止实验之动物的处置方式应经过 IACUC 的审核,并符合相关规定的要求。

7.4.6.6　IACUC 应负责监督动物实验过程中人道终止的时机和方式是否符合要求,应及时制止和纠正不当行为。需要时,机构应对相关人员的资质进行再评估、考核和确认。

7.4.7　病历

7.4.7.1　应建立动物病历管理制度,制定对动物医护的病历要求,包括病历的范围、内容、格式、记录、借阅、复制、保存、销毁等要求。

7.4.7.2 应有机制保证病历资料客观、真实、详实、完整,禁止恶意涂改、伪造、隐匿、销毁病历。

7.4.7.3 应使用适宜的介质存储和记录病历资料,以防止在保存过程中变质、消失或不可利用。

7.4.7.4 应有适宜的设施和环境保存病历和必要的标本等。

7.4.7.5 如果法规没有禁止或未涉及机密、隐私等内容,应方便相关的人员查阅病历。需要时,可设置阅读权限,但不得与法规的要求冲突。

7.4.7.6 病历包括在动物医护活动过程中形成的文字、数字、符号、图表、照片、音像、切片等资料。病历资料应及时归档保存,应规定各类病历资料的归档时间和保存期限,不低于法规的要求和实验要求。

8 职业健康安全

8.1 总则

8.1.1 机构的法人或其母体组织的法人应承担职业健康安全的最终责任。

8.1.2 应指定一名机构管理层的成员承担管理职责。

8.1.3 应有机制保证员工自由选举至少一名员工代表,参与机构职业健康安全的事务。

8.1.4 应建立职业健康安全管理体系并提供必要的资源,控制相关的风险并持续改进职业健康安全绩效。

8.1.5 职业健康安全管理体系应是机构管理体系(见本标准第4章)的一个组成部分,应适宜于机构的复杂程度、活动的性质和存在的风险。

8.1.6 应建立并保持程序,以识别和获得适用的涉及职业健康安全的法规和其他要求。应及时更新有关法规和其他要求的信息,并将这些信息传达给员工和相关方。

8.1.7 应明确所有员工对机构职业健康安全管理和参与绩效改进的作用、职责和权限。

8.1.8 应培训所有员工(包括来访者),使其认识各自的职业健康安全风险、责任和义务。

8.1.9 机构的职业健康安全方针应适于机构的规模和职业健康安全风险的性质,经管理层批准,并承诺:

a) 保证所需的资源,持续改进职业健康安全绩效;

b 保证员工参与机构的职业健康安全事务,并培训所有员工,包括来访者;

c) 遵守相关的法规和主管部门的要求;

d) 向相关利益方公开职业健康安全信息。

8.1.10 应针对机构内部各有关职能和层次,设定职业健康安全目标。如可行,目标应予以量化。在建立和评审职业健康安全目标时,应考虑:

a) 法规和其他要求;

b) 风险评估的结果和控制效果;

c) 可选择的技术方案;

d) 财务、运行和经营要求;

e) 相关利益方的意见。

8.1.11 应依据机构的员工(包括来访者)能力和所面临的风险的特征来确定职业健康安全管理要素和所有细节,至少应包括:

a) 风险评估;

b) 危险源管理与控制;

c) 行为规范;

d) 人员能力要求与培训;

e) 设施的设计保证及运行管理；

f) 设备检查与性能保证；

g) 个体防护装备；

h) 职业健康保健服务(需要时,应包括心理学咨询和干预)；

i) 职业健康安全信息沟通；

j) 职业健康安全绩效的监测；

k) 应急准备和响应。

8.2 风险评估

8.2.1 应建立风险评估程序,以主动、持续进行风险识别、风险分析和实施必要的风险控制措施,应
覆盖：

a) 常规和非常规活动存在的风险；

b) 进入工作场所之所有人员(包括合同方人员和访问者)活动的风险；

c) 工作场所之所有设施设备(无论属于机构或是由外界所提供的)的风险。

8.2.2 应事先对所有拟从事活动的职业健康安全风险进行评估。

8.2.3 风险评估应由具有经验的专业人员(不限于本机构的人员)进行。

8.2.4 应记录风险评估过程,风险评估报告应注明评估时间、编审人员和所依据的法规、标准、研究报
告、权威资料、数据等。

8.2.5 应定期进行风险评估或对风险评估报告复审,评估的周期应根据机构活动和风险的特征而
确定。

8.2.6 开展新的活动或欲改变经评估过的活动(包括相关的设施、设备、人员、活动范围、管理等),应事
先或重新进行风险评估。

8.2.7 当发生事件、事故等时应重新进行风险评估。

8.2.8 当相关政策、法规、标准等发生改变时应重新进行风险评估。

8.3 危险源管理与控制

8.3.1 适用时,至少应考虑以下来源的风险：

a) 放射性物质；

b) 感染性微生物；

c) 生物性毒素；

d) 致敏原；

e) 实验动物或野外动物；

f) 危险化学品和药品；

g) 重组 DNA 材料、基因操作；

h) 新的物种或外来物种；

i) 设施设备(如高压、高温、低温、高动量设备,通风、消毒设备等)；

j) 利器；

k) 强光、紫外线等；

l) 电气；

m) 其他物理性危险因素；

n) 工作流程和操作不当；

o) 误用或恶意使用；

p) 个体防护；

q) 水灾；

r) 火灾；

s) 其他自然灾害。

8.3.2 采取风险控制措施时宜首先考虑消除危险源(如果可行),然后考虑将潜在伤害发生的概率或严重程度降低至可接受水平,最后考虑采用个体防护装备。

8.3.3 危险识别、风险评估和风险控制的过程不仅适用于机构(包括设施设备、活动等)的常规运行,而且适用于机构在对设施设备进行清洁、维护、关停期间,以及节假日等期间的运行。

8.3.4 应有机制监控机构所要求的活动,以确保相关要求及时有效地得以实施。

8.3.5 风险评估报告应是采取风险控制措施、建立职业健康安全管理制度和制定安全操作规程的依据。

8.4 员工行为规范

8.4.1 应根据风险评估报告,对所认定的风险采取控制措施,对相关的流程和活动进行规范,制定程序和作业指导书。

8.4.2 应要求员工(包括来访者)理解并执行规范文件。

8.4.3 应要求员工(包括来访者)不从事不了解或风险不可控的活动。

8.4.4 应制定在缺乏规范时从事相关工作的政策和程序。

8.5 人员能力要求与培训

8.5.1 应保证机构内承担职业健康安全职责的所有人员具有相应的工作能力,并规定对其教育、培训和能力胜任的要求。

8.5.2 培训内容和方式应适合于员工和来访者的职责、能力及文化程度,以及面临风险的特征。

8.5.3 应告知员工和来访者将面临的所有风险和对其的相应要求,达不到机构要求者不应进入或不应从事相关活动。

8.6 设施的设计保证及运行管理

8.6.1 应保证设施的设计、工艺、材料和建造等符合职业健康安全要求。

8.6.2 应有对设施设备(包括个体防护装备)管理的政策和程序,包括设施设备的完好性监控指标、巡检计划、使用前核查、安全操作、使用限制、授权操作、消毒灭菌、禁止事项、定期校准或核查、定期维护、安全处置、运输、存放等内容。

8.6.3 应定期监测作业环境中有害物质的浓度。

8.6.4 应有专业的工程技术人员负责(可以分包)维护机构的设施。

8.6.5 应有机制保证可以及时维修设施的故障。

8.6.6 应定期维护和保养设施,根据需要,备有充足的配件。

8.6.7 应根据设施的特征制定巡检计划,明确巡检周期和核查表。

8.6.8 应追踪实验动物设施的发展趋势,考虑不断改进和提高设施的性能。

8.7 设备检查与性能保证

8.7.1 在投入使用前应核查并确认设备的性能可满足机构的安全要求和相关标准。

8.7.2 应明确标示出设备中存在危险的部位。

8.7.3 设备应由经过授权的人员依据制造商的建议操作和维护,现行有效的使用和维护说明书应便于有关人员使用。

8.7.4 每次使用前或使用中应根据监控指标确认设备的性能处于正常工作状态,并记录。

8.7.5 应制定在发生事故或溢洒(包括生物、化学或放射性危险材料)时,对设施设备去污染、清洁和消毒灭菌的专用方案。

8.7.6 设备维护、修理、报废或被移出机构前应先去污染、清洁、消毒或灭菌;应明确维护人员是否需要穿戴适当的个体防护装备。

8.7.7 应在设备的显著部位标示出其唯一编号、校准或核查日期、下次校准或核查日期、准用或停用状态。

8.7.8 应停止使用并安全处置性能已显示出缺陷或超出规定限度的设备。

8.7.9 无论什么原因,如果设备脱离了机构的直接控制,待该设备返回后,应在使用前对其性能进行核查并记录。

8.7.10 应维持设备的档案,适用时,内容应至少包括:

    a) 制造商名称、型式标识、系列号或其他唯一性标识;

    b) 验收标准及验收记录;

    c) 接收日期和启用日期;

    d) 接收时的状态(新品、使用过、修复过等);

    e) 当前位置;

    f) 制造商提供的使用说明或其存放处;

    g) 维护记录和年度维护计划;

    h) 校准(包括核查)计划和记录;

    i) 任何损坏、故障、改装或修理记录;

    j) 服务合同;

    k) 预计更换日期或使用寿命;

    l) 安全检查记录。

8.8 个体防护装备

8.8.1 应根据风险特征,备有充足的个体防护装备供员工(包括来访者)使用。

8.8.2 应制定作业文件以指导相关人员正确选择和使用个体防护装备。

8.8.3 在需要使用个体防护装备的区域应有醒目的提示标识。

8.8.4 需要时,应清洁、消毒和维护个体防护装备。

8.8.5 需要废弃个体防护装备时,应考虑其可能携带的危险物质并采取适宜的方式处置。

8.8.6 如果使用个体呼吸保护装置,应做个体适配性测试,每次使用前核查并确认符合佩戴要求。

8.9 职业健康保健服务

8.9.1 应制定关于员工职业健康保健服务的政策和计划,符合国家法规的要求。

8.9.2 应为每个员工建立职业健康安全档案并保存。

8.9.3 应根据机构的特点,识别职业危害特征,并定期监测。

8.9.4 应根据机构职业危害特征,安排员工健康检查的项目、参数和周期。通常,每年应对员工进行较全面的健康检查。

8.9.5 需要时,应为员工提供免疫计划。

8.9.6 应为员工提供职业健康安全政策、知识和技能进培训,并随时提供相关的咨询服务,包括心理咨询。

8.10 职业健康安全信息沟通

8.10.1 应有机制保证员工和相关方就相关职业健康安全事宜与机构进行相互沟通。应保证员工参与:

    a) 风险管理方针和目标、工作程序等的制定和评审;

    b) 讨论任何影响工作场所职业健康安全的政策和措施。

8.10.2 除非法律有规定或涉及个人隐私权,需要时,员工应可以随时获取机构的职业健康安全信息。

8.11 职业健康安全绩效监测

8.11.1 应建立监测职业健康安全绩效的程序和方法,并实施。

8.11.2 应建立定性或定量的职业健康安全绩效指标并定期监测。

8.11.3 应监测职业健康安全管理体系的运行状态和对相关要求的满足程度,以及监测事故、疾病、事件和任何其他不利于职业健康安全的情况。

8.11.4 应记录、分析监测结果,为风险评估、纠正措施和预防措施等提供输入。

8.11.5 应对所有用于职业健康安全监测的设备定期校准、核查和维护,以保证其性能正常。

附　录　A

（规范性附录）

IACUC 的职责与管理要求

A.1　范围

本附录规定了 IACUC 的组成、职责和管理要求。

A.2　IACUC 的组成

A.2.1　IACUC 的成员和任职期限应由机构法人、最高管理者或其授权人任命。

A.2.2　IACUC 应直接对掌握资源的管理层负责并报告。

A.2.3　IACUC 应至少由三人组成，至少包括一名兽医师、一名非本机构的从事社会科学、人文科学或法律工作的人员、一名熟悉机构所从事涉及动物工作的科学工作者。

A.2.4　应任命一名负责人，但不宜由兽医师担任。

A.2.5　如果机构规模较大或涉及的专业领域较多，应增加 IACUC 成员的数量，科学工作者和兽医师的专业领域应可覆盖机构所涉及的专业领域和所用动物，以提供适当的专业判断。

A.2.6　机构管理层人员不宜作为 IACUC 成员。

A.3　职责

A.3.1　IACUC 的职责是保证机构在从事与动物相关的活动时，以人道和科学的方式管理和使用实验动物，并符合法规和标准的要求。

A.3.2　独立审核并批准或否定机构的动物使用计划。

A.3.3　与研究人员合作制定灾难应急计划，内容主要涉及人员安全、动物处置、应急培训及演练等。

A.3.4　IACUC 应就机构活动与法规标准要求的符合性进行定期进行现场监督检查，包括所有区域，检查形式和频次应与机构的规模、复杂程度以及实验内容相适应，但在实验期间至少每六个月一次。IACUC 可以邀请非成员专业人员参与检查和提供专家意见。

　　注：对重点区域和重点活动应考虑增加监督检查的力度。

A.3.5　应公开检查依据和要求，培训机构相关的人员。

A.3.6　应编制检查报告并形成文件，需要时，提交主管部门审核。检查报告的结论应明确，包括"通过"、"改进后可通过"、"不通过"或"搁置检查"。检查报告中应包括 IACUC 成员的各种相同和不同见解，应有所有参加检查的 IACUC 成员的签字。每次参与检查的成员应包括兽医师、科技工作者和非本机构人员，并覆盖机构所涉及的专业领域和所用动物。检查报告应至少包括以下内容：

　　a)　动物使用部门和人员介绍；

　　b)　参与检查的 IACUC 成员；

　　c)　IACUC 成员对独立性、公正性和结果真实性的声明和承诺；

　　d)　检查目的、依据和检查计划；

　　e)　对涉及动物的实验计划的检查结果；

　　f)　对动物使用目的和必需使用动物原因的检查结果；

g) 对使用动物数量和种类适宜性的检查结果；

h) 对动物来源和运输的检查结果；

i) 对动物饲养和预防医学管理的检查结果；

j) 对动物医护和实施人道终点的检查结果；

k) 对动物饲养环境的检查结果；

l) 对妥善维护房舍及支持设施的检查结果；

m) 对与实验动物相关的职业健康安全的检查结果；

n) 对人员培训和能力的检查结果；

o) 对风险评估与应急计划的检查结果；

p) 严重不符合、一般不符合及需要关注的事项；

q) 对灾难应急计划的检查结果，如果有，对灾难发生后如何保护人与动物的检查结果；

r) 结论和建议。

A.3.7 IACUC 检查应特别关注的事项包括（但不限于）：

a) 人道终止时机的计划、实施时机、实施效果、实施过程以及实施人员的能力等；

b) 实验中非预期效果对动物福利和质量的影响；

c) 动物保定措施的必要性和适宜性，以及出现不良后果的补救措施等；

d) 在同一动物身上实施多项手术的必要性和安死术等；

e) 为了实验而对动物饮水和饮食限制可能产生的不良后果及应对措施等；

f) 使用非医用级材料的问题；

g) 现场调查研究的问题；

h) 使用农畜等动物的政策以及涉及的动物福利和动物质量问题等；

i) 是否有动物替代方法等。

A.3.8 应就检查报告与机构相关人员沟通，但不应因任何压力修改检查报告。

A.3.9 适用时，IACUC 应向更高管理层或主管部门报告检查结果。

A.3.10 对执行中之动物使用计划，若其内容有重大修订，应对修订部分进行检查，对不符合之处可要求作修正或否决其内容。

A.3.11 针对动物使用计划、设施及人员培训等相关内容提供建议并协助机构改进动物管理和使用的能力，以符合法规、标准的要求。

A.3.12 发生涉及动物相关投诉、抱怨时，协助机构提供客观真实的专业意见和建议。如果机构授权，也可以独立进行调查。

A.3.13 协助机构与主管部门和公众进行沟通和交流。

A.3.14 有权制止所发现的不符合规定的行为和事件，并向机构负责人或主管部门报告。

A.3.15 保护机构机密和个人隐私。

A.3.16 当法规有要求时，应采取适当的方式向社会公开有关信息。

A.3.17 IACUC 应在满足法规标准要求的前提下维护机构的权益。

A.4 管理要求

A.4.1 IACUC 应有明确的章程和运作管理程序。

A.4.2 IACUC 应制定作业手册，以指导 IACUC 正确履行职责、培训新的成员和明示 IACUC 的工作依据、准则、关注的重点、判定标准和工作流程等，保证其履行职责之完整性、公正性和一致性。

A.4.3 IACUC 的运作机制应保证其专业判断能力和所作决定不受机构任何压力的影响,同时应保证每个成员的专业判断能力不受来自 IACUC 内部或外部的任何影响。

A.4.4 IACUC 的运作机制应保证与动物使用者、动物管理人员、及负责的兽医师之间保持密切的合作关系,以保证制定出高质量的动物管理及使用计划。

A.4.5 IACUC 的运作机制应保证其成员之间职权的均衡和代表利益方的均衡,应保留和反映成员的各种相同和不同的见解或意见。

A.4.6 应明确实施检查和作决定的机制,可以采取全体委员会制或指派部分委员作决定的机制。如果采取全体委员会制,参加的委员人数应大于 50%,同时,赞成的票数也应大于 50%。

A.4.7 应保证和维持成员对国内外相关领域最新进展的了解和其专业判断能力,并提供所需的资源和培训。

A.4.8 应保证成员的职业健康安全,并提供所需的资源和培训。

A.4.9 应保证 IACUC 履行其职责所需的资源。

A.4.10 IACUC 成员应主动申报与自己相关的项目并回避对其的检查等活动。

A.4.11 应有预防机制和处罚机制,以期避免不公正、不诚信和失职行为的发生。

A.4.12 IACUC 成员可以兼职,但应避免利益冲突。

A.4.13 IACUC 不应聘用有任何不公正、不诚信和失职行为记录的人员。

附　录　B
（资料性附录）
动物使用的减少、优化和替代原则

B.1　总则

本附录旨在介绍减少（reduction）、优化（refinement）和替代（replacement）动物实验的原则（即"3R"原则），以期指导相关机构，在适用时，少用、更精细地使用或不用实验动物。"3R"原则是实验动物使用和管理领域之国际发展趋势。

B.2　减少

B.2.1　如果必须使用实验动物，考虑将使用的动物数量降至最少或在动物数量不变的情况下获取更多的实验数据。

B.2.2　充分利用已有的数据，不做无科学意义的重复性实验。

B.2.3　重复使用实验动物。在某些情况下可以利用同一动物进行多项实验，但须考虑重复使用对动物福利和实验质量的影响，否则，会适得其反。

B.2.4　实验数据共享。建立互信机制，相互承认实验结果，避免重复实验。

B.2.5　提高实验动物的质量，控制生物学变异，减少混杂因素对实验结果的影响。

B.2.6　合理设计实验程序和方案，以达到减少动物使用量的目的。

B.2.7　使用更适宜的统计学方法。

B.2.8　加强计划性和过程管理，如购买动物时将冗余量降至最小，精确计划动物生产量等。

B.3　优化

B.3.1　优化实验方案。比如使用非侵入性或损伤小的实验方法，以减少对动物的伤害。

B.3.2　优化动物饲养条件，提高饲养管理、医护和实验水平，以降低动物疾病的发病率、术后死亡率，保证动物生理生化、行为、情绪等指标的稳定性。

B.3.3　操作更加人性化、更精细，以减少动物的痛苦、疼痛、恐惧、不适等。

B.3.4　培训并建立人员与动物的良好关系，以更加顺畅地进行实验操作。

B.3.5　建立更适宜的模型动物。

B.3.6　加强培训，提高人员能力，规范操作，引进新技术。

B.4　替代

B.4.1　利用体外生命系统（组织、细胞等）代替动物实验。

B.4.2　利用低等动物代替高等动物。

B.4.3　利用人群资料，如志愿者的资料、流行病调查资料等，代替动物实验的资料。

B.4.4　利用数学模型、电子图像分析、生物过程模拟等技术预先分析。

B.4.5　利用无生命的反应系统模拟相应的生命系统。

B.4.6　利用人工合成的生物活性系统模拟相应的生命系统。

————————

ICS 13.100
C 78

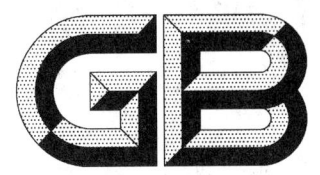

中华人民共和国国家标准

GB/T 28001—2011
代替 GB/T 28001—2001

职业健康安全管理体系　要求

Occupational health and safety management systems—Requirements

（OHSAS 18001:2007,IDT）

2011-12-30 发布

2012-02-01 实施

中华人民共和国国家质量监督检验检疫总局
中国国家标准化管理委员会　　发布

前　言

GB/T 28000《职业健康安全管理体系》系列国家标准体系结构如下：

——职业健康安全管理体系　要求；

——职业健康安全管理体系　实施指南。

本标准的制定考虑了与 GB/T 19001—2008《质量管理体系　要求》、GB/T 24001—2004《环境管理体系　要求及使用指南》标准间的兼容性，以便于满足组织整合质量、环境和职业健康安全管理体系的需求。此外，GB/T 28000 系列标准还考虑了与国际劳工组织（ILO）的 ILO-OSH：2001《职业健康安全管理体系指南》标准间的兼容性。为此，本标准在附录 A 中列出了 GB/T 28001—2011、GB/T 24001—2004 和 GB/T 19001—2008 之间的对应关系，在附录 B 中列出了 GB/T 28000 系列标准与 ILO-OSH：2001 之间的对应关系。

本标准代替 GB/T 28001—2001。与 GB/T 28001—2001 相比，主要变化如下：

——更加强调"健康"的重要性；

——对 PDCA（策划—实施—检查—改进）模式，仅在引言部分作全面介绍，在各主要条款中不再分别予以介绍；

——术语和定义部分作了较大调整和变动，包括：

a) 新增 9 个术语。它们分别为："可接受风险"、"纠正措施"、"文件"、"健康损害"、"职业健康安全方针"、"工作场所"、"预防措施"、"程序"、"记录"；

b) 修改了 13 个术语的定义。它们分别为："审核"、"持续改进"、"危险源"、"事件"、"相关方"、"不符合"、"职业健康安全"、"职业健康安全管理体系"、"职业健康安全目标"、"职业健康安全绩效"、"组织"、"风险"、"风险评价"；

c) 用新术语"可接受风险"取代原有术语"可容许风险"（参见 3.1）；

d) 原有术语"事故"和"事件"被合并到术语"事件"中（参见 3.9）；

e) 术语"危险源"的定义不再涉及"财产损失"和"工作环境破坏"（参见 3.6）；考虑到这样的损失和破坏并不直接与职业健康安全管理相关，它们应包括在资产管理的范畴内；作为替代的一种方式，此方面对职业健康安全有影响的损失和破坏，其风险可以通过组织风险评价过程得到识别，并通过适当的风险控制措施得到控制；

——为了与 GB/T 19001—2008、GB/T 24001—2004 更加兼容，标准技术内容作了较大改进，例如：为了与 GB/T 24001—2004 相兼容，本标准将 2001 年版标准的 4.3.3 和 4.3.4 合并为本标准的 4.3.3；

——针对职业健康安全策划部分的控制措施的层级，提出了新的要求（参见 4.3.1）；

——更加明确强调变更管理（参见 4.3.1 和 4.4.6）；

——增加了 4.5.2"合规性评价"；

——对于参与和协商，提出了新的要求（参见 4.4.3.2）；

——对于事件调查，提出了新的要求（参见 4.5.3.1）。

本标准使用翻译法，等同采用 OHSAS 18001：2007《职业健康安全管理体系　要求》（英文版）。

本标准由中国标准化研究院提出并归口。

本标准起草单位：中国标准化研究院、国家认证认可监督管理委员会、中国认证认可协会、中国合格评定国家认可中心、方圆标志认证集团有限公司、华夏认证中心有限公司、北京中大华远认证中心、国家电网公司、中国中铁股份有限公司、中国铁建股份有限公司、四川省宜宾五粮液集团有限公司、南京造币有限公司。

本标准主要起草人:陈元桥、于帆、陈全、王琛、王顺祺、赵宗勃、林峰、姜铁白、李伟阳、邓安怀、刘江毅、范永贵、王峰、朱江涛、唐伯超、仇发。

本标准于2001年首次发布,本次为第一次修订。

引　言

目前,由于有关法律法规日趋严格,促进良好职业健康安全实践的经济政策和其他措施也日益强化,相关方越来越关注职业健康安全问题,因此,各类组织越来越重视依照其职业健康安全方针和目标控制职业健康安全风险,以实现并证实其良好职业健康安全绩效。

虽然许多组织为评价其职业健康安全绩效而推行职业健康安全"评审"或"审核",但仅靠"评审"或"审核"本身可能仍不足以为组织提供保证,使组织确信其职业健康安全绩效不但现在而且将来都能一直持续满足法律法规和方针的要求。若要使得"评审"或"审核"行之有效,组织就必需将其纳入整合于组织中的结构化管理体系内实施。

本标准旨在为组织规定有效的职业健康安全管理体系所应具备的要素。这些要素可与其他管理要求相结合,并帮助组织实现其职业健康安全目标和经济目标。与其他标准一样,本标准无意被用于产生非关税贸易壁垒,或者增加或改变组织的法律义务。

本标准规定了对职业健康安全管理体系的要求,旨在使组织在制定和实施其方针和目标时能够考虑到法律法规要求和职业健康安全风险信息。本标准适用于任何类型和规模的组织,并与不同的地理、文化和社会条件相适应。图1给出了本标准所用的方法基础,体系的成功依赖于组织各层次和职能的承诺,特别是最高管理者的承诺。这种体系使组织能够制定其职业健康安全方针,建立实现方针承诺的目标和过程,为改进体系绩效并证实其符合本标准的要求而采取必要的措施。本标准的总目的在于支持和促进与社会经济需求相协调的良好职业健康安全实践。需注意的是,许多要求可同时或重复涉及。

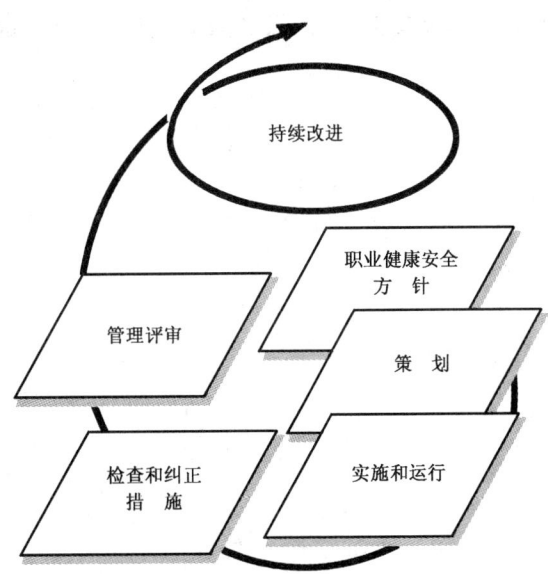

注:本标准基于被称为"策划—实施—检查—改进(PDCA)"的方法论。关于PDCA的含意,简要说明如下:

——策划:建立所需的目标和过程,以实现组织的职业健康安全方针所期望的结果。

——实施:对过程予以实施。

——检查:依据职业健康安全方针、目标、法律法规和其他要求,对过程进行监视和测量,并报告结果。

——改进:采取措施以持续改进职业健康安全绩效。

许多组织通过由过程组成的体系以及过程之间的相互作用对其运行进行管理,这种方式称为"过程方法"。GB/T 19001倡导使用过程方法。由于PDCA可用于所有过程,因此,这两种方法可以看作是兼容的。

图1　职业健康安全管理体系运行模式

本标准着重在以下几方面加以改进：

——改善与 GB/T 24001 和 GB/T 19001 的兼容性；

——寻求机会与其他职业健康安全管理体系标准（如 ILO-OSH:2001）兼容；

——反映职业健康安全实践的发展；

——基于应用经验对 2001 年版标准所述要求进一步加以澄清。

本标准与非认证性指南标准如 GB/T 28002—2011 之间的重要区别在于：本标准规定了组织的职业健康安全管理体系要求，并可用于组织职业健康安全管理体系的认证、注册和（或）自我声明；GB/T 28002—2011作为非认证性指南标准旨在为组织建立、实施或改进职业健康安全管理体系提供基本帮助。职业健康安全管理涉及多方面内容，其中有些还具有战略与竞争意义。通过证实本标准已得到成功实施，组织可使相关方确信本组织已建立了适宜的职业健康安全管理体系。

有关更广泛的职业健康安全管理体系问题的通用指南，可参阅 GB/T 28002—2011。任何对其他标准的引用仅限于提供信息。

本标准包含了可进行客观审核的要求，但并未超出职业健康安全方针的承诺（有关遵守适用法律法规要求和组织应遵守的其他要求、防止人身伤害和健康损害以及持续改进的承诺）而提出绝对的职业健康安全绩效要求。因此，开展相似运行的两个组织，尽管其职业健康安全绩效不同，但都可能符合本标准的要求。

尽管本标准的要素可与其他管理体系要素进行协调或整合，但本标准并不包含其他管理体系特定的要求（如质量、环境、安全保卫或财务等管理体系的要求）。组织可通过修改现有管理体系来建立符合本标准要求的职业健康安全管理体系，但需指出的是，各类管理体系要素的应用可能因预期目的和所涉及相关方的不同而各异。

职业健康安全管理体系的详尽和复杂水平以及形成文件的程度和所投入的资源等，取决于多方面因素，例如：体系的范围；组织的规模及其活动、产品和服务的性质；组织的文化等。中小型企业尤为如此。

职业健康安全管理体系 要求

1 范围

本标准规定了对职业健康安全管理体系的要求,旨在使组织能够控制其职业健康安全风险,并改进其职业健康安全绩效。它既不规定具体的职业健康安全绩效准则,也不提供详细的管理体系设计规范。

本标准适用于任何有下列愿望的组织:

a) 建立职业健康安全管理体系,以消除或尽可能降低可能暴露于与组织活动相关的职业健康安全危险源中的员工和其他相关方所面临的风险;

b) 实施、保持和持续改进职业健康安全管理体系;

c) 确保组织自身符合其所阐明的职业健康安全方针;

d) 通过下列方式来证实符合本标准:

   1) 做出自我评价和自我声明;

   2) 寻求与组织有利益关系的一方(如顾客等)对其符合性的确认;

   3) 寻求组织外部一方对其自我声明的确认;

   4) 寻求外部组织对其职业健康安全管理体系的认证。

本标准中的所有要求旨在被纳入到任何职业健康安全管理体系中。其应用程度取决于组织的职业健康安全方针、活动性质、运行的风险与复杂性等因素。

本标准旨在针对职业健康安全,而非诸如员工健身或健康计划、产品安全、财产损失或环境影响等其他方面的健康和安全。

2 规范性引用文件

下列文件对于本文件的应用是必不可少的。凡是注日期的引用文件,仅注日期的版本适用于本文件。凡是不注日期的引用文件,其最新版本(包括所有的修改单)适用于本文件。

GB/T 19000—2008 质量管理体系 基础和术语(ISO 9000:2005,IDT)

GB/T 24001—2004 环境管理体系 要求及使用指南(ISO 14001:2004,IDT)

GB/T 28002—2011 职业健康安全管理体系 实施指南(OHSAS 18002:2008,Ocuppational health and safety management systems—Guidelines for the implementation of OHSAS 18001:2007,IDT)

3 术语和定义

下列术语和定义适用于本文件。

3.1

可接受风险 acceptable risk

根据组织法律义务和**职业健康安全方针**(3.16)已降至组织可容许程度的风险。

3.2

审核 audit

为获得"审核证据"并对其进行客观的评价,以确定满足"审核准则"的程度所进行的系统的、独立的并形成文件的过程。

[GB/T 19000—2008,3.9.1]

注1:"独立的"不意味着必须来自组织外部。很多情况下,特别是在小型组织,独立性可以通过与被审核活动之间无责任关系来证实。

注2:有关"审核证据"和"审核准则"的进一步指南见 GB/T 19011。

3.3

持续改进 continual improvement

为了实现对整体**职业健康安全绩效**(3.15)的改进,根据**组织**(3.17)的**职业健康安全方针**(3.16),不断对**职业健康安全管理体系**(3.13)进行强化的过程。

注1:该过程不必同时发生于活动的所有方面。

注2:改编自 GB/T 24001—2004,3.2。

3.4

纠正措施 corrective action

为消除已发现的**不符合**(3.11)或其他不期望情况的原因所采取的措施。

[GB/T 19000—2008,3.6.5]

注1:一个不符合可以有若干个原因。

注2:采取纠正措施是为了防止再发生,而采取**预防措施**(3.18)是为了防止发生。

3.5

文件 document

信息及其承载媒体。

注:媒体可以是纸张,计算机磁盘、光盘或其他电子媒体,照片或标准样品,或它们的组合。

[GB/T 24001—2004,3.4]

3.6

危险源 hazard

可能导致人身伤害和(或)**健康损害**(3.8)的根源、状态或行为,或其组合。

3.7

危险源辨识 hazard identification

识别**危险源**(3.6)的存在并确定其特性的过程。

3.8

健康损害 ill health

可确认的、由工作活动和(或)工作相关状况引起或加重的身体或精神的不良状态。

3.9

事件 incident

发生或可能发生与工作相关的**健康损害**(3.8)或人身伤害(无论严重程度),或者死亡的情况。

注1:事故是一种发生人身伤害、健康损害或死亡的事件。

注2:未发生人身伤害、健康损害或死亡的事件通常称为"未遂事件",在英文中也可称为"near-miss"、"near-hit"、"close call"或"dangerous occurrence"。

注3:紧急情况(参见 4.4.7)是一种特殊类型的事件。

3.10

相关方 interested party

工作场所(3.23)内外与**组织**(3.17)**职业健康安全绩效**(3.15)有关或受其影响的个人或团体。

3.11

不符合 nonconformity

未满足要求。

[GB/T 19000—2008,3.6.2;GB/T 24001—2004,3.15]

注：不符合可以是对下述要求的任何偏离：

——有关的工作标准、惯例、程序、法律法规要求等；

——**职业健康安全管理体系**(3.13)要求。

3.12

职业健康安全(OH&S)   occupational health and safety（OH&S）

影响或可能影响**工作场所**(3.23)内的员工或其他工作人员(包括临时工和承包方员工)、访问者或任何其他人员的健康安全的条件和因素。

注：组织应遵守关于工作场所附近或暴露于工作场所活动的人员的健康安全方面的法律法规要求。

3.13

职业健康安全管理体系   OH&S management system

组织(3.17)管理体系的一部分,用于制定和实施组织的**职业健康安全方针**(3.16)并管理其职业健康安全风险(3.21)。

注1：管理体系是用于制定方针和目标并实现这些目标的一组相互关联的要素。

注2：管理体系包括组织结构、策划活动(例如：包括风险评价、目标建立等)、职责、惯例、**程序**(3.19)、过程和资源。

注3：改编自 GB/T 24001—2004,3.8。

3.14

职业健康安全目标   OH&S objective

组织(3.17)自我设定的在**职业健康安全绩效**(3.15)方面要达到的职业健康安全目的。

注1：只要可行,目标就宜量化。

注2：4.3.3 要求职业健康安全目标符合**职业健康安全方针**(3.16)。

3.15

职业健康安全绩效   OH&S performance

组织(3.17)对其**职业健康安全风险**(3.21)进行管理所取得的可测量的结果。

注1：职业健康安全绩效测量包括测量组织控制措施的有效性。

注2：在**职业健康安全管理体系**(3.13)背景下,结果也可根据**组织**(3.17)的**职业健康安全方针**(3.16)、**职业健康安全目标**(3.14)和其他职业健康安全绩效要求测量出来。

3.16

职业健康安全方针   OH&S policy

最高管理者就**组织**(3.17)的**职业健康安全绩效**(3.15)正式表述的总体意图和方向。

注1：职业健康安全方针为采取措施和设定**职业健康安全目标**(3.14)提供框架。

注2：改编自 GB/T 24001—2004,3.11。

3.17

组织   organization

具有自身职能和行政管理的公司、集团公司、商行、企事业单位、政府机构、社团或其结合体,或上述单位中具有自身职能和行政管理的一部分,无论其是否具有法人资格,公营或私营。

注：对于拥有一个以上运行单位的组织,可以把一个运行单位视为一个组织。

[GB/T 24001—2004,3.16]

3.18

预防措施   preventive action

为消除潜在**不符合**(3.11)或其他不期望潜在情况的原因所采取的措施。

注1：一个潜在不符合可以有若干个原因。

注2：采取预防措施是为了防止发生,而采取**纠正措施**(3.4)是为了防止再发生。

[GB/T 19000—2008,3.6.4]

3.19

程序 procedure

为进行某项活动或过程所规定的途径。

注1：程序可以形成文件,也可以不形成文件。

注2：当程序形成文件时,通常称为"书面程序"或"形成文件的程序"。含有程序的**文件**(3.5)可称为"程序文件"。

[GB/T 19000—2008,3.4.5]

3.20

记录 record

阐明所取得的结果或提供所从事活动的证据的**文件**(3.5)。

[GB/T 24001—2004,3.20]

3.21

风险 risk

发生危险事件或有害暴露的可能性,与随之引发的人身伤害或**健康损害**(3.8)的严重性的组合。

3.22

风险评价 risk assessment

对危险源导致的**风险**(3.21)进行评估、对现有控制措施的充分性加以考虑以及对风险是否可接受予以确定的过程。

3.23

工作场所 workplace

在组织控制下实施与工作相关的活动的任何物理地点。

注：在考虑工作场所的构成时,**组织**(3.17)宜考虑对如下人员的职业健康安全影响,例如:差旅或运输中(如驾驶、乘机、乘船或乘火车等)、在客户或顾客处所工作或在家工作的人员。

4 职业健康安全管理体系要求

4.1 总要求

组织应根据本标准的要求建立、实施、保持和持续改进职业健康安全管理体系,确定如何满足这些要求,并形成文件。

组织应界定其职业健康安全管理体系的范围,并形成文件。

4.2 职业健康安全方针

最高管理者应确定和批准本组织的职业健康安全方针,并确保职业健康安全方针在界定的职业健康安全管理体系范围内:

a) 适合于组织职业健康安全风险的性质和规模;

b) 包括防止人身伤害与健康损害和持续改进职业健康安全管理与职业健康安全绩效的承诺;

c) 包括至少遵守与其职业健康安全危险源有关的适用法律法规要求及组织应遵守的其他要求的承诺;

d) 为制定和评审职业健康安全目标提供框架;

e) 形成文件,付诸实施,并予以保持;

f) 传达到所有在组织控制下工作的人员,旨在使其认识到各自的职业健康安全义务;

g) 可为相关方所获取;

h) 定期评审,以确保其与组织保持相关和适宜。

4.3 策划

4.3.1 危险源辨识、风险评价和控制措施的确定

组织应建立、实施并保持程序,以便持续进行危险源辨识、风险评价和必要控制措施的确定。

危险源辨识和风险评价的程序应考虑:

——常规和非常规活动;

——所有进入工作场所的人员(包括承包方人员和访问者)的活动;

——人的行为、能力和其他人的因素;

——已识别的源于工作场所外,能够对工作场所内组织控制下的人员的健康安全产生不利影响的危险源;

——在工作场所附近,由组织控制下的工作相关活动所产生的危险源;

注1:按环境因素对此类危险源进行评价可能更为合适。

——由本组织或外界所提供的工作场所的基础设施、设备和材料;

——组织及其活动、材料的变更,或计划的变更;

——职业健康安全管理体系的更改包括临时性变更等,及其对运行、过程和活动的影响;

——任何与风险评价和实施必要控制措施相关的适用法律义务(也可参见3.12的注);

——对工作区域、过程、装置、机器和(或)设备、操作程序和工作组织的设计,包括其对人的能力的适应性。

组织用于危险源辨识和风险评价的方法应:

——在范围、性质和时机方面进行界定,以确保其是主动的而非被动的;

——提供风险的确认、风险优先次序的区分和风险文件的形成以及适当时控制措施的运用。

对于变更管理,组织应在变更前,识别在组织内、职业健康安全管理体系中或组织活动中与该变更相关的职业健康安全危险源和职业健康安全风险。

组织应确保在确定控制措施时考虑这些评价的结果。

在确定控制措施或考虑变更现有控制措施时,应按如下顺序考虑降低风险:

——消除;

——替代;

——工程控制措施;

——标志、警告和(或)管理控制措施;

——个体防护装备。

组织应将危险源辨识、风险评价和控制措施的确定的结果形成文件并及时更新。

在建立、实施和保持职业健康安全管理体系时,组织应确保职业健康安全风险和确定的控制措施能够得到考虑。

注2:关于危险源辨识、风险评价和控制措施的确定的进一步指南见GB/T 28002—2011。

4.3.2 法律法规和其他要求

组织应建立、实施并保持程序,以识别和获取适用于本组织的法律法规和其他职业健康安全要求。

在建立、实施和保持职业健康安全管理体系时,组织应确保对适用法律法规要求和组织应遵守的其他要求得到考虑。

组织应使这方面的信息处于最新状态。

组织应向在其控制下工作的人员和其他有关的相关方传达相关法律法规和其他要求的信息。

4.3.3 目标和方案

组织应在其内部相关职能和层次建立、实施和保持形成文件的职业健康安全目标。

可行时,目标应可测量。目标应符合职业健康安全方针,包括对防止人身伤害与健康损害,符合适用法律法规要求与组织应遵守的其他要求,以及持续改进的承诺。

在建立和评审目标时,组织应考虑法律法规要求和应遵守的其他要求及其职业健康安全风险。组织还应考虑其可选技术方案,财务、运行和经营要求,以及有关的相关方的观点。

组织应建立、实施和保持实现其目标的方案。方案至少应包括:

a) 为实现目标而对组织相关职能和层次的职责和权限的指定;

b) 实现目标的方法和时间表。

应定期和按计划的时间间隔对方案进行评审,必要时进行调整,以确保目标得以实现。

4.4 实施和运行

4.4.1 资源、作用、职责、责任和权限

最高管理者应对职业健康安全和职业健康安全管理体系承担最终责任。

最高管理者应通过以下方式证实其承诺:

——确保为建立、实施、保持和改进职业健康安全管理体系提供必要的资源。

注 1:资源包括人力资源和专项技能、组织基础设施、技术和财力资源。

——明确作用、分配职责和责任、授予权力以提供有效的职业健康安全管理;作用、职责、责任和权限应形成文件和予以沟通。

组织应任命最高管理者中的成员,承担特定的职业健康安全职责,无论他(他们)是否还负有其他方面的职责,都应明确界定如下作用和权限:

——确保按本标准建立、实施和保持职业健康安全管理体系;

——确保向最高管理者提交职业健康安全管理体系绩效报告,以供评审,并为改进职业健康安全管理体系提供依据。

注 2:最高管理者中的被任命者(比如大型组织中的董事会或执委会成员),在仍然保留责任的同时,可将他们的一些任务委派给下属的管理者代表。

最高管理者中的被任命者的身份应对所有在本组织控制下工作的人员公开。

所有承担管理职责的人员,均应证实其对职业健康安全绩效持续改进的承诺。

组织应确保工作场所的人员在其能控制的领域承担职业健康安全方面的责任,包括遵守组织适用的职业健康安全要求。

4.4.2 能力、培训和意识

组织应确保任何在其控制下完成对职业健康安全有影响的任务的人员都具有相应的能力,该能力应依据适当的教育、培训或经历来确定。组织应保存相关的记录。

组织应确定与职业健康安全风险及职业健康安全管理体系相关的培训需求。组织应提供培训或采取其他措施来满足这些需求,评价培训或所采取措施的有效性,并保存相关记录。

组织应当建立、实施并保持程序,使在本组织控制下工作的人员意识到:

——他们的工作活动和行为的实际或潜在的职业健康安全后果,以及改进个人表现的职业健康安全益处;

——他们在实现符合职业健康安全方针、程序和职业健康安全管理体系要求,包括应急准备和响应要求(参见 4.4.7)方面的作用、职责和重要性;

——偏离规定程序的潜在后果。

培训程序应当考虑不同层次的：

——职责、能力、语言技能和文化程度；

——风险。

4.4.3 沟通、参与和协商

4.4.3.1 沟通

针对其职业健康安全危险源和职业健康安全管理体系，组织应建立、实施和保持程序，用于：

——在组织内不同层次和职能进行内部沟通；

——与进入工作场所的承包方和其他访问者进行沟通；

——接收、记录和回应来自外部相关方的相关沟通。

4.4.3.2 参与和协商

组织应建立、实施并保持程序，用于：

a) 工作人员：

——适当参与危险源辨识、风险评价和控制措施的确定；

——适当参与事件调查；

——参与职业健康安全方针和目标的制定和评审；

——对影响他们职业健康安全的任何变更进行协商；

——对职业健康安全事务发表意见。

应告知工作人员关于他们的参与安排，包括谁是他们的职业健康安全事务代表。

b) 与承包方就影响他们的职业健康安全的变更进行协商。

适当时，组织应确保与相关的外部相关方就有关的职业健康安全事务进行协商。

4.4.4 文件

职业健康安全管理体系文件应包括：

a) 职业健康安全方针和目标；

b) 对职业健康安全管理体系覆盖范围的描述；

c) 对职业健康安全管理体系的主要要素及其相互作用的描述，以及相关文件的查询途径；

d) 本标准所要求的文件，包括记录；

e) 组织为确保对涉及其职业健康安全风险管理过程进行有效策划、运行和控制所需的文件，包括记录。

> 注：重要的是，文件要与组织的复杂程度、相关的危险源和风险相匹配，按有效性和效率的要求使文件数量尽可能少。

4.4.5 文件控制

应对本标准和职业健康安全管理体系所要求的文件进行控制。记录是一种特殊类型的文件，应依据 4.5.4 的要求进行控制。

组织应建立、实施并保持程序，以规定：

a) 在文件发布前进行审批，确保其充分性和适宜性；

b) 必要时对文件进行评审和更新，并重新审批；

c) 确保对文件的更改和现行修订状态作出标识；

d) 确保在使用处能得到适用文件的有关版本；

e) 确保文件字迹清楚,易于识别;

f) 确保对策划和运行职业健康安全管理体系所需的外来文件作出标识,并对其发放予以控制;

g) 防止对过期文件的非预期使用。若须保留,则应作出适当的标识。

4.4.6 运行控制

组织应确定那些与已辨识的、需实施必要控制措施的危险源相关的运行和活动,以管理职业健康安全风险。这应包括变更管理(参见 4.3.1)。

对于这些运行和活动,组织应实施并保持:

a) 适合组织及其活动的运行控制措施;组织应把这些运行控制措施纳入其总体的职业健康安全管理体系之中;

b) 与采购的货物、设备和服务相关的控制措施;

c) 与进入工作场所的承包方和访问者相关的控制措施;

d) 形成文件的程序,以避免因其缺乏而可能偏离职业健康安全方针和目标;

e) 规定的运行准则,以避免因其缺乏而可能偏离职业健康安全方针和目标。

4.4.7 应急准备和响应

组织应建立、实施并保持程序,用于:

a) 识别潜在的紧急情况;

b) 对此紧急情况作出响应。

组织应对实际的紧急情况作出响应,防止和减少相关的职业健康安全不良后果。

组织在策划应急响应时,应考虑有关相关方的需求,如应急服务机构、相邻组织或居民。

可行时,组织也应定期测试其响应紧急情况的程序,并让有关的相关方适当参与其中。

组织应定期评审其应急准备和响应程序,必要时对其进行修订,特别是在定期测试和紧急情况发生后(参见 4.5.3)。

4.5 检查

4.5.1 绩效测量和监视

组织应建立、实施并保持程序,对职业健康安全绩效进行例行监视和测量。程序应规定:

a) 适合组织需要的定性和定量测量;

b) 对组织职业健康安全目标满足程度的监视;

c) 对控制措施有效性(既针对健康也针对安全)的监视;

d) 主动性绩效测量,即监视是否符合职业健康安全方案、控制措施和运行准则;

e) 被动性绩效测量,即监视健康损害、事件(包括事故、未遂事件等)和其他不良职业健康安全绩效的历史证据;

f) 对监视和测量的数据和结果的记录,以便于其后续的纠正措施和预防措施的分析。

如果测量或监视绩效需要设备,适当时,组织应建立并保持程序,对此类设备进行校准和维护。应保存校准和维护活动及其结果的记录。

4.5.2 合规性评价

4.5.2.1 为了履行遵守法律法规要求的承诺[参见 4.2c)],组织应建立、实施并保持程序,以定期评价对适用法律法规的遵守情况(参见 4.3.2)。

组织应保存定期评价结果的记录。

注:对不同法律法规要求的定期评价的频次可以有所不同。

4.5.2.2　组织应评价对应遵守的其他要求的遵守情况(参见 4.3.2)。这可以和 4.5.2.1 中所要求的评价一起进行,也可另外制定程序,分别进行评价。

组织应保存定期评价结果的记录。

注:对于不同的、组织应遵守的其他要求,定期评价的频次可以有所不同。

4.5.3　事件调查、不符合、纠正措施和预防措施

4.5.3.1　事件调查

组织应建立、实施并保持程序,记录、调查和分析事件,以便:

a)　确定内在的、可能导致或有助于事件发生的职业健康安全缺陷和其他因素;

b)　识别采取纠正措施的需求;

c)　识别采取预防措施的可能性;

d)　识别持续改进的可能性;

e)　沟通调查结果。

调查应及时开展。

对任何已识别的纠正措施的需求或预防措施的机会,应依据 4.5.3.2 相关要求进行处理。

事件调查的结果应形成文件并予以保持。

4.5.3.2　不符合、纠正措施和预防措施

组织应建立、实施并保持程序,以处理实际和潜在的不符合,并采取纠正措施和预防措施。程序应明确下述要求:

a)　识别和纠正不符合,采取措施以减轻其职业健康安全后果;

b)　调查不符合,确定其原因,并采取措施以避免其再度发生;

c)　评价预防不符合的措施需求,并采取适当措施,以避免不符合的发生;

d)　记录和沟通所采取的纠正措施和预防措施的结果;

e)　评审所采取的纠正措施和预防措施的有效性。

如果在纠正措施或预防措施中识别出新的或变化的危险源,或者对新的或变化的控制措施的需求,则程序应要求对拟定的措施在其实施前先进行风险评价。

为消除实际和潜在不符合的原因而采取的任何纠正或预防措施,应与问题的严重性相适应,并与面临的职业健康安全风险相匹配。

对因纠正措施和预防措施而引起的任何必要变化,组织应确保其体现在职业健康安全管理体系文件中。

4.5.4　记录控制

组织应建立并保持必要的记录,用于证实符合职业健康安全管理体系要求和本标准要求,以及所实现的结果。

组织应建立、实施并保持程序,用于记录的标识、贮存、保护、检索、保留和处置。

记录应保持字迹清楚,标识明确,并可追溯。

4.5.5　内部审核

组织应确保按照计划的时间间隔对职业健康安全管理体系进行内部审核。目的是:

——确定职业健康安全管理体系是否:

· 符合组织对职业健康安全管理的策划安排,包括本标准的要求;

- 得到了正确的实施和保持；
- 有效满足组织的方针和目标。

——向管理者报告审核结果的信息。

组织应基于组织活动的风险评价结果和以前的审核结果，策划、制定、实施和保持审核方案。

应建立、实施和保持审核程序，以明确：

——关于策划和实施审核、报告审核结果和保存相关记录的职责、能力和要求；

——审核准则、范围、频次和方法的确定。

审核员的选择和审核的实施均应确保审核过程的客观性和公正性。

4.6 管理评审

最高管理者应按计划的时间间隔，对组织的职业健康安全管理体系进行评审，以确保其持续适宜性、充分性和有效性。评审应包括评价改进的可能性和对职业健康安全管理体系进行修改的需求，包括对职业健康安全方针和职业健康安全目标的修改需求。应保存管理评审记录。

管理评审的输入应包括：

——内部审核和合规性评价的结果；

——参与和协商的结果（参见4.4.3）；

——来自外部相关方的相关沟通信息，包括投诉；

——组织的职业健康安全绩效；

——目标的实现程度；

——事件调查、纠正措施和预防措施的状况；

——以前管理评审的后续措施；

——客观环境的变化，包括与职业健康安全有关的法律法规和其他要求的发展；

——改进建议。

管理评审的输出应符合组织持续改进的承诺，并应包括与如下方面可能的更改有关的任何决策和措施：

——职业健康安全绩效；

——职业健康安全方针和目标；

——资源；

——其他职业健康安全管理体系要素。

管理评审的相关输出应可用于沟通和协商（参见4.4.3）。

附　录　A

（资料性附录）

GB/T 28001—2011、GB/T 24001—2004 和 GB/T 19001—2008 之间的对应关系

GB/T 28001—2011、GB/T 24001—2004 和 GB/T 19001—2008 之间的对应关系如表 A.1 所示。

表 A.1　GB/T 28001—2011、GB/T 24001—2004 和 GB/T 19001—2008 之间的对应关系

GB/T 28001—2011		GB/T 24001—2004		GB/T 19001—2008	
章条号	章条标题	章条号	章条标题	章条号	章条标题
	引言		引言		引言
				0.1	总则
				0.2	过程方法
				0.3	与 GB/T 19004 的关系
				0.4	与其他管理体系的相容性
1	范围	1	范围	1	范围
				1.1	总则
				1.2	应用
2	规范性引用文件	2	规范性引用文件	2	规范性引用文件
3	术语和定义	3	术语和定义	3	术语和定义
4	职业健康安全管理体系要求（仅有标题）	4	环境管理体系要求（仅有标题）	4	质量管理体系（仅有标题）
4.1	总要求	4.1	总要求	4.1	总要求
				5.5	职责、权限与沟通
				5.5.1	职责和权限
4.2	职业健康安全方针	4.2	环境方针	5.1	管理承诺
				5.3	质量方针
				8.5.1	持续改进
4.3	策划（仅有标题）	4.3	策划（仅有标题）	5.4	策划（仅有标题）
4.3.1	危险源辨识、风险评价和控制措施的确定	4.3.1	环境因素	5.2	以顾客为关注焦点
				7.2.1	与产品有关的要求的确定
				7.2.2	与产品有关的要求的评审
4.3.2	法律法规和其他要求	4.3.2	法律法规和其他要求	5.2	以顾客为关注焦点
				7.2.1	与产品有关的要求的确定
4.3.3	目标和方案	4.3.3	目标、指标和方案	5.4.1	质量目标
				5.4.2	质量管理体系策划
				8.5.1	持续改进
4.4	实施和运行（仅有标题）	4.4	实施与运行（仅有标题）	7	产品实现（仅有标题）

表 A.1（续）

GB/T 28001—2011		GB/T 24001—2004		GB/T 19001—2008	
章条号	章条标题	章条号	章条标题	章条号	章条标题
4.4.1	资源、作用、职责、责任和权限	4.4.1	资源、作用、职责和权限	5.1	管理承诺
				5.5.1	职责和权限
				5.5.2	管理者代表
				6.1	资源提供
				6.3	基础设施
4.4.2	能力、培训和意识	4.4.2	能力、培训和意识	6.2.1	总则
				6.2.2	能力、意识和培训
4.4.3	沟通、参与和协商	4.4.3	信息交流	5.5.3	内部沟通
				7.2.3	顾客沟通
4.4.4	文件	4.4.4	文件	4.2.1	（文件要求）总则
4.4.5	文件控制	4.4.5	文件控制	4.2.3	文件控制
4.4.6	运行控制	4.4.6	运行控制	7.1	产品实现的策划
				7.2	与顾客有关的过程
				7.2.1	与产品有关的要求的确定
				7.2.2	与产品有关的要求的评审
				7.3.1	设计和开发策划
				7.3.2	设计和开发输入
				7.3.3	设计和开发输出
				7.3.4	设计和开发评审
				7.3.5	设计和开发验证
				7.3.6	设计和开发确认
				7.3.7	设计和开发更改的控制
				7.4.1	采购过程
				7.4.2	采购信息
				7.4.3	采购产品的验证
				7.5	生产和服务的提供
				7.5.1	生产和服务的提供的控制
				7.5.2	生产和服务的提供过程的确认
				7.5.5	产品防护
4.4.7	应急准备和响应	4.4.7	应急准备和响应	8.3	不合格品控制
4.5	检查（仅有标题）	4.5	检查（仅有标题）	8	测量、分析和改进（仅有标题）

表 A.1（续）

GB/T 28001—2011		GB/T 24001—2004		GB/T 19001—2008	
章条号	章条标题	章条号	章条标题	章条号	章条标题
4.5.1	绩效测量和监视	4.5.1	监视和测量	7.6	监视和测量设备的控制
				8.1	（测量、分析和改进）总则
				8.2.3	过程的监视和测量
				8.2.4	产品的监视和测量
				8.4	数据分析
4.5.2	合规性评价	4.5.2	合规性评价	8.2.3	过程的监视和测量
				8.2.4	产品的监视和测量
4.5.3	事件调查、不符合、纠正措施和预防措施（仅有标题）	—	—	—	—
4.5.3.1	事件调查	—	—	—	—
4.5.3.2	不符合、纠正措施和预防措施	4.5.3	不符合、纠正措施和预防措施	8.3	不合格品控制
				8.4	数据分析
				8.5.2	纠正措施
				8.5.3	预防措施
4.5.4	记录控制	4.5.4	记录控制	4.2.4	记录控制
4.5.5	内部审核	4.5.5	内部审核	8.2.2	内部审核
4.6	管理评审	4.6	管理评审	5.1	管理承诺
				5.6	管理评审（仅有标题）
				5.6.1	总则
				5.6.2	评审输入
				5.6.3	评审输出
				8.5.1	持续改进

附　录　B

（资料性附录）

GB/T 28000 系列标准与 ILO-OSH：2001 之间的对应关系

B.1　引言

本附录识别了 ILO-OSH：2001《职业健康安全管理体系指南》与 GB/T 28000 系列标准之间的主要不同点，并提供了它们之间不同要求的对比评价。

注：需注意的是，经识别确认，两者并无重大差异。

如果组织已实施了职业健康安全管理体系且符合本标准，则可确信其职业健康安全管理体系也与 ILO-OSH：2001 的建议相一致。

B.4 给出了 GB/T 28000 系列标准与 ILO-OSH：2001 之间的对应关系表。

B.2　概述

ILO-OSH：2001 的两个主要目标是：

a)　帮助国家建立职业健康安全管理体系国家构架；

b)　为单个组织就职业健康安全要素融入其总体方针和管理安排之中提供指南。

本标准规定了职业健康安全管理体系的要求，使组织能够控制风险和改进其职业健康安全绩效。GB/T 28002—2001 是本标准的实施指南。因此，GB/T 28000 系列标准与 ILO-OSH：2001 第 3 章"组织的职业健康安全管理体系"类似。

B.3　对照 GB/T 28000 系列标准对 ILO-OSH：2001 第 3 章的详尽分析

B.3.1　范围

ILO-OSH：2001 以工作人员为关注焦点，而 GB/T 28000 系列标准以组织控制下的人员和其他相关方为关注焦点，其关注范围更广。

B.3.2　职业健康安全管理体系模式

关于描述职业健康安全管理体系主要要素的模式，ILO-OSH：2001 与 GB/T 28000 系列标准完全相同。

B.3.3　ILO-OSH：2001 的 3.2"工作人员参与"

ILO-OSH：2001 的 3.2.4 建议："适当时，雇主宜确保健康安全委员会的建立和有效运行，以及依据国家法律和惯例对工作人员健康安全代表的认可"。

本标准中 4.4.3 要求组织建立沟通、参与和协商的程序，使更广泛的相关方参与其中（因为 GB/T 28000系列标准应用范围更广）。

B.3.4　ILO-OSH：2001 的 3.3"职责和责任"

ILO-OSH：2001 的 3.3.1(h)建议建立预防和健康促进方案。GB/T 28000 系列标准无此要求。

B.3.5 ILO-OSH:2001 的 3.4"能力和培训"

ILO-OSH:2001 的 3.4.4 建议:"宜对所有参与者提供免费培训,并尽可能安排在工作时间内"。GB/T 28000 系列标准无此要求。

B.3.6 ILO-OSH:2001 的 3.10.4"采购"

ILO-OSH:2001 强调宜将组织的健康安全要求融入采购和租赁规范之中。

GB/T 28000 系列标准强调宜依据风险评价的要求、所识别的法律法规要求和所确立的运行控制措施来进行采购。

B.3.7 ILO-OSH:2001 的 3.10.5"承包"

ILO-OSH:2001 明确了确保组织的健康安全要求适合于承包方所需采取的步骤(承包方也提供所需的措施概要)。这隐含在 GB/T 28000 系列标准中。

B.3.8 ILO-OSH:2001 的 3.12"与工作有关的人身伤害、健康损害、疾病和事件的调查及其对健康安全绩效的影响"

不同于本标准中的 4.5.3.2,ILO-OSH:2001 不要求纠正措施或预防措施在实施前通过风险评价过程进行评审。

B.3.9 ILO-OSH:2001 的 3.13"审核"

ILO-OSH:2001 建议协商选择审核员。与之相对应,GB/T 28000 系列标准要求审核人员公正和客观。

B.3.10 ILO-OSH:2001 的 3.16"持续改进"

在 ILO-OSH:2001 中,"持续改进"是一个单独的子条款。它详细阐述了为实现持续改进所宜考虑的安排。在 GB/T 28000 系列标准中,类似的安排则贯穿于整个标准中,因而没有与其相对应的单独条款。

B.4 GB/T 28000 系列标准与 ILO-OSH:2001 之间的对应情况

GB/T 28000 系列标准与 ILO-OSH:2001 之间的对应情况如表 B.1 所示。

表 B.1 GB/T 28000 系列标准与 ILO-OSH:2001 之间的对应关系

章条号	GB/T 28000 系列标准	章条号	ILO-OSH:2001
	前言		国际劳工组织
	引言		引言
		3.0	组织的职业健康安全管理体系
1	范围	1.0	目标
2	规范性引用文件		参考文献
3	术语和定义		词汇表

表 B.1（续）

章条号	GB/T 28000 系列标准	章条号	ILO-OSH:2001
4	职业健康安全管理体系要求（仅有标题）	—	—
4.1	总要求	3.0	组织的职业健康安全管理体系
4.2	职业健康安全方针	3.1	职业健康安全方针
		3.16	持续改进
4.3	策划（仅有标题）	—	策划和实施（仅有标题）
4.3.1	危险源辨识、风险评价和控制措施的确定	3.7	初始评审
		3.8	体系策划、建立和实施
		3.10	危害预防
		3.10.1	预防和控制措施
		3.10.2	变更管理
		3.10.5	承包
4.3.2	法律法规和其他要求	3.7.2	（初始评审）
		3.10.1.2	（预防和控制措施）
4.3.3	目标和方案	3.8	体系策划、建立和实施
		3.9	职业健康安全目标
		3.16	持续改进
4.4	实施和运行（仅有标题）	—	—
4.4.1	资源、作用、职责、责任和权限	3.3	职责和责任
		3.8	体系策划、建立和实施
		3.16	持续改进
4.4.2	能力、培训和意识	3.4	能力和培训
4.4.3	沟通、参与和协商	3.2	工作人员参与
		3.6	沟通
4.4.4	文件	3.5	职业健康安全管理体系文件
4.4.5	文件控制	3.5	职业健康安全管理体系文件
4.4.6	运行控制	3.10.2	变更管理
		3.10.4	采购
		3.10.5	承包
4.4.7	应急准备和响应	3.10.3	应急预防、准备和响应
4.5	检查（仅有标题）	—	评价（仅有标题）
4.5.1	绩效测量和监视	3.11	绩效监视和测量
4.5.2	合规性评价	—	—
4.5.3	事件调查、不符合、纠正措施和预防措施（仅有标题）	—	—

表 B.1（续）

章条号	GB/T 28000 系列标准	章条号	ILO-OSH：2001
4.5.3.1	事件调查	3.12	与工作有关的人身伤害、健康损害、疾病和事件的调查及其对职业健康安全绩效的影响
		3.16	持续改进
4.5.3.2	不符合、纠正措施和预防措施	3.15	预防和纠正措施
4.5.4	记录控制	3.5	职业健康安全管理体系文件
4.5.5	内部审核	3.13	审核
4.6	管理评审	3.14	管理评审
		3.16	持续改进

参 考 文 献

[1]　GB/T 19001—2008　质量管理体系　要求(ISO 9001:2008,IDT)

[2]　GB/T 19011—2003　质量和(或)环境管理体系审核指南(ISO 19011:2002,IDT)

5.2 相关质量标准

ICS 65.020.30
B 44

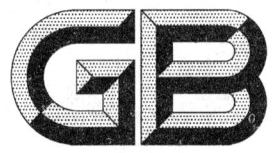

中华人民共和国国家标准

GB 14922.1—2001

实验动物 寄生虫学等级及监测

Laboratory animal—Standards and monitoring for parasitology

2001-08-29 发布   2002-05-01 实施

中华人民共和国
国家质量监督检验检疫总局   发布

前　　言

本标准的全部技术内容为强制性。

本标准从 GB 14922—1994《实验动物　微生物学和寄生虫学监测等级（啮齿类和兔类）》中分离出来，形成独立的标准。

本标准对实验动物等级进行了重新设定，与微生物学等级对应，将实验小鼠和大鼠的寄生虫学等级分为清洁级、无特定病原体级(SPF)和无菌级，取消了普通级。豚鼠、地鼠、兔仍保留四级。犬和猴分为普通级和 SPF 两级。相应增加了犬和猴的寄生虫学监测项目。

本标准对取样数量作了重新规定。根据生产繁殖单元大小决定取样数量，改变了过去按动物等级取样的做法。兔、犬、猴等较大动物可以活体采样，不必处死动物，因此取样数量也没有减少。

本标准对必须检测和必要时检测作了限定性说明："必须检测项目：是指在进行实验动物质量评价时必须检测的项目。必要时检测项目：是指从国外引进实验动物时、怀疑有本病流行时、申请实验动物生产许可证和实验动物质量合格证时必须检测的项目"。

除少数特殊的寄生虫定名到种外，对其他要求排除的寄生虫，采用"体外寄生虫"、"全部蠕虫"、"鞭毛虫"等笼统的名称。减少了具体的项目，避免了"挂一漏万"，节省了检测时定种的时间，但又能确保实验动物的寄生虫学质量。

本标准自实施之日起，代替 GB 14922—1994。

本标准由中华人民共和国科学技术部提出并归口。

本标准起草单位：中国实验动物学会。

本标准主要起草人：潘振业、李冠民、刘兆铭、诸欣平。

本标准于 1994 年 1 月首次发布。

中华人民共和国国家标准

GB 14922.1—2001

实验动物　寄生虫学等级及监测

代替 GB 14922—1994

Laboratory animal—Standards and monitoring for parasitology

1　范围

本标准规定了实验动物寄生虫学的等级及监测,包括:实验动物寄生虫学的等级分类、检测顺序、检测要求、检测规则、结果判定和报告等。

本标准适用于地鼠、豚鼠、兔、犬、猴和清洁级及以上小鼠、大鼠。

2　引用标准

下列标准所包含的条文,通过在本标准中引用而构成为本标准的条文。本标准出版时,所示版本均为有效。所有标准都会被修订,使用本标准的各方应探讨使用下列标准最新版本的可能性。

GB/T 18448.1～18448.10—2001　实验动物　寄生虫学检测方法

3　实验动物寄生虫学等级

3.1　普通级动物　conventional(CV) animal

不携带所规定的人兽共患寄生虫。

3.2　清洁动物　clean (CL) animal

除普通动物应排除的寄生虫外,不携带对动物危害大和对科学研究干扰大的寄生虫。

3.3　无特定病原体动物　specific pathogen free(SPF) animal

除普通动物、清洁动物应排除的寄生虫外,不携带主要潜在感染或条件致病和对科学实验干扰大的寄生虫。

3.4　无菌动物　germ free(GF) animal

无可检出的一切生命体。

4　检测要求

4.1　外观指标

动物应外观健康,无异常。

4.2　寄生虫学指标

寄生虫学指标见表1、表2和表3。

表 1 小鼠和大鼠寄生虫学检测指标

动物等级			应排除寄生虫项目	动物种类	
				小鼠	大鼠
无菌动物	无特定病原体动物	清洁动物	体外寄生虫（节肢动物） Ectoparasites	●	●
			弓形虫 *Toxoplasma gondii*	●	●
			兔脑原虫 *Encephalitozoon cuniculi*	○	○
			卡氏肺孢子虫 *Pneumocystis carinii*	○	○
			全部蠕虫 All Helminths	●	●
			鞭毛虫 Flagellates	●	●
			纤毛虫 Ciliates	●	●
			无任何可检测到的寄生虫	●	●

注：●必须检测项目，要求阴性；○必要时检测项目，要求阴性。

表 2 豚鼠，地鼠和兔寄生虫学检测指标

动物等级				应排除寄生虫项目	动物种类		
					豚鼠	地鼠	兔
无菌动物	无特定病原体	清洁动物	普通动物	体外寄生虫（节肢动物） Ectoparasites	●	●	●
				弓形虫 *Toxoplasma gondii*	●	●	●
				兔脑原虫 *Encephalitozoon cuniculi*	○		○
				爱美尔球虫 *Eimaria spp.*		○	○
				卡氏肺孢子虫 *Pneumocystis carinii*			●
				全部蠕虫 All Helminths	●	●	●
				鞭毛虫 Flagellates	●	●	●
				纤毛虫 Ciliates	●		
				无任何可检测到的寄生虫			

注：●必须检测项目，要求阴性；○必要时检测项目，要求阴性。

表 3 犬和猴寄生虫学检测指标

动物等级		应排除寄生虫项目	动物种类	
			犬	猴
无特定病原体	普通动物	体外寄生虫（节肢动物） Ectoparasites	●	●
		弓形虫 *Toxoplasma gondii*	●	●
		全部蠕虫 All Helminths	●	●
		溶组织内阿米巴 *Entamoeba spp.*	○	●
		疟原虫 *Plasmodium spp.*		●
		鞭毛虫 *Flagellates*	●	●

注：●必须检测项目，要求阴性；○必要时检测项目，要求阴性。

5 检测程序

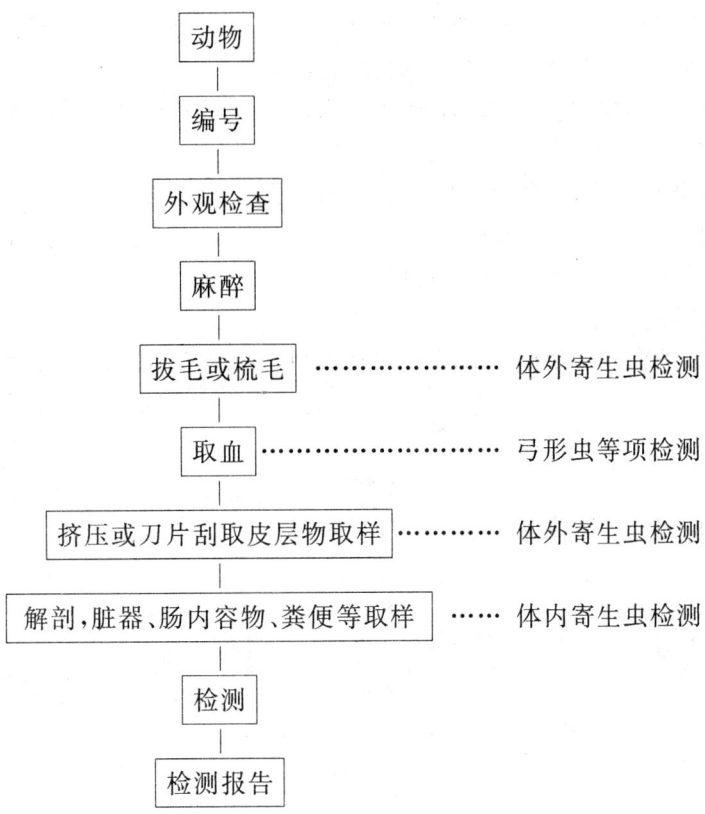

```
          动物
           |
          编号
           |
         外观检查
           |
          麻醉
           |
        拔毛或梳毛  ················· 体外寄生虫检测
           |
          取血  ················· 弓形虫等项检测
           |
   挤压或刀片刮取皮层物取样 ·········· 体外寄生虫检测
           |
 解剖,脏器、肠内容物、粪便等取样 ····· 体内寄生虫检测
           |
          检测
           |
         检测报告
```

6 检验方法

按 GB/T 18448.1~18448.10—2001 中的规定分项进行。

7 检测规则

7.1 检测频率

7.1.1 普通动物:每三个月至少检测动物一次;

7.1.2 清洁动物:每三个月至少检测动物一次;

7.1.3 无特定病原体动物:每三个月至少检测动物一次;

7.1.4 无菌动物:每年至少检测动物一次。每 2~4 周检测一次动物粪便标本。

7.2 取样要求

7.2.1 选择成年动物用于检测。

7.2.2 取样数量:每个小鼠、大鼠、地鼠、豚鼠和兔生产繁殖单元;以及每个犬、猴生产繁殖群体,根据动物多少,取样数量见表 4。

表 4 实验动物不同生产繁殖单元取样数量

群体大小,只	取样数量[1)
<100	>5 只
100~500	>10 只
>500	>20 只
1) 每个隔离器检测 2 只。	

7.3 取样、送检

7.3.1 应在每一生产繁殖单元的不同方位(如四角和中央)选取动物。

7.3.2 动物送检容器应按动物级别要求编号和标记,包装好,安全送达检测实验室,并附送检单,写明送检动物的品种品系、级别、数量和检测项目。

7.3.3 无特殊要求时,兔、犬和猴的活体取样,可在生产繁殖单元进行。

7.4 检测项目的分类

7.4.1 必须检测项目:是指在进行实验动物质量评价时必须检测的项目。

7.4.2 必要时检测项目:是指从国外引进实验动物时、怀疑有本病流行时、申请实验动物生产许可证和实验动物质量合格证时必须检测的项目。

7.5 结果判定

在检测的各等级动物中,如有一只动物的一项指标不符合该等级标准要求,则判为不符合该等级标准。

8 报告

报告应包括检测结果、检测结论等项内容。

ICS 65.020.30
B 44

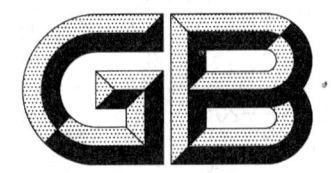

中华人民共和国国家标准

GB 14922.2—2011
代替 GB 14922.2—2001

实验动物　微生物学等级及监测

Laboratory animal—Microbiological standards and monitoring

2011-06-16 发布

2011-11-01 实施

中华人民共和国国家质量监督检验检疫总局
中国国家标准化管理委员会
发 布

前　言

本部分的第1章、第2章、第6章和第7章为推荐性,其余内容为强制性。

GB 14922《实验动物》可分为如下两部分:

——GB 14922.1《实验动物　寄生虫学等级及监测》;

——GB 14922.2《实验动物　微生物学等级及监测》。

本部分为 GB 14922.2《实验动物　微生物学等级及监测》。

本部分代替 GB 14922.2—2001《实验动物　微生物学等级及监测》。

本部分与 GB 14922.2—2001 相比,主要变化如下:

a)　删除单核细胞增生性李斯特杆菌的检测项目;

b)　对实验动物微生物学等级分类条款中的动物类别,普通级动物、清洁级动物、无特定病原体级
　　(SPF)动物和无菌级动物,增加了相应的简称。

本部分由全国实验动物标准化技术委员会提出并归口。

本部分由全国实验动物标准化技术委员会负责起草。

本部分主要起草人:魏强、贺争鸣、田克恭、李红、黄韧、范薇、屈霞琴。

本部分于 1994 年 1 月首次发布,2001 年第一次修订。

实验动物 微生物学等级及监测

1 范围

GB 14922 的本部分规定了实验动物微生物学等级及监测。

本部分适用于豚鼠、地鼠、兔、犬和猴;清洁级及以上小鼠、大鼠。

2 规范性引用文件

下列文件中的条款通过 GB 14922 本部分的引用而成为本部分的条款。凡是注日期的引用文件,其随后所有的修改单(不包括勘误的内容)或修订版均不适用于本部分,然而,鼓励根据本部分达成协议的各方研究是否可使用这些文件的最新版本。凡是不注日期的引用文件,其最新版本适用于本部分。

GB/T 14926(所有部分) 实验动物

3 术语和定义

下列术语和定义适用于 GB 14922 的本部分。

3.1

普通级动物 conventional(CV) animal

不携带所规定的人兽共患病病原和动物烈性传染病病原的实验动物。简称普通动物。

3.2

清洁级动物 clean(CL) animal

除普通级动物应排除的病原外,不携带对动物危害大和对科学研究干扰大的病原的实验动物。简称清洁动物。

3.3

无特定病原体级动物 specific pathogen free(SPF) animal

除清洁动物应排除的病原外,不携带主要潜在感染或条件致病和对科学实验干扰大的病原的实验动物。简称无特定病原体动物或 SPF 动物。

3.4

无菌级动物 germ free(GF) animal

无可检出的一切生命体的实验动物。简称无菌动物。

4 实验动物分类

按微生物学等级分类如下:

a) 普通级动物;

b) 清洁级动物;

c) 无特定病原体级动物;

d) 无菌级动物。

5 检测标准和指标

5.1 外观指标

实验动物应外观健康、无异常。

5.2 病原菌指标

病原菌指标见表1、表2和表3。

5.3 病毒指标

病毒指标见表4、表5和表6。

表1 小鼠、大鼠病原菌检测项目

动物等级			病原菌	动物种类	
				小鼠	大鼠
无菌动物	无特定病原体动物	清洁动物	沙门菌 Salmonella spp.	●	●
			假结核耶尔森菌 Yersinia pseudotuberculosis	○	○
			小肠结肠炎耶尔森菌 Yersinia enterocolitica	○	○
			皮肤病原真菌 Pathogenic dermal fungi	○	○
			念珠状链杆菌 Streptobacillus moniliformis	○	○
			支气管鲍特杆菌 Bordetella bronchiseptica		●
			支原体 Mycoplasma spp.	●	●
			鼠棒状杆菌 Corynebacterium kutscheri	●	●
			泰泽病原体 Tyzzer's organism	●	●
			大肠埃希菌 O115 a,C,K(B) Escherichia coli O115 a,C,K(B)	○	
		嗜肺巴斯德杆菌 Pasteurella pneumotropica		●	●
		肺炎克雷伯杆菌 Klebsiella pneumoniae		●	●
		金黄色葡萄球菌 Staphylococcus aureus		●	●
		肺炎链球菌 Streptococcus pnemoniae		○	○
		乙型溶血性链球菌 β-hemolyticstreptococcus		○	○
		绿脓杆菌 Pseudomonas aeruginosa		●	●
		无任何可查到的细菌		●	●

注：●必须检测项目，要求阴性；○必要时检查项目，要求阴性。

表2 豚鼠、地鼠、兔病原菌检测项目

动物等级				病原菌	动物种类		
					豚鼠	地鼠	兔
无菌动物	无特定病原体动物	清洁动物	普通动物	沙门菌 Salmonella spp.	●	●	●
				假结核耶尔森菌 Yersinia pseudotuberculosis	○	○	○
				小肠结肠炎耶尔森菌 Yersinia enterocolitica	○	○	○
				皮肤病原真菌 Pathogenic dermal fungi	○	○	○
				念珠状链杆菌 Streptobacillus moniliformis	○	○	
			多杀巴斯德杆菌 Pasteurella multocida		●	●	●
			支气管鲍特杆菌 Bordetella bronchiseptica		●	●	●
			泰泽病原体 Tyzzer's organism		●	●	●
		嗜肺巴斯德杆菌 Pasteurella pneumotropica				●	●
		肺炎克雷伯杆菌 Klebsiella pneumoniae			●	●	●
		金黄色葡萄球菌 Staphylococcus aureus			●	●	●
		肺炎链球菌 Streptococcus pnemoniae			○	○	○
		乙型溶血性链球菌 β-hemolyticstreptococcus			●	○	○
		绿脓杆菌 Pseudomonas aeruginosa			●	●	●
		无任何可查到的细菌			●	●	●

注：●必须检测项目，要求阴性；○必要时检查项目，要求阴性。

表 3　犬、猴病原菌检测项目

动物等级		病　原　菌	动物种类	
			犬	猴
无特定病原体动物	普通动物	沙门菌 *Salmonella* spp.	●	●
		皮肤病原真菌 Pathogenic dermal fungi	●	●
		布鲁杆菌 *Brucella* spp.	●	
		钩端螺旋体 *Leptospira* spp.	△	
		志贺菌 *Shigella* spp.		●
		结核分枝杆菌 *Mycobacterium tuberculosis*		●
		钩端螺旋体[a] *Leptospira* spp.	●	
		小肠结肠炎耶尔森菌 *Yersinia enterocolitica*	○	○
		空肠弯曲杆菌 *Campylobacter jejuni*	○	○

注：●必须检测项目，要求阴性；○必要时检测项目，要求阴性；△必要时检测项目，可以免疫。

a　不能免疫，要求阴性。

表 4　小鼠、大鼠病毒检测项目

动物等级			病　　毒	动物种类	
				小鼠	大鼠
无菌动物	无特定病原体动物	清洁动物	淋巴细胞脉络丛脑膜炎病毒 Lymphocytic Choriomeningitis Virus(LCMV)	○	
			汉坦病毒 Hantavirus(HV)	○	●
			鼠痘病毒 Ectromelia Virus(Ect.)	●	
			小鼠肝炎病毒 Mouse Hepatitis Virus(MHV)	●	
			仙台病毒 Sendai Virus(SV)	●	●
			小鼠肺炎病毒 Pneumonia Virus of Mice(PVM)	●	●
			呼肠孤病毒Ⅲ型 Reovirus type Ⅲ (Reo-3)	●	●
			小鼠细小病毒 Minute Virus of Mice(MVM)	●	
			小鼠脑脊髓炎病毒 Theiler's Mouse Encephalomyelitis Virus(TMEV)	○	
			小鼠腺病毒 Mouse Adenovirus(Mad)	○	
			多瘤病毒 Polyoma Virus(POLY)	○	
			大鼠细小病毒 RV 株 Rat Parvovirus(KRV)		●
			大鼠细小病毒 H-1 株 Rat Parvovirus(H-1)		●
			大鼠冠状病毒/大鼠涎泪腺炎病毒 Rat Coronavirus(RCV)/Sialodacryoadenitis Virus(SDAV)		●
			无任何可查到的病毒	●	●

注：●必须检测项目，要求阴性；○必要时检查项目，要求阴性。

表5　豚鼠、地鼠、兔病毒检测项目

动物等级				病毒	动物种类		
					豚鼠	地鼠	兔
无菌动物	无特定病原体动物	清洁动物	普通动物	淋巴细胞脉络丛脑膜炎病毒 Lymphocytic Choriomeningitis Virus(LCMV)	●	●	
				兔出血症病毒 Rabbit Hemorrhagic Disease Virus(RHDV)			▲
				仙台病毒 Sendai Virus(SV)	●	●	
				兔出血症病毒ᵃ Rabbit Hemorrhagic Disease Virus(RHDV)			●
				仙台病毒 Sendai Virus(SV)			●
				小鼠肺炎病毒 Pneumonia Virus of Mice(PVM)	●	●	
				呼肠孤病毒Ⅲ型 Reovirus type Ⅲ(Reo-3)	●	●	
				轮状病毒 Rotavirus(RRV)			●
				无任何可查到的病毒	●	●	

注：●必须检测项目，要求阴性；▲必须检测项目，可以免疫。

ᵃ 不能免疫，要求阴性。

表6　犬、猴病毒检测项目

动物等级		病毒	动物种类	
			犬	猴
无特定病原体动物	普通动物	狂犬病病毒 Rabies Virus(RV)	▲	
		犬细小病毒 Canine Parvovirus(CPV)	▲	
		犬瘟热病毒 Canine Distemper Virus(CDV)	▲	
		传染性犬肝炎病毒 Infectious Canine Hepatitis Virus(ICHV)	▲	
		猕猴疱疹病毒1型(B病毒)Cercopithecine Herpesvirus Type 1(BV)		●
		猴逆转D型病毒 Simian Retrovirus D(SRV)		●
		猴免疫缺陷病毒 Simian Immunodeficiency Virus(SIV)		●
		猴T细胞趋向性病毒Ⅰ型 Simian T Lymphotropic Virus Type 1(STLV-1)		●
		猴痘病毒 Simian Pox Virus (SPV)		●
		上述4种犬病毒不免疫	●	

注：●必须检测项目，要求阴性；▲必须检测项目，要求免疫。

6 检测程序

6.1 检测的动物应于送检当日按细菌、真菌、病毒要求联合取样检查。

6.2 检测程序见图 1。

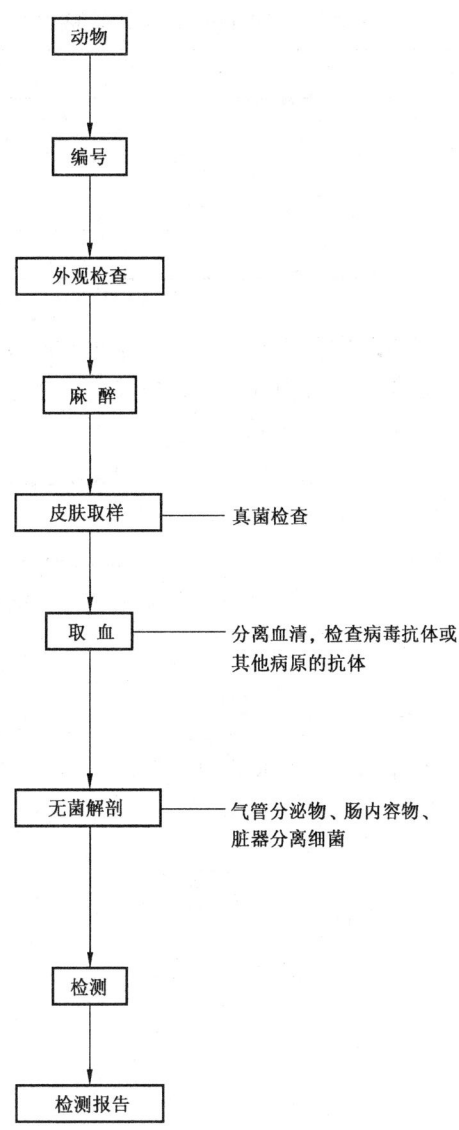

图 1 检测程序

7 检测方法

按 GB/T 14926.1～14926.64 的规定分项进行。

8 检测规则

8.1 检测频率

8.1.1 普通动物：每三个月至少检测动物一次。

8.1.2 清洁动物：每三个月至少检测动物一次。

8.1.3 无特定病原体动物：每三个月至少检测动物一次。

8.1.4 无菌动物：每年检测动物一次。每 2 至 4 周检查一次动物的生活环境标本和粪便标本。

8.2 取样要求

8.2.1 应选择成年动物用于检测。

8.2.2 取样数量：每个小鼠、大鼠、地鼠、豚鼠和兔的生产繁殖单元；以及每个犬、猴生产繁殖群体，根据动物多少,取样数量见表7。

表 7　实验动物不同生产繁殖单元取样数量

群体大小/只	取样数量[a]
<100	不少于 5 只
100~500	不少于 10 只
>500	不少于 20 只

[a] 每个隔离器检测 2 只。

8.3　取样、送检

8.3.1　应在每一个生产繁殖单元的不同方位(例如:四角和中央)选取动物。

8.3.2　动物送检容器应按动物级别要求编号和标识,包装好,安全送达实验室,并附送检单,写明动物品种品系、等级、数量和检测项目。

8.3.3　无特殊要求时,兔、犬和猴的活体取样,可在生产繁殖单元进行。

8.4　检测项目的分类

8.4.1　必须检测项目:指在进行实验动物质量评价时必须检测的项目。

8.4.2　必要时检测项目:指从国外引进实验动物时;怀疑有本病流行时;申请实验动物生产许可证和实验动物质量合格证时必须检测的项目。

9　结果判定

在检测的各等级动物中,如有某项指标不符合该等级标准指标要求,则判为不符合该等级标准。

10　报告

根据检测结果,出具报告。

———————

ICS 65.020.30
B 44

中华人民共和国国家标准

GB 14923—2010
代替 GB 14923—2001

实验动物
哺乳类实验动物的遗传质量控制

Laboratory animal—
Genetic quality control of mammalian laboratory animals

2010-12-23 发布　　　　　　　　　　　　　　2011-10-01 实施

中华人民共和国国家质量监督检验检疫总局
中国国家标准化管理委员会　发布

前　言

本标准的第 3 章(举例内容除外)、4.1.1、4.1.2、4.2.1、4.2.2、4.2.3、5.1、5.3 为强制性的,其余为推荐性的。

本标准代替 GB 14923—2001《实验动物　哺乳类实验动物的遗传质量控制》。

本标准与 GB 14923—2001 相比,主要变化如下:

a)　增加了染色体置换系、核转移系等特殊近交系的内容,与国际上最新版本的权威文件一致;

b)　增加了对遗传修饰动物的说明;

c)　对封闭群动物提出了检测要求;

d)　补充了杂交群的繁殖方法;

e)　对附录进行了修订。

本标准附录 A 为规范性附录,附录 B、附录 C 为资料性附录。

本标准由全国实验动物标准化技术委员会提出并归口。

本标准起草单位:全国实验动物标准化技术委员会。

本标准主要起草人:岳秉飞、高翔、鲍世民、张连峰、邢瑞昌。

本标准于 1994 年 1 月首次发布,2001 年 8 月第一次修订。

实验动物
哺乳类实验动物的遗传质量控制

1 范围

本标准规定了哺乳类实验动物的遗传分类及命名原则、繁殖交配方法和近交系动物的遗传质量标准。

本标准适用于哺乳类实验动物的遗传分类、命名、繁殖及近交系小鼠、大鼠的遗传纯度检测。

2 术语和定义

下列术语和定义适用于本标准。

2.1

近交系 inbred strain

在一个动物群体中，任何个体基因组中99%以上的等位位点为纯合时定义为近交系。

经典近交系经至少连续20代的全同胞兄妹交配培育而成。品系内所有个体都可追溯到起源于第20代或以后代数的一对共同祖先。

经连续20代以上亲子交配与全同胞兄妹交配有等同效果。近交系的近交系数（inbreeding coefficient）应大于99%。

2.2

亚系 substrain

一个近交系内各个分支的动物之间，因遗传分化而产生差异，称为近交系的亚系。

2.3

重组近交系 recombinant inbred strain

RI

由两个近交系杂交后，经连续20代以上兄妹交配育成的近交系。

2.4

重组同类系 recombinant congenic strain

RC

由两个近交系杂交后，子代与两个亲代近交系中的一个近交系进行数次回交（通常回交2次），再经不对特殊基因选择的连续兄妹交配（通常大于14代）而育成的近交系。

2.5

同源突变近交系 coisogenic inbred strain

除了在一个特定位点等位基因不同外，其他遗传基因全部相同的两个近交系。

一般由近交系发生基因突变或者人工诱变（如基因剔除）形成。用近交代数表示出现突变的代数，如F110＋F23，是近交系在110代出现突变后近交23代。

2.6

同源导入近交系 congenic inbred strain

同类近交系

通过回交（backcross）方式形成的一个与原来的近交系只是在一个很小的染色体片段上有所不同的新的近交系。

要求至少回交 10 个世代,供体品系的基因组占基因组总量在 0.01 以下。

2.7

染色体置换系 consomic strains or chromosome substitution strains

为把某一染色体全部导入到近交系中,反复进行回交而育成的近交系。与同类系相同,将 F1 作为第 1 个世代,要求至少回交 10 个世代。

2.8

核转移系 conplastic strains

将某个品系的核基因组移到其他品系细胞质而培育的品系。

2.9

混合系 mixed inbred strains

由两个亲本品系(其中一个是重组基因的 ES 细胞株)混合制作的近交系。

2.10

互交系 advanced intercross lines

两个近交系间繁殖到 F2,采取避免兄妹交配的互交所得到的多个近交系。由于其较高的相近基因位点间的重组率而被应用于突变基因的精细定位分析。

2.11

遗传修饰动物 genetic modified animals

经人工诱发突变或特定类型基因组改造建立的动物。包括转基因动物、基因定位突变动物、诱变动物等。

2.12

封闭群 closed colony
远交群 outbred stock

以非近亲交配方式进行繁殖生产的一个实验动物种群,在不从外部引入新个体的条件下,至少连续繁殖 4 代以上的群体。

2.13

杂交群 hybrids

由两个不同近交系杂交产生的后代群体。子一代简称 F1。

3 实验动物的遗传分类及命名

3.1 遗传分类

根据遗传特点的不同,实验动物分为近交系、封闭群和杂交群。

3.2 命名

3.2.1 近交系

3.2.1.1 命名

近交系一般以大写英文字母命名,亦可以用大写英文字母加阿拉伯数字命名,符号应尽量简短。如 A 系、TA1 系等。

3.2.1.2 近交代数

近交系的近交代数用大写英文字母 F 表示。例如当一个近交系的近交代数为 87 代时,写成(F87)。如果对以前的代数不清楚,仅知道近期的近交代数为 25,可以表示为(F? +25)。

3.2.1.3 亚系的命名

亚系的命名方法是在原品系的名称后加一道斜线,斜线后标明亚系的符号。

亚系的符号可以是以下几种:

a) 培育或产生亚系的单位或个人的缩写英文名称,第一个字母用大写,以后的字母用小写。使用缩写英文名称应注意不要和已公布过的名称重复。例如:A/He,表示 A 近交系的 Heston 亚系;CBA/J,由美国杰克逊研究所保持的 CBA 近交系的亚系;

b) 当一个保持者保持的一个近交系具有两个以上的亚系时,可在数字后再加保持者的缩写英文名称来表示亚系。如:C57BL/6J,C57BL/10J 分别表示由美国杰克逊研究所保持的 C57BL 近交系的两个亚系;

c) 一个亚系在其他机构保种,形成了新的群体,在原亚系后加注机构缩写。如:C3H/HeH 是由 Hanwell(H)保存的 Heston(He)亚系;

d) 作为以上命名方法的例外情况是一些建立及命名较早,并为人们所熟知的近交系,亚系名称可用小写英文字母表示,如 BALB/c、C57BR/cd 等。

3.2.1.4 重组近交系和重组同类系命名

3.2.1.4.1 重组近交系的命名

在两个亲代近交系的缩写名称中间加大写英文字母 X 命名。相同双亲交配育成的一组近交系用阿拉伯数字予以区分,雌性亲代在前,雄性亲代在后。

示例:

由 BALB/c 与 C57BL 两个近交系杂交育成的一组重组近交系,分别命名为 CXB1、CXB2……

如果雄性亲代缩写为数字,如 CX8,为区分不同 RI 组,则用连接符表示为 CX8-1、CX8-2……

常用近交系小鼠的缩写名称如下:

近交系	缩写名称
C57BL/6	B6
BALB/c	C
DBA/2	D2
C3H	C3
CBA	CB

3.2.1.4.2 重组同类系的命名

在两个亲代近交系的缩写名称中间加小写英文字母 c 命名,用其中做回交的亲代近交系(称受体近交系)在前,供体近交系在后。相同双亲育成的一组重组同类系用阿拉伯数字予以区分。如 CcS1,表示以 BALB/c(C)为亲代受体近交系,以 STS(S)品系为供体近交系,经 2 代回交育成的编号为 1 的重组同类系。

同样,如果雄性亲代缩写为数字,如 Cc8,为区分不同 RC 组,则用连接符表示为 Cc8-1。

3.2.1.5 同源突变近交系的命名

在发生突变的近交系名称后加突变基因符号(用英文斜体印刷体)组成,二者之间以连接号分开,如:DBA/Ha-*D*,表示 DBA/Ha 品系突变基因为 *D* 的同源突变近交系。

当突变基因必须以杂合子形式保持时,用"+"号代表野生型基因,如:A/Fa-+/c。

129S7/SvEvBrd-*Fyn^{tm1Sor}* 表示用来源 129S7/SvEvBrd 品系的 AB1 ES 细胞株制作的 *Fyn* 基因变异的同源突变系。

3.2.1.6 同源导入近交系(同类近交系)

同源导入系名称由以下几部分组成:

a) 接受导入基因(或基因组片段)的近交系名称;

b) 提供导入基因(或基因组片段)的近交系的缩写名称,并与 a 之间用英文句号分开;

c) 导入基因(或基因组片段)的符号(用英文斜体),与 b 之间以连字符分开;

d) 经第三个品系导入基因(或基因组片段)时,用括号表示;

e) 当染色体片段导入多个基因(或基因组片段)或位点,在括号内用最近和最远的标记表示出来。

示例：

B10.129- *H-12b*　表示该同源导入近交系的遗传背景为 C57BL/10sn(即 B10)，导入 B10 的基因为 *H-12b*，基因提供者为 129/J 近交系。

C.129P(B6)- *Il2tm1Hor*　经过第三个品系 B6 导入的。

B6.Cg-(*D4Mit25-D4Mit80*)/Lt　导入的片段标记为 *D4Mit25-D4Mit80*。

3.2.1.7　染色体置换系的命名

表示方法为 HOST STRAIN-Chr ♯^{DONOR STRAIN}，如 C57BL/6J-Chr 19^{SPR}为 *M. spretus* 的第 19 染色体回交于 B6 的染色体置换系。

3.2.1.8　核转移系的命名

命名方法为 NUCLEAR GENOME-mt^{CYTOPLASMIC GENOME}，如：C57BL/6J-mt^{BALB/c}指带有 C57BL/6J 核基因组和 BALB/c 细胞质的品系。这样的品系是以雄的 C57BL/6J 小鼠和雌的 BALB/c 小鼠交配，子代雌鼠与 C57BL/6J 雄鼠反复回交 10 代而成。

3.2.1.9　混合系的命名

3.2.1.9.1　两个品系缩写之间用分号，如：B6;129- *Acvr2^{tm1Zuk}* 为 C57BL/6J 和敲除 *Acvr2* 基因的 129ES 细胞株制作的品系。

3.2.1.9.2　由两个以上亲本品系制作的近交系，或者受不明遗传因素影响的突变系，作为混合系，用 STOCK 空格后加基因或染色体异常来表示，如 STOCK Rb(16.17)5Bnr 为具有 Rb(16.17)5Bnr 的、含有未知或复杂遗传背景的混合系。

3.2.1.10　互交系的命名

由实验室缩写编码：母系亲本，父系亲本-G♯表示。如 Pri：B6,D2-G♯为 Priceton 研究所用 C57BL/6J 和 DBA/2 制作的互交品系，G♯表示自 F2 后交配的代数。

3.2.1.11　遗传修饰动物的命名

遗传修饰动物包括转基因、基因定位突变、诱变等动物，属于特殊近交系，其命名见附录 A。

3.2.2　封闭群(远交群)的命名

封闭群由 2 个~4 个大写英文字母命名，种群名称前标明保持者的英文缩写名称，第一个字母须大写，后面的字母小写，一般不超过 4 个字母。保持者与种群名称之间用冒号分开。

示例：

N：NIH 表示由美国国立卫生研究院(N)保持的 NIH 封闭群小鼠。

Lac：LACA 表示由英国实验动物中心(Lac)保持的 LACA 封闭群小鼠。

某些命名较早，又广为人知的封闭群动物，名称与上述规则不一致时，仍可沿用其原来的名称。如：Wistar 大鼠封闭群，日本的 ddy 封闭群小鼠等。

把保持者的缩写名称放在种群名称的前面，而二者之间用冒号分开，是封闭群动物与近交系命名中最显著的区别。除此之外，近交系命名中的规则及符号也适用于封闭群动物的命名。

3.2.3　杂交群的命名

杂交群应按以下方式命名：以雌性亲代名称在前，雄性亲代名称居后，二者之间以大写英文字母"X"相连表示杂交。将以上部分用括号括起，再在其后标明杂交的代数(如 F1、F2 等)。

对品系或种群的名称常使用通用的缩写名称。

示例：

(C57BL/6　X　DBA/2)F1＝B6D2F1

B6D2F2：指 B6D2F1 同胞交配产生的 F2；

B6(D2AKRF1)：是 B6 为母本，与(DBA/2 X AKR/J)的 F1 父本回交所得。

4 实验动物的繁殖方法

4.1 近交系动物的繁殖方法

4.1.1 原则

选择近交系动物繁殖方法的原则是保持近交系动物的同基因性及其基因纯合性。

4.1.2 引种

作为繁殖用原种的近交系动物必须遗传背景明确，来源清楚，有较完整的资料(包括品系名称、近交代数、遗传基因特点及主要生物学特征等)。引种动物应来自近交系的基础群(foundation stock)。

4.1.3 近交系动物的繁殖

分为基础群(foundation stock)、血缘扩大群(pedigree expansion stock)和生产群(production stock)。当近交系动物生产供应数量不是很大时，一般不设血缘扩大群，仅设基础群和生产群。

4.1.4 基础群

4.1.4.1 设基础群的目的，一是保持近交系自身的传代繁衍，二是为扩大繁殖提供种动物。

4.1.4.2 基础群严格以全同胞兄妹交配方式进行繁殖。

4.1.4.3 基础群应设动物个体记录卡(包括品系名称、近交代数、动物编号、出生日期、双亲编号、离乳日期、交配日期、生育记录等)和繁殖系谱。

4.1.4.4 基础群动物不超过5代~7代都应能追溯到一对共同祖先。

4.1.5 血缘扩大群

4.1.5.1 血缘扩大群的种动物来自基础群。

4.1.5.2 血缘扩大群以全同胞兄妹交配方式进行繁殖。

4.1.5.3 血缘扩大群动物应设个体繁殖记录卡。

4.1.5.4 血缘扩大群动物不超过5代~7代都应能追溯到其在基础群的一对共同祖先。

4.1.6 生产群

4.1.6.1 设生产群的目的是生产供应实验用近交系动物，生产群种动物来自基础群或血缘扩大群。

4.1.6.2 生产群动物一般以随机交配方式进行繁殖。

4.1.6.3 生产群动物应设繁殖记录卡。

4.1.6.4 生产群动物随机交配繁殖代数一般不应超过4代。

4.2 封闭群动物的繁殖方法

4.2.1 原则

选择封闭群动物繁殖方法的原则是尽量保持封闭群的动物的基因异质性及多态性，避免近交系数随繁殖代数增加而过快上升。

4.2.2 引种

作为繁殖用原种的封闭群动物必须遗传背景明确，来源清楚，有较完整的资料(包括种群名称、来源、遗传基因特点及主要生物学特性等)。

为保持封闭群动物的遗传异质性及基因多态性，引种动物数量要足够多，小型啮齿类封闭群动物引种数目一般不能少于25对。

4.2.3 繁殖

为保持封闭群动物的遗传基因的稳定，封闭群应足够大，并尽量避免近亲交配。根据封闭群的大小，选用循环交配法等方法进行繁殖。具体方法参见附录B。

4.3 杂交群的繁殖方法

将适龄的雌性亲代品系动物与雄性亲代品系动物杂交，即可得到F1动物。雌雄亲本交配顺序不同，得到的F1动物也不一样。F1动物自繁成为F2动物。除特殊需要外F1动物一般不进行繁殖。

5 近交系动物的遗传质量监测

5.1 近交系动物的遗传质量标准

近交系动物应符合以下要求：

a) 具有明确的品系背景资料，包括品系名称、近交代数、遗传组成、主要生物学特性等，并能充分表明新培育的或引种的近交系动物符合近交系定义的规定；

b) 用于近交系保种及生产的繁殖系谱及记录卡应清楚完整，繁殖方法科学合理；

c) 经遗传检测（生化标记基因检测法，免疫标记基因检测法等）质量合格。

5.2 近交系小鼠、大鼠遗传检测方法及实施

5.2.1 生化标记检测（纯度检测的常规方法）

5.2.1.1 抽样

对基础群，凡在子代留有种鼠的双亲动物都应进行检测。

对生产群，按表1要求从每个近交系中随机抽取成年动物，雌雄各半。

表 1

生产群中雌性种鼠数量	抽样数目
100 只以下	6 只
100 只以上	≥6%

5.2.1.2 生化标记基因的选择及常用近交系动物的生化遗传概貌

近交系小鼠选择位于10条染色体上的14个生化位点，近交系大鼠选择位于6条染色体上的11个生化位点，作为遗传检测的生化标记。以上生化标记基因的名称及常用近交系动物的生化标记遗传概貌参见附录C。

5.2.1.3 结果判断

见表2。

表 2

检测结果	判 断	处 理
与标准遗传概貌完全一致	未发现遗传变异，遗传质量合格	—
有一个位点的标记基因与标准遗传概貌不一致	可疑	增加检测位点数目和增加检测方法后重检，确实只有一个标记基因改变可命名为同源突变系
两个或两个以上位点的标记基因与标准遗传概貌不一致	不合格	淘汰，重新引种

5.2.2 免疫标记检测

5.2.2.1 皮肤移植法：每个品系随机抽取至少10只相同性别的成年动物，进行同系异体皮肤移植。移植全部成功者为合格，发生非手术原因引起的移植物的排斥判为不合格。

5.2.2.2 微量细胞毒法：按照5.2.1.1的抽样数量检测小鼠 H-2 单倍型，结果符合标准遗传概貌的为合格，否则为不合格。

5.2.3 其他方法

除以上两种方法外，还可选用其他方法进行遗传质量检测，如毛色基因测试（coat color gene testing）、下颌骨测量法（mandible measurement）、染色体标记检测（chromosome markers testing）、DNA 多态性检测法（DNA polymorphisms）、基因组测序法（genomic sequence）等。

5.3 检测时间间隔

近交系动物生产群每年至少进行一次遗传质量检测。

6 封闭群动物的遗传质量监测

6.1 封闭群动物的遗传质量标准

封闭群动物应符合以下要求：

a) 具有明确的遗传背景资料，来源清楚，有较完整的资料(包括种群名称、来源、遗传基因特点及主要生物学特性等)；

b) 用于保种及生产的繁殖系谱及记录卡应清楚完整，繁殖方法科学合理；

c) 封闭繁殖，保持动物的基因异质性及多态性，避免近交系数随繁殖代数增加而过快上升；

d) 经遗传检测(生化标记基因检测法，DNA 多态性分析等)基因频率稳定，下颌骨测量法(mandible measurement)判定为相同群体。

6.2 封闭群动物小鼠、大鼠遗传检测方法及实施

6.2.1 生化标记基因检测(多态性检测)

6.2.1.1 抽样

随机抽取雌雄各 25 只以上动物进行基因型检测。

6.2.1.2 生化标记基因的选择

选择代表种群特点的生化标记基因，如小鼠选择位于 10 条染色体上的 14 个生化位点，大鼠选择位于 6 条染色体上的 11 个生化位点，作为遗传检测的生化标记。

6.2.1.3 群体评价

按照哈代-温伯格(Hardy-Weinberg)定律，无选择的随机交配群体的基因频率保持不变，处于平衡状态。根据各位点的等位基因数计算封闭群体的基因频率，进行 χ^2 检验，判定是否处于平衡状态。处于非平衡状态的群体应加强繁殖管理，避免近交。

6.2.2 其他方法

除以上方法外，还可选用其他方法进行群体遗传质量检测，如下颌骨测量法(mandible measurement)、DNA 多态性检测法(DNA polymorphisms)以及统计学分析法等。统计项目包括生长发育、繁殖性状、血液生理和生化指标等多种参数，通过连续监测把握群体的正常范围。

6.3 检测时间间隔

封闭群动物每年至少进行一次遗传质量检测。

7 杂交群动物的遗传质量监测

由于 F1 动物遗传特性均一，不进行繁殖而直接用于试验，一般不对这些动物进行遗传质量监测，需要时参照近交系的检测方法进行质量监测。

附　录　A
（规范性附录）
遗传修饰动物

A.1　分类与定义

遗传修饰动物是指经人工诱发突变或特定类型基因组改造建立的动物。主要分为转基因、基因定位突变、诱发突变动物等。以小鼠为例定义如下：

示例1：转基因小鼠（transgenic mouse）

通过非同源重组（比如，原核显微注射）、逆转录病毒感染插入或者同源插入等方法，把一个外源DNA片断整合或者插入到目的小鼠的基因组中形成的小鼠。

示例2：基因定位突变小鼠（mouse with targeted mutations）

把外源性DNA或内源性的基因通过同源重组的方法介导基因破坏、置换或者重复到目的小鼠的基因组内建立的小鼠。具体步骤主要包括首先在胚胎干细胞内实现定位突变，然后将经过遗传修饰的胚胎干细胞注射进宿主8-细胞囊胚期的胚胎中。注射完成后的胚胎移植到假孕宿主母鼠体内，产生嵌合鼠。如果生殖系配子带有定位突变，嵌合鼠和野生型鼠交配后可以在子代得到杂合的突变鼠。

示例3：诱变小鼠（mouse with induced mutations）

指使用各种化学、物理及生物试剂等，比如乙基亚硝基脲（ethylnitrosourea，ENU）、X-射线、DNA载体和跳跃子（transposon）等处理小鼠或小鼠胚胎干细胞，造成携带突变生殖细胞的小鼠，通过遗传培育最终建立携带突变的小鼠品系。

A.2　命名

A.2.1　转基因动物命名

转基因动物的命名遵循以下原则：背景品系加连接符加转基因符号。

符号：一个转基因符号由以下三部分组成，均以罗马字体表示：

TgX　（YYYYYY）＃　＃　＃　＃　＃　Zzz，

其中各部分符号表示含意为：

TgX　＝　方式（mode）

（YYYYYY）＝插入片段标示（insert designation）

＃　＃　＃　＃　＃　＝　实验室指定序号　（laboratory-assigned number）及

Zzz　＝　实验室注册代号（laboratory code）

以上各部分具体含意及表示如下：

a)　方式：

转基因符号通常冠以Tg字头，代表转基因（transgene）。随后的一个字母（X）表示DNA插入的方式：H代表同源重组，R代表经过逆转录病毒载体感染的插入，N代表非同源插入。

b)　插入片段标示：

插入片段标示是由研究者确定的表明插入基因显著特征的符号。通常由放在圆括号内的字符组成：可以是字母（大写或小写），也可由字母与数字组合而成，不用斜体字、上标、下标、空格及标点等符号。研究者在确定插入标示时，应注意以下几点：

标示应简短，一般不超过六个字符。

如果插入序列源于已经命名的基因，应尽量在插入标示中使用基因的标准命名或缩写，但基因符号中的连字符应省去。

确定插入片段指示时,推荐使用一些标准的命名缩写,目前包括:

An   匿名序列
Ge   基因组
Im   插入突变
Nc   非编码序列
Rp   报告基因
Sn   合成序列
Et   增强子捕获装置
Pt   启动子捕获装置

插入片断标示只表示插入的序列,并不表明其插入的位置或表型。

    c)   实验室指定序号及实验室注册代号:

实验室指定序号是由实验室对已成功的转基因系给予的特定编号,最多不超过 5 位数字。而且,插入片断标示的字符与实验室指定序号的数字位数之和不能超过 11。

实验室注册代号是对从事转基因动物研究生产的实验室给予的特定符号。

示例:

C57BL/6J-TgN(*CD8Ge*)23Jwg 来源于美国杰克逊研究所(J)的 C57BL/6 品系小鼠被转入人的 *CD8* 基因组(Ge);转基因在 Jon W.Gordon(Jwg)实验室完成,获取于一系列显微注射后得到的序号为 23 的小鼠。

TgN(*GPDHIm*)1 Bir 是以人的甘油磷酸脱氢酶基因(*GPDH*)插入(C57BL/6J × SJL/J)F1 代雌鼠的受精卵中,并引起插入突变(Im),这是 Edward H. Birkenmeier(Bir)实验室命名的第一只转基因小鼠。

根据转基因动物命名的原则,如果转基因动物的遗传背景是由不同的近交系或封闭群之间混合而成时,则该转基因符号应不使用动物品系或种群的名称。

转基因符号的缩写:

转基因符号可以缩写,即去掉插入片断标示部分,例如 TgN(*GPDHIm*)1Bir 可缩写为 TgN 1 Bir。一般在文章中第一次出现时使用全称,以后再出现时可使用缩写名称。

A.2.2 基因定位突变动物的命名

原则:背景品系-基因名$^{tm[实验室序号][实验室代号]}$

其中 tm 为定位突变基因。

例如基因敲出 129X1- *Cftr*^{tm1Unc} 为北卡大学(unc)利用 129 X1 小鼠第一个做出的囊性纤维化 *Cftr* 基因敲出小鼠。

基因敲入 129X1- *En1*$^{tm1(Otx2)Wrst}$ 为 W. Wurst laboratory 利用 129 X1 小鼠第一个做出的用 *Otx2* 基因替代 En1 的小鼠。

A.2.3 诱变动物的命名

参考本标准第 3 章进行命名。

A.3 鉴定与质量控制

A.3.1 转基因动物

A.3.1.1 阳性动物的鉴定

通过 PCR、DNA 印迹等检测方法确认阳性基因在子代动物中表达。经鉴定为阳性的小鼠成为首建鼠(founder)。

A.3.1.2 建系

将首建鼠与野生型小鼠交配,检测子代阳性鼠,将阳性纯合鼠同胞交配即可建系。纯合子小鼠繁殖困难的可选择杂合子进行繁殖建系。

A.3.1.3 外源基因的表达鉴定

外源基因的稳定表达是转基因成功的关键环节之一,采用 RT-PCR、Northern 杂交等方法确认外源基因的表达。明确表达的靶器官、表达水平。

A.3.1.4 质量控制

在建系过程需要检测每代阳性鼠,确认转入基因在后代中稳定遗传。

选择纯合子或杂合子交配的方式进行繁殖,同时检测靶器官表达水平,确保转基因的稳定表达和遗传。

A.3.2 基因定位突变动物

通过分子生物学技术(Southern bolt,PCR 或测序等)检测纯合子或杂合子小鼠靶位点突变,选用纯合子或杂合子进行建系繁殖,确立突变品系。

A.3.3 诱变动物

通过检测动物的突变位点,建系得到稳定遗传的品系。

附　录　B

（资料性附录）

实验动物封闭群的繁殖方法

B.1　基本要求

保持封闭群条件,无选择,以非近亲交配方式进行繁殖,每代近交系数上升不超过百分之一。

B.2　方法的选择

B.2.1　封闭群的种群大小、选种方法及交配方法是影响封闭群的繁殖过程中近交系数上升的主要因素,应根据种群的大小,选择适宜的繁殖交配方法。

B.2.2　当封闭群中每代交配的雄种动物数目为 10 只～25 只时,一般采用最佳避免近交法,也可采用循环交配法。

B.2.3　当封闭群中每代交配的雄种动物数目为 26 只～100 只时,一般采用循环交配法,也可采用最佳避免近交法。

B.2.4　当封闭群中每代交配的雄种动物数目多于 100 只时,一般采用随选交配法,也可采用循环交配法。

B.3　交配方法

B.3.1　最佳避免近交法

B.3.1.1　留种

每只雄种动物和每只雌种动物,分别从子代各留一只雄性动物和雌性动物,作为繁殖下一代的种动物。

B.3.1.2　交配

动物交配时,尽量使亲缘关系较近的动物不配对繁殖,编排方法尽量简单易行。

对某些动物品种,如小鼠,大鼠等,生殖周期较短,易于集中安排交配,可按下述方法编排配对进行繁殖:假设一个封闭群有 16 对种动物,分别标以笼号 1、2、3、……、16。设 n 为繁殖代数（n 为自 1 开始的自然数）。n 代所生动物与 $n+1$ 代交配编排见表 B.1。

表 B.1　最佳避免近交法的交配编排

$n+1$ 代笼号	雌种来自 n 代笼号	雄种来自 n 代笼号
1	1	2
2	3	4
3	5	6
……	……	……
8	15	16
9	2	1
10	4	3
……	……	……
16	16	15

某些动物品种：如狗、猫、家兔等，生殖周期较长，难于按上述方式编排交配。只要保持种群规模不低于 10 只雄种，20 只雌种的水平，留种时每只雌、雄种各留一只子代雌、雄动物作种，交配时尽量避免近亲交配，则可以把繁殖中每代近交系数的上升控制在较低的程度。

B.3.2　循环交配法

B.3.2.1　应用范围

循环交配法广泛适用于中等规模以上的实验动物封闭群，其优点一是可以避免近亲交配，二是可以保证种动物对整个封闭群有比较广泛的代表性。

B.3.2.2　实施办法

B.3.2.2.1　将封闭群划分成若干个组，每组包含有多个繁殖单位（一雄一雌单位，一雄二雌单位，一雄多雌单位等）。

B.3.2.2.2　安排各组之间以系统方法进行交配。

示例：一封闭群每代有 48 笼繁殖用种动物（一雄种一雌种，或一雄种多雌种）。先将其分成 8 个组，每组有 6 笼。各组内随机选留一定数量的种动物，然后在各组之间按以下排列方法进行交配（见表 B.2）：

表 B.2　循环交配法组间交配编排

新组编号	雄种动物原组编号	雌种动物原组编号
1	1	2
2	3	4
3	5	6
4	7	8
5	2	1
6	4	3
7	6	5
8	8	7

B.3.3　随选交配法

B.3.3.1　应用范围

当封闭群的动物数量非常多（繁殖种动物在 100 个繁殖单位以上），不易用循环交配法进行繁殖时，可用随选交配法。

B.3.3.2　实施办法

从整个种群中随机选取种动物，然后任选雌雄种动物交配繁殖。

附　录　C

（资料性附录）

常用近交系小鼠、大鼠的遗传标记基因

C.1　常用近交系小鼠的遗传标记基因，见表 C.1。

表 C.1　常用近交系小鼠的遗传标记基因

遗传标记			主要近交系小鼠的标记基因				
生化位点	染色体	中文名称	A	AKR	C3H/He	C57BL/6	CBA/J
Akp1	1	碱性磷酸酶-1	b	b	b	a	a
Car2	3	碳酸酐酶-2	b	a	b	a	b
Ce2	17	过氧化氢酶-2	a	b	b	a	b
Es1	8	酯酶-1	b	b	b	a	b
Es3	11	酯酶-3	c	c	c	a	c
Es10	14	酯酶-10	a	b	b	a	b
Gpd1	4	葡萄糖-6-磷酸脱氢酶-1	b	b	b	a	a
Gpi1	7	葡萄糖磷酸异构酶-1	a	a	b	b	b
Hbb	7	血红蛋白β链	d	d	d	s	d
Idh1	1	异柠檬酸脱氢酶-1	a	b	a	a	b
Mod1	9	苹果酸酶-1	a	b	b	a	b
Pgm1	5	磷酸葡萄糖变位酶-1	a	a	b	a	a
Pep3	1	肽酶-3	b	b	b	a	b
Trf	9	转铁蛋白	b	b	b	b	a
H-2D	17	组织相容性抗原-2D	—	k	k	b	k
H-2K	17	组织相容性抗原-2K	—	k	k	b	k
遗传标记			主要近交系小鼠的标记基因				
生化位点	染色体	中文名称	BALB/c	DBA/1	DBA/2	TA1/TM	TA2	615
Akp1	1	碱性磷酸酶-1	b	a	a	b	b	a
Car2	3	碳酸酐酶-2	b	a	b	b	a	a
Ce2	17	过氧化氢酶-2	a	b	a	b	b	b
Es1	8	酯酶-1	b	b	b	a	b	b
Es3	11	酯酶-3	a	c	c	a	c	c
Es10	14	酯酶-10	a	b	b	b	a	a
Gpd1	4	葡萄糖-6-磷酸脱氢酶-1	b	a	b	a	b	a
Gpi1	7	葡萄糖磷酸异构酶-1	a	a	a	a	b	a
Hbb	7	血红蛋白β链	d	d	d	s	d	s
Idh1	1	异柠檬酸脱氢酶-1	a	b	b	a	b	b
Mod1	9	苹果酸酶-1	a	a	a	b	b	b

表 C.1（续）

遗传标记			主要近交系小鼠的标记基因					
生化位点	染色体	中文名称	BALB/c	DBA/1	DBA/2	TA1/TM	TA2	615
Pgm1	5	磷酸葡萄糖变位酶-1	a	b	b	a	b	b
Pep3	1	肽酶-3	a	b	b	c	b	a
Trf	9	转铁蛋白	b	b	b	b	b	b
H-2D	17	组织相容性抗原-2D	d	q	d	b	b	k
H-2K	17	组织相容性抗原-2K	d	q	d	b	b	k

C.2 常用近交系大鼠的生化标记基因，见表 C.2。

表 C.2 常用近交系大鼠的生化标记基因

遗传标记			主要近交系大鼠的标记基因						
生化位点	染色体	中文名称	ACI	BN	F344	LEW/M	LOU/C	SHR	WKY
Akp1	9	碱性磷酸酶-1	b	a	a	a	a	a	b
Alp	9	血清碱性磷酸酶	b	b	b	b	b	a	b
Cs1	2	过氧化氢酶	a	a	a	a	a	b	b
Es1	19	酯酶-1	b	a	a	a	a	a	a
Es3	11	酯酶-3	a	d	a	d	a	b	d
Es4	19	酯酶-4	b	b	b	b	b	b	b
Es6	8	酯酶-6	b	b	a	a	b	a	a
Es8	19	酯酶-8	b	a	b	b	b	b	a
Es9	19	酯酶-9	a	c	a	c	a	a	c
Es10	19	酯酶-10	a	b	a	a	a	a	b
Hbb	1	血红蛋白	b	a	a	b	a	a	a

ICS 65.120
B 20

中华人民共和国国家标准

GB 14924.1—2001

实验动物　配合饲料通用质量标准

Laboratory animals—General quality standard for formula feeds

2001-08-29 发布　　　　　　　　　　　　　2002-05-01 实施

中 华 人 民 共 和 国
国家质量监督检验检疫总局　发布

前　　言

本标准的全部技术内容为强制性。

本标准从 GB 14924—1994《实验动物　全价营养饲料》中分离出来,形成独立的标准。

为了强调实验动物配合饲料及饲料原料的质量要求,统一对检测规则、标签、包装、贮存及运输的要求,形成了本标准。

本标准将实验动物配合饲料分成维持饲料和生长、繁殖饲料。

本标准及其配套标准自实施之日起,代替 GB 14924—1994。

本标准由中华人民共和国科学技术部提出并归口。

本标准起草单位:中国实验动物学会。

本标准主要起草人:刘源、刘秀梅、张瑜、周瑞华、苏卫、刘素梅、郑陶。

本标准由国家科学技术部委托中国实验动物学会负责解释。

本标准于 1994 年 1 月首次发布。

中华人民共和国国家标准

实验动物 配合饲料通用质量标准

GB 14924.1—2001

Laboratory animals—General quality standard for formula feeds

代替 GB 14924—1994

1 范围

本标准规定了实验动物配合饲料的质量要求总原则、饲料原料质量要求、检验规则、包装、标签、贮存及运输等。

本标准适用于实验动物小鼠、大鼠、兔、豚鼠、地鼠、犬和猴的配合饲料。

2 引用标准

下列标准所包含的条文,通过在本标准中引用而构成为本标准的条文。本标准出版时,所示版本均为有效。所有标准都会被修订,使用本标准的各方应探讨使用下列标准最新版本的可能性。

GB/T 5918—1997 配合饲料混合均匀度的测定

GB 9687—1988 食品包装用聚乙烯成型品卫生标准

GB 9688—1988 食品包装用聚丙烯成型品卫生标准

GB 9689—1988 食品包装用聚苯乙烯成型品卫生标准

GB/T 10647—1989 饲料工业通用术语

GB/T 10648—1999 饲料标签

GB 13078—2001 饲料卫生标准

GB/T 14699.1—1993 饲料采样方法

GB 14924.2—2001 实验动物 配合饲料卫生标准

GB 14924.3—2001 实验动物 小鼠、大鼠配合饲料

GB 14924.4—2001 实验动物 兔配合饲料

GB 14924.5—2001 实验动物 豚鼠配合饲料

GB 14924.6—2001 实验动物 地鼠配合饲料

GB 14924.7—2001 实验动物 犬配合饲料

GB 14924.8—2001 实验动物 猴配合饲料

GB/T 14924.9—2001 实验动物 配合饲料 常规营养成分的测定

GB/T 14924.10—2001 实验动物 配合饲料 氨基酸的测定

GB/T 14924.11—2001 实验动物 配合饲料 维生素的测定

GB/T 14924.12—2001 实验动物 配合饲料 矿物质和微量元素的测定

GB/T 17890—1999 饲料用玉米

NY/T 115—1989 饲料用高粱

NY/T 116—1989 饲料用稻谷

NY/T 117—1989 饲料用小麦

NY/T 118—1989 饲料用皮大麦

中华人民共和国国家质量监督检验检疫总局 2001-08-29 批准

2002-05-01 实施

NY/T 119—1989　饲料用小麦麸

NY/T 122—1989　饲料用米糠

NY/T 130—1989　饲料用大豆饼

NY/T 131—1989　饲料用大豆粕

NY/T 132—1989　饲料用花生饼

NY/T 133—1989　饲料用花生粕

NY/T 134—1989　饲料用黑大豆

NY/T 135—1989　饲料用大豆

NY/T 136—1989　饲料用豌豆

NY/T 140—1989　饲料用苜蓿草粉

SC/T 3501—1996　鱼粉

3　定义

本标准采用下列定义。

3.1　生长、繁殖饲料　growth and reproduction diets

适用于生长、妊娠和哺乳期动物的饲料。

3.2　维持饲料　maintenance diets

适用于生长、繁殖阶段以外或成年动物的饲料。

3.3　配合饲料　formula feeds

根据饲养动物的营养需要,将多种饲料原料按饲料配方经工业化生产的均匀混合物。

4　质量要求总原则

4.1　在配制实验动物配合饲料时,各种原料和添加剂的各项营养指标应采用实测值数据。

4.2　营养指标均以90％干物质为基础,卫生指标以88％干物质为基础。

4.3　各项氨基酸、维生素、矿物质及微量元素的指标均为配合饲料中的总含量。

4.4　感官指标

配合饲料应混合均匀,新鲜、无杂质、无异味、无霉变、无发酵、无虫蛀及鼠咬。

4.5　配合饲料产品的混合均匀度应不大于10％。

4.6　营养成分指标

各种实验动物配合饲料营养成分指标应分别符合GB 14924.3～14924.8中的规定。需要消毒灭菌的配合饲料,应根据不同消毒灭菌方法可能造成某些种营养成分的损失,适当地提高相应营养成分的含量,保证配合饲料在消毒后和饲喂前符合GB 14924.3～14924.8营养成分含量的规定。

4.7　配合饲料卫生指标应符合GB 14924.2及GB 13078的规定。不得掺入抗生素、驱虫剂、防腐剂、色素、促生长剂以及激素等药物及添加剂。

5　饲料原料质量要求

5.1　本标准所指的饲料原料是指为提供动物生长所需的蛋白质和能量的单一饲料原料。不包括饲料添加剂。

5.2　饲料原料均应符合下列相关饲料原料的国家或行业标准的质量指标。

GB/T 17890—1999　饲料用玉米

NY/T 115—1989　饲料用高粱

NY/T 116—1989　饲料用稻谷

NY/T 117—1989　饲料用小麦

NY/T 118—1989　饲料用皮大麦

NY/T 119—1989　饲料用小麦麸

NY/T 122—1989　饲料用米糠

NY/T 130—1989　饲料用大豆饼

NY/T 131—1989　饲料用大豆粕

NY/T 132—1989　饲料用花生饼

NY/T 133—1989　饲料用花生粕

NY/T 134—1989　饲料用黑大豆

NY/T 135—1989　饲料用大豆

NY/T 136—1989　饲料用豌豆

NY/T 140—1989　饲料用苜蓿草粉

SC/T 3501—1996　鱼粉

5.3　在实验动物配合饲料中使用的饲料添加剂执行其相关的国家和行业标准,不得使用药物添加剂。

5.4　为了保证实验动物的正常生长,饲料原料不得使用菜籽饼粕、棉籽饼粕、亚麻仁饼粕等含有有害毒素的饲料原料。

5.5　饲料原料应符合 GB 13078 的规定。不得使用发霉、变质或被农药及其他有毒有害物质污染的饲料原料。

6　检测规则

6.1　配合饲料按 GB 14924.9~GB 14924.12 规定的测定方法进行检验。出厂产品应符合本标准的各项规定,并附有产品质量合格证。

6.2　产品分出厂检验和型式检验

6.2.1　出厂检验

6.2.1.1　出厂产品的检验以同批原料生产的产品为一批。

6.2.1.2　出厂检验的项目为感官指标和常规营养指标。

6.2.2　型式检验

6.2.2.1　有下列情况之一时,一般应进行型式检验

　　a) 老产品转厂生产的试制定型鉴定;

　　b) 正式生产后,如配方、工艺有较大改变,可能影响产品性能时;

　　c) 产品长期停产后,恢复生产时;

　　d) 出厂检验结果与上次型式检验有较大差异时;

　　e) 国家质量监督机构提出进行型式检验的要求时;

　　f) 型式检验的项目为感官指标、常规营养成分、氨基酸以及卫生指标。

6.2.2.2　申请新产品时,还应增检的项目为维生素、矿物质及微量元素指标。

6.3　采样方法

　　按 GB/T 14699.1 的规定执行。

6.4　判定规则

6.4.1　质量检验中如单项营养指标不符合本标准的规定,可取同批样品复验。复检不合格,则该批产品为不合格。

6.4.2　判定值范围以检测方法误差的 2 倍计。

6.4.3　微生物检验中的不合格指标不得复检。

7 标签

7.1 基本原则

7.1.1 标签标注的内容必须符合国家有关法律和法规的规定,符合相关标准的规定。

7.1.2 标签所标示的内容必须真实,并与产品的质量及质量标准相一致。

7.1.3 标签内容的表述应以通俗易懂、科学、准确并易于为用户理解掌握。不得使用虚假、夸大或容易引起误解的语言,更不得以欺骗性描述误导消费者。

7.2 标签必须标示的基本内容

7.2.1 配合饲料名称

7.2.1.1 配合饲料产品应按 GB/T 10647 中的有关定义,采用表明饲料真实属性的名称。

7.2.1.2 需要指明饲喂对象和饲喂阶段的饲料,必须在名称中予以表明。

7.2.1.3 使用商标名称、牌号名称、性状名称时,必须同时使用本标准 7.2.1.1 规定的名称。

7.2.2 产品标准编号

标签上应标明生产该产品所执行的标准编号。执行的企业标准须经当地技术监督部门备案。

7.2.3 产品成分分析保证值和卫生指标

7.2.3.1 标签上标明的产品成分分析保证值和卫生指标必须与该产品所依据标准的指标一致。

7.2.3.2 配合饲料产品成分分析保证值的项目规定:

应标明常规营养成份(水分、粗蛋白质、粗脂肪、粗纤维、粗灰分、钙、总磷)、维生素、氨基酸、矿物质及微量元素的含量。

7.2.3.3 标签上应按 GB 14924.2 的规定,标明产品的卫生质量,如农药等化学污染物,黄曲霉毒素 B_1 及微生物指标。

7.2.4 原料组成

标明用来加工配合饲料使用的主要原料名称。

7.2.5 标签上应标有"本产品符合 GB 13078 和 GB 14924.2"字样,以明示产品符合饲料及配合饲料卫生标准的规定。

7.2.6 使用说明

标签使用说明应包括,适应使用对象,使用阶段、方法及其他注意事项。

7.2.7 净重

标签应在显著位置标明每个包装中配合饲料的净重。以国家法定计量单位克(g)、千克(kg)或吨(t)表示。

7.2.8 生产日期

生产日期采用国际通用表示方法,如 2000-02-01,表示 2000 年 2 月 1 日。

7.2.9 保质期

7.2.9.1 保质期的单位用月表示。必要时也可注明保存期。

7.2.9.2 注明贮存条件及贮存方法。

7.2.10 生产企业的名称和地址

标签上必须标明与其营业执照一致的生产单位的名称、详细地址、邮政编码及联系电话。

7.2.11 其他

标签上可以标注企业认为必要的其他内容,如商标、生产许可证号、质量认证的标志等。

7.3 基本要求

7.3.1 标签不得与包装物分离。

7.3.2 标签的印制材料应结实耐用,文字、符号、图形清晰醒目。

7.3.3 标签上印刷的内容不得在流通过程中变得模糊不清甚至脱落,必须保证用户在购买和使用时清晰易辨。

7.3.4 标签上必须使用规范的简体汉字,可以同时使用有对应关系的汉语拼音及其他文字。

7.3.5 标签上出现的符号、代号、术语等应符合最新发布的国家法令、法规和有关标准的规定。

7.3.6 标签中所用的计量单位,必须采用国家法定计量单位。常用计量单位的标注按 GB/T 10648—1999 的附录 A 执行。

7.3.7 一个标签只标示一个饲料产品,不可在同一个标签上标出其他数个产品。

8 包装

8.1 配合饲料至少应有两层包装,内层为牛皮纸袋,外层为加有塑料内衬的编织袋、纸盒或塑料袋。

8.2 包装应符合实验动物的卫生和安全要求。

8.3 包装用的塑料袋应符合 GB 9687、GB 9688、GB 9689 中的卫生要求。

8.4 清洁级以上实验动物配合饲料的包装(或真空包装),必须经高压蒸汽消毒灭菌或钴⁶⁰照射。

9 贮存、运输

9.1 贮存

配合饲料产品应放在通风、清洁、干燥的专用仓库内,严禁与有毒、有害物品同库存放。配合饲料产品在常温下的保质期为三个月(梅雨季节为两个月)。

9.2 运输

配合饲料产品在运输中应防止包装破损、日晒、雨淋,严禁与有毒、有害物品混运。

ICS 65.120
B 20

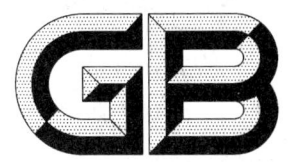

中华人民共和国国家标准

GB 14924.2—2001

实验动物　配合饲料卫生标准

Laboratory animals—Hygienic standard for formula feeds

2001-08-29发布

2002-05-01实施

中华人民共和国
国家质量监督检验检疫总局　发布

前　　言

本标准的全部技术内容为强制性。

本标准从 GB 14924—1994《实验动物　全价营养饲料》中分离出来,形成独立的标准。

本标准及其配套标准自实施之日起代替 GB 14924—1994。

本标准由中华人民共和国科学技术部提出并归口。

本标准起草单位:中国实验动物学会。

本标准主要起草人:刘秀梅、吴永宁、郭云昌、刘源、苏卫、刘素梅、郑陶。

本标准由国家科学技术部委托技术归口单位中国实验动物学会负责解释。

本标准于 1994 年 1 月首次发布。

中 华 人 民 共 和 国 国 家 标 准

GB 14924.2—2001

实验动物　配合饲料卫生标准

代替 GB 14924—1994

Laboratory animals—Hygienic standard for formula feeds

1 范围

本标准规定了实验动物配合饲料的卫生要求和检验方法。

本标准适用于实验动物小鼠、大鼠、兔、豚鼠、地鼠、犬和猴的配合饲料。

2 引用标准

下列标准所包含的条文,通过在本标准中引用而构成为本标准的条文。本标准出版时,所示版本均为有效。所有标准都会被修订,使用本标准的各方应探讨使用下列标准最新版本的可能性。

GB 2715—1981 粮食卫生标准

GB 2761—1981 食品中黄曲霉毒素 B_1 允许量标准

GB 2762—1994 食品中汞限量卫生标准

GB 2763—1981 粮食、蔬菜等食品中六六六、滴滴涕残留量标准

GB/T 4789.2—1994 食品卫生微生物学检验　菌落总数测定

GB/T 4789.3—1994 食品卫生微生物学检验　大肠菌群测定

GB/T 4789.4—1994 食品卫生微生物学检验　沙门氏菌检验

GB/T 4789.15—1994 食品卫生微生物学检验　霉菌和酵母计数

GB 4810—1994 食品中砷限量卫生标准

GB/T 5009.11—1996 食品中总砷的测定方法

GB/T 5009.12—1996 食品中铅的测定方法

GB/T 5009.15—1996 食品中镉的测定方法

GB/T 5009.17—1996 食品中总汞的测定方法

GB/T 5009.19—1996 食品中六六六、滴滴涕残留量的测定方法

GB/T 5009.22—1996 食品中黄曲霉毒素 B_1 的测定方法

GB/T 8381—1987 饲料中黄曲霉毒素 B_1 的测定方法

GB/T 10647—2000 饲料工业通用术语

GB 13078—2001 饲料卫生标准

GB 14935—1994 食品中铅限量卫生标准

GB 15201—1994 食品中镉限量卫生标准

3 基本原则

3.1 实验动物配合饲料的卫生质量应符合相应的饲料、粮食或食品卫生标准的要求,如 GB 13078、GB 2715、GB 2761、GB 2762、GB 2763、GB 4810、GB 14935、GB 15201 中的规定。

3.2 实验动物配合饲料应该无毒、无害,不得掺入抗生素、驱虫剂、防腐剂、色素、促生长剂以及激素等添加剂。

中华人民共和国国家质量监督检验检疫总局 2001-08-29 批准　　　　　2002-05-01 实施

4 卫生要求

4.1 化学污染物指标
见表1。

表 1 化学污染物指标

项　　目		指　　标
砷，mg/kg	≤	0.7
铅，mg/kg	≤	1.0
镉，mg/kg	≤	0.2
汞，mg/kg	≤	0.02
六六六，mg/kg	≤	0.3
滴滴涕，mg/kg	≤	0.2
黄曲霉毒素 B_1，$\mu g/kg$	≤	20.0

4.2 微生物指标
见表2。

表 2 微生物指标

项　　目		动物种类					
		小鼠 大鼠	兔	豚鼠	地鼠	犬	猴
菌落总数，cfu/g	≤	5×10^4	1×10^5	1×10^5	1×10^5	5×10^4	5×10^4
大肠菌群，MPN/100 g	≤	30	90	90	90	30	30
霉菌和酵母数，cfu/g	≤	100	100	100	100	100	100
致病菌(沙门氏菌)		不得检出					

4.3 清洁级实验动物配合饲料应进行高压消毒灭菌或辐照灭菌,以符合其特殊要求。

5 检验方法

5.1 总砷的测定:按 GB/T 5009.11 执行。

5.2 铅的测定:按 GB/T 5009.12 执行。

5.3 镉的测定:按 GB/T 5009.15 执行。

5.4 总汞的测定:按 GB/T 5009.17 执行。

5.5 六六六、滴滴涕的测定:按 GB/T 5009.19 执行。

5.6 黄曲霉毒素 B_1 的测定:按 GB/T 5009.22 或 GB/T 8381 执行。

5.7 菌落总数的检验:按 GB/T 4789.2 执行。

5.8 大肠菌群的检验:按 GB/T 4789.3 执行。

5.9 沙门氏菌的检验:按 GB/T 4789.4 执行。

5.10 霉菌和酵母的检验:按 GB/T 4789.15 执行。

ICS 65.120
B 20

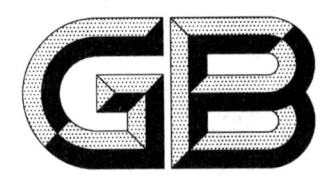

中华人民共和国国家标准

GB 14924.3—2010
代替 GB 14924.3~14924.8—2001

实验动物 配合饲料营养成分

Laboratory animals—Nutrients for formula feeds

2010-12-23 发布

2011-10-01 实施

中华人民共和国国家质量监督检验检疫总局
中国国家标准化管理委员会 发布

前　言

　　GB 14924 本部分的 3.2.1 中饲料常规营养成分指标及 3.2.2 中饲料氨基酸指标中赖氨酸,蛋氨酸＋胱氨酸指标为强制性的,其余为推荐性的。

　　本部分代替 GB 14924.3—2001《实验动物　小鼠大鼠配合饲料》、GB 14924.4—2001《实验动物　兔配合饲料》、GB 14924.5—2001《实验动物　豚鼠配合饲料》、GB 14924.6—2001《实验动物　地鼠配合饲料》、GB 14924.7—2001《实验动物　犬配合饲料》、GB 14924.8—2001《实验动物　猴配合饲料》。

　　本部分与前一版本相比,主要变化如下:

a)　本部分是将 GB 14924.3—2001、GB 14924.4—2001、GB 14924.5—2001、GB 14924.6—2001、GB 14924.7—2001、GB 14924.8—2001 内容整合形成的标准;

b)　修订了原标准中部分常规营养成分含量指标(地鼠维持饲料、生长繁殖饲料粗蛋白质含量;犬维持饲料粗纤维含量,生长繁殖饲料粗脂肪和粗蛋白质含量);

c)　规定了配合饲料常规营养成分、氨基酸和常量矿物质含量单位以 g/kg 表示;

d)　规定了配合饲料维生素含量和常量矿物质及微量矿物质含量最高上限为下限值的 2 倍。

　　本部分由全国实验动物标准化技术委员会提出并归口。

　　本部分起草单位:全国实验动物标准化技术委员会。

　　本部分主要起草人:刘源、施美莲、周瑞华、苏卫、王竹、苏晓鸥。

　　本部分所代替标准历次版本发布情况:

——GB 14924—1994;

——GB 14924.3—2001;

——GB 14924.4—2001;

——GB 14924.5—2001;

——GB 14924.6—2001;

——GB 14924.7—2001;

——GB 14974.8—2001。

实验动物 配合饲料营养成分

1 范围

本部分规定了实验动物配合饲料营养成分的要求。

本部分适用于实验动物配合饲料(不包括模型动物特殊要求的饲料)。

2 规范性引用文件

下列文件中的条款通过 GB/T 14924 的本部分的引用而成为本部分的条款。凡是注日期的引用文件,其随后所有的修改单(不包括勘误的内容)或修订版均不适用于本部分,然而,鼓励根据本部分达成协议的各方研究是否可使用这些文件的最新版本。凡是不注日期的引用文件,其最新版本适用于本部分。

GB 14924.1 实验动物 配合饲料通用质量标准

GB/T 14924.9 实验动物 配合饲料 常规营养成分的测定

GB/T 14924.10 实验动物 配合饲料 氨基酸的测定

GB/T 14924.11 实验动物 配合饲料 维生素的测定

GB/T 14924.12 实验动物 配合饲料 矿物质和微量元素的测定

3 营养成分

3.1 配合饲料原料的质量要求、检测规则、标签、包装、贮存、运输等应符合 GB 14924.1 中的规定。

3.2 饲喂时配合饲料常规营养成分指标应符合表 1 的规定。

表 1 配合饲料常规营养成分指标(每千克饲粮含量)

指　　标	小鼠、大鼠		豚鼠		地鼠		兔		犬		猴	
	维持饲料	生长、繁殖饲料	维持饲料	生长、繁殖饲料	维持饲料	生长、繁殖饲料	维持饲料	生长、繁殖饲料	维持饲料	生长、繁殖饲料	维持饲料	生长、繁殖饲料
水分和其他挥发性物质/g ≤	100	100	110	110	100	100	110	110	100	100	100	100
粗蛋白/g ≥	180	200	170	200	200	220	140	170	200	260	160	210
粗脂肪/g ≥	40	40	30	30	30	30	30	30	45	75	40	50
粗纤维/g	≤50	≤50	100～150	100～150	≤60	≤60	100～150	100～150	≤40	≤30	≤40	≤40
粗灰分/g ≤	80	80	90	90	80	80	90	90	90	90	70	70

表1（续）

指　　标	小鼠、大鼠		豚鼠		地鼠		兔		犬		猴	
	维持饲料	生长、繁殖饲料	维持饲料	生长、繁殖饲料	维持饲料	生长、繁殖饲料	维持饲料	生长、繁殖饲料	维持饲料	生长、繁殖饲料	维持饲料	生长、繁殖饲料
钙/g	10~18	10~18	10~15	10~15	10~18	10~18	10~15	10~15	7~10	10~15	8~12	10~14
总磷/g	6~12	6~12	5~8	5~8	6~12	6~12	5~8	5~8	5~8	8~12	6~8	7~10
钙：总磷	1.2:1~1.7:1	1.2:1~1.7:1	1.3:1~2.0:1	1.3:1~2.0:1	1.2:1~1.7:1	1.2:1~1.7:1	1.3:1~2.0:1	1.3:1~2.0:1	1.2:1~1.4:1	1.2:1~1.4:1	1.2:1~1.5:1	1.2:1~1.5:1

3.3　饲喂时配合饲料氨基酸指标应符合表2的规定。

表2　配合饲料氨基酸指标（每千克饲粮含量）

指　　标	小鼠、大鼠		豚鼠		地鼠		兔		犬		猴	
	维持饲料	生长、繁殖饲料	维持饲料	生长、繁殖饲料	维持饲料	生长、繁殖饲料	维持饲料	生长、繁殖饲料	维持饲料	生长、繁殖饲料	维持饲料	生长、繁殖饲料
赖氨酸/g ≥	8.2	13.2	7.5	8.5	11.8	13.2	7.0	8.0	7.1	11.1	8.5	12.0
蛋氨酸＋胱氨酸/g ≥	5.3	7.8	5.4	6.8	7.0	7.8	5.0	6.0	5.4	7.2	6.0	7.9
精氨酸/g ≥	9.9	11.0	8.0	10.0	11.3	13.8	7.0	8.0	6.9	13.5	9.9	12.9
组氨酸/g ≥	4.0	5.5	3.4	4.0	4.5	5.5	3.0	3.5	2.5	4.8	4.4	4.8
色氨酸/g ≥	1.9	2.5	2.4	2.8	2.5	2.9	2.2	2.7	2.1	2.3	2.3	2.7
苯丙氨酸＋酪氨酸/g ≥	11.0	13.0	12.0	15.0	12.7	17.3	11.0	13.0	10.0	15.6	13.1	15.4
苏氨酸/g ≥	6.5	8.8	6.5	7.5	8.0	8.8	5.6	6.5	6.5	7.8	6.3	7.9
亮氨酸/g ≥	14.4	17.6	12.5	13.5	15.0	17.6	11.5	13.0	8.1	16.0	13.5	15.9
异亮氨酸/g ≥	7.0	10.3	7.2	8.0	10.3	11.8	6.0	7.2	5.0	7.9	7.2	8.2
缬氨酸/g ≥	8.4	11.7	8.0	9.3	10.5	11.2	7.5	8.3	5.4	10.4	9.0	10.9

3.4 饲喂时配合饲料维生素指标应符合表3的规定。

表3 配合饲料维生素指标(每千克饲粮含量)

指　　标	小鼠、大鼠		豚鼠		地鼠		兔		犬		猴	
	维持饲料	生长、繁殖饲料	维持饲料	生长、繁殖饲料	维持饲料	生长、繁殖饲料	维持饲料	生长、繁殖饲料	维持饲料	生长、繁殖饲料	维持饲料	生长、繁殖饲料
维生素A/IU ≥	7 000	14 000	7 500	12 500	10 000	14 000	6 000	12 500	8 000	10 000	10 000	15 000
维生素D/IU ≥	800	1 500	700	1 250	2 000	2 400	700	1 250	2 000	2 000	2 200	2 200
维生素E/IU ≥	60	120	50	70	100	120	50	70	40	50	55	65
维生素K/mg ≥	3.0	5.0	0.3	0.4	3.0	5.0	0.3	0.4	0.1	0.9	1.0	1.0
维生素B$_1$/mg ≥	8	13	7	10	8	13	7	10	6	13	4	16
维生素B$_2$/mg ≥	10	12	8	15	10	12	8	15	4	5	5	16
维生素B$_6$/mg ≥	6	12	6	9	6	12	6	9	5	6	5	13
烟酸/mg ≥	45	60	40	55	45	60	40	55	50	50	50	60
泛酸/mg ≥	17	24	12	19	17	24	12	19	9	27	13	42
叶酸/mg ≥	4.00	6.00	1.00	3.00	4.00	6.00	1.00	3.00	0.16	1.00	0.20	2.00
生物素/mg ≥	0.10	0.20	0.20	0.45	0.10	0.20	0.20	0.45	0.20	0.20	0.10	0.40
维生素B$_{12}$/mg ≥	0.020	0.022	0.020	0.030	0.020	0.022	0.020	0.030	0.030	0.068	0.030	0.050
胆碱/mg ≥	1 250	1 250	1 000	1 200	1 250	1 250	1 000	1 200	1 400	2 000	1 300	1 500
维生素C/mg ≥	—	—	1 500	1 800	—	—	—	—	—	—	1 700	2 000
配合饲料维生素含量最高上限为下限值的2倍。												

3.5 饲喂时配合饲料矿物质指标应符合表4的规定。

表4 配合饲料常量矿物质和微量矿物质指标(每千克饲粮含量)

指　　标	小鼠、大鼠		豚鼠		地鼠		兔		犬		猴	
	维持饲料	生长、繁殖饲料	维持饲料	生长、繁殖饲料	维持饲料	生长、繁殖饲料	维持饲料	生长、繁殖饲料	维持饲料	生长、繁殖饲料	维持饲料	生长、繁殖饲料
镁/g ≥	2.0	2.0	2.0	3.0	2.0	2.0	2.0	3.0	1.5	2.0	1.0	1.5
钾/g ≥	5	5	6	10	5	5	6	10	5	7	7	8
钠/g ≥	2.0	2.0	2.0	3.0	2.0	2.0	2.0	3.0	3.9	4.4	3.0	4.0
铁/mg ≥	100	120	100	150	100	120	100	150	150	250	120	180
锰/mg ≥	75	75	40	60	75	75	40	60	40	60	40	60
铜/mg ≥	10	10	9	14	10	10	9	14	12	14	13	16
锌/mg ≥	30	30	50	60	30	30	50	60	50	60	110	140
碘/mg ≥	0.5	0.5	0.4	1.1	0.5	0.5	0.4	1.1	1.4	1.7	0.5	0.8
硒/mg	0.1~0.2	0.1~0.2	0.1~0.2	0.1~0.2	0.1~0.2	0.1~0.2	0.1~0.2	0.1~0.2	0.1~0.2	0.1~0.2	0.1~0.2	0.1~0.2
配合饲料矿物质含量最高上限为下限值的2倍。												

4 检测方法

配合饲料营养成分指标检测方法按 GB/T 14924.9、GB/T 14924.10、GB/T 14924.11、GB/T 14924.12 执行。

ICS 65.020.30
B 44

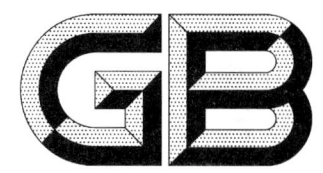

中华人民共和国国家标准

GB 14925—2010
代替 GB 14925—2001

实验动物　环境及设施

Laboratory animal—

Requirements of environment and housing facilities

2010-12-23 发布

2011-10-01 实施

中华人民共和国国家质量监督检验检疫总局
中国国家标准化管理委员会　发布

前　言

本标准的 4.2.4,4.4.1,4.4.5,4.4.6,5.2.1,5.2.2,5.2.3,6.1.2.4,6.2.3,7.2,7.3,7.4,8.2.2,8.3.2,9.1.7,9.2.3 为强制性,其余为推荐性。

本标准代替 GB 14925—2001《实验动物　环境及设施》。

本标准与 GB 14925—2001 相比,主要变化如下:

a) 对标准的范围、引用标准、定义进行了规范;

b) 对设施、环境、工艺布局的规定更具可操作性;

c) 对污水、废弃物及动物尸体处理、笼具、垫料、饮水、动物运输的规定较为具体。

本标准附录 A、附录 B、附录 C、附录 D、附录 E、附录 F、附录 G、附录 H、附录 I 均为规范性附录。

本标准由全国实验动物标准化技术委员会提出并归口。

本标准起草单位:全国实验动物标准化技术委员会。

本标准主要起草人:刘云波、王清勤、陈振文、萨晓婴、张道茹、刘年双。

本标准于 1994 年 1 月首次发布,于 1999 年 8 月进行第一次修订,2001 年第二次修订。

实验动物 环境及设施

1 范围

本标准规定了实验动物及动物实验设施和环境条件的技术要求及检测方法,同时规定了垫料、饮水和笼具的原则要求。

本标准适用于实验动物生产、实验场所的环境条件及设施的设计、施工、检测、验收及经常性监督管理。

2 规范性引用文件

下列文件中的条款通过本标准的引用而成为本标准的条款。凡是注日期的引用文件,其随后所有的修改单(不包括勘误的内容)或修订版均不适用于本标准,然而,鼓励根据本标准达成协议的各方研究是否可使用这些文件的最新版本。凡是不注日期的引用文件,其最新版本适用于本标准。

GB 5749 生活饮用水卫生标准

GB 8978 污水综合排放标准

GB 18871 电离辐射防护与辐射源安全基本标准

GB 19489 实验室 生物安全通用要求

GB 50052 供配电系统设计规范

GB 50346 生物安全实验室建筑技术规范

3 术语和定义

下列术语和定义适用于本标准。

3.1

实验动物 laboratory animal

经人工培育,对其携带微生物和寄生虫实行控制,遗传背景明确或者来源清楚,用于科学研究、教学、生产、检定以及其他科学实验的动物。

3.2

实验动物生产设施 breeding facility for laboratory animal

用于实验动物生产的建筑物和设备的总和。

3.3

实验动物实验设施 experiment facility for laboratory animal

以研究、试验、教学、生物制品和药品及相关产品生产、检定等为目的而进行实验动物试验的建筑物和设备的总和。

3.4

实验动物特殊实验设施 hazard experiment facility for laboratory animal

包括感染动物实验设施(动物生物安全实验室)和应用放射性物质或有害化学物质等进行动物实验的设施。

3.5

普通环境 conventional environment

符合实验动物居住的基本要求,控制人员和物品、动物出入,不能完全控制传染因子,适用于饲育基础级实验动物。

3.6

屏障环境　barrier environment

符合动物居住的要求,严格控制人员、物品和空气的进出,适用于饲育清洁级和/或无特定病原体(specific pathogen free,SPF)级实验动物。

3.7

隔离环境　isolation environment

采用无菌隔离装置以保持无菌状态或无外源污染物。隔离装置内的空气、饲料、水、垫料和设备应无菌,动物和物料的动态传递须经特殊的传递系统,该系统既能保证与环境的绝对隔离,又能满足转运动物时保持与内环境一致。适用于饲育无特定病原体级、悉生(gnotobiotic)及无菌(germ free)级实验动物。

3.8

洁净度5级　cleanliness class 5

空气中大于等于 0.5 μm 的尘粒数大于 352 pc/m³ 到小于等于 3 520 pc/m³,大于等于 1 μm 的尘粒数大于 83 pc/m³ 到小于等于 832 pc/m³,大于等于 5 μm 的尘粒数小于等于 29 pc/m³。

3.9

洁净度7级　cleanliness class 7

空气中大于等于 0.5 μm 的尘粒数大于 35 200 pc/m³ 到小于等于 352 000 pc/m³,大于等于 1 μm 的尘粒数大于 8 320 pc/m³ 到小于等于 83 200 pc/m³,大于等于 5 μm 的尘粒数大于 293 pc/m³ 到小于等于 2 930 pc/m³。

3.10

洁净度8级　cleanliness class 8

空气中大于等于 0.5 μm 的尘粒数大于 352 000 pc/m³ 到小于等于 3 520 000 pc/m³,大于等于 1 μm 的尘粒数大于 83 200 pc/m³ 到小于等于 832 000 pc/m³,大于等于 5 μm 的尘粒数大于 2 930 pc/m³ 到小于等于 29 300 pc/m³。

4　设施

4.1　分类

按照设施的使用功能,分为实验动物生产设施、实验动物实验设施和实验动物特殊实验设施。

4.2　选址

4.2.1　应避开自然疫源地。生产设施宜远离可能产生交叉感染的动物饲养场所。

4.2.2　宜选在环境空气质量及自然环境条件较好的区域。

4.2.3　宜远离有严重空气污染、振动或噪声干扰的铁路、码头、飞机场、交通要道、工厂、贮仓、堆场等区域。

4.2.4　动物生物安全实验室与生活区的距离应符合 GB 19489 和 GB 50346 的要求。

4.3　建筑卫生要求

4.3.1　所有围护结构材料均应无毒、无放射性。

4.3.2　饲养间内墙表面应光滑平整,阴阳角均为圆弧形,易于清洗、消毒。墙面应采用不易脱落、耐腐蚀、无反光、耐冲击的材料。地面应防滑、耐磨、无渗漏。天花板应耐水、耐腐蚀。

4.4　建筑设施一般要求

4.4.1　建筑物门、窗应有良好的密封性,饲养间门上应设观察窗。

4.4.2　走廊净宽度一般不应少于 1.5 m,门大小应满足设备进出和日常工作的需要,一般净宽度不少于 0.8 m。饲养大型动物的实验动物设施,其走廊和门的宽度和高度应根据实际需要加大尺寸。

4.4.3　饲养间应合理组织气流和布置送、排风口的位置,宜避免死角、断流、短路。

4.4.4 各类环境控制设备应定期维修保养。

4.4.5 实验动物设施的电力负荷等级,应根据工艺要求按 GB 50052 要求确定。屏障环境和隔离环境应采用不低于二级电力负荷供电。

4.4.6 室内应选择不易积尘的配电设备,由非洁净区进入洁净区及洁净区内的各类管线管口,应采取可靠的密封措施。

5 环境

5.1 分类

按照空气净化的控制程度,实验动物环境分为普通环境、屏障环境和隔离环境,见表1。

表 1 实验动物环境的分类

环境分类		使用功能	适用动物等级
普通环境	—	实验动物生产、动物实验、检疫	基础动物
屏障环境	正压	实验动物生产、动物实验、检疫	清洁动物、SPF 动物
	负压	动物实验、检疫	清洁动物、SPF 动物
隔离环境	正压	实验动物生产、动物实验、检疫	SPF 动物、悉生动物、无菌动物
	负压	动物实验、检疫	SPF 动物、悉生动物、无菌动物

5.2 技术指标

5.2.1 实验动物生产间的环境技术指标应符合表2的要求。

表 2 实验动物生产间的环境技术指标

项 目	指 标								
	小鼠、大鼠		豚鼠、地鼠			犬、猴、猫、兔、小型猪			鸡
	屏障环境	隔离环境	普通环境	屏障环境	隔离环境	普通环境	屏障环境	隔离环境	屏障环境
温度/℃	20~26		18~29	20~26		16~28	20~26		16~28
最大日温差/℃ ≤	4								
相对湿度/%	40~70								
最小换气次数/(次/h) ≥	15[a]	20	8[b]	15[a]	20	8[b]	15[a]	20	—
动物笼具处气流速度/(m/s) ≤	0.20								
相通区域的最小静压差/Pa ≥	10	50[c]	—	10	50[c]	—	10	50[c]	10
空气洁净度/级	7	5 或 7[d]	—	7	5 或 7[d]	—	7	5 或 7[d]	5 或 7
沉降菌最大平均浓度/(CFU/0.5 h·Φ90 mm 平皿)	3	无检出	—	3	无检出	—	3	无检出	3
氨浓度/(mg/m³) ≤	14								
噪声/dB(A) ≤	60								

表 2（续）

项 目		指　标								
		小鼠、大鼠		豚鼠、地鼠			犬、猴、猫、兔、小型猪			鸡
		屏障环境	隔离环境	普通环境	屏障环境	隔离环境	普通环境	屏障环境	隔离环境	屏障环境
照度/(lx)	最低工作照度 ≥	200								
	动物照度	15~20					100~200			5~10
昼夜明暗交替时间/h		12/12 或 10/14								

注 1：表中—表示不作要求。

注 2：表中氨浓度指标为动态指标。

注 3：普通环境的温度、湿度和换气次数指标为参考值，可在此范围内根据实际需要适当选用，但应控制日温差。

注 4：温度、相对湿度、压差是日常性检测指标；日温差、噪声、气流速度、照度、氨气浓度为监督性检测指标；空气洁净度、换气次数、沉降菌最大平均浓度、昼夜明暗交替时间为必要时检测指标。

注 5：静态检测除氨浓度外的所有指标，动态检测日常性检测指标和监督性检测指标，设施设备调试和/或更换过滤器后检测必要检测指标。

a 为降低能耗，非工作时间可降低换气次数，但不应低于 10 次/h。

b 可根据动物种类和饲养密度适当增加。

c 指隔离设备内外静压差。

d 根据设备的要求选择参数。用于饲养无菌动物和免疫缺陷动物时，洁净度应达到 5 级。

5.2.2　动物实验间的环境技术指标应符合表 3 的要求。特殊动物实验设施动物实验间的技术指标除满足表 3 的要求外，还应符合相关标准的要求。

表 3　动物实验间的环境技术指标

项 目	指　标								
	小鼠、大鼠		豚鼠、地鼠			犬、猴、猫、兔、小型猪			鸡
	屏障环境	隔离环境	普通环境	屏障环境	隔离环境	普通环境	屏障环境	隔离环境	隔离环境
温度/℃	20~26		18~29	20~26		16~26	20~26		16~26
最大日温差/℃ ≤	4								
相对湿度/%	40~70								
最小换气次数/(次/h) ≥	15a	20	8b	15a	20	8b	15a	20	—
动物笼具处气流速度/(m/s) ≤	0.2								
相通区域的最小静压差/Pa ≤	10	50c	—	10	50c	—	10	50c	50c
空气洁净度/级	7	5 或 7d	—	7	5 或 7d	—	7	5 或 7d	5

表 3（续）

项　　目		指　　标								
		小鼠、大鼠		豚鼠、地鼠			犬、猴、猫、兔、小型猪			鸡
		屏障环境	隔离环境	普通环境	屏障环境	隔离环境	普通环境	屏障环境	隔离环境	隔离环境
沉降菌最大平均浓度/ （CFU/0.5 h · Φ90 mm 平皿） ≤		3	无检出	—	3	无检出	—	3	无检出	无检出
氨浓度/（mg/m³） ≤		14								
噪声/dB(A) ≤		60								
照度/ lx	最低工作照度 ≥	200								
	动物照度	15～20				100～200				5～10
昼夜明暗交替时间/h		12/12 或 10/14								

注 1：表中—表示不作要求。

注 2：表中氨浓度指标为动态指标。

注 3：温度、相对湿度、压差是日常性检测指标；日温差、噪声、气流速度、照度、氨气浓度为监督性检测指标；空气
　　　洁净度、换气次数、沉降菌最大平均浓度、昼夜明暗交替时间为必要时检测指标。

注 4：静态检测除氨浓度外的所有指标，动态检测日常性检测指标和监督性检测指标，设施设备调试和/或更换
　　　过滤器后检测必要检测指标。

a 为降低能耗，非工作时间可降低换气次数，但不应低于 10 次/h。

b 可根据动物种类和饲养密度适当增加。

c 指隔离设备内外静压差。

d 根据设备的要求选择参数。用于饲养无菌动物和免疫缺陷动物时，洁净度应达到 5 级。

5.2.3　屏障环境设施的辅助用房主要技术指标应符合表 4 的规定。

表 4　屏障环境设施的辅助用房主要技术指标

房间名称	洁净度级别	最小换气次数/（次/h）≥	相通区域的最小压差/Pa	温度/℃	相对湿度/%	噪声/dB(A)≤	最低照度/lx≥
洁物储存室	7	15	10	18～28	30～70	60	150
无害化消毒室	7 或 8	15 或 10	10	18～28	—	60	150
洁净走廊	7	15	10	18～28	30～70	60	150
污物走廊	7 或 8	15 或 10	10	18～28	—	60	150
入口缓冲间	7	15 或 10	10	18～28	—	60	150
出口缓冲间	7 或 8	15 或 10	10	18～28	—	60	150
二更	7	15	10	18～28	—	60	150
清洗消毒室	—	4	—	18～28	—	60	150

表 4（续）

房间名称	洁净度级别	最小换气次数/（次/h）≥	相通区域的最小压差/Pa ≤	温度/℃	相对湿度/%	噪声/dB(A) ≤	最低照度/lx ≥
淋浴室	—	4	—	18~28	—	60	100
一更（脱、穿普通衣、工作服）	—	—	—	18~28	—	60	100

实验动物生产设施的待发室、检疫观察室和隔离室主要技术指标应符合表2的规定。

动物实验设施的检疫观察室和隔离室主要技术指标应符合表3的规定。

动物生物安全实验室应同时符合 GB 19489 和 GB 50346 的规定。

正压屏障环境的单走廊设施应保证动物生产区、动物实验区压力最高。正压屏障环境的双走廊或多走廊设施应保证洁净走廊的压力高于动物生产区、动物实验区；动物生产区、动物实验区的压力高于污物走廊。

注：表中—表示不作要求。

6 工艺布局

6.1 区域布局

6.1.1 前区的设置

包括办公室、维修室、库房、饲料室、一般走廊。

6.1.2 饲育区的设置

6.1.2.1 生产区：包括隔离检疫室、缓冲间、风淋室、育种室、扩大群饲育室、生产群饲育室、待发室、清洁物品贮藏室、消毒后室、走廊。

6.1.2.2 动物实验区：包括缓冲间、风淋室、检疫间、隔离室、操作室、手术室、饲育间、清洁物品贮藏室、消毒后室、走廊。基础级大动物检疫间必须与动物饲养区分开设置。

6.1.2.3 辅助区：包括仓库、洗刷消毒室、废弃物品存放处理间（设备）、解剖室、密闭式实验动物尸体冷藏存放间（设备）、机械设备室、淋浴室、工作人员休息室、更衣室。

6.1.2.4 动物实验设施应与动物生产设施分开设置。

6.2 其他设施

6.2.1 有关放射性动物实验室除满足本标准外，还应按照 GB 18871 进行。

6.2.2 动物生物安全实验室除满足本标准外，还应符合 GB 19489 和 GB 50346 的要求。

6.2.3 感染实验、染毒试验应在负压设施或负压设备内操作。

6.3 设备

6.3.1 实验动物生产使用设备及其辅助设施应布局合理，其技术指标应达到生产设施环境技术指标要求（表2、表4）。

6.3.2 动物实验使用设备及其辅助设施应布局合理，技术指标应达到实验设施环境技术指标要求（表3、表4）。

7 污水、废弃物及动物尸体处理

7.1 实验动物和动物实验设施应有相对独立的污水初级处理设备或化粪池，来自于动物的粪尿、笼器具洗刷用水、废弃的消毒液、实验中废弃的试液等污水应经处理并达到 GB 8978 二类一级标准要求后排放。

7.2 感染动物实验室所产生的废水，必须先彻底灭菌后方可排出。

7.3 实验动物废垫料应集中作无害化处理。一次性工作服、口罩、帽子、手套及实验废弃物等应按医院污物处理规定进行无害化处理。注射针头、刀片等锐利物品应收集到利器盒中统一处理。感染动物实验所产生的废弃物须先行高压灭菌后再作处理。放射性动物实验所产生放射性沾染废弃物应按GB 18871的要求处理。

7.4 动物尸体及组织应装入专用尸体袋中存放于尸体冷藏柜(间)或冰柜内,集中作无害化处理。感染动物实验的动物尸体及组织须经高压灭菌器灭菌后传出实验室再作相应处理。

8 笼具、垫料、饮水

8.1 笼具

8.1.1 笼具的材质应符合动物的健康和福利要求,无毒、无害、无放射性、耐腐蚀、耐高温、耐高压、耐冲击、易清洗、易消毒灭菌。

8.1.2 笼具的内外边角均应圆滑、无锐口,动物不易噬咬、咀嚼。笼子内部无尖锐的突起伤害到动物。笼具的门或盖有防备装置,能防止动物自己打开笼具或打开时发生意外伤害或逃逸。笼具应限制动物身体伸出受到伤害,伤害人类或邻近的动物。

8.1.3 常用实验动物笼具的大小最低应满足表5的要求,实验用大型动物的笼具尺寸应满足动物福利的要求和操作的需求。

表 5 常用实验动物所需居所最小空间

项　目	小鼠			大鼠			豚鼠		
	<20 g 单养时	>20 g 单养时	群养(窝)时	<150 g 单养时	>150 g 单养时	群养(窝)时	<350 g 单养时	>350 g 单养时	群养(窝)时
底板面积/m²	0.006 7	0.009 2	0.042	0.04	0.06	0.09	0.03	0.065	0.76
笼内高度/m	0.13	0.13	0.13	0.18	0.18	0.18	0.18	0.21	0.21

项　目	地鼠			猫		猪		鸡	
	<100 g 单养时	>100 g 单养时	群养(窝)时	<2.5 kg 单养时	>2.5 kg 单养时	<20 kg 单养时	>20 kg 单养时	<2 kg 单养时	>2 kg 单养时
底板面积/m²	0.01	0.012	0.08	0.28	0.37	0.96	1.2	0.12	0.15
笼内高度/m	0.18			0.76(栖木)		0.6	0.8	0.4	0.6

项　目	兔			犬			猴		
	<2.5 kg 单养时	>2.5 kg 单养时	群养(窝)时	<10 kg 单养时	10~20 kg 单养时	>20 kg 单养时	<4 kg 单养时	4~8 kg 单养时	>8 kg 单养时
底板面积/m²	0.18	0.2	0.42	0.6	1	1.5	0.5	0.6	0.9
笼内高度/m	0.35	0.4	0.4	0.8	0.9	1.1	0.8	0.85	1.1

8.2 垫料

8.2.1 垫料的材质应符合动物的健康和福利要求,应满足吸湿性好、尘埃少、无异味、无毒性、无油脂、耐高温、耐高压等条件。

8.2.2 垫料必须经灭菌处理后方可使用。

8.3 饮水

8.3.1 基础级实验动物的饮水应符合 GB 5749 的要求。

8.3.2 清洁级及其以上级别实验动物的饮水应达到无菌要求。

9 动物运输

9.1 运输笼具

9.1.1 运输活体动物的笼具结构应适应动物特点,材质应符合动物的健康和福利要求,并符合运输规范和要求。

9.1.2 运输笼具必须足够坚固,能防止动物破坏、逃逸或接触外界,并能经受正常运输。

9.1.3 运输笼具的大小和形状应适于被运输动物的生物特性,在符合运输要求的前提下要使动物感觉舒适。

9.1.4 运输笼具内部和边缘无可伤害到动物的锐角或突起。

9.1.5 运输笼具的外面应具有适合于搬动的把手或能够握住的把柄,搬运者与笼具内的动物不能有身体接触。

9.1.6 在紧急情况下,运输笼具要容易打开门,将活体动物移出。

9.1.7 运输笼具应符合微生物控制的等级要求,并且必须在每次使用前进行清洗和消毒。

9.1.8 可移动的动物笼具应在动物笼具顶部或侧面标上"活体实验动物"的字样,并用箭头或其他标志标明动物笼具正确立放的位置。运输笼具上应标明运输该动物的注意事项。

9.2 运输工具

9.2.1 运输工具能够保证有足够的新鲜空气维持动物的健康、安全和舒适的需要,并应避免运输时运输工具的废气进入。

9.2.2 运输工具应配备空调等设备,使实验动物周围环境的温度符合相应等级要求,以保证动物的质量。

9.2.3 运输工具在每次运输实验动物前后均应进行消毒。

9.2.4 如果运输时间超过 6 h,宜配备符合要求的饲料和饮水设备。

10 检测

10.1 设施环境技术指标检测方法见本标准附录 A~附录 I。

10.2 设备环境技术指标检测方法参考附录 A~附录 I 执行。除检测设备内部技术指标外,还应检测设备所处房间环境的温湿度、噪声指标。

附　录　A
（规范性附录）
温湿度测定

A.1　测定条件

A.1.1　在设施竣工空调系统运转 48 h 后或设施正常运行之中进行测定。测定时,应根据设施设计要求的空调和洁净等级确定动物饲育区及实验工作区,并在区内布置测点。

A.1.2　一般饲育室应选择动物笼具放置区域范围为动物饲育区。

A.1.3　恒温恒湿房间离围护结构 0.5 m,离地面高度 0.1 m～2 m 处为饲育区。

A.1.4　洁净房间垂直平行流和乱流的饲育区与恒温恒湿房间相同。

A.2　测量仪器

A.2.1　测量仪器精密度为 0.1 以上标准水银干湿温度计及热敏电阻式数字型温湿度测定仪。

A.2.2　测量仪器应在有效检定期内。

A.3　测定方法

A.3.1　当设施环境温度波动范围大于 2 ℃,室内相对湿度波动范围大于 10%,温湿度测定宜连续进行 8 h,每次测定间隔为 15 min～30 min。

A.3.2　乱流洁净室按洁净面积不大于 50 m² 至少布置测定 5 个测点,每增加 20 m²～50 m² 增加 3 个～5 个位点。

附　录　B

（规范性附录）

气流速度测定

B.1　测定条件

在设施运转接近设计负荷,连续运行 48 h 以上进行测定。

B.2　测量仪器

B.2.1　测量仪器为精密度为 0.01 以上的热球式电风速计,或智能化数字显示式风速计,校准仪器后进行检测。

B.2.2　测量仪器应在有效检定期内。

B.3　测定方法

B.3.1　布点

B.3.1.1　应根据设计要求和使用目的确定动物饲育区和实验工作区,要在区内布置测点。

B.3.1.2　一般空调房间应选择放置在实验动物笼具处的具有代表性的位置布点,尚无安装笼具时在离围护结构 0.5 m,离地高度 1.0 m 及室内中心位置布点。

B.3.2　测定方法

B.3.2.1　检测在实验工作区或动物饲育区内进行,当无特殊要求时,于地面高度 1.0 m 处进行测定。

B.3.2.2　乱流洁净室按洁净面积不大于 50 m² 至少布置测定 5 个测点,每增加 20 m²～50 m² 增加 3 个～5 个位点。

B.4　数据整理

B.4.1　每个测点的数据应在测试仪器稳定运行条件下测定,数字稳定 10 s 后读取。

B.4.2　乱流洁净室内取各测定点平均值,并根据各测定点各次测定值判定室内气流速度变动范围及稳定状态。

附 录 C

（规范性附录）

换气次数测定

C.1 测定条件

在实验动物设施运转接近设计负荷连续运行 48 h 以上进行测定。

C.2 测量仪器

C.2.1 测量仪器为精密度为 0.01 以上的热球式电风速计，或智能化数字显示式风速计，或风量罩，校准仪器后进行检测。

C.2.2 测量仪器应在有效检定期内。

C.3 测定方法

C.3.1 通过测定送风口风量（正压式）或出风口（负压式）及室内容积来计算换气次数。

C.3.2 风口为圆形时，直径在 200 mm 以下者，在径向上选取 2 个测定点进行测定；直径在 200 mm～300 mm 时，用同心圆做 2 个等面积环带，在径向上选取 4 个测定点进行测定；直径为 300 mm～600 mm 时，做成 3 个同心圆，在径向上选取 6 个点；直径大于 600 mm 时，做成 5 个同心圆测定 10 个点，求出风速平均值。

C.3.3 风口为方形或长方形者，应将风口断面分成 100 mm×150 mm 以下的若干个等分面积，分别测定各个等分面积中心点的风速，求出平均值，作为平均风速。

C.3.4 在装有圆形进风口的情况下，可应用与之管径相等、1 000 mm 长的辅助风道或应用风斗型辅助风道，按 C.3.2 中所述方法取点进行测定；如送风口为方形或长方形，则应用相应形状截面的辅助风道，按 C.3.3 中所述方法取样进行测定。

C.3.5 使用风量罩测定时，直接将风量罩扣到送（排）风口测定。

C.4 结果计算

按式（C.1）求得换气量。

$$Q = 3\,600 S\bar{v} \quad\quad\quad\quad\quad\quad\quad\quad\quad\quad\quad\quad\quad\quad\quad\quad （\,C.1\,）$$

式中：

Q——所求换气量，单位为立方米每小时（m³/h）；

S——有效横截面积，单位为平方米（m²）；

$\bar{v}$——平均风速，单位为米每秒（m/s）。

换气量再乘以校正系数即可求得标准状态下的换气量。校正系数进风口为 1.0，出风口为 0.8，以 20 ℃ 为标准状态按式（C.2）进行换算：

$$Q_0 = 3\,600\left[(273+20)/(273+t)\right]S\bar{v} \quad\quad\quad\quad\quad\quad\quad （\,C.2\,）$$

式中：

Q_0——标准状态时的换气量，单位为立方米每小时（m³/h）；

t——送风温度，单位为摄氏度（℃）；

$\bar{v}$——平均风速，单位为米每秒（m/s）。

换气次数则由式（C.3）求得：

$$n = Q_0 / V \qquad \cdots\cdots\cdots\cdots\cdots\cdots\cdots\cdots\cdots\cdots (\text{C.3})$$

式中：

n——换气次数，单位为次每小时（次/h）；

Q_0——送风量，单位为立方米每小时（m^3/h）；

V——室内容积，单位为立方米（m^3）。

附　录　D

（规范性附录）

静压差测定方法

D.1　检测条件

D.1.1　静态检测

　　在洁净实验室动物设施空调送风系统连续运行 48 h 以上,已处于正常运行状态,工艺设备已安装,设施内无动物及工作人员的情况下进行检测。

D.1.2　动态检测

　　在洁净实验动物设施已处于正常使用状态下进行检测。

D.2　测量仪器

D.2.1　测量仪器为精度可达 1.0 Pa 的微压计。

D.2.2　测量仪器应在有效检定期内。

D.3　测定方法

D.3.1　检测在实验动物设施内进行,根据设施设计与布局,按人流、物流、气流走向依次布点测定。

D.3.2　每个测点的数据应在设施与仪器稳定运行的条件下读取。

附 录 E

（规范性附录）

空气洁净度检测方法

E.1 检测条件

E.1.1 静态检测

在实验动物设施内环境净化空调系统正常连续运转 48 h 以上，工艺设备已安装，室内无动物及工作人员的情况下进行检测。

E.1.2 动态检测

在实验动物设施处于正常生产或实验工作状态下进行检测。

E.2 检测仪器

E.2.1 尘埃粒子计数器。

E.2.2 测量仪器应在有效检定期内。

E.3 测定方法

E.3.1 静态检测

E.3.1.1 应对洁净区及净化空调系统进行彻底清洁。

E.3.1.2 测量仪器充分预热，采样管必须干净，连接处严禁渗漏。

E.3.1.3 采样管长度，应为仪器的允许长度，当无规定时，不宜大于 1.5 m。

E.3.1.4 采样管口的流速，宜与洁净室断面平均风速相接近。检测人员应在采样口的下风侧。

E.3.2 动态检测

在实验工作区或动物饲育区内，选择有代表性测点的气流上风向进行检测，检测方法和操作与静态检测相同。

E.4 测点布置

E.4.1 检测实验工作区时，如无特殊实验要求，取样高度为距地面 1.0 m 高的工作平面上。

E.4.2 检测动物饲育区内时，取样高度为笼架高度的中央，水平高度约为 0.9 m～1.0 m 的平面上。

E.4.3 测点间距为 0.5 m～2.0 m，层流洁净室测点总数不少于 20 点。乱流洁净室面积不大于 50 m² 的布置 5 个测点，每增加 20 m²～50 m² 应增加 3 个～5 个测点。每个测点连续测定 3 次。

E.5 采样流量及采样量

E.5.1 5 级要求洁净实验动物设施（装置）采样流量为 1.0 L/min，采样量不小于 1.0 L。

E.5.2 6 级及以上级别要求的实验动物设施（装置）采样流量不大于 0.5 L/min，采样量不少于 1.0 L。

E.6 结果计算

E.6.1 每个测点应在测试仪器稳定运行条件下采样测定 3 次，计算求取平均值，为该点的实测结果。

E.6.2 对于大于或等于 0.5 μm 的尘埃粒子数确定：层流洁净室取各测定点的最大值。乱流洁净室取各测点的平均值作为实测结果。

附　录　F
（规范性附录）
空气沉降菌检测方法

F.1　测定条件

实验动物设施环境空气中沉降菌的测定应在实验动物设施空调净化系统正常运行至少48 h,经消毒灭菌后进行。

F.2　测点选择

每5 m²～10 m²设置1个测定点,将培养皿放于地面上。

F.3　测定方法

平皿打开后放置30 min,加盖,放于37 ℃恒温箱内培养48 h后计算菌落数(个/皿)。

营养琼脂培养基的制备:

成分:营养琼脂培养基。

制法:将已灭菌的营养琼脂培养基(pH7.6),隔水加热至完全溶化。冷却至50 ℃左右,轻轻摇匀(勿使有气泡),立即倾注灭菌平皿内(直径为90 mm),每皿注入15 mL～25 mL。待琼脂凝固后,翻转平皿(盖在下),放入37 ℃恒温箱内,经24 h无菌培养,无细菌生长,方可用于检测。

附　录　G
（规范性附录）
噪声检测方法

G.1　检测条件

G.1.1　静态检测

　　在实验动物设施内环境通风、净化、空调系统正常连续运转 48 h 后,工艺设备已安装,室内无动物及生产实验工作人员的条件下进行检测。

G.1.2　动态检测

　　在实验动物设施处于正常生产或实验工作状态条件下进行检测。

G.2　检测仪器

G.2.1　测量仪器为声级计。

G.2.2　测量仪器应在有效检定期内。

G.3　测定方法

G.3.1　测点布置:面积小于或等于 10 m² 的房间,于房间中心离地 1.2 m 高度设一个点;面积大于 10 m² 的房间,在室内离开墙壁反射面1.0 m 及中心位置,离地面 1.2 m 高度布点检测。

G.3.2　实验动物设施内噪声测定以声级计 A 档为准进行测定。

附 录 H

（规范性附录）

照度测定方法

H.1 测定条件

实验动物设施内照度,在工作光源接通,并正常使用状态下进行测定。

H.2 测定仪器

H.2.1 测定仪器为便携式照度计。

H.2.2 测量仪器应在有效检定期内。

H.3 测定方法

H.3.1 在实验动物设施内选定几个具有代表性的点测定工作照度。距地面0.9 m,离开墙面1.0 m处布置测点。

H.3.2 关闭工作照度灯,打开动物照度灯,在动物饲养盒笼盖或笼网上测定动物照度,测定时笼架不同层次和前后都要选点。

H.3.3 使用电光源照明时,应注意电压时高时低的变化,应使电压稳定后再测。

附　录　I

（规范性附录）

氨气浓度测定方法

I.1　测定条件

在实验动物设施处于正常生产或实验工作状态下进行,垫料更换符合时限要求。

I.2　测定原理

实验动物设施环境中氨浓度检测应用纳氏试剂比色法进行。其原理是:氨与纳氏试剂在碱性条件下作用产生黄色,比色定量。

此法检测灵敏度为 2 μg/10 mL。

I.3　检测仪器

I.3.1　检测仪器为大型气泡吸收管,空气采样机,流量计 0.2 L/min～1.0 L/min,具塞比色管(10 mL),分光光度计。基于纳氏试剂比色法的现场氨测定仪。

I.3.2　检测仪器应在有效检定期内。

I.4　样品采集

I.4.1　试剂

吸收液:0.05 mol/L 硫酸溶液。

纳氏试剂:称取 17 g 氯化汞溶于 300 mL 蒸馏水中,另将 35 g 碘化钾溶于 100 mL 蒸馏水中,将氯化汞溶液滴入碘化钾溶液直至形成红色不溶物沉淀出现为止。然后加入 600 mL 20%氢氧化钠溶液及剩余的氯化汞溶液。将试剂贮存于另一个棕色瓶内,放置暗处数日。取出上清液放于另一个棕色瓶内,塞好橡皮塞备用。

标准溶液:称取 3.879 g 硫酸铵[$(NH_4)_2SO_4$](80 ℃干燥 1 h),用少量吸收液溶解,移入 1 000 mL 容量瓶中,用吸收液稀释至刻度,此溶液 1 mL 含 1 mg 氨(NH_3)贮备液。

量取贮备液 20 mL 移入 1 000 mL 容量瓶,用吸收液稀释至刻度,配成 1 mL 含 0.02 mg 氨(NH_3)的标准溶液备用。

I.4.2　样品采集方法

应用装有 5 mL 吸收液的大型气泡吸收管安装在空气采样器上,以 0.5 L/min 速度在笼具中央位置抽取 5 L 被检气体样品。

I.5　分析步骤

采样结束后,从采样管中取 1 mL 样品溶液,置于试管中,加 4 mL 吸收液,同时按表 I.1 配制标准色列,分别测定各管的吸光度,绘制标准曲线。

表 I.1　氨标准色列管的配制

管号	0	1	2	3	4	5	6	7	8	9	10
标准液/mL	0	0.2	0.4	0.6	0.8	1.0	1.2	1.4	1.6	1.8	2.0
0.05 mol H_2SO_4/mL	5	4.8	4.6	4.4	4.2	4.0	3.8	3.6	3.4	3.2	3.0
纳氏试剂/mL	0.5	0.5	0.5	0.5	0.5	0.5	0.5	0.5	0.5	0.5	0.5
氨含量/mg	0	0.004	0.008	0.012	0.016	0.02	0.024	0.028	0.032	0.036	0.04
吸光度											

向样品管中加入 0.5 mL 纳氏试剂，混匀，放置 5 min 后用分光光度计在 500 nm 处比色，读取吸光度值，从标准曲线表中查出相对应的氨含量。

I.6 计算

I.6.1 将采样体积按式(I.1)换算成标准状态下采样体积

$$V_0 = V_t \times \frac{t_0}{273 + t} \times \frac{P}{P_0} \qquad \cdots\cdots\cdots\cdots\cdots\cdots\cdots (\text{I.1})$$

式中：

V_0——标准状态下的采样体积，单位为升(L)；

V_t——采样体积，单位为升(L)；

t——采样点的气温，单位为摄氏度(℃)；

t_0——标准状态下的绝对温度 273 K；

P——采样点的大气压，单位为千帕(kPa)；

P_0——标准状态下的大气压，101 kPa。

I.6.2 空气中氨浓度，式(I.2)：

$$X = \frac{C \times 稀释倍数 \times 取样量}{V_0} \qquad \cdots\cdots\cdots\cdots\cdots\cdots\cdots (\text{I.2})$$

式中：

X——空气中氨浓度，单位为毫克每立方米(mg/m^3)；

C——样品溶液中氨含量，单位为微克(μg)；

V_0——换算成标准状况下的采样体积，单位为升(L)。

I.7 注意事项

当氨含量较高时，则形成棕红色沉淀，需另取样品，增加稀释倍数，重新分析；甲醛和硫化氢对测定有干扰；所有试剂均需用无氨水配制。

GB 14925—2010《实验动物 环境及设施》
国家标准第 1 号修改单

本修改单经国家标准化管理委员会于 2011 年 9 月 6 日批准,自 2011 年 10 月 1 日起实施。

一、标准前言中最后一行"本标准于 1994 年 1 月首次发布,于 1999 年 8 月进行第一次修订,2001 年第二次修订"改为"本标准于 1994 年 1 月首次发布,于 2001 年第一次修订"。

二、3.5 和 8.3.1 中"基础级实验动物"改为"普通级实验动物";表 1 中"适用动物等级"栏第 1 行"基础动物"改为"普通动物";6.1.2.2 中"基础级大动物"改为"普通级大动物"。

三、表 3 中项目栏第 6 行中"相通区域的最小静压差/Pa≤"和表 4 中第 1 行[包括表 4(续)]中"相通区域的最小压差/Pa≤"改为"相通区域的最小静压差/Pa≥"。

UDC

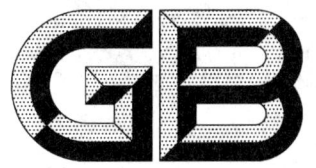

中华人民共和国国家标准

P

GB 50346—2011

生物安全实验室建筑技术规范

Architectural and technical code for biosafety laboratories

2011-12-05 发布　　　　　　　　　　　　　　2012-05-01 实施

中华人民共和国住房和城乡建设部
中华人民共和国国家质量监督检验检疫总局　　联合发布

前　言

本规范是根据住房和城乡建设部《关于印发〈2010 年工程建设标准规范制订、修订计划〉的通知》（建标〔2010〕43 号）的要求，由中国建筑科学研究院和江苏双楼建设集团有限公司会同有关单位，在原国家标准《生物安全实验室建筑技术规范》GB 50346—2004 的基础上修订而成。

在本规范修订过程中，修订组经广泛调查研究，认真总结实践经验，吸取了近年来有关的科研成果，借鉴了有关国际标准和国外先进标准，对其中一些重要问题开展了专题研究，对具体内容进行了反复讨论，并在广泛征求意见的基础上，最后经审查定稿。

本规范共分 10 章和 4 个附录，主要技术内容是：总则；术语；生物安全实验室的分级、分类和技术指标；建筑、装修和结构；空调、通风和净化；给水排水与气体供应；电气；消防；施工要求；检测和验收。

本规范修订的主要技术内容有：1. 增加了生物安全实验室的分类：a 类指操作非经空气传播生物因子的实验室，b 类指操作经空气传播生物因子的实验室；2. 增加了 ABSL - 2 中的 b2 类主实验室的技术指标；3. 三级生物安全实验室的选址和建筑间距修订为满足排风间距要求；4. 增加了三级和四级生物安全实验室防护区应能对排风高效空气过滤器进行原位消毒和检漏；5. 增加了四级生物安全实验室防护区应能对送风高效空气过滤器进行原位消毒和检漏；6. 增加了三级和四级生物安全实验室防护区设置存水弯和地漏的水封深度的要求；7. 将 ABSL - 3 中的 b2 类实验室的供电提高到必须按一级负荷供电；8. 增加了三级和四级生物安全实验室吊顶材料的燃烧性能和耐火极限不应低于所在区域隔墙的要求；9. 增加了独立于其他建筑的三级和四级生物安全实验室的送排风系统可不设置防火阀；10. 增加了三级和四级生物安全实验室的围护结构的严密性检测；11. 增加了活毒废水处理设备、高压灭菌锅、动物尸体处理设备等带有高效过滤器的设备应进行高效过滤器的检漏；12. 增加了活毒废水处理设备、动物尸体处理设备等进行污染物消毒灭菌效果的验证。

本规范中以黑体字标志的条文为强制性条文，必须严格执行。

本规范由住房和城乡建设部负责管理和对强制性条文的解释，由中国建筑科学研究院负责具体技术内容的解释。本规范在执行过程中如有意见或建议，请寄送中国建筑科学研究院（地址：北京市北三环东路 30 号，邮编：100013）。

本 规 范 主 编 单 位 : 中国建筑科学研究院
江苏双楼建设集团有限公司

本 规 范 参 编 单 位 : 中国医学科学院
中国疾病预防控制中心
中国合格评定国家认可中心
农业部兽医局
中国建筑技术集团有限公司
中国中元国际工程公司
中国农业科学院哈尔滨兽医研究所
中国科学院武汉病毒研究所
北京瑞事达科技发展中心有限责任公司

本规范主要起草人员： 王清勤　赵　力　郭文山　许钟麟
秦　川　卢金星　王　荣　张彦国

陈国胜　邓曙光　王　虹　张亦静
吴新洲　汤　斌　张益昭　曹国庆
李宏文　刘建华　曾　宇　张　明
俞詠霆　袁志明　于　鑫　宋冬林
葛家君　陈乐端

本规范主要审查人员：吴德绳　许文发　田克恭　关文吉
任元会　张道茹　车　伍　张　冰
王贵杰　李根平　魏　强

1 总 则

1.0.1 为使生物安全实验室在设计、施工和验收方面满足实验室生物安全防护要求，制定本规范。

1.0.2 本规范适用于新建、改建和扩建的生物安全实验室的设计、施工和验收。

1.0.3 生物安全实验室的建设应切实遵循物理隔离的建筑技术原则，以生物安全为核心，确保实验人员的安全和实验室周围环境的安全，并应满足实验对象对环境的要求，做到实用、经济。生物安全实验室所用设备和材料应有符合要求的合格证、检验报告，并在有效期之内。属于新开发的产品、工艺，应有鉴定证书或试验证明材料。

1.0.4 生物安全实验室的设计、施工和验收除应执行本规范的规定外，尚应符合国家现行有关标准的规定。

2 术 语

2.0.1 一级屏障 primary barrier

操作者和被操作对象之间的隔离，也称一级隔离。

2.0.2 二级屏障 secondary barrier

生物安全实验室和外部环境的隔离，也称二级隔离。

2.0.3 生物安全实验室 biosafety laboratory

通过防护屏障和管理措施，达到生物安全要求的微生物实验室和动物实验室。包括主实验室及其辅助用房。

2.0.4 实验室防护区 laboratory containment area

是指生物风险相对较大的区域，对围护结构的严密性、气流流向等有要求的区域。

2.0.5 实验室辅助工作区 non-contamination zone

实验室辅助工作区指生物风险相对较小的区域，也指生物安全实验室中防护区以外的区域。

2.0.6 主实验室 main room

是生物安全实验室中污染风险最高的房间，包括实验操作间、动物饲养间、动物解剖间等，主实验室也称核心工作间。

2.0.7 缓冲间 buffer room

设置在被污染概率不同的实验室区域间的密闭室。需要时，可设置机械通风系统，其门具有互锁功能，不能同时处于开启状态。

2.0.8 独立通风笼具 individually ventilated cage（IVC）

一种以饲养盒为单位的独立通风的屏障设备，洁净空气分别送入各独立笼盒使饲养环境保持一定压力和洁净度，用以避免环境污染动物（正压）或动物污染环境（负压），一切实验操作均需要在生物安全柜等设备中进行。该设备用于饲养清洁、无特定病原体或感染（负压）动物。

2.0.9 动物隔离设备 animal isolated equipment

是指动物生物安全实验室内饲育动物采用的隔离装置的统称。该设备的动物饲育内环境为负压和单向气流，以防止病原体外泄至环境并能有效防止动物逃逸。常用的动物隔离设备有隔离器、层流柜等。

2.0.10　气密门　airtight door

气密门为密闭门的一种，气密门通常具有一体化的门扇和门框，采用机械压紧装置或充气密封圈等方法密闭缝隙。

2.0.11　活毒废水　waste water of biohazard

被有害生物因子污染了的有害废水。

2.0.12　洁净度 7 级　cleanliness class 7

空气中大于等于 $0.5\mu m$ 的尘粒数大于 35200 粒/m³ 到小于等于 352000 粒/m³，大于等于 $1\mu m$ 的尘粒数大于 8320 粒/m³ 到小于等于 83200 粒/m³，大于等于 $5\mu m$ 的尘粒数大于 293 粒/m³ 到小于等于 2930 粒/m³。

2.0.13　洁净度 8 级　cleanliness Class 8

空气中大于等于 $0.5\mu m$ 的尘粒数大于 352000 粒/m³ 到小于等于 3520000 粒/m³，大于等于 $1\mu m$ 的尘粒数大于 83200 粒/m³ 到小于等于 832000 粒/m³，大于等于 $5\mu m$ 的尘粒数大于 2930 粒/m³ 到小于等于 29300 粒/m³。

2.0.14　静态　at-rest

实验室内的设施已经建成，工艺设备已经安装，通风空调系统和设备正常运行，但无工作人员操作且实验对象尚未进入时的状态。

2.0.15　综合性能评定　comprehensive performance judgment

对已竣工验收的生物安全实验室的工程技术指标进行综合检测和评定。

3　生物安全实验室的分级、分类和技术指标

3.1　生物安全实验室的分级

3.1.1　生物安全实验室可由防护区和辅助工作区组成。

3.1.2　根据实验室所处理对象的生物危害程度和采取的防护措施，生物安全实验室分为四级。微生物生物安全实验室可采用 BSL-1、BSL-2、BSL-3、BSL-4 表示相应级别的实验室；动物生物安全实验室可采用 ABSL-1、ABSL-2、ABSL-3、ABSL-4 表示相应级别的实验室。生物安全实验室应按表 3.1.1 进行分级。

表 3.1.1　生物安全实验室的分级

分级	生物危害程度	操作对象
一级	低个体危害，低群体危害	对人体、动植物或环境危害较低，不具有对健康成人、动植物致病的致病因子
二级	中等个体危害，有限群体危害	对人体、动植物或环境具有中等危害或具有潜在危险的致病因子，对健康成人、动物和环境不会造成严重危害。有有效的预防和治疗措施
三级	高个体危害，低群体危害	对人体、动植物或环境具有高度危害性，通过直接接触或气溶胶使人传染上严重的甚至是致命疾病，或对动植物和环境具有高度危害的致病因子。通常有预防和治疗措施

续表

分级	生物危害程度	操作对象
四级	高个体危害，高群体危害	对人体、动植物或环境具有高度危害性，通过气溶胶途径传播或传播途径不明，或未知的、高度危险的致病因子。没有预防和治疗措施

3.2 生物安全实验室的分类

3.2.1 生物安全实验室根据所操作致病性生物因子的传播途径可分为 a 类和 b 类。a 类指操作非经空气传播生物因子的实验室；b 类指操作经空气传播生物因子的实验室。b1 类生物安全实验室指可有效利用安全隔离装置进行操作的实验室；b2 类生物安全实验室指不能有效利用安全隔离装置进行操作的实验室。

3.2.2 四级生物安全实验室根据使用生物安全柜的类型和穿着防护服的不同，可分为生物安全柜型和正压服型两类，并可符合表 3.2.2 的规定。

表 3.2.2 四级生物安全实验室的分类

类 型	特 点
生物安全柜型	使用Ⅲ级生物安全柜
正压服型	使用Ⅱ级生物安全柜和具有生命支持供气系统的正压防护服

3.3 生物安全实验室的技术指标

3.3.1 二级生物安全实验室宜实施一级屏障和二级屏障，三级、四级生物安全实验室应实施一级屏障和二级屏障。

3.3.2 生物安全主实验室二级屏障的主要技术指标应符合表 3.3.2 的规定。

3.3.3 三级和四级生物安全实验室其他房间的主要技术指标应符合表 3.3.3 的规定。

3.3.4 当房间处于值班运行时，在各房间压差保持不变的前提下，值班换气次数可低于本规范表 3.3.2 和表 3.3.3 中规定的数值。

3.3.5 对有特殊要求的生物安全实验室，空气洁净度级别可高于本规范表 3.3.2 和表 3.3.3 的规定，换气次数也应随之提高。

表3.3.2 生物安全实验室二级屏障的主要技术指标

级别	相对于大气的最小负压(Pa)	与室外方向上相邻相通房间的最小负压差(Pa)	洁净度级别	最小换气次数(次/h)	温度(°C)	相对湿度(%)	噪声[dB(A)]	平均照度(lx)	围护结构严密性(包括主实验室及相邻相通房间)
BSL-1/ABSL-1	—	—	—	可开窗	18~28	≤70	≤60	200	—
BSL-2/ABSL-2中的a类和b1类	—	—	—	可开窗	18~27	30~70	≤60	300	—
ABSL-2中的b2类	-30	-10	8	12	18~27	30~70	≤60	300	—
BSL-3中的a类	-30	-10							所有缝隙应无可见泄漏
BSL-3中的b1类	-40	-15							
ABSL-3中的a类和b1类	-60	-15							
ABSL-3中的b2类	-80	-25	7或8	15或12	18~25	30~70	≤60	300	房间相对负压值维持在-250Pa时,房间内每小时内泄漏的空气量不应超过受测房间净容积的10%
BSL-4	-60	-25							房间相对负压值达到-500Pa,经20min自然衰减后,其相对负压值不应高于-250Pa。
ABSL-4	-100	-25							

注:1 三级和四级动物生物安全实验室的解剖间同应比主实验室低10Pa。

2 本表中的噪声不包括生物安全柜,动物隔离设备等的噪声,当包括生物安全柜,动物隔离设备等的噪声时,最大不应超过68dB(A)。

3 动物生物安全实验室内的参数尚应符合现行国家标准《实验动物设施建筑技术规范》GB 50447的有关规定。

表 3.3.3 三级和四级生物安全实验室其他房间的主要技术指标

房间名称	洁净度级别	最小换气次数（次/h）	与室外方向上相邻相通房间的最小负压差（Pa）	温度（℃）	相对湿度（%）	噪声[dB(A)]	平均照度（lx）
主实验室的缓冲间	7 或 8	15 或 12	−10	18～27	30～70	≤60	200
隔离走廊	7 或 8	15 或 12	−10	18～27	30～70	≤60	200
准备间	7 或 8	15 或 12	−10	18～27	30～70	≤60	200
防护服更换间	8	10	−10	18～26	—	≤60	200
防护区内的淋浴间	—	10	−10	18～26	—	≤60	150
非防护区内的淋浴间	—	—	—	18～26	—	≤60	75
化学淋浴间	—	4	−10	18～28	—	≤60	150
ABSL-4 的动物尸体处理设备间和防护区污水处理设备间	—	4	−10	18～28	—	—	200
清洁衣物更换间	—	—	—	18～26	—	≤60	150

注：当在准备间安装生物安全柜时，最大噪声不应超过 68dB(A)。

4 建筑、装修和结构

4.1 建筑要求

4.1.1 生物安全实验室的位置要求应符合表 4.1.1 的规定。

表 4.1.1 生物安全实验室的位置要求

实验室级别	平面位置	选址和建筑间距
一级	可共用建筑物，实验室有可控制进出的门	无要求
二级	可共用建筑物，与建筑物其他部分可相通，但应设可自动关闭的带锁的门	无要求
三级	与其他实验室可共用建筑物，但应自成一区，宜设在其一端或一侧	满足排风间距要求
四级	独立建筑物，或与其他级别的生物安全实验室共用建筑物，但应在建筑物中独立的隔离区域内	宜远离市区。主实验室所在建筑物离相邻建筑物或构筑物的距离不应小于相邻建筑物或构筑物高度的 1.5 倍

4.1.2 生物安全实验室应在入口处设置更衣室或更衣柜。

4.1.3 BSL-3 中 a 类实验室防护区应包括主实验室、缓冲间等，缓冲间可兼作防护服更换间；辅助工作区应包括清洁衣物更换间、监控室、洗消间、淋浴间等；BSL-3 中 b1 类实验室防护区应包括主实验室、缓冲间、防护服更换间等。辅助工作区应包括清洁衣物更换间、监控室、洗消间、淋浴间等。主实验室不宜直接与其他公共区域相邻。

4.1.4 ABSL-3 实验室防护区应包括主实验室、缓冲间、防护服更换间等，辅助工作区应包括清洁衣物更换间、监控室、洗消间等。

4.1.5 四级生物安全实验室防护区应包括主实验室、缓冲间、外防护服更换间等，辅助工作区应包括监控室、清洁衣物更换间等；设有生命支持系统四级生物安全实验室的防护区应包括主实验室、化学淋浴间、外防护服更换间等，化学淋浴间可兼作缓冲间。

4.1.6 ABSL-3 中的 b2 类实验室和四级生物安全实验室宜独立于其他建筑。

4.1.7 三级和四级生物安全实验室的室内净高不宜低于 2.6m。三级和四级生物安全实验室设备层净高不宜低于 2.2m。

4.1.8 三级和四级生物安全实验室人流路线的设置，应符合空气洁净技术关于污染控制和物理隔离的原则。

4.1.9 ABSL-4 的动物尸体处理设备间和防护区污水处理设备间应设缓冲间。

4.1.10 设置生命支持系统的生物安全实验室，应紧邻主实验室设化学淋浴间。

4.1.11 三级和四级生物安全实验室的防护区应设置安全通道和紧急出口，并有明显的标志。

4.1.12 三级和四级生物安全实验室防护区的围护结构宜远离建筑外墙；主实验室宜设置在防护区的中部。四级生物安全实验室建筑外墙不宜作为主实验室的围护结构。

4.1.13 三级和四级生物安全实验室相邻区域和相邻房间之间应根据需要设置传递窗，传递窗两门应互锁，并应设有消毒灭菌装置，其结构承压力及严密性应符合所在区域的要求；当传递不能灭活的样本出防护区时，应采用具有熏蒸消毒功能的传递窗或药液传递箱。

4.1.14 二级生物安全实验室应在实验室或实验室所在建筑内配备高压灭菌器或其他消毒灭菌设备；三级生物安全实验室应在防护区内设置生物安全型双扉高压灭菌器，主体一侧应有维护空间；四级生物安全实验室主实验室应设置生物安全型双扉高压灭菌器，主体所在房间应为负压。

4.1.15 三级和四级生物安全实验室的生物安全柜和负压解剖台应布置于排风口附近，并应远离房间门。

4.1.16 ABSL-3、ABSL-4产生大动物尸体或数量较多的小动物尸体时，宜设置动物尸体处理设备。动物尸体处理设备的投放口宜设置在产生动物尸体的区域。动物尸体处理设备的投放口宜高出地面或设置防护栏杆。

4.2 装修要求

4.2.1 三级和四级生物安全实验室应采用无缝的防滑耐腐蚀地面，踢脚宜与墙面齐平或略缩进不大于2mm～3mm。地面与墙面的相交位置及其他围护结构的相交位置，宜作半径不小于30mm的圆弧处理。

4.2.2 三级和四级生物安全实验室墙面、顶棚的材料应易于清洁消毒、耐腐蚀、不起尘、不开裂、光滑防水，表面涂层宜具有抗静电性能。

4.2.3 一级生物安全实验室可设带纱窗的外窗；没有机械通风系统时，ABSL-2中的a类、b1类和BSL-2生物安全实验室可设外窗进行自然通风，且外窗应设置防虫纱窗；ABSL-2中b2类、三级和四级生物安全实验室的防护区不应设外窗，但可在内墙上设密闭观察窗，观察窗应采用安全的材料制作。

4.2.4 生物安全实验室应有防止节肢动物和啮齿动物进入和外逃的措施。

4.2.5 二级、三级、四级生物安全实验室主入口的门和动物饲养间的门、放置生物安全柜实验间的门应能自动关闭，实验室门应设置观察窗，并应设置门锁。当实验室有压力要求时，实验室的门宜开向相对压力要求高的房间侧。缓冲间的门应能单向锁定。ABSL-3中b2类主实验室及其缓冲间和四级生物安全实验室主实验室及其缓冲间应采用气密门。

4.2.6 生物安全实验室的设计应充分考虑生物安全柜、动物隔离设备、高压灭菌器、动物尸体处理设备、污水处理设备等设备的尺寸和要求，必要时应留有足够的搬运孔洞，以及设置局部隔离、防振、排热、排湿设施。

4.2.7 三级和四级生物安全实验室防护区内的顶棚上不得设置检修口。

4.2.8 二级、三级、四级生物安全实验室的入口，应明确标示出生物防护级别、操作的致病性生物因子、实验室负责人姓名、紧急联络方式等，并应标示出国际通用生物危险符号（图4.2.8）。生物危险符号应按图4.2.8绘制，颜色应为黑色，背景为黄色。

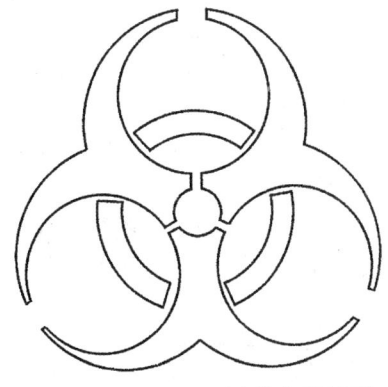

图4.2.8 国际通用生物危险符号

GB 50346—2011

4.3 结构要求

4.3.1 生物安全实验室的结构设计应符合现行国家标准《建筑结构可靠度设计统一标准》GB 50068 的有关规定。三级生物安全实验室的结构安全等级不宜低于一级，四级生物安全实验室的结构安全等级不应低于一级。

4.3.2 生物安全实验室的抗震设计应符合现行国家标准《建筑抗震设防分类标准》GB 50223 的有关规定。三级生物安全实验室抗震设防类别宜按特殊设防类，四级生物安全实验室抗震设防类别应按特殊设防类。

4.3.3 生物安全实验室的地基基础设计应符合现行国家标准《建筑地基基础设计规范》GB 50007 的有关规定。三级生物安全实验室的地基基础宜按甲级设计，四级生物安全实验室的地基基础应按甲级设计。

4.3.4 三级和四级生物安全实验室的主体结构宜采用混凝土结构或砌体结构体系。

4.3.5 三级和四级生物安全实验室的吊顶作为技术维修夹层时，其吊顶的活荷载不应小于 $0.75kN/m^2$，对于吊顶内特别重要的设备宜做单独的维修通道。

5 空调、通风和净化

5.1 一般规定

5.1.1 生物安全实验室空调净化系统的划分应根据操作对象的危害程度、平面布置等情况经技术经济比较后确定，并应采取有效措施避免污染和交叉污染。空调净化系统的划分应有利于实验室消毒灭菌、自动控制系统的设置和节能运行。

5.1.2 生物安全实验室空调净化系统的设计应考虑各种设备的热湿负荷。

5.1.3 生物安全实验室送、排风系统的设计应考虑所用生物安全柜、动物隔离设备等的使用条件。

5.1.4 生物安全实验室可按表 5.1.4 的原则选用生物安全柜。

表 5.1.4 生物安全实验室选用生物安全柜的原则

防护类型	选用生物安全柜类型
保护人员，一级、二级、三级生物安全防护水平	Ⅰ级、Ⅱ级、Ⅲ级
保护人员，四级生物安全防护水平，生物安全柜型	Ⅲ级
保护人员，四级生物安全防护水平，正压服型	Ⅱ级
保护实验对象	Ⅱ级、带层流的Ⅲ级
少量的、挥发性的放射和化学防护	Ⅱ级 B1，排风到室外的Ⅱ级 A2
挥发性的放射和化学防护	Ⅰ级、Ⅱ级 B2、Ⅲ级

5.1.5 二级生物安全实验室中的 a 类和 b1 类实验室可采用带循环风的空调系统。二级生物安全实验室中的 b2 类实验室宜采用全新风系统，防护区的排风应根据风险评估来确定是否需经高效空气过滤器过滤后排出。

5.1.6 **三级和四级生物安全实验室应采用全新风系统。**

5.1.7 三级和四级生物安全实验室主实验室的送风、排风支管和排风机前应安装耐腐蚀的密闭阀，阀门严密性应与所在管道严密性要求相适应。

5.1.8 三级和四级生物安全实验室防护区内不应安装普通的风机盘管机组或房间空调器。

5.1.9 三级和四级生物安全实验室防护区应能对排风高效空气过滤器进行原位消毒和检漏。四级生物安全实验室防护区应能对送风高效空气过滤器进行原位消毒和检漏。

5.1.10 生物安全实验室的防护区宜临近空调机房。

5.1.11 生物安全实验室空调净化系统和高效排风系统所用风机应选用风压变化较大时风量变化较小的类型。

5.2 送风系统

5.2.1 空气净化系统至少应设置粗、中、高三级空气过滤，并应符合下列规定：

1 第一级是粗效过滤器，全新风系统的粗效过滤器可设在空调箱内；对于带回风的空调系统，粗效过滤器宜设置在新风口或紧靠新风口处。

2 第二级是中效过滤器，宜设置在空气处理机组的正压段。

3 第三级是高效过滤器，应设置在系统的末端或紧靠末端，不应设在空调箱内。

4 全新风系统宜在表冷器前设置一道保护用的中效过滤器。

5.2.2 送风系统新风口的设置应符合下列规定：

1 新风口应采取有效的防雨措施。

2 新风口处应安装防鼠、防昆虫、阻挡绒毛等的保护网，且易于拆装。

3 新风口应高于室外地面 2.5m 以上，并应远离污染源。

5.2.3 BSL-3 实验室宜设置备用送风机。

5.2.4 ABSL-3 实验室和四级生物安全实验室应设置备用送风机。

5.3 排风系统

5.3.1 三级和四级生物安全实验室排风系统的设置应符合下列规定：

1 排风必须与送风连锁，排风先于送风开启，后于送风关闭。

2 主实验室必须设置室内排风口，不得只利用生物安全柜或其他负压隔离装置作为房间排风出口。

3 b1 类实验室中可能产生污染物外泄的设备必须设置带高效空气过滤器的局部负压排风装置，负压排风装置应具有原位检漏功能。

4 不同级别、种类生物安全柜与排风系统的连接方式应按表 5.3.1 选用。

表 5.3.1 不同级别、种类生物安全柜与排风系统的连接方式

生物安全柜级别		工作口平均进风速度（m/s）	循环风比例（%）	排风比例（%）	连接方式
Ⅰ级		0.38	0	100	密闭连接
Ⅱ级	A1	0.38～050	70	30	可排到房间或套管连接
	A2	0.50	70	30	可排到房间或套管连接或密闭连接
	B1	0.50	30	70	密闭连接
	B2	0.50	0	100	密闭连接
Ⅲ级		—	0	100	密闭连接

5 动物隔离设备与排风系统的连接应采用密闭连接或设置局部排风罩。

6 排风机应设平衡基座，并应采取有效的减振降噪措施。

5.3.2 三级和四级生物安全实验室防护区的排风必须经过高效过滤器过滤后排放。

5.3.3 三级和四级生物安全实验室排风高效过滤器宜设置在室内排风口处或紧邻排风口处，三级生物安全实验室防护区有特殊要求时可设两道高效过滤器。四级生物安全实验室防护区除在室内排风口处设第一道高效过滤器外，还应在其后串联第二道高效过滤器。防护区高效过滤器的位置与排风口结构应易于对过滤器进行安全更换和检漏。

5.3.4 三级和四级生物安全实验室防护区排风管道的正压段不应穿越房间，排风机宜设置于室外排风口附近。

5.3.5 三级和四级生物安全实验室防护区应设置备用排风机，备用排风机应能自动切换，切换过程中应能保持有序的压力梯度和定向流。

5.3.6 三级和四级生物安全实验室应有能够调节排风或送风以维持室内压力和压差梯度稳定的措施。

5.3.7 三级和四级生物安全实验室防护区室外排风口应设置在主导风的下风向，与新风口的直线距离应大于12m，并应高于所在建筑物屋面2m以上。三级生物安全实验室防护区室外排风口与周围建筑的水平距离不应小于20m。

5.3.8 ABSL-4的动物尸体处理设备间和防护区污水处理设备间的排风应经过高效过滤器过滤。

5.4 气流组织

5.4.1 三级和四级生物安全实验室各区之间的气流方向应保证由辅助工作区流向防护区，辅助工作区与室外之间宜设一间正压缓冲室。

5.4.2 三级和四级生物安全实验室内各种设备的位置应有利于气流由被污染风险低的空间向被污染风险高的空间流动，最大限度减少室内回流与涡流。

5.4.3 生物安全实验室气流组织宜采用上送下排方式，送风口和排风口布置应有利于室内可能被污染空气的排出。饲养大动物生物安全实验室的气流组织可采用上送上排方式。

5.4.4 在生物安全柜操作面或其他有气溶胶产生地点的上方附近不应设送风口。

5.4.5 高效过滤器排风口应设在室内被污染风险最高的区域，不应有障碍。

5.4.6 气流组织上送下排时，高效过滤器排风口下边沿离地面不宜低于0.1m，且不宜高于0.15m；上边沿高度不宜超过地面之上0.6m。排风口排风速度不宜大于1m/s。

5.5 空调净化系统的部件与材料

5.5.1 送、排风高效过滤器均不得使用木制框架。三级和四级生物安全实验室防护区的高效过滤器应耐消毒气体的侵蚀，防护区内淋浴间、化学淋浴间的高效过滤器应防潮。三级和四级生物安全实验室高效过滤器的效率不应低于现行国家标准《高效空气过滤器》GB/T 13554中的B类。

5.5.2 需要消毒的通风管道应采用耐腐蚀、耐老化、不吸水、易消毒灭菌的材料制作，并应为整体焊接。

5.5.3 排风机外侧的排风管上室外排风口处应安装保护网和防雨罩。

5.5.4 空调设备的选用应满足下列要求：

1 不应采用淋水式空气处理机组。当采用表面冷却器时，通过盘管所在截面的气流速度不宜大于2.0m/s。

2 各级空气过滤器前后应安装压差计，测量接管应通畅，安装严密。

3 宜选用干蒸汽加湿器。

4 加湿设备与其后的过滤段之间应有足够的距离。

5 在空调机组内保持1000Pa的静压值时，箱体漏风率不应大于2%。

6 消声器或消声部件的材料应能耐腐蚀、不产尘和不易附着灰尘。

7 送、排风系统中的中效、高效过滤器不应重复使用。

6 给水排水与气体供应

6.1 一般规定

6.1.1 生物安全实验室的给水排水干管、气体管道的干管，应敷设在技术夹层内。生物安全实验室防护区应少敷设管道，与本区域无关管道不应穿越。引入三级和四级生物安全实验室防护区内的管道宜明敷。

6.1.2 给水排水管道穿越生物安全实验室防护区围护结构处应设可靠的密封装置，密封装置的严密性应能满足所在区域的严密性要求。

6.1.3 进出生物安全实验室防护区的给水排水和气体管道系统应不渗漏、耐压、耐温、耐腐蚀。实验室内应有足够的清洁、维护和维修明露管道的空间。

6.1.4 生物安全实验室使用的高压气体或可燃气体，应有相应的安全措施。

6.1.5 化学淋浴系统中的化学药剂加压泵应一用一备，并应设置紧急化学淋浴设备，在紧急情况下或设备发生故障时使用。

6.2 给水

6.2.1 生物安全实验室防护区的给水管道应采取设置倒流防止器或其他有效的防止回流污染的装置，并且这些装置应设置在辅助工作区。

6.2.2 ABSL-3和四级生物安全实验室宜设置断流水箱，水箱容积宜按一天的用水量进行计算。

6.2.3 三级和四级生物安全实验室防护区的给水管路应以主实验室为单元设置检修阀门和止回阀。

6.2.4 一级和二级生物安全实验室应设洗手装置，并宜设置在靠近实验室的出口处。三级和四级生物安全实验室的洗手装置应设置在主实验室出口处，对于用水的洗手装置的供水应采用非手动开关。

6.2.5 二级、三级和四级生物安全实验室应设紧急冲眼装置。一级生物安全实验室内操作刺激或腐蚀性物质时，应在30m内设紧急冲眼装置，必要时应设紧急淋浴装置。

6.2.6 ABSL-3和四级生物安全实验室防护区的淋浴间应根据工艺要求设置强制淋浴装置。

6.2.7 大动物生物安全实验室和需要对笼具、架进行冲洗的动物实验室应设必要的冲洗设备。

6.2.8 三级和四级生物安全实验室的给水管路应涂上区别于一般水管的醒目的颜色。

6.2.9 室内给水管材宜采用不锈钢管、铜管或无毒塑料管等，管道应可靠连接。

6.3 排水

6.3.1 三级和四级生物安全实验室可在防护区内有排水功能要求的地面设置地漏，其他地方不宜设地漏。大动物房和解剖间等处的密闭型地漏内应带活动网框，活动网框应易于取放及清理。

6.3.2 三级和四级生物安全实验室防护区应根据压差要求设置存水弯和地漏的水封深度；构造内无存水弯的卫生器具与排水管道连接时，必须在排水口以下设存水弯；排水管道水封处必须保证充满水或消毒液。

6.3.3 三级和四级生物安全实验室防护区的排水应进行消毒灭菌处理。

6.3.4 三级和四级生物安全实验室的主实验室应设独立的排水支管，并应安装阀门。

6.3.5 活毒废水处理设备宜设在最低处，便于污水收集和检修。

6.3.6 ABSL-2防护区污水的处理装置可采用化学消毒或高温灭菌方式。三级和四级生物安全实验室防护区活毒废水的处理装置应采用高温灭菌方式。应在适当位置预留采样口和采样操作空间。

6.3.7 生物安全实验室防护区排水系统上的通气管口应单独设置，不应接入空调通风系统的排风管道。三级和四级生物安全实验室防护区通气管口应设高效过滤器或其他可靠的消毒装置，同时应使通气管口四周的通风良好。

6.3.8 三级和四级生物安全实验室辅助工作区的排水，应进行监测，并应采取适当处理措施，以确保排放到市政管网之前达到排放要求。

6.3.9 三级和四级生物安全实验室防护区排水管线宜明设，并与墙壁保持一定距离便于检查维修。

6.3.10 三级和四级生物安全实验室防护区的排水管道宜采用不锈钢或其他合适的管材、管件。排水管材、管件应满足强度、温度、耐腐蚀等性能要求。

6.3.11 四级生物安全实验室双靡高压灭菌器的排水应接入防护区废水排放系统。

6.4 气体供应

6.4.1 生物安全实验室的专用气体宜由高压气瓶供给，气瓶宜设置于辅助工作区，通过管道输送到各个用气点，并应对供气系统进行监测。

6.4.2 所有供气管穿越防护区处应安装防回流装置，用气点应根据工艺要求设置过滤器。

6.4.3 三级和四级生物安全实验室防护区设置的真空装置，应有防止真空装置内部被污染的措施；应将真空装置安装在实验室内。

6.4.4 正压服型生物安全实验室应同时配备紧急支援气罐，紧急支援气罐的供气时间不应少于60min/人。

6.4.5 供操作人员呼吸使用的气体的压力、流量、含氧量、温度、湿度、有害物质的含量等应符合职业安全的要求。

6.4.6 充气式气密门的压缩空气供应系统的压缩机应备用，并应保证供气压力和稳定性符合气密门供气要求。

7 电 气

7.1 配电

7.1.1 生物安全实验室应保证用电的可靠性。二级生物安全实验室的用电负荷不宜低于二级。

7.1.2 BSL-3实验室和ABSL-3中的a类和b1类实验室应按一级负荷供电，当按一级负荷供电有困难时，应采用一个独立供电电源，且特别重要负荷应设置应急电源；应急电源采用不间断电源的方式时，不间断电源的供电时间不应小30min；应急电源采用不间断电源加自备发电机的方式时，不间断电源应能确保自备发电设备启动前的电力供应。

7.1.3 ABSL-3中的b2类实验室和四级生物安全实验室必须按一级负荷供电，特别重要负荷应同时设置不间断电源和自备发电设备作为应急电源，不间断电源应能确保自备发电设备启动前的电力供应。

7.1.4 生物安全实验室应设专用配电箱。三级和四级生物安全实验室的专用配电箱应设在该实验室的防护区外。

7.1.5 生物安全实验室内应设置足够数量的固定电源插座，重要设备应单独回路配电，且应设置漏电保护装置。

7.1.6 管线密封措施应满足生物安全实验室严密性要求。三级和四级生物安全实验室配电管线应采用金属管敷设，穿过墙和楼板的电线管应加套管或采用专用电缆穿墙装置，套管内用不收缩、不燃材料密封。

7.2 照明

7.2.1 三级和四级生物安全实验室室内照明灯具宜采用吸顶式密闭洁净灯，并宜具有防水功能。

7.2.2 三级和四级生物安全实验室应设置不少于 30min 的应急照明及紧急发光疏散指示标志。

7.2.3 三级和四级生物安全实验室的入口和主实验室缓冲间入口处应设置主实验室工作状态的显示装置。

7.3 自动控制

7.3.1 空调净化自动控制系统应能保证各房间之间定向流方向的正确及压差的稳定。

7.3.2 三级和四级生物安全实验室的自控系统应具有压力梯度、温湿度、连锁控制、报警等参数的历史数据存储显示功能，自控系统控制箱应设于防护区外。

7.3.3 三级和四级生物安全实验室自控系统报警信号应分为重要参数报警和一般参数报警。重要参数报警应为声光报警和显示报警，一般参数报警应为显示报警。三级和四级生物安全实验室应在主实验室内设置紧急报警按钮。

7.3.4 三级和四级生物安全实验室应在有负压控制要求的房间入口的显著位置，安装显示房间负压状况的压力显示装置。

7.3.5 自控系统应预留接口。

7.3.6 三级和四级生物安全实验室空调净化系统启动和停机过程应采取措施防止实验室内负压值超出围护结构和有关设备的安全范围。

7.3.7 三级和四级生物安全实验室防护区的送风机和排风机应设置保护装置，并应将保护装置报警信号接入控制系统。

7.3.8 三级和四级生物安全实验室防护区的送风机和排风机宜设置风压差检测装置，当压差低于正常值时发出声光报警。

7.3.9 三级和四级生物安全实验室防护区应设送排风系统正常运转的标志，当排风系统运转不正常时应能报警。备用排风机组应能自动投入运行，同时应发出报警信号。

7.3.10 三级和四级生物安全实验室防护区的送风和排风系统必须可靠连锁，空调通风系统开机顺序应符合本规范第 5.3.1 条的要求。

7.3.11 当空调机组设置电加热装置时应设置送风机有风检测装置，并在电加热段设置监测温度的传感器，有风信号及温度信号应与电加热连锁。

7.3.12 三级和四级生物安全实验室的空调通风设备应能自动和手动控制，应急手动应有优先控制权，且应具备硬件连锁功能。

7.3.13 四级生物安全实验室防护区室内外压差传感器采样管应配备与排风高效过滤器过滤效率相当的过滤装置。

7.3.14 三级和四级生物安全实验室应设置监测送风、排风高效过滤器阻力的压差传感器。

7.3.15 在空调通风系统未运行时，防护区送风、排风管上的密闭阀应处于常闭状态。

7.4 安全防范

7.4.1 四级生物安全实验室的建筑周围应设置安防系统。三级和四级生物安全实验室应设门禁控制系统。

7.4.2 三级和四级生物安全实验室防护区内的缓冲间、化学淋浴间等房间的门应采取互锁措施。

7.4.3 三级和四级生物安全实验室应在互锁门附近设置紧急手动解除互锁开关。中控系统应具有解除所有门或指定门互锁的功能。

7.4.4 三级和四级生物安全实验室应设闭路电视监视系统。

7.4.5 生物安全实验室的关键部位应设置监视器，需要时，可实时监视并录制生物安全实验室活动情况和生物安全实验室周围情况。监视设备应有足够的分辨率，影像存储介质应有足够的数据存储容量。

7.5 通信

7.5.1 三级和四级生物安全实验室防护区内应设置必要的通信设备。

7.5.2 三级和四级生物安全实验室内与实验室外应有内部电话或对讲系统。安装对讲系统时，宜采用向内通话受控、向外通话非受控的选择性通话方式。

8 消 防

8.0.1 二级生物安全实验室的耐火等级不宜低于二级。

8.0.2 三级生物安全实验室的耐火等级不应低于二级。四级生物安全实验室的耐火等级应为一级。

8.0.3 四级生物安全实验室应为独立防火分区。三级和四级生物安全实验室共用一个防火分区时，其耐火等级应为一级。

8.0.4 生物安全实验室的所有疏散出口都应有消防疏散指示标志和消防应急照明措施。

8.0.5 三级和四级生物安全实验室吊顶材料的燃烧性能和耐火极限不应低于所在区域隔墙的要求。三级和四级生物安全实验室与其他部位隔开的防火门应为甲级防火门。

8.0.6 生物安全实验室应设置火灾自动报警装置和合适的灭火器材。

8.0.7 三级和四级生物安全实验室防护区不应设置自动喷水灭火系统和机械排烟系统，但应根据需要采取其他灭火措施。

8.0.8 独立于其他建筑的三级和四级生物安全实验室的送风、排风系统可不设置防火阀。

8.0.9 三级和四级生物安全实验室的防火设计应以保证人员能尽快安全疏散、防止病原微生物扩散为原则，火灾必须能从实验室的外部进行控制，使之不会蔓延。

9 施工要求

9.1 一般规定

9.1.1 生物安全实验室的施工应以生物安全防护为核心。三级和四级生物安全实验室施工应同时满足洁净室施工要求。

9.1.2 生物安全实验室施工应编制施工方案。

9.1.3 各道施工程序均应进行记录，验收合格后方可进行下道工序施工。

9.1.4 施工安装完成后，应进行单机试运转和系统的联合试运转及调试，作好调试记录，并应编写调试报告。

9.2　建筑装修

9.2.1　建筑装修施工应做到墙面平滑、地面平整、不易附着灰尘。

9.2.2　三级和四级生物安全实验室围护结构表面的所有缝隙应采取可靠的措施密封。

9.2.3　三级和四级生物安全实验室有压差梯度要求的房间应在合适位置设测压孔，平时应有密封措施。

9.2.4　生物安全实验室中各种台、架、设备应采取防倾倒措施，相互之间应保持一定距离。当靠地靠墙放置时，应用密封胶将靠地靠墙的边缝密封。

9.2.5　气密门宜直接与土建墙连接固定，与强度较差的围护结构连接固定时，应在围护结构上安装加强构件。

9.2.6　气密门两侧、顶部与围护结构的距离不宜小于200mm。

9.2.7　气密门门体和门框宜采用整体焊接结构，门体开闭机构宜设置有可调的铰链和锁扣。

9.3　空调净化

9.3.1　空调机组的基础对地面的高度不宜低于200mm。

9.3.2　空调机组安装时应调平，并作减振处理。各检查门应平整，密封条应严密。正压段的门宜向内开，负压段的门宜向外开。表冷段的冷凝水排水管上应设置水封和阀门。

9.3.3　送、排风管道的材料应符合设计要求，加工前应进行清洁处理，去掉表面油污和灰尘。

9.3.4　风管加工完毕后，应擦拭干净，并应采用薄膜把两端封住，安装前不得去掉或损坏。

9.3.5　技术夹层里的任何管道和设备穿过防护区时，贯穿部位应可靠密封。灯具箱与吊顶之间的孔洞应密封不漏。

9.3.6　送、排风管道宜隐蔽安装。

9.3.7　送、排风管道咬口连接的咬口缝均应用胶密封。

9.3.8　各类调节装置应严密，调节灵活，操作方便。

9.3.9　三级和四级生物安全实验室的排风高效过滤装置，应符合国家现行有关标准的规定，直到现场安装时方可打开包装。排风高效过滤装置的室内侧应有保护高效过滤器的措施。

9.4　实验室设备

9.4.1　生物安全柜、负压解剖台等设备在搬运过程中，不应横倒放置和拆卸，宜在搬入安装现场后拆开包装。

9.4.2　生物安全柜和负压解剖台背面、侧面与墙的距离不宜小于300mm，顶部与吊顶的距离不应小于300mm。

9.4.3　传递窗、双扉高压灭菌器、化学淋浴间等设施与实验室围护结构连接时，应保证箱体的严密性。

9.4.4　传递窗、双扉高压灭菌器等设备与轻体墙连接时，应在连接部位采取加固措施。

9.4.5　三级和四级生物安全实验室防护区内的传递窗和药液传递箱的腔体或门扇应整体焊接成型。

9.4.6　具有熏蒸消毒功能的传递窗和药液传递箱的内表面不应使用有机材料。

9.4.7　生物安全实验室内配备的实验台面应光滑、不透水、耐腐蚀、耐热和易于清洗。

9.4.8　生物安全实验室的实验台、架、设备的边角应以圆弧过渡，不应有突出的尖角、锐边、沟槽。

10 检测和验收

10.1 工程检测

10.1.1 三级和四级生物安全实验室工程应进行工程综合性能全面检测和评定，并应在施工单位对整个工程进行调整和测试后进行。对于压差、洁净度等环境参数有严格要求的二级生物安全实验室也应进行综合性能全面检测和评定。

10.1.2 有下列情况之一时，应对生物安全实验室进行综合性能全面检测并按本规范附录 A 进行记录：

    1 竣工后，投入使用前。

    2 停止使用半年以上重新投入使用。

    3 进行大修或更换高效过滤器后。

    4 一年一度的常规检测。

10.1.3 有生物安全柜、隔离设备等的实验室，首先应进行生物安全柜、动物隔离设备等的现场检测，确认性能符合要求后方可进行实验室性能的检测。

10.1.4 检测前应对全部送、排风管道的严密性进行确认。对于 b2 类的三级生物安全实验室和四级生物安全实验室的通风空调系统，应根据对不同管段和设备的要求，按现行国家标准《洁净室施工及验收规范》GB 50591 的方法和规定进行严密性试验。

10.1.5 三级和四级生物安全实验室工程静态检测的必测项目应按表 10.1.5 的规定进行。

表 10.1.5 三级和四级生物安全实验室工程静态检测的必测项目

项目	工况	执行条款
围护结构的严密性	送风、排风系统正常运行或将被测房间封闭	本规范第 10.1.6 条
防护区排风高效过滤器原位检漏——全检	大气尘或发人工尘	本规范第 10.1.7 条
送风高效过滤器检漏	送风、排风系统正常运行（包括生物安全柜）	本规范第 10.1.8 条
静压差	所有房门关闭，送风、排风系统正常运行	本规范第 3.3.2、3.3.3 和 10.1.10 条
气流流向	所有房门关闭，送风、排风系统正常运行	本规范第 5.4.2 和 10.1.9 条
室内送风量	所有房门关闭，送风、排风系统正常运行	本规范第 3.3.2、3.3.3 和 10.1.10 条
洁净度级别	所有房门关闭，送风、排风系统正常运行	本规范第 3.3.2、3.3.3 和 10.1.10 条
温度	所有房门关闭，送风、排风系统正常运行	本规范第 3.3.2、3.3.3 和 10.1.10 条
相对湿度	所有房门关闭，送风、排风系统正常运行	本规范第 3.3.2、3.3.3 和 10.1.10 条
噪声	所有房门关闭，送风、排风系统正常运行	本规范第 3.3.2、3.3.3 和 10.1.10 条
照度	无自然光下	本规范第 3.3.2、3.3.3 和 10.1.10 条
应用于防护区外的排风高效过滤器单元严密性	关闭高效过滤器单元所有通路并维持测试环境温度稳定	本规范第 10.1.11 条

续表

项目	工况	执行条款
工况验证	工况转换、系统启停、备用机组切换、备用电源切换以及电气、自控和故障报警系统的可靠性	本规范第 10.1.12 条

10.1.6　围护结构的严密性检测和评价应符合下列规定：

　　1　围护结构严密性检测方法应按现行国家标准《洁净室施工及验收规范》GB 50591 和《实验室生物安全通用要求》GB 19489 的有关规定进行，围护结构的严密性应符合本规范表 3.3.2 的要求。

　　2　ABSL-3 中 b2 类的主实验室应采用恒压法检测。

　　3　四级生物安全实验室的主实验室应采用压力衰减法检测，有条件的进行正、负压两种工况的检测。

　　4　对于 BSL-3 和 ABSL-3 中 a 类、b1 类实验室可采用目测及烟雾法检测。

10.1.7　排风高效过滤器检漏的检测和评价应符合下列规定：

　　1　对于三级和四级生物安全实验室防护区内使用的所有排风高效过滤器应进行原位扫描法检漏。检漏用气溶胶可采用大气尘或人工尘，检漏采用的仪器包括粒子计数器或光度计。

　　2　对于既有实验室以及异型高效过滤器，现场确实无法扫描时，可进行高效过滤器效率法检漏。

　　3　检漏时应同时检测并记录过滤器风量，风量不应低于实际正常运行工况下的风量。

　　4　采用大气尘以及粒子计数器对排风过滤器直接扫描检漏时，过滤器上游粒径大于或等于 0.5μm 的含尘浓度不应小于 4000pc/L，可采用的方法包括开启实验室各房门，保证实验室与室外相通，并关闭送风，只开排风；或关闭送排风系统，局部采用正压检漏风机。此时对于第一道过滤器，超过 3pc/L，即判断为泄漏。具体方法应符合现行国家标准《洁净室施工及验收规范》GB 50591 的有关规定。

　　5　当大气尘浓度不能满足要求时，可采用人工尘，过滤器上游采用人工尘作为检漏气溶胶时，应采取措施保证过滤器上游人工尘气溶胶的均匀和稳定，并应进行验证，具体验证方法应符合本规范附录 D 的规定。

　　6　采用人工尘光度计扫描法检漏时，应按现行国家标准《洁净室施工及验收规范》GB 50591 的有关规定执行。且当采样探头对准被测过滤器出风面某一点静止检测时，测得透过率高于 0.01%，即认为该点为漏点。

　　7　进行高效过滤器效率法检漏时，在过滤器上游引入人工尘，在下游进行测试，过滤器下游采样点所处断面应实现气溶胶均匀混合，过滤效率不应低于 99.99%。具体方法应符合本规范附录 D 的规定。

10.1.8　送风高效过滤器检漏的检测和评价应符合下列规定：

　　1　三级生物安全实验中的 b2 类实验室和四级生物安全实验室所有防护区内使用的送风高效过滤器应进行原位检漏，其余类型实验室的送风高效过滤器采用抽检。

　　2　检漏方法和评价标准应符合现行国家标准《洁净室施工及验收规范》GB 50591 的有关规定，并宜采用大气尘和粒子计数器直接扫描法。

10.1.9　气流方向检测和评价应符合下列规定：

　　1　可采用目测法，在关键位置采用单丝线或用发烟装置测定气流流向。

　　2　评价标准：气流流向应符合本规范第 5.4.2 条的要求。

10.1.10　静压差、送风量、洁净度级别、温度、相对湿度、噪声、照度等室内环境参数的检测方法和要求应符合现行国家标准《洁净室施工及验收规范》GB 50591 的有关规定。

10.1.11　在生物安全实验室防护区使用的排风高效过滤器单元的严密性应符合现行国家标准《实

验室 生物安全通用要求》GB 19489 的有关规定，并应采用压力衰减法进行检测。

10.1.12 生物安全实验室应进行工况验证检测，有多个运行工况时，应分别对每个工况进行工程检测，并应验证工况转换时系统的安全性，除此之外还包括系统启停、备用机组切换、备用电源切换以及电气、自控和故障报警系统的可靠性验证。

10.1.13 竣工验收的检测可由施工单位完成，但不得以竣工验收阶段的调整测试结果代替综合性能全面评定。

10.1.14 三级和四级生物安全实验室投入使用后，应按本章要求进行每年例行的常规检测。

10.2 生物安全设备的现场检测

10.2.1 需要现场进行安装调试的生物安全设备包括生物安全柜、动物隔离设备、IVC、负压解剖台等。有下列情况之一时，应对该设备进行现场检测并按本规范附录 B 进行记录：

    1 生物安全实验室竣工后，投入使用前，生物安全柜、动物隔离设备等已安装完毕。

    2 生物安全柜、动物隔离设备等被移动位置后。

    3 生物安全柜、动物隔离设备等进行检修后。

    4 生物安全柜、动物隔离设备等更换高效过滤器后。

    5 生物安全柜、动物隔离设备等一年一度的常规检测。

10.2.2 新安装的生物安全柜、动物隔离设备等，应具有合格的出厂检测报告，并应现场检测合格且出具检测报告后才可使用。

10.2.3 生物安全柜、动物隔离设备等的现场检测项目应符合表 10.2.3 的要求，其中第 1 项～5 项中有一项不合格的不应使用。对现场具备检测条件的、从事高风险操作的生物安全柜和动物隔离设备应进行高效过滤器的检漏，检漏方法应按生物安全实验室高效过滤器的检漏方法执行。

表 10.2.3 生物安全柜、动物隔离设备等的现场检测项目

项目	工况	执行条款	适用范围
垂直气流平均速度	正常运转状态	本规范第 10.2.4 条	Ⅱ级生物安全柜、单向流解剖台
工作窗口气流流向		本规范第 10.2.5 条	Ⅰ、Ⅱ级生物安全柜、开敞式解剖台
工作窗口气流平均速度		本规范第 10.2.6 条	
工作区洁净度		本规范第 10.2.7 条	Ⅱ级和Ⅲ级生物安全柜、动物隔离设备、解剖台
高效过滤器的检漏		本规范第 10.2.10 条	三级和四级生物安全实验室内使用的各级生物安全柜、动物隔离设备等必检，其余建议检测
噪声		本规范第 10.2.8 条	各类生物安全柜、动物隔离设备等
照度		本规范第 10.2.9 条	
箱体送风量		本规范第 10.2.11 条	Ⅲ级生物安全柜、动物隔离设备、IVC、手套箱式解剖台
箱体静压差		本规范第 10.2.12 条	Ⅲ级生物安全柜和动物隔离设备
箱体严密性		本规范第 10.2.13 条	Ⅲ级生物安全柜、动物隔离设备、手套箱式解剖台
手套口风速	人为摘除一只手套	本规范第 10.2.14 条	

10.2.4 垂直气流平均风速检测应符合下列规定：

检测方法：对于Ⅱ级生物安全柜等具备单向流的设备，在送风高效过滤器以下0.15m处的截面上，采用风速仪均匀布点测量截面风速。测点间距不大于0.15m，侧面距离侧壁不大于0.1m，每列至少测量3点，每行至少测量5点。

评价标准：平均风速不低于产品标准要求。

10.2.5 工作窗口的气流流向检测应符合下列规定：

检测方法：可采用发烟法或丝线法在工作窗口断面检测，检测位置包括工作窗口的四周边缘和中间区域。

评价标准：工作窗口断面所有位置的气流均明显向内，无外逸，且从工作窗口吸入的气流应直接吸入窗口外侧下部的导流格栅内，无气流穿越工作区。

10.2.6 工作窗口的气流平均风速检测应符合下列规定：

检测方法：1) 风量罩直接检测法：采用风量罩测出工作窗口风量，再计算出气流平均风速。2) 风速仪直接检测法：宜在工作窗口外接等尺寸辅助风管，用风速仪测量辅助风管断面风速，或采用风速仪直接测量工作窗口断面风速，采用风速仪直接测量时，每列至少测量3点，至少测量5列，每列间距不大于0.15m。3) 风速仪间接检测法：将工作窗口高度调整为8cm高，在窗口中间高度均匀布点，每点间距不大于0.15m，计算工作窗口风量，计算出工作窗口正常高度（通常为20cm或25cm）下的平均风速。

评价标准：工作窗口断面上的平均风速值不低于产品标准要求。

10.2.7 工作区洁净度检测应符合下列规定：

检测方法：采用粒子计数器在工作区检测。粒子计数器的采样口置于工作台面向上0.2m高度位置对角线布置，至少测量5点。

评价标准：工作区洁净度应达到5级。

10.2.8 噪声检测应符合下列规定：

检测方法：对于生物安全柜、动物隔离设备等应在前面板中心向外0.3m，地面以上1.1m处用声级计测量噪声。对于必须和实验室通风系统同时开启的生物安全柜和动物隔离设备等，有条件的，应检测实验室通风系统的背景噪声，必要时进行检测值修正。

评价标准：噪声不应高于产品标准要求。

10.2.9 照度检测应符合下列规定：

检测方法：沿工作台面长度方向中心线每隔0.3m设置一个测量点。与内壁表面距离小于0.15m时，不再设置测点。

评价标准：平均照度不低于产品标准要求。

10.2.10 高效过滤器的检漏应符合下列规定：

检测方法：在高效过滤器上游引入大气尘或发人工尘，在过滤器下游采用光度计或粒子计数器进行检漏，具备扫描检漏条件的，应进行扫描检漏，无法扫描检漏的，应检测高效过滤器效率。

评价标准：对于采用扫描检漏高效过滤器的评价标准同生物安全实验室高效过滤器的检漏；对于不能进行扫描检漏，而采用检测高效过滤器过滤效率的，其整体透过率不应超过0.005%。

10.2.11 Ⅲ级生物安全柜和动物隔离设备等非单向流送风设备的送风量检测应符合下列规定：

检测方法：在送风高效过滤器出风面10cm～15cm处或在进风口处测风速，计算风量。

评价标准：不低于产品设计值。

10.2.12 Ⅲ级生物安全柜和动物隔离设备箱体静压差检测应符合下列规定：

检测方法：测量正常运转状态下，箱体对所在实验室的相对负压。

评价标准：不低于产品设计值。

10.2.13　Ⅲ级生物安全柜和动物隔离设备严密性检测应符合下列规定：

检测方法：采用压力衰减法，将箱体抽真空或打正压，观察一定时间内的压差衰减，记录温度和大气压变化，计算衰减率。

评价标准：严密性不低于产品设计值。

10.2.14　Ⅲ级生物安全柜、动物隔离设备、手套箱式解剖台的手套口风速检测应符合下列规定：

检测方法：人为摘除一只手套，在手套口中心检测风速。

评价标准：手套口中心风速不低于 0.7m/s。

10.2.15　生物安全柜在有条件时，宜在现场进行箱体的漏泄检测，生物安全柜漏电检测，接地电阻检测。

10.2.16　生物安全柜的安装位置应符合本规范第 9.4.2 条中的相关要求。

10.2.17　有下列情况之一时，需要对活毒废水处理设备、高压灭菌锅、动物尸体处理设备等进行检测。

　　1　实验室竣工后，投入使用前，设备安装完毕。

　　2　设备经过检修后。

　　3　设备更换阀门、安全阀后。

　　4　设备年度常规检测。

10.2.18　活毒废水处理设备、高压灭菌锅、动物尸体处理设备等带有高效过滤器的设备应进行高效过滤器的检漏，且检测方法应符合本规范第 10.1.7 条的规定。

10.2.19　活毒废水处理设备、动物尸体处理设备等产生活毒废水的设备应进行活毒废水消毒灭菌效果的验证。

10.2.20　活毒废水处理设备、高压灭菌锅、动物尸体处理设备等产生固体污染物的设备应进行固体污染物消毒灭菌效果的验证。

10.3　工程验收

10.3.1　生物安全实验室的工程验收是实验室启用验收的基础，根据国家相关规定，生物安全实验室须由建筑主管部门进行工程验收合格，再进行实验室认可验收，生物安全实验室工程验收评价项目应符合附录C的规定。

10.3.2　工程验收的内容应包括建设与设计文件、施工文件和综合性能的评定文件等。

10.3.3　在工程验收前，应首先委托有资质的工程质检部门进行工程检测。

10.3.4　工程验收应出具工程验收报告。生物安全实验室应按本规范附录C规定的验收项目逐项验收，并应根据下列规定作出验收结论：

　　1　对于符合规范要求的，判定为合格；

　　2　对于存在问题，但经过整改后能符合规范要求的，判定为限期整改；

　　3　对于不符合规范要求，又不具备整改条件的，判定为不合格。

附录 A　生物安全实验室检测记录用表

A.0.1　生物安全实验室施工方自检情况、施工文件检查情况、生物安全柜检测情况、围护结构严密性检测情况应按表 A.0.1 进行记录。

A.0.2　生物安全实验室送风、排风高效过滤器检漏情况应按表 A.0.2 进行记录。

A.0.3　生物安全实验室房间静压差和气流流向的检测应按表 A.0.3 进行记录。

A.0.4　生物安全实验室风口风速或风量的检测应按表 A.0.4 进行记录。

A.0.5　生物安全实验室房间含尘浓度的检测应按表 A.0.5 进行记录。

A.0.6　生物安全实验室房间温度、相对湿度的检测应按表 A.0.6 进行记录。

A.0.7　生物安全实验室房间噪声的检测应按表 A.0.7 进行记录。

A.0.8　生物安全实验室房间照度的检测应按表 A.0.8 进行记录。

A.0.9　生物安全实验室配电和自控系统的检测应按表 A.0.9 进行记录。

表 A.0.1 生物安全实验室检测记录（一）

第 页 共 页

委托单位	
实验室名称	
施工单位	
监理单位	
检测单位	

检测日期		记录编号		检测状态	

检测依据	

施工单位自检情况

施工文件检查情况

生物安全设备检测情况

三级和四级生物安全实验室围护结构严密性检查情况

校核　　　　　　　　记录　　　　　　　　检验

表 A.0.2 生物安全实验室检测记录（二）

高效过滤器的检漏				
检测仪器名称		规格型号	编号	
检测前设备状况		检测后设备状况		
送风高效过滤器的检漏				
排风高效过滤器的检漏				

校核　　　　　　　　记录　　　　　　　　检验

表 A.0.3 生物安全实验室检测记录（三）

静压差检测			
检测仪器名称		规格型号	编号
检测前设备状况	正常（ ） 不正常（ ）	检测后设备状况	正常（ ） 不正常（ ）
检测位置		压差值（Pa）	备注
气流流向检测			
方法			

校核　　　　　　　　记录　　　　　　　　检验

GB 50346—2011

表 A.0.4 生物安全实验室检测记录（四）

风口风速或风量				
检测仪器名称		规格型号		编号	
检测前设备状况	正常（ ） 不正常（ ）	检测后设备状况	正常（ ） 不正常（ ）
位置	风口	测点	风速（m/s）或风量（m³/h）	备注

校核　　　　　记录　　　　　检验

表 A.0.5 生物安全实验室检测记录（五）

第 页 共 页

含尘浓度				
检测仪器名称		规格型号		编号	
检测前设备状况	正常（ ） 不正常（ ）	检测后设备状况	正常（ ） 不正常（ ）
位置	测点	粒径	含尘浓度（pc/ ）	备注

校核　　　　　记录　　　　　检验

表 A.0.6 生物安全实验室检测记录（六）

温度、相对湿度			
检测仪器名称		规格型号	编号
检测前设备状况	正常（ ） 不正常（ ）	检测后设备状况	正常（ ） 不正常（ ）
房间名称	温度（℃）	相对湿度（%）	备注
室外			

校核　　　　　记录　　　　　检验

表 A.0.7 生物安全实验室检测记录（七）

噪声			
检测仪器名称		规格型号	编号
检测前设备状况	正常（ ） 不正常（ ）	检测后设备状况	正常（ ） 不正常（ ）
房间名称	测点	噪声［dB（A）］	备注

校核　　　　　记录　　　　　检验

表 A.0.8 生物安全实验室检测记录（八）

照度				
检测仪器名称		规格型号	编号	
检测前设备状况	正常（ ） 不正常（ ）	检测后设备状况	正常（ ） 不正常（ ）	
房间名称	测点	照度（lx）		备注

校核　　　　　　记录　　　　　　检验

表 A.0.9 生物安全实验室检测记录（九）

不同工况转换时系统安全性验证
备用电源可靠性验证
压差报警系统可靠性验证
送、排风系统连锁可靠性验证
备用排风系统自动切换可靠性验证

校核　　　　　　记录　　　　　　检验

附录B 生物安全设备现场检测记录用表

B.0.1 厂家自检情况、安装情况的检测应按表B.0.1进行记录。

B.0.2 工作窗口气流流向情况、风速（或风量）的检测应按表B.0.2进行记录。

B.0.3 工作区含尘浓度、噪声、照度的检测应按表B.0.3进行记录。

B.0.4 排风高效过滤器的检漏、生物安全柜箱体的检漏、生物安全柜漏电检测、接地电阻检测等的检测应按表B.0.4进行记录。

B.0.5 Ⅲ级生物安全柜或动物隔离设备的压差、风量、手套口风速的检测应按表B.0.5进行记录。

B.0.6 Ⅲ级生物安全柜或动物隔离设备箱体密封性的检测应按表B.0.6进行记录。

表 B.0.1 设备现场检测记录（一）

第 页 共 页

委托单位			
实验室名称			
检测单位			
检测日期		记录编号	
设备位置		生产厂家	
级别		型号	
出厂日期		序列号	
检测依据			
生产厂家自检情况			
安装情况			

校核   记录   检验

表 B.0.2 设备现场检测记录（二）

工作窗口气流流向									

检测方法									

风速（ ）风量（ ）

检测仪器名称			规格型号			编号			
检测前设备状况	正常（ ）不正常（ ）				检测后设备状况	正常（ ）不正常（ ）			

工作窗口气流平均风速

窗口上沿

测点	1	4	7	10	13	16	19	22	25	28
风速（m/s）										
测点	2	5	8	11	14	17	20	23	26	29
风速（m/s）										
测点	3	6	9	12	15	18	21	24	27	30
风速（m/s）										

窗口下沿

工作窗口风量		工作窗口尺寸	

工作区垂直气流平均风速

工作区里侧

测点	1	4	7	10	13	16	19	22	25	28
风速（m/s）										
测点	2	5	8	11	14	17	20	23	26	29
风速（m/s）										
测点	3	6	9	12	15	18	21	24	27	30
风速（m/s）										

工作区外侧

校核　　　　记录　　　　检验

表 B.0.3　设备现场检测记录（三）

工作区含尘浓度			
检测仪器名称		规格型号	编号
检测前设备状况	正常（　）不正常（　）	检测后设备状况	正常（　）不正常（　）

测点	粒径	含尘浓度（pc/　　）	备注
1	≥0.5μm		
	≥5μm		
2	≥0.5μm		
	≥5μm		
3	≥0.5μm		
	≥5μm		
4	≥0.5μm		
	≥5μm		
5	≥0.5μm		
	≥5μm		

噪声			
检测仪器名称		规格型号	编号
检测前设备状况	正常（　）不正常（　）	检测后设备状况	正常（　）不正常（　）
噪声［dB（A）］		背景噪声［dB（A）］	

照度					
检测仪器名称		规格型号		编号	
检测前设备状况		检测后设备状况			
测点	1	2	3	4	5	6
照度（lx）						

校核　　　　　记录　　　　　检验

表 B.0.4　设备现场检测记录（四）

高效过滤器和箱体的检漏
漏电检测
接地电阻检测
其他

校核　　　　　　　　记录　　　　　　　　检验

表 B.0.5 设备现场检测记录（五）

Ⅲ级生物安全柜或动物隔离设备压差						
检测仪器名称		规格型号		编号		
检测前设备状况	正常（ ）不正常（ ）		检测后设备状况	正常（ ）不正常（ ）		
压差值						

Ⅲ级生物安全柜或动物隔离设备风量									
检测仪器名称			规格型号			编号			
检测前设备状况	正常（ ）不正常（ ）			检测后设备状况		正常（ ）不正常（ ）			
送风过滤器平均风速									
测点	1	2	3	4	5	6	7	8	9	10
风速（m/s）										
测点	11	12	13	14	15	16	17	18	19	20
风速（m/s）										
过滤器尺寸				风量					
箱体尺寸				换气次数					

Ⅲ级生物安全柜或动物隔离设备手套口风速			
检测仪器名称		规格型号	编号
检测前设备状况	正常（ ）不正常（ ）	检测后设备状况	正常（ ）不正常（ ）
手套口位置			
中心风速（m/s）			

校核　　　　　　　　记录　　　　　　　　检验

表 B.0.6　设备现场检测记录（六）

Ⅲ级生物安全柜或动物隔离设备箱体严密性：压力衰减法								
检测仪器名称			规格型号			编号		
检测前设备状况	正常（　）不正常（　）			检测后设备状况		正常（　）不正常（　）		
测点	1	2	3	4	5	6	7	8
时间								
压力（Pa）								
大气压								
温度								
测点	9	10	11	12	13	14	15	16
时间								
压力（Pa）								
大气压								
温度								
测点	17	18	19	20	21	22	23	24
时间								
压力（Pa）								
大气压								
温度								
测点	25	26	27	28	29	30	31	32
时间								
压力（Pa）								
大气压								
温度								
泄漏率计算								

校核　　　　　　　　记录　　　　　　　　检验

附录 C 生物安全实验室工程验收评价项目

C.0.1 生物安全实验室建成后，必须由工程验收专家组到现场验收，并应按本规范列出的验收项目，逐项验收。

C.0.2 生物安全实验室工程验收评价标准应符合表 C.0.2 的规定。

表 C.0.2 生物安全实验室工程验收评价标准

标准类别	严重缺陷数	一般缺陷数
合格	0	<20%
限期整改	1～3	<20%
	0	≥20%
不合格	>3	0
	一次整改后仍未通过者	

注：表中的百分数是缺陷数相对于应被检查项目总数的比例。

C.0.3 生物安全实验室工程现场检查项目应符合表 C.0.3 的规定。

表 C.0.3 生物安全实验室工程现场检查项目

章	序号	检查出的问题	评价		适用范围		
			严重缺陷	一般缺陷	二级	三级	四级
建筑、装修和结构	1	与建筑物其他部分相通，但未设可自动关闭的带锁的门		√	√		
	2	不满足排风间距要求：防护区室外排风口与周围建筑的水平距离小于 20m	√			√	
	3	未在建筑物中独立的隔离区域内	√				√
	4	未远离市区		√			√
	5	主实验室所在建筑物离相邻建筑物或构筑物的距离小于相邻建筑物或构筑物高度的 1.5 倍		√			√
	6	未在入口处设置更衣室或更衣柜		√	√	√	√
	7	防护区的房间设置不满足工艺要求	√		√	√	√
	8	辅助区的房间设置不满足工艺要求		√	√	√	√
	9	ABSL-3 中的 b2 类实验室和四级生物安全实验室未独立于其他建筑		√		√	√
	10	室内净高低于 2.6m 或设备层净高低于 2.2m		√		√	√
	11	ABSL-4 的动物尸体处理设备间和防护区污水处理设备间未设缓冲间		√			√
	12	设置生命支持系统的生物安全实验室，紧邻主实验室未设化学淋浴间	√			√	√

续表

章	序号	检查出的问题	评价		适用范围		
			严重缺陷	一般缺陷	二级	三级	四级
建筑、装修和结构	13	防护区未设置安全通道和紧急出口或没有明显的标志	√			√	√
	14	防护区的围护结构未远离建筑外墙或主实验室未设置在防护区的中部		√		√	√
	15	建筑外墙作为主实验室的围护结构		√			√
	16	相邻区域和相邻房间之间未根据需要设置传递窗；传递窗两门未互锁或未设有消毒灭菌装置；其结构承压力及严密性不符合所在区域的要求；传递不能灭活的样本出防护区时，未采用具有熏蒸消毒功能的传递窗或药液传递箱	√			√	√
	17	未在实验室或实验室所在建筑内配备高压灭菌器或其他消毒灭菌设备	√		√		
	18	防护区内未设置生物安全型双扉高压灭菌器	√			√	√
	19	生物安全型双扉高压灭菌器未考虑主体一侧的维护空间		√		√	√
	20	生物安全型双扉高压灭菌器主体所在房间为非负压		√			√
	21	生物安全柜和负压解剖台未布置于排风口附近或未远离房间门		√		√	√
	22	产生大动物尸体或数量较多的小动物尸体时，未设置动物尸体处理设备。动物尸体处理设备的投放口未设置在产生动物尸体的区域；动物尸体处理设备的投放口未高出地面或未设置防护栏杆		√		√	√
	23	未采用无缝的防滑耐腐蚀地面；踢脚未与墙面齐平或略缩进大于2mm～3mm；地面与墙面的相交位置及其他围护结构的相交位置，未作半径不小于30mm的圆弧处理		√		√	√
	24	墙面、顶棚的材料不易于清洁消毒、不耐腐蚀、起尘、开裂、不光滑防水，表面涂层不具有抗静电性能		√		√	√
	25	没有机械通风系统时，ABSL-2中的a类、b1类和BSL-2生物安全实验室未设置外窗进行自然通风或外窗未设置防虫纱窗；ABSL-2中b2类实验室设外窗或观察窗未采用安全的材料制作		√	√		
	26	防护区设外窗或观察窗未采用安全的材料制作	√			√	√
	27	没有防止节肢动物和啮齿动物进入和外逃的措施	√		√	√	√

续表

章	序号	检查出的问题	评价		适用范围		
			严重缺陷	一般缺陷	二级	三级	四级
建筑、装修和结构	28	ABSL-3中b2类主实验室及其缓冲间和四级生物安全实验室主实验室及其缓冲间应采用气密门	✓			✓	✓
	29	防护区内的顶棚上设置检修口	✓			✓	✓
	30	实验室的入口，未明确标示出生物防护级别、操作的致病性生物因子等标识		✓	✓	✓	
	31	结构安全等级低于一级		✓		✓	
	32	结构安全等级低于一级	✓				✓
	33	抗震设防类别未按特殊设防类		✓		✓	
	34	抗震设防类别未按特殊设防类	✓				✓
	35	地基基础未按甲级设计		✓		✓	
	36	地基基础未按甲级设计	✓				✓
	37	主体结构未采用混凝土结构或砌体结构体系		✓		✓	✓
	38	吊顶作为技术维修夹层时，其吊顶的活荷载小于0.75kN/m²	✓			✓	✓
	39	对于吊顶内特别重要的设备未作单独的维修通道		✓		✓	✓
空调、通风和净化	40	空调净化系统的划分不利于实验室消毒灭菌、自动控制系统的设置和节能运行		✓	✓	✓	✓
	41	空调净化系统的设计未考虑各种设备的热湿负荷		✓	✓	✓	✓
	42	送、排风系统的设计未考虑所用生物安全柜、动物隔离设备等的使用条件	✓		✓	✓	✓
	43	选用生物安全柜不符合要求	✓		✓	✓	✓
	44	b2类实验室未采用全新风系统		✓	✓		
	45	未采用全新风系统	✓			✓	✓
	46	主实验室的送、排风支管或排风机前未安装耐腐蚀的密闭阀或阀门严密性与所在管道严密性要求不相适应	✓			✓	✓
	47	防护区内安装普通的风机盘管机组或房间空调器	✓			✓	✓
	48	防护区不能对排风高效空气过滤器进行原位消毒和检漏	✓			✓	✓
	49	防护区不能对送风高效空气过滤器进行原位消毒和检漏	✓				✓
	50	防护区远离空调机房		✓	✓	✓	✓
	51	空调净化系统和高效排风系统所用风机未选用风压变化较大时风量变化较小的类型		✓	✓	✓	✓

续表

章	序号	检查出的问题	评价		适用范围		
			严重缺陷	一般缺陷	二级	三级	四级
空调、通风和净化	52	空气净化系统送风过滤器的设置不符合本规范第5.2.1条的要求		✓	✓	✓	✓
	53	送风系统新风口的设置不符合本规范第5.2.2条的要求		✓	✓	✓	✓
	54	BSL-3实验室未设置备用送风机		✓		✓	
	55	ABSL-3实验室和四级生物安全实验室未设置备用送风机	✓			✓	✓
	56	排风系统的设置不符合本规范第5.3.1条中第1款~第5款的规定	✓			✓	✓
	57	排风未经过高效过滤器过滤后排放	✓			✓	✓
	58	排风高效过滤器未设在室内排风口处或紧邻排风口处；排风高效过滤器的位置与排风口结构不易于对过滤器进行安全更换和检漏		✓		✓	✓
	59	防护区除在室内排风口处设第一道高效过滤器外，未在其后串联第二道高效过滤器	✓				✓
	60	防护区排风管道的正压段穿越房间或排风机未设于室外排风口附近		✓		✓	✓
	61	防护区未设置备用排风机或备用排风机不能自动切换或切换过程中不能保持有序的压力梯度和定向流	✓			✓	✓
	62	排风口未设置在主导风的下风向		✓		✓	✓
	63	排风口与新风口的直线距离不大于12m；排风口不高于所在建筑物屋面2m以上	✓			✓	✓
	64	ABSL-4的动物尸体处理设备间和防护区污水处理设备间的排风未经过高效过滤器过滤		✓			✓
	65	辅助工作区与室外之间未设一间正压缓冲室		✓		✓	✓
	66	实验室内各种设备的位置不利于气流由被污染风险低的空间向被污染风险高的空间流动，不利于最大限度减少室内回流与涡流	✓			✓	✓
	67	送风口和排风口布置不利于室内可能被污染空气的排出		✓	✓	✓	✓
	68	在生物安全柜操作面或其他有气溶胶产生地点的上方附近设送风口	✓		✓	✓	✓
	69	气流组织上送下排时，高效过滤器排风口下边沿离地面低于0.1m或高于0.15m或上边沿高度超过地面之上0.6m；排风口排风速度大于1m/s		✓		✓	✓

续表

章	序号	检查出的问题	评价		适用范围		
			严重缺陷	一般缺陷	二级	三级	四级
空调、通风和净化	70	送、排风高效过滤器使用木制框架	√		√	√	√
	71	高效过滤器不耐消毒气体的侵蚀，防护区内淋浴间、化学淋浴间的高效过滤器不防潮；高效过滤器的效率低于现行国家标准《高效空气过滤器》GB/T 13554 中的 B 类	√			√	√
	72	需要消毒的通风管道未采用耐腐蚀、耐老化、不吸水、易消毒灭菌的材料制作，未整体焊接	√			√	√
	73	排风密闭阀未设置在排风高效过滤器和排风机之间；排风机外侧的排风管上室外排风口处未安装保护网和防雨罩		√	√	√	√
	74	空调设备的选用不满足本规范第 5.5.4 条的要求		√	√	√	√
给水排水与气体供给	75	给水、排水干管、气体管道的干管，未敷设在技术夹层内；防护区内与本区域无关管道穿越防护区		√	√	√	√
	76	引入防护区内的管道未明敷		√		√	√
	77	防护区给水排水管道穿越生物安全实验室围护结构处未设可靠的密封装置或密封装置的严密性不能满足所在区域的严密性要求	√		√	√	√
	78	防护区管道系统渗漏、不耐压、不耐温、不耐腐蚀；实验室内没有足够的清洁、维护和维修明露管道的空间	√		√	√	√
	79	使用的高压气体或可燃气体，没有相应的安全措施	√		√	√	√
	80	防护区给水管道未采取设置倒流防止器或其他有效的防止回流污染的装置或这些装置未设置在辅助工作区	√		√	√	√
	81	ABSL-3 和四级生物安全实验室未设置断流水箱		√		√	√
	82	化学淋浴系统中的化学药剂加压泵未设置备用泵或未设置紧急化学淋浴设备	√			√	√
	83	防护区的给水管路未以主实验室为单元设置检修阀门和止回阀		√		√	√
	84	实验室未设洗手装置或洗手装置未设置在靠近实验室的出口处		√	√		
	85	洗手装置未设在主实验室出口处或对于用水的洗手装置的供水未采用非手动开关		√		√	√
	86	未设紧急冲眼装置	√		√	√	√

续表

章	序号	检查出的问题	评价		适用范围		
			严重缺陷	一般缺陷	二级	三级	四级
给水排水与气体供给	87	ABSL-3和四级生物安全实验室防护区的淋浴间未根据工艺要求设置强制淋浴装置	√			√	√
	88	大动物生物安全实验室和需要对笼具、架进行冲洗的动物实验室来设必要的冲洗设备		√	√	√	√
	89	给水管路未涂上区别于一般水管的醒目的颜色		√		√	√
	90	室内给水管材未采用不锈钢管、铜管或无毒塑料管等材料或管道未采用可靠的方式连接		√	√	√	√
	91	大动物房和解剖间等处的密闭型地漏不带活动网框或活动网框不易于取放及清理		√		√	√
	92	防护区未根据压差要求设置存水弯和地漏的水封深度；构造内无存水弯的卫生器具与排水管道连接时，未在排水口以下设存水弯；排水管道水封处不能保证充满水或消毒液	√			√	√
	93	防护区的排水未进行消毒灭菌处理	√			√	√
	94	主实验室未设独立的排水支管或独立的排水支管上未安装阀门		√		√	√
	95	活毒废水处理设备未设在最低处		√		√	√
	96	ABSL-2防护区污水的灭菌装置未采用化学消毒或高温灭菌方式		√	√		
	97	防护区活毒废水的灭菌装置未采用高温灭菌方式；未在适当位置预留采样口和采样操作空间	√			√	√
	98	防护区排水系统上的通气管口未单独设置或接入空调通风系统的排风管道	√			√	√
	99	通气管口未设高效过滤器或其他可靠的消毒装置	√			√	√
	100	辅助工作区的排水，未进行监测，未采取适当处理装置		√		√	√
	101	防护区内排水管线未明设，未与墙壁保持一定距离		√		√	√
	102	防护区排水管道未采用不锈钢或其他合适的管材、管件；排水管材、管件不满足强度、温度、耐腐蚀等性能要求	√			√	√
	103	双扉高压灭菌器的排水未接入防护区废水排放系统	√				√
	104	气瓶未设在辅助工作区；未对供气系统进行监测		√	√	√	√

续表

章	序号	检查出的问题	评价		适用范围		
			严重缺陷	一般缺陷	二级	三级	四级
给水排水与气体供给	105	所有供气管穿越防护区处未安装防回流装置，未根据工艺要求设置过滤器	✓		✓	✓	✓
	106	防护区设置的真空装置，没有防止真空装置内部被污染的措施；未将真空装置安装在实验室内	✓			✓	✓
	107	正压服型生物安全实验室未同时配备紧急支援气罐或紧急支援气罐的供气时间少于60min/人	✓			✓	✓
	108	供操作人员呼吸使用的气体的压力、流量、含氧量、温度、湿度、有害物质的含量等不符合职业安全的要求	✓		✓	✓	✓
	109	充气式气密门的压缩空气供应系统的压缩机未备用或供气压力和稳定性不符合气密门的供气要求	✓			✓	✓
电气	110	用电负荷低于二级		✓	✓		
	111	BSL-3实验室和ABSL-3中的a类和b1类实验室未按一级负荷供电时，未采用一个独立供电电源；特别重要负荷未设置应急电源；应急电源采用不间断电源的方式时，不间断电源的供电时间小于30min；应急电源采用不间断电源加自备发电机的方式时，不间断电源不能确保自备发电设备启动前的电力供应	✓			✓	
	112	ABSL-3中的b2类实验室和四级生物安全实验室未按一级负荷供电；特别重要负荷未同时设置不间断电源和自备发电设备作为应急电源；不间断电源不能确保自备发电设备启动前的电力供应	✓			✓	✓
	113	未设有专用配电箱		✓	✓	✓	✓
	114	专用配电箱未设在该实验室的防护区外		✓		✓	✓
	115	未设置足够数量的固定电源插座；重要设备未单独回路配电，未设置漏电保护装置		✓	✓	✓	✓
	116	配电管线未采用金属管敷设；穿过墙和楼板的电线管未加套管且未采用专用电缆穿墙装置；套管内未用不收缩、不燃材料密封		✓		✓	✓
	117	室内照明灯具未采用吸顶式密闭洁净灯；灯具不具有防水功能		✓		✓	✓
	118	未设置不少30min的应急照明及紧急发光疏散指示标志	✓			✓	✓
	119	实验室的入口和主实验室缓冲间入口处未设置主实验室工作状态的显示装置		✓		✓	✓

续表

章	序号	检查出的问题	评价		适用范围		
			严重缺陷	一般缺陷	二级	三级	四级
电气	120	空调净化自动控制系统不能保证各房间之间定向流方向的正确及压差的稳定	✓		✓	✓	✓
	121	自控系统不具有压力梯度、温湿度、连锁控制、报警等参数的历史数据存储显示功能；自控系统控制箱未设于防护区外		✓		✓	✓
	122	自控系统报警信号未分为重要参数报警和一般参数报警。重要参数报警为非声光报警和显示报警，一般参数报警为非显示报警。未在主实验室内设置紧急报警按钮	✓			✓	✓
	123	有负压控制要求的房间入口位置，未安装显示房间负压状况的压力显示装置		✓		✓	✓
	124	自控系统未预留接口		✓	✓	✓	✓
	125	空调净化系统启动和停机过程未采取措施防止实验室内负压值超出围护结构和有关设备的安全范围	✓			✓	✓
	126	送风机和排风机未设置保护装置；送风机和排风机保护装置未将报警信号接入控制系统		✓		✓	✓
	127	送风机和排风机未设置风压差检测装置；当压差低于正常值时不能发出声光报警		✓		✓	✓
	128	防护区未设送风、排风系统正常运转的标志；当排风系统运转不正常时不能报警；备用排风机组不能自动投入运行，不能发出报警信号	✓			✓	✓
	129	送风和排风系统未可靠连锁，空调通风系统开机顺序不符合第5.3.1条的要求	✓			✓	✓
	130	当空调机组设置电加热装置时未设置送风机有风检测装置；在电加热段未设置监测温度的传感器；有风信号及温度信号未与电加热连锁	✓		✓	✓	✓
	131	空调通风设备不能自动和手动控制，应急手动没有优先控制权，不具备硬件连锁功能		✓		✓	✓
	132	防护区室内外压差传感器采样管未配备与排风高效过滤器过滤效率相当的过滤装置		✓		✓	✓
	133	未设置监测送风、排风高效过滤器阻力的压差传感器		✓		✓	✓
	134	在空调通风系统未运行时，防护区送、排风管上的密闭阀未处于常闭状态		✓		✓	✓
	135	实验室的建筑周围未设置安防系统		✓			✓
	136	未设门禁控制系统	✓			✓	✓

续表

章	序号	检查出的问题	评价		适用范围		
			严重缺陷	一般缺陷	二级	三级	四级
电气	137	防护区内的缓冲间、化学淋浴间等房间的门未采取互锁措施	√			√	√
	138	在互锁门附近未设置紧急手动解除互锁开关。中控系统不具有解除所有门或指定门互锁的功能	√			√	√
	139	未设闭路电视监视系统		√	√	√	√
	140	未在生物安全实验室的关键部位设置监视器		√		√	√
	141	防护区内未设置必要的通信设备		√		√	√
	142	实验室内与实验室外没有内部电话或对讲系统		√		√	√
消防	143	耐火等级低于二级		√	√		
	144	耐火等级低于二级	√			√	
	145	耐火等级不为一级	√				√
	146	不是独立防火分区；三级和四级生物安全实验共用一个防火分区，其耐火等级不为一级	√				√
	147	疏散出口没有消防疏散指示标志和消防应急照明措施		√	√	√	√
	148	吊顶材料的燃烧性能和耐火极限应低于所在区域隔墙的要求；与其他部位隔开的防火门不是甲级防火门	√			√	√
	149	生物安全实验室未设置火灾自动报警装置和合适的灭火器材	√			√	√
	150	防护区设置自动喷水灭火系统和机械排烟系统；未根据需要采取其他灭火措施	√			√	√
施工要求	151	围护结构表面的所有缝隙未采取可靠的措施密封	√			√	√
	152	有压差梯度要求的房间未在合适位置设测压孔；测压孔平时没有密封措施		√		√	√
	153	各种台、架、设备未采取防倾倒措施。当靠地靠墙放置时，未用密封胶将靠地靠墙的边缝密封		√	√	√	√
	154	与强度较差的围护结构连接固定时，未在围护结构上安装加强构件		√		√	√
	155	气密门两侧、顶部与围护结构的距离小于200mm		√		√	√
	156	气密门门体和门框未采用整体焊接结构，门体开闭机构没有可调的铰链和锁扣		√		√	√

续表

章	序号	检查出的问题	评价		适用范围		
			严重缺陷	一般缺陷	二级	三级	四级
施工要求	157	空调机组的基础对地面的高度低于200mm		✓		✓	✓
	158	空调机组安装时未调平，未作减振处理；各检查门不平整，密封条不严密；正压段的门未向内开，负压段的门未向外开；表冷段的冷凝水排水管上未设置水封和阀门		✓	✓	✓	✓
	159	送风、排风管道的材料不符合设计要求，加工前未进行清洁处理，未去掉表面油污和灰尘		✓	✓	✓	✓
	160	风管加工完毕后，未擦拭干净，未用薄膜把两端封住，安装前去掉或损坏		✓	✓	✓	✓
	161	技术夹层里的任何管道和设备穿过防护区时，贯穿部位未可靠密封。灯具箱与吊顶之间的孔洞未密封不漏		✓	✓	✓	✓
	162	送、排风管道未隐蔽安装		✓	✓	✓	✓
	163	送、排风管道咬口连接的咬口缝未用胶密封		✓		✓	✓
	164	各类调节装置不严密，调节不灵活，操作不方便		✓	✓	✓	✓
	165	排风高效过滤装置，不符合国家现行有关标准的规定。排风高效过滤装置的室内侧没有保护高效过滤器的措施	✓			✓	✓
	166	生物安全柜、负压解剖台等设备在搬运过程中，横倒放置和拆卸		✓	✓	✓	✓
	167	生物安全柜和负压解剖台背面、侧面与墙的距离小于300mm，顶部与吊顶的距离小于300mm		✓	✓	✓	✓
	168	传递窗、双扉高压灭菌器、化学淋浴间等设施与实验室围护结构连接时，未保证箱体的严密性	✓		✓	✓	✓
	169	传递窗、双扉高压灭菌器等设备与轻体墙连接时，未在连接部位采取加固措施		✓	✓	✓	✓
	170	防护区内的传递窗和药液传递箱的腔体或门扇未整体焊接成型		✓		✓	✓
	171	具有熏蒸消毒功能的传递窗和药液传递箱的内表面使用有机材料		✓	✓	✓	✓
	172	实验台面不光滑、透水、不耐腐蚀、不耐热和不易于清洗	✓		✓	✓	✓
	173	防护区配备的实验台未采用整体台面		✓		✓	✓
	174	实验台、架、设备的边角未以圆弧过渡，有突出的尖角、锐边、沟槽		✓	✓	✓	✓

续表

章	序号	检查出的问题	评价		适用范围		
			严重缺陷	一般缺陷	二级	三级	四级
工程检测	175	围护结构的严密性不符合要求	√			√	√
	176	防护区排风高效过滤器原位检漏不符合要求	√			√	√
	177	送风高效过滤器检漏不符合要求		√		√	√
	178	静压差不符合要求	√			√	√
	179	气流流向不符合要求	√			√	√
	180	室内送风量不符合要求		√		√	√
	181	洁净度级别不符合要求		√		√	√
	182	温度不符合要求		√		√	√
	183	相对湿度不符合要求		√		√	√
	184	噪声不符合要求		√		√	√
	185	照度不符合要求		√		√	√
	186	应用于防护区外的排风高效过滤器单元严密性不符合要求	√			√	√
	187	工况验证不符合要求	√			√	√
	188	生物安全柜、动物隔离设备、IVC、负压解剖台等的检测不符合要求	√			√	√
	189	活毒废水处理设备、高压灭菌锅、动物尸体处理设备等检测不符合要求	√			√	√

附录 D 高效过滤器现场效率法检漏

D.1 所需仪器、条件及要求

D.1.1 测试仪器应采用气溶胶光度计或最小检测粒径为 $0.3\mu m$ 的激光粒子计数器。

D.1.2 测试气溶胶应采用邻苯二甲酸二辛酯（DOP）、癸二酸二辛酯（DOS）、聚 α 烯烃（PAO）油性气溶胶物质等。

D.1.3 测试气溶胶发生器应采用单个或多个 Laskin（拉斯金）喷嘴压缩空气加压喷雾形式。

D.2 上游气溶胶验证

D.2.1 上游气溶胶均匀性验证应符合下列要求：

1 应在过滤器上游测试段内，距过滤上游端面 30cm 距离内选择一断面，并在该断面上平均布置 9 个测试点（图 D.2.1）；

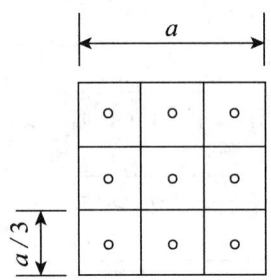

图 D.2.1 上游气溶胶均匀性测点布置图

2 应在气溶胶发生器稳定工作后，对每个测点依次进行至少连续 3 次采样，每次采样时间不应低于 1min，并应取三次采样的平均值作为该点的气溶胶浓度检测结果；

3 当所有 9 个测点的气溶胶浓度测试结果与各测点测试结果算术平均值偏差均小于 ±20% 时，可判定过滤器上游气溶胶浓度均匀性满足测试需要。

D.2.2 上游气溶胶浓度测点应布置在浓度均匀性满足上述要求断面的中心点。

D.2.3 在上游气溶胶测试段中心点，连续进行 5 次，每次 1min 的上游测试气溶胶浓度采样，所有 5 个测试结果与算术平均值的偏差不超过 10% 时，可判定上游气溶胶浓度稳定性合格。

D.3 下游气溶胶均匀性验证

D.3.1 下游气溶胶均匀性验证可按下列两种方法之一进行：

1 可在过滤器背风面尽量接近过滤器处预留至少 4 个大小相同的发尘管，发尘管为直径不大于 10mm 的刚性金属管，孔口开向应与气流方向一致，发尘管的位置应位于过滤器边角处。应使用稳定工作的气溶胶发生器，分别依次对各发尘管注入气溶胶，而后在下游测试孔位置进行测试。所有 4 次测试结果均不超过 4 次测定结果算术平均值的 ±20% 时，可认定过滤器下游气溶胶浓度均匀性满足测试需要。

2 可在过滤器下游（或混匀装置下游）适当距离处，选择一断面，在该断面上至少布置 9 个采样管，采样管为开口迎向气流流动方向的刚性金属管，管径应尽量符合常规采样仪器的等动力采样要求，其中5个采样管在中心和对角线上均匀布置，4个采样管分别布置于矩形风道各边中心、距风道壁面25mm处（图 D.3.1a）。圆形风道采样管布置采用类似原则进行（图 D.3.1b）。应在气溶胶发生器稳定工作后（此时被测过滤器上游气溶胶浓度至少应为进行效率测试试验时下限浓度的2倍以上），对每个测点依次进行至少连续3次采样，每次采样时间不应少于1min，并取其平均值作为该点的气溶胶浓度检测结果。当所有9个测点的气溶胶浓度测试结果与各测点测试结果算术平均值偏差均小于±20%时，可认为过滤器下游气溶胶浓度均匀性满足测试需要。

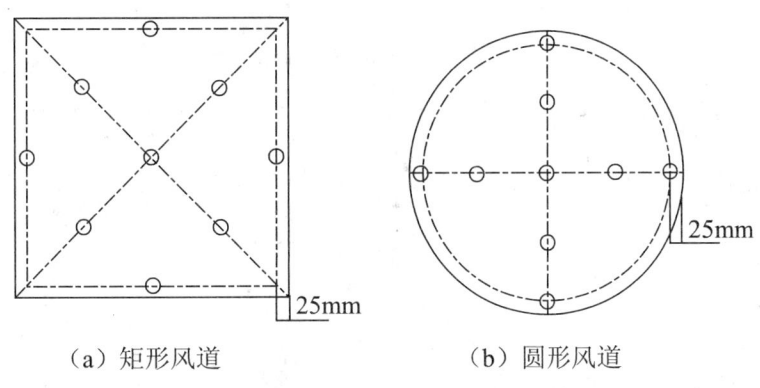

（a）矩形风道　　　　　　　　（b）圆形风道

图 D.3.1　下游气溶胶均匀性测点布置图

D.4　采用粒子计数器检测高效过滤器效率

D.4.1　应采用粒径为 $0.3\mu m \sim 0.5\mu m$ 的测试粒子。

D.4.2　测试过程应保证足够的下游气溶胶测试计数。下游气溶胶测试计数不宜小于20粒。上游气溶胶最小测试浓度应根据预先确认的下游最小气溶胶浓度和过滤器最大允许透过率计算得出，且上游气溶胶最小测试计数不宜低于200000粒。

D.4.3　采用粒子计数器检测高效过滤器效率可按下列步骤进行测试：

　　1　连接系统并运行：应将测试段严密连接至被测排风高效过滤风口，将气溶胶发生器及激光粒子计数器分别连接至相应的气溶胶注入口及采样口，但不开启。然后开启排风系统风机，调整并测试确认被测过滤器风量，使其风量在正常运行状态下且不得超过其额定风量，稳定运行一段时间。

　　2　背景浓度测试：不得开启气溶胶发生器，应采用激光粒子计数器测量此时过滤器下游背景浓度。背景浓度超过35粒/L时，则应检查管道密封性，直至背景浓度满足要求。

　　3　上下游气溶胶浓度测试：应开启气溶胶发生器，采用激光粒子计数器分别测量此时过滤器上游气溶胶浓度 C_u 及下游气溶胶浓度 C_d，并应至少检测3次。

D.4.4　试验数据处理应符合下列规定：

　　1　过滤效率测试结果的平均值应根据3次实测结果按下式计算：

$$\overline{E} = \left(1 - \frac{\overline{C_d}}{\overline{C_u}}\right) \times 100\%$$ 　　　　　　(D.4.4-1)

式中：$\overline{E}$——过滤效率测试结果的平均值；

　　　　$\overline{C_u}$——上游浓度的平均值；

　　　　$\overline{C_d}$——下游浓度平均值。

2 置信度为95%的过滤效率下限值 $\overline{E}_{95\%min}$ 可按下式计算：

$$\overline{E}_{95\%min} = (1 - \frac{\overline{C}_{d,95\%max}}{\overline{C}_{u,95\%min}}) \times 100\%$$ (D.4.4-2)

式中：$\overline{E}_{95\%min}$——置信度为95%的过滤效率下限值；

$\overline{C}_{u95\%min}$——上游平均浓度95%置信下限，可根据上游浓度的平均值$\overline{C}_u$查表 D.4.4 取值，也可计算得出；

$\overline{C}_{d95\%max}$——下游平均浓度95%置信上限，可根据下游浓度平均值$\overline{C}_d$，查表 D.4.4 取值，也可计算得出。

表 D.4.4 置信度为95%的粒子计数置信区间

粒子数（浓度）C	置信下限 95%min	置信上限 95%max	粒子数（浓度）C	置信下限 95%min	置信上限 95%max
0	0.0	3.7	35	24.4	48.7
1	0.1	5.6	40	28.6	54.5
2	0.2	7.2	45	32.8	60.2
3	0.6	8.8	50	37.1	65.9
4	1.0	10.2	55	41.4	71.6
5	1.6	11.7	60	45.8	77.2
6	2.2	13.1	65	50.2	82.9
8	3.4	15.8	70	54.6	88.4
10	4.7	18.4	75	59.0	94.0
12	6.2	21.0	80	63.4	99.6
14	7.7	23.5	85	67.9	105.1
16	9.4	26.0	90	72.4	110.6
18	10.7	28.4	95	76.9	116.1
20	12.2	30.8	100	81.4	121.6
25	16.2	36.8	n ($n>100$)	$n - 1.96\sqrt{n}$	$n + 1.96\sqrt{n}$
30	20.2	42.8			

注：本表为依据泊松公布，置信度为90%的粒子计数置信区间。

D.4.5 被测高效空气过滤器在 $0.3\mu m \sim 0.5\mu m$ 间实测计数效率的平均值 $\overline{E}$ 以及置信度为95%的下限效率 $\overline{E}_{95\%min}$ 均不低于 99.99% 时，应评定为符合标准。

D.4.6 过滤器下游浓度无法达到 20 粒时，可采用下列方法：

1 首先应测试过滤器上游气溶胶浓度 C_u，并应根据表 D.4.4 计算上游95%置信下限的粒子浓度 $C_{u,95\%min}$。

2 应根据上游95%置信下限的粒子浓度 $C_{u,95\%min}$ 和过滤器最大允许透过率（0.01%），计算下游允许最大浓度，再根据表 D.4.4 查得或计算下游允许最大浓度的95%置信下限浓度 $C_{d,95\%min}$。

3 测试过滤器下游气溶胶浓度 C_d 时，可适当延长采样时间，并应至少检测 3 次，计算平均值 $\overline{C}_d$。

4 $\overline{C}_d < C_{d,95\%min}$ 时，则应认为过滤器无泄漏，符合要求，反之则不符合要求。

D.5 采用光度计检测高效过滤器效率

D.5.1 上游气溶胶应符合下列要求：

1 上游气溶胶喷雾量不应低于 50mg/min；

2 计数中值粒径可为约 $0.4\mu m$，质量中值粒径可为 $0.7\mu m$，浓度可为 $10\mu g/L \sim 90\mu g/L$。

D.5.2 采用光度计检测高效过滤器效率可按下列步骤进行测试：

1 连接系统并运行：应将测试段严密连接至被测排风高效过滤风口，将气溶胶发生器及光度计分别连接至相应的气溶胶注入口及采样口，但不开启。然后开启排风系统风机，调整并测试确认被测过滤器风量，使其风量在正常运行状态下且不得超过其额定风量，稳定运行一段时间。

2 上、下游气溶胶浓度测试：应开启气溶胶发生器，测定此时的上游气溶胶浓度，气溶胶浓度满足测试需要时，则应将此时的气溶胶浓度设定为 100%，测量此时过滤器下游与上游气溶胶浓度之比。应至少检测 3min，读取每分钟内的平均读数。

D.5.3 应将下游各测点实测过滤效率计算平均值，作为被测过滤器的过滤效率测试结果。

D.5.4 被测高效空气过滤器实测光度计法过滤效率不低于 99.99% 时，应评定为符合标准。

本规范用词说明

1　为便于在执行本规范条文时区别对待，对要求严格程度不同的用词说明如下：

　　1）表示很严格，非这样做不可的：

　　　正面词采用"必须"，反面词采用"严禁"；

　　2）表示严格，在正常情况下均应这样做的：

　　　正面词采用"应"，反面词采用"不应"或"不得"；

　　3）表示允许稍有选择，在条件许可时首先应这样做的：

　　　正面词采用"宜"，反面词采用"不宜"；

　　4）表示有选择，在一定条件下可以这样做的，采用"可"。

2　条文中指明应按其他有关标准执行的写法为："应符合……的规定"或"应按……执行"。

引用标准名录

1　《建筑地基基础设计规范》GB 50007
2　《建筑结构可靠度设计统一标准》GB 50068
3　《建筑抗震设防分类标准》GB 50223
4　《实验动物设施建筑技术规范》GB 50447
5　《洁净室施工及验收规范》GB 50591
6　《高效空气过滤器》GB/T 13554
7　《实验室　生物安全通用要求》GB 19489

中华人民共和国国家标准

生物安全实验室建筑技术规范

GB 50346—2011

条 文 说 明

修 订 说 明

《生物安全实验室建筑技术规范》GB 50346—2011 经住房和城乡建设部 2011 年 12 月 5 日以第 1214 号公告批准、发布。

本规范是在原国家标准《生物安全实验室建筑技术规范》GB 50346—2004 的基础上修订而成的，上一版的主编单位是中国建筑科学研究院，参编单位是中国疾病预防控制中心、中国医学科学院、农业部全国畜牧兽医总站、中国建筑技术集团有限公司、北京市环境保护科学研究院、同济大学、公安部天津消防科学研究所、上海特莱仕千思板制造有限公司，主要起草人员是王清勤、许钟麟、卢金星、秦川、陈国胜、张益昭、张彦国、蒋岩、何星海、邓曙光、沈晋明、余詠霆、倪照鹏、姚伟毅。本次修订的主要技术内容是：1. 增加了生物安全实验室的分类：a 类指操作非经空气传播生物因子的实验室，b 类指操作经空气传播生物因子的实验室；2. 增加了 ABSL－2 中的 b2 类主实验室的技术指标；3. 三级生物安全实验室的选址和建筑间距修订为满足排风间距要求；4. 增加了三级和四级生物安全实验室防护区应能对排风高效空气过滤器进行原位消毒和检漏；5. 增加了四级生物安全实验室防护区应能对送风高效空气过滤器进行原位消毒和检漏；6. 增加了三级和四级生物安全实验室防护区设置存水弯和地漏的水封深度的要求；7. 将 ABSL－3 中的 b2 类实验室的供电提高到必须按一级负荷供电；8. 增加了三级和四级生物安全实验室吊顶材料的燃烧性能和耐火极限不应低于所在区域隔墙的要求；9. 增加了独立于其他建筑的三级和四级生物安全实验室的送排风系统可不设置防火阀；10. 增加了三级和四级生物安全实验室的围护结构的严密性检测；11. 增加了活毒废水处理设备、高压灭菌锅、动物尸体处理设备等带有高效过滤器的设备应进行高效过滤器的检漏；12. 增加了活毒废水处理设备、动物尸体处理设备等进行污染物消毒灭菌效果的验证。

本规范修订过程中，编制组进行了广泛的调查研究，总结了生物安全实验室工程建设的实践经验，同时参考了国外先进技术法规、技术标准，通过试验取得了重要技术参数。

为便于广大设计、施工、科研、学校等单位有关人员在使用本规范时能正确理解和执行条文规定，《生物安全实验室建筑技术规范》编制组按章、节、条顺序编制了本规范的条文说明，对条文规定的目的、依据以及执行中需注意的有关事项进行了说明，还着重对强制性条文的强制性理由作了解释。但是，本条文说明不具备与规范正文同等的法律效力，仅供使用者作为理解和把握规范规定的参考。

1 总　则

1.0.1　《生物安全实验室建筑技术规范》GB 50346自2004年发布以来，对于我国生物安全实验室的建设起到了重大的推动作用。经过几年的发展，我国在生物安全实验室建设方面已取得很多自己的科技成果，因此，如何参照国外先进标准，结合国内外先进经验和理论成果，使我国的生物安全实验室建设符合我国的实际情况，真正做到安全、规范、经济、实用，是制定和修订本规范的根本目的。

1.0.2　本条规定了本规范的适用范围。对于进行放射性和化学实验的生物安全实验室的建设还应遵循相应规范的规定。

1.0.3　设计和建设生物安全实验室，既要考虑初投资，也要考虑运行费用。针对具体项目，应进行详细的技术经济分析。生物安全实验室保护对象，包括实验人员、周围环境和操作对象三个方面。目前国内已建成的生物安全实验室中，出现施工方现场制作的不合格产品、采用无质量合格证的风机、高效过滤器也有采用非正规厂家生产的产品等，生物安全难以保证。因此，对生物安全实验室中采用的设备、材料必须严格把关，不得迁就，必须采用绝对可靠的设备、材料和施工工艺。

　　本规范的规定是生物安全实验室设计、施工和检测的最低标准。实际工程各项指标可高于本规范要求，但不得低于本规范要求。

1.0.4　生物安全实验室工程建筑条件复杂，综合性强，涉及面广。由于国家有关部门对工程施工和验收制定了很多国家和行业标准，本规范不可能包括所有的规定。因此在进行生物安全实验室建设时，要将本规范和其他有关现行国家和行业标准配合使用。例如：

　　《实验动物设施建筑技术规范》GB 50447
　　《实验动物　环境与设施》GB 14925
　　《洁净室施工及验收规范》GB 50591
　　《大气污染物综合排放标准》GB 16297
　　《建筑工程施工质量验收统一标准》GB 50300
　　《建筑装饰装修工程质量验收规范》GB 50210
　　《洁净厂房设计规范》GB 50073
　　《公共建筑节能设计标准》GB 50189
　　《建筑节能工程施工质量验收规范》GB 50411
　　《医院洁净手术部建筑技术规范》GB 50333
　　《医院消毒卫生标准》GB 15982
　　《建筑结构可靠度设计统一标准》GB 50068
　　《建筑抗震设防分类标准》GB 50223
　　《建筑地基基础设计规范》GB 50007
　　《建筑给水排水设计规范》GB 50015
　　《建筑给水排水及采暖工程施工质量验收规范》GB 50242
　　《污水综合排放标准》GB 8978
　　《医院消毒卫生标准》GB 15982
　　《医疗机构水污染物排放要求》GB 18466
　　《压缩空气站设计规范》GB 50029
　　《通风与空调工程施工质量验收规范》GB 50243

《采暖通风与空气调节设计规范》GB 50019

《民用建筑工程室内环境污染控制规范》GB 50325

《建筑电气工程施工质量验收规范》GB 50303

《供配电系统设计规范》GB 50052

《低压配电设计规范》GB 50054

《建筑照明设计标准》GB 50034

《智能建筑工程质量验收规范》GB 50339

《建筑内部装修设计防火规范》GB 50222

《高层民用建筑设计防火规范》GB 50045

《建筑设计防火规范》GB 50016

《火灾自动报警系统设计规范》GB 50116

《建筑灭火器配置设计规范》GB 50140

《实验室　生物安全通用要求》GB 19489

《高效空气过滤器性能实验方法　效率和阻力》GB/T 6165

《高效空气过滤器》GB/T 13554

《空气过滤器》GB/T 14295

《民用建筑电气设计规范》JGJ 16

《医院中心吸引系统通用技术条件》YY/T 0186

《生物安全柜》JG 170

2　术　语

2.0.1　一级屏障主要包括各级生物安全柜、动物隔离设备和个人防护装备等。

2.0.2　二级屏障主要包括建筑结构、通风空调、给水排水、电气和控制系统。

2.0.3　辅助用房包括空调机房、洗消间、更衣间、淋浴间、走廊、缓冲间等。

2.0.6　实验操作间通常有生物安全柜、IVC、动物隔离设备、解剖台等。主实验室的概念是为了区别经常提到的"生物安全实验室"、"P3 实验室"等。本规范中提到的"生物安全实验室"是包含主实验室及其必需的辅助用房的总称。主实验室在《实验室　生物安全通用要求》GB 19489 标准中也称核心工作间。

2.0.7　三级和四级生物安全实验室防护区的缓冲间一般设置空调净化系统，一级和二级生物安全实验室根据工艺需求来确定，不一定设置空调净化系统。

2.0.10　对于三级和四级生物安全实验室对于围护结构严密性需要打压的房间一般采用气密门，防护区内的其他房间可采用密封要求相对低的密闭门。

2.0.11　生物安全实验室一般包括防护区内的排水。

2.0.12、2.0.13　关于空气洁净度等级的规定采用与国际接轨的命名方式，7 级相当于 1 万级，8 级相当于 10 万级。根据《洁净厂房设计规范》GB 50073 的规定，洁净度等级可选择两种控制粒径。对于生物安全实验室，应选择 $0.5\mu m$ 和 $5\mu m$ 作为控制粒径。

2.0.14　生物安全实验室在进行设计建造时，根据不同的使用需要，会有不同设计的运行状态，如生物安全柜、动物隔离设备等常开或间歇运行，多台设备随机启停等。实验对象包括实验动物、实验微生物样本等。

3　生物安全实验室的分级、分类和技术指标

3.1　生物安全实验室的分级

3.1.1　生物安全实验室区域划分由本规范 2004 版的三个区域（清洁区、半污染区和污染区）改为两个区（防护区和辅助工作区），本版中的防护区相当于本规范 2004 版的污染区和半污染区；辅助工作区基本等同于清洁区。本规范的主实验室相当于《实验室　生物安全通用要求》GB 19489—2008 的核心工作间。

防护区包括主实验室、主实验室的缓冲间等；辅助工作区包括自控室、洗消间、洁净衣物更换间等。

3.1.2　参照世界卫生组织的规定以及其他国内外的有关规定，同时结合我国的实际情况，把生物安全实验室分为四级。为了表示方便，以 BSL（英文 Biosafety Level 的缩写）表示生物安全等级；以 ABSL（A 是 Animal 的缩写）表示动物生物安全等级。一级生物安全实验室对生物安全防护的要求最低，四级生物安全实验室对生物安全防护的要求最高。

3.2　生物安全实验室的分类

3.2.1　生物安全实验室分类是本次修订的重要内容。针对实验活动差异、采用的个体防护装备和基础隔离设施不同，对实验室加以分类，使实验室的分类更加清晰。

a 类型实验室相当于《实验室　生物安全通用要求》GB 19489—2008 中 4.4.1 规定的类型；b1 相当于《实验室　生物安全通用要求》GB 19489—2008 中 4.4.2 规定的类型；b2 相当于《实验室　生物安全通用要求》GB 19489—2008 中 4.4.3 规定的类型。《实验室　生物安全通用要求》GB 19489—2008 中 4.4.4 类型为使用生命支持系统的正压服操作常规量经空气传播致病性生物因子的实验室，在 b1 类或 b2 类型实验室中均有可能使用到，本规范中没有作为一类单独列出。

3.2.2　本条对四级生物安全实验室又进行了详细划分，即细分为生物安全柜型、正压服型两种，对每种的特点进行了描述。

3.3　生物安全实验室的技术指标

3.3.2　本条规定了生物安全主实验室二级屏障的主要技术指标。由于动物实验产生致病因子更多，故对压差的要求也高于微生物实验室。对于三级和四级生物安全实验室，由于工作人员身穿防护服，夏季室内设计温度不宜太高。

表 3.3.2 和表 3.3.3 中的负压值、围护结构严密性参数要求指实际运行的最低值，设计或调试时应考虑余量。

表中对温度的要求为夏季不超过高限，冬季不低于低限。

另外对于二级生物安全实验室，为保护实验环境，延长生物安全柜的使用寿命，可采用机械通风，并加装过滤装置的方式。二级生物安全实验室如果采用机械通风系统，应保证主实验室及其缓冲间相对大气为负压，并保证气流从辅助区流向防护区，主实验室相对大气压力最低。

本条款中主实验室的主要技术指标增加了围护结构严密性要求，这主要来源于《实验室　生物安全通用要求》GB 19489—2008。

3.3.3　本条规定了三级和四级生物安全实验室其他房间的主要技术指标。三级和四级生物安全实

验室，从防护区到辅助工作区每相邻房间或区域的压力梯度应达到规范要求，主要是为了保证不同区域之间的气流流向。

3.3.4 本条主要针对动物生物安全实验室，为了节约运行费用，设计时一般应考虑值班运行状态。值班运行状态也应保证各房间之间的压差数值和梯度保持不变。值班换气次数可以低于表3.3.2和表3.3.3中规定的数值，但应通过计算确定。

3.3.5 有些生物安全实验室，根据操作对象和实验工艺的要求，对空气洁净度级别会有特殊要求，相应地空气换气次数也应随之变化。

4 建筑、装修和结构

4.1 建筑要求

4.1.1 本条对生物安全实验室的平面位置和选址作出了规定。

三级生物安全实验室与公共场所和居住建筑距离的确定，是根据污染物扩散并稀释的距离计算得来。本条款对三级生物安全实验室具体要求由原规范"距离公共场所和居住建筑至少20m"改为本规范"防护区室外排风口与公共场所和居住建筑的水平距离不应小于20m"，即满足了生物安全的要求，便于一些改造项目的实施。

为防止相邻建筑物或构筑物倒塌、火灾或其他意外对生物安全实验室造成威胁，或妨碍实施保护、救援等作业，故要求四级生物安全实验室需要与相邻建筑物或构筑物保持一定距离。

4.1.2 生物安全实验室应在入口处设置更衣室或更衣柜是为了便于将个人服装和实验室工作服分开。三、四级生物实验室通常在清洁衣物更换间内设置更衣柜，放置个人衣服。

4.1.3 BSL-3中a类实验室是操作非经气溶胶传染的微生物实验，相对b1类实验室风险较低。所以对BSL-3中a类实验室中主实验室的缓冲间和防护服更换间可共用。

4.1.4 ABSL-3实验室还要考虑动物、饲料垫料等物品的进出。

如果动物饲养间同时设置进口和出口，应分别设置缓冲间。动物入口根据需要可在辅助工作间设置动物检疫隔离室，用于对进入防护区前动物的检疫隔离。洁净物品入口的高压灭菌器可以不单独设置，和污物出口的共用，根据实验室管理和经济条件设置。污物暂存间根据工艺要求可不设置。

4.1.5 四级实验室是生物风险级别最高的实验室，对二级屏障要求最严格。

4.1.6 本条是考虑使用的安全性和使用功能的要求。与ABSL-3中的b2类实验室和四级生物安全可以与二级、三级生物安全实验室等直接相关用房设在同一建筑内，但不应和其他功能的房间合在一个建筑中。

4.1.7 三级和四级生物安全实验室的室内净高规定是为了满足生物安全柜等设备的安装高度和检测、检修要求，以及已经发生的因层高不够而卸掉设备脚轮的情况，对实验室高度作出了规定。

三级和四级生物安全实验室应考虑各种通风空调管道、污水管道、空调机房、污水处理设备间的空间和高度，实验室上、下设备层层高规定不宜低于2.2m。目前国外大部分三、四级实验室都是设计为"三层"结构，即实验室上层设备层包括通风空调管道、通风空调设备、空调机房等，下层设备层包括污水管道、污水处理设备间等。国内已建成的三级实验室中大多没有考虑设备层空间，一方面是利用旧建筑改造没有条件；另一方面由于层高超过2.2m的设备层计入建筑面积，部分实验室设备层低于2.2m，导致目前国内已建成实验室设备维护和管理困难的局面。所以，在本规范中增加本条，希望建筑主管部门审批生物安全实验室这种特殊建筑时，可以进行特殊考虑。

4.1.8 本条款规定了三级和四级生物安全实验室人流路线的设置的原则。例如：不同区域（防护区或辅助工作区）的淋浴间的压力要求和排水处理要求不同。BSL-3 实验室淋浴间属于辅助工作区。

4.1.9 ABSL-4 的动物尸体处理设备间和防护区污水处理设备间在正常使用情况下是安全的，但设备间排水管道和阀门较多，出现故障泄漏的可能性加大，加上 ABSL-4 的高危险性，所以要求设置缓冲间。

4.1.10 设置生命支持系统的生物安全实验室，操作人员工作时穿着正压防护服。设置化学淋浴间是为了操作人员离开时，对正压防护服表面进行消毒，消毒后才能脱去。

4.1.13 药液传递箱俗称渡槽。本条对传递窗性能作出了要求，但对是否设置传递窗不作强制要求。三级和四级生物安全实验室的双扉高压灭菌器对活体组织、微生物和某些材料制造的物品具有灭活或破坏作用，在这种情况下就只能使用具有熏蒸消毒功能的传递窗或者带有药液传递箱来传递。带有消毒功能的传递窗需要连接消毒设备，在对实验室整体设计时，应考虑到消毒设备的空间要求。药液传递箱要考虑消毒剂更换的操作空间要求。

4.1.14 本条解释了生物安全实验室配备高压灭菌器的原则。三级生物安全实验室防护区内设置的生物安全型双扉高压灭菌器，其主体所在房间一般位于为清洁区。四级生物安全实验室主实验室内设置生物安全型高压灭菌器，主体置于污染风险较低的一侧。

4.1.15 三级和四级生物安全实验室的生物安全柜和负压解剖台布置于排风口附近即室内空气气流方向的下游，有利于室内污染物的排除。不布置在房间门附近是为了减少开关门和人员走动对气流的影响。

4.1.16 双扉高压灭菌器等消毒灭菌设备并非为处理大量动物尸体而设计，除了处理能力有限外，处理后的动物尸体的体积、重量没有缩减，后续的处理工作仍非常不便。当实验室日常活动产生较多数量的带有病原微生物的动物尸体时，应考虑设置专用的动物尸体处理设备。

动物尸体处理设备一般具有消毒灭菌措施、清洗消毒措施、减量排放和密闭隔离功能。动物尸体处理设备最重要的功能是能够对动物尸体消毒灭菌，采用的方式有焚烧、湿热灭菌等。设备应尽量避免固液混合排放，以减轻动物尸体残渣二次处理的难度。设备应具有清洗消毒功能，以便在设备维护或故障时，对设备本身进行无害化处理。

解剖后的动物尸体带有血液、暴露组织、器官等污染源，具有很高的生物危险物质扩散风险，因此将动物尸体处理设备的投放口直接设置在产生动物尸体的区域（如解剖间），对防止生物危险物质的传播、扩散具有重要作用。

动物尸体处理设备的投放口通常有较大的开口尺寸，在进行投料操作时为防止人员或者实验动物意外跌落，投放口宜高出地面一定高度，或者在投放口区域设置设置防护栏杆，栏杆高度不应低于 1.05m。

4.2 装修要求

4.2.1 三级和四级生物安全实验室属于高危险实验室，地面应采用无缝的防滑耐腐蚀材料，保证人员不被滑倒。踢脚宜与墙面齐平或略缩进，围护结构的相交位置采取圆弧处理，减少卫生死角，便于清洁和消毒处理。

4.2.2 墙面、顶棚常用的材料有彩钢板、钢板、铝板、各种非金属板等。为保证生物安全实验室地面防滑、无缝隙、耐压、易清洁，常用的材料有：PVC 卷材、环氧自流坪、水磨石现浇等，也可用环氧树脂涂层。

4.2.3 本条规定了生物安全实验室窗的设置原则。对于二级生物安全实验室，如果有条件，宜设置机械通风系统，并保持一定的负压。三级和四级生物安全实验室的观察窗应采用安全的材料制作，防止因意外破碎而造成安全事故。

4.2.4 昆虫、鼠等动物身上极易沾染和携带致病因子，应采取防护措施，如窗户应设置纱窗，新风口、排风口处应设置保护网，门口处也应采取措施。

4.2.5 生物安全实验室的门上应有可视窗，不必进入室内便可方便地对实验进行观察。由于生物安全实验室非常封闭，风险大、安全性要求高，设置可视窗可便于外界随时了解室内各种情况，同时也有助于提高实验操作人员的心理安全感。本条款还规定了门开启的方向，主要考虑了工艺的要求。

4.2.6 本条主要提醒设计人员要充分考虑实验室内体积比较大的设备的安装尺寸。

4.2.7 人孔、管道检修口等不易密封，所以不应设在三级和四级生物安全实验室的防护区。

4.2.8 二级、三级、四级生物安全实验室的操作对象都不同程度地对人员和环境有危害性，因此根据国际相关标准，生物安全实验室入口处必须明确标示出国际通用生物危险符号。生物危险符号可参照图1绘制。在生物危险符号的下方应同时标明实验室名称、预防措施负责人、紧急联络方式等有关信息，可参照图2。

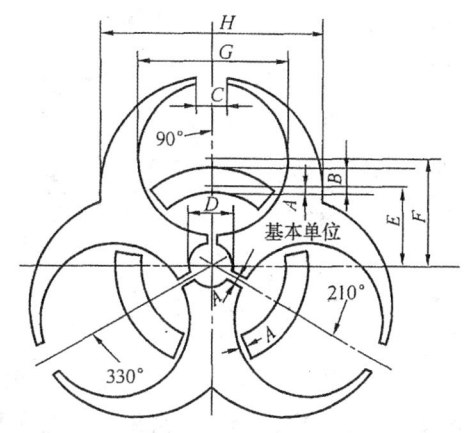

图中尺寸	A	B	C	D	E	F	G	H
以A为基准的长度	1	3½	4	6	11	15	21	30

图1 生物危险符号的绘制方法

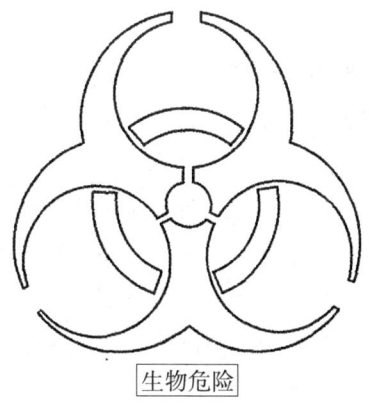

生物危险

非工作人员严禁入内

实验室名称			
病原体名称		预防措施负责人	
生物危害等级		紧急联络方式	

图2 生物危险符号及实验室相关信息

4.3 结构要求

4.3.1 我国三级生物安全实验室很多是在既有建筑物的基础上改建而成的，而我国大量的建筑物结构安全等级为二级；根据具体情况，可对改建成三级生物安全实验室的局部建筑结构进行加固。对新建的三级生物安全实验室，其结构安全等级应尽可能采用一级。

4.3.2 根据《建筑抗震设防分类标准》GB 50223 的规定，研究、中试生产和存放剧毒生物制品和天然人工细菌与病毒的建筑，其抗震设防类别应按特殊设防类。因此，在条件允许的情况下，新建的三级生物安全实验室抗震设防类别按特殊设防类，既有建筑物改建为三级生物安全实验室，必要时应进行抗震加固。

4.3.3 既有建筑物改建为三级生物安全实验室时，根据地基基础核算结果及实际情况，确定是否需要加固处理。新建的三级生物安全实验室，其地基基础设计等级应为甲级。

4.3.5 三级和四级生物安全实验室技术维修夹层的设备、管线较多，维修的工作量大，故对吊顶规定必要的荷载要求，当实际施工或检修荷载较大时，应参照《建筑结构荷载规范》GB 50009 进行取值。吊顶内特别重要的设备指风机、排风高效过滤装置等。

5 空调、通风和净化

5.1 一般规定

5.1.1 空调净化系统的划分要考虑多方面的因素，如实验对象的危害程度、自动控制系统的可靠性、系统的节能运行、防止各个房间交叉污染、实验室密闭消毒等问题。

5.1.2 生物安全实验室设备较多，包括生物安全柜、离心机、CO_2 培养箱、摇床、冰箱、高压灭菌器、真空泵等，在设计时要考虑各种设备的负荷。

5.1.3 生物安全实验室的排风量应进行详细的设计计算。总排风量应包括房间排风量、围护结构漏风量、生物安全柜、离心机和真空泵等设备的排风量等。传递窗如果带送排风或自净化功能，排风应经过高效过滤器过滤后排出。

5.1.4 本条规定的生物安全柜选用原则是最低要求，各使用单位可根据自己的实际使用情况选用适用的生物安全柜。对于放射性的防护，由于可能有累积作用，即使是少量的，建议也采用全排型生物安全柜。

5.1.5 二级生物安全实验室可采用自然通风、空调通风系统，也可根据需要设置空调净化系统。当操作涉及有毒有害溶媒等强刺激性、强致敏性材料的操作时，一般应在通风橱、生物安全柜等能有效控制气体外泄的设备中进行，否则应采用全新风系统。二级生物安全实验室中的 b2 类实验室防护区的排风应分析所操作对象的危害程度，经过风险评估来确定是否需经高效空气过滤器过滤后排出。

5.1.6 对于三级和四级生物安全实验室，为了保证安全，而采用全新风系统，不能使用循环风。

5.1.7 三、四级生物安全实验室的主实验室需要进行单独消毒，因此在主实验室风管的支管上安装密闭阀。由于三级和四级生物安全实验室围护结构有严密性要求，尤其是 ABSL-3 及四级生物安全实验室的主实验室应进行围护结构的严密性实验，故对风管支管上密闭阀的严密性要求与所在风管的严密性要求一致。三级和四级生物安全实验室排风机前、紧邻排风机上的密闭阀是备用风机切换之用。

5.1.8 由于普通风机盘管或空调器的进、出风口没有高效过滤器，当室内空气含有致病因子时，极易进入其内部，而其内部在夏季停机期间，温湿度均升高，适合微生物繁殖，当再次开机时会造成污染，所以不应在防护区内使用。

5.1.9 对高效过滤器进行原位消毒可以通过高效过滤单元产品本身实现，也可以通过对送排风系统增加消毒回路设计来实现。

原位检漏指排风高效过滤器在安装后具有检漏条件。检漏方式尽量采用扫描检漏，如果没有扫描检漏条件，可以采用全效率检漏方法进行排风高效过滤器完整性验证。排风高效过滤器新安装后或者更换后需要进行现场检漏，检漏范围应该包括高效过滤器及其安装边框。

5.1.10 生物安全实验室的防护区临近空调机房会缩短送、排风管道，降低初投资和运行费用，减少污染风险。

5.1.11 生物安全实验室空调净化系统和高效排风系统的过滤器的阻力变化较大，所需风机的风压变化也较大。为了保持风量的相对稳定，所以选用风压变化较大时风量变化较小的风机，即风机性能曲线陡的风机。

5.2 送风系统

5.2.1 空气净化系统设置三级过滤，末端设高效过滤器，这是空调净化系统的通用要求。粗效和中效过滤器起到预过滤的作用，从而延长高效过滤器的使用寿命。粗效过滤器设置在新风口或紧靠新风口处是为了尽量减少新风污染风管的长度。中效过滤器设置在空气处理机组的正压段是为了防止经过中效过滤器的送风再受到污染。高效过滤器设置在系统的末端或紧靠末端是为了防止经过高效过滤器的送风再被污染。在表冷器前加一道中效预过滤，可有效防止表冷器在夏季时孳生细菌和延长表冷器的使用寿命。

5.2.2 空调系统的新风口要采取必要的防雨、防杂物、防昆虫及其他动物的措施。此外还应远离污染源，包括远离排风口。新风口高于地面2.5m以上是为了防止室外地面的灰尘进入系统，延长过滤器使用寿命。

5.2.3 对于BSL-3实验室的送风机没有要求一定设置备用送风机，主要是考虑在送风机出现故障时，排风机已经备用了，可以维持相对压力梯度和定向流，从而有时间进行致病因子的处理。

5.2.4 对于ABSL-3实验室和四级生物安全实验室应设置备用送风机，主要是考虑致病因子的危险性和动物实验室的长期运行要求。

5.3 排风系统

5.3.1 对本条说明如下：

1 为了保证实验室要求的负压，排风和送风系统必须可靠连锁，通过"排风先于送风开启，后于送风关闭"，力求始终保证排风量大于送风量，维持室内负压状态。

2 房间排风口是房间内安全的保障，如房间不设独立排风口，而是利用室内生物安全柜、通风柜之类的排风代替室内排风口，则由于这些"柜"类设备操作不当、发生故障等情况下，房间正压或气流逆转，是非常危险的。

3 操作过程中可能产生污染的设备包括离心机、真空泵等。

4 不同类型生物安全柜的结构不同，连接方式要求也不同，本条对此作了规定。

5.3.2 三级生物安全实验室防护区的排风至少需要一道高效过滤器过滤，四级生物安全实验室防护区的排风至少需要两道高效过滤器过滤，国外相关标准也都有此要求。

5.3.3 当室内有致病因子泄漏时，排风口是污染最集中的地区，所以为了把排风口处污染降至最低，尽量减少污染管壁等其他地方，排风高效过滤器应就近安装在排风口处，不应安装在墙内或管道内很深的地方，以免对管道内部等不易消毒的部位造成污染。此外，过滤器的安装结构要便于对过滤器进行消毒和密闭更换。国外有的规范中推荐可用高温空气灭菌装置代替第二道高效过滤器，但考虑到高温空气灭菌装置能耗高、价格贵，同时存在消防隐患，因此本规范没有采用。

5.3.4 为了使排风管道保持负压状态，排风机宜设置于最靠近室外排风口的地方，万一泄漏不致污染房间。

5.3.5 生物安全实验室安全的核心措施，是通过排风保持负压，所以排风机是最关键的设备之一，应有备用。为了保证正在工作的排风机出故障时，室内负压状态不被破坏，备用排风机应能自动启动，使系统不间断正常运行。保持有序的压力梯度和定向流是指整个切换过程气流从辅助工作区至防护区，由外向内保持定向流动，并且整个防护区对大气不能出现正压。

5.3.6 生物安全柜等设备的启停、过滤器阻力的变化等运行工况的改变都有可能对空调通风系统的平衡造成影响。因此，系统设计时应考虑相应的措施来保证压力稳定。保持系统压力稳定的方法可以调节送风也可以调节排风，在某些情况下，调节送风更快捷，在设计时要充分考虑。

5.3.7 排风口设置在主导风的下风向有利于排风的排出。与新风口的直线距离要求，是为了避免排风污染新风。排风口高出所在建筑的屋面一定距离，可使排风尽快在大气中扩散稀释。

5.3.8 ABSL-4 的动物尸体处理设备间和防护区污水处理设备间的管道和阀门较多，在出现事故时防止病原微生物泄漏到大气中。

5.4 气流组织

5.4.1 生物安全实验室需要适度洁净，这主要考虑对实验对象的保护、过滤器寿命的延长、对精密仪器的保护等，特别是针对我国大气尘浓度比发达国家高的情况，所以本规范对生物安全实验室有洁净度级别要求。但是在我国大气尘浓度条件下，当由室外向内一路负压时，实践已证明很难保证内部需要的洁净度。即使对于一般实验室来说，也很难保证内部的清洁，特别是在多风季节或交通频繁的地区。如果在辅助工作区与室外之间设一间正压洁净房间，就可以花不多的投资而解决上述问题，既降低了系统的造价，又能节约运行费用。该正压洁净房间可以是辅助区的更衣室、换鞋室或其他房间，如果有条件，也可单独设正压洁净缓冲室。正压洁净房间由于是在辅助工作区，不会造成污染物外流。正压洁净室的压力只要对外保持微正压即可。

5.4.2 生物安全实验室内的"污染"空间，主要在生物安全柜、动物隔离设备等操作位置，而"清洁"空间主要在靠门一侧。一般把房间的排风口布置在生物安全柜及其他排风设备同一侧。

5.4.3 本规范对生物安全实验室上送下排的气流组织形式的要求由"应"改为"宜"，这主要是考虑一些大动物实验室，房间下部卫生条件较差，需要经常清洗，不具备下排风的条件，并不是说上送下排这种气流组织形式不好，理论及实验研究结果均表明上送下排气流组织对污染物的控制远优于上送上排气流组织形式，因此在进行高级别生物安全实验室防护区气流组织设计时仍应优先采用上送下排方式，当不具备条件时可采用上送上排。在进行通风空调系统设计时，对送风口和排风口的位置要精心布置，使室内气流合理，有利于室内可能被污染空气的排出。

5.4.4 送风口有一定的送风速度，如果直接吹向生物安全柜或其他可能产生气溶胶的操作地点上方，有可能破坏生物安全柜工作面的进风气流，或把带有致病因子的气溶胶吹散到其他地方而造成污染。送风口的布置应避开这些地点。

5.4.5 排风口布置主要是为了满足生物安全实验室内气流由"清洁"空间流向"污染"空间的要求。

5.4.6 室内排风口高度低于工作面，这是一般洁净室的通用要求，如洁净手术室即要求回风口上侧离地不超过 0.5m，为的是不使污染的回（排）风气流从工作面上（手术台上）通过。考虑到生物安全实验室排风量大，而且工作面也仅在排风口一侧，所以排风口上边的高度放松到距地 0.6m。

5.5 空调净化系统的部件与材料

5.5.1 凡是生物洁净室都不允许用木框过滤器，是为了防止长霉菌，生物安全实验室也应如此。三级和四级生物安全实验室防护区经常消毒，故高效过滤器应耐消毒气体的侵蚀，高效过滤器的外框及其紧固件均应耐消毒气体侵蚀。化学淋浴间内部经常处于高湿状态，并且消毒药剂也具有一定的腐蚀性，故与化学淋浴间相连接的送排风高效过滤器应防潮、耐腐蚀。

5.5.2 排风管道是负压管道，有可能被致病因子污染，需要定期进行消毒处理，室内也要常消毒排风，因此需要具有耐腐蚀、耐老化、不吸水特性。对强度也应有一定要求。

5.5.3 为了保护排风管道和排风机，要求排风机外侧还应设防护网和防雨罩。

5.5.4 本条对生物安全实验室空调设备的选用作了规定。

1 淋水式空气处理因其有繁殖微生物的条件，不能用在生物洁净室系统，生物安全实验室更是如此。由于盘管表面有水滴，风速太大易使气流带水。

2 为了随时监测过滤器阻力，应设压差计。

3 从湿度控制和不给微生物创造孳生的条件方面考虑，如果有条件，推荐使用干蒸汽加湿装置加湿，如干蒸汽加湿器、电极式加湿器、电热式加湿器等。

4 为防止过滤器受潮而有细菌繁殖，并保证加湿效果，加湿设备应和过滤段保持足够距离。

5 由于清洗、再生会影响过滤器的阻力和过滤效率，所以对于生物安全实验室的空调通风系统送风用过滤器用完后不应清洗、再生和再用，而应按有关规定直接处理。对于北方地区，春天飞絮很多，考虑到实际的使用，对于新风口处设置的新风过滤网采用可清洗材料时除外。

6 给水排水与气体供应

6.1 一般规定

6.1.1 生物安全实验室的楼层布置通常由下至上可分为下设备层、下技术夹层、实验室工作层、上技术夹层、上设备层。为了便于维护管理、检修，干管应敷设在上下技术夹层内，同时最大限度地减少生物安全实验室防护区内的管道。为了便于对三级和四级生物安全实验室内的给水排水和气体管道进行清洁、维护和维修，引入三级和四级生物安全实验室防护区内的管道宜明敷。一级和二级生物安全实验室摆放的实验室台柜较多，水平管道可敷设在实验台柜内，立管可暗装布置在墙板、管槽、壁柜或管道井内。暗装敷设管道可使实验室使用方便、清洁美观。

6.1.2 给水排水管道穿越生物安全实验室防护区的密封装置是保证实验室达到生物安全要求的重要措施，本条主要是指通过采用可靠密封装置的措施保证围护结构的严密性，即维护实验室正常负压、定向气流和洁净度，防止气溶胶向外扩散。如：1）防止化学熏蒸时未灭活的气溶胶和化学气体泄漏，并保证气体浓度不因气体逸出而降低。2）异常状态下防止气溶胶泄漏。实践证明三级、四级生物安全实验室采用密封元件或套管等方式是行之有效的。

6.1.3 管道泄漏是生物安全实验室最可能发生的风险之一，须特别重视。管道材料可分为金属和非金属两类。常用的非金属管道包括无规共聚聚丙烯（PP-R）、耐冲击共聚聚丙烯（PP-B）、氯化聚氯乙烯（CPVC）等，非金属管道一般可以耐消毒剂的腐蚀，但其耐热性不如金属管道。常用的金属管道包括304不锈钢管，316L不锈钢管道等，304不锈钢管不耐氯和腐蚀性消毒剂，316L不锈钢的耐腐蚀能力较强。管道的类型包括单层和双层，如输送液氮等低温液体的管道为真空套管式。真空套管为双层结构，两层管道之间保持真空状态，以提供良好的隔热性能。

6.1.4 本条要求使用高压气体或可燃气体的实验室应有相应的安全保障措施。可燃气体易燃易爆，危害性大，可能发生燃烧爆炸事故，且发生事故时波及面广，危害性大，造成的损失严重。为此根据实验室的工艺要求，设置高压气体或可燃气体时，必须满足国家、地方的相关规定。

例如，应满足《深度冷冻法生产氧气及相关气体安全技术规程》GB 16912、《气瓶安全监察规定》（国家质量监督检验检疫总局令第46号）等标准和法规的要求。高压气体和可燃气体钢瓶的安全使用要求主要有以下几点：1）应该安全地固定在墙上或坚固的实验台上，以确保钢瓶不会因为自然灾害而移动。2）运输时必须戴好安全帽，并用手推车运送。3）大储量钢瓶应存放在与实验室有一定距离的适当设施内，存放地点应上锁并适当标识；在存放可燃气体的地方，电气设备、灯具、开关等均应符合防爆要求。4）不应放置在散热器、明火或其他热源或会产生电火花的电器附近，也不应置于阳光下直晒。5）气瓶必须连接压力调节器，经降压后，再流出使用，不要直接连接气瓶阀门使用气体。6）易燃气体气瓶，经压力调节后，应装单向阀门，防止回火。7）每瓶气体在使用到尾气时，应保留瓶内余压在0.5MPa，最小不得低于0.25MPa余压，应将瓶阀关闭，以保证气体质量和使用安全。应尽量使用专用的气瓶安全柜和固定的送气管道。需要时，应安装气体浓度监测和报警装置。

6.1.5 化学淋浴是人员安全离开防护区和避免生物危险物质外泄的重要屏障，因此化学淋浴要求具有较高的可靠性，在化学淋浴系统中将化学药剂加压泵设计为一用一备是被广泛采用的提高系统可靠性的有效手段。在紧急情况下（包括化学淋浴系统失去电力供应的情况下），可能来不及按标准程序进行化学淋浴或者化学淋浴发生严重故障丧失功能，因此要求设置紧急化学淋浴设备，这一系统应尽量简单可靠，在极端情况下能够满足正压服表面消毒的最低要求。

6.2 给水

6.2.1 本条是为了防止生物安全实验室在给水供应时可能对其他区域造成回流污染。防回流装置是在给水、热水、纯水供水系统中能自动防止因背压回流或虹吸回流而产生的不期望的水流倒流的装置。防回流污染产生的技术措施一般可采用空气隔断、倒流防止器、真空破坏器等措施和装置。

6.2.2 一级、二级和BSL-3实验室工作人员在停水的情况下可完成实验安全退出，故不考虑市政停水对实验室的影响。对于ABSL-3实验室和四级生物安全实验室，在城市供水可靠性不高、市政供水管网检修等情况下，设置断流水箱储存一定容积的实验区用水可满足实验人员和实验动物用水，同时断流水箱的空气隔断也能防止对其他区域造成回流污染。

6.2.3 以主实验室为单元设置检修阀门，是为了满足检修时不影响其他实验室的正常使用。因为三级和四级生物安全实验室防护区内的务实验室实验性质和实验周期不同，为防止各实验室给水管道之间串流，应以主实验室为单元设置止回阀。

6.2.4 实验人员在离开实验室前应洗手，从合理布局的角度考虑，宜将洗手设施设置在实验室的出口处。如有条件尽可能采用流动水洗手，洗手装置应采用非手动开关，如：感应式、肘开式或脚踏式，这样可使实验人员不和水龙头直接接触。洗手池的排水与主实验室的其他排水通过专用管道收集至污水处理设备，集中消毒灭菌达标后排放。如实验室不具备供水条件，可用免接触感应式手消毒器作为替代的装置。

6.2.5 本条是考虑到二级、三级和四级生物安全实验室中有酸、苛性碱、腐蚀性、刺激性等危险化学晶溅到眼中的可能性，如发生意外能就近、及时进行紧急救治，故在以上区域的实验室内应设紧急冲眼装置。冲眼装置应是符合要求的固定设施或是有软管连接于给水管道的简易装置。在特定条件下，如实验仅使用刺激较小的物质，洗眼瓶也是可接受的替代装置。

一级生物安全实验室应保证每个使用危险化学品地点的 30m 内有可供使用的紧急冲眼装置。是否需要设紧急淋浴装置应根据风险评估的结果确定。

6.2.6 本条是为了保证实验人员的职业安全，同时也保护实验室外环境的安全。设计时，根据风险评估和工艺要求，确定是否需设置强制淋浴。该强制淋浴装置设置在靠近主实验室的外防护服更换间和内防护服更换间之间的淋浴间内，由自控软件实现其强制要求。

6.2.7 如牛、马等动物是开放饲养在大动物实验室内的，故需要对实验室的墙壁及地面进行清洁。对于中、小动物实验室，应有装置和技术对动物的笼具、架及地面进行清洁。采用高压冲洗水枪及卷盘是清洁动物实验室有效的冲洗设备，国外的动物实验室通常都配备。但设计中应考虑使用高压冲洗水枪存在虹吸回流的可能，可设真空破坏器避免回流污染。

6.2.8 为了防止与其他管道混淆，除了管道上涂醒目的颜色外，还可以同时采用挂牌的做法，注明管道内流体的种类、用途、流向等。

6.2.9 本条对室内给水管的材质提出了要求。管道泄漏是生物安全实验室最可能出现的问题之一，应特别重视。管道材料可分为金属和非金属两类，设计时需要特别注意管材的壁厚、承压能力、工作温度、膨胀系数、耐腐蚀性等参数。从生物安全的角度考虑，对管道连接有更高的要求，除了要求连接方便，还应该要求连接的严密性和耐久性。

6.3 排水

6.3.1 三级和四级生物安全实验室防护区内有排水功能要求的地面如：淋浴间、动物房、解剖间、大动物停留的走廊处可设置地漏。

密闭型地漏带有密闭盖板，排水时其盖板可人工打开，不排水时可密闭，可以内部不带水封而在地漏下设存水弯。当排水中挟有易于堵塞的杂物时，如大动物房、解剖间的排水，应采用内部带有活动网框的密闭型地漏拦截杂物，排水完毕后取出网框清理。

6.3.2 本条规定是对生物安全的重要保证，必须严格执行。存水弯、水封盒等能有效地隔断排水管道内的有毒有害气体外窜，从而保证了实验室的生物安全。存水弯水封必须保证一定深度，考虑到实验室压差要求、水封蒸发损失、自虹吸损失以及管道内气压变化等因素，国外规范推荐水封深度为150mm。严禁采用活动机械密封代替水封。实验室后勤人员需要根据使用地漏排水和不使用地漏排水的时间间隔和当地气候条件，主要是根据空气干湿度、水封深度确定水封蒸发量是否使存水弯水封干涸，定期对存水弯进行补水或补消毒液。

6.3.3 三级和四级生物安全实验室防护区废水的污染风险是最高的，故必须集中收集进行有效的消毒灭菌处理。

6.3.4 每个主实验室进行的实验性质不同，实验周期不一致，按主实验室设置排水支管及阀门可保证在某一主实验室进行维修和清洁时，其他主实验室可正常使用。安装阀门可隔离需要消毒的管道以便实现原位消毒，其管道、阀门应耐热和耐化学消毒剂腐蚀。

6.3.5 本条是关于活毒废水处理设备安装位置的要求。目的在于防护区活毒废水能通过重力自流排至实验建筑的最低处，同时尽可能减少废水管道的长度。

6.3.6 本条是对生物安全实验室排水处理的要求。生物安全实验室应以风险评估为依据，确定实验室排水的处理方法。应对处理效果进行监测并保存记录，确保每次处理安全可靠。处理后的污水排放应达到环保的要求，需要监测相关的排放指标，如化学污染物、有机物含量等。

6.3.7 本条是为了防止排水系统和空调通风系统互相影响。排风系统的负压会破坏排水系统的水封，排水系统的气体也有可能污染排风系统。通气管应配备与排风高效过滤器相当的高效过滤器，且耐水性能好。高效过滤器可实现原位消毒，其设置位置应便于操作及检修，宜与管道垂直对接，便于冷凝液回流。

6.3.8 本条是关于生物安全实验室辅助工作区排水的要求。辅助区虽属于相对清洁区，但仍需在风险评估的基础上确定是否需要进行处理。通常这类水可归为普通污废水，可直接排入室外，进综合污水处理站处理。综合污水处理站的处理工艺可根据源水的水质不同采用不同的处理方式，但必须有化学消毒的设施，消毒剂宜采用次氯酸钠、二氧化氯、二氯异氰尿酸钠或其他消毒剂。当处理站规模较大并采取严格的安全措施时，可采用液氯作为消毒剂，但必须使用加氯机。

综合污水处理主要是控制理化和病原微生物指标达到排放标准的要求，生物安全实验室应监测相关指标。

6.3.9 排水管道明设或设透明套管，是为了更容易发现泄漏等问题。

6.3.11 对于四级生物安全实验室，为防范意外事故时的排水带菌、病毒的风险，要求将其排水按防护区废水排放要求管理，接入防护区废水管道经高温高压灭菌后排放。对于三级生物安全实验室，考虑到现有的一些实验室防护区内没有排水，仅因为双扉高压灭菌器而设置污水处理设备没有必要，而本规范规定采用生物安全型双扉高压灭菌器，基本上满足了生物安全要求。

6.4 气体供应

6.4.1 气瓶设置于辅助工作区便于维护管理，避免了放在防护区搬出时要消毒的麻烦。

6.4.2 本条是为了防止气体管路被污染，同时也使供气洁净度达到一定要求。

6.4.3 本条是关于防止真空装置内部污染和安装位置的要求。真空装置是实验室常用的设备，当用于三级、四级生物安全实验室时，应采取措施防止真空装置的内部被污染，如在真空管道上安装相当于高效过滤器效率的过滤装置，防止气体污染；加装缓冲瓶防止液体污染。要求将真空装置安装在从事实验活动的房间内，是为了避免将可能的污染物抽出实验区域外。

6.4.4 具有生命支持系统的正压服是一套高度复杂和要求极为严格的系统装置，如果安装和使用不当，存在着使人窒息等重大危险。为防意外，实验室还应配备紧急支援气罐，作为生命支持供气系统发生故障时的备用气源，供气时间不少于 60min/人。实验室需要通过评估确定总备用量，通常可按实验室发生紧急情况时可能涉及的人数进行设计。

6.4.5 本条是为了保证操作人员的职业安全。

6.4.6 充气式气密门的工作原理是向空心的密封圈中充入一定压强的压缩空气使密封圈膨胀密闭门缝，为此实验室应提供压力和稳定性符合要求的压缩空气源，适用时还需在供气管路上设置高效空气过滤器，以防生物危险物质外泄。

7 电 气

7.1 配电

7.1.1 生物安全实验室保证用电的可靠性对防止致病因子的扩散具有至关重要的作用。二级生物安全实验室供电的情况较多，应根据实际情况确定用电负荷，本条未作出太严格的要求。

7.1.2　四级生物安全实验室一般是独立建筑，而三级生物安全实验室可能不是独立建筑。无论实验室是独立建筑还是非独立建筑，因为建筑中的生物安全实验室的存在，这类建筑均要求按生物安全实验室的负荷等级供电。

BSL-3 实验室和 ABSL-3 中的 b1 类实验室特别重要负荷包括防护区的送风机、排风机、生物安全柜、动物隔离设备、照明系统、自控系统、监视和报警系统等供电。

7.1.3　一级负荷供电要求由两个电源供电，当一个电源发生故障时，另一个电源不应同时受到破坏，同时特别重要负荷应设置应急电源。两个电源可以采用不同变电所引来的两路电源，虽然它不是严格意义上的独立电源，但长期的运行经验表明，一个电源发生故障或检修的同时另一电源又同时发生事故的情况较少，且这种事故多数是由于误操作造成的，可以通过增设应急电源、加强维护管理、健全必要的规章制度来保证用电可靠性。

ABSL-3 中的 b2 类实验室考虑到其风险性，将其供电标准提高。ABSL-3 中的 b2 类实验室和四级生物安全实验室，考虑到对安全要求更高，强调必须按一级负荷供电，并要求特别重要负荷同时设置不间断电源和备用发电设备。ABSL-3 中的 b2 类实验室和四级生物安全实验室特别重要负荷包括防护区的生命支持系统、化学淋浴系统、气密门充气系统、生物安全柜、动物隔离设备、送风机、排风机、照明系统、自控系统、监视和报警系统等供电。

7.1.4　配电箱是电力供应系统的关键节点，对保障电力供应的安全至关重要。实验室的配电箱应专用，应设置在实验室防护区外，其放置位置应考虑人员误操作的风险、恶意破坏的风险及受潮湿、水灾侵害等的风险，可参照《供配电系统设计规范》GB 50052 的相关要求。

7.1.5　生物安全实验室内固定电源插座数量一定要多于使用设备，避免多台设备共用1个电源插座。

7.1.6　施工要求，密封是为了保证穿墙电线管与实验室以外区域物理隔离，实验室内有压力要求的区域不会因为电线管的穿过造成致病因子的泄漏。

7.2　照明

7.2.1　为了满足工作的需要，实验室应具备适宜的照度。吸顶式防水洁净照明灯表面光洁、不易积尘、耐消毒，适于在生物安全实验室中使用。

7.2.2　为了满足应急之需应设置应急照明系统，紧急情况发生时工作人员需要对未完成的实验进行处理，需要维持一定时间正常工作照明。当处理工作完成后，人员需要安全撤离，其出口、通道应设置疏散照明。

7.2.3　在进入实验室的入口和主实验室缓冲间入口的显示装置可以采用文字显示或指示灯。

7.3　自动控制

7.3.1　自动控制系统最根本的任务就是需要任何时刻均能自动调节以保证生物安全实验室关键参数的正确性，生物安全实验室进行的实验都有危险，因此无论控制系统采用何种设备，何种控制方式，前提是要保证实验环境不会威胁到实验人员，不会将病原微生物泄漏到外部环境中。

7.3.2　本条是为了保证各个区域在不同工况时的压差及压力梯度稳定，方便管理人员随时查看实验室参数历史数据。

7.3.3　报警方案的设计异常重要，原则是不漏报、不误报、分轻重缓急、传达到位。人员正常进出实验室导致的压力波动等不应立即报警，可将此报警响应时间延迟（人员开门、关门通过所需的时间），延迟后压力梯度持续丧失才应判断为故障而报警。一般参数报警指暂时不影响安全，实验活动可持续进行的报警，如过滤器阻力的增大、风机正常切换、温湿度偏离正常值等；重要参数报警指对安全有影响，需要考虑是否让实验活动终止的报警，如实验室出现正压、压力梯度持续丧失、风机切换失败、停电、火灾等。

出现无论何种异常，中控系统应有即时提醒，不同级别的报警信号要易区分。紧急报警应设置为声光报警，声光报警为声音和警示灯闪烁相结合的报警方式。报警声音信号不宜过响，以能提醒工作人员而又不惊扰工作人员为宜。监控室和主实验室内应安装声光报警装置，报警显示应始终处于监控人员可见和易见的状态。主实验室内应设置紧急报警按钮，以便需要时实验人员可向监控室发出紧急报警。

7.3.4 应在有负压控制要求的房间入口的显著位置，安装压力显示装置，如液柱式压差计等，既直观又可靠，目的是使人员在进入房间前再次确认房间之间的压差情况，做好思想准备和执行相应的方案。

7.3.5 自控系统预留的接口包括安全防范系统、火灾报警系统、机电设备自备的控制系统（如空调机组）等的接口。因为一旦其他弱电系统发生报警如入侵报警、火灾报警等，自控系统能及时有效地将此信息通知设备管理人员，及时采取有效措施。

7.3.6 实验室排风系统是维持室内负压的关键环节，其运行要可靠。空调净化系统在启动备用风机的过程中，应可保持实验室的压力梯度有序，不影响定向气流。

当送风系统出现故障时，如无避免实验室负压值过大的措施，实验室的负压值将显著增大，甚至会使围护结构开裂，破坏围护结构的完整性，所以需控制实验室内的负压程度。

实验室应识别哪些设备或装置的启停、运行等会造成实验室压力波动，设计时应予以考虑。

7.3.7 由于三级和四级生物安全实验室防护区要求使得送风机和排风机需要稳定运行，以保障实验室的压力梯度要求，因此当送风、排风机设置的保护装置，如运行电流超出热保护继电器设定值时，热保护继电器会动作等，常规做法是将此动作用于切断风机电源使之停转，但如果有很严格的压力要求时，风机停转会造成很严重的后果。

热保护继电器、变频器等报警信号接入自控系统后，发生故障后自控系统应自动转入相应处理程序。转入保护程序后应立即发出声光报警，提示实验人员安全撤离。

7.3.8 在空调机组的送风段及排风箱的排风段设置压差传感器，设置压差报警是为了实时监测风机是否正常运转，有时风机皮带轮长期磨损造成风机丢转现象，虽然风机没有停转但送风、排风量已不足，风压不稳直接导致房间压力梯度震荡，监视风机压差能有效防止故障的发生。

7.3.9 送风、排风系统正常运转标志可以在送排风机控制柜上设置指示灯及在中控室监视计算机上设置显示灯，当其运行不正常时应能发出声光报警，在中控室的设备管理人员能及时得到报警。

7.3.10 实验室出现正压和气流反向是严重的故障，可能导致实验室内有害气溶胶的外溢，危害人员健康及环境。实验室应建立有效的控制机制，合理安排送风、排风机启动和关闭时的顺序和时差，同时考虑生物安全柜等安全隔离装置及密闭阀的启、关顺序，有效避免实验室和安全隔离装置内出现正压和倒流的情况发生。为避免人员误操作，应建立自动连锁控制机制，尽量避免完全采取手动方式操作。

7.3.11 本条要求是对使用电加热的双重保护，当送风机无风时或温度超出设定值时均应立即切断电加热电源，保证设备安全性。

7.3.12 应急手动是用于立即停止空调通风系统的，应由监控系统的管理人员操作，因此宜设置在中控室，当发生紧急情况时，管理人员可以根据情况判断是否立即停止系统运行。

7.3.13 压差传感器测管之间一般是不会相通的，高效过滤器是以防万一。

7.3.14 高效过滤器是生物安全实验室最重要的二级防护设备，阻止致病因子进入环境，应保证其性能正常。通过连续监测送排风系统高效过滤器的阻力，可实时观察高效过滤器阻力的变化情况，便于及时更换高效过滤器。当过滤器的阻力显著下降时，应考虑高效过滤器破损的可能。对于实验室设计者而言，重点需要考虑的是阻力监测方案，因为每个实验室高效过滤器的安装方案不同。例如在主实验室挑选一组送排风高效过滤器安装压差传感器，其信号接入自控系统，或采用安装带有指示的压差仪表，人工巡视监视等，不管采用何种监视方案，其压差监视应能反应高效过滤器阻力的变化。

7.3.15 未运行时要求密闭阀处于关闭状态时为了保持房间的洁净以及方便房间的消毒作业。

7.4 安全防范

7.4.1 无论四级生物安全实验室是独立建筑还是建在建筑之中，其重要性使得其建筑周围都设有安防系统，防止有意或无意接近建筑。生物安全实验室门禁指生物安全实验室的总入口处，对一些功能复杂的生物安全实验室，也可根据需要安装二级门禁系统。常用的门禁有电子信息识别、数码识别、指纹识别和虹膜识别等方式，生物安全实验室应选用安全可靠、不易破解、信息不易泄露的门禁系统，保证只有获得授权的人员才能进入生物安全实验室。门禁系统应可记录进出人员的信息和出入时间等。

7.4.2 互锁是为了减少污染物的外泄、保持压力梯度和要求实验人员需完成某项工作而设置的。缓冲间互锁是为了减少污染物的外泄、保持压力梯度，互锁后能够保证不同压力房间的门不同时打开，保护压力梯度从而使气流不会相互影响。化学淋浴间的互锁还有保证实验人员必须进行化学淋浴才能离开的作用。

7.4.3 生物安全实验室互锁的门会影响人员的通过速度，应有解除互锁的控制机制。当人员需要紧急撤离时，可通过中控系统解除所有门或指定门的互锁。此外，还应在每扇互锁门的附近设置紧急手动解除互锁开关，使工作人员可以手动解除互锁。

7.4.4 由于生物安全实验室的特殊性，对实验室内和实验室周边均有安全监视的需要。一是应监视实验室活动情况，包括所有风险较大的、关键的实验室活动；二是应监视实验室周围情况，这是实验室生物安保的需要，应根据实验室的地理位置和周边情况按需要设置。

7.4.5 我国《病原微生物实验室生物安全管理条例》规定，实验室从事高致病性病原微生物相关实验活动的实验档案保存期不得少于 20 年。实验室活动的数据及影像资料是实验室的重要档案资料，实验室应及时转存、分析和整理录制的实验室活动的数据及影像资料，并归档保存。监视设备的性能和数据存储容量应满足要求。

7.5 通信

7.5.1 生物安全实验室通信系统的形式包括语音通信、视频通信和数据通信等，目的主要有两个：安全方面的信息交流和实验室数据传输。

为避免污染扩散的风险，应通过在生物安全实验室防护区内（通常为主实验室）设置的传真机或计算机网络系统，将实验数据、实验报告、数码照片等资料和数据向实验室外传递。

适用的通信设备设施包括电话、传真机、对讲机、选择性通话系统、计算机网络系统、视频系统等，应根据生物安全实验室的规模和复杂程度选配以上通信设备设施，并合理设置通信点的位置和数量。

7.5.2 在实验室内从事的高致病性病原微生物相关的实验活动，是一项复杂、精细、高风险和高压力的活动，需要工作人员高度集中精神，始终处于紧张状态。为尽量减少外部因素对实验室内工作人员的影响，监控室内的通话器宜为开关式。在实验间内宜采用免接触式通话器，使实验操作人员随时可方便地与监控室人员通话。

GB 50346—2011

8 消　防

8.0.2　我国现行的《建筑设计防火规范》GB 50016只提到厂房、仓库和民用建筑的防火设计，没有提到生物安全建筑的耐火等级问题。生物安全实验室内的设备、仪器一般比较贵重，但生物安全实验室不仅仅是考虑仪器的问题，更重要的是保护实验人员免受感染和防止致病因子的外泄。本条根据生物安全实验室致病因子的危害程度，同时考虑实验设备的贵重程度，作了规定。

8.0.3　四级生物安全实验室实验的对象是危害性大的致病因子，采用独立的防火分区主要是为了防止危害性大的致病因子扩散到其他区域，将火灾控制在一定范围内。由于一些工艺上的要求，三级和四级生物安全实验室有时置于一个防火分区，但为了同时满足防火要求，此种情况三级生物安全实验室的耐火等级应等同于四级生物安全实验室。

8.0.5　我国现行的《建筑设计防火规范》GB 50016对吊顶材料的燃烧性能和耐火极限要求比较低，这主要是考虑人员疏散，而三级和四级生物安全实验室不仅仅是考虑人员的疏散问题，更要考虑防止危害性大的致病因子的外泄。为了有更多的时间进行火灾初期的灭火和尽可能地将火灾控制在一定的范围内，故规定吊顶材料的燃烧性能和耐火极限不应低于所在区域墙体的要求。

8.0.6　本条中所称的合适的灭火器材，是指对生物安全实验室不会造成大的损坏，不会导致致病因子扩散的灭火器材，如气体灭火装置等。

8.0.7　如果自动喷水灭火系统在三级和四级生物安全实验室中启动，极有可能造成有害因子泄漏。规模较小的生物安全实验室，建议设置手提灭火器等简便灵活的消防用具。

8.0.8　三级和四级生物安全实验室的送排风系统如设置防火阀，其误操作容易引起实验室压力梯度和定向气流的破坏，从而造成致病因子泄漏的风险加大。单体建筑三级和四级生物安全实验室，考虑到主体建筑为单体建筑，并且外围护结构具有很高的耐火要求，可以把单体建筑的生物安全实验室和上、下设备层看成一个整体的防火分区，实验室的送排风系统可以不设置防火阀。

8.0.9　三级和四级生物安全实验室的消防设计原则与一般建筑物有所不同，尤其是四级生物安全实验室，除了首先考虑人员安全外，必须还要考虑尽可能防止有害致病因子外泄。因此，首先强调的是火灾的控制。除了合理的消防设计外，在实验室操作规程中，建立一套完善严格的应急事件处理程序，对处理火灾等突发事件，减少人员伤亡和污染物外泄是十分重要的。

9　施工要求

9.1　一般规定

9.1.1　三级和四级生物安全实验室是有负压要求的洁净室，除了在结构上要比一般洁净室更坚固、更严密外，在施工方面，其他要求与空调净化工程是基本一致的，为达到安全防护的要求，施工时一定要严格按照洁净室施工程序进行，洁净室主要施工程序参考图3。

9.1.2　生物安全实验室施工应根据不同的专业编制详细的施工方案，特别注意生物安全的特殊要求，如活毒废水处理设备、高压灭菌锅、排风高效过滤器、气密门、化学淋浴设备等涉及生物安全的施工方案。

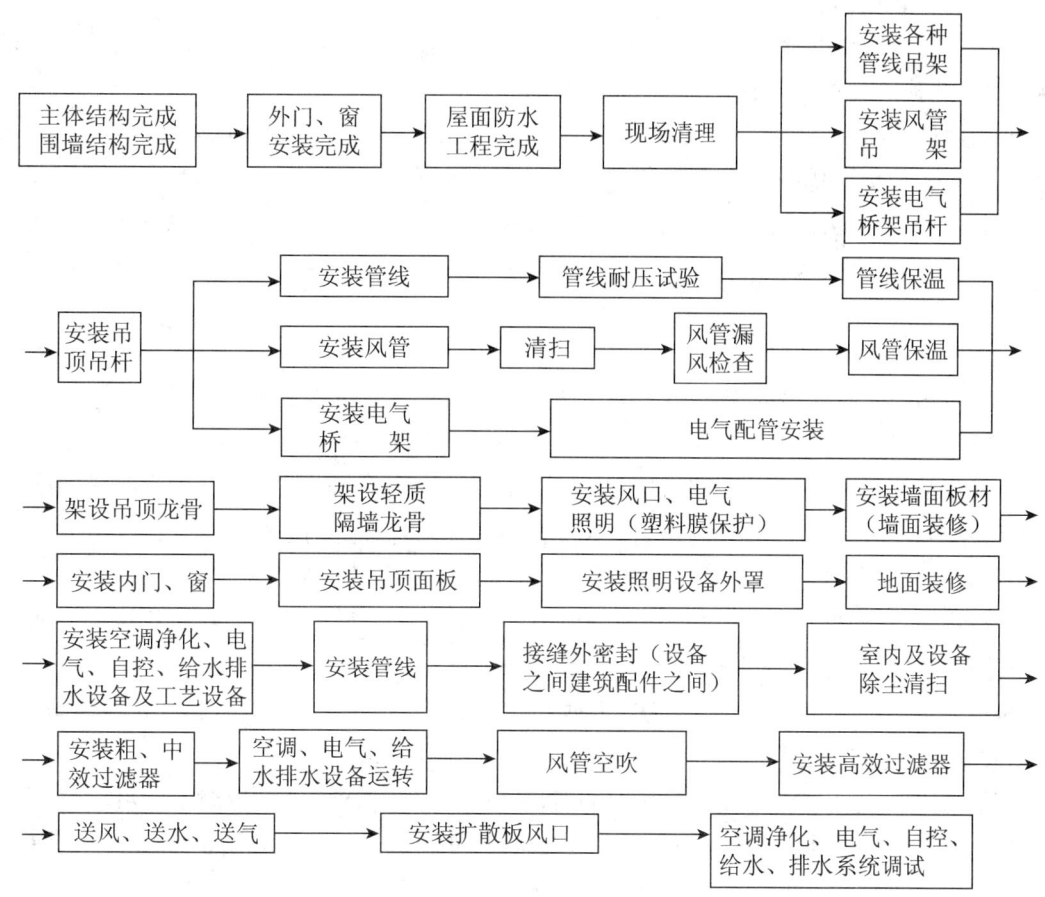

图3 洁净室主要施工程序

9.1.3 各道施工程序均进行记录并验收合格后再进行下道工序施工，可有效地保证整体工程的质量。如出现问题，也便于查找原因。

9.1.4 生物安全实验室活毒废水处理设备、高压灭菌锅、排风高效过滤器、气密门、化学淋浴等设备的特殊性决定了各种设备单机试运转和系统的联合试运转及调试的重要性。

9.2 建筑装修

9.2.1 应以严密、易于清洁为主要目的。采用水磨石现浇地面时，应严格遵守《洁净室施工及验收规范》GB 50591 中的施工规定。

9.2.2 生物安全实验室围护结构表面的所有缝隙（拼接缝、传线孔、配管穿墙处、钉孔以及其他所有开口处密封盖边缘）都需要填实和密封。由于是负压房间，同时又有洁净度要求，对缝隙的严密性要求远远高于正压房间，必须高度重视。应特别提醒注意的是：插座、开关穿过隔墙安装时，线孔一定要严格密封，应用软性不易老化的材料，将线孔堵严。

9.2.3 除可设压差计外，还设测压孔是为了方便抽检、年检和校验检测，平时应有密封措施保证房间的密闭。

9.2.4 靠地靠墙放置时，用密封胶将靠地靠墙的边缝密封可有效防止边缝处不能清洁消毒。

9.2.5 气密门主体采用较厚的金属材料制造，质量较大，在生物安全实验室压差梯度的作用下其开闭阻力也往往较高，如果围护结构采用洁净彩板等轻体材料制造可能难以承受气密门的质量负荷和气密门开闭时的运动负荷，造成连接结构损坏或者密闭结构损坏。在与混凝土墙连接时，可以采用预留门洞的方式，将门框与混凝土墙固定后再作密封处理，如果与轻体材料制造的围护结构连接，应适当地加强围护结构的局部强度（如采用预埋子门框）。

9.2.6 气密门安装后需进行泄漏检测（如示踪气体法、超声波穿透法等），检测仪器有一定的操作空间要求，为此提出气密门与围护结构的距离要求。

9.2.7 气密门门体和门框建议选用整体焊接结构形式，拼接结构形式的门体和门框需要大量使用密封材料，耐化学消毒剂腐蚀性和耐老化性能不理想；为克服建筑施工误差和气密门安装误差以及长时间使用后气密门运动机构间隙变化等问题，宜设置可调整的铰链和锁扣，以便适时对气密门进行调整，保证生物安全实验室具有优良的严密性。

9.3 空调净化

9.3.1 空调机组内外的压差可达到1000Pa~1600Pa，基础对地面的高度最低要不低于200mm，以保证冷凝水管所需要的存水弯高度，防止空调机组内空气泄漏。

9.3.2 正压段的门宜向内开，负压段的门宜向外开，压差越大，严密性越好。表冷段的冷凝水排水管上设置水封和阀门，夏季用水封密封，冬季阀门关闭，保证空调机组内空气不泄漏。

9.3.4 对加工完毕的风管进行清洁处理和保护，是对系统正常运行的保证。

9.3.5 管道穿过顶棚和灯具箱与吊顶之间的缝隙是容易产生泄漏的地方，对负压房间，泄漏是对保持负压的重大威胁，在此加以强调。

9.3.6 送风、排风管道隐蔽安装，既为了管道的安全也有利于整洁，送风、排风管道一般暗装。对于生物安全室内的设备排风管道、阀门，为了检修的方便可采用明装。

9.3.9 三级和四级生物安全实验室防护区的排风高效过滤装置，要求具有原位检漏的功能，对于防止病原微生物的外泄具有至关重要的作用。排风高效过滤装置的室内侧应有措施，防止高效过滤器损坏。

9.4 实验室设备

9.4.1 生物安全柜、负压解剖台等设备在出厂前都经过了严格的检测，在搬运过程中不应拆卸。生物安全柜本身带有高效过滤器，要求放在清洁环境中，所以应在搬入安装现场后拆开包装，尽可能减少污染。

9.4.2 生物安全柜和负压解剖台背面、侧面与墙体表面之间应有一定的检修距离，顶部与吊顶之间也应有检测和检修空间，这样也有利于卫生清洁工作。

9.4.3 传递窗、双扉高压灭菌器、化学淋浴间等设施应按照厂家提供的安装方法操作。不宜有在设备箱体上钻孔等破坏箱体结构的操作，当必须进行钻孔等操作时，对操作的部位应采取可靠的措施进行密封。化学淋浴通常以成套设备的形式提供给用户，需要现场组装，装配时应考虑化学淋浴间与墙体、地面、顶棚的配合关系，特别要注意严密性、水密性要求，尽量避免在化学淋浴间箱体上开孔，防止破坏化学淋浴间的密闭层和水密层。

9.4.4 传递窗、双扉高压灭菌器等设备与轻体墙连接时，在轻体墙上开洞较大，一般可采用加方钢或加铝型材等措施。

9.4.5 三级和四级生物安全实验室防护区内的传递窗和药液传递箱的腔体或门扇应整体焊接成型是为了保证设备的严密性和使用的耐久性。三级和四级生物安全实验室的传递窗安装后，与其他设施和围护结构共同构成防护区密闭壳体，为保证传递窗自身的严密性和密封结构的耐久性，应采用整体焊接结构，这一要求在工艺上也是不难实现的。

9.4.6 具有熏蒸消毒功能的传递窗和药液传递箱的内表面，经常要接触消毒剂，这些消毒剂会加快有机密封材料的老化，因此传递窗的内表面应尽量避免使用有机密封材料。

9.4.7 三级和四级生物安全实验室防护区配备实验台的要求是为了满足消毒和清洁要求。

9.4.8 本条的要求是为了防止意外危害实验人员的防护装备。

10　检测和验收

10.1　工程检测

10.1.1　生物安全实验室在投入使用之前，必须进行综合性能全面检测和评定，应由建设方组织委托，施工方配合。检测前，施工方应提供合格的竣工调试报告。

10.1.2　在《洁净室及相关受控环境》ISO 14644 中，对于 7 级、8 级洁净室的洁净度、风量、压差的最长检测时间间隔为 12 个月，对于生物安全实验室，除日常检测外，每年至少进行一次各项综合性能的全面检测是有必要的。另外，更换了送风、排风高效过滤器后，由于系统阻力的变化，会对房间风量、压差产生影响，必须重新进行调整，经检测确认符合要求后，方可使用。

10.1.3　生物安全柜、动物隔离设备、IVC、解剖台等设备是保证生物安全的一级屏障，因此十分关键，其安全作用高于生物安全实验室建筑的二级屏障，应首先检测，严格对待。另外其运行状态也会影响实验室通风系统，因此应首先确认其运行状态符合要求后，再进行实验室系统的检测。

10.1.4　施工单位在管道安装前应对全部送风、排风管道的严密性进行检测确认，并要求有监理单位或建设单位签署的管道严密性自检报告，尤其是三级和四级生物安全实验室的送风、排风系统密闭阀与生物安全实验室防护区相通的送风、排风管道的严密性。

生物安全实验室排风管道如果密闭不严，会增加污染因子泄漏风险，此外由于实验室要进行密闭消毒等操作，因此要保证整个系统的严密性。管道严密性的验证属于施工过程中的一道程序，应在管道安装前进行。对于安装好的管道，其严密性检测有一定难度。

10.1.5　本次修订增加了两项必测内容，即应用于防护区外的排风高效过滤器单元严密性和实验室工况验证。一些生物安全实验室采用在防护区外设置排风高效过滤单元，因此除实验室和送排风管道的严密性需要验证外，还需进行高效过滤单元的严密性验证。此外，实验室各工况的平稳安全是实验室安全性的组成部分，应作为必检项目进行验证。

10.1.6　由于温度变化对压力的影响，采用恒压法和压力衰减法进行检测时，要注意保持实验室及环境的温度稳定，并随时检测记录大气的绝对压力、环境温度、实验室温度，进行结果计算时，应根据温度和大气压力的变化进行修正。

10.1.7　高效过滤器检漏最直接、精准的方法是进行逐点扫描，光度计和计数器均可，在保证安全的前提下，扫描检漏有几个基本原则：首先应保证过滤器上游有均匀稳定且能达到一定浓度的气溶胶，再就是下游气流稳定且能排除外界干扰。优先使用大气尘和计数器，具有污染小、简便易行的优点。早先一些资料推荐采用人工尘、光度计进行效率法检漏，其中一个主要原因是某些现场无法引入具有一定浓度的大气尘，如高级别电子厂房的吊顶内等。

对于使用过的生物安全实验室、生物安全柜的排风高效过滤器的检漏，人工扫描操作可能会增加操作人员的风险，因此应首选机械扫描装置，进行逐点扫描检漏。如果无法安装机械扫描装置，可采用人工扫描检漏，但须注意安全防护。如果早期建造的生物安全实验室空间有限，确实无法设置机械扫描装置且无法实现人工扫描操作的，可在过滤器上游预留发尘位置，在过滤器下游预留测浓度的检漏位置，进行过滤器效率法检漏。

采用计数器或光度计进行效率法检漏的评价依据，在《洁净室及相关受控环境——第三部分测试方法》ISO 14644-3 的 B.6.4 中，当采用粒子计数器进行测试时，所测得效率不应超过过滤器标示的最易穿透粒径效率的 5 倍，当采用光度计进行测试时，整体透过率不应超过 0.01%，本规范均采用效率不低于 99.99% 的统一标准。

10.1.9 气流流向的概念有两种：首先是指在不同房间之间因压差的不同，只能产生单一方向的气流流动，另一方面是指同一房间之内，由于送、排风口位置的不同，总体上有一定的方向性。事实上对于第一方面，主要是检测各房间的压差，对于第二方面，尤其对于较大的乱流房间，送排（回）风口之间通常没有明显的有规律性的气流，定向流的作用不明显，检测时主要是注意生物安全实验室的整体布局、生物安全柜及风口位置等是否符合规律，关键位置，如生物安全柜窗口等处，有无干扰气流等。

10.1.10 《洁净室施工及验收规范》GB 50591 中，对洁净室的各项参数的检测方法和要求作了详细的规定，其 2010 版的修订，来源于课题实验、大量的检测实践以及最新的国际相关标准。

10.1.11 在《实验室 生物安全通用要求》GB 19489—2008 中的 6.3.3.9 条，对防护区使用的高效过滤单元的严密性提出了要求，此类的单元一般指排风处理用的专业产品，如"袋进袋出"（Bagin Bagout）装置等。

10.1.12 生物安全实验室为了节能，可采用分区运行、值班风机、生物安全柜分时运行等方式，除在各个运行方式下应保证系统运行符合要求外，还应最大程度地保证各工况切换过程中防护区房间不出现正压，房间间气流流向无逆转。

10.2 生物安全设备的现场检测

10.2.1 生物安全柜、动物隔离设备、IVC、负压解剖台等设备的运行通常与生物安全实验室的系统相关联，是第一道、也是最关键的安全屏障，这些设备的各项参数都是需要安装后进行现场调整的，因此，当出现可能影响其性能的情况后，一定要对其性能进行检测验证。

10.2.2 除必须进行出厂前的合格检测以外，还要在现场安装完毕后，进行调试和检测，并提供现场检测合格报告。

10.2.3 对于生物安全柜的检测，本次修订增加了高效过滤器的检漏以及适用于Ⅲ级生物安全柜、动物隔离设备等的部分项目。在生物安全实验室建设工作中，应重视生物安全柜的检测，生物安全柜高效过滤器的检漏包括送风、排风高效过滤器。

10.2.4 一般生物安全柜、单向流解剖台的垂直气流平均风速不应低于 0.25m/s，风速过高可能会对实验室操作产生影响，也不适宜。上一版的规范中规定检测点间距不大于 0.2m，根据大量检测实践证明，生物安全柜的风速大体规律、均匀，因此，0.2m 间距应足以达到测点要求，但一些相关标准和厂家的检测要求中，规定间距为 0.15m，因此，本次修订时将要求统一。

10.2.5 工作窗口的气流，最容易发生外逸的位置是窗口两侧和上沿，应重点检查。

10.2.6 采用风速仪直接测量时，通常窗口上沿风速很低，小于 0.2m/s，中间位置大约 0.5m/s，窗口下沿风速最高，大约 1m/s，窗口平均风速大于 0.5m/s，经过大量实践，虽然窗口风速差异大，但同样可以准确得出检测结果，且检测效率高于其他方法。在风速仪间接检测法中，通过实验确认，将生物安全柜窗口降低到 8cm 左右时，窗口风速的均匀性增加，其中心位置的风速近似等于平均风速。因阻力变化引起的风量变化忽略不计。

10.2.7 检测工作区洁净度时，对于开敞式的生物安全柜或动物隔离设备等，靠近窗口的测点不宜太向外，以避免吸入气流对洁净度检测的影响，对于封闭式的设备，应将检验仪器置于被测设备内，将检测仪器设为自动状态，封闭设备后，进行检测。

10.2.8 噪声检测位置，是人员坐着操作时耳朵的位置。噪声检测时应保持检测环境安静，对于背景噪声的修正方法可参考《洁净室施工及验收规范》GB 50591。

10.2.9 对于生物安全柜通常要求平均照度不低于 650lx，检测时应注意规避日光或实验室照明的影响。

10.2.10 部分生物安全柜和动物隔离设备已经预留了发尘和检测位置，对于没有预留位置的生物安全柜和动物隔离设备，可在操作区发人工尘，在排风过滤器出风面检漏，或在排风管开孔，进行检漏。

10.2.11 检测时应将风速仪置于生物安全柜或动物隔离设备内，重新封闭生物安全柜或动物隔离设备，利用操作手套进行检测。

10.2.12 通常利用设备本身压差显示装置的测孔进行检测。

10.2.13 由于生物安全柜和动物隔离设备的体积小，温度波动引起的压力变化更加明显，因此检测过程中必须同时精确测量设备内部和环境的温度，以便修正。通常测试周期（1h内），箱体内的温度变化不得超过0.3℃，环境温度不超过1℃，大气压变化不超过100Pa。检测压力通常设备验收时采用1000Pa，运行检查验收采用250Pa，或根据需要和委托方协商确定。

10.2.14 手套口风速的检测目的是防止万一手套脱落时，设备内的空气不会外逸。

10.2.15 生物安全柜箱体漏泄检测、漏电检测、接地电阻检测的方法可参照《生物安全柜》JG 170的规定。

10.2.16 对于一些建造时间较早的实验室，由于条件所限，生物安全柜的安装通常达不到要求，生物安全柜安装过于紧凑，会造成生物安全柜维护的不便。

10.2.17 活毒废水处理设备一般具有固液分离装置、过压保护装置、清洗消毒装置、冷却装置等功能。活毒废水处理设备、高压灭菌器、动物尸体处理设备等需验证温度、压力、时间等运行参数对灭活微生物的有效性。高温灭菌是处理生物安全实验室活毒废水最常用到的方法之一，固液分离装置可以避免固体渣滓进入到设备中引起堵塞以保证设备连续正常运行；选用过压保护装置时应采取措施避免排放气体可能引起的生物危险物质外泄；当设备处于检修或故障状态时如果需要拆卸污染部位，应先对系统进行清洗和消毒；灭菌后的废水处于高温状态，排放前要先冷却。灭菌效果与温度、压力、时间等参数有关，应采取措施（如在设备上设置孢子检测口）对参数适用性进行验证。在管路连接与阀门布局上要考虑到废水能有效自流收集到灭活罐中，并且要采取必要措施保证罐体内的废水在灭菌时温度梯度均匀，严防未经灭菌或灭菌不彻底的废水排放到市政污水管网中。

10.2.18 活毒废水处理设备、高压灭菌锅、动物尸体处理设备等的高效过滤器在设备上是很难检测的，可将高效过滤器检测不漏后再进行安装。

10.2.19 活毒废水处理设备、高压灭菌锅、动物尸体处理设备等产生固体污染物的设备一般在设备上预留了检测口，可进行现场检测。

10.2.20 活毒废水处理设备、高压灭菌锅、动物尸体处理设备等产生固体污染物的设备一般设备上预留了检测口，可进行现场检测。

10.3 工程验收

10.3.1 根据《病原微生物实验室生物安全管理条例》（国务院424号令）中的十九、二十、二十一条规定："新建、改建、扩建三级、四级生物安全实验室或者生产、进口移动式三级、四级生物安全实验室"应"符合国家生物安全实验室建筑技术规范"，"三级、四级实验室应当通过实验室国家认可。""三级、四级生物安全实验室从事高致病性病原微生物实验活动"，"工程质量经建筑主管部门依法检测验收合格"。国家相关主管部门对生物安全实验室的建造、验收和启用都作了严格的规定，必须严格执行。

10.3.2 工程验收涉及的内容广泛，应包括各个专业，综合性能的检测仅是其中的一部分内容，此外还包括工程前期、施工过程中的相关文件和过程的审核验收。

10.3.3 工程检测必须由具有资质的质检部门进行，无资质认可的部门出具的报告不具备任何效力。

10.3.4 工程验收的结论应由验收小组得出，验收小组的组成应包括涉及生物安全实验室建设的各个技术专业。

UDC

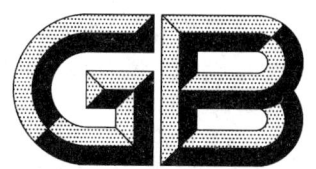

中华人民共和国国家标准

P

GB 50447—2008

实验动物设施建筑技术规范

Architectural and technical code for laboratory animal facility

2008-08-13 发布

2008-12-01 实施

中华人民共和国住房和城乡建设部

中华人民共和国国家质量监督检验检疫总局

联合发布

中华人民共和国国家标准

实验动物设施建筑技术规范

Architectural and technical code for laboratory animal facility

GB 50447 — 2008

主编部门：中华人民共和国住房和城乡建设部
批准部门：中华人民共和国住房和城乡建设部
施行日期：2008 年 12 月 1 日

前　言

本规范是根据建设部《关于印发〈2005 年工程建设标准规范制订、修订计划（第一批〉〉的通知》（建标函〔2005〕84 号）的要求，由中国建筑科学研究院会同有关科研、设计、施工、检测和管理单位共同编制而成。

在编制过程中，规范编制组进行了广泛、深入的调查研究，认真总结多年来实验动物设施建设的实践经验，积极采纳科研成果，参照有关国际和国内的技术标准，并在广泛征求意见的基础上，通过反复讨论、修改和完善，最后经审查定稿。

本规范包括 10 章和 2 个附录。主要内容是：规定了实验动物设施分类和技术指标；实验动物设施建筑和结构的技术要求；对作为规范核心内容的空调、通风和空气净化部分，则详尽地规定了气流组织、系统构成及系统部件和材料的选择方案、构造和设计要求；还规定了实验动物设施的给水排水、电气、自控和消防设施配置的原则；最后对施工、检测和验收的原则、方法做了必要的规定。

本规范中以黑体字标志的条文为强制性条文，必须严格执行。

本规范由住房和城乡建设部负责管理和对强制性条文的解释，中国建筑科学研究院负责具体技术内容的解释。

为了提高规范质量，请各单位和个人在执行本规范的过程中，认真总结经验，积累资料，如发现需要修改或补充之处，请将意见和建议反馈给中国建筑科学研究院（地址：北京市北三环东路 30 号；邮政编码：100013；电话：84278378；传真：84283555、84273077；电子邮件：qqwang@263.net，iac99@sina，com），以供今后修订时参考。

本规范主编单位、参编单位和主要起草人：

主 编 单 位 ：中国建筑科学研究院

参 编 单 位 ：中国医学科学院实验动物研究所

　　　　　　　北京市实验动物管理办公室

　　　　　　　浙江省实验动物质量监督检测站

　　　　　　　中国动物疫病预防控制中心

　　　　　　　中国建筑技术集团有限公司

　　　　　　　暨南大学医学院实验动物中心

　　　　　　　军事医学科学院实验动物中心

　　　　　　　北京森宁工程技术发展有限责任公司

主要起草人：王清勤　赵　力　秦　川　李根平

　　　　　　张益昭　许钟麟　萨晓婴　李引擎

　　　　　　曾　宇　王　荣　田克恭　田小虎

　　　　　　傅江南　孙岩松　裴立人

1 总　则

1.0.1　为使实验动物设施在设计、施工、检测和验收方面满足环境保护和实验动物饲养环境的要求，做到技术先进、经济合理、使用安全、维护方便，制定本规范。

1.0.2　本规范适用于新建、改建、扩建的实验动物设施的设计、施工、工程检测和工程验收。

1.0.3　实验动物设施的建设应以实用、经济为原则。实验动物设施所用的设备和材料必须有符合要求的合格证、检验报告，并在有效期之内。属于新开发的产品、工艺，应有鉴定证书或试验证明材料。

1.0.4　实验动物生物安全实验室应同时满足现行国家标准《生物安全实验室建筑技术规范》GB 50346 的规定。

1.0.5　实验动物设施的建设除应符合本规范的规定外，尚应符合国家现行有关标准的规定。

2 术　语

2.0.1　实验动物　laboratory animal

指经人工培育，对其携带微生物和寄生虫实行控制，遗传背景明确或者来源清楚，用于科学研究、教学、生产、检定以及其他科学实验的动物。

2.0.2　普通环境　conventional environment

符合动物居住的基本要求，控制人员和物品、动物出入，不能完全控制传染因子，但能控制野生动物的进入，适用于饲育基础级实验动物。

2.0.3　屏障环境　barrier environment

符合动物居住的要求，严格控制人员、物品和空气的进出，适用于饲育清洁实验动物及无特定病原体（specific pathogen free，简称 SPF）实验动物。

2.0.4　隔离环境　isolation environment

采用无菌隔离装置以保持装置内无菌状态或无外来污染物。隔离装置内的空气、饲料、水、垫料和设备应无菌，动物和物料的动态传递须经特殊的传递系统，该系统既能保证与环境的绝对隔离，又能满足转运动物、物品时保持与内环境一致。适用于饲育无特定病原体、悉生（gnotobiotic）及无菌（germ free）实验动物。

2.0.5　实验动物实验设施　experiment facility for laboratory animal

指以研究、试验、教学、生物制品、药品及相关产品生产、质控等为目的而进行实验动物实验的建筑物和设备的总和。

包括动物实验区、辅助实验区、辅助区。

2.0.6　实验动物生产设施　breeding facility for laboratory animal

指用于实验动物生产的建筑物和设备的总称。

包括动物生产区、辅助生产区、辅助区。

2.0.7　普通环境设施　conventional environment facility

符合普通环境要求的，用于实验动物生产或动物实验的建筑物和设备的总称。

2.0.8 屏障环境设施 barrier environment facility

符合屏障环境要求的，用于实验动物生产或动物实验的建筑物和设备的总称。

2.0.9 独立通风笼具 individually ventilated cage（缩写：IVC）

一种以饲养盒为单位的实验动物饲养设备，空气经过高效过滤器处理后分别送入各独立饲养盒使饲养环境保持一定压力和洁净度，用以避免环境污染动物或动物污染环境。该设备用于饲养清洁、无特定病原体或感染动物。

2.0.10 隔离器 isolator

一种与外界隔离的实验动物饲养设备，空气经过高效过滤器后送入，物品经过无菌处理后方能进出饲养空间，该设备既能保证动物与外界隔离，又能满足动物所需要的特定环境。该设备用于饲养无特定病原体、悉生、无菌或感染动物。

2.0.11 层流架 laminar flow cabinet

一种饲养动物的架式多层设备，洁净空气以定向流的方式使饲养环境保持一定压力和洁净度，避免环境污染动物或动物污染环境。该设备用于饲养清洁、无特定病原体动物。

2.0.12 洁净度5级 cleanliness class 5

空气中大于等于 $0.5\mu m$ 的尘粒数大于 $352pc/m^3$ 到小于等于 $3520pc/m^3$，大于等于 $1\mu m$ 的尘粒数大于 $83pc/m^3$ 到小于等于 $832pc/m^3$，大于等于 $5\mu m$ 的尘粒数小于等于 $29pc/m^3$。

2.0.13 洁净度7级 cleanliness class 7

空气中大于等于 $0.5\mu m$ 的尘粒数大于 $35200pc/m^3$ 到小于等于 $352000pc/m^3$，大于等于 $1\mu m$ 的尘粒数大于 $8320pc/m^3$ 到小于等于 $83200pc/m^3$，大于等于 $5\mu m$ 的尘粒数大于 $293pc/m^3$ 到小于等于 $2930pc/m^3$。

2.0.14 洁净度8级 cleanliness class 8

空气中大于等于 $0.5\mu m$ 的尘粒数大于 $352000pc/m^3$ 到小于等于 $3520000pc/m^3$，大于等于 $1\mu m$ 的尘粒数大于 $83200pc/m^3$ 到小于等于 $832000pc/m^3$，大于等于 $5\mu m$ 的尘粒数大于 $2930pc/m^3$ 到小于等于 $29300pc/m^3$。

2.0.15 净化区 clean zone

指实验动物设施内空气悬浮粒子（包括生物粒子）浓度受控的限定空间。它的建造和使用应减少空间内诱入、产生和滞留粒子。空间内的其他参数如温度、湿度、压力等须按要求进行控制。

2.0.16 静态 at-rest

实验动物设施已经建成，空调净化系统和设备正常进行，工艺设备已经安装（运行或未运行），无工作人员和实验动物的状态。

2.0.17 综合性能评定 comprehensive performance judgment

对已竣工验收的实验动物设施的工程技术指标进行综合检测和评定。

3 分类和技术指标

3.1 实验动物环境设施的分类

3.1.1 按照空气净化的控制程度，实验动物环境设施可分为普通环境设施、屏障环境设施和隔离环境设施；按照设施的使用功能，可分为实验动物生产设施和实验动物实验设施。实验动物环境设施可按表3.1.1分类。

表 3.1.1 实验动物环境设施的分类

环境设施分类		使用功能	适用动物等级
普通环境		实验动物生产，动物实验，检疫	基础动物
屏障环境	正压	实验动物生产，动物实验，检疫	清洁动物、SPF 动物
	负压	动物实验，检疫	清洁动物、SPF 动物
隔离环境	正压	实验动物生产，动物实验，检疫	无菌动物、SPF 动物、悉生动物
	负压	动物实验，检疫	无菌动物、SPF 动物、悉生动物

3.2 实验动物设施的环境指标

3.2.1 实验动物生产设施动物生产区的环境指标应符合表 3.2.1 的要求。

表 3.2.1 动物生产区的环境指标

项 目		指 标						
		小鼠、大鼠、豚鼠、地鼠			犬、猴、猫、兔、小型猪			鸡
		普通环境	屏障环境	隔离环境	普通环境	屏障环境	隔离环境	屏障环境
温度，℃		18～29	20～26		16～28	20～26		16～28
最大日温差，℃		—	4		—	4		4
相对湿度，%		40～70						
最小换气次数，（次/h）		8	15	—	8	15	—	15
动物笼具周边处气流速度，（m/s）		≤0.2						
与相通房间的最小静压差，Pa		—	10	50	—	10	50	10
空气洁净度，级		7	—	—	7	—	7	
沉降菌最大平均浓度，个/0.5h，φ90mm 平皿		—	3	无检出		3	无检出	3
氨浓度指标，（mg/m³）		≤14						
噪声，dB（A）		≤60						
照度，lx	最低工作照度	150						
	动物照度	15～20			100～200			5～10
昼夜明暗交替时间，h		12/12 或 10/14						

注：1 表中氨浓度指标为有实验动物时的指标。

2 普通环境的温度、湿度和换气次数指标为参考值，可根据实际需要确定。

3 隔离环境与所在房间的最小静压差应满足设备的要求。

4 隔离环境的空气洁净度等级根据设备的要求确定参数。

3.2.2 实验动物实验设施动物实验区的环境指标应符合表 3.2.2 的要求。

表 3.2.2　动物实验区的环境指标

项　目	指　标						
	小鼠、大鼠、豚鼠、地鼠			犬、猴、猫、兔、小型猪			鸡
	普通环境	屏障环境	隔离环境	普通环境	屏障环境	隔离环境	隔离环境
温度,℃	19～26	20～26		16～26	20～26		16～26
最大日温差,℃	4	4		4	4		4
相对湿度,%	40～70						
最小换气次数,（次/h）	8	15	—	8	15	—	—
动物笼具周边处气流速度,（m/s）	≤0.2						
与相通房间的最小静压差,Pa		10	50	—	10	50	50
空气洁净度,级	—	7	—	—	7	—	—
沉降菌最大平均浓度,个/0.5h,φ90mm 平皿	—	3	无检出	—	3	无检出	无检出
氨浓度指标,（mg/m³）	≤14						
噪声,dB（A）	≤60						
照度,lx　最低工作照度	150						
照度,lx　动物照度	15～20			100～200			5～10
昼夜明暗交替时间,h	12/12 或 10/14						

注：1　表中氨浓度指标为有实验动物时的指标。

2　普通环境的温度、湿度和换气次数指标为参考值，可根据实际需要确定。

3　隔离环境与所在房间的最小静压差应满足设备的要求。

4　隔离环境的空气洁净度等级根据设备的要求确定参数。

3.2.3　屏障环境设施的辅助生产区（辅助实验区）主要环境指标应符合表 3.2.3 的规定。

表 3.2.3　屏障环境设施的辅助生产区（辅助实验区）主要环境指标

房间名称	洁净度级别	最小换气次数（次/h）	与室外方向上相通房间的最小压差（Pa）	温度（℃）	相对湿度（%）	噪声 dB（A）	最低照度（lx）
洁物储存室	7	15	10	18～28	30～70	≤60	150
无害化消毒室	7 或 8	15 或 10	10	18～28	—	≤60	150
洁净走廊	7	15	10	18～28	30～70	≤60	150
污物走廊	7 或 8	15 或 10	10	18～28	—	≤60	150
缓冲间	7 或 8	15 或 10	10	18～28	—	≤60	150
二更	7	15	10	18～28	—	≤60	150
清洗消毒室	—	4	—	18～28	—	≤60	150

续表

房间名称	洁净度级别	最小换气次数（次/h）	与室外方向上相通房间的最小压差（Pa）	温度（℃）	相对湿度（%）	噪声dB（A）	最低照度（lx）
淋浴室	—	4	—	18～28	—	≤60	100
一更（脱、穿普通衣、工作服）	—	—	—	18～28	—	≤60	100

注：1 实验动物生产设施的待发室、检疫室和隔离观察室主要技术指标应符合表3.2.1的规定。

2 实验动物实验设施的待发室、检疫室和隔离观察室主要技术指标应符合表3.2.2的规定。

3 正压屏障环境的单走廊设施应保证动物生产区、动物实验区压力最高。正压屏障环境的双走廊或多走廊设施应保证洁净走廊的压力高于动物生产区、动物实验区；动物生产区、动物实验区的压力高于污物走廊。

4 建筑和结构

4.1 选址和总平面

4.1.1 实验动物设施的选址应符合下列要求：

1 应避开污染源。

2 宜选在环境空气质量及自然环境条件较好的区域。

3 宜远离有严重空气污染、振动或噪声干扰的铁路、码头、飞机场、交通要道、工厂、贮仓、堆场等区域。若不能远离上述区域则应布置在当地最大频率风向的上风侧或全年最小频率风向的下风侧。

4 应远离易燃、易爆物品的生产和储存区，并远离高压线路及其设施。

4.1.2 实验动物设施的总平面设计应符合下列要求：

1 基地的出入口不宜少于两处，人员出入口不宜兼做动物尸体和废弃物出口。

2 废弃物暂存处宜设置于隐蔽处。

3 周围不应种植影响实验动物生活环境的植物。

4.2 建筑布局

4.2.1 实验动物生产设施按功能可分为动物生产区、辅助生产区和辅助区。动物生产区、辅助生产区合称为生产区。

4.2.2 实验动物实验设施按功能可分为动物实验区、辅助实验区和辅助区。动物实验区、辅助实验区全称为实验区。

4.2.3 实验动物设施生产区（实验区）与辅助区宜有明确分区。屏障环境设施的净化区内不应设置卫生间；不宜设置楼梯、电梯。

4.2.4 不同级别的实验动物应分开饲养；不同种类的实验动物宜分开饲养。

4.2.5 发出较大噪声的动物和对噪声敏感的动物宜设置在不同的生产区（实验区）内。

4.2.6 实验动物设施生产区（实验区）的平面布局可根据需要采用单走廊、双走廊或多走廊等方式。

4.2.7 实验动物设施主体建筑物的出入口不宜少于两个，人员出入口、洁物入口、污物出口宜分设。

4.2.8 实验动物设施的人员流线之间、物品流线之间和动物流线之间应避免交叉污染。

4.2.9 屏障环境设施净化区的人员入口应设置二次更衣室，二更可兼做缓冲间。

4.2.10 动物进入生产区（实验区）宜设置单独的通道、犬、猴、猪等实验动物入口宜设置洗浴间。

4.2.11 负压屏障环境设施应设置无害化处理设施或设备，废弃物品、笼具、动物尸体应经无害化处理后才能运出实验区。

4.2.12 实验动物设施宜设置检疫室或隔离观察室，或两者均设置。

4.2.13 辅助区应设置用于储藏动物饲料、动物垫料等物品的用房。

4.3 建筑构造

4.3.1 货物出入口宜设置坡道或卸货平台，坡道坡度不应大于1/10。

4.3.2 设置排水沟或地漏的房间，排水坡度不应小于1%，地面应做防水处理。

4.3.3 动物实验室内动物饲养间与实验操作间宜分开设置。

4.3.4 屏障环境设施的清洗消毒室与洁物储存室之间应设置高压灭菌器等消毒设备。

4.3.5 清洗消毒室应设置地漏或排水沟，地面应做防水处理，墙面宜做防水处理。

4.3.6 屏障环境设施的净化区内不宜设排水沟。屏障环境设施的洁物储存室不应设置地漏。

4.3.7 动物实验设施应满足空调机、通风机等设备的空间要求，并应对噪声和振动进行处理。

4.3.8 二层以上的实验动物设施宜设置电梯。

4.3.9 楼梯宽度不宜小于1.2m，走廊净宽不宜不于1.5m，门洞宽度不宜小于1.0m。

4.3.10 屏障环境设施生产区（实验区）的层高不宜小于4.2m。室内净高不宜低于2.4m，并应满足设备对净高的需求。

4.3.11 围护结构应选用无毒、无放射性材料。

4.3.12 空调风管和其他管线暗敷时，宜设置技术夹层。当采用轻质构造顶棚做技术夹层时，夹层内宜设检修通道。

4.3.13 墙面和顶棚的材料应易于清洗消毒、耐腐蚀、不起尘、不开裂、无反光、耐冲击、光滑防水。

4.3.14 屏障环境设施净化区内的门窗、墙壁、顶棚、楼（地）面应表面光洁，其构造和施工缝隙应采用可靠的密闭措施，墙面与地面相交位置应做半径不小于30mm的圆弧处理。

4.3.15 地面材料应防滑、耐磨、耐腐蚀、无渗漏，踢脚不应突出墙面。屏障环境设施的净化区内的地面垫层宜配筋，潮湿地区、经常用水冲洗的地面应做防水处理。

4.3.16 屏障环境设施净化区的门窗应有良好的密闭性。屏障环境设施的密闭门宜朝空气压力较高的房间开启，并宜能自动关闭，各房间门上宜设观察窗，缓冲室的门宜设互锁装置。

4.3.17 屏障环境设施净化区设置外窗外，应采用具有良好气密性的固定窗，不宜设窗台，宜与墙面齐平。啮齿类动物的实验动物设施的生产区（实验区）内不宜设外窗。

4.3.18 应有防止昆虫、野鼠等动物进入和实验动物外逃的措施。

4.3.19 实验动物设施应满足生物安全柜、动物隔离器、高压灭菌器等设备的尺寸要求，应留有足够的搬运孔洞和搬运通道，以及应满足设置局部隔离、防震、排热、排湿设施的需要。

4.3.20 屏障环境设施动物生产区（动物实验区）的房间和与其相通房间之间，以及不同净化级别房间之间宜设置压差显示装置。

4.4 结构要求

4.4.1 屏障环境设施的结构安全等级不宜低于二级。

4.4.2 屏障环境设施不宜低于丙类建筑抗震设防。

4.4.3 屏障环境设施应能承载吊顶内设备管线的荷载，以及高压灭菌器、空调设备、清洗池等设备的荷载。

4.4.4 变形缝不宜穿越屏障环境设施的净化区，如穿越应采取措施满足净化要求。

5 空调、通风和空气净化

5.1 一般规定

5.1.1 空调系统的划分和空调方式选择应经济合理，并应有利于实验动物设施的消毒、自动控制、节能运行，同时应避免交叉污染。

5.1.2 空调系统的设计应满足人员、动物、动物饲养设备、生物安全柜、高压灭菌器等的污染负荷及热湿负荷的要求。

5.1.3 送、排风系统的设计应满足所用动物饲养设备、生物安全柜等设备的使用条件。隔离器、动物解剖台、独立通风笼具等不应向室内排风。

5.1.4 实验动物设施的房间或区域需单独消毒时，其送、回（排）风支管应安装气密阀门。

5.1.5 空调净化系统宜选用特性曲线比较陡峭的风机。

5.1.6 屏障环境设施和隔离环境设施的动物生产区（动物实验区），应设置备用的送风机和排风机。当风机发生故障时，系统应能保证实验动物设施所需最小换气次数及温湿度要求。

5.1.7 实验动物设施的空调系统应采取节能措施。

5.1.8 实验动物设施过渡季节应满足温湿度要求。

5.2 送风系统

5.2.1 使用开放式笼架具的屏障环境设施动物生产区（动物实验区）的送风系统宜采用全新风系统。采用回风系统时，对可能产生交叉污染的不同区域，回风经处理后可在本区域内循环，但不应与其他实验动物区域的回风混合。

5.2.2 使用独立通风笼具的实验动物设施室内可以采用回风，其空调系统的新风量应满足下列要求：

　　1 补充室内排风与保持室内压力梯度；

　　2 实验动物和工作人员所需新风量。

5.2.3 屏障环境设施生产区（实验区）的送风系统应设置粗效、中效、高效三级空气过滤器。中效空气过滤器宜设在空调机组的正压段。

5.2.4 对于全新风系统，可在表冷器前设置一道保护用中效过滤器。

5.2.5 空调机组的安装位置应满足日常检查、维修及过滤器更换等的要求。

5.2.6 对于寒冷地区和严寒地区，空气处理设备应采取冬季防冻措施。

5.2.7 送风系统新风口的设置应符合下列要求：

　　1 新风口应采取有效的防雨措施。

2 新风口处应安装防鼠、防昆虫、阻挡绒毛等的保护网，且易于拆装和清洗。

3 新风口应高于室外地面2.5m以上，并远离排风口和其他污染源。

5.3 排风系统

5.3.1 有正压要求的实验动物设施，排风系统的风机应与送风机连锁，送风机应先于排风机开启，后于排风机关闭。

5.3.2 有负压要求实验动物设施的排风机应与送风机连锁，排风机应先于送风机开启，后于送风机关闭。

5.3.3 有洁净度要求的相邻实验动物房间不应使用同一夹墙作为回（排）风道。

5.3.4 实验动物设施的排风不应影响周围环境的空气质量。当不能满足要求时，排风系统应设置消除污染的装置，且该装置应设在排风机的负压段。

5.3.5 屏障环境设施净化区的回（排）风口应有过滤功能，且宜有调节风量的措施。

5.3.6 清洗消毒间、淋浴室和卫生间的排风应单独设置。蒸汽高压灭菌器宜采用局部排风措施。

5.4 气流组织

5.4.1 屏障环境设施净化区的气流组织宜采用上送下回（排）方式。

5.4.2 屏障环境设施净化区的回（排）风口下边沿离地面不宜低于0.1m；回（排）风口风速不宜大于2m/s。

5.4.3 送、回（排）风口应合理布置。

5.5 部件与材料

5.5.1 高效空气过滤器不应使用木制框架。

5.5.2 风管适当位置上应设置风量测量孔。

5.5.3 采用热回收装置的实验动物设施排风不应污染新风。

5.5.4 粗效、中效空气过滤器宜采用一次抛弃型。

5.5.5 空气处理设备的选用应符合下列要求：

1 不应采用淋水式空气处理机组。当采用表冷器时，通过盘管所在截面的气流速度不宜大于2.0m/s。

2 空气过滤器前后宜安装压差计，测量接管应通畅，安装严密。

3 宜选用蒸汽加湿器。

4 加湿设备与其后的过滤段之间应有足够的距离。

5 在空调机组内保持1000Pa的静压值时，箱体漏风率不应大于2%。

6 净化空调送风系统的消声器或消声部件的材料应不产尘、不易附着灰尘，其填充材料不应使用玻璃纤维及其制品。

6 给水排水

6.1 给水

6.1.1 实验动物的饮用水定额应满足实验动物的饮用水需要。

6.1.2 普通动物饮水应符合现行国家标准《生活饮用水卫生标准》GB 5749 的要求。

6.1.3 屏障环境设施的净化区和隔离环境设施的用水应达到无菌要求。

6.1.4 屏障环境设施生产区（实验区）的给水干管宜敷设在技术夹层内。

6.1.5 管道穿越净化区的壁面处应采取可靠的密封措施。

6.1.6 管道外表面可能结露时，应采取有效的防结露措施。

6.1.7 屏障环境设施净化区内的给水管道和管件，应选用不生锈、耐腐蚀和连接方便可靠的管材和管件。

6.2 排水

6.2.1 大型实验动物设施的生产区和实验区的排水宜单独设置化粪池。

6.2.2 实验动物生产设施和实验动物实验设施的排水宜与其他生活排水分开设置。

6.2.3 兔、羊等实验动物设施的排水管道管径不宜小于 DN150。

6.2.4 屏障环境设施的净化区内不宜穿越排水立管。

6.2.5 排水管道应采用不易生锈、耐腐蚀的管材。

6.2.6 屏障环境设施净化区内的地漏应采用密闭型。

7 电气和自控

7.1 配电

7.1.1 屏障环境设施的动物生产区（动物实验区）的用电负荷不宜低于 2 级。当供电负荷达不到要求时，宜设置备用电源。

7.1.2 屏障环境设施的生产区（实验区）宜设置专用配电柜，配电柜宜设置在辅助区。

7.1.3 屏障环境设施净化区内的配电设备，应选择不易积尘的暗装设备。

7.1.4 屏障环境设施净化区内的电气管线宜暗敷，设施内电气管线的管口，应采取可靠的密封措施。

7.1.5 实验动物设施的配电管线宜采用金属管，穿过墙和楼板的电线管应加套管，套管内应采用不收缩、不燃烧的材料密封。

7.2 照明

7.2.1 屏障环境设施净化区内的照明灯具，应采用密闭洁净灯。照明灯具宜吸顶安装；当嵌入暗装时，其安装缝隙应有可靠的密封措施。灯罩应采用不易破损、透光好的材料。

7.2.2 鸡、鼠等实验动物的动物照度应可以调节。

7.2.3 宜设置工作照明总开关。

7.3 自控

7.3.1 自控系统应遵循经济、安全、可靠、节能的原则，操作应简单明了。

7.3.2 屏障环境设施生产区（实验区）宜设门禁系统。缓冲间的门，宜采取互锁措施。

7.3.3 当出现紧急情况时，所有设置互锁功能的门应处于可开启状态。

7.3.4 屏障环境设施动物生产区（动物实验区）的送、排风机应设正常运转的指示，风机发生故障时应能报警，相应的备用风机应能自动或手动投入运行。

7.3.5　屏障环境设施动物生产区（动物实验区）的送风和排风机必须可靠连锁，风机的开机顺序应符合本规范第5.3.1条和第5.3.2条的要求。

7.3.6　屏障环境设施生产区（实验区）的净化空调系统的配电应设置自动和手动控制。

7.3.7　**空气调节系统的电加热器应与送风机连锁，并应设无风断电、超温断电保护及报警装置。**

7.3.8　**电加热器的金属风管应接地。电加热器前后各800mm范围内的风管和穿过设有火源等容易起火部位的管道和保温材料，必须采用不燃材料。**

7.3.9　屏障环境设施动物生产区（动物实验区）的温度、湿度、压差超过设定范围时，宜设置有效的声光报警装置。

7.3.10　自控系统应满足控制区域的温度、湿度要求。

7.3.11　屏障环境设施净化区的内外应有可靠的通信方式。

7.3.12　屏障环境设施生产区（实验区）内宜设必要的摄像监控装置。

8　消防

8.0.1　新建实验动物设施的周边宜设置环行消防车道，或应沿建筑的两个长边设置消防车道。

8.0.2　屏障环境设施的耐火等级不应低于二级，或设置在不低于二级耐火等级的建筑中。

8.0.3　具有防火分隔作用且要求耐火极限值大于0.75h的隔墙，应砌至梁板底部，且不留缝隙。

8.0.4　屏障环境设施生产区（实验区）的吊顶空间较大的区域，其顶棚装修材料应为不燃材料且吊顶的耐火极限不应低于0.5h。

8.0.5　实验动物设施生产区（实验区）的吊顶内可不设消防设施。

8.0.6　**屏障环境设施应设置火灾事故照明。屏障环境设施的疏散走道和疏散门，应设置灯光疏散指示标志。当火灾事故照明和疏散指示标志采用蓄电池作备用电源时，蓄电池的连续供电时间不应少于20min。**

8.0.7　面积大于50m²的屏障环境设施净化区的安全出口的数目不应少于2个，其中1个安全出口可采用固定的钢化玻璃密闭。

8.0.8　屏障环境设施净化区疏散通道门的开启方向，可根据区域功能特点确定。

8.0.9　屏障环境设施宜设火灾自动报警装置。

8.0.10　**屏障环境设施净化区内不应设置自动喷水灭火系统，应根据需要采取其他灭火措施。**

8.0.11　实验动物设施内应设置消火栓系统且应保证两个水枪的充实水柱同时到达任何部位。

9　施工要求

9.1　一般规定

9.1.1　施工过程中应对每道工序制订具体的施工组织设计。

9.1.2　各道工序均应进行记录、检查，验收合格后方可进行下道工序施工。

9.1.3 施工安装完成后，应进行单机试运转和系统的联合试运转及调试，做好调试记录，并应编写调试报告。

9.2 建筑装饰

9.2.1 实验动物设施建筑装饰的施工应做到墙面平滑、地面平整、现场清洁。

9.2.2 实验动物设施有压差要求的房间的所有缝隙和孔洞都应填实，并在正压面采取可靠的密封措施。

9.2.3 有压差要求的房间宜在合适位置预留测压孔，测压孔未使用时应有密封措施。

9.2.4 屏障环境设施净化区内的墙面、顶棚材料的安装接缝应协调、美观，并应采取密封措施。

9.2.5 屏障环境设施净化区内的圆弧形阴阳角应采取密封措施。

9.3 空调净化

9.3.1 净化空调机级的基础对本层地面的高度不宜低于 200mm。

9.3.2 空调机组安装时设备底座应调平，并应做减振处理。检查门应平整，密封条应严密。正压段的门宜向内开，负压段的门宜向外开。表冷段的冷凝水水管上应设水封和阀门。粗效、中效空气过滤器的更换应方便。

9.3.3 送风、排风、新风管道的材料应符合设计要求，加工前应进行清洁处理，去掉表面油污和灰尘。

9.3.4 净化风管加工完毕后，应擦拭干净，并用塑料薄膜把两端封住，安装前不得去掉或损坏。

9.3.5 屏障环境设施净化区内的所有管道穿过顶棚和隔墙时，贯穿部位必须可靠密封。

9.3.6 屏障环境设施净化区内的送、排风管道宜暗装；明装时，应满足净化要求。

9.3.7 屏障环境设施净化区内的送、排风管道的咬口缝均应可靠密封。

9.3.8 调节装置应严密、调节灵活、操作方便。

9.3.9 采用除味装置时，应采取保护除味装置的过滤措施。

9.3.10 排风除味装置应有方便的现场更换条件。

10 检测和验收

10.1 工程检测

10.1.1 工程检测应包括建筑相关部门的工程质量检测和环境指标的检测。

10.1.2 工程检测应由有资质的工程质量检测部门进行。

10.1.3 工程检测的检测仪器应有计量单位的检定，并应在检定有效期内。

10.1.4 工程环境指标检测应在工艺设备已安装就绪，设施内无动物及工作人员，净化空调系统已连续运行 24 小时以上的静态下进行。

10.1.5 环境指标检测项目应满足表 10.1.5 的要求，检测结果应符合表 3.2.1、表 3.2.2、表 3.2.3 要求。

表 10.1.5 工程环境指标检测项目

序号	项　目	单　位
1	换气次数	次/h
2	静压差	Pa
3	含尘浓度	粒/L
4	温度	℃
5	相对湿度	%
6	沉降菌浓度	个/（φ90 培养皿，30min）
7	噪声	dB（A）
8	工作照度和动物照度	lx
9	动物笼具周边处气流速度	m/s
10	送、排风系统连锁可靠性验证	—
11	备用送、排风机自动切换可靠性验证	—

注：1　检测项目 1~8 的检测方法应执行现行行业标准《洁净室施工及验收规范》JGJ 71 的相关规定。

　　2　检测项目 9 的检测方法应按本章第 10.1.6 条执行。

　　3　屏障环境设施必须做检测项目 10，普通环境设施可选做。

　　4　屏障环境设施的送、排风机采用互为备用的方式时，应做检测项目 11。

　　5　实验动物设施检测记录用表参见附录 A。

10.1.6　动物笼具处气流速度的检测方法应符合以下要求：

　　检测方法：测量面为迎风面（图 10.1.6），距动物笼具 0.1m，均匀布置测点，测点间距不大于 0.2m，周边测点距离动物笼具侧壁不大于 0.1m，每行至少测量 3 点，每列至少测量 2 点。

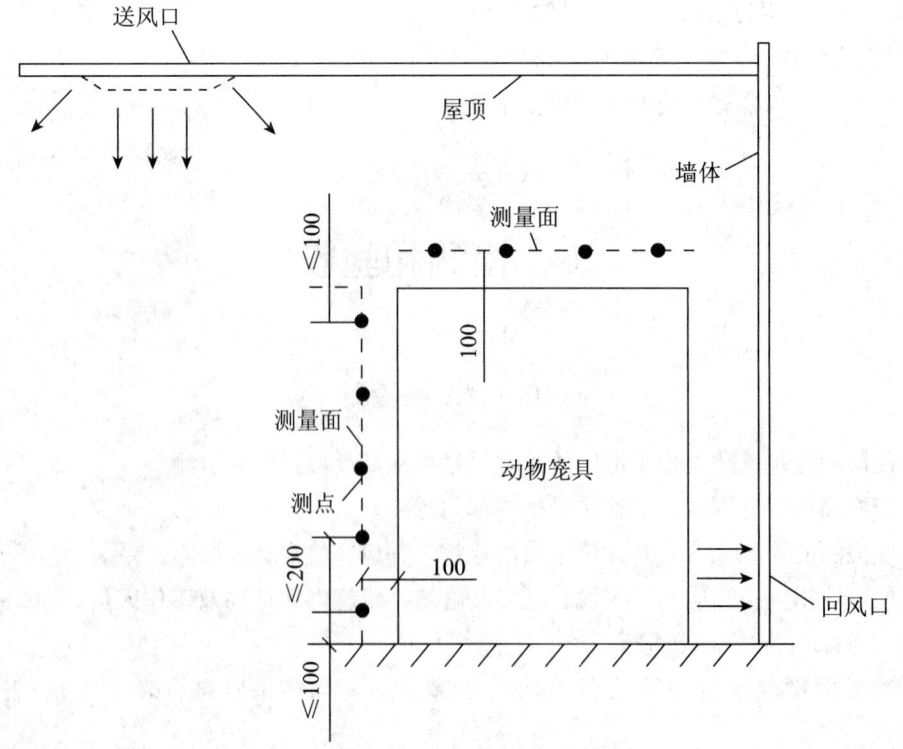

图 10.1.6　测点布置

评价标准：平均风速应满足表 3.2.1、表 3.2.2 的要求，超过标准的测点数不超过测点总数的 10%。

10.2 工程验收

10.2.1 在工程验收前，应委托有资质的工程质检部门进行环境指标的检测。

10.2.2 工程验收的内容应包括建设与设计文件、施工文件、建筑相关部门的质检文件、环境指标检测文件等。

10.2.3 工程验收应出具工程验收报告。实验动物设施的验收结论可分为合格、限期整改和不合格三类。对于符合规范要求的，判定为合格；对于存在问题，但经过整改后能符合规范要求的，判定为限期整改；对于不符合规范要求，又不具备整改条件的，判定为不合格。验收项目应按附录 B 的规定执行。

附录 A 实验动物设施检测记录用表

A.0.1 实验动物设施施工单位自检情况，施工文件检查情况，IVC、隔离器等设备检测情况，屏障环境设施围护结构严密性检测情况应按表 A.0.1 填写。

A.0.2 实验动物设施风速或风量的检测记录表应按表 A.0.2 填写。

A.0.3 实验动物设施静压差的检测记录表应按表 A.0.3 填写。

A.0.4 实验动物设施含尘浓度的检测记录表应按表 A.0.4 填写。

A.0.5 实验动物设施温度、相对湿度的检测记录表应按表 A.0.5 填写。

A.0.6 实验动物设施沉降菌浓度的检测记录表应按表 A.0.6 填写。

A.0.7 实验动物设施噪声的检测记录表应按表 A.0.7 填写。

A.0.8 实验动物设施工作照度和动物照度的检测记录表应按表 A.0.8 填写。

A.0.9 实验动物设施动物笼具周边处气流速度的检测记录表应按表 A.0.9 填写。

A.0.10 实验动物设施送、排风系统连锁可靠性验证和备用送、排风机自动切换可靠性验证的检测记录表应按表 A.0.10 填写。

表 A.0.1 实验动物设施检测记录

委托单位	
设施名称	
施工单位	
监理单位	
检测单位	

检测日期		记录编号		检测状态	

检测依据	

1 施工单位自检情况

2 施工文件检查情况

3 IVC、隔离器等设备检测情况

4 屏障环境设施围护结构严密性检测情况

校核	记录	检验

表 A.0.2　实验动物设施检测记录

5　风速或风量				
检测仪器名称		规格型号		编号	
检测前设备状况		检测后设备状况		
位置	风口	测点	风速（m/s）或风量（m³/h）	备注

校核　　　　　　　记录　　　　　　　检验

表 A.0.3　实验动物设施检测记录

6　静压差检测		
检测仪器名称	规格型号	编号
检测前设备状况	检测后设备状况	
检测位置	压差值（Pa）	备注

校核　　　　　　　记录　　　　　　　检验

表 A.0.4　实验动物设施检测记录

7　含尘浓度				
检测仪器名称		规格型号		编号	
检测前设备状况		检测后设备状况		
位置	测点	粒径	含尘浓度（pc/　）	备注

校核　　　　　　　　记录　　　　　　　　检验

表 A.0.5 实验动物设施检测记录

8 温度、相对湿度			
检测仪器名称		规格型号	编号
检测前设备状况		检测后设备状况	
房间名称	温度（℃）	相对湿度（%）	备注
室外			

校核　　　　　　记录　　　　　　检验

表 A.0.6 实验动物设施检测记录

9 沉降菌浓度					
检测仪器名称		规格型号		编号	
检测前设备状况		检测后设备状况			
房间名称	测点	沉降菌浓度 个/（φ90 培养皿，30min)			备注

校核　　　　　　　　记录　　　　　　　检验

表 A.0.7　实验动物设施检测记录

10　噪声						
检测仪器名称			规格型号		编号	
检测前设备状况				检测后设备状况		
房间名称	测点	噪声 dB（A）				备注

校核　　　　　　　　记录　　　　　　检验

表 A.0.8　实验动物设施检测记录

11　照度				
检测仪器名称		规格型号		编号
检测前设备状况			检测后设备状况	
房间名称	测点	工作照度（lx）	动物照度（lx）	备注

校核　　　　　　　　记录　　　　　　　　检验

表 A.0.9　实验动物设施检测记录

12 动物笼具周边处气流速度						
检测仪器名称			规格型号		编号	
检测前设备状况			检测后设备状况			
房间名称	测点	动物笼具周边处气流速度（m/s）			备注	

校核　　　　　　　记录　　　　　　　检验

表 A. 0. 10　实验动物设施检测记录

13　送、排风系统连锁可靠性验证
14　备用送、排风机自动切换可靠性验证

校核　　　　　　　　记录　　　　　　　　检验

附录 B 实验动物设施工程验收项目

B.0.1 实验动物设施建成后，应按照本附录列出的验收项目，逐项验收。

B.0.2 凡对工程质量有影响的项目有缺陷，属一般缺陷，其中对安全和工程质量有重大影响的项目有缺陷，属严重缺陷。根据两项缺陷的数量规定工程验收评价标准应按表 B.0.2 执行。

表 B.0.2 实验动物设施验收标准

标准类别	严重缺陷数	一般缺陷数
合格	0	<20%
限期整改	1～3	<20%
	0	≥20%
不合格	>3	0
	一次整改后仍未通过者	

注：百分数是缺陷数相对于应被检查项目总数的比例。

B.0.3 实验动物设施工程现场检查项目应按表 B.0.3 执行。

表 B.0.3 实验动物设施工程现场检查项目

章	序号	检查出的问题	评价 严重缺陷	一般缺陷	普通环境设施	屏障环境设施	隔离环境设备
实验动物设施的技术指标	1	动物生产区、动物实验区温度不符合要求	√		√	√	√
	2	其他房间温度不符合要求		√	√	√	
	3	日温差不符合要求	√		√	√	√
	4	相对湿度不符合要求		√	√	√	√
	5	换气次数不足	√		√	√	√
	6	动物笼具周边处气流速度超过0.2m/s	√		√	√	√
	7	动物生产区、动物实验区压差反向	√			√	√
	8	压差不足	√			√	√
	9	洁净度级别不够	√			√	√
	10	沉降菌浓度超标	√			√	√
	11	实验动物饲养房间或设备噪声超标	√		√	√	√
	12	其他房间噪声超标		√	√	√	√
	13	动物照度不满足要求	√		√	√	√
	14	工作照度不足		√	√	√	√
	15	动物生产区、动物实验区新风量不足	√		√	√	√
建筑	16	基地出入口只有一个，人员出入口兼做动物尸体和废弃物的出口		√	√	√	√
	17	未设置动物尸体与废弃物暂存处		√	√	√	√

续表

章	序号	检查出的问题	评价 严重缺陷	一般缺陷	适用范围 普通环境设施	屏障环境设施	隔离环境设备
建筑	18	生产区（实验区）与辅助区未明确分设		✓	✓	✓	
	19	屏障环境设施的卫生间置于净化区内	✓			✓	
	20	屏障环境设施的楼梯、电梯置于生产区（试验区）内		✓		✓	
	21	犬、猴、猪等实验动物入口未设置单独入口或洗浴间		✓	✓	✓	
	22	负压屏障环境设施没有设置无害化消毒设施	✓			✓	
	23	动物实验室内动物饲养间与实验操作间未分开设置		✓	✓	✓	
	24	屏障环境设施未设置高压灭菌器等消毒设施	✓			✓	
	25	清洗消毒间未设地漏或排水沟，地面未做防水处理	✓		✓	✓	
	26	清洗消毒间的墙面未做防水处理		✓	✓	✓	
	27	屏障环境设施的净化区内设置排水沟		✓		✓	
	28	屏障环境设施的洁物储存室设置地漏	✓			✓	
	29	墙面和顶棚为非易于清洗消毒、不耐腐蚀、起尘、开裂、反光、不光滑防水的材料		✓	✓	✓	
	30	屏障环境设施净化区内地面与墙面相交位置未做半径不小于30mm的圆弧处理		✓		✓	
	31	地面材料不防滑、不耐磨、不耐腐蚀，有渗漏，踢脚突出墙面		✓	✓	✓	
	32	屏障环境设施净化区的密封性未满足要求		✓		✓	
	33	没有防止昆虫、鼠等动物进入和外逃的措施	✓		✓	✓	
	34	设备的安装空间不够	✓		✓	✓	
	35	净化区变形缝的做法未满足洁净要求	✓			✓	
空气净化	36	实验动物生产设施和实验动物设施的空调系统未分开设置		✓	✓	✓	
	37	动物隔离器，动物解剖台等其他产生污染气溶胶的设备向室内排风	✓		✓	✓	✓
	38	屏障环境设施的动物生产区（动物实验区）送风机和排风机未考虑备用或当风机故障时，不能维持实验动物设施所需最小换气次数及温度要求（甲方可承受风机故障时损失的除外）	✓		✓	✓	
	39	屏障环境设施和隔离环境设施过渡季节不能满足温湿度要求	✓			✓	✓
	40	采用了淋水式空气处理器		✓	✓	✓	
	41	空调箱或过滤器箱内过滤器前后无压差计		✓	✓	✓	
	42	选用易生菌的加湿方式（如湿膜、高压微雾加湿器）		✓	✓	✓	
	43	加湿设备与其后的空气过滤段距离不够		✓	✓	✓	
	44	有净化要求的消声器或消声部件的材料不符合要求		✓		✓	
	45	屏障环境设施净化区送风系统未按规定设三级过滤	✓			✓	

续表

章	序号	检查出的问题	评价 严重缺陷	评价 一般缺陷	适用范围 普通环境设施	适用范围 屏障环境设施	适用范围 隔离环境设备
空气净化	46	对于寒冷地区和严寒地区，未考虑冬季换热设备的防冻问题	✓		✓	✓	
	47	电加热器前后各 800mm 范围内的风管和穿过设有火源等容易起火部位的管道，未采用不燃保温材料	✓		✓	✓	
	48	新风口没有有效的防雨措施。未安装防鼠、防昆虫、阻挡绒毛等的保护网	✓		✓	✓	
	49	新风口未高出室外地面 2.5m		✓	✓	✓	
	50	新风口易受排风口及其他污染源的影响		✓	✓	✓	
	51	送排风未连锁或连锁不当	✓		✓	✓	
	52	有洁净度要求的相邻实验动物房间使用同一回风夹墙作为排风	✓			✓	
	53	屏障环境设施的动物生产区（动物实验区）未采用上送下排（回）方式		✓		✓	
	54	高效过滤器用木质框架	✓		✓	✓	
	55	风管未设置风量测量孔		✓	✓	✓	
	56	使用了可产生交叉污染的热回收装置	✓		✓	✓	
给水、排水	57	实验动物饮水不符合生活饮用水标准	✓		✓	✓	
	58	屏障环境设施和隔离环境设施净化区内的用水未经过灭菌	✓			✓	✓
	59	管道穿越净化区的壁面处未采取可靠的密封措施		✓		✓	
	60	管道表面可能结露，未采取有效的防结露措施		✓	✓	✓	
	61	屏障环境设施净化区内的给水管道，未选用不生锈、耐腐蚀和连接方便可靠的管材	✓			✓	
	62	大型的生产区（实验区）的排水未单独设置化粪池		✓	✓	✓	
	63	动物生产或实验设施的排水与建筑生活排水未分开设置		✓	✓	✓	
	64	小鼠等实验动物设施的排水管道管径小于 DN75		✓	✓	✓	
	65	兔、羊等实验动物设施的排水管道管径小于 DN150		✓	✓	✓	
	66	屏障环境设施净化区内穿过排水立管		✓		✓	
	67	排水管道未采用不易生锈、耐腐蚀的管材		✓	✓	✓	
	68	屏障环境设施净化区内的地漏为非密闭型	✓			✓	
电气设备和自控要求	69	屏障环境设施、隔离环境设施达不到用电负荷要求	✓			✓	✓
	70	屏障环境设施生产区（实验区）设施未设置独立配电柜		✓		✓	✓
	71	屏障环境设施配电柜设置在洁净区		✓		✓	
	72	屏障环境设施净化区内的电气设备未满足净化要求	✓			✓	
	73	屏障环境设施净化区内电气管线管口未采取可靠的密封措施		✓		✓	
	74	配电管线采用非金属管		✓	✓	✓	
	75	净化区内穿过墙和楼板的电线管未采取可靠的密封		✓	✓	✓	

续表

章	序号	检查出的问题	评价		适用范围		
			严重缺陷	一般缺陷	普通环境设施	屏障环境设施	隔离环境设备
电气设备和自控要求	76	屏障环境设施净化区内的照明灯具为非密闭洁净灯	√			√	
	77	洁净灯具嵌入顶棚暗装的安装缝隙未有可靠的密封措施		√		√	
	78	鼠、鸡等动物照度的照明开关不可调节		√	√	√	√
	79	屏障环境设施净化区缓冲间的门，未采取互锁措施		√		√	
	80	当出现紧急情况时，设置互锁功能的门不能处于开启状态	√			√	
	81	屏障环境设施的动物生产区（动物实验区）未设风机正常运转指示与报警		√		√	
	82	备用风机不能正常投入运行	√			√	
	83	电加热器没有可靠的连锁、保护装置、接地	√		√	√	
	84	温、湿度没有进行必要控制		√	√	√	√
	85	屏障环境设施净化区内外没有可靠的通信方式		√		√	
消防要求	86	新建实验动物建筑未设置环行消防车道，或未沿两个长边设置消防车道	√		√	√	
	87	实验动物建筑的耐火等级低于2级或设置在低于2级耐火等级的建筑中	√		√	√	
	88	具有防火分隔作用且要求耐火极限值大于0.75h的隔墙未砌至梁板底部，留有缝隙	√		√	√	
	89	屏障环境设施的生产区（实验区）顶棚装修材料为可燃材料	√			√	
	90	屏障环境设施的生产区（实验区）吊顶的耐火极限低于0.5h	√			√	
	91	面积大于50m²的屏障环境设施净化区没有火灾事故照明或疏散指示标志	√			√	
	92	屏障环境设施安全出口的数目少于2个	√			√	
	93	屏障环境设施未设火灾自动报警装置		√		√	
	94	屏障环境设施设置自动喷水灭火系统		√		√	
	95	屏障环境设施未采取喷淋以外其他灭火措施	√			√	
	96	不能保证两个水枪的充实水柱同时到达任何部位	√		√	√	
工程检测结果	97	送风高效过滤器漏泄		√	√	√	
	98	设备无合格的出厂检测报告	√		√	√	
	99	无调试报告	√		√	√	√
	100	检测单位无资质	√		√	√	√

本规范用词说明

1 为便于在执行本规范条文时区别对待,对要求严格程度不同的用词说明如下:

    1) 表示很严格,非这样做不可的:

        正面词采用"必须",反面词采用"严禁";

    2) 表示严格,在正常情况下均应这样做的:

        正面词采用"应",反面词采用"不应"或"不得";

    3) 表示允许稍有选择,在条件许可时首先应这样做的:

        正面词采用"宜",反面词采用"不宜";

        表示有选择,在一定条件下可以这样做的,采用"可"。

2 条文中指明应按其他有关标准、规范执行的写法为:"应按……执行"或"应符合……的规定"。

中华人民共和国国家标准

实验动物设施建筑技术规范

GB 50447—2008

条 文 说 明

1 总 则

1.0.1 我国实验动物设施的发展非常迅速，已建成了许多实验动物设施，积累了丰富的设计、施工经验。我国已制定了国家标准《实验动物 环境及设施》GB 14925，该规范规定了实验动物设施的环境要求。本规范是解决如何建设实验动物设施以满足实验动物设施的环境要求，包括建筑、结构、空调净化、消防、给排水、电气、工程检测与验收等。

1.0.2 本条规定了本规范的适用范围。

1.0.3 既要考虑到初投资，也要考虑运行费用。针对具体项目，应进行详细的技术经济分析。对实验动物设施中采用的设备、材料必须严格把关，不得迁就，必须采用合格的设备、材料和施工工艺。

1.0.5 下列标准规范所包含的条文，通过在本规范中引用而构成本规范的条文。使用本规范的各方应注意，研究是否可使用下列规范的最新版本。

《生活饮用水卫生标准》GB 5749—2006

《高效空气过滤器性能实验方法 透过率和阻力》GB 6165—85

《污水综合排放标准》GB 8978—1996

《高效空气过滤器》GB/T 13554—92

《组合式空调机组》GB/T 14294—1993

《空气过滤器》GB/T 14295—93

《实验动物 环境及设施》GB 14925

《医院消毒卫生标准》GB 15982—1995

《医疗机构水污染物排放标准》GB 18466—2005

《实验室生物安全通用要求》GB 19489—2004

《建筑给水排水设计规范》GB 50015—2003

《建筑设计防火规范》GB 50016—2006

《采暖通风与空气调节设计规范》GB 50019—2003

《压缩空气站设计规范》GB 50029—2003

《建筑照明设计标准》GB 50034—2004

《高层民用建筑设计防火规范》GB 50045—95（2005 年版）

《供配电系统设计规范》GB 50052—95

《低压配电设计规范》GB 50054—95

《洁净厂房设计规范》GB 50073—2001

《火灾自动报警系统设计规范》GB 50116—98

《建筑灭火器配置设计规范》GB 50140—2005

《建筑装饰装修工程质量验收规范》GB 50210—2001

《通风与空调工程施工质量验收规范》GB 50243—2002

《生物安全实验室建筑技术规范》GB 50346—2004

《民用建筑电气设计规范》JGJ 16—2008

《洁净室施工及验收规范》JCJ 71—90

2 术 语

2.0.2~2.0.4 普通环境、屏障环境、隔离环境是指实验动物直接接触的生活环境。
2.0.5、2.0.6 根据使用功能进行分类。
2.0.7、2.0.8 普通环境、屏障环境通过设施来实现，隔离环境通过隔离器等设备来实现。
2.0.12~2.0.14 关于实验动物设施空气洁净度等级的规定采用与国际接轨的命名方式。
2.0.15 净化区指实验动物设施内有空气洁净度要求的区域。

3 分类和技术指标

3.1 实验动物环境设施的分类

3.1.1 本条对实验动物环境设施进行分类，在建设实验动物设施时，应根据实验动物级别进行选择。

3.2 实验动物设施的环境指标

3.2.1、3.2.2 主要依据《实验动物 环境及设施》GB 14925 中的规定。

4 建筑和结构

4.1 选址和总平面

4.1.1 实验动物设施需要相对安静、无污染的环境，选址要尽量减小环境中的粉尘、噪声、电磁等其他有害因素对设施的影响；同时，实验动物设施会产生一定的污水、污物和废气，因此在选址中还要考虑实验动物设施对环境造成污染和影响。

4.1.2 在实验动物设施基地的总平面设计时，要考虑三种流线的组织：人员流线、动物流线、洁物流线和污物流线。尽可能做到人员流线与货物流线分开组织，尤其是运送动物尸体和废弃物的路线与人员进出基地的路线分开，如果能将洁物运入路线和污物运出路线分开则更佳。

　　设施的外围宜种植枝叶茂盛的常绿树种，不宜选用产生花絮、绒毛、粉尘等对大气有不良影响的树种，尤其不应种植对人和动物有毒、有害的树种。

4.2 建筑布局

4.2.1 动物生产区包括育种室、扩大群饲育室、生产群饲育室等；辅助生产区包括隔离观察室、检疫室、更衣室、缓冲间、清洗消毒室、洁物储存室、待发室、洁净走廊、污物走廊等；辅助区包括门厅、办公室、库房、机房、一般走廊、卫生间、楼梯等。

4.2.2 动物实验区包括饲育室和实验操作室、饲育室和实验操作室的前室或者后室、准备室（样品配制室）、手术室、解剖室（取材室）；辅助实验区包括更衣室、缓冲室、淋浴室、清洗消毒室、洁物储存室、检疫观察室、无害化消毒室、洁净走廊、污物走廊等；辅助区包括门厅、办公、库房、机房、一般走廊、厕所、楼梯等。

4.2.3 屏障环境设施净化区内设置卫生间容易造成污染，所以不应设置卫生间（采用特殊的卫生洁具，不造成污染的除外）。电梯的运行会产生噪声，同时造成屏障环境设施净化区内压力梯度的波动；如将电梯置于屏障环境设施净化区内，应采取有效的措施减小噪声干扰和压力梯度的波动。楼梯置于屏障环境设施净化区内，不利于清洁和洁净度要求，如将楼梯置于屏障环境设施净化区内，应满足空气净化的要求。

4.2.4 清洁级动物、SPF级动物和无菌级动物因其对环境要求各不相同，应分别饲养在不同的房间或不同区域里，条件困难的情况下可以在同一个房间内使用满足要求的不同的笼具进行饲养；不同种类动物的温度、湿度、照度等生存条件不同，因此宜分别饲养在不同房间或不同区域里。

4.2.5 本条是为了避免鸡、犬等产生较大噪声的动物对其他动物的影响，尤其是避免对胆小的鼠、兔等动物心理和生理的影响。

4.2.6 单走廊布局方式一般是指动物饲育室或实验室排列在走廊两侧，通过这一个走廊运入和运出物品；双走廊布局方式一般是指动物饲育室或实验室两侧分别设有洁净走廊和污物走廊，洁物通过洁净走廊运入，污物通过污物走廊运出；多走廊布局方式实际是多个双走廊方式的组合，例如将洁净走廊设于两排动物室的中间，外围两侧是污物走廊的三走廊方式。

双走廊或多走廊布局时，实验动物设施的实验准备室应与洁净走廊相通，并能方便地通向动物实验室，实验动物设施的手术室应与动物实验室相邻，或有便捷的路线相通；解剖、取样的负压屏障环境设施的解剖室应放在实验区内，并应与污物走廊相连或与无害化消毒室相邻。

4.2.8 本条中的避免交叉污染，包含了几个方面的意思：进入人流与出去人流尽量不交叉，以免出去人流污染进入人流；洁物进入与污物运出流线尽量不交叉，以免污物对洁物造成污染；动物进入与动物实验后运出的流线尽量不交叉，以免实验后的动物污染新进入的动物；不同人员之间、不同动物之间也应避免互相交叉污染。

单走廊的布局，流线上不可避免有交叉时，应通过管理尽量避免相互污染，如采取严格包装、分时控制、前室再次更衣等措施。

以双走廊布局的屏障环境实验动物设施为例，人员、动物、物品的工艺流线示意如下：

人员流线：一更→二更→洁净走廊→动物实验室→污物走廊→二更→淋浴（必要时）→一更

动物流线：动物接收→传递窗（消毒通道、动物洗浴）→洁净走廊→动物实验室→污物走廊→解剖室→（无害化消毒→）尸体暂存

物品流线：清洗消毒→高压灭菌器（传递窗、渡槽）→洁物储存间→洁净走廊→动物实验室→污物走廊→（解剖室→）（无害化消毒→）污物暂存

4.2.9 二次更衣室一般用于穿戴洁净衣物，同时可兼做缓冲间阻隔室外空气进入屏障环境设施。

4.2.10 动物进入宜与人员和物品进入通道分开，小型动物也可以和物品一样通过传递窗进入。动物洗浴间内应配备所需的设备，如热水器、电吹风等。

4.2.11 负压屏障环境设施内的动物实验一般在不同程度上对人员和环境有危害性，因此其所有物品必须经无害化处理后才能运出，无害化处理一般采用双扉高压灭菌器等设施。涉及放射性物质的负压屏障环境设施还要遵守放射性物质的相关规定处理后才能运出。

4.2.12 设置检疫室或隔离观察室是为了防止外来实验动物感染实验动物设施内已有的实验动物。

4.2.13 实验动物设施对各种库房的面积要求较大，设计时应加以充分考虑。

4.3 建筑构造

4.3.1 卸货平台高度一般为 1m 左右，便于从货车上直接卸货。

4.3.2 本条主要是指用水直接冲洗的房间，应考虑足够的排水坡度，并做好地面防水。

4.3.3 本条规定是从动物伦理出发，避免实验操作对其他动物产生心理和生理影响，同时避免由此影响实验结果的准确性。

4.3.4 屏障环境设施净化区内的所有物品必须经过高压灭菌器、传递窗、渡槽等设备消毒后才能进入。

4.3.5 清洗消毒室有大量的用水需求，且排水中杂物较多，因此必须有良好的排水措施和防水处理。

4.3.6 屏障环境设施的净化区内设排水沟会影响整个环境的洁净度，如采用排水沟时，应采取可靠的措施满足洁净要求；而洁物储存室是屏障环境设施内对洁净要求较高的房间，设置地漏会有孳生霉菌的危险，因而不应设置，如果将纯水点设于洁物储存室内，需设置收集溢流水的设施。

4.3.7 有洁净度要求或生物安全级别要求的实验动物设施需要较大面积的空调机房，应在设计时充分考虑，并避免其噪声和振动对动物和实验仪器的影响。

4.3.8 实验动物设施每天都要运入大量的饲料、动物和运出污物、尸体等货物，因此二层以上需要设置方便运送货物的电梯。有条件的情况下货物电梯和人员电梯宜分开，洁物电梯与污物电梯宜分设。

4.3.9 本条是为了保证设施内运送货物的宽度，尤其是实验区内的走廊宽度要满足运送动物、饲料小车的需要。

4.3.10 屏障环境设施的生产区（实验区）内净高应满足所选笼架具（和生物安全柜）的高度和检测、检修要求，但不宜过高，因为实验室内的体积越大，空调要维持同样的换气次数，所需要的送风量就越大，不利于节能。

　　屏障环境设施的设备管道较多，需要很大的吊顶空间，因而应有足够的层高。

4.3.11 本条的围护结构包括屋顶、外墙、外窗、隔墙、隔断、楼板、梁柱等，都不应含有毒、有放射性的物质。

4.3.12 本条所指技术夹层包括吊顶或设备夹层，主要用于布置设备管线，吊顶可以是有一定承重能力的可上人吊顶，也可以是不可上人的轻质吊顶；由于在生产区或实验区内的吊顶上留检修人孔会对生产或实验造成影响，因此在不上人轻质吊顶内需要设置检修通道，并在辅助区内留检修人孔或活动吊顶。

4.3.13 本条对墙面和顶棚材料提出了定性的要求。

4.3.14 屏障环境设施的净化区由于有洁净度要求，应尽量减少积尘面和孳生微生物的可能，所以要求围护材料应表面光洁；本条所指的密闭措施包括：密封胶嵌缝、压缝条压缝、纤维布条粘贴压缝、加穿墙套管等；地面与墙面相交位置做圆弧处理，是为了减少卫生死角，便于清洁和消毒。

4.3.15 地面材料应防止人员滑倒，以免人员受伤、破坏生产或实验设施；洁净区内应尽量减少积尘面（特别是水平凸凹面），以免在室内气流作用下引起积尘的二次飞扬，因此踢脚应与墙面平齐或略缩进不大于 3mm。屏障环境设施内因为有洁净度要求，地面混凝土层中宜配少量钢筋以防止地面开裂，从而避免裂缝中孳生微生物。潮湿地区应做好防潮处理，地面垫层中增加防潮层。

4.3.16 屏障环境设施的净化区，为了使门扇关闭紧密，密闭门一般开向压力较高的房间或走廊。

　　房间门上设密闭观察窗是为了使人不必进入室内便可方便地对动物进行观察，随时了解室内情况，观察窗应采用不易破碎的安全玻璃。缓冲室不宜有过多的门，宜设互锁装置使门不能同时打开，否则容易破坏压力平衡和气流方向，破坏洁净环境。

4.3.17 屏障环境设施净化区外窗的设置要求是为了满足洁净的要求。啮齿类动物是怕见光的，所以不宜设外窗，如果设外窗应有严格的遮光措施。普通环境设施如果没有机械通风系统，应有带防虫纱窗的窗户进行自然通风。

4.3.18 昆虫、野鼠等动物身上极易沾染和携带致病因子，应采取防护措施，如窗户应设纱窗，新风口、排风口处应设置保护网，门口处也应采取措施。

4.3.19 本条主要提醒设计人员要充分考虑实验室内体积比较大的设备的安装和检修尺寸，如生物安全柜、动物饲养设备、高压灭菌器等等，应留有足够的搬运孔洞和搬运通道；此外还应根据需要考虑采取局部隔离、防震、排热、排湿等措施。

4.3.20 设置压差显示装置是为了及时了解不同房间之间的空气压差，便于监督、管理和控制。

4.4 结构要求

4.4.1 目前大量的新建建筑结构安全等级为二级，但实验动物设施普遍规模较小，还有不少既有建筑改建的项目，有可能达到二级有一定困难，但新建的屏障环境设施应不低于二级。

4.4.2 目前大量的新建建筑为丙类抗震设防，但实验动物设施普遍规模较小，还有不少既有建筑改建的项目，有可能达到丙类抗震设防有一定困难，但新建的屏障环境设施应不低于丙类抗震设防，达不到要求的既有建筑改建应进行抗震加固。

4.4.3 屏障环境设施吊顶内的设备管线和检修通道一般吊在上层楼板上，楼板荷载应加以考虑。设施中的高压灭菌器、空调设备的荷载也非常大，设计时应特别注意，并尽可能将大型高压灭菌器放在结构梁上或跨度较小的楼板上。

4.4.4 屏障环境设施的净化区内的变形缝处理不好，容易孳生微生物，严重影响设施环境，因此设计中尽量避免变形缝穿越。

5 空调、通风和空气净化

5.1 一般规定

5.1.1 空调系统的划分和空调方式选择应根据工程的实际情况综合考虑。例如：实验动物实验设施中，根据不同实验内容来进行空调系统的划分，以利于节能。又如：实验动物生产设施和实验动物实验设施分别设置空调系统，这主要是因为这两种设施的使用时间不同，实验动物生产设施一般是连续工作的，而实验动物实验设施在未进行实验时，空调系统一般不运行的（除值班风机外）。

5.1.2 实验动物的热湿负荷比较大，应详细计算。实验动物的热负荷可参考表1：

表1 实验动物的热负荷

动物品种	个体重量（kg）	全热量（W/kg）
小鼠	0.02	41.4
雏鸡	0.05	17.2
地鼠	0.11	20.6
鸽子	0.28	23.3
大鼠	0.30	21.1
豚鼠	0.41	19.7

续表

动物品种	个体重量（kg）	全热量（W/kg）
鸡（成熟）	0.91	9.2
兔子	2.72	12.2
猫	3.18	11.7
猴子	4.08	11.7
狗	15.88	6.1
山羊	35.83	5.0
绵羊	44.91	6.1
小型猪	11.34	5.6
猪	249.48	4.4
小牛	136.08	3.1
母牛	453.60	1.9
马	453.60	1.9
成人	68.00	2.5

注：本表摘自加拿大实验动物管理委员会（CCAC）编著的《laboratory animal facilities-characteristics design and development》。

5.1.3 送、排风系统的设计应考虑所用设备的使用条件，包括设备的高度、安装间距、送排风方式等。产生污染气溶胶的设备不应向室内排风是为了防止污染室内环境。

5.1.4 安装气密阀门的作用是防止在消毒时，由于该房间或区域与其他房间共用空调净化系统而污染其他房间。

5.1.5 实验动物设施的空调净化系统，各级过滤器随着使用时间的增加，容尘量逐渐增加，系统阻力也逐渐增加，所需风机的风压也越大。选用风压变化较大时，风量变化较小的风机，可以使净化空调系统的风量变化较小，有利于空调净化系统的风量稳定在一定范围内。也可使用变频风机，保持系统风量的稳定，使风机的电机功率与所需风压相适应，可以降低风机的运行费用。

5.1.6 屏障环境设施动物生产区（动物实验区）的空调净化系统出现故障时，经济损失比较严重，所以送、排风机应考虑备用并满足温湿度要求。风机的备用方式一般采用空调机组中设置双风机，当送（排）风机出现故障时，备用风机立刻运行。若甲方运行管理到位，当风机出现故障时能及时修复，并且在修复期内，实验动物生产或动物实验基本不受影响的情况下，可不在空调系统中设置备用风机，而在机房备用同型号的风机或风机电机。如果甲方根据自己的实际情况，可以承受风机出现故障情况下的损失，可不备用。

5.1.7 实验动物设施已建工程中全新风系统居多，其能耗比普通空调系统高很多，运行费用巨大。因此，在空调设计时，必须把"节能"作为一个重要条件来考虑，在满足使用功能的条件下，尽可能降低运行费用。

5.1.8 屏障环境设施和隔离环境设施对温湿度的要求较高，如果没有冷热源，过渡季节温湿度很难满足要求，应根据工程实际情况考虑过渡季节冷热源问题。

5.2 送风系统

5.2.1 对于使用开放式笼架具的屏障环境设施的动物生产区（动物实验区），工作人员和实验动物所处的是同一个环境，人和实验动物对氨、硫化氢等气体的敏感程度是不一样的，屏障环境设施既应满足实验动物也应满足工作人员的环境要求。对于屏障环境设施动物生产区（动物实验区）的回

GB 50447—2008

风经过粗效、中效、高效三级过滤器是能够满足洁净度的要求的，但对于氨、硫化氢等有害气体靠普通过滤器是不能去除的。已建工程的常用方式是采用全新风的空调方式，用新风稀释来保证屏障环境设施的空气质量。

采用全新风系统会造成空调系统的初投资和运行费用的大幅度增加，不利于空调系统的节能。采用回风时，可以采用室内合理的气流组织，提高通风效率（如笼具处局部排风等），或回风经过可靠的措施进行处理，使屏障环境设施的环境指标达到要求。

5.2.2　使用独立通风笼具的实验动物设施，独立通风笼具的排风是排到室外的，提高了通风的效率，独立通风笼具内的实验动物对房间环境的影响不大，故只对新风量提出了要求，而并未规定新风与回风的比例。

5.2.3　中效空气过滤器设在空调机组的正压段是为防止经过中效空气过滤器的送风再被污染。

5.2.4　对于全新风系统，新风量比较大，新风经过粗效过滤后，其含尘量还是比较大的，容易造成表冷器的表面积尘、阻塞空气通道，影响换热效率。

5.2.6　对于空气处理设备的防冻问题着重考虑新风处理设备的防冻问题，可以采用设新风电动阀并与新风机连锁、设防冻开关、设置辅助电加热器等方式。

5.3　排风系统

5.3.1、5.3.2　送风机与排风机的启停顺序是为了保证室内所需要的压力梯度。

5.3.3　相邻房间使用同一夹墙作为回（排）风道容易造成交叉污染，同时压差也不易调节。

5.3.4　实验动物设施的排风含有氨、硫化氢等污染物，应采取有效措施进行处理以免影响周围人的生活、工作环境。

本条没有规定必须设置除味装置，主要是考虑到有些实验动物设施远离市区，或距周围建筑距离较远，或采用高空排放等措施，对周围人的生活、工作环境影响较小，这种情况下可以不设置除味装置。在不能满足要求时应设置除味装置，排风先除味再排放到大气中。除味装置设在负压段，是为了避免臭味通过排风管泄漏。

5.3.5　屏障环境设施净化区的回（排）风口安装粗效空气过滤器起预过滤的作用，在房间回（排）风口上设风量调节阀，可以方便地调节各房间的压差。

5.3.6　清洗消毒间、淋浴室和卫生间排风的湿度较高，如与其他房间共用排风管道可能污染其他房间。蒸汽高压灭菌器的局部排风是为了带走其所散发的热量。

5.4　气流组织

5.4.1　采用上送下回（排）的气流组织形式，对送风口和回（排）风口的位置要精心布置，使室内气流组织合理，尽可能减少气流停滞区域，确保室内可能被污染的空气以最快速度流向回（排）风口。洁净走廊、污物走廊可以上送上回。

5.4.2　回（排）风口下边太低容易将地面的灰尘卷起。

5.4.3　送、回（排）风口的布置应有利于污染物的排出，回（排）风口的布置应靠近污染源。

5.5　部件与材料

5.5.1　木制框架在高湿度的情况下容易孳生细菌。

5.5.2　测孔的作用有测量新风量、总风量、调节风量平衡等作用。测孔的位置和数量应满足需要。

5.5.3　实验动物设施排风的污染物浓度较高，使用的热回收装置不应污染新风。

5.5.4　高效空气过滤器都是一次抛弃型的。粗效、中效空气过滤器对送风起预过滤的作用，其过滤效果直接关系到高效空气过滤器的使用寿命，而高效空气过滤器的更换费用要比粗效、中效空气过滤器高得多。使用一次抛弃型粗效、中效过滤器才能更好保护高效过滤器。

5.5.5 本条对空气处理设备的选择作出了基本要求。

1 淋水式空气处理设备因其有繁殖微生物的条件，不适用生物洁净室系统。由于盘管表面有水滴，风速太大易使气流带水。

2 为了随时监测过滤器阻力，应设压差计。

3 从湿度控制和不给微生物创造孳生的条件方面考虑，如果有条件，推荐使用干蒸汽加湿装置加湿，如干蒸汽加湿器、电极式加湿器、电热式加湿器等。

4 为防止过滤器受潮而有细菌繁殖，并保证加湿效果，加湿设备应和过滤段保持足够距离。

5 设备材料的选择都应减少产尘、积尘的机会。

6 给水排水

6.1 给水

6.1.1 实验动物日饮用水量可参考表2。

表2 实验动物日饮用水量

动物品种	饮用水需要量	单位
小鼠（成熟龄）	4～7	mL
大鼠（50g）	20～45	mL
豚鼠（成熟龄）	85～150	mL
兔（1.4～2.3kg）	60～140	mL/kg
金黄地鼠（成熟龄）	8～12	mL
小型猪（成熟龄）	1～1.9	L
狗（成熟龄）	25～35	mL/kg
猫（成熟龄）	100～200	mL
红毛猴（成熟龄）	200～950	mL
鸡（成熟龄）	70	mL

本表是国内工程设计常采用的实验动物日饮用水量，仅作为工程设计的参考。

6.1.3 屏障环境设施的净化区和隔离环境设施的用水包括动物饮用水和洗刷用水均应达到无菌要求，主要是保证实验动物生产设施中生产的动物达到相应的动物级别的要求，保证实验动物实验设施中的动物实验结果的准确性。

6.1.4 屏障环境设施生产区（实验区）的给水干管设在技术夹层内便于维修，同时便于屏障环境设施内的清洁和减少积尘。

6.1.5 防止非净化区污染净化区，保证净化区与非净化区的静压差，易于保证洁净区的洁净度。

6.1.6 防止凝结水对装饰材料、电气设备等的破坏。

6.1.7 屏障环境设施净化区内的给水管道和管件，应该是不易积尘、容易清洁的材料，以满足净化要求。

6.2　排水

6.2.1　大型实验动物设施的生产区（实验区）的粪便量较大，同时粪便中含有的病原微生物较多，单独设置化粪池有利于集中处理。

6.2.2　有利于根据不同区域排水的特点分别进行处理。

6.2.3　实验动物设施中实验动物的饲养密度比较大，同时排水中有动物皮毛、粪便等杂物，为防止堵塞排水管道，实验动物设施的排水管径比一般民用建筑的管径大。

6.2.4　尽量减少积尘点，同时防止排水管道泄漏污染屏障环境。如排水立管穿越屏障环境设施的净化区，则其排水立管应暗装，并且屏障环境设施所在的楼层不应设置检修口。

6.2.5　排水管道可采用建筑排水塑料管、柔性接口机制排水铸铁管等。高压灭菌器排水管道采用金属排水管、耐热塑料管等。

6.2.6　防止不符合洁净要求的地漏污染室内环境。

7　电气和自控

7.1　配电

7.1.1　本条对实验动物设施的用电负荷并没有规定太严，主要是考虑使用条件的不同和我国现有的条件。

　　对于实验动物数量比较大的屏障环境设施的动物生产区（动物实验区），出现故障时造成的损失也较大，用电负荷一般不应低于2级。

　　对于普通环境实验动物设施，实验动物数量较少（不包括生物安全实验室）时，可根据实际情况选择用电负荷的等级。当后果比较严重、经济损失较大时，用电负荷不应低于2级。

7.1.2　设置专用配电柜主要考虑方便检修与电源切换。配电柜宜设置在辅助区是为了方便操作与检修。

7.1.3、7.1.4　主要是减少屏障环境设施净化区内的积尘点，保证屏障环境设施净化区的密闭性，有利于维持屏障环境设施内的洁净度与静压差。

7.1.5　金属配管不容易损坏，也可采用其他不燃材料。配电管线穿过防火分区时的做法应满足防火要求。

7.2　照明

7.2.1　用密闭洁净灯主要是为了减少屏障环境设施净化区内的积尘点和易于清洁；吸顶安装有利于保证施工质量；当选用嵌入暗装灯具时，施工过程中对建筑装修配合的要求较高，如密封不严，屏障环境设施净化区的压差、洁净度都不易满足。

7.2.2　考虑到鸡、鼠等实验动物的动物照度很低，不调节则难以满足标准要求，因此其动物照度应可以调节（如调光开关）。

7.2.3　为了便于照明系统的集中管理，通常设置照明总开关。

7.3　自控

7.3.1　本条是对自控系统的基本要求。

7.3.2 屏障环境设施生产区（实验区）的门禁系统可以方便工作人员管理，防止外来人员误入屏障环境设施污染实验动物。缓冲间的门是不应同时开启的，为防止工作人员误操作，缓冲室的门宜设置互锁装置。

7.3.3 缓冲室是人员进出的通道，在紧急情况（如火灾）下，所有设置互锁功能的门都应处于开启状态，人员能方便地进出，以利于疏散与救助。

7.3.4 屏障环境设施动物生产区（动物实验区）的送、排风机是保证屏障环境洁净度指标的关键，在送、排风机出现故障时，备用风机应及时投入运行，以免实验动物受到污染。

7.3.5 屏障环境设施动物生产区（动物实验区）的送、排风机的连锁可以防止其压差超过所允许的范围。

7.3.6 自动控制主要是指备用风机的切换、温湿度的控制等，手动控制是为了便于净化空调系统故障时的检修。

7.3.7 要求电加热器与送风机连锁，是一种保护控制，可避免系统中因无风电加热器单独工作导致的火灾。为了进一步提高安全可靠性，还要求设无风断电、超温断电保护措施。例如，用监视风机运行的压差开关信号及在电加热器后面设超温断电信号与风机启停连锁等方式，来保证电加热器的安全运行。

7.3.8 联接电加热器的金属风管接地，可避免造成触电类的事故。电加热器前后各800mm范围内的风管和穿过设有火源等容易起火部位的管道，采用不燃材料是为了满足防火要求。

7.3.9 声光报警是为了提醒维修人员尽快处理故障。但温度、湿度、压差计只需在典型房间设置，而不需每个房间都设。

7.3.10 温湿度变化范围大，不能满足实验动物的环境要求，也不利于空调系统的节能。

7.3.11 屏障环境设施净化区的工作人员进出净化区需要更衣，为了方便屏障环境设施净化区内工作人员之间及其与外部的联系，屏障环境设施应设可靠的通讯方式（如内部电话、对讲电话等）。

7.3.12 根据工程实际情况，必要时设置摄像监控装置，随时监控特定环境内的实验、动物的活动情况等。

8 消 防

8.0.1 实验动物设施的周边设置环形消防车道有利于消防车靠近建筑实施灭火，故要求在实验动物设施的周边宜设置环形消防车道。如设置环形车道有困难，则要求在建筑的两个长边设置消防车道。

8.0.2 综合考虑，二级耐火等级基本适合屏障环境设施的耐火要求，故要求独立建设的该类设施其耐火等级不应低于二级。当该类设施设置在其他的建筑物中时，包容它的建筑物必须做到不低于二级耐火等级。

8.0.3 本条要求是为了确保墙体分隔的有效性。

8.0.4、8.0.5 由于功能需要，有些局部区域具有较大的吊顶空间，为了保证该空间的防火安全性，故要求吊顶的材料为不燃且具有较高的耐火极限值。在此前提下，可不要求在吊顶内设消防设施。

8.0.6 本条规定了必须设置事故照明和灯光指示标志的原则、部位和条件。强调设置灯光疏散指示标志是为了确保疏散的可靠性。

8.0.7 面积大于 50m² 的在屏障环境设施净化区中要求安全出口的数量不应少于 2 个,是一个基本的原则。但考虑到这类设施对封闭性的特殊要求,规定其中 1 个出口可采用在紧急时能被击碎的钢化玻璃封闭。安全出口处应设置疏散指示标志和应急照明灯具。

8.0.8 一般情况下,疏散门应开向人流出走方向,但鉴于屏障环境设施净化区内特殊的洁净要求,以及该设施中人员实际数量的情况,故特别规定门的开启方向可根据功能特点确定。

8.0.9 本条建议屏障环境设施中宜设置火灾自动报警装置。这里没有强调应设火灾自动报警装置,是因为有的实验动物设施为独立建筑,且面积较小,没有必要设置火灾自动报警装置。当实验动物设施所在的建筑需要设置火灾自动报警装置时,实验动物设施内也应按要求设置火灾自动报警装置。

8.0.10 如果屏障环境设施净化区内设置自动喷水灭火装置,一旦出现自动喷洒设备误喷会导致该设施出现严重的污染后果。另外,实验动物设施内的可燃物质较少,故不要求设置自动喷水灭火系统,但应考虑在生产区(实验区)设置灭火器、消火栓等灭火措施。

8.0.11 给出了设置消火栓的原则和条件。屏障环境设施的消火栓尽量布置在非洁净区,如布置在洁净区内,消火栓应满足净化要求,并应作密封处理。

9 施工要求

9.1 一般规定

9.1.1 施工组织设计是工程质量的重要保证。

9.1.2、9.1.3 实验动物设施的工程施工涉及建筑施工的各个专业,因此对施工的每道工序都应制定科学合理的施工计划和相应施工工艺,这是保证工期、质量的必要条件,并按照建筑工程资料管理规程的要求编写必要的施工、检验、调试记录。

9.2 建筑装饰

9.2.1 为了保证施工质量达到设计要求,施工现场应做到清洁、有序。

9.2.2 如果实验动物设施有压差要求的房间密封不严,房间所要求的压差难以满足,同时房间泄漏的风量大,造成所需的新风量加大,不利于空调系统的节能。

9.2.3 很多工程中并未设置测压孔,而是通过门下的缝隙进行压差的测量。如果门的缝隙较大时,压差不容易满足;门的缝隙较小时(如负压屏障环境的密封门),容易将测压管压死,使测量不准确,所以建议预留测压孔。

9.2.4、9.2.5 条文主要是对装饰施工的美观、密封提出要求。

9.3 空调净化

9.3.1 净化空调机组的风压较大,对基础高度的要求主要是保证冷凝水的顺利排出。

9.3.2 空调机组安装前应先进行设备基础、空调设备等的现场检查,合格后方可进行安装。

9.3.3～9.3.7 对风管的制作加工、安装前的保护、安装等提出要求。

9.3.9、9.3.10 要求除味装置不仅安装方便，而且维修更换容易。

10 检测和验收

10.1 工程检测

10.1.4 本条规定了实验动物设施工程环境指标检测的状态。

10.1.5 表中所列的项目为必检项目。

10.1.6 室内气流速度对笼具内动物有影响是当此笼具具有和环境相通的孔、洞、格栅等，如果是密闭的笼具，这一风速就没有必要测。

10.2 工程验收

10.2.1 工程环境指标检测是工程验收的前提。

10.2.2 建设与设计文件、施工文件，建筑相关部门的质检文件、环境指标检测文件等是实验动物设施工程验收的基本文件，必须齐全。

10.2.3 本条规定了实验动物设施工程验收报告中验收结论的评价方法。

5.3 检测方法标准

ICS 65.120
B 20

中华人民共和国国家标准

GB/T 14924.9—2001

实验动物 配合饲料
常规营养成分的测定

Laboratory animals—Formula feeds
—Determination of routine nutrients

2001-08-29发布　　　　　　　　　2002-05-01实施

中 华 人 民 共 和 国
国家质量监督检验检疫总局 发 布

前　　言

本标准的全部技术内容为推荐性的。

本标准从 GB 14924—1994《实验动物　全价营养饲料》中分离出来,形成独立的标准。

本标准在对 GB 14924—1994 中"4 试验方法"的使用情况论证的基础上修订,分别制定了配合饲料 7 项常规营养成分的测定方法:

(1) 饲料中的水分的测定;

(2) 饲料中粗蛋白的测定;

(3) 饲料中粗脂肪的测定;

(4) 饲料中粗纤维的测定;

(5) 饲料中粗灰分的测定;

(6) 饲料中钙的测定;

(7) 饲料中总磷的测定。

本标准依据国际通用方法及其准确度,将原子吸收法作为第一法(法规仲裁法)。

本标准及其配套标准自实施之日起,代替 GB 14924—1994。

本标准由中华人民共和国科学技术部提出并归口。

本标准起草单位:中国实验动物学会。

本标准主要起草人:周瑞华、杨晓莉、王光亚、张瑜、苏卫、郑陶、刘秀梅。

本标准由国家科学技术部委托技术归口单位中国实验动物学会负责解释。

本标准于 1994 年 1 月首次发布。

中华人民共和国国家标准

实验动物 配合饲料
常规营养成分的测定

Laboratory animals—Formula feeds
—Determination of routine nutrients

GB/T 14924.9—2001

代替 GB 14924—1994

1 范围

本标准规定了实验动物配合饲料中常规营养成分的测定方法,即配合饲料中的水分、粗蛋白、粗脂肪、粗纤维、粗灰分、钙、总磷的测定方法。

本标准适用于实验动物小鼠、大鼠、兔、豚鼠、地鼠、犬和猴的配合饲料及其原料中的水分、粗蛋白、粗脂肪、粗纤维、粗灰分、钙、总磷的测定。

2 引用标准

下列标准所包含的条文,通过在本标准中引用而构成为本标准的条文。本标准出版时,所示版本均为有效。所有标准都会被修订,使用本标准的各方应探讨使用下列标准最新版本的可能性。

GB/T 6432—1994 饲料中粗蛋白测定方法

GB/T 6433—1994 饲料中粗脂肪测定方法

GB/T 6434—1994 饲料中粗纤维测定方法

GB/T 6435—1986 饲料水分的测定方法

GB/T 6436—1992 饲料中钙的测定方法

GB/T 6437—1992 饲料中总磷量的测定方法 光度法

GB/T 6438—1992 饲料中粗灰分的测定方法

GB/T 12393—1990 食物中磷的测定方法

GB/T 12398—1990 食物中钙的测定方法

ISO 6490-2:1983 动物饲料——钙含量测定——原子吸收分光光度法

3 测定方法

3.1 配合饲料中水分的测定
按 GB/T 6435 规定执行。

3.2 配合饲料中粗蛋白的测定
按 GB/T 6432 规定执行。

3.3 配合饲料中粗脂肪的测定
按 GB/T 6433 规定执行。

3.4 配合饲料中粗纤维的测定
按 GB/T 6434 规定执行。

中华人民共和国国家质量监督检验检疫总局 2001-08-29 批准

2002-05-01 实施

3.5 配合饲料中粗灰分的测定

按 GB/T 6438 规定执行。

3.6 配合饲料中钙的测定

3.6.1 第一法:按 GB/T 12398 规定执行。

3.6.2 第二法:按 GB/T 6436 规定执行。

3.7 配合饲料中总磷的测定

3.7.1 第一法:按 GB/T 6437 规定执行。

3.7.2 第二法:按 GB/T 12393 规定执行。

ICS 65.120
B 20

中华人民共和国国家标准

GB/T 14924.10—2008
代替 GB/T 14924.10—2001

实验动物 配合饲料
氨基酸的测定

Laboratory animal—
Determination of amino acids for formula feeds

2008-12-03 发布 2009-03-01 实施

中华人民共和国国家质量监督检验检疫总局
中国国家标准化管理委员会 发布

前　言

本标准自实施之日起代替 GB/T 14924.10—2001《实验动物　配合饲料　氨基酸的测定》。

本标准与 GB/T 14924.10—2001 相比主要技术差异如下：

a)　按照 GB/T 20001.4—2001《标准编写规则　第 4 部分：化学分析方法》对原标准的文字进行了修改；

b)　对原引用的标准进行调整；

c)　并对原标准中的错误进行了改正。

本标准由全国实验动物标准化技术委员会提出并归口。

本标准起草单位：全国实验动物标准化技术委员会。

本标准主要起草人：张瑜、贾建斌、周瑞华、王竹、王国栋、刘源。

本标准所代替标准的历次版本发布情况为：

——GB/T 14924—1994，GB/T 14924.10—2001。

实验动物　配合饲料
氨基酸的测定

1　范围

本标准规定了实验动物配合饲料中氨基酸的测定方法。

本标准适用于实验动物小鼠、大鼠、兔、豚鼠、地鼠、犬和猴的配合饲料及其原料中氨基酸的测定。

2　规范性引用文件

下列文件中的条款通过本标准的引用而成为本标准的条款。凡是注日期的引用文件,其随后所有的修改单(不包括勘误的内容)或修订版均不适用于本标准,然而,鼓励根据本标准达成协议的各方研究是否可使用这些文件的最新版本。凡是不注日期的引用文件,其最新版本适用于本标准。

GB/T 5009.124　食品中氨基酸的测定

GB/T 15400　饲料中色氨酸测定方法　分光光度法

GB/T 18246—2000　饲料中氨基酸的测定

3　测定方法

3.1　配合饲料中氨基酸的测定

按 GB/T 18246—2000 或 GB/T 5009.124 中相关规定执行。

3.2　配合饲料中色氨酸的测定

3.2.1　第一法　高效液相色谱法

按 GB/T 18246—2000 附录 A"色氨酸的测定　反相高效液相色谱法"规定执行。

3.2.2　第二法　荧光分光光度法

3.2.2.1　原理

在蛋白质的碱水解液中,只有色氨酸和酪氨酸可以检测到荧光。在 pH 为 11 时,色氨酸的荧光强度比酪氨酸大 100 倍,且色氨酸与酪氨酸荧光峰相差 40 nm 以上。根据该特点,采用碱水解法处理蛋白质,然后通过测定色氨酸的天然荧光,对色氨酸进行定量分析。

3.2.2.2　试剂

除另有说明外,所有试剂均为分析纯,实验用水为一级水。

3.2.2.2.1　可溶性淀粉。

3.2.2.2.2　氢氧化钠($NaOH$)。

3.2.2.2.3　含可溶性淀粉的氢氧化钠溶液 (5 mol/L):将 20 g 氢氧化钠用可溶性淀粉溶液(5 g/ L)溶解并定容至 100 mL。临用前配制。

3.2.2.2.4　尿素溶液 (4 mol/L,pH 11)。

3.2.2.2.5　盐酸溶液(1+1):1 份浓盐酸(优级纯)加 1 份重蒸馏水混合。

3.2.2.2.6　溴百里酚蓝水溶液 (0.5 g/L):0.1 g 溴百里酚蓝,加 0.1 mol/L 氢氧化钠溶液 1.6 mL 溶解,加水至 200 mL。

3.2.2.2.7　高纯氮(含量 99.99％)。

3.2.2.2.8　辛醇甲苯溶液:取 1 mL 辛醇与 99 mL 甲苯混合。

3.2.2.2.9　色氨酸标准贮备液(1.00 mg/mL):准确称取色氨酸 100.0 mg,用 0.005 mol/L 氢氧化钠

溶液溶解并定容至 100 mL。

3.2.2.2.10　色氨酸标准应用液(0.20 mg/mL):准确吸取色氨酸标准贮备液 10.0 mL 于 50 mL 容量瓶中用水稀释至刻度,使用时现配。

3.2.2.3　仪器

3.2.2.3.1　荧光分光光度计。

3.2.2.3.2　减压蒸发器。

3.2.2.3.3　聚四氟乙烯管(5 mL)。

3.2.2.4　试样处理

试样粉碎后,贮于试样瓶中备用。

3.2.2.5　分析步骤

3.2.2.5.1　试样制备:准确称取含粗蛋白质约 500 mg 的试样,置于聚四氟乙烯管中。加含可溶性淀粉的氢氧化钠溶液 1 mL,加入一滴辛醇,将试样管放在一可密封的容器内。该容器内加冰、盐降温,抽真空[$1.33×10^3$ Pa(10 mmHg)以下]保持 15 min,充氮气再减压,反复进行三次。将充氮减压容器密封,放入 110 ℃烘箱中,碱水解试样 22 h。试样冷却后加 0.7 mL 盐酸溶液(1+1),用重蒸馏水将试样分别洗入 25 mL 容量瓶中。用溴百里酚蓝作指示剂,调 pH 至中性,用重蒸馏水定容至刻度。

3.2.2.5.2　测定:吸取试样液 1.0 mL,于 10 mL 带塞刻度试管中,加 4 mol/L 尿素溶液(pH 11)稀释至 10 mL。于激发波长 280 nm,发射波长 360 nm 下测定荧光强度,从工作曲线上查出该试样中色氨酸的含量。

3.2.2.5.3　校准曲线的绘制:取双份聚四氟乙烯试管分别取色氨酸标准应用液 0.0 mL、0.5 mL、1.5 mL、2.0 mL,相当于色氨酸含量 0.0 mg、0.1 mg、0.3 mg、0.4 mg。按试样制备的同样步骤进行碱水解,以测出的标准系列的荧光强度为纵坐标,以色氨酸标准含量为横坐标,绘制校准曲线。

3.2.2.6　计算

按式(1)计算:

$$X = \frac{c \times f}{m} \times 100 \qquad\qquad\qquad (1)$$

式中:

X——色氨酸含量,单位为毫克每百克(mg/100 g);

c——从校准曲线查出的色氨酸含量,单位为毫克(mg);

f——稀释倍数;

m——试样质量,单位为克(g)。

3.2.2.7　允许偏差

在同一实验室平行测定或重复测定结果的相对标准误差不得超过 10%。

3.2.3　第三法　分光光度法

按 GB/T 15400 规定执行。

ICS 65.120
B 20

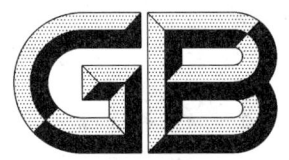

中华人民共和国国家标准

GB/T 14924.11—2001

实验动物 配合饲料
维生素的测定

Laboratory animals—Formula feeds
—Determination of vitamins

2001-08-29发布

2002-05-01实施

中 华 人 民 共 和 国
国家质量监督检验检疫总局 发布

前　　言

本标准的全部技术内容为推荐性的。

本标准从 GB 14924—1994《实验动物　全价营养饲料》中分离出来,形成独立的标准。

本标准中所列两种方法具有同等效力。

本标准及其配套标准自实施之日起,代替 GB 14924—1994。

本标准由中华人民共和国科学技术部提出并归口。

本标准起草单位:中国实验动物学会。

本标准主要起草人:周瑞华、王竹、石磊、王光亚、张瑜、郑陶、刘秀梅。

本标准由国家科学技术部委托技术归口单位中国实验动物学会负责解释。

本标准于 1994 年 1 月首次发布。

中华人民共和国国家标准

实验动物 配合饲料
维生素的测定

GB/T 14924.11—2001

Laboratory animals—Formula feeds
—Determination of vitamins

代替 GB 14924—1994

1 范围

本标准规定了实验动物配合饲料中维生素的测定方法,即配合饲料中维生素 A、维生素 E、维生素 B_1、维生素 B_2、烟酸、维生素 B_6、总抗坏血酸、总胆碱、叶酸、维生素 B_{12}、维生素 K_3、泛酸、生物素、维生素 D_3 的测定方法。

本标准适用于实验动物小鼠、大鼠、兔、豚鼠、地鼠、犬和猴的配合饲料及其原料的测定。

2 引用标准

下列标准所包含的条文,通过在本标准中引用而构成为本标准的条文。本标准出版时,所示版本均为有效。所有标准都会被修订,使用本标准时的各方应探讨使用下列标准的最新版本的可能性。

GB/T 12388—1990 食物中维生素 A 和维生素 E 的测定方法
GB/T 12390—1990 食物中硫胺素(维生素 B_1)的测定方法
GB/T 12391—1990 食物中核黄素的测定方法
GB/T 12392—1990 蔬菜、水果及其制品中总抗坏血酸的测定方法 荧光法和 2,4-二硝基苯胺法
GB/T 12395—1990 食物中烟酸的测定方法
GB/T 14700—1993 饲料中维生素 B_1 测定方法
GB/T 14701—1993 饲料中维生素 B_2 测定方法
GB/T 17407—1998 食物中维生素 B_6 的测定
GB/T 17812—1999 饲料中维生素 E 的测定 高效液相色谱法
GB/T 17816—1999 饲料中总抗坏血酸的测定 邻苯二胺荧光法
GB/T 17817—1999 饲料中维生素 A 的测定 高效液相色谱法
GB/T 17818—1999 饲料中维生素 D_3 的测定 高效液相色谱法

3 测定方法

3.1 配合饲料中维生素 A 和维生素 E 的测定
按 GB/T 12388、GB/T 17812、GB/T 17817 的规定执行。

3.2 配合饲料中维生素 B_1 的测定
按 GB/T 14700、GB/T 12390 的规定执行。

3.3 配合饲料中维生素 B_2 的测定
按 GB/T 12391、GB/T 14701 的规定执行。

3.4 配合饲料中烟酸的测定

按 GB/T 12395 规定执行。

3.5 配合饲料中维生素 B_6 的测定

按 GB/T 17407 规定执行。

3.6 配合饲料中总抗坏血酸的测定

按 GB/T 12392、GB/T 17816 规定执行。

3.7 配合饲料中总胆碱的测定

3.7.1 原理

配合饲料中的胆碱经过碱处理提取后,通过硅镁吸附剂柱色谱纯化,然后用雷纳克盐(reineckate)与胆碱反应生成粉红色的胆碱-雷纳克盐复合物。此复合物被丙酮洗脱后,在 526 nm 有最大吸收,其吸收值与胆碱浓度成正比。本方法检出限为 0.1 mg。

3.7.2 试剂

所有试剂均为分析纯,实验用水为蒸馏水。

3.7.2.1 甲醇。

3.7.2.2 三氯甲烷。

3.7.2.3 乙酸甲酯。

3.7.2.4 丙酮。

3.7.2.5 10%丙酮:取 10 mL 丙酮与 90 mL 水混合。

3.7.2.6 冰乙酸。

3.7.2.7 冰乙酸-甲醇溶液:取 10 mL 冰乙酸和 90 mL 甲醇混合。

3.7.2.8 氢氧化钡。

3.7.2.9 硅镁吸附剂(Florisil):60~100 目。

3.7.2.10 提取液:于 100 mL 甲醇中加入 4~5 g 无水氢氧化钡,搅拌 10 min 再加入 10 mL 三氯甲烷,混合,过滤去除多余的氢氧化钡。

3.7.2.11 雷纳克铵盐(ammonium reineckate)饱和溶液:称取 2~3 g 雷纳克铵盐,加入 100 mL 水,搅拌 10 min,过滤去除多余的雷纳克铵盐。实验当日配制。

3.7.2.12 胆碱标准贮备液(5 mg/mL):准确称取无水氯化胆碱 0.576 1 g,溶解于水中,并定容至 100 mL。冰箱保存。

3.7.2.13 胆碱标准应用液(1.0 mg/mL):准确吸取 20.0 mL 标准贮备液,用水稀释并定容至100 mL。

3.7.3 仪器与设备

3.7.3.1 实验室常用设备。

3.7.3.2 回流提取装置。

3.7.3.3 色谱柱:0.8 cm(内径)×30 cm 的玻璃柱,柱上端为容积 30~50 mL 的储液杯,底端收缩变细,并装有活塞。活塞上约 1 cm 处有一玻璃筛板,筛板孔径为 16~30 μm。使用前需干燥。

3.7.3.4 分光光度计。

3.7.4 测定步骤

3.7.4.1 提取

称取适量样品(约含 5~50 mg 胆碱),置于 100 mL 具塞锥型瓶中,加入 40 mL 提取液,于 76~82℃恒温水浴回流 3 h,回流速度为每秒 1~2 滴。冷却,样品过滤至 100 mL 容量瓶中,反复用 5~10 mL 冰乙酸-甲醇溶液洗涤锥形瓶和滤渣,洗液并入容量瓶中,用冰乙酸调节 pH 至 2~6,用甲醇定容至刻度。

3.7.4.2 纯化

3.7.4.2.1 填装色谱柱:将干燥的硅镁吸附剂约 4 g 浸入甲醇中,取干燥色谱柱,湿法将硅镁吸附剂填充入色谱柱中,至硅镁吸附剂的高度达 10 cm 左右。用甲醇冲洗色谱柱,并保持甲醇液面高于硅镁吸附剂 1～2 cm,直至使用为止。

3.7.4.2.2 柱色谱纯化:吸取 50 mL 的提取液,加到已填装好的色谱柱中,打开底端活塞,使提取液靠重力作用流过色谱柱。立即依次用 5,10 mL 甲醇,2 份 10 mL 乙酸甲酯和 10 mL10％丙酮洗涤色谱柱。接着加入 5 mL 雷纳克铵盐饱和溶液通过色谱柱,用 2 份 10 mL 冰乙酸洗涤,直至流出液清亮为止。用 15 mL 丙酮洗脱色谱柱上胆碱-雷纳克盐复合物的粉红色色谱带,用 25 mL 具塞量筒收集全部洗脱液,并用丙酮定容至 15 mL。

3.7.4.3 比色测定:用分光光度计,于 526 nm 波长下,以丙酮调节零点,测定样品吸光度值,在标准工作曲线上查出胆碱含量,或用回归方程计算出相应的胆碱含量,求得计算结果。

3.7.4.4 标准工作曲线:分别吸取 0.50,1.0,2.0,3.0,4.0,5.0 mL 标准应用液,相当于胆碱含量 0.5,1.0,2.0,3.0,4.0,5.0 mg,按照上述样品测定步骤操作。以胆碱含量做横坐标,以吸光度值为纵坐标绘制标准工作曲线,并计算回归方程。

3.7.5 计算结果

见式(1)。

$$X = \frac{c \times V_1}{m \times V_2} \times 100 \quad\quad\quad\quad\quad\quad (1)$$

式中：X——样品中胆碱的含量,mg/100 g;

c——从标准回归曲线上查得的胆碱含量,mg;

V_1——样品提取液定容体积,mL;

V_2——纯化用提取液的体积,mL;

m——样品质量,g。

3.7.6 结果的允许差

同一实验室平行测定或重复测定结果的相对偏差绝对值≤10％。

3.8 配合饲料中叶酸的测定——微生物法

3.8.1 原理

叶酸是干酪乳酸杆菌(*Lactobacillus casei*,*L.C*,ATCC7469)生长所必需的营养素。在一定条件下,*L.C* 的生长繁殖与培养基中叶酸含量呈正比关系,细菌增殖强度用测定吸光度值表示。与标准曲线相比较,计算出样品中叶酸的含量。本方法检出限为 0.1 ng。

3.8.2 试剂

本实验用水均为蒸馏水。试剂纯度除特别注明外均为分析纯。

3.8.2.1 甲苯。

3.8.2.2 生理盐水:使用前需灭菌处理。

3.8.2.3 菌种:干酪乳酸杆菌((*Lactobacillus casei*,*L.C*,ATCC7469)

3.8.2.4 磷酸缓冲液(0.05 mol/L,pH6.8):称取 4.35 g 磷酸钠($Na_3PO_4 \cdot 12H_2O$),10.39 g 磷酸氢二钠($Na_2HPO_4 \cdot 7H_2O$)溶解于 800 mL 水中。临用前加入约 5 g 抗坏血酸,并调节 pH 至 6.8。

3.8.2.5 鸡胰酶:称取 100 mg 干燥的鸡胰酶,加入 20 mL 磷酸缓冲液制成匀浆,3 000 r/min 离心 10 min,取上清液备用,临用前配制。

3.8.2.6 蛋白酶-淀粉酶:分别称取蛋白酶和淀粉酶各 200 mg,加入 20 mL 磷酸缓冲液制成匀浆,3 000 r/min 离心 10 min,取上清液备用。临用前配制。

3.8.2.7 氢氧化钠溶液(0.01 mol/L):用 20％乙醇配制。

3.8.2.8 氢氧化钠溶液(10 mol/L)。

3.8.2.9 叶酸标准储备液(200 μg/mL):准确称取 200 mg 叶酸标准品,用 0.01 mol/L 氢氧化钠溶液溶解并定容至 1 L。储存于棕色瓶中。

3.8.2.10 叶酸标准中间液(200 ng/mL)：吸取 1.0 mL 叶酸标准储备液,用 0.01 mol/L 氢氧化钠溶液溶解并定容至 1 L。储存于棕色瓶中。

3.8.2.11 叶酸标准应用液(0.2 ng/mL)：吸取 1.0 mL 叶酸标准中间液,用磷酸缓冲液稀释定容至 1 L。

3.8.2.12 酶解酪蛋白：将 8 g 碳酸氢钠溶解于 1 L 水中,加入 60 g 去维生素酪蛋白,用 10 mol/L 氢氧化钠溶液调节 pH 至 8.0。加入 300 mg 胰酶,搅拌 20 min,使胰酶充分混匀。再加入 2.5 mL 甲苯,置 37℃ 恒温箱酶解 48～72 h。将酪蛋白从恒温箱中取出,经 121℃ 高压 30 min 以终止反应,去除甲苯。冷却,加 10 g 硅藻土(技术级)搅拌,用布氏漏斗过滤。滤液中加入约 60 mL 冰乙酸调节 pH 至 3.7。称取活性炭 12 g,加至滤液中搅拌 10 min,用布氏漏斗过滤,重复三次。每次过滤时,布氏漏斗内加 10 g 硅藻土助滤。最后滤液用水稀释至 1 200 mL,冰箱保存。取一小份酶解酪蛋白液进行干燥处理,如固体含量小于 40 mg/mL,则需重新制备。

3.8.2.13 黄嘌呤溶液：取 0.4 g 黄嘌呤,加入 10 mL 氨水,加热溶解,用水稀释至 100 mL。冰箱保存。

3.8.2.14 腺嘌呤-鸟嘌呤-尿嘧啶溶液：分别称取硫酸腺嘌呤,盐酸鸟嘌呤和尿嘧啶各 0.2 g,加入(1+4)盐酸溶液,加热溶解,用水稀释至 100 mL 室温贮存。

3.8.2.15 乙酸缓冲液(1.7 mol/L,pH4.5)：38.65 g 乙酸钠,19.8 mL 乙酸,加水至 500 mL。

3.8.2.16 维生素溶液：取 10 mg 核黄素溶解于 40 mL 乙酸缓冲液中。取 0.2 mg 生物素,2.5 mg 碳酸氢钠,20 mg 对氨基苯甲酸,40 mg 盐酸吡多醇,4 mg 盐酸硫胺素,8 mg 泛酸钙,8 mg 尼克酸溶解于 50 mL 水中。将上述两种溶液混合,加水至 100 mL。

3.8.2.17 吐温-80 溶液：将 2 g 吐温-80 加入 100 mL45℃ 水中,混匀。

3.8.2.18 还原型谷胱甘肽溶液：取 0.1 g 还原型谷胱甘肽,加水溶解至 100 mL。

3.8.2.19 甲盐溶液：称取 5 g 磷酸氢二钾和 2 g 磷酸二氢钾,加水溶解至 100 mL,液面上加入少许甲苯以保存之。

3.8.2.20 乙盐溶液：称取 2 g 硫酸镁,0.5 g 硫酸亚铁和 0.5 g 硫酸锰,加水溶解至 100 mL,液面上加少许甲苯以保存之。

3.8.2.21 基础培养基：酶解酪蛋白 100 mL,腺嘌呤-鸟嘌呤-尿嘧啶溶液 2.5 mL,黄嘌呤溶液 2.5 mL,维生素溶液 5 mL,吐温-80 溶液 2.5mL,L-天冬氨酸 0.3 g,L-盐酸半胱氨酸 0.2 g,还原型谷胱甘肽溶液 2.5 mL,葡萄糖 20 g,乙酸钠 20g,甲盐溶液 2.5 mL,加水至 250 mL,搅拌,用氢氧化钠溶液调节 pH 至 6.8±0.1,然后加入乙盐溶液 2.5 mL,磷酸缓冲液 200 mL,用水补至 500 mL。冰箱内可保存一周。

3.8.2.22 琼脂培养基：葡萄糖 1 g,蛋白胨 0.8 g,酵母提取物干粉 0.2 g,乙酸钠(NaAc·3H$_2$O) 1.7 g,甲盐溶液 0.2 mL,乙盐溶液 0.2 mL,琼脂 1.2 g 加水至 100 mL,置水浴煮至琼脂完全熔化,调节 pH 至 6.8±0.1。尽快倒入试管中,每管 3～5 mL,塞上棉塞,121℃ 高压灭菌 15 min,取出后直立试管,冷却至室温,于冰箱内保存。

3.8.3 仪器与设备

3.8.3.1 实验室常用设备。

3.8.3.2 恒温培养箱。

3.8.3.3 离心机。

3.8.3.4 高压消毒锅。

3.8.3.5 震荡器。

3.8.3.6 接种针和接种环。

3.8.3.7 分光光度计。

3.8.4 菌种制备与保存

3.8.4.1 储备菌种的制备：将 L.C 纯菌种转接至 2 个或多个琼脂培养基管中。(37±0.5)℃ 恒温培养箱中培养 16～24 h。贮于冰箱内,每周转种一次留作储备菌种。

3.8.4.2 种子培养液的制备:取 2 mL 叶酸标准应用液和 10 mL 基础培养基,混匀,分装至 4 支 5 mL 离心管中,塞上棉塞,121℃高压灭菌 15 min,备用。

3.8.5 测定步骤(所有操作均需避光进行)

3.8.5.1 接种液的制备:使用前一天,将菌种由储备菌种管中转种至 2 支已灭菌的种子培养液中,(37±0.5)℃恒温培养箱中培养 16～24 h。次日晨,混悬种子培养液,无菌操作下吸取 0.2 mL,将细菌转种至另 2 支灭菌的种子培养液中,(37±0.5)℃再培养 6 h。取出 3 000 r/min,离心 10 min,倾去上清液,用已灭菌的生理盐水清洗二次,离心,弃去上清液。最后加 5 mL 生理盐水,震荡混匀,制成菌种混悬液。立即使用。

3.8.5.2 样品制备

3.8.5.2.1 样品处理:将样品磨成粉末。

3.8.5.2.2 水解:称取 0.1～0.5 g 样品(约含叶酸 100～300 ng)于 100 mL 锥形瓶中,加入 50 mL 磷酸缓冲液,混匀。121℃高压水解 15 min。

3.8.5.2.3 酶解:水解样品冷却后,加入 1 mL 鸡胰酶,1 mL 蛋白酶-淀粉酶,1 mL 甲苯,充分混合(37±0.5)℃恒温培养箱中酶解 16～20 h。取出酶解样品用水定容至 100 mL,过滤。取 2 mL 滤液稀释至 20 mL,使叶酸终含量在 0.1～0.3 ng/mL 范围之内。同时另取一支试管,加入 1 mL 鸡胰酶,1 mL 蛋白酶-淀粉酶,作酶空白对照。

3.8.5.3 标准系列管的制备

取 2 组平行试管,每管分别加入叶酸标准应用液 0.0,0.5,1.0,2.0,3.0,4.0,5.0 mL,相当于叶酸含量 0,0.1,0.2,0.4,0.6,0.8,1.0 ng,加水补至 5.0 mL,再加 5 mL 基础培养基,混匀。

3.8.5.4 样品管的制备

取 4 组试管,每管分别加入酶解样品 1.0,2.0,3.0,4.0 mL,补充水至体积为 5.0 mL,再加 5 mL 基础培养基,混匀。

3.8.5.5 灭菌:将以上标准系列管、样品管和酶空白管全部塞上棉塞,121℃高压灭菌 15 min。

3.8.5.6 接种:待标准系列管、样品管和酶空白管冷却至室温,在无菌操作条件下接种,每管接种一滴接种液,直接滴在培养基内。留一支标准 0 管不接种,用于测定吸光度时调零。

3.8.5.7 培养:置于(37±0.5)℃恒温培养箱中培养 20～40 h。

3.8.5.8 测定:用分光光度计,波长 540 nm 下,以未接种的标准 0 管调吸光度值为 0,测定标准管、样品管和酶空白管的吸光度值。

3.8.5.9 绘制标准曲线

以叶酸标准系列含量作横坐标,吸光度值作纵坐标,绘制标准曲线。

3.8.6 结果计算

见式(2)。

$$X = \frac{(c - P) \times V \times 10 \times 100}{m \times 1\,000} \quad \cdots\cdots\cdots\cdots\cdots\cdots (2)$$

式中: X——样品中叶酸含量,$\mu g/100\ g$;

c——从标准曲线上查得每毫升样品测定管中叶酸含量,ng/mL;

P——酶空白对照管中叶酸含量,ng/mL;

V——样品酶解液定容总体积,mL;

m——样品质量,g;

10——稀释倍数;

100/1 000——样品含量由 ng/g 换算成 $\mu g/100\ g$ 的系数。

3.8.7 允许误差

同一实验室平行测定或重复测定结果相对偏差绝对值<10%。

3.9 配合饲料中维生素 B_{12} 的测定

3.9.1 原理

维生素 B_{12} 对于 *Lactobacillus leichmannii*（ATCC 7830）的正常生长是必需的营养素，在一定生长条件下，*Lactobacillus leichmannii* 的生长繁殖与溶液中维生素 B_{12} 的含量成一定的线性关系，用吸光度测定法测定细菌生长繁殖的强度，即可计算出食物及饲料样品中的维生素 B_{12} 含量。本方法最低检出限为0.001 ng。

3.9.2 试剂

本试验所用水均为蒸馏水，所用试剂均需分析纯试剂。

3.9.2.1 甲苯

3.9.2.2 柠檬酸（$C_6H_8O_7 \cdot 3H_2O$）。

3.9.2.3 磷酸氢二钠（Na_2HPO_4）。

3.9.2.4 偏重亚硫酸钠（$Na_2S_2O_5$）。

3.9.2.5 抗坏血酸（生化试剂）。

3.9.2.6 无水葡萄糖。

3.9.2.7 无水乙酸钠。

3.9.2.8 L-胱氨酸（生化试剂）。

3.9.2.9 D,L-色氨酸（生化试剂）。

3.9.2.10 10 mol/L 氢氧化钠溶液：称取 200 g 氢氧化钠溶于适量水中，定容至 500 mL。

3.9.2.11 （1+4）乙醇溶液：200 mL 无水乙醇与 800 mL 水充分混匀。

3.9.2.12 酸解酪蛋白：称取 50 g 不含维生素的酪蛋白于 500 mL 烧杯中，加 200 mL3 mol/L 盐酸，经121℃高压水解 6 h。将水解物转移至蒸发皿内，在沸水浴上蒸发至膏状。加 200 mL 水使之溶解后再蒸发至膏状，如此反复 3 次，以去除盐酸。以溴酚蓝作外指示剂，用 10 mol/L 氢氧化钠溶液调节 pH 至3.5。加 20 g 活性炭，振摇，过滤，如果滤液不呈淡黄色或无色，可用活性炭重复处理。滤液加水稀释至500 mL，液面上加少许甲苯于冰箱中保存。（该试剂也可从 Dfico 公司购得，产品号为 No.0288-15-6。）

3.9.2.13 腺嘌呤、鸟嘌呤、尿嘧啶溶液：称取硫酸腺嘌呤（纯度为98%）、盐酸鸟嘌呤（生化试剂）以及尿嘧啶各 0.1 g 于 250 mL 烧杯中，加 75 mL 水和 2 mL 浓盐酸，然后加热使其完全溶解，冷却。若有沉淀产生，加盐酸数滴，再加热，反复至冷却后无沉淀产生为止，用水稀释至100mL。液面上加少许甲苯于冰箱中保存。

3.9.2.14 维生素溶液 I：称取 25 mg 核黄素，25 mg 盐酸硫胺素，0.25 mg 生物素，50 mg 尼克酸，用0.02 mol/L 乙酸溶液溶解并定容至 1 000 mL。

3.9.2.15 维生素溶液 II：将 50 mg 对氨基苯甲酸，25 mg 泛酸钙，100 mg 盐酸吡哆醇，100 mg 盐酸吡哆醛，20 mg 盐酸吡哆胺，5 mg 叶酸溶于（1+4）乙醇溶液，并定容至 1 000 mL。

3.9.2.16 甲盐溶液：称取 25 g 磷酸二氢钾，25 g 磷酸氢二钾溶于 500 mL 水中，加 5 滴浓盐酸，混匀。

3.9.2.17 乙盐溶液：称取 10 g 硫酸镁（$MgSO_4 \cdot 7H_2O$）、0.5 g 氯化钠、0.5 g 硫酸锰（$MnSO_4 \cdot 4H_2O$），0.5 g 硫酸亚铁（$FeSO_4 \cdot 7H_2O$）溶于水并定容至 500 mL，加 5 滴浓盐酸，混匀。

3.9.2.18 黄嘌呤溶液：称取 1.0 g 黄嘌呤溶于 200 mL 水中，70℃加热条件下，加入 30 mL 氢氧化铵（NH_4OH）（2+3），搅拌直至固体全部溶解，冷却后用水定容至 1 000 mL。

3.9.2.19 天冬酰胺溶液：称取 1.0 gL-天冬酰胺溶于水中，并定容至 100 mL。

3.9.2.20 吐温-80 溶液：将 25 g 吐温-80 溶于乙醇并定容至 250 mL。

3.9.2.21 维生素 B_{12} 标准溶液（均使用棕色试剂瓶）。

3.9.2.21.1 维生素 B_{12} 标准储备溶液（100 ng/mL）：称取 50 μg（精度 0.01 mg 天平）维生素 B_{12} 暗红色针状结晶，用（1+4）的乙醇溶液定容至 500 mL，4℃冰箱储存。

3.9.2.21.2 维生素 B_{12} 标准中间液（1 ng/mL）：取 2.5 mL 储备液用（1+4）的乙醇定容至 250 mL，4℃

冰箱储存。

3.9.2.21.3 维生素 B_{12} 标准应用液(0.02 ng/mL):取 1 mL 中间液用水定容至 50 mL,用时现配。

3.9.2.22 基本培养基:在本标准的制作中使用了 Difco 公司产品,产品号为 No.0457-15-1。也可如下自己配制:

将下列试剂混合于 500 mL 烧杯中,加水至 200 mL,以溴甲酚紫作外指示剂,用 10 mol/L 氢氧化钠液调节 pH 为 6.0~6.1,用水稀释至 250 mL。

酸解酪蛋白	25 mL
腺嘌呤、鸟嘌呤、尿嘧啶溶液	5 mL
天冬氨酰溶液	5 mL
吐温-80 溶液	5 mL
甲盐溶液	5 mL
乙盐溶液	5 mL
维生素溶液 I	5 mL
维生素溶液 II	5 mL
黄嘌呤溶液	5 mL
抗坏血酸	1.0 g
L-胱氨酸	0.1 g
D,L-色氨酸	0.1 g
无水葡萄糖	10.0 g
无水乙酸钠	8.3 g

3.9.2.23 琼脂培养基:在 600 mL 水中,加入 15 g 蛋白胨,5 g 水溶性酵母提取物干粉,10 g 无水葡萄糖,2 g 无水磷酸二氢钾,100 mL 番茄汁,10 mL 吐温-80 溶液,每 500 mL 液体培养基加 5.0~7.5 g 琼脂,加热溶解,用 10 mol/L 氢氧化钠调节 pH 为 6.5~6.8,然后定容至 1 000 mL,分装于试管中,于 121℃ 高压灭菌 10 min,取出后竖直试管,待冷却至室温后于冰箱保存。

3.9.2.24 生理盐水:称取 9.0 g 氯化钠溶于 1 000 mL 水中。每次使用时分别倒入 2~4 支试管中,每支约加 10 mL,塞好棉塞,于 121℃ 高压灭菌 10 min,备用。

3.9.2.25 0.4 g/L 溴甲酚紫指示剂:称取 0.1 g 溴甲酚紫于小研钵内,加 1.6 mL 0.1 mol/L 氢氧化钠研磨,加少许水继续研磨,直至完全溶解,用水稀释至 250 mL。

3.9.3 仪器与设备

3.9.3.1 实验室常用设备。

3.9.3.2 电热恒温培养箱。

3.9.3.3 压力蒸汽消毒器。

3.9.3.4 液体快速混合器。

3.9.3.5 离心机。

3.9.3.6 硬质玻璃试管:20 mm×150 mm。

3.9.3.7 分光光度计。

3.9.4 菌种与培养液的制备与保存

3.9.4.1 储备菌种的制备:*Lactobacillus leichmannii*(ATCC 7830)接种于直面琼脂培养管中,在(37±0.5)℃ 恒温箱中培养 16~24 h,取出后放入冰箱中保存,每隔两周至少传种一次。在实验前一天必须传种一次。

3.9.4.2 种子培养液的制备:加 2 mL 0.02 ng/mL 维生素 B_{12} 标准工作液和 3 mL 基本培养基于 10 mL 离心管中,塞好棉塞,于 121℃ 高压灭菌 10 min,取出冷却后于冰箱中保存。每次制备两管,备用。

3.9.5 操作步骤

3.9.5.1 接种液的配制:使用前一天,将已在琼脂管中生长 16~24 min 的 *L. leichmannii* 接种于种子培养液中,在(37±0.5)℃培养 16~24 h,取出以 3 000 r/min 离心 10 min,弃去上清液,用已灭菌的生理盐水淋洗 2 次,再加入 3 mL 灭菌生理盐水,混匀后,将此液倒入已灭菌的注射器中,供接种用。

3.9.5.2 样品制备

3.9.5.2.1 水解液的制备:称取 1.3 g 无水磷酸二氢钠、1.2 g 柠檬酸及 0.1 g 偏重亚硫酸钠($Na_2S_2O_5$),溶于水中并定容至 100 mL,用时现配。

3.9.5.2.2 称取适量样品,置于 100 mL 三角瓶中,加 70 ml 水解液,混匀,于 121℃高压灭菌 10 min。取出冷却至室温,过滤。以溴甲酚紫为外指示剂,用 10 mol/L 氢氧化钠溶液调节 pH 至 6.0~6.1,将水解液移至 100 mL 容量瓶中,用水定容至刻度。样品需进行适当稀释,使测定管中 $Na_2S_2O_5$ 终浓度应 ≤0.03 mg/mL。

3.9.5.3 样品试管的制备

每组平行样品管中分别加入 1.0,2.0,3.0,4.0 mL 样品水解液,并用水稀释至 5 mL,然后再加入 5 mL 基本液体培养基。

3.9.5.4 标准系列管的制备

每组试管中分别加入维生素 B₁₂标准工作液 0.0,1.0,2.0,3.0,4.0,5.0 mL,使每组试管中维生素 B₁₂的含量为 0.00 ng,0.02 ng,0.04 ng,0.06 ng,0.08 ng,0.1 ng,加水至 5 mL,再加入 5 mL 基本液体培养基,需做三组标准曲线。

3.9.5.5 灭菌:样品管与标准管均用棉塞塞好,于 121℃高压灭菌 10 min。

接种与培养:待试管冷至室温后,每管接种一滴种子菌液,于(37±0.5)℃恒温箱中培养 16~20 h。

3.9.5.6 测定吸光度:于 640 nm 波长条件下,以标准系列中的零管调节仪器零点,测定样品管液体及标准管培养物的吸光度值。

3.9.6 计算

以维生素 B₁₂标准系列的 ng 数为横坐标,吸光度值为纵坐标,绘制标准曲线。由样品测定管中的吸光度值在曲线上查出相对应的样品测定管中的维生素 B₁₂含量,再按以式(3)计算样品中维生素 B₁₂含量:

$$X = \frac{c \cdot V \cdot f}{m \times 1\ 000} \times 100 \quad\cdots\cdots(3)$$

式中:X——样品中维生素 B₁₂含量,μg/100 g;

c——测定管中的维生素 B₁₂含量,ng/mL;

V——样品水解液的定容体积,mL;

f——样品液的稀释倍数;

m——样品质量,g。

3.9.7 结果的重复性

同一实验室重复测定或同时测定两次结果的相对偏差绝对值≤10%。

3.10 配合饲料中维生素 K₃(甲萘醌)的测定

3.10.1 原理

在氨存在的条件下维生素 K₃(甲萘醌,V_{k_3})与氰乙酸乙酯形成蓝紫色的有色物质,在 575 nm 下的吸光度值与维生素 K₃的浓度成正比,用分光光度计测定有色物质的吸光度值,由标准曲线计算样品中维生素 K₃的含量。本方法检出限为 0.05 mg。

3.10.2 试剂

本实验所用试剂均为分析级,实验用水为蒸馏水。

3.10.2.1 0.1 mol/L 碘溶液:称取 25 g 碘化钾溶解于 20 mL 水中,加入 9.8 g 碘试剂,混匀溶解,加水至 750 mL。贮存于棕色瓶中,避光保存 24 h。

3.10.2.2 0.1 mol/L 硫代硫酸钠($Na_2S_2O_3$)：将水煮沸后冷却。称取 25 g 硫代硫酸钠($Na_2S_2O_3\cdot$ $5H_2O$)溶解于 500 mL 含 0.1 g 碳酸钠的冷却水中，并用冷却的水稀释至 1 000 mL。

3.10.2.3 淀粉指示剂：称取 2 g 可溶性淀粉，加于 10 mL 水中，摇匀。然后缓慢加至 200 mL 沸水中，煮 2 min。

3.10.2.4 氨水-异丙醇溶液：取异丙醇与等体积的浓氨水混合。

3.10.2.5 氰乙酸乙酯(30 g/L)：取 3 g 氰乙酸乙酯溶解于 100 mL 异丙醇中。

3.10.2.6 V_{k_3} 标准溶液(0.1 mg/mL)准确称取 50 mg V_{k_3} 标准品，移至 500 mL 棕色容量瓶中，用异丙醇溶解并定容至刻度。

3.10.3 仪器与设备

3.10.3.1 实验室常用设备。

3.10.3.2 分光光度计。

3.10.4 测定步骤(所有操作均需避光进行)

3.10.4.1 提取

准确称取约 15 g 已混匀的样品，准确加入 100 mL 水，搅拌 10 min，保证 V_{k_3} 充分溶解与混匀。过滤，如滤液浑浊，则反复过滤至澄清。

3.10.4.2 氧化去杂质：吸取 40 mL 滤液至 100 mL 容量瓶中，加 1~2 滴淀粉指示剂，用 0.1 mol/L 碘溶液滴定，至出现持续的蓝色。向溶液中滴入 1 滴 0.1 mol/L $Na_2S_2O_3$ 消除蓝色。用水定容至刻度。

3.10.4.3 标准管和样品管的制备：分别取 2 套 20 mL 比色管，分别按表 1 顺序加入 V_{k_3} 标准溶液、样品提取液及试剂，制备标准管和样品管。

表 1 标准管和样品管的制备

试剂	标准管					样品管	
	0	1	2	3	4	空白管	测定管
V_{k_3} 标准溶液,mL	0.0	0.5	1.0	1.5	2.0	—	—
样品提取液,mL	—	—	—	—	—	10.0	10.0
异丙醇,mL	3.0	1.50	1.0	0.5	0.0	3.0	2.0
乙基氰乙酸,mL	—	1.0	1.0	1.0	1.0	—	1.0
氨水-异丙醇,mL	1.0	1.0	1.0	1.0	1.0	1.0	1.0

各管用水定容至 20 mL，摇匀，放置 20 min。

3.10.4.4 比色测定：用分光光度计于 575 cm 波长下，以标准 0 管调仪器零点，测定各管吸光度值。

3.10.5 计算：以标准 V_{k_3} 含量作横坐标，吸光度值作纵坐标，并绘制标准曲线，计算回归方程。用样品测定管与空白管吸光度值的差值在标准曲线上查出样品管的 V_{k_3} 含量，然后计算出样品中 V_{k_3} 的含量，见式(4)。

$$X = \frac{c_{a-b} \times 25}{m} \times 100 \quad \cdots\cdots\cdots (4)$$

式中：X——样品中 V_{k_3} 的含量，mg/100 g；

c_{a-b}——样品测定管与空白管吸光度值的差值在标准曲线上对应的 V_{k_3} 含量，mg；

m——样品质量，g；

25——样品稀释倍数。

3.10.6 结果的允许差

同一实验室平行测定或重复测定结果的相对偏差绝对值<10%。

3.11 配合饲料中泛酸的测定

14924GB/T 14924.11—2001

3.11.1 原理

泛酸对于 *Lactobacillus plantarum*(ATCC 8014)的正常生长是必需的营养素,在一定生长条件下, *Lactobacillus plantarum* 的生长繁殖速度与溶液中泛酸的含量成一定的线性关系,细菌增殖的强度可用比浊法或光密度法测定,与标准曲线比较,可计算出样品中的泛酸含量。本方法最低检出限为 5 ng。

3.11.2 试剂

本试验所用水均为蒸馏水,所用试剂均需分析纯试剂。

3.11.2.1 甲苯。

3.11.2.2 1mol/L 盐酸溶液。

3.11.2.3 Tris 缓冲溶液:将 24.2 g 三羟基氨基甲烷溶于 150 mL 水中,用 7.5 mol/L 氢氧化钠溶液调 pH 为 8.0～8.3 然后定容至 200 mL,贮存于 4℃冰箱中,保质期为 2 周。

3.11.2.4 7.5 mol/L 氢氧化钠溶液:溶 150 g 氢氧化钠于水中,定容至 500 mL。

3.11.2.5 0.2 mol/L 乙酸:12 mL 冰乙酸用水定容至 1 000 mL。

3.11.2.6 0.2 mol/L 乙酸钠溶液:将 16.4 g 乙酸钠溶于水中并定容至 1 000 mL。

3.11.2.7 0.1 mol/L 碳酸氢钠溶液:称取 0.85 g 碳酸氢钠溶于水中,然后定容至 100mL。

3.11.2.8 0.2 mol/L 碳酸氢钾溶液:称取 10.012 g 碳酸氢钾溶于水中,然后定容至 500mL。

3.11.2.9 20g/L 碱性磷酸酶溶液:称取 2 g 碱性磷酸酶(Sigma 公司 No.P-3877)溶于水中,然后定容至 100mL。贮存于 4℃冰箱中保存。

3.11.2.10 10%鸽子肝脏提取物溶液:将所用容器在配制此试剂前一天放入 4℃冰箱中过夜。(1)称取 30 g 鸽子肝脏丙酮提取物粉末(Sigma 公司 No.L-8376)放入冷的研钵中,分两次加入 300 mL0.2 mol/ L 碳酸氢钾,置于 0℃的冰浴中研磨成悬浊液;(2)将此悬浊液分别放入 8 支离心管中,塞紧后充分振摇,冷冻 10 min,然后 3000 r/min 离心 5 min;(3)将上清液放入 500 mL 冷的烧杯中,加 150 g 离子交换树脂 Dowex1-X8(Bio-Rad Laboratories,Inc.,Brussels,Belgium),放在冰浴中震摇 5 min;将混合液倒入离心管中,3000/min 离心 5 min;(4)再将上清液移入另一个冷的 500 mL 烧杯中,冷冻 10 min;(5)重复上述(3)、(4)步骤一次;(6)然后分装于试管中,冷冻条件下保存,用前化冻。

3.11.2.11 酸解酪蛋白:称取 50 g 不含维生素的酪蛋白于 500 mL 烧杯中,加 200 mL3 mol/L 盐酸,于 121℃高压水解 6 h。将水解物转移至蒸发皿内,在沸水浴上蒸发至膏状。加 200 mL 水使之溶解后再蒸发至膏状,如此反复 3 次,以去除盐酸。以溴酚蓝作外指示剂,用 10 mol/L 氢氧化钠调节 pH 至 3.5。加 20 g 活性炭,振摇,过滤,如果滤液不呈淡黄色或无色,可用活性炭重复处理。滤液加水稀释至 500 mL,加少许甲苯于冰箱中保存。

3.11.2.12 胱氨酸、色氨酸溶液:称取 4 gL-胱氨酸和 1 gL-色氨酸(或 2 gDL-色氨酸)于 800 mL 水中,加热至 70～80℃,逐滴加入(1+5)盐酸,不断搅拌,直至完全溶解为止。冷至室温,加水稀释至 1 000 mL,贮存于试剂瓶中,液面上加少许甲苯于冰箱中保存。

3.11.2.13 腺嘌呤、鸟嘌呤、尿嘧啶溶液:称取硫酸腺嘌呤(纯度为 98%)、盐酸鸟嘌呤(生化试剂)以及尿嘧啶各 0.1 g 于 250 mL 烧杯中,加 75 mL 水和 2 mL 浓盐酸,然后加热使其完全溶解,冷却,若有沉淀产生,加盐酸数滴,再加热,如此反复,直至冷却后无沉淀产生为止,以水稀释至 100 mL。液面上加少许甲苯于冰箱中保存。

3.11.2.14 吐温-80 溶液:将 25 g 吐温-80 溶于乙醇中并定容至 250 mL。

3.11.2.15 维生素溶液Ⅰ:称取 20 mg 核黄素,10 mg 盐酸硫胺素,0.04 mg 生物素,用 0.2 mol/L 乙酸溶液溶解并定容至 1 000 mL。

3.11.2.16 维生素溶液Ⅱ:10 mg 对氨基苯甲酸,50 mg 尼克酸,40 mg 盐酸吡哆醇,溶于(1+3)的乙醇溶液,并定容至 1 000 mL。

3.11.2.17 盐溶液 A:称取 25 g 磷酸二氢钾和 25 g 磷酸氢二钾溶于 500 mL 水中,加 5 滴浓盐酸。

3.11.2.18 盐溶液 B:称取 10 g 硫酸镁($MgSO_4 \cdot 7H_2O$)、1 g 氯化钾、0.5 g 硫酸锰($MnSO_4 \cdot 4H_2O$)、

· 476 ·

0.5 g 硫酸亚铁(FeSO$_4$·7H$_2$O)、23 mL85%磷酸,溶于水中并定容至 500 mL。

3.11.2.19 泛酸标准溶液

3.11.2.19.1 泛酸标准储备溶液(40 μg/mL):称取 43.47 mgD-泛酸钙(Sigma 公司,No.P-2250),溶解于 500 mL 水中,加入 10 mL 0.2 mol/L的乙酸,100 mL0.2 mol/L 乙酸钠,然后用水定容至 1 000 mL,此时溶液的泛酸钙浓度为 43.47 μg/mL,相当于泛酸浓度为 40 μg/mL,在冰箱中贮存。

3.11.2.19.2 泛酸标准中间液(1.0 μg/mL):取 25 mL 储备液放入 500 mL 水中,再加入 10 mL 0.2 mol/L的乙酸,100 mL 0.2 mol/L乙酸钠,然后用水定容至 1 000 mL,在冰箱中贮存。

3.11.2.19.3 泛酸标准应用液(10 ng/mL):取 1 mL 中间液用水定容至 100 mL,在冰箱中贮存。

3.11.2.20 基本培养基:本标准中使用了 Difco 公司产品,产品号为 No.0816-15-7。也可按下列配方自行配制:

将下列试剂混合于 500 mL 烧杯中,加水至 200 mL。以溴麝香草酚蓝作外指示剂,用 10 mol/L 氢氧化钠液调节 pH 至 6.8,用水稀释至 250 mL。

酸解酪蛋白	25 mL
胱氨酸、色氨酸溶液	25 mL
腺嘌呤、鸟嘌呤、尿嘧啶溶液	5 mL
维生素溶液 I	5 mL
维生素溶液 II	5 mL
盐溶液 A	5 mL
盐溶液 B	5 mL
无水葡萄糖	10 g
乙酸钠(NaAc·3H$_2$O)	8.3 g
吐温-80 溶液	0.25 mL

3.11.2.21 琼脂培养基:在 600 mL 水中,加入 15 g 蛋白胨,5 g 水溶性酵母提取物干粉,10 g 无水葡萄糖,2 g 无水磷酸二氢钾,100 mL 番茄汁,10 mL 吐温-80,每 500 mL 液体培养基加 10~15 g 琼脂,加热溶解。用 7.5 mol/L 氢氧化钠调节 pH 为 6.5~6.8,然后定容至 1 000 mL,分装于试管中。于 121℃高压灭菌 10 min,取出后竖直试管,待冷却至室温后于冰箱保存。

3.11.2.22 生理盐水:称取 9.0 g 氯化钠溶于 1 000 mL 水中。每次使用时分别倒入 2~4 支 10 mL 试管中,每支约加 10 mL,塞好棉塞,于 121℃高压灭菌 10 min,备用。

3.11.2.23 0.4 g/L 溴麝香草酚蓝溶液:称取 0.1 g 溴麝香草酚蓝于小研钵内,加 1.6 mL0.1 mol/L氢氧化钠研磨,加少许水继续研磨,直至完全溶解,用水稀释至 250 mL。

3.11.2.24 0.4 g/L 溴甲酚绿溶液:称取 0.1 g 溴甲酚绿于小研钵中,加 1.4 mL0.1 mol/L 氢氧化钠研磨,加少许水继续研磨,直至完全溶解,用水稀释至 250 mL。

3.11.2.25 1 g/L 溴酚蓝乙醇溶液:称取 0.1 g 溴酚蓝,用乙醇溶解后,加乙醇稀释至 100 mL。

3.11.3 仪器与设备

3.11.3.1 实验室常用设备。

3.11.3.2 电热恒温培养箱。

3.11.3.3 压力蒸汽消毒器。

3.11.3.4 液体快速混合器。

3.11.3.5 离心机。

3.11.3.6 分光光度计或浊度计。

3.11.3.7 硬质玻璃试管:20 mm×150 mm。

3.11.4 菌种与培养液的制备与保存

3.11.4.1 储备菌种的制备:*Lactobacillus plantarum*(ATCC 8014)接种于直面琼脂培养管中,在(37±

0.5)℃恒温箱中培养 16～24 h,取出后放入冰箱中保存,每隔两周至少传种一次。在实验前一天必须传种一次。

3.11.4.2 种子培养液的制备:加 2 mL 泛酸标准应用液和 3 mL 基本培养基于 10 mL 离心管中,塞好棉塞,于 121℃高压灭菌 10 min,取出,冷却后于冰箱中保存。每次制备两管,备用。

3.11.5 操作步骤

3.11.5.1 接种液的配制:使用前一天,将已在琼脂管中生长 16～24 h 的 *L. plantarum* 接种于种子培养液中。(37±0.5)℃培养 16～24 h,取出后离心 10 min(3 000 r/min),弃去上清液。用已灭菌的生理盐水淋洗 2 次,再加入 3 mL 灭菌生理盐水,混匀后,将此液倒入已灭菌的注射器中,备接种用。

3.11.5.2 样品制备

3.11.5.2.1 称取适量样品,放入 100 mL 三角瓶中,加 10 mLTris 缓冲液,加蒸馏水 30 mL,混匀后于 121℃高压水解 15 min,取出冷却至室温。定容至 50 mL,过滤。

3.11.5.2.2 取 1 mL 样品液(3.11.5.2.1),加入 0.4 mL 碱性磷酸酶溶液,0.2 mL 肝脏提取物溶液,0.1 mL 碳酸氢钠溶液,0.4 mL 蒸馏水,混匀后,37℃温箱中培养过夜。加水至 20 mL,以溴甲酚绿为外指示剂,用乙酸调节 pH 为 4.5,定容至 25 mL,过滤。

3.11.5.2.3 取适量水解液(3.11.5.2.2)于 25 mL 具塞刻度试管中,以溴麝香草酚蓝为外指示剂,用 0.1 mol/L 氢氧化钠调节至 pH 为 6.8,用水稀释至刻度。

3.11.5.3 样品试管的制备

于平行样品管中分别加入 1.0,2.0,3.0,4.0 mL 样品水解液(3.11.5.2.3),加水至 5 mL 然后再加入 5 mL 基本液体培养基。

3.11.5.4 标准系列管的制备

每组试管中分别加入泛酸标准应用液 0.0,1.0,2.0,3.0,4.0,5.0 mL,(相当 0.0 ,10.0,20.0,30.0,40.0,50.0 ng),加水至 5 mL,再加入 5 mL 基本液体培养基,需做三组标准曲线。

3.11.5.5 灭菌:样品管与标准系列管均用棉塞塞好,于 121℃高压灭菌 10 min。

3.11.5.6 接种与培养:待试管冷至室温后,每管接种一滴种子液,于(37±0.5)℃恒温箱中培养 16～20 h。

3.11.5.7 测定:分光光度计,波长 640 nm 条件下,以标准系列 0 管调仪器零点,测定样品管及标准管的吸光度值。

3.11.6 计算

以泛酸标准系列的 ng 数为横坐标,吸光度值为纵坐标,绘制标准曲线。在曲线上查出相对应的样品测定管中的泛酸含量,然后再按以式(5)计算样品中泛酸含量。

$$X = \frac{c \times V \times f}{m \times 1\ 000} \times 100 \qquad\qquad (5)$$

式中:X——样品中泛酸含量,μg/100 g;

c——测定管中的泛酸含量,ng/mL;

V——样品水解液的定容体积,mL;

f——样品液的稀释倍数;

m——样品质量,g。

3.11.7 结果的重复性

同一实验室重复测定或同时测定两次的结果的相对偏差绝对值≤10%。

3.12 配合饲料中生物素的测定

3.12.1 原理

生物素对于 *Lactobacillus plantarum*(ATCC 8014)的正常生长是必需的营养素,在一定生长条件下,*Lactobacillus plantarum* 的生长繁殖与溶液中生物素的含量成一定的线形关系,因此可以用浊度法或吸光度测定法来测定样品中生物素的含量。方法检出限为 0.03 ng。

3.12.2 试剂

本试验所用水均为蒸馏水,所用试剂均需分析纯试剂。

3.12.2.1 甲苯。

3.12.2.2 1 mol/L 硫酸溶液:在 600 mL 水中加入 55.6 mL 浓硫酸,稀释至 1 000 mL。

3.12.2.3 3 mol/L 硫酸溶液:在 600 mL 水中加入 166.7 mL 浓硫酸,稀释至 1 000 mL。

3.12.2.4 10 mol/L 氢氧化钠溶液:溶 200 g 氢氧化钠于水中,定容至 500 mL。

3.12.2.5 (1+1)乙醇溶液:500 mL 无水乙醇与 500 mL 水充分混匀。

3.12.2.6 酸解酪蛋白:称取 50 g 不含维生素的酪蛋白于 500 mL 烧杯中,加 200 mL3 mol/L 盐酸,121℃高压水解 6 h。将水解物转移至蒸发皿内,在沸水浴上蒸发至膏状。加 200 mL 水使之溶解后再蒸发至膏状,如此反复 3 次,以去除盐酸。以溴酚蓝作外指示剂,用 10 mol/L 氢氧化钠调节 pH 至 3.5。加 20 g 活性炭,振摇,过滤。如果滤液不呈淡黄色或无色,可用活性炭重复处理。滤液加水稀释至 500 mL,液面上加少许甲苯于 4℃冰箱中保存。

3.12.2.7 胱氨酸、色氨酸溶液:称取 4 gL-胱氨酸和 1 gL-色氨酸(或 2 gDL-色氨酸)于 800 mL 水中,加热至 70~80℃,逐滴加入体积分数为 20%的盐酸,不断搅拌,直至完全溶解为止。冷至室温,加水稀释至 1 000 mL。液面上加少许甲苯于 4℃冰箱中保存。

3.12.2.8 腺嘌呤、鸟嘌呤、尿嘧啶溶液:称取硫酸腺嘌呤(纯度为 98%)、盐酸鸟嘌呤(生化试剂)以及尿嘧啶各 0.1 g 于 250 mL 烧杯中,加 75 mL 水和 2 mL 浓盐酸,然后加热使其完全溶解,冷却,若有沉淀产生,加盐酸数滴,再加热,如此反复,直至冷却后无沉淀产生为止,以水稀释至 100 mL。液面上加少许甲苯于冰箱中保存。

3.12.2.9 维生素溶液:称取 20 mg 核黄素,10 mg 盐酸硫胺素,10 mg 对氨基苯甲酸,40 mg 盐酸吡哆醇,用 0.02 mol/L 乙酸溶液溶解并定容至 1 000 mL。

3.12.2.10 盐溶液:称取 10 g 硫酸镁($MgSO_4 \cdot 7H_2O$)、1 g 氯化钾、0.5 g 硫酸锰($MnSO_4 \cdot 4H_2O$),0.5 g 硫酸亚铁($FeSO_4 \cdot 7H_2O$),加 23mL85%磷酸,用水溶解并定容至 500 mL。

3.12.2.11 生物素标准溶液

3.12.2.11.1 生物素标准备液(50 μg/mL):称取 25 mg 无水生物素用(1+1)乙醇溶液定容至 500 mL,于 4℃冰箱中贮存。

3.12.2.11.2 生物素标准中间液 I(1 μg/mL):取 5 mL 储备液用(1+1)的乙醇溶液定容至 250 mL,于 4℃冰箱中贮存。

3.12.2.11.3 生物素标准中间液 II(10 ng/mL):取 5 mL 中间液 I 用(1+1)的乙醇溶液定容 500 mL,于 4℃冰箱中贮存。

3.12.2.11.4 生物素标准应用液(0.2 ng/mL):取 5 mL 中间液 II 用 50%的乙醇溶液定容至 250 mL,在 2~4℃冰箱中贮存。

3.12.2.12 基础培养基:本标准的制作采用 Difco 公司的培养基,产品号为 No.0419-15-8。也可按如下配方自行配制。

将下列试剂混合于 500 mL 烧杯中,加水至 200 mL,以溴麝香草酚蓝作外指示剂,用 10 mol/L 氢氧化钠液调节 pH 至 6.8,用水稀释至 250 mL。

酸解酪蛋白	25 mL
胱氨酸、色氨酸溶液	25mL
腺嘌呤、鸟嘌呤、尿嘧啶溶液	5 mL
维生素溶液	5 mL
盐溶液	5 mL
无水葡萄糖	5 g

无水乙酸钠　　　　　　　　　　　　　　　5 g

3.12.2.13 琼脂培养基:在600 mL水中,加入15 g蛋白胨,5 g水溶性酵母提取物干粉,10 g无水葡萄糖,2 g无水磷酸二氢钾,100 mL番茄汁,10 mL吐温-80,5.0～7.5 g琼脂,加热溶解。用(2+3)氢氧化钠调节pH为6.5～6.8,然后定容至1 000 mL,分装于试管,于121℃高压灭菌10 min,取出后竖直试管,待冷却至室温后于冰箱保存。

3.12.2.14 生理盐水:称取9.0 g氯化钠溶于1 000 mL水中,每次使用时分别倒入2～4支10 mL试管中,每支约加10 mL。塞好棉塞,于121℃高压灭菌10 min,备用。

3.12.2.15 0.4 g/L溴麝香草酚蓝溶液:称取0.1 g溴麝香草酚蓝于小研钵内,加1.6 mL0.1 mol/L氢氧化钠研磨,加少许水继续研磨,直至完全溶解,用水稀释至250 mL。

3.12.2.16 0.4 g/L溴甲酚绿溶液:称取0.1 g溴甲酚绿于小研钵中,加1.4 mL0.1 mol/L氢氧化钠研磨,加少许水继续研磨,直至完全溶解,用水稀释至250 mL。

3.12.3 仪器与设备

3.12.3.1 实验室常用设备。

3.12.3.2 电热恒温培养箱。

3.12.3.3 压力蒸汽消毒器。

3.12.3.4 液体快速混合器。

3.12.3.5 离心机。

3.12.3.6 分光光度计。

3.12.3.7 硬质玻璃试管:20 mm×150 mm。

3.12.4 菌种与培养液的制备与保存

3.12.4.1 储备菌种的制备:*Lactobacillus plantarum*(ATCC 8014)接种于直面琼脂培养管中,在(37±0.5)℃恒温箱中培养16～24 h,取出后放入冰箱中保存,每隔两周至少传种一次。在实验前一天必须传种一次。

3.12.4.2 种子培养液的制备:加2 mL生物素标准应用液和3 mL基本培养基于10 mL离心管中,塞好棉塞,于121℃高压灭菌10 min,取出,冷却后于冰箱中保存。每次制备两管,备用。

3.12.5 操作步骤

3.12.5.1 接种液的配制:使用前一天,将已在琼脂管中生长16～24 min的*L. plantarum*接种于种子培养液中,在(37±0.5)℃培养16～24 h,取出后离心10 min(3 000 r/min),弃去上清液,用已灭菌的生理盐水淋洗2次,再加入3 mL灭菌生理盐水,混匀后,将此液倒入已灭菌的注射器中,备接种用。

3.12.5.2 样品制备:称取适量样品,放入100 mL三角瓶中,加50 mL1 mol/L硫酸(水解动物样品用3 mol/L硫酸,水解植物样品及混合型样品用1 mol/L硫酸),混匀后于121℃高压水解90 min,取出冷却至室温。以溴甲酚绿为外指示剂,用(2+3)氢氧化钠溶液调节pH为4.5,将水解液移至100 mL容量瓶中,定容,过滤。样品水解液只能4℃冰箱保存2～3 d。取适量水解液于25 mL具塞刻度试管中,以溴麝香草酚蓝为外指示剂,用0.1 mol/L氢氧化钠溶液调节至pH为6.8,用水稀释至刻度。

3.12.5.3 样品管的制备

　　于平行样品管中分别加入1.0,2.0,3.0,4.0 mL样品水解液,加水至5 mL,然后再加入5 mL基本液体培养基。

3.12.5.4 标准系列管的制备

　　每组试管中分别加入生物素标准工作液0.0,1.0,2.0,3.0,4.0,5.0 mL,(相当于0.0,0.2,0.4,0.6,0.8,1.0 ng)加水至5 mL,再加入5 mL基本液体培养基,需做三组标准曲线。

3.12.5.5 灭菌:样品管与标准系列管均用棉塞塞好,于121℃高压灭菌10 min。

3.12.5.6 接种与培养:待试管冷至室温后,每管接种一滴种子液,于(37±0.5)℃恒温箱中培养16～20 h。

3.12.5.7 测定：分光光度计，波长 550 nm 条件下，以标准系列零管仪器调零测定样品管及标准管的吸光度值。

3.12.6 计算

以生物素标准系列的 ng 数为横坐标，吸光值为纵坐标，绘制标准曲线。在曲线上查出相对应的样品测定管中的生物素含量，然后再按式(6)计算样品中生物素含量。

$$X = \frac{c \times V \times f}{m \times 1\,000} \times 100 \qquad\qquad\cdots\cdots\cdots\cdots(6)$$

式中：X——样品中生物素含量，$\mu g/100\ g$；

c——测定管中的生物素含量，ng/mL；

V——样品水解液的定容体积，mL；

f——样品液的稀释倍数；

m——样品质量，g。

3.12.7 结果的重复性

同一实验室重复测定或同时测定两次的结果的相对偏差绝对值≤10%。

3.13 配合饲料种维生素 D_3 的测定——高效液相色谱法

按 GB/T 17818—1999 中规定进行测定。

ICS 65.120
B 20

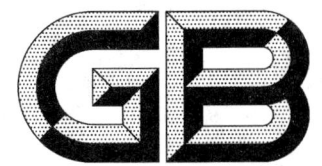

中华人民共和国国家标准

GB/T 14924.12—2001

实验动物 配合饲料
矿物质和微量元素的测定

Laboratory animals---Formula feeds
---Determination of minerals and trace elements

2001-08-29 发布　　　　　　　　　　2002-05-01 实施

中 华 人 民 共 和 国
国家质量监督检验检疫总局　发 布

前　　言

本标准的全部技术内容为推荐性的。

本标准从 GB 14924—1994《实验动物　全价营养饲料》中分离出来，形成独立的标准。

本标准对 GB 14924—1994《实验动物　全价营养饲料》中"4　试验方法"进行充分的论证后修订了配合饲料中矿物质和微量元素的测定方法，即配合饲料中铁，铜，锰，锌，镁的测定方法及配合饲料中钾、钠的测定方法(本次修订增补的方法)、硒的测定方法(本次修订增补的方法)和碘的测定方法(新增加方法)。

本标准及其配套标准自实施之日起，代替 GB 14924—1994。

本标准由中华人民共和国科学技术部提出并归口。

本标准起草单位：中国实验动物学会。

本标准主要起草人：周瑞华、门建华、王光亚、郑陶、张瑜、刘源、刘秀梅。

本标准由国家科学技术部委托中国实验动物学会负责解释。

本标准于 1994 年 1 月首次发布。

中华人民共和国国家标准

实验动物　配合饲料
矿物质和微量元素的测定

GB/T 14924.12—2001

代替 GB 14924—1994

Laboratory animals—Formula feeds
—Determination of minerals and trace elements

1　范围

本标准规定了实验动物配合饲料中矿物质和微量元素的测定方法,即铁、铜、锰、锌、镁、钠、钾、硒、碘的测定方法。

本标准适用于实验动物小鼠、大鼠、兔、豚鼠、地鼠、犬、猴配合饲料及其原料中铁、铜、锰、锌、镁、钠、钾、硒、碘的测定。

2　引用标准

下列标准所包含的条文,通过在本标准中引用而构成为本标准的条文。本标准出版时,所示版本均为有效。所有标准都会被修订,使用本标准的各方应探讨使用下列标准最新版本的可能性。

GB/T 5009.13—1996　食品中铜的测定方法

GB/T 5009.14—1996　食品中锌的测定方法

GB/T 12396—1990　食物中铁、镁、锰的测定方法

GB/T 12397—1990　食物中钾、钠的测定方法

GB/T 12399—1996　食品中硒的测定

GB/T 13883—1992　饲料中硒的测定方法　2,3-二氨基萘荧光法

GB/T 13885—1992　饲料中铁、铜、锰、锌、镁的测定方法　原子吸收光谱法

3　测定方法

3.1　配合饲料中铁、铜、锰、锌、镁的测定方法

按 GB/T 13885、GB/T 12396、GB/T 5009.13、GB/T 5009.14 中相关规定执行。

3.2　配合饲料中钾、钠的测定方法

按 GB/T 12397 规定执行。

3.3　配合饲料中硒的测定方法

按 GB/T 12399、GB/T 13883 中相关规定执行。

3.4　配合饲料中碘的测定方法

3.4.1　原理

砷铈接触法是利用在酸性环境中碘对亚砷酸与硫酸铈氧化还原反应的催化作用来测定碘含量:

$$2Ce^{+4}+H_3As^{+3}O_3+H_2O \rightarrow 2Ce^{+3}+H_3As^{+5}O_4$$

$$2Ce^{+4}+2I^- \rightarrow 2Ce^{+3}+I_2$$

$$I_2 + As^{+3} \rightarrow 2I^- + As^{+5}$$

由于 Ce^{+4} 氧化碘离子成元素碘,而元素碘被 As^{+3} 还原成碘离子,如此反复直至 As^{+3}、Ce^{+4} 全部消耗为止。当反应条件加以控制时,则反应速度与碘离子浓度成一定数值关系,碘离子越多反应速度越快,根据硫酸铈的退色程度进行比色定量分析,从而测定出碘的含量。本方法最低检出限为 $0.001~\mu g$。

3.4.2　试剂

本试验所用试剂规格为分析纯以上,水为去离子水,其电阻率需在 200 万欧姆以上。

3.4.2.1　硫酸锌(0.44 mol/L):称取 100 g 硫酸锌溶于少量水中,待完全溶解后移入 1 L 容量瓶中,加水稀释至刻度。

3.4.2.2　氢氧化钠(0.5 mol/L):称取 20g 氢氧化钠溶于少量水中,待完全溶解后移入 1 L 容量瓶中,加水稀释至刻度。

3.4.2.3　碳酸钾溶液(2.17 mol/L):称取 30 g 碳酸钾溶于少量水中,待完全溶解后移入 100 mL 容量瓶中,加水稀释至刻度。

3.4.2.4　亚砷酸溶液(0.005 mol/L):准确称取三氧化二砷 0.986 g,溶于温热的 15 mL 0.5 mol/L 氢氧化钠中,将此液加入 850 mL 水,加入优级纯浓硫酸 39.6 mL,浓盐酸 20 mL,冷却后移入 1 L 容量瓶,加水至 1 000 mL。

3.4.2.5　硫酸铈(0.02 mol/L):称取硫酸铈 8.087 g,溶于去离子水中,加优级纯浓硫酸 44 mL,冷却后定容至 1 000 mL。

3.4.2.6　碘标准溶液:

3.4.2.6.1　碘标准储备液(0.1 mg/mL):准确称取在 110℃烘至恒重的碘酸钾 0.168 6 g 用少量水溶解后移入容量瓶,并定容至 1 000 mL。

3.4.2.6.2　碘标准中间液(1 μg/mL):准确吸取 1 mL(3.6.1)溶液定容至 100 mL。

3.4.2.6.3　碘标准应用液(0.1 μg/mL):准确吸取 1 mL(3.6.2)溶液定容至 10 mL。用时现配。

3.4.2.7　氯化钠(4.4 mol/L):称取优级纯氯化钠 26 g,溶解后定容至 100 mL。

3.4.3　仪器与设备

3.4.3.1　超级恒温水浴。

3.4.3.2　马福炉。

3.4.3.3　烤箱。

3.4.3.4　离心机。

3.4.3.5　秒表。

3.4.3.6　分光光度计。

3.4.3.7　坩埚。

3.4.4　操作步骤

3.4.4.1　称取适量样品放入坩埚中,加入 0.44 mol/L 硫酸锌 0.5 mL,2.17 mol/L 碳酸钾 0.5 mL 混匀后放置 1 h,然后置于 110℃烤箱中,烤 14～16 h,直至完全干燥。

3.4.4.2　将坩埚置于灰化炉中 550℃灰化 4～8 h,灰化后的样品必须无明显炭粒,呈灰白色,如仍有炭粒,可加一至二滴水再于 110℃烤箱中烤干后,进行第二次灰化,直至呈灰白色。

3.4.4.3　加 5 mL 亚砷酸溶液溶解坩埚内的样品,溶液应无炭粒悬浮,将液体移入离心管中 3 000 r/min离心 5 min,取上清液。

3.4.4.4　在 6 支标准系列管中依次加入 0,0.2,0.4,0.6,0.8,1.0 mL 碘标准应用液,相当 0,0.02,0.04,0.06,0.08,0.10 μg 碘。在样品管中加入适量样品液,在标准管和样品管中分别加入亚砷酸溶液,使管中溶液总体积为 5 mL,然后均加入 4.44 mol/L 氯化钠 0.5 mL。

3.4.4.5　将以上各管摇匀后,置于(32±0.2)℃恒温水浴中,同时将 0.02 mol/L 硫酸铈溶液一并保温 10 min。

3.4.4.6 每隔 30 s 将 0.5 mL 0.02 mol/L 硫酸铈加入测试管中,迅速摇匀,放回水浴,在第一管加入硫酸铈溶液 15 min 后每隔 30 s 比色一管,分光光度计波长 410 nm 比色,用去离子水调仪器零点,测定标准系列管和样品管吸光度值。

3.4.5 计算

根据反应原理,在反应中碘离子的催化作用和碘化物含量成正比关系,在半对数坐标中呈直线。故在分析结果的计算中采用标准曲线回归法计算、分析结果,在回归前应将曲线直线化。将碘浓度及相对应的吸光度值的对数求得直线回归方程,根据样品吸光度值的对数查出各测定管的碘含量,见公式(1)。

$$\log Y = -Bc + \log A \qquad \cdots\cdots\cdots\cdots\cdots\cdots (1)$$

式中:$\log Y$——测定样品的吸光度的对数值;

   c——测定样品管中的碘含量,μg;

   B——曲线的斜率;

  $\log A$——曲线的截距。

根据式(2)计算样品中的碘浓度:

$$X = \frac{f \times (c - c_0)}{m} \times 100 \qquad \cdots\cdots\cdots\cdots\cdots\cdots (2)$$

式中:X——测定样品中的碘浓度,μg/100 g;

  c——测定样品管中的碘含量,μg;

  c_0——试剂空白液的碘含量,μg;

  f——稀释倍数;

  m——样品质量,g。

3.4.6 结果的允许误差

同一实验室平行测定或重复测定结果相对偏差≤10%。

ICS 65.020.30
B 44

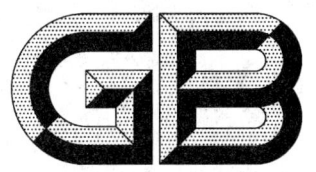

中华人民共和国国家标准

GB/T 14926.1—2001
代替 GB/T 14926.1—1994

实验动物 沙门菌检测方法

Laboratory animal—Method for examination of *Salmonella sp*.

2001-08-29 发布

2002-05-01 实施

中 华 人 民 共 和 国
国家质量监督检验检疫总局 发布

前　言

本标准是对 GB/T 14926.1—1994《实验动物　沙门氏菌检验方法》的修订。

本标准简化了培养基种类；生化鉴定中增加了氰化钾培养基。

本标准由中华人民共和国科学技术部提出并归口。

本标准起草单位：中国实验动物学会。

本标准主要起草人：范薇。

本标准于 1994 年 1 月首次发布。

中华人民共和国国家标准

实验动物 沙门菌检测方法

GB/T 14926.1—2001

代替 GB/T 14926.1—1994

Laboratory animal—Method for examination of *Salmonella sp.*

1 范围

本标准规定了实验动物沙门菌检测方法。

本标准适用于小鼠、大鼠、豚鼠、地鼠、兔、犬和猴沙门菌的检测。

2 引用标准

下列标准所包含的条文,通过在本标准中引用而构成为本标准的条文。本标准出版时,所示版本均为有效。所有标准都会被修订,使用本标准的各方应探讨使用下列标准最新版本的可能性。

GB/T 14926.42—2001 实验动物 细菌学检测 标本采集

GB/T 14926.43—2001 实验动物 细菌学检测 染色法、培养基和试剂

3 原理

沙门菌在培养基上有特定的生长、形态和生理生化特征;菌体抗原与相应抗体结合,产生凝集反应。

4 主要设备和材料

普通恒温培养箱。

5 培养基及试剂

5.1 亚硒酸氢钠增菌液(SF)。

5.2 Cary-Blair 运送培养基。

5.3 DHL 琼脂。

5.4 SS 琼脂。

5.5 三糖铁琼脂(TSI)。

5.6 克氏双糖铁琼脂(KI)。

5.7 糖发酵培养基。

5.8 氨基酸脱羧酶试验培养基。

5.9 氰化钾培养基。

5.10 蛋白胨水、靛基质试剂。

5.11 沙门菌多价诊断血清。

6 检测程序

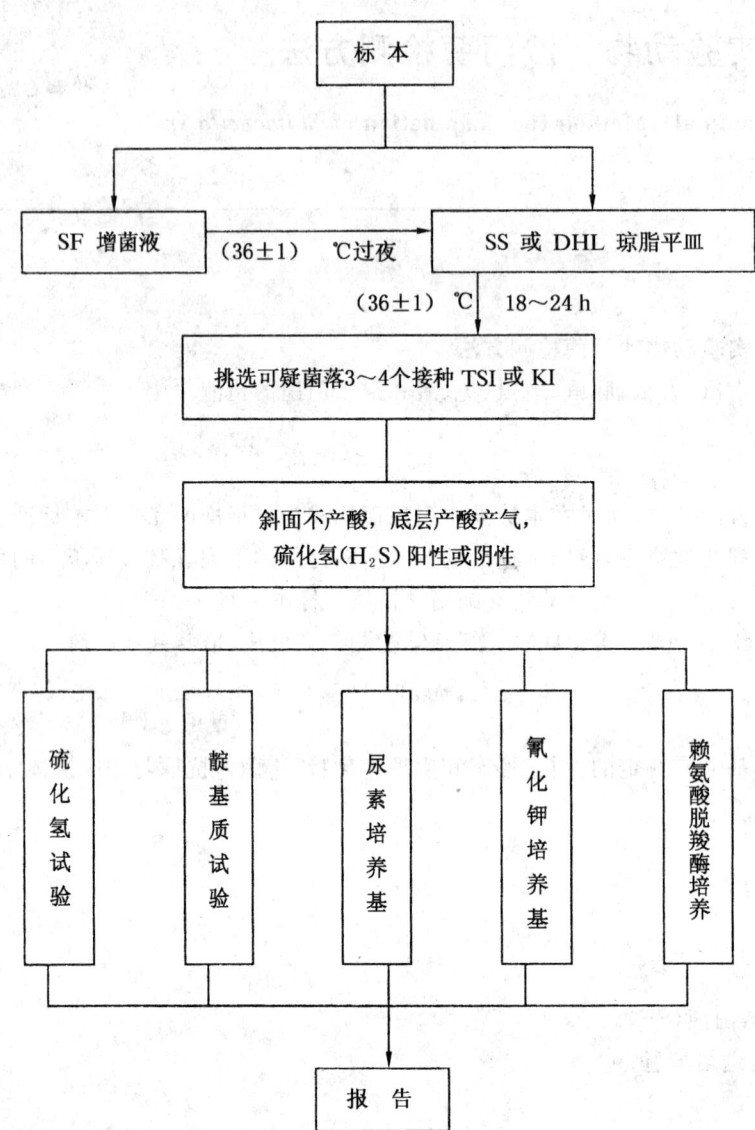

7 操作步骤

7.1 采样

采取回盲部内容物或粪便或肛拭子。

7.2 分离培养

7.2.1 直接分离培养

将已接种的 SS 或 DHL 置(36±1)℃培养 18～24 h。

7.2.2 增菌分离培养

将已接种的 SF 增菌液置(36±1)℃培养过夜,转种 SS 或 DHL 培养基,置相同温度下培养 24～48 h。

7.3 鉴定

7.3.1 菌落特征

沙门菌在 DHL 琼脂平皿上形成 2 mm 左右、无色半透明表面光滑湿润的菌落,部分菌落带黑心或全黑。在 SS 琼脂平皿上形成无色半透明直径 1～1.5 mm 表面光滑湿润的菌落,产硫化氢菌株菌落中心带黑色,但不明显。挑取上述菌落接种 TSI 或 KI 置(36±1)℃培养 18~24 h,可见斜面产酸或不产酸,底层产酸,产气或不产气,硫化氢阳性或阴性。只有斜面产酸同时硫化氢阴性的菌株可以排除,其他的反应结果均有沙门菌的可能。

7.3.2 菌体特征

革兰阴性杆菌,无芽孢,无荚膜。

7.3.3 生化特征

本菌生化反应特征有以下三种类型,见表1。

表 1 沙门菌生化反应

反应类型	硫化氢	靛基质	尿素	氰化钾	赖氨酸脱羧酶
1	+	−	−	−	+
2	+	+	−	−	+
3	−	−	−	−	+/−

7.3.4 血清玻片凝集试验阳性。

8 结果报告

凡符合上述各项检测结果者作出阳性报告,不符合者作出阴性报告。

ICS 65.020.30

B 44

中华人民共和国国家标准

GB/T 14926.3—2001
代替 GB/T 14926.3—1994
GB/T 14926.7—1994

实验动物 耶尔森菌检测方法

Laboratory animal—Method for examination of *Yersinia sp.*

2001-08-29 发布

2002-05-01 实施

中华人民共和国
国家质量监督检验检疫总局 发布

前　　言

　　本标准是对 GB/T 14926.3—1994《实验动物　假结核耶氏菌检验方法》和 GB/T 14926.7—1994《实验动物　小肠结肠炎耶氏菌》的修订。

　　本标准删除了原标准 GB/T 14926.3—1994 中"3.1 磷酸盐-胆盐-鼠李糖蛋白胨增菌液,3.3 DHL 琼脂,3.4 麦康凯琼脂"和 GB/T 14926.7—1994 中"3.1 SS 琼脂,3.2 DHL 琼脂,3.4 0.5% NaCl 溶液、0.5% KOH 溶液(NK),3.9 苯丙氨酸培养基"的有关内容。增加了几种培养基以及耶尔森菌属的鉴别特征等相关内容。

　　本标准由中华人民共和国科学技术部提出并归口。

　　本标准起草单位:中国实验动物学会。

　　本标准主要起草人:范薇。

　　本标准于 1994 年 1 月首次发布。

中华人民共和国国家标准

实验动物　耶尔森菌检测方法

Laboratory animal—Method for examination of *Yersinia sp.*

GB/T 14926.3—2001

代替 GB/T 14926.3—1994
GB/T 14926.7—1994

1 范围

本标准规定了实验动物耶尔森菌的检测方法。

本标准适用于小鼠、大鼠、豚鼠、地鼠、兔、犬和猴假结核耶尔森菌和小肠结肠炎耶尔森菌的检测。

2 引用标准

下列标准所包含的条文,通过在本标准中引用而构成为本标准的条文。本标准出版时,所示版本均为有效。所有标准都会被修订,使用本标准的各方应探讨使用下列标准最新版本的可能性。

GB/T 14926.42—2001　实验动物　细菌学检测　标本采集

GB/T 14926.43—2001　实验动物　细菌学检测　染色法、培养基和试剂

3 原理

耶尔森菌在培养基上有特定的生长、形态和生理生化特征;菌体抗原与相应抗体结合,产生凝集反应。

4 主要设备和材料

4.1 25℃恒温培养箱。

4.2 37℃普通恒温培养箱。

4.3 生物显微镜。

5 培养基及试剂

5.1 改良磷酸盐缓冲液(PBS)。

5.2 Cary-Blair 运送培养基。

5.3 CIN-I 琼脂。

5.4 改良 Y 琼脂。

5.5 克氏双糖铁(KI)琼脂。

5.6 糖发酵培养基。

5.7 氨基酸脱羧酶培养基。

5.8 尿素琼脂。

5.9 半固体琼脂。

5.10 耶氏菌多价诊断血清。

中华人民共和国国家质量监督检验检疫总局 2001-08-29 批准　　　　2002-05-01 实施

6 检测程序

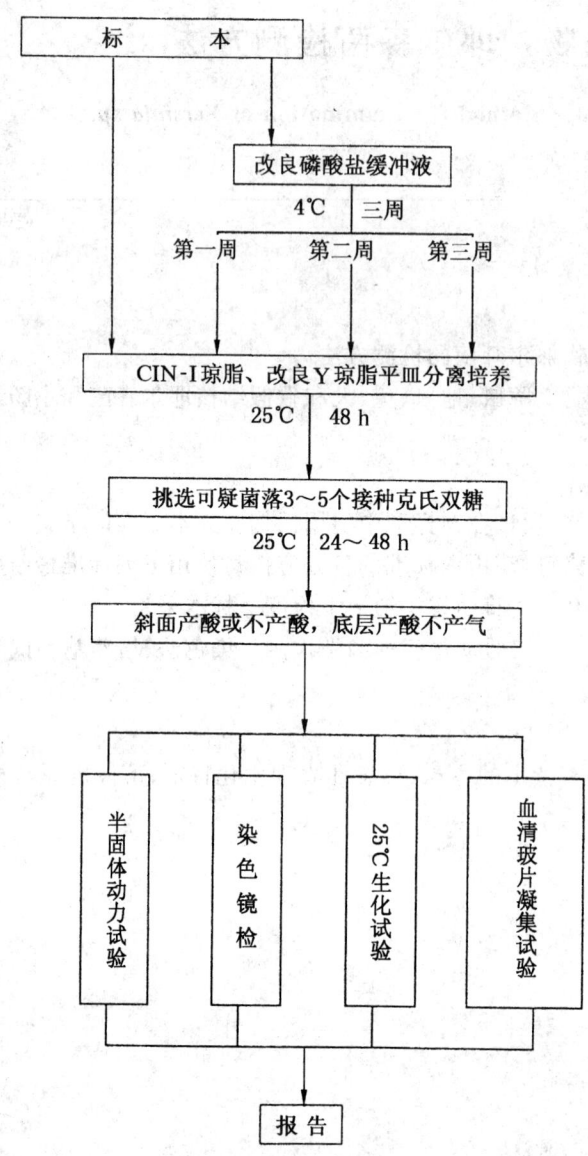

7 操作步骤

7.1 采样

采取回盲部内容物、粪便或肛拭子。

7.2 分离培养

7.2.1 直接分离培养

将已接种的 CIN-1 琼脂、改良 Y 琼脂置 25℃ 培养 48 h。

7.2.2 增菌分离培养

将已接种的改良磷酸盐缓冲液置 4℃ 培养三周,每周转种 CIN-1 琼脂和改良 Y 琼脂平皿一次,共三次,平皿置 25℃ 培养 48 h。

7.3 鉴定

7.3.1 菌落特征

本菌在 CIN-I 琼脂、改良 Y 琼脂上形成边缘半透明或透明,中心呈深红色,表面湿润凸起的"牛眼状"菌落。

7.3.2 菌体特征

耶尔森菌为革兰阴性球杆菌,(0.8~6.0) μm×0.8 μm 大小。

7.3.3 本菌接种于克氏双糖铁琼脂,25℃培养 48 h,斜面产酸或不产酸,底层产酸,硫化氢阴性。

7.3.4 将本菌接种两支半固体,其中一支放 25℃,另外一支放 37℃培养 24~48 h 后观察结果,25℃培养动力阳性,37℃动力阴性。

7.3.5 生化试验

所有的生化反应均在 25℃培养。本菌的主要生化特性以及与其他菌的鉴别见表1。

表 1 耶尔森菌属的鉴别特性

项　　　目	鼠疫耶尔森菌	假结核耶尔森菌	小肠结肠炎耶尔森菌
运动性(25℃)	－	＋	＋
赖氨酸脱羧酶	－	－	－
鸟氨酸脱羧酶	－	－	＋
尿素	－	＋	＋
一木糖苷酶	＋	＋	－
西蒙氏柠檬酸盐(25℃)	－	－	－
靛基质产生	－	－	d
鼠李糖	－	＋	－
蔗糖	－	－	＋
纤维二糖	－	－	＋
密二糖	d	＋	－
山梨糖	－	－	＋
山梨醇	－	－	＋
棉子糖	－	d	－
＋:阳性;－:阴性;d:不定;			

7.3.6 血清玻片凝集试验阳性。

8 结果报告

凡符合上述各项检测结果者作出阳性报告,不符合者作出阴性报告。

ICS 65.020.30
B 44

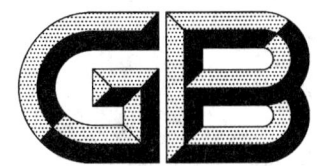

中华人民共和国国家标准

GB/T 14926.4—2001
代替 GB/T 14926.4—1994

实验动物 皮肤病原真菌检测方法

Laboratory animal—Method for examination of
pathogenic dermal fungi

2001-08-29 发布

2002-05-01 实施

中 华 人 民 共 和 国
国家质量监督检验检疫总局 发 布

前　　言

本标准是对 GB/T 14926.4—1994《实验动物　皮肤病原真菌检验方法》的修订。

本标准增加了猴类毛癣菌形态描述以及转种皮肤癣菌鉴别琼脂等相关内容。

本标准由中华人民共和国科学技术部提出并归口。

本标准起草单位:中国实验动物学会。

本标准主要起草人:范薇。

本标准于 1994 年 1 月首次发布。

中 华 人 民 共 和 国 国 家 标 准

实验动物 皮肤病原真菌检测方法

GB/T 14926.4—2001

代替 GB/T 14926.4—1994

Laboratory animal—Method for examination of
pathogenic dermal fungi

1 范围

本标准规定了实验动物皮肤病原真菌的检测方法。

本标准适用于小鼠、大鼠、豚鼠、地鼠、兔、犬和猴皮肤病原真菌的检测。

2 引用标准

下列标准所包含的条文,通过在本标准中引用而构成为本标准的条文。本标准出版时,所示版本均为有效。所有标准都会被修订,使用本标准的各方应探讨使用下列标准最新版本的可能性。

GB/T 14926.42—2001 实验动物 细菌学检测 标本采集

GB/T 14926.43—2001 实验动物 细菌学检测 染色法、培养基和试剂

3 原理

皮肤病原真菌在培养基上有特定的生长、形态和生理生化特征;寄生于毛发上可见明显的感染孢子。

4 主要设备和材料

4.1 接种刀。

4.2 无菌接种罩。

4.3 28℃恒温培养箱。

4.4 生物显微镜。

5 培养基及试剂

5.1 葡萄糖蛋白胨琼脂(沙氏培养基)。

5.2 皮肤癣菌鉴别琼脂(DTM)。

5.3 氢氧化钾二甲基亚砜液。

5.4 乳酸酚棉蓝染色液。

6 检测程序

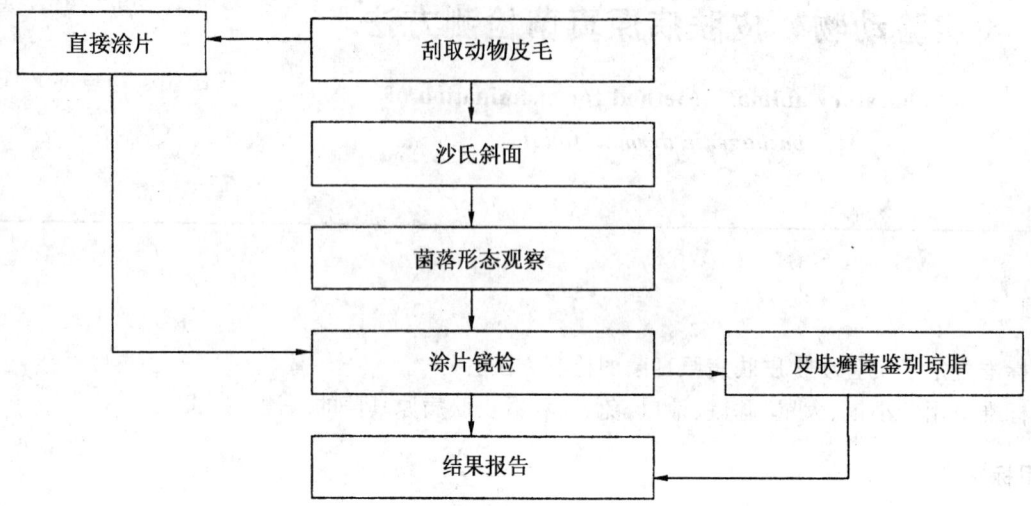

7 操作步骤

7.1 采样

取皮毛、鳞屑。

7.2 直接检查

取标本置于载玻片并加氢氧化钾二甲基亚砜液一滴,盖上盖玻片,置 10～15 min 后,轻压盖玻片,吸去周围液体,置显微镜下观察。

7.3 分离培养

将标本分三点接种于沙氏斜面,放置 28℃恒温箱中培养,7～14 d 观察菌落形态,并将培养物涂片镜检。

7.4 涂片镜检

取载玻片并加乳酸酚棉蓝染色液一滴,用接种针(环)取培养物置染色液中,然后加盖玻片,镜检。

7.5 鉴定

7.5.1 根据菌落形态及镜检结果,参照以下皮肤病原真菌形态特征,确定菌种。可引起动物皮肤癣病的病原真菌主要有以下四种,它们的形态学特点是:

7.5.1.1 石膏样毛癣菌(*Trichophyton mentagrophytes*)

本菌在葡萄糖蛋白胨琼脂上 28℃培养,生长迅速。根据菌落形态,大致可分为以下 2 种类型。羊毛状或绒毛状型:白色羊毛状菌丝充满斜面,绒毛状菌丝短而整齐,整个菌落只占斜面的 1/3～1/2。培养基背面颜色为淡黄或棕黄色。镜检只见较细的,分隔菌丝和卵圆形小分生孢子,小分生孢子有时集聚成葡萄状,偶见球拍菌丝和结节菌丝,无螺旋菌丝和大分生孢子。

粉末状或颗粒状型:菌落表面为粉末状,色黄、充满斜面,培养基背面为棕黄或棕红色,镜检可见多种菌丝。如螺旋菌丝、球拍菌丝、结节菌丝等。小分生孢子呈球状,常聚成葡萄状。可见棒状大分生孢子,2～8 个细胞,为(40～60) μm×(5～9) μm,外壁薄而光滑。

菌种鉴定可依据菌落和镜检特征。

7.5.1.2 石膏样小孢子菌(*Microsporum gypsium*)

本菌在葡萄糖蛋白胨琼脂上,28℃培养,生长快,菌落初呈白色,渐变为淡黄色至棕黄色粉末状菌落。培养基背面呈棕色。镜检可见很多大分生孢子,4～6 隔,(12～13) μm×(40～60) μm 大小,呈纺锤形,壁薄,粗糙有刺。菌丝较少。可见少数小分生孢子,单细胞,(3～5) μm×(2.5～3.5) μm,呈棍棒状、亦可见球拍状菌丝、破梳状菌丝、结节状菌丝及厚壁孢子。

　　菌种鉴定主要依据菌落形态,大分生孢子等。菌落应与石膏样毛癣菌鉴别。

7.5.1.3 羊毛状小孢子菌(*Microsporum lanosum*)

　　本菌在葡萄糖蛋白胨培养基上,28℃培养,生长快,菌落开始为绒毛状,2周后呈羊毛状并充满斜面,菌落中央趋向粉末状。菌落颜色由白色渐变为淡棕黄色,反面呈桔黄或红棕色。镜检可见直而有隔的菌丝体,以及很多中央宽大,两端稍尖的纺锤形大分生孢子,大小为(15～20)μm×(60～125)μm、壁厚、表面粗糙有刺,尤其是孢子的尖端部分,多隔,一般4～7隔,偶见12隔者。小分生孢子较少,单细胞,呈棍棒状,(2.5～3.5)μm×(4～7)μm。可见球拍状菌丝、破梳状菌丝、结节菌丝和厚壁孢子。在米粉培养基上,室温培养、菌丝较密,日久变为粉末状菌落,培养基呈棕黄色,镜检可见很多大分生孢子。

　　菌种鉴定主要依据菌落状态及大分生孢子的形态。

7.5.1.4 猴类毛癣菌(*Trichophyton simii*)

　　在沙氏琼脂培养基室温培养生长快。菌落表面平或稍有皱褶和隆起,粉末状,边缘不整齐,呈羽毛状。正面白色、淡黄色或粉红色,背面黄色或红棕色,中央常有紫色小点。外观与石膏样毛癣菌相似。镜检可见较多棒状大分生孢子,薄壁而光滑,约5～10个分隔,每隔大小不等,间隔处收缩明显,后期大分生孢子内的个别细胞扩大,壁增厚,形成厚壁孢子,又称内生厚壁孢子。内生厚壁孢子两侧的细胞常常变空破裂。游离的厚壁孢子呈凸透镜状,常带有破裂细胞的残留物,具特征性。小分生孢子侧生或顶生,短棒状,螺旋菌丝间或存在。

7.5.2 转种皮肤癣菌鉴别琼脂(DTM),DTM上四种皮肤癣菌均可使培养基由黄变红。

8 结果报告

　　凡符合上述各项检测结果者作出阳性报告,不符合者作出阴性报告。

ICS 65.020.30
B 44

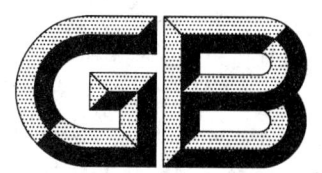

中华人民共和国国家标准

GB/T 14926.5—2001
代替 GB/T 14926.5—1994

实验动物　多杀巴斯德杆菌检测方法

Laboratory animal—Method for examination of
Pasteurella multocida

2001-08-29 发布
2002-05-01 实施

中 华 人 民 共 和 国
国家质量监督检验检疫总局 发 布

前　　言

本标准是对 GB/T 14926.5—1994《实验动物　多杀巴氏杆菌检验方法》的修订。

本标准增加了乙酸铅纸条法检测硫化氢的产生、血清玻片凝集试验及"多杀巴斯德杆菌、嗜肺巴斯德杆菌及支气管鲍特菌的鉴别"表,删除了实用性不大的"巴氏杆菌属的菌种生化鉴别表"。

本标准由中华人民共和国科学技术部提出并归口。

本标准起草单位:中国实验动物学会。

本标准主要起草人:李红。

本标准于 1994 年 1 月首次发布。

中华人民共和国国家标准

实验动物　多杀巴斯德杆菌检测方法

Laboratory animal—Method for examination of
Pasteurella multocida

GB/T 14926.5—2001

代替 GB/T 14926.5—1994

1　范围

本标准规定了实验动物多杀巴斯德杆菌的检测方法。

本标准适用于豚鼠、地鼠和兔多杀巴斯德杆菌的检测。

2　引用标准

下列标准所包含的条文,通过在本标准中引用而构成为本标准的条文。本标准出版时,所示版本均为有效。所有标准都会被修订,使用本标准的各方应探讨使用下列标准最新版本的可能性。

GB/T 14926.42—2001　实验动物　细菌学检测　标本采集

GB/T 14926.43—2001　实验动物　细菌学检测　染色法、培养基和试剂

3　原理

多杀巴斯德杆菌为革兰阴性小杆菌,寄居于豚鼠、地鼠和家兔的上呼吸道,具有特定的生化反应,其菌体可与相应的免疫血清在玻片上产生肉眼可见的凝集反应,据此可对该菌进行分离培养和检测。

4　主要设备和材料

4.1　普通恒温培养箱。

4.2　生物显微镜。

5　培养基和试剂

5.1　血琼脂平皿。

5.2　双糖铁或三糖铁琼脂。

5.3　糖发酵培养基。

5.4　半固体琼脂。

5.5　DHL 琼脂平皿。

5.6　尿素培养基。

5.7　蛋白胨水、靛基质试剂。

5.8　硝酸盐培养基。

5.9　西蒙氏枸橼酸盐培养基。

5.10　营养明胶。

5.11　氨基酸脱羧酶试验培养基。

5.12　氧化酶试剂。

中华人民共和国国家质量监督检验检疫总局 2001-08-29 批准　　　　2002-05-01 实施

5.13 过氧化氢酶试剂。

5.14 多杀巴斯德杆菌诊断血清。

6 检测程序

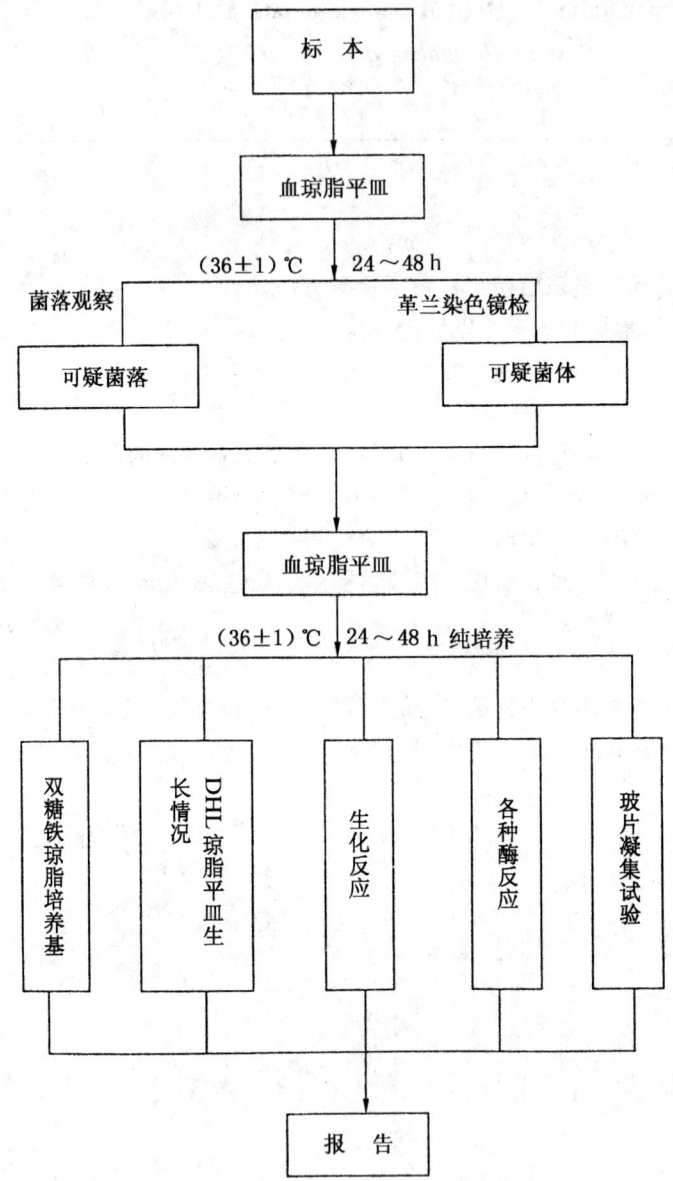

7 操作步骤

7.1 采样

采取呼吸道分泌物或病灶分泌物。

7.2 分离培养

将已接种的血琼脂平皿置(36±1)℃培养24～48 h。

7.3 鉴定

7.3.1 菌落特征

多杀巴斯德杆菌在血琼脂平皿上形成1 mm左右、光滑露滴样或灰白色、不溶血的菌落。

7.3.2 菌体特征

革兰阴性小杆菌,两端钝圆并浓染,新分离菌株可有荚膜,经人工培养后很快消失。

7.3.3 三糖铁或双糖铁培养基(36±1)℃培养18~24 h,斜面及底层产酸不产气,乙酸铅纸条法显示硫化氢阳性。

7.3.4 生化反应

葡萄糖、乳糖和麦芽糖阳性。尿素酶、鸟氨酸脱羧酶阳性,赖氨酸脱羧酶阴性。硝酸盐还原试验阳性、靛基质试验阳性。

7.3.5 西蒙氏柠檬酸盐试验阴性。氧化酶、过氧化氢酶阳性。不液化明胶。

7.3.6 纯培养物转种DHL培养基,(36±1)℃普通恒温培养箱培养24~48 h不生长;半固体培养基动力观察阴性。

7.3.7 多杀巴斯德杆菌、嗜肺巴斯德杆菌及支气管鲍特杆菌的鉴别见表1。

表1 多杀巴斯德杆菌、嗜肺巴斯德杆菌及支气管鲍特杆菌的鉴别表

	支气管鲍特杆菌	多杀巴斯德杆菌	嗜肺巴斯德杆菌
DHL琼脂生长	+	—	—
血平皿溶血	+	—	—/+
动力	+	—	—
葡萄糖	—	+	+
蔗糖	—	+	+
靛基质	—	+	+/—
尿素	+	—	+
硫化氢(H$_2$S)	—	+	+
+:阳性;—:阴性;—/+:大多数菌株阴性;+/—:大多数菌株阳性。			

7.3.8 血清玻片凝集试验阳性。

8 结果报告

凡符合上述各项检测结果者作出阳性报告,不符合者作出阴性报告。

ICS 65.020.30

B 44

中华人民共和国国家标准

GB/T 14926.6—2001
代替 GB/T 14926.6—1994

实验动物 支气管鲍特杆菌检测方法

Laboratory animal—Method for examination of

Bordetella bronchiseptica

2001-08-29 发布
2002-05-01 实施

中 华 人 民 共 和 国
国家质量监督检验检疫总局 发 布

前　　言

本标准是对 GB/T 14926.6—1994《实验动物　支气管败血性波氏杆菌检验方法》的修订。

本标准增加了血清玻片凝集试验及"多杀巴斯德杆菌、嗜肺巴斯德杆菌及支气管鲍特杆菌的鉴别"表,删除了实用性不大的"波氏杆菌属的生化特性"表。

本标准由中华人民共和国科学技术部提出并归口。

本标准起草单位:中国实验动物学会。

本标准主要起草人:李红。

本标准于 1994 年 1 月首次发布。

中 华 人 民 共 和 国 国 家 标 准

实验动物　支气管鲍特杆菌检测方法

GB/T 14926.6—2001

Laboratory animal—Method for examination of
Bordetella bronchiseptica

代替 GB/T 14926.6—1994

1　范围

本标准规定了实验动物支气管鲍特杆菌的检测方法。

本标准适用于大鼠、豚鼠和兔支气管鲍特杆菌的检测。

2　引用标准

下列标准所包含的条文,通过在本标准中引用而构成为本标准的条文。本标准出版时,所示版本均为有效。所有标准都会被修订,使用本标准的各方应探讨使用下列标准最新版本的可能性。

GB/T 14926.42—2001　实验动物　细菌学检测　标本采集

GB/T 14926.43—2001　实验动物　细菌学检测　染色法、培养基和试剂

3　原理

支气管鲍特杆菌为革兰阴性小杆菌,寄居于大鼠、豚鼠和家兔的上呼吸道,具有特定的生化反应及溶血能力,其菌体可与相应的免疫血清在玻片上产生肉眼可见的凝集反应,据此可对该菌进行分离培养和检测。

4　主要设备和材料

4.1　普通恒温培养箱。

4.2　生物显微镜。

5　培养基和试剂

5.1　血琼脂平皿。

5.2　DHL 琼脂平皿。

5.3　双糖铁或三糖铁琼脂。

5.4　尿素培养基。

5.5　支气管鲍特杆菌诊断血清。

6 检测程序

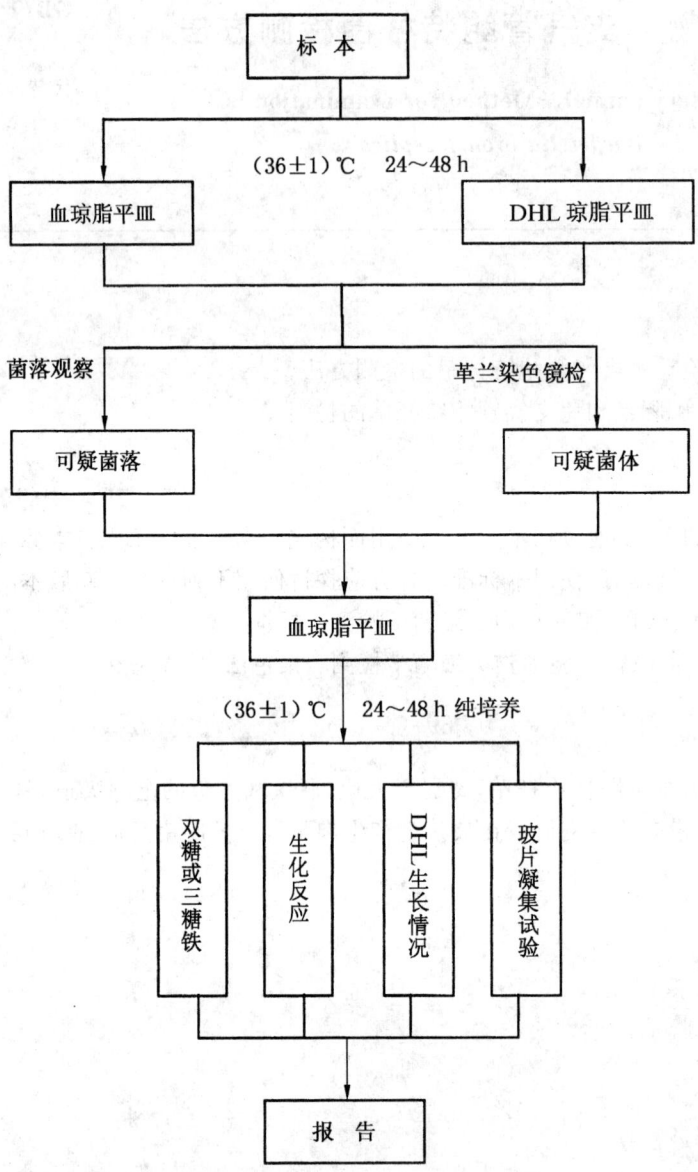

7 操作步骤

7.1 采样

采取呼吸道分泌物或病料。

7.2 分离培养

将接种的血琼脂平皿和 DHL 琼脂平皿置(36±1)℃培养 24～48 h。

7.3 鉴定

7.3.1 菌落特征

本菌在血琼脂平皿上形成 1 mm 左右、灰白色、带有轻微 α 溶血的菌落；DHL 琼脂平皿上可形成无色半透明、2 mm 左右的菌落。

7.3.2 菌体特征

革兰阴性小杆菌，两端钝圆并浓染。

7.3.3 分离自血平皿的可疑菌株接种 DHL 琼脂平皿,(36±1)℃培养 24～48 h 生长良好。

7.3.4 双糖铁或三糖铁上不利用碳水化合物,呈碱性反应。不产硫化氢。尿素酶阳性。

7.3.5 半固体动力试验阳性。

7.3.6 血清玻片凝集试验阳性。

7.3.7 支气管鲍特杆菌、多杀巴斯德杆菌及嗜肺巴斯德杆菌的鉴别见 GB/T 14926.5—2001 中表1。

8 结果报告

凡符合上述各项检测结果者作出阳性报告,不符合者作出阴性报告。

ICS 65.020.30
B 44

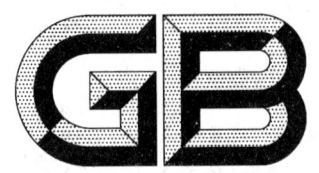

中华人民共和国国家标准

GB/T 14926.8—2001
代替 GB/T 14926.8—1994

实验动物 支原体检测方法

Laboratory animal—Method for examination of *Mycoplasma sp*.

2001-08-29 发布   2002-05-01 实施

中 华 人 民 共 和 国
国家质量监督检验检疫总局 发 布

前 言

　　本标准是对 GB/T 14926.8—1994《实验动物　肺支原体检验方法》的修订。

　　本标准取消了用于支原体种鉴定的生长抑制试验,将盲传次数减至 1 次,增加了 ELISA 法作为初步检测的选用方法。

　　本标准由中华人民共和国科学技术部提出并归口。

　　本标准起草单位:中国实验动物学会。

　　本标准主要起草人:李红。

　　本标准于 1994 年 1 月首次发布。

中华人民共和国国家标准

GB/T 14926.8—2001

实验动物 支原体检测方法

代替 GB/T 14926.8—1994

Laboratory animal—Method for examination of *Mycoplasma sp.*

1 范围

本标准规定了实验动物支原体的检测方法。

本标准适用于小鼠、大鼠的支原体检测。

2 引用标准

下列标准所包含的条文,通过在本标准中引用而构成为本标准的条文。本标准出版时,所示版本均为有效。所有标准都会被修订,使用本标准的各方应探讨使用下列标准最新版本的可能性。

GB/T 14926.42—2001 实验动物 细菌学检测 标本采集

GB/T 14926.43—2001 实验动物 细菌学检测 染色法、培养基和试剂

GB/T 14926.50—2001 实验动物 酶联免疫吸附试验

3 原理

对实验动物具有致病能力的支原体主要寄居其上呼吸道,支原体在半流体培养基和固体培养基上可形成特殊菌落,菌落可被 Dienes 染色液染成蓝色而不褪色,据此可进行病原学鉴定。动物感染支原体后血清中可产生相应抗体,使用 ELISA 法可进行抗体检测,但由于动物自然感染后血清抗体水平较低,亦有可能因与其他病原微生物存在共同抗原而导致的交叉反应,故血清学方法仅作为初步检测的选用方法。

4 主要设备和材料

4.1 普通恒温培养箱。

4.2 实体显微镜。

4.3 蜗旋混匀器。

4.4 毛细吸管,每份样品 1 支。

4.5 恒温水浴箱。

4.6 高速离心机。

4.7 超声波细胞粉碎器。

4.8 酶标仪。

4.9 聚苯乙烯板,40 孔、55 孔或 96 孔(可拆或不可拆),用前洗净晾干,紫外光照射 1 h。

4.10 微量加样器,容量 5～50 μL 和 50～200 μL。

5 培养基和试剂

5.1 支原体半流体培养基。

中华人民共和国国家质量监督检验检疫总局 2001-08-29 批准

2002-05-01 实施

5.2 支原体液体培养基。

5.3 支原体固体培养基。

5.4 Dienes 染色液。

5.5 ELISA 抗原

5.5.1 支原体培养:肺支原体、关节支原体和溶神经支原体标准株接种支原体液体培养基,36℃摇动培养 2～3 d。

5.5.2 已明显混浊的培养液按 8 000 r/min 离心 30 min,沉淀用 PBS 在相同条件下洗 3 次。

5.5.3 上述沉淀用 PBS 悬浮,超声波打碎后,上清即为 ELISA 抗原。

5.6 酶结合物

辣根过氧化物酶标记羊或兔抗小鼠、大鼠 IgG 抗体,用于检测相应动物血清抗体;辣根过氧化物酶标记葡萄球菌蛋白 A(SPA),用于检测小鼠血清抗体。

5.7 阳性血清

支原体抗原免疫清洁级或 SPF 级小鼠或大鼠所获得的抗血清。

5.8 阴性血清

无支原体感染的清洁级或 SPF 级小鼠和大鼠血清。

5.9 其他试剂溶液的配制见 GB/T 14926.49—2001。

6 检测方法

6.1 分离培养法

6.1.1 检测程序

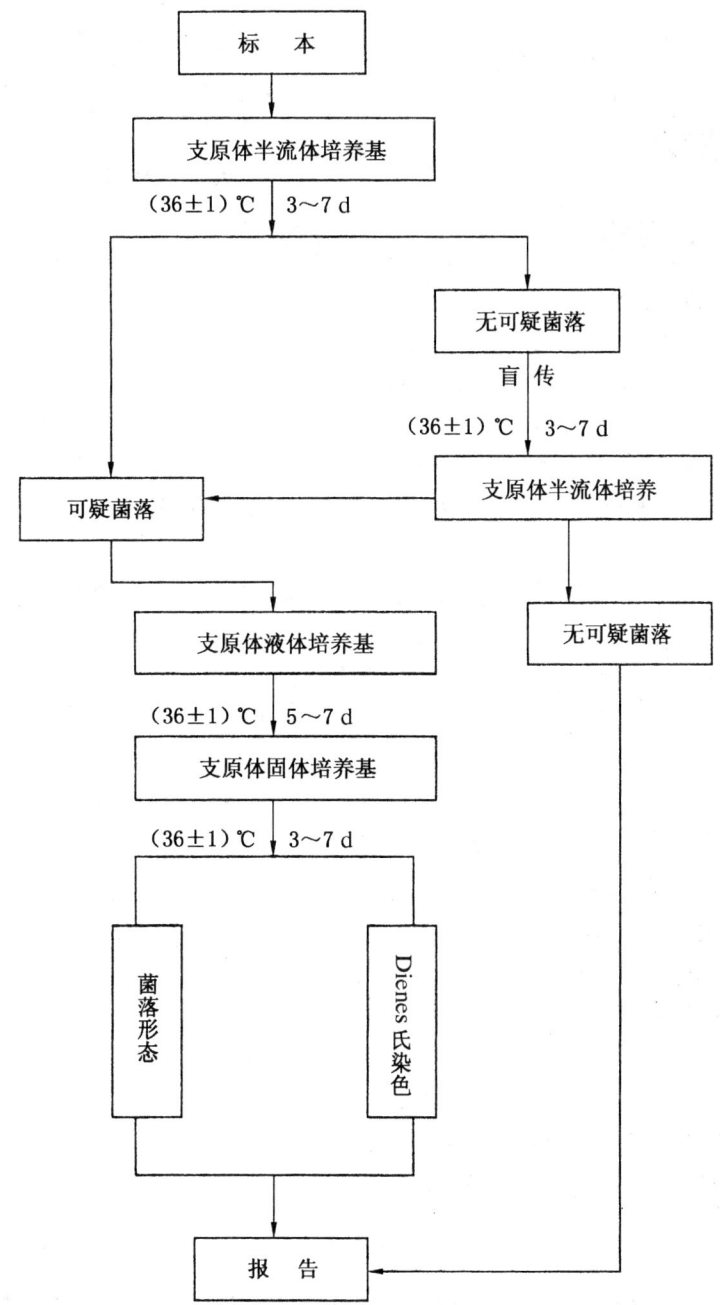

6.1.2 操作步骤

6.1.2.1 采样

取包括咽部及以下气管约5～10 mm左右放入装有0.6～0.7 mL酵母浸液的试管中,用蜗旋混匀器制成洗脱液。

6.1.2.2 分离培养

按GB/T 14926.42—2001 4.18进行接种后放(36±1)℃培养箱培养。

6.1.2.3 鉴定

a) 支原体在半流体培养基中经3～7 d培养,在培养基的上部可形成小的慧星状、云雾状或沙粒状菌落。

b) 吸取含可疑菌落的半流体培养物约0.5 mL转种支原体液体培养基,(36±1)℃培养5～7 d,吸取该培养物约0.1 mL接种于支原体固体培养基,用L棒涂抹均匀,待表面干后将培养基放入保鲜袋,密闭,(36±1)℃培养。

c) 支原体在固体培养基培养 3～7 d 后可形成"煎蛋状"或"杨莓状"菌落。

d) 染色:将有可疑菌落的固体培养基平皿进行 Dienes 染色,30 min 或更长时间后支原体菌落依然为蓝色,而细菌 L 型菌落则变为无色。

e) 如初代半流体培养 7 d 无可疑菌落出现,应吸取约 1/10 的初代培养基接种于相同培养基进行盲传,经(36±1)℃培养 7 d,如仍无可疑菌落出现则判定为阴性;对出现可疑菌落者则按照"b)、c)、d)"步骤进行鉴定。

6.2 酶联免疫吸附试验(ELISA)

6.2.1 包被抗原

根据滴定的最适工作浓度,将抗原用包被液稀释。每孔 100 μL,置 37℃ 1 h 后再 4℃过夜。

6.2.2 用洗涤液洗 5 次,每次 3 min,叩干。

6.2.3 加样

待检血清和阴性、阳性血清分别用稀释液做 1:40 稀释,每孔 100 μL,37℃ 1 h,洗涤同上。

6.2.4 加酶结合物

用稀释液将酶结合物稀释至适当浓度,每孔加入 100 μL,37℃ 1 h,洗涤同上。

6.2.5 加底物溶液

每孔加入新配制的底物溶液 100 μL,置 37℃,避光显色 10～15 min。

6.2.6 终止反应

每孔加入终止液 50 μL。

6.2.7 测 A 值

在酶标仪上,于 490 nm 处读出各孔 A 值。

6.2.8 结果判定

在阴性和阳性血清对照成立的条件下,进行结果判定。

6.2.8.1 同时符合下列 2 个条件者,判为阳性。

a) 待检血清的 A 值≥0.2;

b) 待检血清的 A 值/阴性对照血清的 A 值≥2.1。

6.2.8.2 均不符合上述 2 个条件者,判为阴性。

6.2.8.3 仅有 1 条符合者,判为可疑,需重试。

6.2.8.4 对阳性结果需重试,如为阳性则判为阳性。

7 结果报告

ELISA 法结果阳性者应抽取相同动物群动物进行支原体分离培养,符合上述培养、染色特征者作出阳性报告,不符合者作出阴性报告。

ICS 65.020.30
B 44

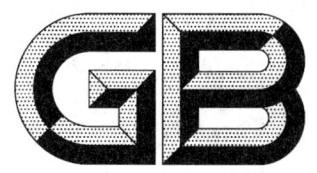

中华人民共和国国家标准

GB/T 14926.9—2001
代替 GB/T 14926.9—1994

实验动物　鼠棒状杆菌检测方法

Laboratory animal—Method for examination of
Corynebacterium kutscheri

2001-08-29 发布

2002-05-01 实施

中华人民共和国
国家质量监督检验检疫总局 发布

前　言

本标准是对 GB/T 14926.9—1994《实验动物　鼠棒状杆菌检验方法》的修订。

本标准增加了血清玻片凝集试验。

本标准由中华人民共和国科学技术部提出并归口。

本标准起草单位:中国实验动物学会。

本标准主要起草人:李红。

本标准于 1994 年 1 月首次发布。

中华人民共和国国家标准

实验动物 鼠棒状杆菌检测方法

GB/T 14926.9—2001

代替 GB/T 14926.9—1994

Laboratory animal—Method for examination of
Corynebacterium kutscheri

1 范围

本标准规定了实验动物鼠棒状杆菌的检测方法。

本标准适用于小鼠和大鼠鼠棒状杆菌的检测。

2 引用标准

下列标准所包含的条文,通过在本标准中引用而构成为本标准的条文。本标准出版时,所示版本均为有效。所有标准都会被修订,使用本标准的各方应探讨使用下列标准最新版本的可能性。

GB/T 14926.42—2001 实验动物 细菌学检测 标本采集

GB/T 14926.43—2001 实验动物 细菌学检测 染色法、培养基和试剂

3 原理

鼠棒状杆菌为革兰阳性小杆菌,主要寄居于小鼠和大鼠的上呼吸道,于血琼脂平皿上形成特殊的菌落形态,具有独特的生化反应,菌体可与相应的免疫血清在玻片上形成肉眼可见的凝集反应,据此可进行分离培养和检测。

4 主要设备和材料

4.1 普通恒温培养箱。

4.2 生物显微镜。

5 培养基和试剂

5.1 血琼脂平皿。

5.2 硝酸盐还原试验培养基。

5.3 糖发酵培养基。

5.4 尿素培养基。

5.5 营养明胶。

5.6 鼠棒状杆菌诊断血清。

---

6 检测程序

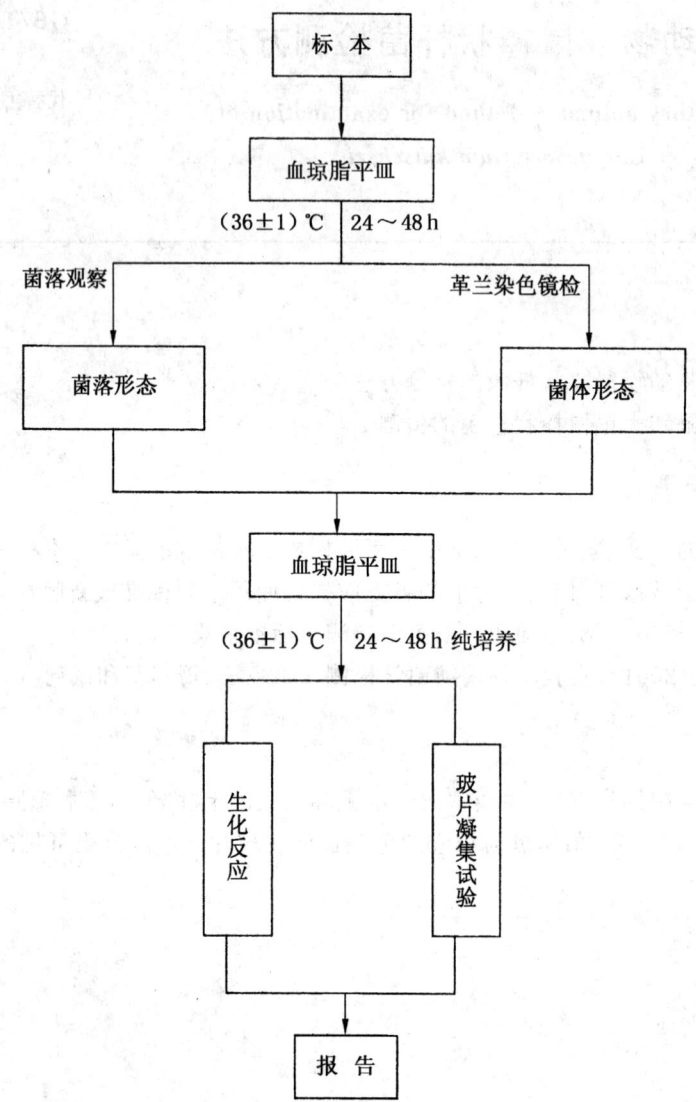

7 操作步骤

7.1 采样

采取呼吸道分泌物或病灶分泌物或脓汁。

7.2 分离培养

将已接种的血琼脂平皿置(36±1)℃培养24～48 h。

7.3 鉴定

7.3.1 菌落特征

本菌在血琼脂平皿上(36±1)℃培养24～48 h可形成1 mm左右、白色、突起、无光泽、触之较硬、涂片不易乳化、不溶血的菌落。

7.3.2 菌体特征

革兰阳性小杆菌,呈棒锤状或微弯曲,排列不规则,可散在或成对或呈"V"形或呈栅栏状排列。

7.3.3 生化反应

分解葡萄糖、蔗糖、麦芽糖和甘露糖,产酸不产气;不分解甘露醇、乳糖;尿素酶阳性;液化明胶;硝酸盐还原试验阳性。

7.3.4 血清玻片凝集试验阳性。

8 结果报告

凡符合上述各项检测结果者作出阳性报告,不符合者作出阴性报告。

ICS 65.020.30
B 44

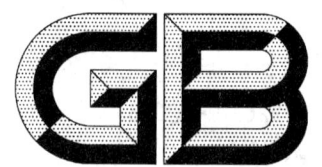

中华人民共和国国家标准

GB/T 14926.10—2008
代替 GB/T 14926.10—2001

实验动物 泰泽病原体检测方法

Laboratory animal—Method for examination of Tyzzer's organism

2008-12-03 发布

2009-03-01 实施

中华人民共和国国家质量监督检验检疫总局
中国国家标准化管理委员会 发布

前　言

GB/T 14926《实验动物》共 54 个部分，为不同微生物和病毒检测技术方法。

本部分自实施之日起代替 GB/T 14926.10—2001《实验动物　泰泽病原体检测方法》。

本部分与 GB/T 14926.10—2001 相比主要技术差异如下：

a)　删除了可的松激发试验；

b)　修改了两种血清学方法。

本部分由全国实验动物标准化技术委员会提出并归口。

本部分起草单位：全国实验动物标准化技术委员会。

本部分主要起草人：李红。

本部分所代替标准的历次版本发布情况为：

——GB/T 14926.10—1994，GB/T 14926.10—2001。

实验动物 泰泽病原体检测方法

1 范围

GB/T 14926 的本部分规定了实验动物泰泽病原体的检测方法。

本部分适用于小鼠、大鼠、豚鼠、地鼠和兔泰泽病原体的检测。

2 规范性引用文件

下列文件中的条款通过 GB/T 14926 的本部分的引用而成为本部分的条款。凡是注日期的引用文件,其随后所有的修改单(不包括勘误的内容)或修订版均不适用于本部分,然而,鼓励根据本部分达成协议的各方研究是否可使用这些文件的最新版本。凡是不注日期的引用文件,其最新版本适用于本部分。

GB/T 14926.50 实验动物 酶联免疫吸附试验

GB/T 14926.52 实验动物 免疫荧光试验

3 原理

动物感染泰泽病原体后血清中可产生相应的抗体。依据免疫学原理,采用泰泽病原体抗原检测小鼠、大鼠、豚鼠、地鼠和兔血清中相应的抗体。

4 主要设备和材料

4.1 普通恒温培养箱。

4.2 荧光显微镜。

4.3 生物显微镜。

4.4 酶标仪。

4.5 组织研磨器。

4.6 聚苯乙烯板,40 孔、55 孔或 96 孔(可拆或不可拆),用前洗净晾干,紫外光照射 1 h。

4.7 微量加样器,容量 5 μL～50 μL、50 μL～200 μL。

4.8 印有 10 个～40 个小孔的载玻片。

4.9 盖玻片。

4.10 超低温冰箱或液氮罐。

5 培养基和试剂

5.1 ELISA 抗原

5.1.1 泰泽病原体抗原

受泰泽病原体感染的、带有严重坏死灶的动物肝脏按 1∶10 加入 PBS 后在冰浴中用组织研磨器制成匀浆,3 600 r/min 离心,取上清液作抗原。

5.1.2 阴性对照抗原

未受泰泽病原体感染的动物肝脏,按 5.1.1 的方法制成。

5.2 抗原片

5.2.1 抗原

受泰泽病原体感染的、带有严重坏死灶的动物肝组织用 PBS 按 1∶10 在冰浴中制成匀浆,调整浓度至每个显微镜油镜视野有适当的菌量,即细菌、肝细胞、细胞碎片完全铺开,不重叠。泰泽病原体自溶现象严重,应尽快完成该过程。

5.2.2 抗原片制备

将上述抗原液适量滴于玻片孔中,室温干燥后,冷丙酮(4 ℃)固定 10 min。PBS 漂洗后充分干燥,置于−20 ℃备用。

5.3 酶结合物

辣根过氧化物酶标记的羊或兔抗小鼠、大鼠、豚鼠、地鼠 IgG 抗体,用于检测相应动物的抗体;辣根过氧化物酶标记的羊抗兔 IgG 抗体,用于检测兔血清抗体;辣根过氧化物酶标记的葡萄球菌蛋白 A(SPA),用于检测大鼠血清以外的动物血清抗体。

5.4 荧光结合物

荧光标记的羊或兔抗小鼠、大鼠、豚鼠、地鼠 IgG 抗体用于检测相应动物的血清抗体;荧光标记的羊抗兔 IgG 抗体,用于检测兔血清抗体。

5.5 阳性血清

上述抗原免疫清洁级或 SPF 级小鼠、大鼠、豚鼠、地鼠或无泰泽病原体感染的兔获得的抗血清。

5.6 阴性血清

清洁级或 SPF 级小鼠、大鼠、豚鼠、地鼠血清;或无泰泽病原体感染的兔血清。

5.7 50%甘油 PBS。

5.8 其他试剂溶液的配制见 GB/T 14926.50 和 GB/T 14926.52。

6 检测方法

6.1 酶联免疫吸附试验(ELISA)

6.1.1 包被抗原

根据滴定的最适工作浓度,将两种抗原分别用包被液稀释,两种抗原隔行包被,每孔包被抗原 100 μL,置 37 ℃ 1 h 后在 4 ℃过夜。

6.1.2 用洗涤液洗 3 次,每次 5 min,叩干。

6.1.3 加样

待检血清用稀释液做 1∶40 稀释,分别加入两孔(泰泽病原体抗原孔和阴性对照抗原孔),每一抗原板至少设置两份阳性血清和阴性血清对照。每孔加入稀释后的待检血清、对照血清 100 μL,37 ℃ 1 h,洗涤同上。

6.1.4 加酶结合物

用稀释液将酶结合物稀释成适当浓度,每孔 100 μL,37 ℃ 1 h,洗涤同上。

6.1.5 加底物溶液

每孔加入新配制的底物溶液 100 μL,置 37 ℃,避光显色 10 min～15 min。

6.1.6 终止反应

每孔加入终止液 100 μL。

6.1.7 测 A 值

在酶标仪上,于 490 nm 处读出各孔 A 值。

6.1.8 结果判定

在阴性和阳性对照成立的情况下,进行结果判定。

6.1.8.1 同时符合下列 3 个条件者,判为阳性。对阳性结果需重试,如仍为阳性则判为阳性:

    a) 待检血清与阴性对照抗原和泰泽病原体抗原反应有明显的颜色区别;

    b) 待检血清与泰泽病原体抗原反应的 A 值大于等于 0.2;

    c) 待检血清与泰泽病原体抗原反应的 A 值/阴性对照血清与泰泽病原体抗原反应的 A 值大于等于 2.1。

6.1.8.2　均不符合上述 3 个条件者,判为阴性。

6.1.8.3　仅有 1 条~2 条符合者,判为可疑,需重试。

6.2　免疫荧光试验(IFA)

6.2.1　取出抗原片,室温干燥后,将适当稀释的待检血清(推荐 1∶10)和阴性、阳性血清分别滴于抗原片上,每张玻片上应分别有阳性和阴性血清各 1 孔,置湿盒内,37 ℃ 30 min~45 min。

6.2.2　PBS 洗 3 次,每次 5 min,室温干燥。

6.2.3　取适当的荧光结合物,滴加于抗原片上,置湿盒内,37 ℃ 30 min~45 min。

6.2.4　PBS 洗 3 次,每次 5 min。

6.2.5　玻片用蒸馏水漂洗 1 次。

6.2.6　50％甘油 PBS 封片,荧光显微镜下观察结果。

6.2.7　结果判定:阳性血清孔菌体呈强的荧光着色,而阴性对照无荧光或仅有微弱非特异荧光时进行结果判定。待检血清孔较阴性血清孔菌体荧光着色强,即可判断为阳性反应。

7　结果报告

对血清抗体阳性者作血清抗体检测阳性报告,否则作阴性报告。

———————————

ICS 65.020.30
B 44

中华人民共和国国家标准

GB/T 14926.11—2001
代替 GB/T 14926.11—1994

实验动物 大肠埃希菌 0115a,c:K(B) 检测方法

Laboratory animal—Method for examination of

Escherichia coli 0115 a,c:K(B)

2001-08-29 发布

2002-05-01 实施

中华人民共和国
国家质量监督检验检疫总局 发布

前　　言

本标准是对 GB/T 14926.11—1994《实验动物　大肠杆菌 0115a,c:K(B)检验方法》的修订。

本标准由中华人民共和国科学技术部提出并归口。

本标准起草单位:中国实验动物学会。

本标准主要起草人:李红。

本标准于 1994 年 1 月首次发布。

中 华 人 民 共 和 国 国 家 标 准

实验动物 大肠埃希菌O115a,c:K(B) 检 测 方 法

GB/T 14926.11—2001

Laboratory animal—Method for examination of
Escherichia coli 0115 a,c:K(B)

代替 GB/T 14926.11—1994

1 范围

本标准规定了实验动物大肠埃希菌0115a,c:K(B)的检测方法。
本标准适用于小鼠大肠埃希菌0115a,c:K(B)的检测。

2 引用标准

下列标准所包含的条文,通过在本标准中引用而构成为本标准的条文。本标准出版时,所示版本均为有效。所有标准都会被修订,使用本标准的各方应探讨使用下列标准最新版本的可能性。

GB/T 14926.42—2001 实验动物 细菌学检测 标本采集
GB/T 14926.43—2001 实验动物 细菌学检测 染色法、培养基和试剂

3 原理

大肠埃希菌0115a,c:K(B)为肠杆菌科、革兰阴性杆菌,在肠杆菌科选择性培养基上形成特殊的菌落形态,有独特的生化反应,菌体可与相应的免疫血清在玻片上形成肉眼可见的凝集反应,据此可进行该菌的分离培养和检测。

4 主要设备和材料

普通恒温培养箱。

5 培养基和试剂

5.1 SF 增菌液。
5.2 DHL 琼脂平皿。
5.3 克氏双糖铁或三糖铁琼脂培养基。
5.4 蛋白胨水、靛基质试剂。
5.5 硝酸盐还原试验培养基。
5.6 半固体琼脂。
5.7 大肠埃希菌0115a,c:K(B)诊断血清。

6 检测程序

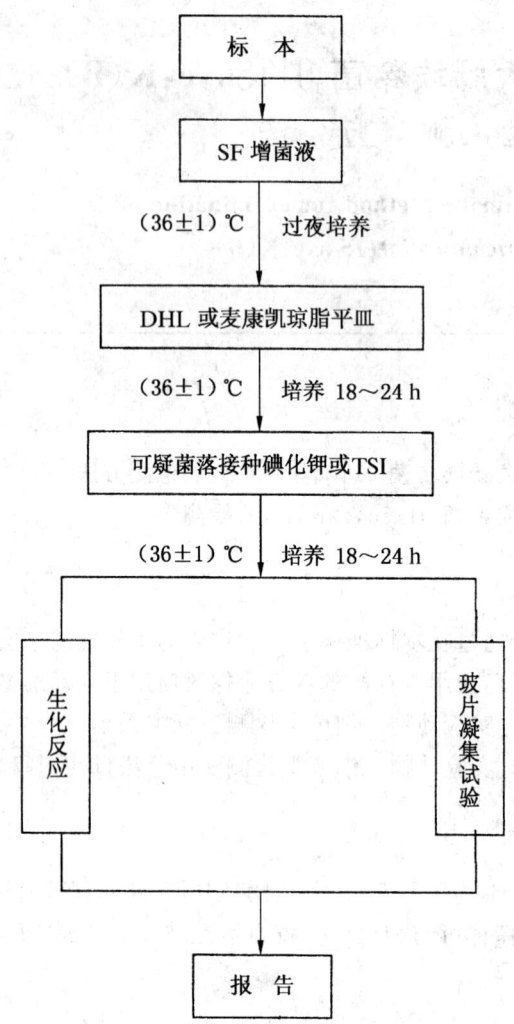

7 操作步骤

7.1 采样

采取回盲部内容物。

7.2 分离培养

将已接种的 SF 增菌液置(36±1)℃培养 18~24 h,转种 DHL 琼脂平皿或麦康凯琼脂,置(36±1)℃培养 18~24 h。

7.3 鉴定

7.3.1 菌落特征

本菌在 DHL 琼脂平皿和麦康凯琼脂平皿上形成中心部位桃红色、周边无色透明的菌落。

7.3.2 双糖铁或三糖铁培养基上斜面和底层产酸产气,硫化氢阴性。

7.3.3 生化反应

硝酸盐还原试验阳性、尿素酶阴性、靛基质阴性,赖氨酸、鸟氨酸脱羧酶试验阴性。

7.3.4 半固体动力试验阴性。

7.3.5 血清玻片凝集试验阳性。

8 结果报告

凡符合上述各项检测结果者作出阳性报告,不符合者作出阴性报告。

ICS 65.020.30
B 44

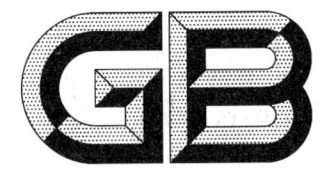

中华人民共和国国家标准

GB/T 14926.12—2001
代替 GB/T 14926.12—1994

实验动物 嗜肺巴斯德杆菌检测方法

Laboratory animal—Method for examination of
Pasteurella pneumotropica

2001-08-29 发布　　　　　　　　　　　　　2002-05-01 实施

中 华 人 民 共 和 国
国家质量监督检验检疫总局　发 布

前　　言

本标准是对 GB/T 14926.12—1994《实验动物　嗜肺巴氏杆菌检验方法》的修订。

本标准根据近年来对嗜肺巴斯德杆菌研究结果,对其生物学特性作了部分修改,增加了乙酸铅纸条法检测硫化氢的产生以及血清玻片凝集试验。

本标准由中华人民共和国科学技术部提出并归口。

本标准起草单位:中国实验动物学会。

本标准主要起草人:李红。

本标准于 1994 年 1 月首次发布。

实验动物 嗜肺巴斯德杆菌检测方法

GB/T 14926.12—2001

Laboratory animal—Method for examination of

Pasteurella pneumotropica

代替 GB/T 14926.12—1994

1 范围

本标准规定了实验动物嗜肺巴斯德杆菌的检测方法。

本标准适用于小鼠、大鼠、豚鼠、地鼠和兔嗜肺巴斯德杆菌的检测。

2 引用标准

下列标准所包含的条文,通过在本标准中引用而构成为本标准的条文。本标准出版时,所示版本均为有效。所有标准都会被修订,使用本标准的各方应探讨使用下列标准最新版本的可能性。

GB/T 14926.42—2001 实验动物 细菌学检测 标本采集

GB/T 14926.43—2001 实验动物 细菌学检测 染色法、培养基和试剂

3 原理

嗜肺巴氏杆菌为革兰阴性小杆菌,主要寄居于啮齿类和兔类的上呼吸道,该菌具有特殊的生化反应,菌体可与相应的免疫血清在玻片上形成肉眼可见的凝集反应,据此可进行该菌的分离培养和检测。

4 主要设备和材料

4.1 普通恒温培养箱。

4.2 生物显微镜。

5 培养基和试剂

5.1 血琼脂平皿。

5.2 双糖铁或三糖铁琼脂。

5.3 DHL 琼脂平皿。

5.4 硝酸盐还原试验培养基。

5.5 西蒙氏柠檬酸盐琼脂。

5.6 蛋白胨水、靛基质试剂。

5.7 尿素培养基。

5.8 乙酸铅纸条。

5.9 氧化酶试剂。

5.10 过氧化氢酶试剂。

5.11 嗜肺巴斯德杆菌诊断血清。

6 检测程序

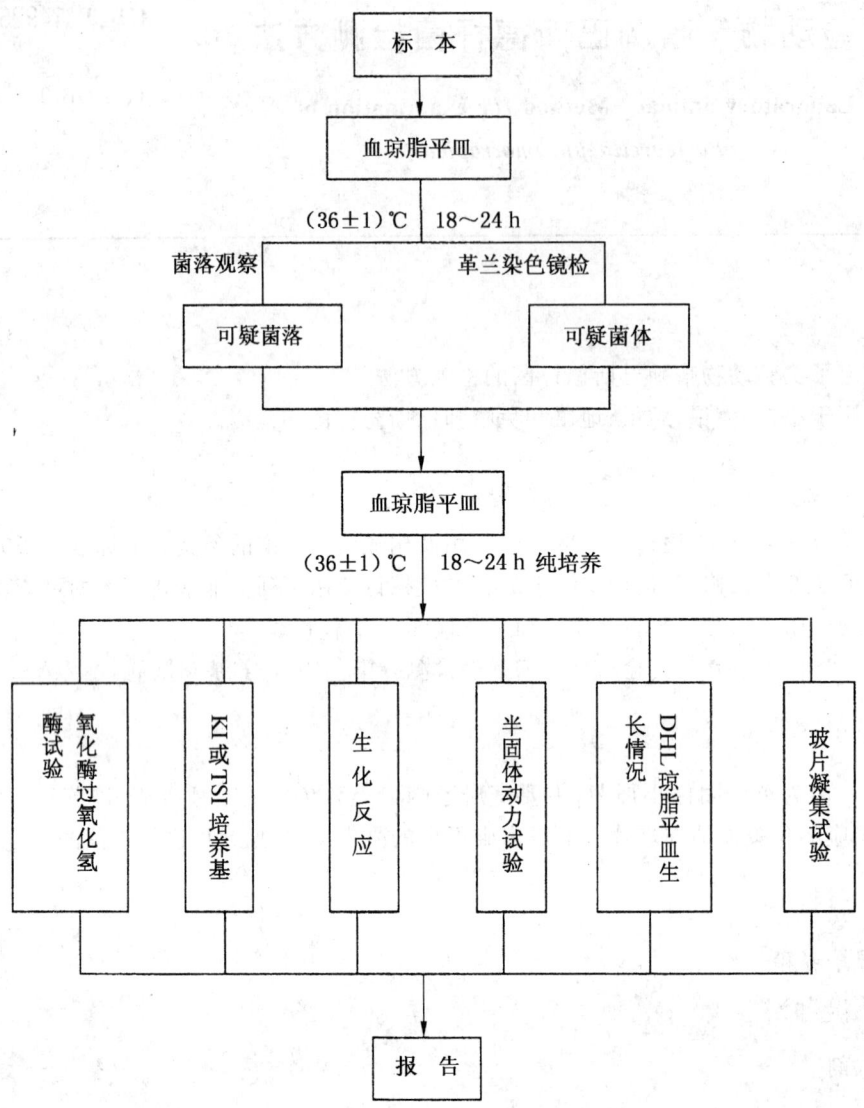

7 操作步骤

7.1 采样

采取呼吸道分泌物或病灶组织或脓汁。

7.2 分离培养

将接种的血平皿置(36±1)℃培养 18～24 h。

7.3 鉴定

7.3.1 菌落特征

血琼脂平皿上(36±1)℃培养 18～24 h 可形成 1～2 mm、光滑露滴样或灰白色、不溶血或轻微 α 溶血的菌落。纯培养物堆集时呈现黄色,质地似奶油。

7.3.2 菌体特征

革兰阴性小杆菌,两端钝圆并浓染,在生长初期也可见较细长的杆菌。

7.3.3 双糖铁或三糖铁培养基上(36±1)℃培养 18～24 h,斜面产酸,底层产酸或不变色,不产气,乙酸铅纸条法显示硫化氢阳性。

7.3.4 生化反应

大量接种情况下多数菌株产生靛基质。明胶液化试验阴性。硝酸盐还原试验阳性、尿素酶阳性、过氧化氢酶阳性、氧化酶弱阳性。

7.3.5 纯培养物接种 DHL 培养基(36±1)℃培养 24 h 不生长,延长培养时间在大量接种区可长出极小菌落。半固体动力试验阴性。

7.3.6 本菌与多杀巴斯德杆菌和支气管鲍特菌的鉴别见 GB/T 14926.5—2001 中表 1。

7.3.7 血清玻片凝集试验阳性。

8 结果报告

凡符合上述各项检测结果者作出阳性报告,不符合者作出阴性报告。

ICS 65.020.30
B 44

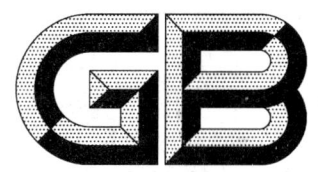

中华人民共和国国家标准

GB/T 14926.13—2001
代替 GB/T 14926.13—1994

实验动物 肺炎克雷伯杆菌检测方法

Laboratory animal－Method for examination of *Klebsiella pneumonia*

2001-08-29 发布

2002-05-01 实施

中 华 人 民 共 和 国
国家质量监督检验检疫总局 发布

前　　言

本标准是对 GB/T 14926.13—1994《实验动物　肺炎克雷伯杆菌检验方法》的修订。

本标准删除了 GB/T 14926.13—1994 中"3.1 SS 琼脂,3.2 麦康凯琼脂、3.11 肉浸液琼脂",增加了较为方便的 DHL 琼脂。

本标准由中华人民共和国科学技术部提出并归口。

本标准起草单位:中国实验动物学会。

本标准主要起草人:范薇。

本标准于 1994 年 1 月首次发布。

中华人民共和国国家标准

实验动物 肺炎克雷伯杆菌检测方法

GB/T 14926.13—2001

Laboratory animal—Method for examination of
Klebsiella pneumonia

代替 GB/T 14926.13—1994

1 范围

本标准规定了实验动物肺炎克雷伯杆菌的检测方法。

本标准适用于小鼠、大鼠、豚鼠、地鼠、兔肺炎克雷伯杆菌的检测。

2 引用标准

下列标准所包含的条文,通过在本标准中引用而构成为本标准的条文。本标准出版时,所示版本均为有效。所有标准都会被修订,使用本标准的各方应探讨使用下列标准最新版本的可能性。

GB/T 14926.42—2001 实验动物 细菌学检测 标本采集

GB/T 14926.43—2001 实验动物 细菌学检测 染色法、培养基和试剂

3 原理

肺炎克雷伯杆菌在培养基上有特定的生长、形态和生理生化特征。

4 主要设备和材料

普通恒温培养箱

5 培养基和试剂

5.1 DHL 琼脂平皿。

5.2 克氏双糖铁或三糖铁琼脂。

5.3 糖发酵培养基。

5.4 缓冲葡萄糖蛋白胨水(甲基红、V-P 试验用)。

5.5 蛋白胨水、靛基质试剂。

5.6 西蒙氏柠檬酸盐培养基。

5.7 丙二酸钠培养基。

5.8 氨基酸脱羧酶试验培养基。

5.9 尿素培养基。

5.10 半固体琼脂培养基。

中华人民共和国国家质量监督检验检疫总局 2001-08-29 批准　　　　2002-05-01 实施

6 检测程序

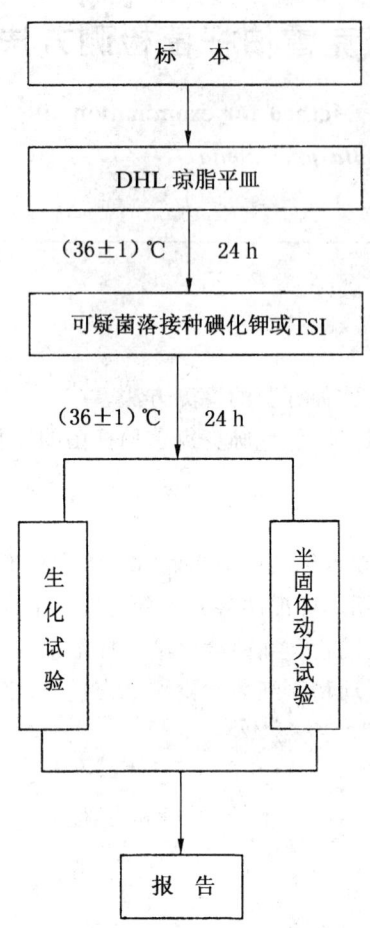

7 操作步骤

7.1 采样

回盲部内容物或病灶组织等。

7.2 分离培养

将已接种的 DHL 琼脂置(36±1)℃培养 18～24 h。

7.3 鉴定

7.3.1 菌落特征

肺炎克雷伯杆菌在 DHL 琼脂平皿上形成菌落淡粉色,大而隆起,光滑湿润,呈粘液状,相邻菌落易融合成脓汁样,接种针挑取时可拉出较长的丝。

7.3.2 菌体特征

革兰阴性短杆菌,大小为(0.3～0.5)μm×(0.6～6.0)μm,单个、成双或成短链排列,有荚膜。病变组织直接涂片,呈卵圆形或球杆状,菌体外有明显荚膜,较菌体宽2～3倍。连续传代后荚膜消失;无芽孢。

7.3.3

本菌转种克氏双糖或三糖铁琼脂培养基(36±1)℃培养 18～24 h,斜面产酸,底层产酸产气,或仅产酸不产气,硫化氢阴性。

7.3.4 生化鉴定

V-P 试验阳性,硝酸盐还原试验阳性,M.R 阴性,西蒙氏柠檬酸盐利用实验阳性,丙二酸盐试验阳性,尿素酶阳性、赖氨酸脱羧酶阳性、鸟氨酸脱羧酶阴性,利用葡萄糖和乳糖,靛基质阴性。

7.3.5 半固体动力试验阴性。

8 结果报告

凡符合上述各项检测结果者作出阳性报告,不符合者作出阴性报告。

ICS 65.020.30
B 44

中华人民共和国国家标准

GB/T 14926.14—2001
代替 GB/T 14926.14—1994

实验动物　金黄色葡萄球菌检测方法

Laboratory animal—Method for examination of *Staphylococcus aureus*

2001-08-29 发布

2002-05-01 实施

中 华 人 民 共 和 国
国家质量监督检验检疫总局　发 布

前　　言

本标准是对 GB/T 14926.14—1994《实验动物　金黄色葡萄球菌检测方法》的修订。

本标准删除了 GB/T 14926.14—1994 中"5.2 分离培养"中用 7.5％氯化钠肉汤增菌的方法,改用直接接种高盐甘露醇培养基进行分离;增加了"6.3.3 甘露醇发酵试验阳性"。

本标准由中华人民共和国科学技术部提出并归口。

本标准起草单位:中国实验动物学会。

本标准主要起草人:黄韧。

本标准于 1994 年 1 月首次发布。

中 华 人 民 共 和 国 国 家 标 准

实验动物　金黄色葡萄球菌检测方法

GB/T 14926.14—2001

Laboratory animal—Method for examination of
Staphylococcus aureus

代替 GB/T 14926.14—1994

---

1 范围

本标准规定了实验动物金黄色葡萄球菌的检测方法。

本标准适用于小鼠、大鼠、豚鼠、地鼠和兔金黄色葡萄球菌的检测。

2 引用标准

下列标准所包含的条文,通过在本标准中引用而构成为本标准的条文。本标准出版时,所示版本均为有效。所有标准都会被修订,使用本标准的各方应探讨使用下列标准最新版本的可能性。

GB/T 14926.42—2001　实验动物　细菌学检测　标本采集

GB/T 14926.43—2001　实验动物　细菌学检测　染色法、培养基和试剂

3 原理

金黄色葡萄球菌是革兰阳性球菌,具有特定的菌落形态、β 溶血性和生化反应特征。据此可与其他细菌区别。

4 主要设备和材料

4.1 普通恒温培养箱。

4.2 生物显微镜。

4.3 恒温水浴箱。

5 培养基和试剂

5.1 高盐甘露醇琼脂平皿(SP)。

5.2 血琼脂平皿。

5.3 普通肉汤。

5.4 甘露醇发酵管。

5.5 正常兔血浆。

5.6 已知血浆凝固酶阳性和阴性的葡萄球菌参考菌株各一株。

中华人民共和国国家质量监督检验检疫总局 2001-08-29 批准

2002-05-01 实施

6 检测程序

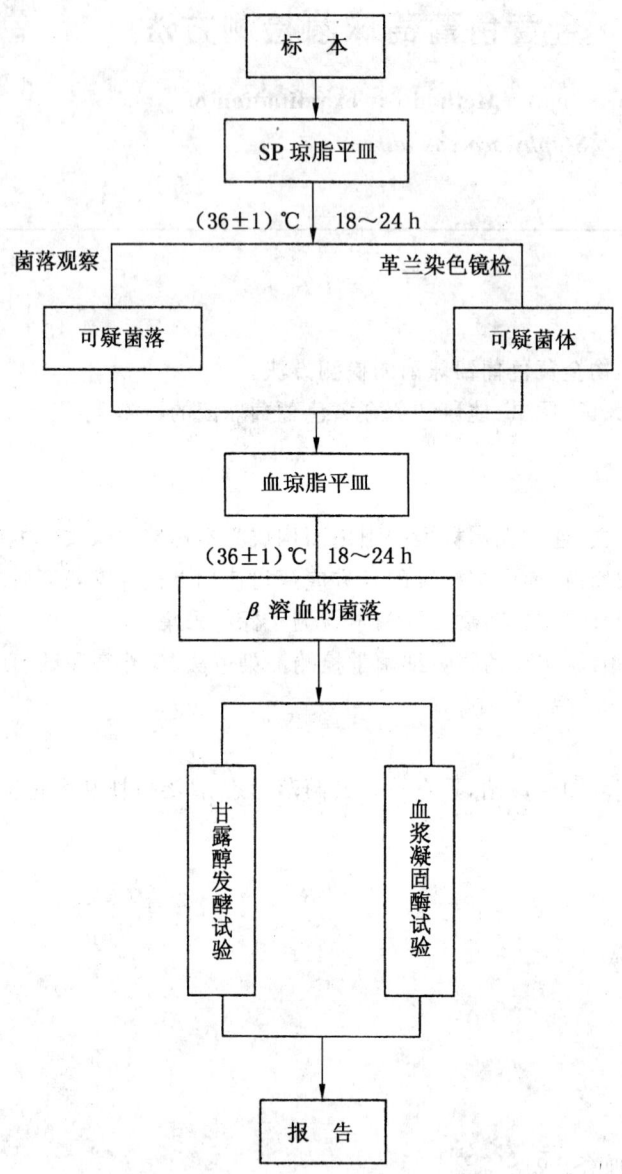

7 操作步骤

7.1 采样

采取回盲部内容物或病灶组织或病灶分泌物。

7.2 分离培养

将已接种的高盐甘露醇培养基置(36±1)℃培养18～24 h。

7.3 鉴定

7.3.1 菌落特征

高盐甘露醇培养基上形成1 mm左右、凸起、黄色的菌落,菌落周围的培养基由红变成黄色。转种血琼脂平皿(36±1)℃培养18～24 h形成白色或金黄色、凸起、圆形、不透明、表面光滑、周围有β溶血环的菌落。

7.3.2 菌体形态

革兰阳性球菌,排列成葡萄状,无芽胞,无荚膜,直径约为 0.5～1.0 μm。

7.3.3 甘露醇发酵试验阳性。

7.3.4 血浆凝固酶试验

吸取 1∶4 新鲜兔血浆或—20℃保存的兔血浆 0.5 mL,放入小试管中,再加入待检菌 24 h 肉汤培养物 0.5 mL,摇匀,放(36±1)℃培养箱或水浴内,每 30 min 观察一次,观察 6 h。同时应用已知的血浆凝固酶阳性和阴性的葡萄球菌菌株及肉汤培养基作对照。当已知的阳性株和待检株均出现凝固时或有凝块时,可判断为阳性。

8 结果报告

凡符合上述各项检测结果者作出阳性报告,不符合者作出阴性报告。

ICS 65.020.30
B 44

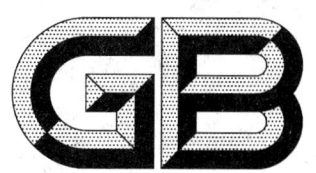

中华人民共和国国家标准

GB/T 14926.15—2001
代替 GB/T 14926.15—1994

实验动物 肺炎链球菌检测方法

Laboratory animal—Method for examination of *Streptococcus pneumonia*

2001-08-29 发布

2002-05-01 实施

中 华 人 民 共 和 国
国家质量监督检验检疫总局 发 布

前　　言

本标准是对 GB/T 14926.15—1994《实验动物　肺炎链球菌检测方法》的修订。

本标准增加了"6.3.4 菊糖发酵试验"和"6.3.5 Optochin　试验阳性";对 GB/T 14926.15—1994 中"5.3.3 胆盐溶解试验"的内容作了详细的补充。

本标准由中华人民共和国科学技术部提出并归口。

本标准起草单位:中国实验动物学会。

本标准主要起草人:黄韧。

本标准于 1994 年 1 月首次发布。

中华人民共和国国家标准

实验动物 肺炎链球菌检测方法

GB/T 14926.15—2001

代替 GB/T 14926.15—1994

Laboratory animal—Method for examination of
Streptococcus pneumonia

1 范围

本标准规定了实验动物肺炎链球菌的检测方法。

本标准适用于小鼠、大鼠、豚鼠、地鼠和兔肺炎链球菌的检测。

2 引用标准

下列标准所包含的条文,通过在本标准中引用而构成为本标准的条文。本标准出版时,所示版本均为有效。所有标准都会被修订,使用本标准的各方应探讨使用下列标准最新版本的可能性。

GB/T 14926.42—2001 实验动物 细菌学检测 标本采集

GB/T 14926.43—2001 实验动物 细菌学检测 染色法、培养基和试剂

3 原理

肺炎链球菌是 α 溶血性的革兰阳性球菌,且具有特定的生化反应特征,因此,通过血平皿培养和生化试验等,可与其他细菌区别。

4 主要设备和材料

4.1 普通恒温培养箱。

4.2 生物显微镜。

5 培养基和试剂

5.1 葡萄糖肉浸液培养基。

5.2 血琼脂平皿。

5.3 血清肉汤培养基。

5.4 菊糖发酵管。

5.5 荚膜染色液。

5.6 革兰染色液。

5.7 10%去氧胆酸钠溶液。

5.8 Optochin 纸片。

中华人民共和国国家质量监督检验检疫总局 2001-08-29 批准　　　　　　　　　　　2002-05-01 实施

6 检测程序

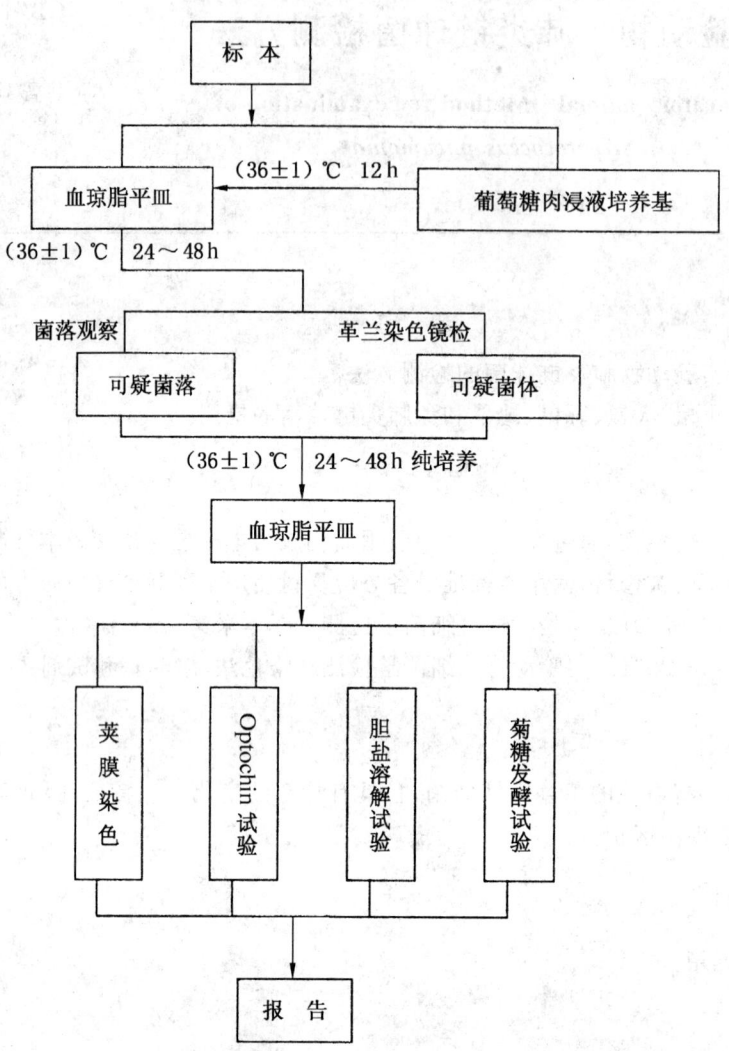

7 操作步骤

7.1 采样

采取呼吸道分泌物或病灶组织或分泌物。

7.2 分离培养

7.2.1 直接分离培养

将已接种的血琼脂平皿置(36±1)℃培养24~48 h。

7.2.2 增菌分离培养

将已接种葡萄糖肉浸液培养基置(36±1)℃增菌培养12 h后,转种血琼脂平皿,置(36±1)℃培养24~48 h。

7.3 鉴定

7.3.1 菌落特征

血琼脂平皿上形成圆形,扁平,周围有狭窄草绿色溶血环(α溶血)菌落。随培养时间的延长,由于自溶作用使菌落呈肚脐状。

7.3.2 菌体特征

革兰阳性双球菌、钝头相对、尖头相背、似矛头状,有时呈短链排列。

7.3.3 荚膜染色

鉴定菌株接种血清肉汤中,(36±1)℃培养 12 h,进行荚膜染色,肺炎链球菌在最初几代荚膜染色阳性。

7.3.4 菊糖发酵试验

多数菌株呈阳性反应。

7.3.5 Optochin 试验

纯培养物划线接种于血琼脂平皿上,将含有 5 μg、直径 6 mm 的 Optochin 纸片平放于琼脂表面,(36±1)℃培养 24 h,出现 15 mm 以上的抑菌圈者为阳性;若直径小于 15 mm,应做胆盐溶解试验来确定。

7.3.6 胆盐溶解试验

取血清肉汤培养物 1.0 mL,分装两个试管,各 0.5 mL。一支加入 10%去氧胆酸钠 0.5 mL,一支加入 0.5 mL 生理盐水作对照。摇匀置于 37℃温箱 3 h,每小时观察一次,在 3 小时内溶液透明者可判断为阳性。在加胆盐前必须把 pH 调至 7.0。

7.3.7 肺炎链球菌和甲型链球菌的鉴别见表 1。

表 1 肺炎链球菌和甲型溶血性链球菌的鉴别

比较项目	肺炎链球菌	甲型溶血性链球菌
普通琼脂斜面	不生长	生长
普通肉汤生长特性	不生长	肉汤清或微混浊,底层有颗粒沉淀
0.1%葡萄糖肉汤	均匀混浊生长,无沉淀	肉汤清微混浊,底部有大量颗粒沉淀
10%血清肉汤	均匀混浊生长	肉汤清微混浊,底部有大量颗粒沉淀
血琼脂平皿上菌落特征	灰色,半透明,肚脐样,边缘整齐,表面光滑湿润,大小为 1.0~1.5 mm,α 溶血	米黄色,不透明,圆形凸起,0.5 mm 大小,边缘整齐,表面光滑,α 溶血
菌体特征	阳性双球菌,钝头相对,尖头相背,呈予头状,短链排列	阳性球菌,圆形或卵圆形,呈短链或长链排列,似串珠状也有散在菌体
菊糖发酵试验	多数菌株阳性	阴性
胆盐溶解试验	阳性	阴性
荚膜染色	阳性	阴性
Optochin 试验	敏感	不敏感

8 报告结果

凡符合上述各项检测结果者作出阳性报告,不符合者作出阴性报告。

ICS 65.020.30
B 44

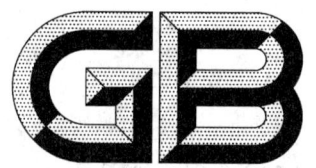

中华人民共和国国家标准

GB/T 14926.16—2001
代替 GB/T 14926.16—1994

实验动物 乙型溶血性链球菌检测方法

Laboratory animal—Method for examination of *β-hemolyticstreptococcus*

2001-08-29 发布

2002-05-01 实施

中 华 人 民 共 和 国
国家质量监督检验检疫总局 发 布

前　　言

　　本标准是对 GB/T 14926.16—1994《实验动物　乙型溶血性链球菌检测方法》的修订。

　　本标准增加了"6.3.3　生化试验"几种具有代表性的动物致病性链球菌的生化特性;增加了"6.3.4　链激酶试验阳性";删除了 GB/T 14926.16—1994 中"5.3.3　CAMP 试验"、"5.3.4　氯化钠—七叶灵试验"和"5.3.5　马尿酸钠水解试验"。

　　本标准由中华人民共和国科学技术部提出并归口。

　　本标准起草单位:中国实验动物学会。

　　本标准主要起草人:黄韧。

　　本标准于 1994 年 1 月首次发布。

中 华 人 民 共 和 国 国 家 标 准

实验动物 乙型溶血性链球菌检测方法

GB/T 14926.16—2001

代替 GB/T 14926.16—1994

Laboratory animal—Method for examination of
β-hemolyticstreptococcus

1 范围

本标准规定了实验动物乙型溶血性链球菌的检测方法。

本标准适用于小鼠、大鼠、豚鼠、地鼠和兔乙型溶血性链球菌的检测。

2 引用标准

下列标准所包含的条文,通过在本标准中引用而构成为本标准的条文。本标准出版时,所示版本均为有效。所有标准都会被修订,使用本标准的各方应探讨使用下列标准最新版本的可能性。

GB/T 14926.42—2001 实验动物 细菌学检测 标本采集

GB/T 14926.43—2001 实验动物 细菌学检测 染色法、培养基和试剂

3 原理

乙型溶血性链球菌是 β 溶血性的革兰阳性球菌,呈链状排列,具有链激酶试验阳性等生化特征。因此,可通过菌落生长、菌体和生化反应特征进行鉴定。

4 主要设备和材料

4.1 普通恒温培养箱。

4.2 生物显微镜。

4.3 恒温水浴箱。

5 培养基和试剂

5.1 血琼脂平皿。

5.2 糖发酵培养基。

5.3 杆菌肽纸片。

5.4 0.25%氯化钙。

5.5 肉浸液培养基。

5.6 草酸钾。

中华人民共和国国家质量监督检验检疫总局 2001-08-29 批准　　　　　　　　　　2002-05-01 实施

6 检测程序

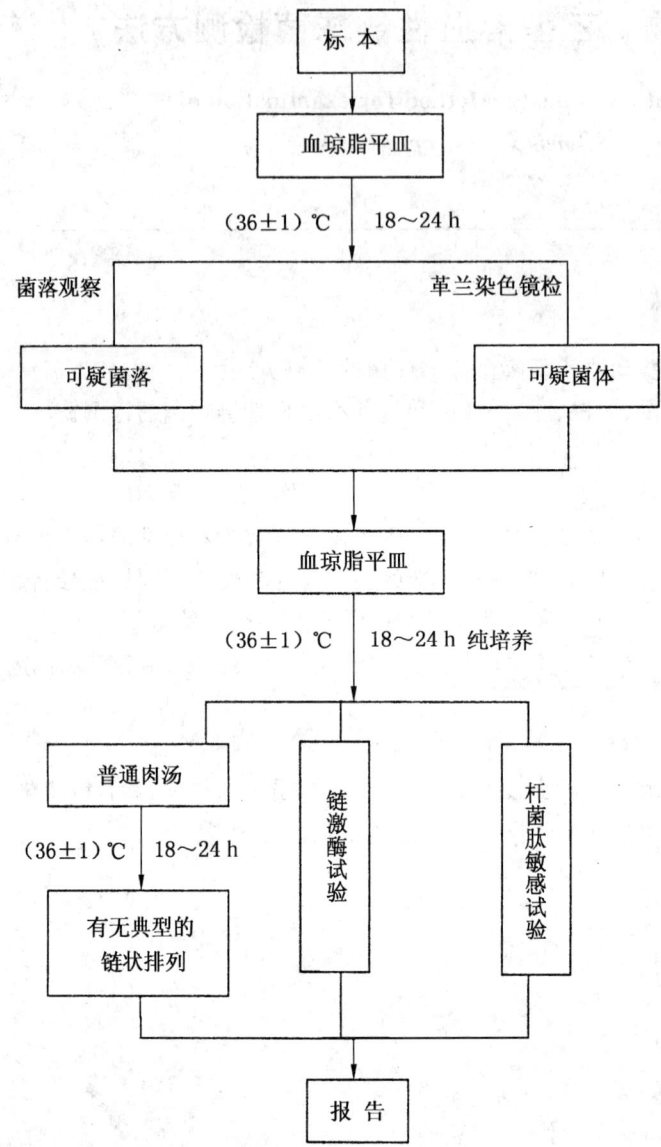

7 操作步骤

7.1 采样

采取呼吸道或病灶分泌物或脓汁。

7.2 分离培养

将已接种的血琼脂平皿置(36±1)℃培养18～24 h。

7.3 鉴定

7.3.1 菌落特征

在血琼脂平皿上(36±1)℃培养18～24 h形成1.0 mm左右,灰白色圆形,凸起,半透明或不透明,表面光滑,周围有2～4 mm界限分明,无色透明溶血环(β溶血)的小菌落。

7.3.2 菌体特征

革兰阳性,球形或椭圆形,直径0.6～1.0 μm,呈链状排列,短者4～8个,长者20个左右。固体培养基上生长者多呈短链或葡萄状,而液体培养基中则可形成典型的链球状排列。

7.3.3 链激酶试验阳性

吸取草酸钾人血浆 0.2 mL,加 0.8 mL 灭菌生理盐水,混匀,再加入 24 h（36±1）℃培养的链球菌培养物 0.5 mL 及 0.25%氯化钙 0.25 mL(如氯化钙已潮解,可适当加大至 0.3%~0.35%),振荡摇匀,置于(36±1)℃水浴中 10 min,血浆混合物自行凝固(凝固程度至试管倒置,内容物不流动),然后观察凝块重新完全溶解的时间,完全溶解为阳性,如 24 h 后不溶解即为阴性。草酸钾人血浆配制:草酸钾 0.01 g 放入灭菌小试管中,再加入 5 mL 人血,混匀,经离心沉淀,吸取上清液即为草酸钾人血浆。

7.3.4 杆菌肽敏感试验阳性

待检菌株纯培养物涂布于血琼脂平皿上,用灭菌镊子取每片含有 0.04 单位的杆菌肽纸片,放于琼脂表面,于(36±1)℃培养 24 h,如有抑菌带出现即为阳性,同时用已知阳性菌株作为对照。

8 报告结果

凡符合上述各项检测结果者作出阳性报告,不符合者作出阴性报告。

ICS 65.020.30

B 44

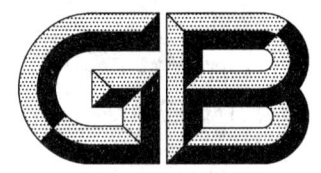

中华人民共和国国家标准

GB/T 14926.17—2001

代替 GB/T 14926.17—1994

实验动物 绿脓杆菌检测方法

Laboratory animal—Method for examination of *Pseudomonas aeruginosa*

2001-08-29 发布

2002-05-01 实施

中 华 人 民 共 和 国
国家质量监督检验检疫总局 发布

前　　言

本标准是对 GB/T 14926.17—1994《实验动物　绿脓杆菌检测方法》的修订。

本标准增加了"6.3.5 半固体动力试验"和"6.3.6 42℃生长试验"和"5 检验程序"。因血清型鉴别试剂难得,且血清型鉴别只是必要时才采用,故删除原标准"5.6 血清学试验"。氧化酶试验阳性是假单胞菌属的重要生化指标,且假单胞菌属中,产生绿色色素是绿脓杆菌的特征。因此,在 NAC 液体培养中,当有绿色色素和菌膜产生时,通过革兰染色、氧化酶试验可直接判定结果。

本标准由中华人民共和国科学技术部提出并归口。

本标准起草单位:中国实验动物学会负责起草。

本标准主要起草人:黄韧。

本标准于 1994 年 1 月首次发布。

中华人民共和国国家标准

实验动物 绿脓杆菌检测方法

Laboratory animal—Method for examination of
Pseudomonas aeruginosa

GB/T 14926.17—2001

代替 GB/T 14926.17—1994

1 范围

本标准规定了实验动物绿脓杆菌的检测方法。

本标准适用于小鼠、大鼠、豚鼠、地鼠、兔绿脓杆菌的检测。

2 引用标准

下列标准所包含的条文,通过在本标准中引用而构成为本标准的条文。本标准出版时,所示版本均为有效。所有标准都会被修订,使用本标准的各方应探讨使用下列标准最新版本的可能性。

GB/T 14926.42—2001 实验动物 细菌学检测 标本采集

GB/T 14926.43—2001 实验动物 细菌学检测 染色法、培养基和试剂

3 原理

绿脓杆菌是革兰阴性杆菌,具有产生绿色色素和氧化酶等生化试验特征,因此,可利用选择性培养基培养、菌体检验和生化试验进行鉴定。

4 主要设备和材料

4.1 普通恒温培养箱。

4.2 生物显微镜。

5 培养基和试剂

5.1 NAC 液体培养基。

5.2 NAC 琼脂平皿。

5.3 普通营养琼脂平皿。

5.4 糖发酵培养基。

5.5 西蒙氏柠檬酸盐培养基。

5.6 尿素培养基。

5.7 营养明胶。

5.8 氧化酶试剂。

5.9 硝酸盐培养基。

6 检测程序

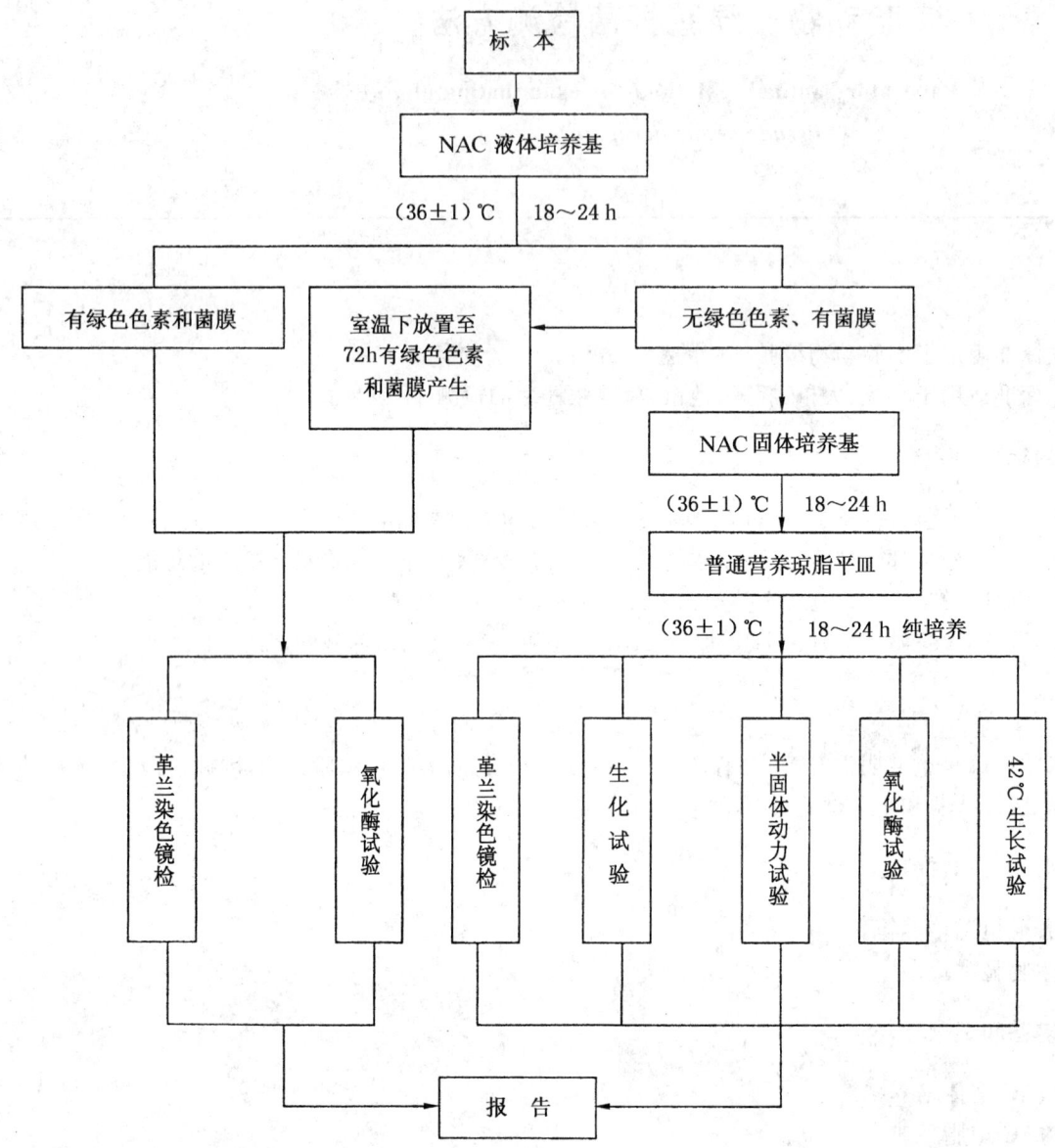

7 操作步骤

7.1 采样

采取回盲部内容物、粪便或病灶组织、分泌物。

7.2 分离培养

将已接种的 NAC 液体培养基置(36±1)℃培养 18～24 h 后观察生长情况,对未产生绿色色素者转种 NAC 琼脂平皿,(36±1)℃培养 18～24 h。

7.3 鉴定

7.3.1 生长特性及菌落特征

绿脓杆菌在 NAC 液体培养基中均匀混浊生长、有菌膜、大部分菌株可在培养液上半部形成绿色色素;在 NAC 琼脂平皿上形成扁平,边缘不齐呈锯齿状,2～3 mm 的菌落,大部分菌落可产生绿色色素而致使培养基呈绿色,部分菌株需延长培养时间方可产生色素。

7.3.2 菌体特征

革兰阴性杆菌,菌体长短不一。

7.3.3 氧化酶试验阳性

被检菌为革兰阴性杆菌,氧化酶阳性及产生绿色色素,可报告检出绿脓杆菌。

7.3.4 生化试验

对不产生绿色色素的菌应做如下鉴定,见表1。

表 1　绿脓杆菌的主要生化特性

葡萄糖	麦芽糖	木糖	乳糖	蔗糖	枸橼酸盐	尿素	明胶液化	靛基质	硫化氢	硝酸盐还原产气
＋	－	＋	－	－	＋	＋/－	＋	－	－	＋
＋:阳性　 －:阴性　 ＋/－:多数菌株阳性										

7.3.5 半固体动力试验阳性。

7.3.6 42℃生长试验阳性。

8 结果报告

凡符合上述各项检测结果者作出阳性报告,不符合者作出阴性报告。

ICS 65.020.30

B 44

中华人民共和国国家标准

GB/T 14926.18—2001
代替 GB/T 14926.18—1994

实 验 动 物
淋巴细胞脉络丛脑膜炎病毒检测方法

Laboratory animal—Method for examination of
lymphocytic choriomeningitis virus（LCMV）

2001-08-29 发布

2002-05-01 实施

中 华 人 民 共 和 国
国家质量监督检验检疫总局 发 布

前　　言

本标准是对 GB/T 14926.18—1994《实验动物　淋巴细胞脉络丛脑膜炎病毒检测方法》的修订。

本标准删除了 GB/T 14926.18—1994 中"酶联免疫吸附试验、间接免疫荧光法和免疫酶染色法"的内容。

本标准由中华人民共和国科学技术部提出并归口。

本标准起草单位:中国实验动物学会。

本标准主要起草人:贺争鸣。

本标准于 1994 年 1 月首次发布。

中 华 人 民 共 和 国 国 家 标 准

实 验 动 物
淋巴细胞脉络丛脑膜炎病毒检测方法

GB/T 14926.18—2001

代替 GB/T 14926.18—1994

Laboratory animal—Method for examination of
lymphocytic choriomeningitis virus (LCMV)

1 范围

本标准规定了淋巴细胞脉络丛脑膜炎病毒(LCMV)的检测方法、试剂等。

本标准适用于小鼠、豚鼠、地鼠 LCMV 的检测。

2 引用标准

下列标准所包含的条文,通过在本标准中引用而构成为本标准的条文。本标准出版时,所示版本均为有效。所有标准都会被修订,使用本标准的各方应探讨使用下列标准最新版本的可能性。

GB/T 14926.50—2001 实验动物 酶联免疫吸附试验

GB/T 14926.52—2001 实验动物 免疫荧光试验

GB/T 14926.51—2001 实验动物 免疫酶试验

3 原理

根据免疫学原理,采用 LCMV 抗原检测小鼠、豚鼠、地鼠血清中 LCMV 抗体。

4 主要试剂和器材

4.1 试剂:

4.1.1 ELISA 抗原

4.1.1.1 特异性抗原

在生物安全柜内,用 LCMV 感染 Vero 细胞,当病变达＋＋＋～＋＋＋＋时,收获培养物。冻融三次或超声波处理后,低速离心去除细胞碎片,上清液再经超速离心浓缩后制成 ELISA 抗原。

4.1.1.2 正常抗原

Vero 细胞冻融破碎后,经低速离心去除细胞碎片而获得的上清液。

4.1.2 抗原片

在生物安全柜内,LCMV 感染 Vero 细胞,每 2～3 d 更换维持液,培养 7～10 d,用 IFA 法测定细胞内特异性荧光。当荧光达＋＋～＋＋＋时,将细胞用胰酶消化分散,PBS 洗涤,涂片。室温干燥的同时,在紫外线下 20 cm 处照射 30 min,冷丙酮固定 10 min,－20℃保存。

4.1.3 阳性血清

用 β-丙内脂灭活 LCMV 抗原,免疫清洁或 SPF 小鼠、豚鼠、地鼠所获得的抗血清。

4.1.4 阴性血清

清洁或 SPF 小鼠、豚鼠、地鼠血清。

4.1.5 酶结合物

辣根过氧化物酶标记羊或兔抗小鼠、豚鼠、地鼠 IgG 抗体,用于检测相应动物血清抗体;辣根过氧化物酶标记葡萄球菌蛋白 A(SPA)可用于检测小鼠、豚鼠、地鼠血清抗体。

4.1.6 异硫氰酸荧光素标记羊或兔抗小鼠、豚鼠、地鼠 IgG 抗体,用于检测相应动物血清抗体。

4.2 器材

4.2.1 酶标仪。

4.2.2 荧光显微镜。

4.2.3 普通显微镜。

4.2.4 37℃培养箱或水浴箱。

5 检测方法

5.1 采用 ELISA 方法(见 GB/T 14926.50—2001)进行血清学检测。

5.2 采用 IFA 方法(见 GB/T 14926.52—2001)进行血清学检测。

5.3 采用 IEA 方法(见 GB/T 14926.51—2001)进行血清学检测。

6 结果判定

对阳性检测结果,选用同一种方法或另一种方法重试。如仍为阳性则判为阳性。

7 结果报告

根据判定结果,作出报告。

_____

ICS 65.020.30
B 44

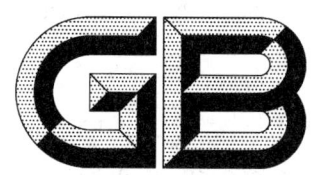

中华人民共和国国家标准

GB/T 14926.19—2001
代替 GB/T 14926.19—1994

实 验 动 物
汉坦病毒检测方法

Laboratory animal—Method for examination of
Hantavirus（HV）

2001-08-29 发布

2002-05-01 实施

中 华 人 民 共 和 国
国家质量监督检验检疫总局 发布

前　　言

　　本标准是对 GB/T 14926.19—1994《实验动物　流行性出血热病毒检测方法》的修订。将"实验动物　流行性出血热病毒检测方法"改称为"实验动物　汉坦病毒检测方法"。删除了 GB/T 14926.19—1994 中"5　检测方法和结果判定"的内容,增加了检测病毒抗体的酶联免疫吸附试验和免疫荧光试验。

　　本标准由中华人民共和国科学技术部提出并归口。

　　本标准起草单位:中国实验动物学会。

　　本标准主要起草人:贺争鸣。

　　本标准于 1994 年 1 月首次发布。

中华人民共和国国家标准

实　验　动　物
汉坦病毒检测方法

Laboratory animal—Method for examination of
Hantavirus（HV）

GB/T 14926.19—2001

代替 GB/T 14926.19—1994

1　范围

本标准规定了汉坦病毒(HV)的检测方法、试剂等。

本标准适用于小鼠、大鼠 HV 的检测。

2　引用标准

下列标准所包含的条文,通过在本标准中引用而构成为本标准的条文。本标准出版时,所示版本均为有效。所有标准都会被修订,使用本标准的各方应探讨使用下列标准最新版本的可能性。

GB/T 14926.50—2001　实验动物　酶联免疫吸附试验

GB/T 14926.52—2001　实验动物　免疫荧光试验

3　原理

根据免疫学原理,采用 HV 抗原检测小鼠、大鼠血清中 HV 抗体。

4　主要试剂和器材

4.1　试剂

4.1.1　ELISA 抗原

4.1.1.1　特异性抗原

在生物安全柜内,用 Hantaan 型或 Seoul 型毒株感染的 E6 细胞,当特异性荧光达＋＋＋时,即可收获培养物。冻融三次或超声波处理后,低速离心去除细胞碎片,上清液再经超速离心浓缩后制成 ELISA 抗原。

4.1.1.2　正常抗原

E6 细胞冻融破碎后,经低速离心去除细胞碎片而获得的上清液。

4.1.2　抗原片

在生物安全柜内,用 Hantaan 型或 Seoul 型毒株感染 E6 细胞,每 2～3 d 更换维持液,培养 7～10 d,用 IFA 法测定细胞内特异性荧光。当荧光达＋＋＋时,将细胞用胰酶分散,用 PBS 洗涤,涂片。室温干燥的同时,在紫外线下 20 cm 处照射 30 min,冷丙酮固定 10 min,－20℃保存。

4.1.3　阳性血清

用 β-丙内脂灭活 HV 抗原,免疫清洁或 SPF 小鼠或大鼠所获得的抗血清。

4.1.4　阴性血清

中华人民共和国国家质量监督检验检疫总局 2001-08-29 批准

2002-05-01 实施

清洁或 SPF 小鼠或大鼠血清。

4.1.5 酶结合物

辣根过氧化物酶标记羊或兔抗小鼠、大鼠 IgG 抗体。用于检测相应动物血清抗体；辣根过氧化物酶标记葡萄球菌蛋白 A(SPA)，用于检测小鼠血清抗体。

4.1.6 异硫氰酸荧光素标记羊或兔抗小鼠、大鼠 IgG 抗体，用于检测相应动物血清抗体。

4.2 器材

4.2.1 酶标仪。

4.2.2 荧光显微镜。

4.2.3 37℃培养箱或水浴箱。

5 检测方法

5.1 采用 ELISA 方法(见 GB/T 14926.50—2001)进行血清学检测。

5.2 采用 IFA 方法(见 GB/T 14926.52—2001)进行血清学检测。

6 结果判定

对阳性检测结果，选用同一种方法或另一种方法重试。如仍为阳性则判为阳性。

7 结果报告

根据判定结果，作出报告。

ICS 65.020.30
B 44

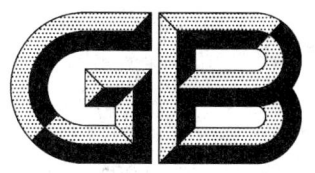

中华人民共和国国家标准

GB/T 14926.20—2001
代替 GB/T 14926.20—1994

实 验 动 物
鼠痘病毒检测方法

Laboratory animal—Method for examination of
Ectromelia virus（Ect..）

2001-08-29 发布
2002-05-01 实施

中 华 人 民 共 和 国
国家质量监督检验检疫总局 发 布

前　　言

　　本标准是对 GB/T 14926.20—1994《实验动物　脱脚病病毒(鼠痘病毒)检测方法》的修订。将"实验动物　脱脚病病毒(鼠痘病毒)检测方法"改称为"实验动物　鼠痘病毒检测方法"。为提高检测方法的敏感性,弃用痘苗病毒作为鼠痘病毒抗体检测用的替代抗原。删除了 GB/T 14926.20—1994 中 5.2 所规定的病毒检测有关内容,增加了免疫酶组织化学法作为病毒抗原的检测方法。

　　本标准由中华人民共和国科学技术部提出并归口。

　　本标准起草单位:中国实验动物学会。

　　本标准主要起草人:贺争鸣。

　　本标准于 1994 年 1 月首次发布。

中华人民共和国国家标准

实 验 动 物
鼠痘病毒检测方法

GB/T 14926.20—2001

代替 GB/T 14926.20—1994

Laboratory animal—Method for examination of
Ectromelia virus（Ect..）

1 范围

本标准规定了鼠痘病毒(Ect)的检测方法、试剂等。

本标准适用于小鼠 Ect 的检测。

2 引用标准

下列标准所包含的条文，通过在本标准中引用而构成为本标准的条文。本标准出版时，所示版本均为有效。所有标准都会被修订，使用本标准的各方应探讨使用下列标准最新版本的可能性。

GB/T 14926.50—2001 实验动物 酶联免疫吸附试验

GB/T 14926.51—2001 实验动物 免疫酶试验

GB/T 14926.52—2001 实验动物 免疫荧光试验

GB/T 14926.55—2001 实验动物 免疫酶组织化学法

3 原理

根据免疫学原理，采用 Ect. 抗原检测小鼠血清中 Ect 抗体；或用已知 Ect 抗体检测小鼠组织中的 Ect 抗原。

4 主要试剂和器材

4.1 试剂

4.1.1 ELISA 抗原

4.1.1.1 特异性抗原

用 Ect. 感染 BHK21 细胞，当病变达＋＋＋～＋＋＋＋时收获。冻融三次或超声波处理后，低速离心去除细胞碎片，上清液再经超速离心浓缩后制成 ELISA 抗原。

4.1.1.2 正常抗原

BHK21 细胞冻融破碎后，经低速离心去除细胞碎片而获得的上清液。

4.1.2 抗原片

Ect 感染 BHK21 细胞，接种后 2～3 d，病变达＋＋～＋＋＋时用胰酶消化分散，PBS 洗涤，涂片。室温干燥后，冷丙酮固定 10 min，－20℃保存。

4.1.3 阳性血清

用 β-丙内脂灭活 Ect 抗原，免疫清洁或 SPF 小鼠所获得的抗血清。

4.1.4 阴性血清

清洁或 SPF 小鼠血清。

4.1.5 酶结合物

辣根过氧化物酶标记羊或兔抗小鼠 IgG 抗体;或辣根过氧化物酶标记葡萄球菌蛋白 A(SPA)。

4.1.6 异硫氰酸荧光素标记羊或兔抗小鼠 IgG 抗体。

4.2 器材

4.2.1 酶标仪。

4.2.2 荧光显微镜。

4.2.3 普通显微镜。

4.2.4 石蜡切片机或冰冻切片机。

4.2.5 37℃培养箱或水浴箱。

5 检测方法

5.1 采用 ELISA 方法(见 GB/T 14926.50—2001)进行血清学检测。

5.2 采用 IFA 方法(见 GB/T 14926.52—2001)进行血清学检测。

5.3 采用 IEA 方法(见 GB/T 14926.51—2001)进行血清学检测。

5.4 采用免疫酶组织化学法(见 GB/T 14926.55—2001)进行病毒抗原检测。

6 结果判定

对阳性检测结果,选用同一种方法或另一种方法重试。如仍为阳性则判为阳性。

7 结果报告

根据判定结果,作出报告。

ICS 65.020.30
B 44

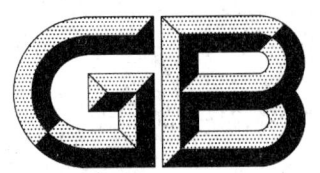

中华人民共和国国家标准

GB/T 14926.21—2008
代替 GB/T 14926.21—2001

实验动物 兔出血症病毒检测方法

Laboratory animal—Method for examination of Rabbit
hemorrhagic disease virus（RHDV）

2008-12-10 发布

2009-03-01 实施

中华人民共和国国家质量监督检验检疫总局
中国国家标准化管理委员会 发 布

前　言

GB/T 14926《实验动物》共 54 个部分,为不同微生物和病毒检测技术方法。

本部分自实施之日起代替 GB/T 14926.21—2001《实验动物　兔出血症病毒检测方法》。

本部分与 GB/T 14926.21—2001 相比主要技术差异如下:

a)　增加兔出血症病毒核酸(RHDV)核酸检测方法;

b)　确定兔免疫接种 RHDV 疫苗后的血清抗体合格判定标准。

本部分由全国实验动物标准化委员会提出并归口。

本部分起草单位:全国实验动物标准化技术委员会。

本部分主要起草人:贺争鸣、付瑞、田克恭。

本部分所代替标准的历次版本发布情况为:

——GB/T 14926.21—1994,GB/T 14926.21—2001。

实验动物　兔出血症病毒检测方法

1　范围

GB/T 14926 的本部分规定了兔出血症病毒(RHDV)的检测方法。

本部分适用于兔 RHDV 抗原、抗体和病毒核酸的检测。

2　规范性引用文件

下列文件中的条款通过 GB/T 14926 的本部分的引用而成为本部分的条款。凡是注日期的引用文件,其随后所有的修改单(不包括勘误的内容)或修订版均不适用于本部分,然而,鼓励根据本部分达成协议的各方研究是否可使用这些文件的最新版本。凡是不注日期的引用文件,其最新版本适用于本部分。

GB/T 14926.53　实验动物　血凝试验

GB/T 14926.54　实验动物　血凝抑制试验

3　原理

血凝试验(HA):在一定条件下,RHDV 能凝集人"O"型红细胞,产生可见的凝集反应。根据这一特性检测兔肝组织中有无 RHDV 抗原。

血凝抑制试验(HAI):在一定条件下,RHDV 凝集人"O"型红细胞的能力可被特异性抗体所抑制。根据这一特性检测兔血清中有无 RHDV 抗体。

核酸检测:根据 RHDV VP60 基因序列保守的特点,设计特异引物,扩增目的片段,检测兔组织中的 RHDV 核酸。

4　主要试剂与器材

4.1　试剂

4.1.1　血凝素

人工感染或自然发病的兔肝组织,经研磨制成 10% 悬液,3 000 r/min 离心 10 min 而获得的上清液。

4.1.2　阳性血清

RHDV 抗原免疫或 RHDV 自然感染恢复后的兔血清。

4.1.3　阴性血清

无 RHDV 感染、未经免疫的兔血清。

4.1.4　人"O"型红细胞。

4.1.5　缓冲液与溶液

4.1.5.1　PBS(pH7.4)

NaCl	8 g
KCl	0.2 g
$Na_2HPO_4 \cdot 12H_2O$	2.83 g
KH_2PO_4	0.2 g
去离子水	1 000 mL

4.1.5.2　TRIzol Reagent。

4.1.5.3 50×TAE Buffer(pH8.5)

Tris	242 g
醋酸	57.1 mL
Na$_2$EDTA · 2H$_2$O	37.2 g
去离子水	1 000 mL

4.1.5.4 溴乙锭(10 mg/mL)。

4.1.5.5 6×Loding Buffer。

4.1.5.6 氨苄青霉素(100 mg/mL)。

4.1.5.7 三氯甲烷(分析纯)。

4.1.5.8 乙醇(分析纯)。

4.1.5.9 异丙醇(分析纯)。

4.1.6 酶与缓冲液

4.1.6.1 5×AMV RT Buffer,AMV RTase(10 U/μL)。

4.1.6.2 RNase inhibitor(40 U/μL)。

4.1.6.3 DEPC-H$_2$O。

4.1.6.4 随机引物 9mers(500 μg/mL)。

4.1.6.5 dNTP mixture(2.5 mmol/L each)。

4.1.6.6 MgCl$_2$(25 mmol/L),10×PCR Buffer,*Taq* DNA polymerase(5 U/μL)。

4.1.7 培养基

4.1.7.1 LB 培养基

tryptone	10 g
yeast extract	5 g
NaCl	10 g
去离子水	1 000 mL

4.1.7.2 LB/Amp

tryptone	10 g
yeast extract	5 g
NaCl	10 g
ampicillin	100 μg/mL
去离子水	1 000 mL

4.1.8 琼脂糖凝胶 Agarose L03。

4.1.9 感受态细胞与载体

4.1.9.1 适用于所构建克隆载体的大肠杆菌感受态细胞。

4.1.9.2 DNA 片段琼脂糖凝胶纯化试剂盒。

4.1.9.3 可用于连接 PCR 产物的商品化 T 载体。

4.1.9.4 质粒小量提取试剂盒。

4.2 器材

4.2.1 微量振荡器。

4.2.2 微量血凝反应板(U 型或 V 型)。

4.2.3 微量加样器(容量 0.5 μL~10 μL,10 μL~100 μL,20 μL~200 μL,100 μL~1 000 μL)。

4.2.4 生物安全柜。

4.2.5 冷冻离心机。

4.2.6 紫外分光光度仪。

4.2.7　PCR 仪。

4.2.8　电泳仪。

4.2.9　紫外透射仪。

4.2.10　恒温培养箱。

4.2.11　恒温摇床。

4.2.12　恒温水浴箱。

4.2.13　超纯水系统。

4.2.14　冰箱。

5　操作步骤

5.1　采用 HA 方法(见 GB/T 14926.53)进行病毒抗原检测。

5.2　采用 HAI 方法(见 GB/T 14926.54)进行病毒抗体检测。

5.3　病毒核酸检测

5.3.1　引物设计

根据 RHDV FDR 株序列(GenBank 登录号:NC_001543),针对 VP60 基因区段设计引物。引物在 RHDV 基因组中的位置、核苷酸组成及预期扩增目的基因长度见表1。

表 1　RT-PCR 引物

引物	位置	序列	产物大小
正向引物 P1	nt 6254- nt 6271	5'-ATGCCAATGCTGGGTCTG-3'	368bp
反向引物 P2	nt 6621- nt 6602	5'-TTGAGGCGTGTATGTGATGG-3'	—

5.3.2　RNA 提取

5.3.2.1　在生物安全柜内,取 RHDV 感染的兔肝组织 50 mg～100 mg,置于灭菌玻璃研磨器中,加 1 mL 灭菌 PBS(pH 7.4)充分研磨。

5.3.2.2　将肝组织匀浆转移至 1.5 mL 洁净离心管中,加入 1 mL TRIzol Reagent,混匀,室温放置 10 min。

5.3.2.3　加 0.2 mL 三氯甲烷,充分混匀 10 s,室温放置 10 min,4 ℃ 12 000 r/min 离心 15 min。

5.3.2.4　取上清,加等体积异丙醇,室温 20 min,4 ℃ 12 000 r/min 离心 15 min。

5.3.2.5　弃上清,沉淀以 1 mL 75% 乙醇(现用现配)洗涤后,室温干燥至 RNA 呈透明膜状。

5.3.2.6　加 40μL DEPC-H_2O 溶解 RNA(沉淀),紫外分光光度仪测定所提取的 RNA,立即进行反转录(RT)或−70 ℃保存。

警告:DEPC 对眼睛和气道粘膜有强刺激,在操作中应在通风条件下进行,使用时戴口罩,不小心沾到手上应立即冲洗。

5.3.3　反转录(RT)

5.3.3.1　RT 反应体系为 25 μL,依次加入如下成分:5 μL 5×AMV RT Buffer,5 μL dNTP mixture (2.5 mmol/L each),1 μL 随机引物(500 μg/mL),0.5 μL RNase inhibitor(40 U/μL),12.5 μL RNA 模版,1 μL AMV RTase(10 U/μL)。

5.3.3.2　反转录反应条件为:37 ℃ 90 min,95 ℃ 5 min,所得 cDNA 可用作 PCR 反应模板。

5.3.3.3　每次进行 RT 时均设标准阳性、阴性及空白对照。

5.3.4　RT-PCR

5.3.4.1　PCR 反应体系为 50 μL,依次加入如下成分:5 μL 10×PCR Buffer,2 μL $MgCl_2$(25 mmol/L), 2 μL dNTP mixture,1 μL 正向引物 P1(50 pmol/L),1 μL 反向引物 P2(50 pmol/L),2 μL cDNA, 0.5 μL *Taq* DNA polymerase(5 U/μL),36.5 μL ddH_2O。

5.3.4.2 PCR反应参数为:95 ℃预变性 5 min;94 ℃ 1 min,59 ℃ 1 min,72 ℃ 1 min,共30次循环;最后一次循环后 72 ℃再延伸 10 min。

5.3.4.3 每次进行 RT-PCR 时均设标准阳性、阴性及空白对照。

5.3.5 琼脂糖凝胶电泳

5.3.5.1 配制 2%琼脂糖凝胶(含 0.5 μg / mL 溴化乙锭)。

5.3.5.2 取 PCR 扩增产物 8 μL,分别与 2 μL 的 6×载样缓冲液混匀,加到凝胶孔格中。

5.3.5.3 电泳缓冲液为 1×TAE 缓冲液,电泳条件为 100 V 恒压电泳 30 min～60 min,紫外透射仪下观察结果。

5.3.6 RHDV 基因的克隆、鉴定及序列测定

5.3.6.1 RHDV RT-PCR 和 RT-nested PCR 产物经 2.0%琼脂糖凝胶电泳后,用洁净锋利的手术刀切下目的条带,用 Wizard PCR Preps DNA Purification System 回收纯化,取 1 μL 电泳检测。

5.3.6.2 10 μL 的连接反应体系中依次加入下列成分:5 μL 2× Rapid Ligation Buffer,pGEM-T Easy Vector 1 μL,回收纯化的 PCR 目的片段 3 μL,1 μL T4 DNA Ligase。连接反应条件为:室温 1 h,4 ℃ 12 h。

5.3.6.3 取 5 μL 连接产物转化 E. coli DH 5α 感受态细胞,然后将转化的菌液均匀涂布于含氨苄青霉素(100 μg/mL)的 LB 平板上,37 ℃ 培养过夜。挑取光滑、圆整的白色菌落,接种于含氨苄青霉素(100 μg/mL)的 LB 液体培养基,37 ℃ 200 r / min 摇振培养 6 h,然后用质粒小量提取试剂盒制备质粒 DNA 供限制性酶切分析,并进行 PCR 鉴定。

5.3.6.4 将筛选到的阳性克隆分别送检测单位,以 T7 和 SP6 通用引物,用 ABI 测序仪进行序列测定。测序结果经计算机软件分析与 GenBank 中相关序列进行同源性比较。

6 结果判定

6.1 HA

经研磨制成 10% 的兔肝上清液,HA 滴度小于等于 1∶16 判为阴性。对阳性(HA 滴度大于 1∶16)检测结果,选用同一种方法重试,如仍为阳性则判为阳性。

6.2 HAI

6.2.1 基础级兔:如接种疫苗,HAI 抗体效价大于 1∶10,同时免疫抗体合格率[(被检动物抗体阳性数/被检动物总数)×100%]大于等于 70%判定该兔群免疫合格。

6.2.2 清洁级兔、SPF 兔:HAI 抗体效价小于等于 1∶10 判为阴性;对阳性(HAI 抗体效价大于 1∶10)检测结果,选用同一种方法重试,如为阳性则判为阳性。

6.3 RT-PCR

每个样本均进行两次试验检测,以标准 Marker 及阳性对照为基准,在 368 bp 处见到电泳条带并测序结果正确者为阳性。

7 结果报告

根据判定结果,作出报告。

ICS 65.020.30
B 44

中华人民共和国国家标准

GB/T 14926.22—2001
代替 GB/T 14926.22—1994

实 验 动 物
小鼠肝炎病毒检测方法

Laboratory animal—Method for examination of
mouse hepatitis virus（MHV）

2001-08-29 发布

2002-05-01 实施

中 华 人 民 共 和 国
国家质量监督检验检疫总局 发 布

前　　言

本标准是对 GB/T 14926.22—1994《实验动物　小鼠肝炎病毒检验方法》的修订。增加了免疫荧光试验方法。对 GB/T 14926.22—1994 中的个别文字做了修改。

本标准由中华人民共和国科学技术部提出并归口。

本标准起草单位：中国实验动物学会。

本标准主要起草人：屈霞琴。

本标准于 1994 年 1 月首次发布。

中华人民共和国国家标准

实 验 动 物
小鼠肝炎病毒检测方法

GB/T 14926.22—2001

代替 GB/T 14926.22—1994

Laboratory animal—Method for examination of
mouse hepatitis virus（MHV）

1 范围

本标准规定了小鼠肝炎病毒（MHV）的检测方法、试剂等。

本标准适用于小鼠 MHV 的检测。

2 引用标准

下列标准所包含的条文，通过在本标准中引用而构成为本标准的条文。本标准出版时，所示版本均为有效。所有标准都会被修订，使用本标准的各方应探讨使用下列标准最新版本的可能性。

GB/T 14926.50—2001　实验动物　酶联免疫吸附试验

GB/T 14926.51—2001　实验动物　免疫酶试验

GB/T 14926.52—2001　实验动物　免疫荧光试验

3 原理

根据免疫学原理，采用 MHV 抗原检测小鼠血清中 MHV 抗体。

4 主要试剂和器材

4.1 试剂：

4.1.1 ELISA 抗原

4.1.1.1 特异性抗原

MHV（包括 MHV_1、MHV_3、MHV-A_{59}、MHV-JHM 四个毒株）感染 DBT 或 L929 细胞，接种后 2～4 d,病变达＋＋＋～＋＋＋＋时收获。冻融三次或超声波处理后,低速离心去除细胞碎片,上清液再经超速离心浓缩后制成 ELISA 抗原。

4.1.1.2 正常抗原

DBT 或 L929 细胞冻融破碎后,经低速离心去除细胞碎片而获得的上清液。

4.1.2 抗原片

MHV 感染 DBT 或 L929 细胞,接种后 1～2 d,病变达＋＋～＋＋＋时用胰酶消化分散,PBS 洗涤,涂片。室温干燥后,冷丙酮固定 10 min,－20℃保存。

4.1.3 阳性血清

MHV 抗原免疫清洁或 SPF 小鼠所获得的抗血清。

4.1.4 阴性血清

中华人民共和国国家质量监督检验检疫总局 2001-08-29 批准

2002-05-01 实施

清洁或 SPF 小鼠血清。

4.1.5 酶结合物

辣根过氧化物酶标记羊或兔抗小鼠 IgG 抗体；或辣根过氧化物酶标记葡萄球菌蛋白 A(SPA)。

4.1.6 异硫氰酸荧光素标记羊或兔抗小鼠 IgG 抗体。

4.2 器材

4.2.1 酶标仪。

4.2.2 荧光显微镜。

4.2.3 普通显微镜。

4.2.4 37℃培养箱或水浴箱。

5 检测方法

5.1 采用 ELISA 方法(见 GB/T 14926.50—2001)进行血清学检测。

5.2 采用 IFA 方法(见 GB/T 14926.52—2001)进行血清学检测。

5.3 采用 IEA 方法(见 GB/T 14926.51—2001)进行血清学检测。

6 结果判定

对阳性检测结果,选用同一种方法或另一种方法重试。如仍为阳性则判为阳性。

7 结果报告

根据判定结果,作出报告。

ICS 65.020.30

B 44

中华人民共和国国家标准

GB/T 14926.23—2001

代替 GB/T 14926.23—1994

实 验 动 物
仙台病毒检测方法

Laboratory animal—Method for examination of
Sendai virus（SV）

2001-08-29 发布

2002-05-01 实施

中 华 人 民 共 和 国
国家质量监督检验检疫总局 发 布

前　　言

本标准是对 GB/T 14926.23—1994《实验动物　仙台病毒检验方法》的修订。增加了检测病毒抗体的免疫荧光试验方法。

本标准由中华人民共和国科学技术部提出并归口。

本标准起草单位:中国实验动物学会。

本标准主要起草人:贺争鸣。

本标准于 1994 年 1 月首次发布。

中华人民共和国国家标准

实 验 动 物

仙台病毒检测方法

GB/T 14926.23—2001

代替 GB/T 14926.23—1994

Laboratory animal—Method for examination of

Sendai virus (SV)

1 范围

本标准规定了仙台病毒(SV)的检测方法、试剂等。

本标准适用于小鼠、大鼠、豚鼠、地鼠、兔仙台病毒的检测。

2 引用标准

下列标准所包含的条文,通过在本标准中引用而构成为本标准的条文。本标准出版时,所示版本均为有效。所有标准都会被修订,使用本标准的各方应探讨使用下列标准最新版本的可能性。

GB/T 14926.50—2001 实验动物 酶联免疫吸附试验

GB/T 14926.51—2001 实验动物 免疫酶试验

GB/T 14926.52—2001 实验动物 免疫荧光试验

GB/T 14926.54—2001 实验动物 血凝抑制试验

3 原理

根据免疫学原理,采用 SV 抗原检测小鼠、大鼠、豚鼠、地鼠、兔血清中仙台病毒抗体;或根据 SV 在一定的条件下,能凝集鸡、豚鼠红细胞,这种凝集红细胞的能力可被特异性抗体所抑制的原理,检测小鼠、大鼠、豚鼠、地鼠、兔血清中仙台病毒抗体。

4 主要试剂和器材

4.1 试剂:

4.1.1 ELISA 抗原

4.1.1.1 特异性抗原

用 SV 感染 9 d 龄 SPF 鸡胚尿囊腔,培养于 36℃温箱,72 h 后收冻于 4℃,次日无菌收取尿囊液,4℃2 000 r/min 离心 10 min,用 0.5%鸡或豚鼠红细胞和 SV 阳性血清做血凝和血凝抑制试验,验证其病毒特异性和血凝效价。上清液再经超速离心浓缩后制成 ELISA 抗原。

4.1.1.2 正常抗原

9 d 龄 SPF 鸡胚尿囊液。

4.1.2 抗原片

SV 感染 BHK21 细胞,接种后 2~3 d,病变达＋＋～＋＋＋时用胰酶消化分散,PBS 洗涤,涂片。室温干燥后,冷丙酮固定 10 min,−20℃保存。

4.1.3 血凝素

见 ELISA 特异性抗原的制备。

4.1.4 阳性血清

SV 抗原免疫清洁或 SPF 小鼠、大鼠、豚鼠、地鼠或普通级兔所获得的抗血清。

4.1.5 阴性血清

清洁或 SPF 小鼠、大鼠、豚鼠、地鼠血清和无仙台病毒感染的兔血清。

4.1.6 酶结合物

辣根过氧化物酶标记羊或兔抗小鼠、大鼠、豚鼠、地鼠 IgG 抗体,用于检测相应动物血清抗体。辣根过氧化物酶标记羊抗兔 IgG 抗体,用于检测兔血清抗体。辣根过氧化物酶标记葡萄球菌蛋白 A(SPA)可用于小鼠、豚鼠、地鼠、兔血清抗体的检查。

4.1.7 异硫氰酸荧光素标记羊或兔抗小鼠、大鼠、豚鼠、地鼠 IgG 抗体,用于检测相应动物血清抗体。异硫氰酸荧光素标记羊抗兔 IgG 抗体,用于检测兔血清抗体。

4.2 器材

4.2.1 酶标仪。

4.2.2 荧光显微镜。

4.2.3 普通显微镜。

4.2.4 37℃培养箱或水浴箱。

5 检测方法

5.1 采用 ELISA 方法(见 GB/T 14926.50—2001)进行血清学检测。

5.2 采用 IFA 方法(见 GB/T 14926.52—2001)进行血清学检测。

5.3 采用 IEA 方法(见 GB/T 14926.51—2001)进行血清学检测。

5.4 采用 HAI 方法(见 GB/T 14926.54—2001)进行血清学检测。

6 结果判定

对阳性检测结果,选用同一种方法或另一种方法重试。如仍为阳性则判为阳性。

7 结果报告

根据判定结果,作出报告。

ICS 65.020.30
B 44

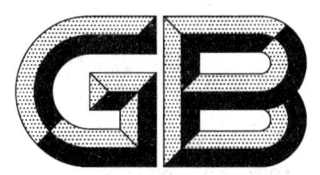

中华人民共和国国家标准

GB/T 14926.24—2001
代替 GB/T 14926.24—1994

实 验 动 物
小鼠肺炎病毒检测方法

Laboratory animal—Method for examination of
pneumonia virus of mice（PVM）

2001-08-29 发布　　　　　　　　　　2002-05-01 实施

中 华 人 民 共 和 国
国家质量监督检验检疫总局 发 布

前　　言

本标准是对 GB/T 14926.24—1994《实验动物　小鼠肺炎病毒检验方法》的修订。删除了血凝抑制试验检测方法,对个别文字作了修改。

本标准由中华人民共和国科学技术部提出并归口。

本标准起草单位:中国实验动物学会。

本标准主要起草人:屈霞琴。

本标准于 1994 年 1 月首次发布。

中华人民共和国国家标准

实 验 动 物
小鼠肺炎病毒检测方法

Laboratory animal—Method for examination of
pneumonia virus of mice（PVM）

GB/T 14926.24—2001

代替 GB/T 14926.24—1994

---

1 范围

本标准规定了小鼠肺炎病毒(PVM)的检测方法、试剂等。

本标准适用于小鼠、大鼠、地鼠、豚鼠 PVM 的检测。

2 引用标准

下列标准所包含的条文,通过在本标准中引用而构成为本标准的条文。本标准出版时,所示版本均为有效。所有标准都会被修订,使用本标准的各方应探讨使用下列标准最新版本的可能性。

GB/T 14926.50—2001　实验动物　酶联免疫吸附试验

GB/T 14926.51—2001　实验动物　免疫酶试验

GB/T 14926.52—2001　实验动物　免疫荧光试验

3 原理

根据免疫学原理,采用 PVM 抗原检测小鼠、大鼠、地鼠、豚鼠血清中 PVM 抗体。

4 主要试剂和器材

4.1 试剂:

4.1.1 ELISA 抗原

4.1.1.1 特异性抗原

PVM 感染小鼠待发病后取肺脏,研磨,制成 10%悬液,3 000 r/min 离心 10 min 后取上清液感染 BHK21 细胞,吸附 1.5～2 h,加维持液培养 10～14 d,当细胞病变达＋＋＋时收获。冻融三次或超声波处理后,低速离心去除细胞碎片,上清液再经超速离心浓缩后制成 ELISA 抗原。

4.1.1.2 正常抗原

BHK21 细胞冻融破碎后,经低速离心去除细胞碎片而获得的上清液。

4.1.2 抗原片

PVM 感染 BHK21 细胞,培养 5～7 d,病变达＋＋～＋＋＋时,将细胞用胰酶消化分散,PBS 洗涤,涂片。室温干燥后,冷丙酮固定 10 min,－20℃保存。

4.1.3 阳性血清

PVM 免疫清洁或 SPF 小鼠、大鼠、豚鼠、地鼠所获得的抗血清。

4.1.4 阴性血清

SPF 小鼠、大鼠、豚鼠、地鼠血清。

4.1.5　酶结合物

辣根过氧化物酶标记羊或兔抗小鼠、大鼠、豚鼠、地鼠 IgG 抗体，用于检测相应动物血清抗体。辣根过氧化物酶标记葡萄球菌蛋白 A(SPA)可用于小鼠、豚鼠、地鼠血清抗体的检查。

4.1.6　异硫氰酸荧光素标记羊或兔抗小鼠、大鼠、豚鼠、地鼠 IgG 抗体，用于检测相应动物血清抗体。

4.2　器材

4.2.1　酶标仪。

4.2.2　荧光显微镜。

4.2.3　普通显微镜。

4.2.4　37℃培养箱或水浴箱。

5　检测方法

5.1　采用 ELISA 方法(见 GB/T 14926.50—2001)进行血清学检测。

5.2　采用 IFA 方法(见 GB/T 14926.52—2001)进行血清学检测。

5.3　采用 IEA 方法(见 GB/T 14926.51—2001)进行血清学检测。

6　结果判定

对阳性检测结果，选用同一种方法或另一种方法重试。如仍为阳性则判为阳性。

7　结果报告

根据判定结果，作出报告。

ICS 65.020.30
B 44

中华人民共和国国家标准

GB/T 14926.25—2001
代替 GB/T 14926.25—1994

实 验 动 物
呼肠弧病毒Ⅲ型检测方法

Laboratory animal—Method for examination of
reovirus 3（Reo3）

2001-08-29 发布

2002-05-01 实施

中 华 人 民 共 和 国
国家质量监督检验检疫总局 发 布

前　　言

本标准是对 GB/T 14926.25—1994《实验动物　呼肠孤病毒Ⅲ型检验方法》的修订。对检测方法未作改动,仅对原标准的个别文字作了修改。

本标准由中华人民共和国科学技术部提出并归口。

本标准起草单位:中国实验动物学会。

本标准主要起草人:屈霞琴。

本标准于 1994 年 1 月首次发布。

中华人民共和国国家标准

实　验　动　物
呼肠孤病毒 Ⅲ 型检测方法

GB/T 14926.25—2001

代替 GB/T 14926.25—1994

Laboratory animal—Method for examination of
reovirus 3（Reo3）

1 范围

本标准规定了呼肠孤病毒Ⅲ型（Reo3）的检测方法、试剂等。

本标准适用于小鼠、大鼠、地鼠、豚鼠 Reo3 的检测。

2 引用标准

下列标准所包含的条文，通过在本标准中引用而构成为本标准的条文。本标准出版时，所示版本均为有效。所有标准都会被修订，使用本标准的各方应探讨使用下列标准最新版本的可能性。

GB/T 14926.50—2001　实验动物　酶联免疫吸附试验

GB/T 14926.51—2001　实验动物　免疫酶试验

GB/T 14926.52—2001　实验动物　免疫荧光试验

3 原理

根据免疫学原理，采用 Reo3 抗原检测小鼠、大鼠、地鼠、豚鼠血清中 Reo3 抗体。

4 主要试剂和器材

4.1 试剂：

4.1.1 ELISA 抗原

4.1.1.1 特异性抗原

Reo3 感染 BSC-1 或 BHK21 细胞，当病变达＋＋＋～＋＋＋＋时，收获培养物。冻融三次或超声波处理后，低速离心去除细胞碎片，上清液再经超速离心浓缩后制成 ELISA 抗原。

4.1.1.2 正常抗原

BSC-1 或 BHK21 细胞冻融破碎后，经低速离心去除细胞碎片而获得的上清液。

4.1.2 抗原片

Reo3 感染 BHK21 细胞，培养 4～5 d，病变达＋＋～＋＋＋时用胰酶消化分散，PBS 洗涤，涂片。室温干燥的同时，在紫外线下 20 cm 处照 30 min。冷丙酮固定 10 min，−20℃保存。

4.1.3 阳性血清

Reo3 抗原免疫清洁或 SPF 小鼠、大鼠、豚鼠、地鼠所获得的抗血清。

4.1.4 阴性血清

SPF 小鼠、大鼠、豚鼠、地鼠血清。

4.1.5　酶结合物

辣根过氧化物酶标记羊或兔抗小鼠、大鼠、豚鼠、地鼠 IgG 抗体,用于检测相应动物血清抗体。辣根过氧化物酶标记葡萄球菌蛋白 A(SPA)可用于小鼠、豚鼠、地鼠血清抗体的检查。

4.1.6　异硫氰酸荧光素标记羊或兔抗小鼠、大鼠、豚鼠、地鼠 IgG 抗体,用于检测相应动物血清抗体。

4.2　器材

4.2.1　酶标仪。

4.2.2　荧光显微镜。

4.2.3　普通显微镜。

4.2.4　37℃培养箱或水浴箱。

5　检测方法

5.1　采用 ELISA 方法(见 GB/T 14926.50—2001)进行血清学检测。

5.2　采用 IFA 方法(见 GB/T 14926.52—2001)进行血清学检测。

5.3　采用 IEA 方法(见 GB/T 14926.51—2001)进行血清学检测。

6　结果判定

对阳性检测结果,选用同一种方法或另一种方法重试。如仍为阳性则判为阳性。

7　结果报告

根据判定结果,作出报告。

ICS 65.020.30

B 44

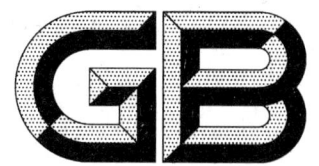

中华人民共和国国家标准

GB/T 14926.26—2001

代替 GB/T 14926.26—1994

实 验 动 物
小鼠脑脊髓炎病毒检测方法

Laboratory animal—Method for examination of
Theiler's mouse encephalomyelitis virus（TEMV）

2001-08-29 发布

2002-05-01 实施

中 华 人 民 共 和 国
国家质量监督检验检疫总局 发 布

前　言

　　本标准是对 GB/T 14926.26—1994《实验动物　小鼠脑脊髓炎病毒检验方法》的修订。对检测方法未作改动,仅对原标准的个别文字作了修改。

　　本标准由中华人民共和国科学技术部提出并归口。

　　本标准起草单位:中国实验动物学会。

　　本标准主要起草人:屈霞琴。

　　本标准于 1994 年 1 月首次发布。

中 华 人 民 共 和 国 国 家 标 准

实 验 动 物
小鼠脑脊髓炎病毒检测方法

GB/T 14926.26—2001

代替 GB/T 14926.26—1994

Laboratory animal—Method for examination of
Theiler's mouse encephalomyelitis virus (TMEV)

1 范围

本标准规定了小鼠脑脊髓炎病毒(TMEV)的检测方法、试剂等。

本标准适用于小鼠 TMEV 的检测。

2 引用标准

下列标准所包含的条文,通过在本标准中引用而构成为本标准的条文。本标准出版时,所示版本均为有效。所有标准都会被修订,使用本标准的各方应探讨使用下列标准最新版本的可能性。

GB/T 14926.50—2001 实验动物 酶联免疫吸附试验

GB/T 14926.51—2001 实验动物 免疫酶试验

GB/T 14926.52—2001 实验动物 免疫荧光试验

GB/T 14926.54—2001 实验动物 血凝抑制试验

3 原理

根据免疫学原理,采用 TMEV 抗原检测小鼠血清中 TMEV 抗体;或根据 TMEV 在一定的条件下,能凝集人"O"型红细胞,这种凝集红细胞的能力可被特异性抗体所抑制的原理,检测小鼠血清中 TMEV 抗体。

4 主要试剂和器材

4.1 试剂

4.1.1 ELISA 抗原

4.1.1.1 特异性抗原

TMEV(GD Ⅶ株)感染小鼠,待发病后取脑,研磨,制成 10%悬液,3 000 r/min 离心 10 min 后取上清液接种 BHK21 细胞,吸附 1.5～2 h,加维持液培养 4～5 d 左右,当细胞病变达＋＋～＋＋＋时收获。冻融三次或超声波处理后,低速离心去除细胞碎片,上清液再经超速离心浓缩后制成 ELISA 抗原。

4.1.1.2 正常抗原

BHK21 细胞冻融破碎后,经低速离心去除细胞碎片而获得的上清液。

4.1.2 抗原片

TMEV(GD Ⅶ株)感染 BHK21 细胞,培养 4～5 d,病变达＋＋～＋＋＋时,将细胞用胰酶分散,用 PBS 洗涤,滴片。室温干燥后,冷丙酮固定 10 min,−20℃保存。

4.1.3 血凝素

脑腔接种(0.02 mL/只)14～21 d龄小鼠5～7 d后,无菌取脑,研磨,制成10%悬液,冻融2～3次,1 000 r/min离心10 min,上清中加入等量的0.5%胰酶,4℃可短期保存。

4.1.4 阳性血清

TMEV抗原免疫SPF小鼠所获得的抗血清。

4.1.5 阴性血清

SPF小鼠血清。

4.1.6 酶结合物

辣根过氧化物酶标记羊或兔抗小鼠IgG抗体;或辣根过氧化物酶标记葡萄球菌蛋白A(SPA)。

4.1.7 异硫氰酸荧光素标记羊或兔抗小鼠IgG抗体。

4.2 器材

4.2.1 酶标仪。

4.2.2 荧光显微镜。

4.2.3 普通显微镜。

4.2.4 37℃培养箱或水浴箱。

5 检测方法

5.1 采用ELISA方法(见GB/T 14926.50—2001)进行血清学检测。

5.2 采用IFA方法(见GB/T 14926.52—2001)进行血清学检测。

5.3 采用IEA方法(见GB/T 14926.51—2001)进行血清学检测。

5.4 采用HAI方法(见GB/T 14926.54—2001)进行血清学检测。

6 结果判定

对阳性检测结果,选用同一种方法或另一种方法重试。如仍为阳性则判为阳性。

7 结果报告

根据判定结果,作出报告。

ICS 65.020.30

B 44

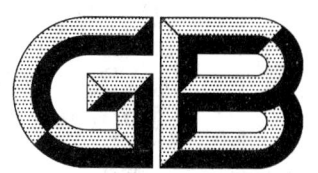

中华人民共和国国家标准

GB/T 14926.27—2001

代替 GB/T 14926.27—1994

实 验 动 物
小鼠腺病毒检测方法

Laboratory animal—Method for examination of
mouse adenovirus（MAd）

2001-08-29 发布

2002-05-01 实施

中 华 人 民 共 和 国
国家质量监督检验检疫总局 发布

GB/T 14926.27—2001

前　　言

本标准是对 GB/T 14926.27—1994《实验动物　小鼠腺病毒检验方法》的修订。对检测方法未作改动,仅对原标准的个别文字作了修改。

本标准由中华人民共和国科学技术部提出并归口。

本标准起草单位:中国实验动物学会。

本标准主要起草人:屈霞琴。

本标准于 1994 年 1 月首次发布。

中华人民共和国国家标准

实 验 动 物
小鼠腺病毒检测方法

GB/T 14926.27—2001

代替 GB/T 14926.27—1994

Laboratory animal—Method for examination of
mouse adenovirus（MAd）

1 范围

本标准规定了小鼠腺病毒（MAd）的检测方法和试剂等。

本标准适用于小鼠 MAd 的检测。

2 引用标准

下列标准所包含的条文,通过在本标准中引用而构成为本标准的条文。本标准出版时,所示版本均为有效。所有标准都会被修订,使用本标准的各方应探讨使用下列标准最新版本的可能性。

GB/T 14926.50—2001 实验动物 酶联免疫吸附试验

GB/T 14926.51—2001 实验动物 免疫酶试验

GB/T 14926.52—2001 实验动物 免疫荧光试验

3 原理

根据免疫学原理,采用 MAd 抗原检测小鼠血清中 MAd 抗体。

4 主要试剂和器材

4.1 试剂

4.1.1 ELISA 抗原

4.1.1.1 特异性抗原

MAd 接种小鼠胚（ME）或小鼠肾（MK）或 3T3 细胞,加维持液培养 4～5 d,当细胞病变达＋＋＋～＋＋＋＋时收获。冻融三次或超声波处理后,低速离心去除细胞碎片,上清液再经超速离心浓缩后制成 ELISA 抗原。

4.1.1.2 正常抗原

ME 或 MK 或 3T3 细胞冻融破碎后,经低速离心去除细胞碎片而获得的上清液。

4.1.2 抗原片

MAd 感染细胞,培养 3～5 d,病变达＋＋～＋＋＋时用胰酶消化分散,PBS 洗涤,涂片。室温干燥后,冷丙酮固定 10 min,－20℃保存。

4.1.3 阳性血清

MAd 抗原免疫 SPF 小鼠所获得的抗血清。

4.1.4 阴性血清

SPF 小鼠血清。

4.1.5 酶结合物

辣根过氧化物酶标记羊或兔抗小鼠 IgG 抗体;或辣根过氧化物酶标记葡萄球菌蛋白 A(SPA)。

4.1.6 异硫氰酸荧光素标记羊或兔抗小鼠 IgG 抗体。

4.2 器材

4.2.1 酶标仪。

4.2.2 荧光显微镜。

4.2.3 普通显微镜。

4.2.4 37℃培养箱或水浴箱。

5 检测方法

5.1 采用 ELISA 方法(见 GB/T 14926.50—2001)进行血清学检测。

5.2 采用 IFA 方法(见 GB/T 14926.52—2001)进行血清学检测。

5.3 采用 IEA 方法(见 GB/T 14926.51—2001)进行血清学检测。

6 结果判定

对阳性检测结果,选用同一种方法或另一种方法重试。如仍为阳性则判为阳性。

7 结果报告

根据判定结果,作出报告。

ICS 65.020.30
B 44

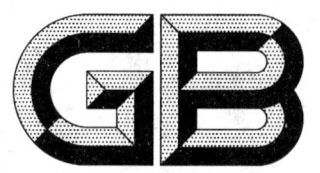

中华人民共和国国家标准

GB/T 14926.28—2001
代替 GB/T 14926.28—1994

实 验 动 物
小鼠细小病毒检测方法

Laboratory animal—Method for examination of
minute virus of mice（MVM）

2001-08-29 发布

2002-05-01 实施

中 华 人 民 共 和 国
国家质量监督检验检疫总局 发布

前　　言

本标准是对 GB/T 14926.28—1994《实验动物　小鼠细小病毒检验方法》的修订。对检测方法未作改动,仅对原标准的个别文字作了修改。

本标准由中华人民共和国科学技术部提出并归口。

本标准起草单位:中国实验动物学会。

本标准主要起草人:屈霞琴。

本标准于 1994 年 1 月首次发布。

中华人民共和国国家标准

实 验 动 物

小鼠细小病毒检测方法

GB/T 14926.28—2001

代替 GB/T 14926.28—1994

Laboratory animal—Method for examination of

minute virus of mice (MVM)

1 范围

本标准规定了小鼠细小病毒(MVM)的检测方法和试剂等。

本标准适用于小鼠 MVM 的检测。

2 引用标准

下列标准所包含的条文,通过在本标准中引用而构成为本标准的条文。本标准出版时,所示版本均为有效。所有标准都会被修订,使用本标准的各方应探讨使用下列标准最新版本的可能性。

GB/T 14926.50—2001 实验动物 酶联免疫吸附试验

GB/T 14926.51—2001 实验动物 免疫酶试验

GB/T 14926.52—2001 实验动物 免疫荧光试验

3 原理

根据免疫学原理,采用 MVM 抗原检测小鼠血清中 MVM 抗体。

4 主要试剂和器材

4.1 试剂:

4.1.1 ELISA 抗原

4.1.1.1 特异性抗原

MVM 接种小鼠胚(ME)或 3T3 细胞,加维持液培养 7～10 d,当细胞病变达＋＋＋～＋＋＋＋时收获。冻融三次或超声波处理后,低速离心去除细胞碎片,上清液再经超速离心浓缩后制成 ELISA 抗原。

4.1.1.2 正常抗原

ME 或 3T3 细胞冻融破碎后,经低速离心去除细胞碎片而获得的上清液。

4.1.2 抗原片

MVM 接种大鼠胚(RE)或 ME 细胞,培养 7～10 d,病变达＋＋～＋＋＋时用胰酶消化分散,PBS洗涤,涂片。室温干燥后,冷丙酮固定 10 min,－20℃保存。

4.1.3 阳性血清

MVM 抗原免疫 SPF 小鼠所获得的抗血清。

4.1.4 阴性血清

中华人民共和国国家质量监督检验检疫总局 2001-08-29 批准

2002-05-01 实施

SPF 小鼠血清。

4.1.5 酶结合物

辣根过氧化物酶标记羊或兔抗小鼠 IgG 抗体;或辣根过氧化物酶标记葡萄球菌蛋白 A(SPA)。

4.1.6 异硫氰酸荧光素标记羊或兔抗小鼠 IgG 抗体。

4.2 器材

4.2.1 酶标仪。

4.2.2 荧光显微镜。

4.2.3 普通显微镜。

4.2.4 37℃培养箱或水浴箱。

5 检测方法

5.1 采用 ELISA 方法(见 GB/T 14926.50—2001)进行血清学检测。

5.2 采用 IFA 方法(见 GB/T 14926.52—2001)进行血清学检测。

5.3 采用 IEA 方法(见 GB/T 14926.51—2001)进行血清学检测。

6 结果判定

对阳性检测结果,选用同一种方法或另一种方法重试。如仍为阳性则判为阳性。

7 结果报告

根据判定结果,作出报告。

ICS 65.020.30

B 44

中华人民共和国国家标准

GB/T 14926.29—2001

代替 GB/T 14926.29—1994

实 验 动 物
多瘤病毒检测方法

Laboratory animal—Method for examination of
polyoma virus（POLY）

2001-08-29 发布

2002-05-01 实施

中 华 人 民 共 和 国
国家质量监督检验检疫总局 发布

前　言

本标准是对 GB/T 14926.29—1994《实验动物　多瘤病毒检验方法》的修订。对检测方法未作改动,仅对原标准的个别文字作了修改。

本标准由中华人民共和国科学技术部提出并归口。

本标准起草单位:中国实验动物学会。

本标准主要起草人:屈霞琴。

本标准于 1994 年 1 月首次发布。

中 华 人 民 共 和 国 国 家 标 准

实 验 动 物
多瘤病毒检测方法

GB/T 14926.29—2001

代替 GB/T 14926.29—1994

Laboratory animal—Method for examination of
polyoma virus（POLY）

1 范围

本标准规定了小鼠多瘤病毒(POLY)的检测方法和试剂等。

本标准适用于小鼠 POLY 的检测。

2 引用标准

下列标准所包含的条文,通过在本标准中引用而构成为本标准的条文。本标准出版时,所示版本均为有效。所有标准都会被修订,使用本标准的各方应探讨使用下列标准最新版本的可能性。

GB/T 14926.50—2001 实验动物 酶联免疫吸附试验

GB/T 14926.51—2001 实验动物 免疫酶试验

GB/T 14926.52—2001 实验动物 免疫荧光试验

3 原理

根据免疫学原理,采用 POLY 抗原检测小鼠血清中 POLY 抗体。

4 主要试剂和器材

4.1 试剂：

4.1.1 ELISA 抗原

4.1.1.1 特异性抗原

POLY 接种小鼠胚(ME)或 3T3 细胞,加维持液培养 10～14 d,当细胞病变达＋＋＋～＋＋＋＋时收获。冻融三次或超声波处理后,低速离心去除细胞碎片,上清液再经超速离心浓缩后制成 ELISA 抗原。

4.1.1.2 正常抗原

ME 或 3T3 细胞冻融破碎后,经低速离心去除细胞碎片而获得的上清液。

4.1.2 抗原片:POLY 接种 ME 细胞,培养 10～12 d,病变达＋＋～＋＋＋时用胰酶消化分散,PBS 洗涤,涂片。室温干燥后,冷丙酮固定 10 min,—20℃保存。

4.1.3 阳性血清

POLY 抗原免疫 SPF 小鼠所获得的抗血清。

4.1.4 阴性血清

SPF 小鼠血清。

4.1.5 酶结合物

辣根过氧化物酶标记羊或兔抗小鼠 IgG 抗体;或辣根过氧化物酶标记葡萄球菌蛋白 A(SPA)。

4.1.6 异硫氰酸荧光素标记羊或兔抗小鼠 IgG 抗体。

4.2 器材

4.2.1 酶标仪。

4.2.2 荧光显微镜。

4.2.3 普通显微镜。

4.2.4 37℃培养箱或水浴箱。

5 检测方法

5.1 采用 ELISA 方法(见 GB/T 14926.50—2001)进行血清学检测。

5.2 采用 IFA 方法(见 GB/T 14926.52—2001)进行血清学检测。

5.3 采用 IEA 方法(见 GB/T 14926.51—2001)进行血清学检测。

6 结果判定

对阳性检测结果,选用同一种方法或另一种方法重试。如仍为阳性则判为阳性。

7 结果报告

根据判定结果,作出报告。

ICS 65.020.30
B 44

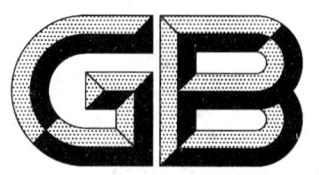

中华人民共和国国家标准

GB/T 14926.30—2001
代替 GB/T 14926.30—1994

实 验 动 物
兔轮状病毒检测方法

Laboratory animal—Method for examination of
rabbit rotavirus（RRV）

2001-08-29 发布

2002-05-01 实施

中 华 人 民 共 和 国
国家质量监督检验检疫总局 发 布

前　　言

本标准是对 GB/T 14926.30—1994《实验动物　兔轮状病毒检验方法》的修订。检测方法未作改动,对原标准有关内容的描述作了修改。

本标准由中华人民共和国科学技术部提出并归口。

本标准起草单位:中国实验动物学会。

本标准主要起草人:贺争鸣。

本标准于 1994 年 1 月首次发布。

中华人民共和国国家标准

实 验 动 物
兔轮状病毒检测方法

GB/T 14926.30—2001

代替 GB/T 14926.30—1994

Laboratory animal—Method for examination of
rabbit rotavirus（RRV）

1 范围

本标准规定了兔轮状病毒（RRV）的检测方法、试剂等。

本标准适用于兔 RRV 的检测。

2 引用标准

下列标准所包含的条文，通过在本标准中引用而构成为本标准的条文。本标准出版时，所示版本均为有效。所有标准都会被修订，使用本标准的各方应探讨使用下列标准最新版本的可能性。

GB/T 14926.50—2001 实验动物 酶联免疫吸附试验

GB/T 14926.51—2001 实验动物 免疫酶试验

GB/T 14926.52—2001 实验动物 免疫荧光试验

3 原理

猴轮状病毒（SA11 株）与 RRV 有密切的抗原关系。根据免疫学原理，采用猴轮状病毒（SA11 株）抗原检测兔血清中 RRV 抗体。

4 主要试剂和器材

4.1 试剂

4.1.1 ELISA 抗原

4.1.1.1 特异性抗原

用猴轮状病毒（SA11 株）接种 MA-104 细胞，接种后 2～3 d,病变达＋＋＋～＋＋＋＋时收获。冻融三次或超声波处理后,低速离心去除细胞碎片,上清液再经超速离心浓缩后制成 ELISA 抗原。

4.1.1.2 正常抗原

MA-104 细胞冻融破碎后,经低速离心去除细胞碎片而获得的上清液。

4.1.2 抗原片

猴轮状病毒（SA11 株）感染 MA-104 细胞,接种后 2～3 d,病变达＋＋～＋＋＋时用胰酶消化分散,PBS 洗涤,涂片。室温干燥后,冷丙酮固定 10 min,—20℃保存。

4.1.3 阳性血清

猴轮状病毒（SA11 株）抗原免疫兔所获得的抗血清;或自然感染恢复后的兔血清。

4.1.4 阴性血清

中华人民共和国国家质量监督检验检疫总局 2001-08-29 批准

2002-05-01 实施

无轮状病毒感染的兔血清。

4.1.5 酶结合物

辣根过氧化物酶标记羊抗兔 IgG 抗体;或辣根过氧化物酶标记葡萄球菌蛋白 A(SPA)。

4.1.6 异硫氰酸荧光素标记羊抗兔 IgG 抗体。

4.2 器材

4.2.1 酶标仪。

4.2.2 荧光显微镜。

4.2.3 普通显微镜。

4.2.4 37℃培养箱或水浴箱。

5 检测方法

5.1 采用 ELISA 方法(见 GB/T 14926.50—2001)进行血清学检测。

5.2 采用 IFA 方法(见 GB/T 14926.52—2001)进行血清学检测。

5.3 采用 IEA 方法(见 GB/T 14926.51—2001)进行血清学检测。

6 结果判定

对阳性检测结果,选用同一种方法或另一种方法重试。如仍为阳性则判为阳性。

7 结果报告

根据判定结果,作出报告。

ICS 65.020.30

B 44

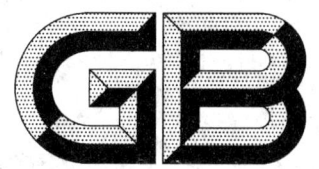

中华人民共和国国家标准

GB/T 14926.31—2001

代替 GB/T 14926.31—1994

实 验 动 物
大鼠细小病毒(KRV 和 H-1 株)检测方法

Laboratory animal—Method for examination of
rat parvovirus (KRV and H-1 strain)

2001-08-29 发布

2002-05-01 实施

中 华 人 民 共 和 国
国家质量监督检验检疫总局 发 布

前　　言

本标准是对 GB/T 14926.31—1994《实验动物　大鼠细小病毒(KRV 和 H-1 株)检验方法》的修订。增加了检测抗体的酶联免疫吸附试验。

本标准由中华人民共和国科学技术部提出并归口。

本标准起草单位:中国实验动物学会。

本标准主要起草人:贺争鸣。

本标准于 1994 年 1 月首次发布。

中 华 人 民 共 和 国 国 家 标 准

实 验 动 物
大鼠细小病毒(KRV 和 H-1 株)检测方法

GB/T 14926.31—2001

代替 GB/T 14926.31—1994

Laboratory animal—Method for examination of
rat parvovirus (KRV and H-1 strain)

1 范围

本标准规定了大鼠细小病毒(KRV 和 H-1 株)的检测方法、试剂等。

本标准适用于大鼠细小病毒(KRV 和 H-1 株)的检测。

2 引用标准

下列标准所包含的条文,通过在本标准中引用而构成为本标准的条文。本标准出版时,所示版本均为有效。所有标准都会被修订,使用本标准的各方应探讨使用下列标准最新版本的可能性。

GB/T 14926.50—2001　实验动物　酶联免疫吸附试验

GB/T 14926.51—2001　实验动物　免疫酶试验

GB/T 14926.52—2001　实验动物　免疫荧光试验

GB/T 14926.54—2001　实验动物　血凝抑制试验

3 原理

根据免疫学原理,采用大鼠细小病毒(KRV 和 H-1 株)抗原检测大鼠血清中细小病毒(KRV 和 H-1 株)抗体;或根据大鼠细小病毒(KRV 和 H-1 株)在一定的条件下,能凝集豚鼠红细胞,这种凝集红细胞的能力可被特异性抗体所抑制的原理,检测大鼠血清中细小病毒(KRV 和 H-1 株)抗体。

4 主要试剂和器材

4.1 试剂

4.1.1 ELISA 抗原

4.1.1.1 特异性抗原

用大鼠细小病毒(KRV 和 H-1 株)感染大鼠胚细胞,培养 7～12 d,当病变达＋＋＋～＋＋＋＋时,收获培养物。冻融三次或超声波处理后,低速离心去除细胞碎片,上清液再经超速离心浓缩后制成 ELISA 抗原。

4.1.1.2 正常抗原

大鼠胚细胞冻融破碎后,经低速离心去除细胞碎片而获得的上清液。

4.1.2 血凝素

大鼠细小病毒(KRV 和 H-1 株)分别接种大鼠胚细胞,培养 7～12 d,当病变达＋＋～＋＋＋时收获。冻融三次或超声波处理后,低速离心去除细胞碎片,上清液分装后低温保存。

中华人民共和国国家质量监督检验检疫总局 2001-08-29 批准　　　　　　2002-05-01 实施

4.1.3 抗原片

大鼠细小病毒(KRV 和 H-1 株)感染大鼠胚细胞,接种后 7～12 d,病变达＋＋～＋＋＋时用胰酶消化分散,PBS 洗涤,涂片。室温干燥后,冷丙酮固定 10 min,—20℃保存。

4.1.4 阳性血清

大鼠细小病毒(KRV 和 H-1 株)抗原免疫 SPF 大鼠所获得的抗血清。

4.1.5 阴性血清

无大鼠细小病毒感染的 SPF 大鼠血清。

4.1.6 酶结合物

辣根过氧化物酶标记羊或兔抗大鼠 IgG 抗体。

4.1.7 异硫氰酸荧光素标记羊或兔抗大鼠 IgG 抗体。

4.1.8 豚鼠红细胞。

4.2 器材

4.2.1 酶标仪。

4.2.2 荧光显微镜。

4.2.3 普通显微镜。

4.2.4 37℃培养箱或水浴箱。

5 检测方法

5.1 采用 ELISA 方法(见 GB/T 14926.50—2001)进行血清学检测。

5.2 采用 IFA 方法(见 GB/T 14926.52—2001)进行血清学检测。

5.3 采用 IEA 方法(见 GB/T 14926.51—2001)进行血清学检测。

5.4 采用 HAI 方法(见 GB/T 14926.54—2001)进行血清学检测。

6 结果判定

对阳性检测结果,选用同一种方法或另一种方法重试。如仍为阳性则判为阳性。

7 结果报告

根据判定结果,作出报告。

ICS 65.020.30

B 44

中华人民共和国国家标准

GB/T 14926.32—2001
代替 GB/T 14926.32—1994

实 验 动 物
大鼠冠状病毒/延泪腺炎病毒检测方法

Laboratory animal—Method for examination of
rat corona virus（RCV）/sialodacryoadenitis virus（SDAV）

2001-08-29 发布

2002-05-01 实施

中 华 人 民 共 和 国
国家质量监督检验检疫总局 发布

前　　言

本标准是对 GB/T 14926.32—1994《实验动物　大鼠冠状病毒/延泪腺炎病毒检测方法》的修订。由于大鼠冠状病毒和延泪腺炎病毒与小鼠肝炎病毒有交叉抗原，因而删除原标准中 4.1 玻片抗原的制备方法，增加了 3.1.2 的抗原片制备方法。

本标准由中华人民共和国科学技术部提出并归口。

本标准起草单位：中国实验动物学会。

本标准主要起草人：贺争鸣。

本标准于 1994 年 1 月首次发布。

中华人民共和国国家标准

实 验 动 物
大鼠冠状病毒/延泪腺炎病毒检测方法

GB/T 14926.32—2001

代替 GB/T 14926.32—1994

Laboratory animal—Method for examination of
rat corona virus (RCV)/sialodacryoadenitis virus (SDAV)

1 主题内容与适用范围

本标准规定了大鼠冠状病毒/延泪腺炎病毒(RCV/SDAV)的检测方法、试剂等。

本标准适用于大鼠 RCV/SDAV 的检测。

2 引用标准

下列标准所包含的条文,通过在本标准中引用而构成为本标准的条文。本标准出版时,所示版本均为有效。所有标准都会被修订,使用本标准的各方应探讨使用下列标准最新版本的可能性。

GB/T 14926.50—2001　实验动物　酶联免疫吸附试验

GB/T 14926.51—2001　实验动物　免疫酶试验

GB/T 14926.52—2001　实验动物　免疫荧光试验

3 原理

小鼠肝炎病毒(MHV)与 RCV/SDAV 有密切的抗原关系。根据免疫学原理,采用 MHV 抗原检测大鼠血清中 RCV/SDAV 抗体。

4 主要试剂和器材

4.1 试剂

4.1.1 ELISA 抗原

4.1.1.1 特异性抗原

用 MHV 感染 DBT 或 L929 细胞,当病变达＋＋＋～＋＋＋＋时收获。冻融三次或超声波处理后,低速离心去除细胞碎片,上清液再经超速离心浓缩后制成 ELISA 抗原。

4.1.1.2 正常抗原

DBT 或 L929 细胞冻融破碎后,经低速离心去除细胞碎片而获得的上清液。

4.1.2 抗原片

MHV 接种 DBT 或 L929 细胞 1～2 d 后,病变达＋＋～＋＋＋时用胰酶消化分散,PBS 洗涤,涂片。室温干燥后,冷丙酮固定 10 min,－20℃保存。

4.1.3 阳性血清

MHV 抗原免疫 SPF 大鼠所获得的抗血清。

4.1.4 阴性血清

SPF 大鼠血清。

4.1.5 酶结合物

辣根过氧化物酶标记羊或兔抗大鼠 IgG 抗体。

4.1.6 异硫氰酸荧光素标记羊或兔抗大鼠 IgG 抗体。

4.2 器材

4.2.1 酶标仪。

4.2.2 普通显微镜。

4.2.3 37℃培养箱或水浴箱。

5 检测方法

5.1 采用 ELISA 方法(见 GB/T 14926.50—2001)进行血清学检测。

5.2 采用 IEA 方法(见 GB/T 14926.51—2001)进行血清学检测。

5.3 采用 IFA 方法(见 GB/T 14926.52—2001)进行血清学检测。

6 结果判定

对阳性检测结果,选用同一种方法或另一种方法重试。如仍为阳性则判为阳性。

7 结果报告

根据判定结果,作出报告。

ICS 65.020.30
B 44

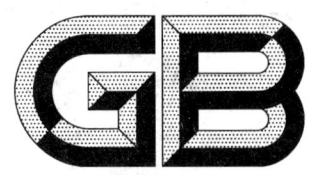

中华人民共和国国家标准

GB/T 14926.41—2001
代替 GB/T 14926.41—1994

实验动物 无菌动物生活环境及粪便标本的检测方法

Laboratory animal—Method for examination of
environment and faeces of GF animals

2001-08-29 发布

2002-05-01 实施

中 华 人 民 共 和 国
国家质量监督检验检疫总局 发 布

前　言

本标准是对 GB/T 14926.41—1994《无特定病原体动物、无菌动物生活环境及粪便标本的检验方法》的修订。

本标准删除了 GB/T 14926.41—1994 中对无特定病原体动物生活环境及粪便标本的检验,保留无菌动物生活环境及粪便标本的检测并作了如下修改:增加了硫乙醇酸钠培养基在使用前需煮沸驱氧程序;在从液体培养基转种血琼脂平皿时增加涂片染色镜检,以防止在转种时因死亡细菌不能在血平皿上生长而漏检。

本标准由中华人民共和国科学技术部提出并归口。

本标准起草单位:中国实验动物学会。

本标准主要起草人:李红。

本标准于 1994 年 1 月首次发布。

中华人民共和国国家标准

实验动物 无菌动物生活环境及粪便标本的检测方法

Laboratory animal—Method for examination of
environment and faeces of GF animals

GB/T 14926.41—2001

代替 GB/T 14926.41—1994

1 范围

本标准规定了无菌动物生活环境及粪便标本中细菌的检测方法。

本标准适用于无菌小鼠、大鼠、豚鼠、地鼠和兔的微生物检测。

2 引用标准

下列标准所包含的条文,通过在本标准中引用而构成为本标准的条文。本标准出版时,所示版本均为有效。所有标准都会被修订,使用本标准的各方应探讨使用下列标准最新版本的可能性。

GB/T 14926.43—2001 实验动物 细菌学检测 染色法、培养基和试剂

3 原理

污染无菌动物的微生物主要是细菌(需氧菌和厌氧菌)和真菌,所以通过不同的培养基、不同的培养温度和培养环境可以对污染菌进行检测。

4 主要设备和材料

4.1 普通恒温培养箱。

4.2 生化培养箱。

4.3 水平流洁净工作台。

4.4 恒温水浴箱。

5 培养基及试剂

5.1 脑心浸液肉汤。

5.2 硫乙醇酸钠肉汤。

5.3 大豆蛋白胨肉汤。

5.4 血琼脂平皿。

5.5 无菌生理盐水。

中华人民共和国国家质量监督检验检疫总局 2001-08-29 批准

2002-05-01 实施

6 检测程序

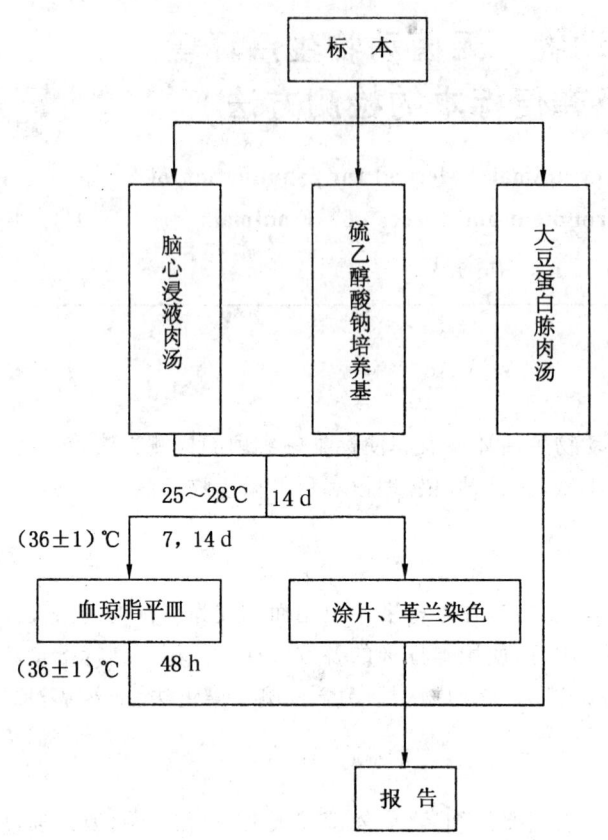

7 操作步骤

7.1 采样

将无菌隔离器内饮水、饲料、垫料和新鲜动物粪便等分别收集于无菌小试管中,按无菌动物饲养操作程序从隔离器中取出。

7.2 接种及观察

7.2.1 将硫乙醇酸钠培养基加热煮沸至无色,置 45℃水浴箱平衡温度。

7.2.2 按无菌操作程序在水平流洁净工作台中进行样品接种前制备及接种。分别加入少量无菌生理盐水(以没过样品为宜)于待检样品小试管中,用毛细吸管充分吹打。分别吸取 0.1～0.5 mL 样品溶液于上述三种培养基中,其中脑心浸液培养基和硫乙醇酸钠培养基置(36±1)℃培养至少 14 d,并在培养第7 d 和第 14 d 涂片、革兰染色镜检,同时接种血琼脂平皿,(36±1)℃培养 48 h,观察有无细菌生长;大豆蛋白胨肉汤培养基置 25～28℃培养至少 14 d,观察有无真菌生长。

8 结果报告

凡镜检未观察到细菌、血琼脂平皿上无细菌生长、大豆蛋白胨培养基无真菌生长者可报告无菌检测合格,其中一项检出细菌或真菌者为不合格。

ICS
B 44

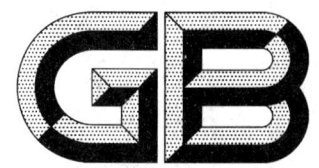

中华人民共和国国家标准

GB/T 14926.42—2001

实验动物　细菌学检测　标本采集

Laboratory animal—Bacteriological monitoring—
Collection of specimens

2001-08-29 发布　　　　　　　　　　　　2002-05-01 实施

中华人民共和国
国家质量监督检验检疫总局 发布

前　　言

本标准规定了实验动物细菌学检测标本的采集法。

检测标本的采集是实验动物微生物学所有检测项目共有的程序,也是极为重要的环节之一。在原标准中,采样方法分列在每个细菌检测方法的标准中,步骤描述不详细。为了将采样程序标准化并便于查找,特制定本标准。

本标准由中华人民共和国科学技术部提出并归口。

本标准起草单位:中国实验动物学会。

本标准主要起草人:李红、贺争鸣、范薇。

中 华 人 民 共 和 国 国 家 标 准

实验动物 细菌学检测 标本采集   GB/T 14926.42—2001

Laboratory animal—Bacteriological monitoring—Collection of specimens

1 范围

本标准规定了实验动物细菌学检测标本的采集法。

本标准适用于小鼠、大鼠、豚鼠、地鼠、兔、犬和猴的细菌学检测。

2 原理

实验动物微生物在特定部位定植,采取相应部位的标本,可达到最大的检出率。

3 主要设备和材料

3.1 小动物解剖固定板(蜡板或木板)。

3.2 各种型号手术剪、手术镊子、止血钳。

3.3 小动物麻醉缸。

3.4 二氧化碳麻醉装置。

3.5 酒精灯。

3.6 接种棒及接种针。

3.7 75%乙醇。

3.8 乙醚。

3.9 注射器及针头。

4 采样方法

4.1 动物麻醉

使用乙醚或二氧化碳麻醉。

4.2 皮肤采样

待检部位用75%乙醇液消毒后,用灭菌接种刀、镊刮取待检动物皮毛、鳞屑少许。用于皮肤病原真菌的直接涂片检查和分离培养。

4.3 血清采样

4.3.1 眼眶后静脉丛取血

动物麻醉后,用左手拇指和食指抓住两耳之间的头部皮肤,使头部固定、眼球充分外突,眶后静脉丛充血。右手持玻璃毛细取血管(内涂抗凝剂)。与面部成45°的夹角,经眼睑和眼球之间刺入眼球后部的静脉丛。血液自动流入取血管。当得到所需要的血量后,将毛细取血管拔出,同时松开左手。毛细取血管离心后,获得实验所需要的血清。

此采血法适合小鼠、大鼠、豚鼠、地鼠的血清采集。

4.3.2 眶动脉或眶静脉取血

动物麻醉后,用左手拇指和食指抓住两耳之间的头部皮肤,使头部固定、眼球充分外突并固定。用眼科镊子迅速钳取眼球。将眼眶内流出的血液滴入离心管。经离心后获得实验所需要的血清。

此采血法适合小鼠、大鼠、地鼠的血清采集。

4.3.3 耳缘静脉采血

动物固定后,选静脉清晰的耳朵拔去采血部位的被毛,用75%乙醇消毒。为使血管扩张,可用手指擦搓血管局部或用电灯照射加热。针头沿耳缘静脉末梢端刺入血管。也可用刀片在血管上切一小口的方法,让血液自然流出即可。取血后用棉球压迫止血。将血液迅速移入离心管,经离心后获得实验所需要的血清。

此采血法适合兔的血清采集。

4.3.4 耳中央动脉采血

动物固定后,左手固定动物耳朵,用75%乙醇消毒。右手持注射器,在中央动脉末端沿动脉平行的方向刺入,即可见血液进入注射器。取血后用棉球压迫止血。将血液迅速移入离心管,经离心后获得实验所需要的血清。

此采血法适合兔的血清采集。

4.3.5 股静脉采血方法

动物固定后,剪去采血部位的毛,用75%乙醇消毒局部皮肤,用胶皮绑在股部,或由助手用手握紧股部,即可明显见到充血静脉,右手持注射器,将针头向血管旁的皮下先刺入,而后与血管平行的方向刺入静脉,由股静脉下端向心方向刺入。见回血后,放松对静脉近心端的压迫,徐徐抽动针筒即可取血。取血后用棉球压迫止血。将血液迅速移入离心管,经离心后获得实验所需要的血清。

此采血法适合犬、猴、兔的血清采集。

4.3.6 心脏取血

动物麻醉后,将动物仰卧固定于固定板上,用75%乙醇消毒心区部。用左手拇指和食指触摸心搏动处。右手持注射器,选择心博最强处刺入,血液自动流入注射器。将血液迅速移入离心管,经离心后获得实验所需要的血清。

此采血法适合豚鼠、地鼠、兔的血清采集。

4.4 呼吸道分泌物采集

4.4.1 动物固定:

将已麻醉的动物仰卧,并把四肢固定在解剖板上。

4.4.2 消毒:用75%乙醇从腹股沟到颈部进行逆毛消毒。

4.4.3 解剖和接种:沿腹正中线从腹部以下至下颌剪开皮肤,使腹部、胸部及颈部的肌肉全部暴露。取灭菌眼科镊和眼科剪各一把,分离颈部肌肉直到暴露气管,于咽部以下5 mm左右将气管剪一"V"形口,用无菌接种针插入气管,由下朝上到达咽部轻轻转动几下。将沾有气管分泌物的接种针在琼脂平皿上进行划线接种。如需接种增菌培养液,可将咽喉部及部分气管剪下投入培养液。

4.5 回盲部内容物采集

4.5.1 动物固定:同4.4.1。

4.5.2 消毒:同4.4.2。

4.5.3 解剖和接种:沿腹正中线从腹部以下至下颌剪开皮肤,使腹部、胸部及颈部的肌肉全部暴露。取灭菌手术镊及手术剪各一把,剪开腹部肌肉,暴露回盲部。剪开回盲部,用灭菌接种环挑取适量内容物划线接种于琼脂平皿:挑取约1/10量的内容物接种增菌液,如内容物不足量,可剪下包括回盲部在内的一段肠组织,适当剪碎后放入增菌液。

4.6 粪便采集

将粪便前段弃去,取中段粪便。对稀软便,可直接接种;对干便可加适量PBS或培养(以淹没粪便为宜)匀浆化后接种。

4.6.1 直接用灭菌接种环沾取粪便后接种琼脂平皿。

4.6.2 取培养液 1/10 体积的粪便接种液体培养基或增菌液。

4.6.3 不能立即接种的粪便标本应先接种于运送培养基,72 h 内尽快接种分离培养基。

4.7 肛拭子采集

将灭菌棉签用灭菌生理盐水或培养液稍浸湿后,轻轻插入动物肛门深处 3～4 cm,缓缓转后取出,放入装有运送培养基的采样小管。直接用棉签接种琼脂平皿。

4.8 病灶组织分泌物及脓汁标本采集

4.8.1 接种:固定动物后对病灶周围用 75％乙醇进行消毒,用灭菌接种环沾取分泌物或脓汁接种琼脂平皿。对已处死的动物可剪下少量病变组织,于琼脂表面接触后再划线接种,可取得较大的接种量。

4.8.2 涂片:载玻片上滴加适量灭菌生理盐水,挑取少量脓汁与之混匀,风干,火焰固定,革兰染色,或风干,甲醇固定,姬姆萨染色。对病灶分泌物,宜滴加少量生理盐水,以获得相对浓的涂片,固定及染色同脓汁。

ICS 65.020.30

B 44

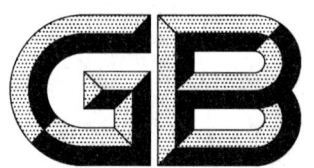

中华人民共和国国家标准

GB/T 14926.43—2001

实验动物 细菌学检测
染色法、培养基和试剂

Laboratory animal—Bacterioogical monitoring—

Staining，media and reagents

2001-08-29 发布
2002-05-01 实施

中 华 人 民 共 和 国
国家质量监督检验检疫总局 发 布

前　　言

　　本标准规定了实验动物微生物学检测的染色法、培养基和试剂。在以前的相关标准中对染色法、培养基和试剂的具体内容没有进行描述,基本上是引用 GB 4789.4—1994《食品卫生微生物学检验　沙门氏菌检验》、GB 4789.10—1994《食品卫生微生物学检验　金黄色葡萄球菌检验》、GB 4789.11—1994《食品卫生微生物学检验　溶血性链球菌检验》和 GB 4789.28—1994《食品卫生微生物学检验　染色法、培养基和试剂》中相关内容,给本标准的使用造成不便。为将染色法、培养基和试剂的配制方法和操作程序标准化并便于查找,特制定本标准。

　　本标准由中华人民共和国科学技术部提出并归口。

　　本标准起草单位:中国实验动物学会。

　　本标准主要起草人:李红、黄韧、范薇。

中华人民共和国国家标准

实验动物 细菌学检测
染色法、培养基和试剂

GB/T 14926.43—2001

Laboratory animal—Bacteriological monitoring
—Staining、media and reagents

1 范围

本标准规定了各种染色法、培养基和试剂。

本标准适用于小鼠、大鼠、豚鼠、地鼠、兔、犬、猴的细菌学检测。

2 原理

实验动物微生物从培养基中摄取营养物质,维持正常的生长繁殖和代谢,其所含细胞物质能与各种染料结合,呈现不同颜色。

3 染色液的配制和染色法

3.1 革兰染色法

3.1.1 结晶紫染色液

结晶紫	1 g
95%乙醇	20 mL
1%草酸铵水溶液	80 mL

将结晶紫在乳钵内研磨,用乙醇溶解,加入草酸铵水溶液混合,即可使用。

3.1.2 碘液

碘	1 g
碘化钾	2 g
蒸馏水	300 mL

将碘化钾与碘先用少量水溶解,待全部溶解后,加蒸馏水至 300 mL。

3.1.3 脱色液

95%乙醇

3.1.4 沙黄(番红)复染液

沙黄	0.25 g
95%乙醇	10 mL
蒸馏水	90 mL

将沙黄在乳钵内研磨,用乙醇溶解,加入蒸馏水混合,即可使用。

3.1.5 染色法

3.1.5.1 涂片风干后在火焰上固定。

3.1.5.2 滴加结晶紫染色液,染色 1 min,流水冲洗,甩干。

中华人民共和国国家质量监督检验检疫总局 2001-08-29 批准　　　　　　2002-05-01 实施

3.1.5.3 滴加碘液，媒染 1 min，流水冲洗，甩干。

3.1.5.4 滴加 95％乙醇脱色约 15～30 s，流水冲洗，甩干。

3.1.5.5 滴加沙黄复红染液，染色 1 min，流水冲洗，甩干，风干或滤纸吸干后镜检。

3.1.6 结果

使用油镜放大 1 000 倍观察，革兰阳性菌呈蓝紫色，革兰阴性菌呈红色。

3.2 姬姆萨染色法

3.2.1 姬姆萨染液

3.2.1.1 储存液

姬姆萨粉末	0.5 g
甘油（中性）	25 mL
甲醇	25 mL

将姬姆萨粉于研钵内，先加少许甘油研磨，至甘油加完为止，倒入棕色试剂瓶中，再用少量甲醇加入研钵内，逐渐将甘油洗下，倒入试剂瓶内，直至用甲醇洗净研钵体内甘油为止。并将剩余甲醇一并加入瓶中，塞紧瓶盖，充分摇匀，置 60℃温箱内 24 h 或室温一周后即可使用。

3.2.1.2 应用液

使用前储存液用 pH7.2～7.4PBS10 倍稀释即成。

3.2.2 染色法

涂片或压印片风干后用甲醇固定 5 min 后滴加姬姆萨应用液，染色 20～30 min，用流水冲洗，甩干，风干或滤纸吸干后镜检。

3.2.3 结果

使用油镜放大 1 000 倍观察，组织、脓汁或红细胞呈红色，细菌呈紫色。

3.3 荚膜染色法

3.3.1 染色液

甲醛中加入 2％印度黑汁；

革兰染色液中的沙黄复染液。

3.3.2 染色法

3.3.2.1 取一接种环肉汤培养物于载玻片上，再取一接种环甲醛印度黑汁与其混匀，推成薄片，自然干燥后火焰固定。

3.3.2.2 滴加沙黄复染液，染色 30 s，吸去多余液体，干燥后油镜观察。

3.3.3 结果使用油镜放大 1 000 倍观察，细菌周围有透明带者为荚膜染色阳性。

3.4 支原体菌落染色法

3.4.1 染色液（Dienes 染色液）

美兰	2.5 g
刃天青（azure）	1.25 g
麦芽糖	10.0 g
苯甲酸	0.2 g
蒸馏水	100 mL

3.4.2 染色方法

临用前将染色液用蒸馏水稀释 100～300 倍，滴加到疑似有支原体菌落的平皿中，使其铺满个平皿，不断摇动，15 min 后倒掉染色液，用 pH7.4PBS 洗 3 次。

3.4.3 结果

平皿置解剖镜或低倍镜下观察，支原体菌落呈蓝色，L 型细菌菌落在短时间内能染上蓝色，但 30～60 min 后褪色，呈无色。

3.5 乳酸酚棉蓝染色液

3.5.1 染色液

结晶酚	20 g
乳酸	20 mL
甘油	40 mL
蒸馏水	20 mL
棉蓝	0.05 g

除棉蓝外,其余成分混匀后水浴加热,充分搅拌直至完全溶解,然后加入棉蓝,混合均匀,必要时过滤,瓶装备用。

3.5.2 染色方法:取载玻片并加染色液数滴,用接种针(环)取培养物置于染色液中,然后加盖玻片,静置 10 min 后,吸去周围染液,用高倍镜检查。

3.5.3 结果:真菌菌体呈蓝色。

3.6 鞭毛染色液

3.6.1 染色液

3.6.1.1 甲液:单宁酸 5 g,氯化高铁($FeCl_3$)1.5 g 溶于 100 mL 蒸馏水中,待溶解后加入 1% 的氢氧化钠溶液 1 mL 和 15% 的甲醛溶液 2 mL。

3.6.1.2 乙液:2 g 硝酸银溶于 100 mL 蒸馏水中。

在 90 mL 乙液中滴加浓氢氧化铵溶液,到出现沉淀后,再滴加使其变为澄清,然后用其余 10 mL 乙液小心滴加至澄清液中,至出现轻微雾状为止,(此为关键性操作,应特别小心),滴加氢氧化铵和用剩余乙液回滴时,要边滴边充分摇荡,染液当天配,当天使用。

3.6.2 染色法:在风干的载玻片上滴加甲液 4～6 mL 后,用蒸馏水轻轻冲净。再加乙液,缓缓加热至冒气,维持约 30 s(加热时注意勿使出现干燥面),在菌体多的部位可呈深褐色到黑色,停止加热,用水冲净,烘干镜检。

3.6.3 结果:用油镜放大 1 000 倍观察,菌体及鞭毛呈深褐色或黑色。

3.7 氢氧化钾二甲基亚砜液

3.7.1 成分

二甲基亚砜(DMSO)	40 mL
氢氧化钾	10～20 g
蒸馏水	60 mL

3.7.2 制法:将 DMSO 与蒸馏水混匀后加入氢氧化钾,置棕色瓶中备用。

4 一般培养基、选择性培养基和鉴定用培养基

4.1 牛肉浸液培养基

4.1.1 成分

新鲜除脂牛肉	500 g
氯化钠	5 g
蛋白胨	10 g
蒸馏水	1 000 mL
pH7.4～7.6	

4.1.2 制法

将完全除去脂肪、肌腱和筋膜的牛肉 500 g,加蒸馏水 1 000 mL,充分搅拌后置 4℃冰箱过夜。次日煮沸 30 min,并不时搅拌。用绒布或多层纱布粗过滤,再用脱脂棉过滤即成。在滤液中加入其他成分溶解后用氢氧化钠溶液矫正 pH 至 8.0,并煮沸 10 min,补充蒸馏水至 1 000 mL,pH 有明显下降时再矫正

至 7.6～7.8,最后用滤纸过滤,呈清晰透明、淡黄色液体,121℃灭菌 15 min 备用,此时的 pH 值应该是 7.4～7.6。

4.2 营养肉汤

4.2.1 成分

蛋白胨	10 g
牛肉膏	3 g
氯化钠	5 g
蒸馏水	1 000 mL
pH7.4	

4.2.2 制法

将上述成分称量混合溶解于水中,校正 pH 至 7.4,分装中试管,每管 5 mL,121℃灭菌 15 min,置 4℃冰箱保存,两周内用完。

4.3 普通营养琼脂

4.3.1 成分

营养肉汤中加入 1.2%～1.5%的琼脂。

4.3.2 制法

煮沸溶解琼脂后 121℃灭菌 15 min,待冷至 50℃左右时倾注无菌平皿,凝固后置 4℃冰箱保存,两周内用完。

4.4 血琼脂

4.4.1 成分

营养琼脂中加入 5%～10%的脱纤维羊血。

4.4.2 制法

待已灭菌的营养琼脂冷至 50℃左右时以无菌手续加入血液,轻轻摇匀后倾注平皿,凝固后置 4℃冰箱保存,一周内用完。

4.5 半固体琼脂

4.5.1 成分

营养肉汤中加入 0.3%的琼脂。

4.5.2 制法

加热煮沸,待琼脂溶化后分装小试管,每管 2 mL,塞上透气塞,121℃灭菌 15 min,直立放置,冷却后 4℃冰箱保存,两周内用完。

4.6 DHL 琼脂(胆盐硫乳琼脂培养基)

4.6.1 成分

蛋白胨	20 g
牛肉膏	3 g
乳糖	10 g
蔗糖	10 g
去氧胆酸钠	1 g
硫代硫酸钠	2.3 g
枸橼酸钠	1 g
水解酪蛋白	5 g
枸橼酸铁铵	1 g
1%中性红	3 mL
琼脂粉	15 g

蒸馏水　　　　　　　　　　　1 000 mL

pH7.4

4.6.2　制法

除1%中性红溶液及琼脂外,上述成分混和,微温使溶解,调节 pH 值至 7.4,加入琼脂,加热煮沸溶化后再加入中性红溶液,摇匀,冷至约 50～55℃时倾注平皿。凝固后放置 4℃冰箱保存,两周内用完。

4.7　SS 琼脂

4.7.1　成分

蛋白胨	5 g
牛肉膏	5 g
乳糖	10 g
胆盐(3 号)	3.5 g
枸橼酸钠(H_2O)	8.5 g
硫代硫酸钠	8.5 g
枸橼酸铁铵	1 g
1%中性红溶液	2.5 mL
0.1%亮绿溶液	0.33 mL
琼脂	5～20 g
蒸馏水	1 000 mL

pH7.0～7.2

4.7.2　制法

除中性红、亮绿及琼脂外,混和其他成分,加热溶解,调节 pH 值,加入琼脂,加热溶化,再加入中性红和亮绿摇匀,冷至约 55～60℃时倾注平皿。凝固后放置 4℃冰箱保存,一周内用完。

4.8　麦康凯琼脂

4.8.1　成分

蛋白胨	20 g
氯化钠	5 g
胆盐(猪、牛等)	5 g
乳糖	10 g
琼脂	15～20 g
1%中性红溶液	5 mL
蒸馏水	1 000 mL

pH7.2

4.8.2　制法

将上述成分(中性红和琼脂除外)混合,加热溶解,校正 pH,加入琼脂,煮沸溶化后再加入中性红溶液,摇匀,115℃灭菌 20 min,待冷至 50～55℃时倾注平皿。凝固后置 4℃冰箱保存,一周内使用。

4.9　亚硒酸盐增菌液(SF)

4.9.1　成分

蛋白胨	5 g
乳糖	4 g
磷酸氢二钠	4.5 g
磷酸二氢钠	5.5 g
亚硒酸氢钠	4 g
蒸馏水	1 000 mL

pH7.0～7.2

4.9.2 制法

先将亚硒酸盐加到 200 mL 蒸馏水中，充分摇匀溶解。混合其它成分，加入蒸馏水 800 mL，加热溶解，待冷却后两液混合，充分摇匀，校正 pH 值（调整磷酸盐缓冲对的比例来校正）。最后分装中试管，每管 5 mL，置水浴隔水煮沸 10～15 min，立即冷却，4℃冰箱保存，一周内使用。

4.10 李氏增菌肉汤(LB1、LB2)

4.10.1 成分

胰蛋白胨	5 g
多价胨	5 g
酵母浸膏	5 g
氯化钠	5 g
磷酸二氢钾	1.35 g
磷酸氢二钠	12 g
七叶苷	1 g
蒸馏水	1 000 mL

4.10.2 制法

将上述成分加热溶解，调 pH 至 7.2～7.4，分装，121℃15 min 灭菌。

LB1：

225 mL 中加入1％萘啶酮酸（用 0.05 mol/L 氢氧化钠溶液配制）　0.45 mL
1％丫啶黄（用灭菌蒸馏水配制）　0.27 mL

LB2：

200 mL 中加入1％萘啶酮酸　0.40 mL
1％丫啶黄　0.50 mL

分装中试管，每管 5 mL。

4.11 改良的 Mc Bride 琼脂(MMA)

4.11.1 成分

胰蛋白胨	5 g
多价胨	5 g
牛肉膏	3 g
葡萄糖	1 g
氯化钠	5 g
磷酸氢二钠	1 g
苯乙醇	2.5 mL
无水甘氨酸	10 g
氯化锂	0.5 g
琼脂	15 g
蒸馏水	1 000 mL

pH7.2～7.4

4.11.2 制法

除琼脂外混合上述成分，加热溶解，校正 pH 后再加入琼脂，煮沸溶化，121℃灭菌 15 min，待冷却至 50～55℃时倾注平皿，凝固后冷藏备用。

4.12 Cary-Blair 氏运送培养基

4.12.1 成分

硫乙醇酸钠	1.5 g
磷酸氢二钠	1.1 g
氯化钠	5 g
琼脂	5 g
蒸馏水	1 000 mL
1%氯化钙溶液	9 mL
pH8.4	

4.12.2 制法

除氯化钙外混合其他成分,加热煮沸溶解,冷至50℃时加入氯化钙溶液,校正pH。分装中试管,每管5 mL,加胶塞,121℃灭菌15 min。

4.13 改良磷酸盐缓冲液

4.13.1 成分

磷酸氢二钠	8.23 g
磷酸二氢钠($NaH_2PO_3 \cdot 12H_2O$)	1.2 g
氯化钠	5 g
三号胆盐	1.5 g
山梨醇	20 g
蒸馏水	1 000 mL

4.13.2 制法

将磷酸盐及氯化钠溶于蒸馏水中,再加入其余成分,溶解后校正pH7.6,分装中试管,每管5 mL,121℃灭菌15 min备用。

4.14 CIN-1培养基

4.14.1 基础培养基

胰蛋白胨	20 g
酵母浸膏	2 g
甘露醇	20 g
氯化钠	1 g
去氧胆酸钠	2 g
硫酸镁($MgSO_4 \cdot 7H_2O$)	0.01 g
琼脂	12 g
蒸馏水	950 mL
pH7.4～7.6	

4.14.2 Irgasan:以95%乙醇作溶剂,溶解二苯醚,配成0.4%的溶液,待基础培养基冷至80℃时加入1 mL混匀。

4.14.3 冷至50℃时加入

中性红(3 mg/mL)	10 mL
结晶紫(0.1 mg/mL)	10 mL
头孢菌素(1.5 mg/mL)	10 mL
新生霉素(0.25 mg/mL)	10 mL

最后不断搅拌着加入10 mL10%氯化锶溶液,倾注平皿,凝固后冷藏备用。

4.15 改良Y培养基

4.15.1 成分

蛋白胨	15 g

氯化钠	5 g
乳糖	10 g
草酸钠	2 g
去氧胆酸钠	6 g
三号胆盐	5 g
丙酮酸钠	2 g
孟加拉红	40 mg
水解酪蛋白	5 g
琼脂	17 g
蒸馏水	1 000 mL

4.15.2 制法

混合上述成分,加热煮沸溶解后 121℃灭菌 15 min,冷至 50～55℃时倾注平皿,凝固后冷藏备用。

4.16 葡萄糖蛋白胨琼脂(沙氏培养基)

4.16.1 成分

蛋白胨	10 g
葡萄糖	40 g
琼脂	18 g
蒸馏水	1 000 mL

4.16.2 制法

加热溶解调 pH 至 5.6,分装大号中试管,10 mL/管,116℃灭菌 30 min 后放成斜面,凝固后冷藏备用。

4.17 皮肤癣菌鉴别琼脂(DTM)

4.17.1 成分

蛋白胨	10 g
葡萄糖	20 g
酚红(0.2%)	6 mL
盐酸(0.6 mol/L)	6 mL
琼脂	18 g
蒸馏水	1 000 mL
抗生素:氯霉素	40 mg
或金霉素	100 mg
硫酸庆大霉素	100 mg

4.17.2 制法

除抗生素外,其他成分加热溶解调 pH 至 5.5,121℃灭菌 15 min 备用。将抗生素制备成溶液后,过滤除菌,使用前临时加入。在室温中制成斜面。

4.18 支原体半流体培养基

4.18.1 成分

含 0.3%琼脂的支原体基础培养基(支原体液体培养基干粉,按使用说明书称量、并加入 0.3%琼脂,配制)   3.5 mL

马血清	1.0 mL
酵母浸出液	0.5 mL
青霉素添加液	0.25 mL
乙酸铊添加液	0.1 mL

4.18.2 制备方法:各种成分均需分别制备,使用时按上述比例混合。

4.18.2.1 含 0.3% 琼脂的支原体基础培养基:按使用说明书称量并加入琼脂,蒸馏水煮沸溶解,分装中试管,每管 3.5 mL,用胶塞塞紧后灭菌4℃保存备用。

4.18.2.2 马血清:市售马血清经56℃30 min 灭活后−20℃保存。

4.18.2.3 酵母浸出液:市售酵母浸出粉用蒸馏水配制成 7% 的溶液,0.22 μm 滤膜过滤除菌,小量分装−20℃保存。使用时分装小试管,每管 0.6~0.7 mL,用于咽及气管洗脱液的制备。

4.18.2.4 青霉素添加液:注射用青霉素钾盐或钠盐用灭菌蒸馏水配制成每毫升含 1 万 U 的溶液,小量分装−20℃保存。

4.18.2.5 乙酸铊添加液:乙酸铊 1 g 溶于 100 mL 灭菌蒸馏水中,小量分装−20℃保存。

4.18.3 使用:基础培养基溶化后置50℃水浴中,将马血清、青霉素添加液及乙酸铊添加液根据需要量按上述比例混合作为总添加液,取出冷至50℃的基础培养基,分别加入总添加液 1.35 mL、用酵母浸出液制成的洗脱液 0.5 mL,混匀后即可培养。

4.19 支原体液体培养基

4.19.1 成分

支原体基础培养基	
(干粉,按使用说明书称量、配制)	3.5 mL
马血清	1.0 mL
酵母浸出液	0.5 mL
青霉素添加液	0.25 mL
乙酸铊添加液	0.1 mL

4.19.2 制法

支原体基础培养基:按使用说明书称量,加入蒸馏水煮沸溶解,分装中试管,每管 3.5 mL,用胶塞塞紧后灭菌4℃保存备用。临用时将各种成分混匀即可。

4.20 支原体固体培养基

4.20.1 成分

支原体固体培养基基础	
(干粉,按使用说明书称量、配制)	70 mL
马血清	20 mL
酵母浸出液	10 mL
青霉素添加液	5 mL
乙酸铊添加液	2.5 mL

4.20.2 制法

固体培养基基础冷至50℃时加入各种添加液,混匀后倾注无菌平皿,凝固后用保鲜袋保装后置4℃保存,一周内使用。

4.21 高盐甘露醇琼脂(SP)

4.21.1 成分

牛肉膏	1 g
蛋白胨或多价胨	10 g
氯化钠	75 g
甘露醇	10 g
酚红	0.025 g
琼脂	15 g
蒸馏水	1 000 mL

pH7.4

4.21.2 制法

除酚红和琼脂外混合上述成分,加热溶解,校正 pH 至 7.4,加入酚红,115℃灭菌 15 min,冷至 50～55℃时倾注平皿,凝固后冷藏,两周内使用。

4.22 葡萄糖肉浸液肉汤

4.22.1 成分

牛肉浸液培养基中加入 1%葡萄糖。

4.22.2 制法

待葡萄糖完全溶解后先后装中试管,每管 5 mL,115℃灭菌 20 min。也可用少量已灭菌的牛肉浸液溶解葡萄糖,过滤除菌后混合,摇匀,分装。

4.23 链球菌增菌肉汤

4.23.1 成分

胰蛋白胨	15 g
大豆胨	5 g
氯化钠	4 g
柠檬酸钠($C_6H_5Na_3O_7 \cdot 2H_2O$)	1 g
L-胱氨酸	0.2 g
D 葡萄糖	5 g
亚硫酸钠	0.2 g
三氮化钠	0.2 g
结晶紫	0.000 2 g
蒸馏水	1 000 mL
pH	7.3～7.5

4.23.2 制法

除结晶紫外,将其它成分混合,加热溶解调 pH 至 7.3～7.5,加入结晶紫,混匀,分装,经 116℃,15 min高压灭菌,以无菌手续加其余成分,摇匀,分装中试管,每管 5 mL,冷藏备用。

4.24 NAC 增菌液

4.24.1 成分

磷酸氢二钾	0.3 g
硫酸镁($MgSO_4 \cdot 7H_2O$)	0.3 g
蛋白胨	20 g
十六烷三甲基溴化铵	0.2 g
萘啶酮酸	15 mg
蒸馏水	1 000 mL
pH7.6	

4.24.2 制法

除十六烷三甲基溴化铵外,将上述成分混合、溶解,用 5 mol/L 氢氧化钠溶液调 pH 至 7.4～7.5后,加入十六烷三甲基溴化铵溶解后分装中试管,每管 5 mL,121℃灭菌 1 min,冷却后冷藏备用。

4.25 NAC 琼脂

4.25.1 成分

NAC 液体培养基	1 000 mL
琼脂	15 g

4.25.2 制法

将琼脂加入 NAC 液体培养基中,121℃灭菌 1 min,冷至 50～55℃,倾注平皿,凝固后冷藏备用。

4.26 改良 Camp-BAP 培养基

4.26.1 成分

4.26.1.1 基础培养基

胰蛋白胨	10 g
蛋白胨	10 g
葡萄糖	1 g
酵母浸膏	2 g
氯化钠	5 g
焦亚硫酸钠	0.1 g
硫乙醇酸钠	1.5 g
琼脂	15 g
蒸馏水	1 000 mL

4.26.1.2 抗生素添加剂

万古霉素	0.01 g
多粘菌素 B	2 500 IU
两性霉素 B	0.002 g
头孢菌素	0.015 g

4.26.1.3 脱纤维羊血 50 mL。

4.26.2 制法

混合基础培养基成分,加热溶解,校正 pH 至 7.0,分装,121℃灭菌 15 min,冷至 50℃时加入抗生素添加剂及脱纤维羊血,摇匀后倾注平皿,凝固后冷藏备用。

4.27 Skirrow 氏培养基

4.27.1 成分

4.27.1.1 基础培养基

蛋白胨	15 g
胰蛋白胨	5 g
酵母浸膏	5 g
氯化钠	5 g
琼脂	12 g
蒸馏水	1 000 mL

4.27.1.2 甲氧苄氨嘧啶(TMP)、抗生素

万古霉素	10 mg
多粘菌素 B	2 500 IU
甲氧苄氨嘧啶(TMP)	5 mg

4.27.1.3 脱纤维羊血 70 mL。

4.27.2 制法

4.27.2.1 TMP、抗生素添加液。

4.27.2.1.1 乳酸 62 mg(约 2 滴)加入 100 mL 灭菌蒸馏水中,然后加入 TMP100 mg,煮沸。

4.27.2.1.2 取上述溶液 5 mL 加入万古霉素和多粘菌素 B,摇匀后即成。

4.27.2.2 混合基础培养基各成分加热溶解,调 pH 至 7.2,分装,每瓶 100 mL,121℃15 min 灭菌,冷藏备用。临用前加热溶解,冷至 50℃时每 100 mL 中加入脱纤维羊血 7 mL,TMP、抗生素添加液 0.5 mL 摇匀,倾注平皿。

4.28 脑心浸液肉汤

4.28.1 成分

脑浸液干粉	12.5 g
心浸液干粉	5 g
胰蛋白胨	10 g
氯化钠	5 g
葡萄糖	2 g
磷酸二氢钠(无水)	2.5 g
蒸馏水	1 000 mL
pH7.4	

4.28.2 制法

混合上述成分,加热溶解后调整 pH 值,分装中试管,每管 5 mL,使用透气塞,121℃灭菌 15 min,冷却后冷藏,一周内使用。

4.29 硫乙醇酸钠肉汤

4.29.1 成分

酵母浸出粉	5 g
胰蛋白胨	15 g
葡萄糖	5.5 g
硫乙醇酸钠	0.5 g
氯化钠	25 g
刃天青	0.001 g
琼脂	0.5 g
蒸馏水	1 000 mL
pH7.2	

4.29.2 制法

混合上述成分,煮沸溶解,调整 pH 值,分装中试管,每管 5 mL,使用不透气胶塞,121℃灭菌 15 min,冷却后冷藏,一周内使用。

4.30 大豆蛋白胨肉汤

4.30.1 成分

胰酶消化酪蛋白	17 g
木瓜酶消化大豆粉	3 g
氯化钠	5 g
磷酸氢二钾	2.5 g
葡萄糖	2.5 g
蒸馏水	1 000 mL
pH7.3	

4.30.2 制法

混合上述成分,加热溶解,调整 pH 值,分装中试管,每管 5 mL,使用透气塞,121℃ 15 min 灭菌,冷却后冷藏,一周内使用。

5 生化培养基和血清学试剂

5.1 糖醇发酵培养基

5.1.1 基础液成分

牛肉膏	5 g
蛋白胨	10 g
氯化钠	3 g
磷酸氢二钠($Na_2HPO_3 \cdot 12H_2O$)	2 g
0.2%溴麝香草酚蓝溶液	12 mL
蒸馏水	1 000 mL

pH7.4

5.1.2 制法

在基础培养基中加入0.5%的葡萄糖、0.1%的其他糖醇,溶解后分装小试管,其中葡萄糖发酵管中倒置一个小管,115℃20 min 灭菌,冷却后冷藏备用。

5.2 氨基酸脱羧酶试验培养基

5.2.1 成分

蛋白胨	5 g
酵母浸出粉	3 g
葡萄糖	1 g
1.6%溴甲酚紫乙醇溶液	1 mL
蒸馏水	1 000 mL
L-氨基酸	0.5 g/100 mL
或 DL 氨基酸	1 g/100 mL

pH6.8

5.2.2 制法

除氨基酸以外的成分混和,加热溶解后分装,每瓶 100 mL,分别加入各种氨基酸:赖氨酸、精氨酸和鸟氨酸,再校正 pH 至 6.8,同时用不加氨基酸培养基作对照。分装于灭菌的小试管内,每管 3 mL,并加一层液体石蜡,121℃灭菌 10 min。

5.3 苯丙氨酸培养基

5.3.1 成分

酵母浸膏	3 g
氯化钠	5 g
D,L-苯丙氨酸	2 g
(或 L-苯丙氨酸 1 g)	
琼脂	12 g
蒸馏水	1 000 mL
磷酸氢二钠	1 g

5.3.2 制法

将上述成分加热溶解,分装试管,121℃灭菌 15 min,置成斜面。

5.3.3 试剂

10%三氯化铁溶液。

5.3.4 使用方法

挑取琼脂培养物沿斜面划线接种,(36±1)℃培养 18～24 h。

5.3.5 结果观察

滴加10%三氯化铁溶液数滴,自斜面培养物上流下,培养物呈深绿色者为阳性。

5.4 蛋白胨水(靛基质试验用)

5.4.1 成分

多价胨	20 g
氯化钠	5 g
蒸馏水	1 000 mL
pH7.4	

5.4.2 制法

按上述成分配制,分装小试管,121℃灭菌 15 min,冷藏备用。

5.4.3 靛基质试剂

5.4.3.1 柯凡克试剂:将 5 g 对二甲基氨基苯甲醛溶解于 75 mL 戊醇中,然后缓慢加入浓盐酸 25 mL。

5.4.3.2 欧-波试剂:将 1 g 对二甲基氨基苯甲醛溶解于 95 mL 乙醇中,然后缓慢加入浓盐酸 20 mL。

5.4.4 使用方法

用固体培养物或双糖铁或三糖铁培养物接种,(36±1)℃18～24 h 培养,必要时延长培养至 3 d。

5.4.5 结果观察

培养物中加入柯凡克试剂者,在两种溶液交界处呈红色为阳性;加入欧-波试剂者,在两种溶液交界处呈玫瑰红色为阳性。对弱阳性者可先在培养物中加入少量二甲苯,充分混匀后再加入靛基质试剂。

5.5 缓冲葡萄糖蛋白胨水(甲基红和 VP 试验用)

5.5.1 成分

磷酸氢二钾	5 g
多价胨	7 g
葡萄糖	5 g
蒸馏水	1 000 mL

5.5.2 制法

混合上述成分,加热溶解后调 pH7.0,分装小试管,每管 1～2 mL,115℃灭菌 20 min,冷却后冷藏备用。

5.5.3 试剂

5.5.3.1 甲基红(MR)试剂:10 mg 甲基红溶于 30 mL95％乙醇中,然后加入 20 mL 蒸馏水。

5.5.3.2 V-P 试剂:6％α-萘酚-乙醇溶液;40％氢氧化钾溶液。

5.5.4 使用方法

挑取琼脂培养物或三糖铁或双糖铁培养物接种,(36±1)℃培养 18～24 h。

5.5.5 结果观察

5.5.5.1 甲基红试验:培养物加入甲基红试剂一滴,立即变为鲜红色为阳性,黄色为阴性。

5.5.5.2 V-P 试验:培养物中加入 6％α-萘酚-乙醇溶液 0.5 mL,40％氢氧化钾溶液 0.2 mL,数分钟内出现红色为阳性,不变色为阴性。

5.6 尿素培养基

5.6.1 成分

蛋白胨	20 g
0.4％酚红溶液	3 mL
氯化钠	5 g
尿素	2 g
葡萄糖	1 g
蒸馏水	1 000 mL

5.6.2 制法

除指示剂外,用水溶解上述成分,煮沸,用 1 mol/L 氢氧化钠溶液调节,然后加入指示剂,分装小试管,每管 1～2 mL,115℃灭菌 15 min,冷却后冷藏备用。也可将除尿素外的其他成分 121℃灭菌 15 min

后加入过滤除菌的尿素溶液。

5.6.3 使用方法

用固体培养物或双糖铁或三糖铁培养物接种,(36±1)℃18~24 h 培养。

5.6.4 结果观察

培养基由黄变红色为阳性。

5.7 硝酸盐培养基

5.7.1 成分

硝酸钾	0.2 g
蛋白胨	5 g
蒸馏水	1 000 mL
pH7.4	

5.7.2 制法

将上述成分溶解混匀,调 pH 至 7.4,分装小试管,每管 1~2 mL,121℃灭菌 15 min 备用。

5.7.3 硝酸盐还原试剂

5.7.3.1 甲液:将 0.8 g 对氨基苯黄酸溶解于 100 mL 5 mol/L 乙酸溶液中。

5.7.3.2 乙液:将 0.5 g α-萘胺溶解于 100 mL 5 mol/L 乙酸溶液中。

5.7.4 使用方法

用琼脂培养物或双糖铁或三糖铁培养物接种,(36±1)℃培养 18~24 h。

5.7.5 结果观察

培养物中先加入甲液数滴,再加入乙液数滴,出现红色为阳性。

5.8 氧化酶试验

5.8.1 试剂

1％盐酸二甲基对苯二胺水溶液,少量新鲜配制,于冰箱内避光保存,一周内使用。

5.8.2 试验方法

取滤纸条粘取菌落,加氧化酶试剂一滴,30 s 内呈现红色至紫红色反应为阳性,于 2 min 内不变色为阴性。注意:不能用接种针挑取菌落,只能用玻棒或竹签;对弱阳性者应同时用绿脓杆菌做阳性对照,用大肠埃希菌做阴性对照。

5.9 过氧化氢酶试剂

5.9.1 试剂

3％过氧化氢溶液,临用时配制。

5.9.2 试验方法

用接种环挑取菌落于干净载玻片上,滴加 3％过氧化氢溶液适量,于 30 s 内发生气泡者为阳性,不发生气泡者为阴性。

5.10 克氏双糖铁(KI)

5.10.1 成分

蛋白胨	20 g
牛肉膏	3 g
酵母膏	3 g
乳糖	10 g
葡萄糖	1 g
氯化钠	5 g
柠檬酸铁铵	0.5 g
硫代硫酸钠	0.5 g

琼脂	3 g
酚红	0.025 g
蒸馏水	1 000 mL
pH7.4	

5.10.2 制法

混合除琼脂和酚红的上述成分,加热溶解后校正 pH。加入琼脂,溶化后再加入 0.2%酚红水溶液 12.5 mL,摇匀,分装小试管,每管 3 mL,115℃灭菌 20 min,趁热放置成高层斜面,凝固后冷藏备用。

5.10.3 使用方法

用接种针挑取菌落,先穿刺接种至高层底部,再沿穿刺线退出在斜面上划线,(36±1)℃培养 18~24 h。

5.10.4 结果观察

斜面和高层均变黄者为分解葡萄糖和乳糖;高层破碎者为产气;高层变黄而斜面不变或变红者为分解葡萄糖,不分解乳糖;高层沿接种线变黑者为硫化氢阳性。

5.11 三糖铁琼脂培养基(TSI)

5.11.1 成分

蛋白胨	15 g
示胨	5 g
牛肉膏	5.0 g
酵母膏	3.0 g
乳糖	3.0 g
蔗糖	10 g
葡萄糖	10 g
氯化钠	1.0 g
硫酸亚铁	5.0 g
硫代硫酸钠	0.2 g
酚红溶液	0.3 g
0.5%酚红溶液	5 mL
琼脂	12 g
蒸馏水	1 000 mL
pH7.4	

5.11.2 制法

将上述成分(除琼脂和酚红外)混合,加热溶解后校正 pH,再加琼脂及酚红溶液,加热煮沸溶解。分装试管,每管 4 mL,经 115℃灭菌 20 min,立即置高层斜面,待凝固后经无菌试验备用。

5.11.3 使用方法

用接种针挑取菌落,先穿刺接种至高层底部,再沿穿刺线退出在斜面上划线,(36±1)℃培养 18~24 h。

5.11.4 结果观察

斜面和高层均变黄者为分解葡萄糖、蔗糖和乳糖;高层破碎者为产气;高层变黄而斜面不变或变红者为分解葡萄糖,不分解蔗糖和乳糖;高层沿接种线变黑者为硫化氢阳性。

5.12 乙酸铅纸条

5.12.1 制法

将滤纸剪成约 0.5 cm×10 cm 的长条,浸泡于 3%乙酸铅水溶液中,以吸干水溶液为止。将该纸条置 37℃培养箱中烘干,装入试管中,121℃灭菌 15 min。

5.12.2 使用方法

悬空置于已接种的双糖铁或三糖铁或 SIM 培养管中,(36±1)℃培养 18～24 h。注意:勿使纸条接触培养基,否则因纸条变湿而影响结果观察。

5.12.3 结果观察

纸条变黑者为硫化氢阳性。

5.13 SIM 培养基

5.13.1 成分

胰蛋白胨	20 g
多价胨	0.6 g
硫酸铁铵	0.2 g
硫代硫酸钠	0.2 g
琼脂	3 g
蒸馏水	1 000 mL

5.13.2 制法

混匀上述成分,加热溶解,调 pH7.2～7.4,分装小试管,每管 2～3 mL,121℃灭菌 15 min,放成高层,凝固后冷藏备用。

5.13.3 使用方法

用琼脂培养物穿刺接种,(36±1)℃培养 18～24 h。

5.13.4 结果观察

沿接种线向周围生长者为动力阳性;培养基沿接种线变黑者为硫化氢阳性;滴加靛基质试剂,在交界处出现红色者为靛基质阳性(参见靛基质试验)。

5.14 营养明胶

5.14.1 成分

蛋白胨	5 g
牛肉膏	3 g
明胶	120 g
蒸馏水	1 000 mL

5.14.2 制法

混合上述成分,水浴加热溶解,校正 pH7.0～7.2,分装小试管,每管 2～3 mL,121℃灭菌 15 min,放成高层,凝固后冷藏备用。

5.14.3 使用方法

挑取琼脂培养物穿刺接种,(36±1)℃培养 18～24 h。

5.14.4 结果观察

培养物放 4℃冰箱 1 h,未见凝固者为明胶液化试验阳性;凝固者为阴性。

5.15 胆汁-七叶苷培养基

5.15.1 成分

胰蛋白胨	1.5 g
七叶苷	0.1 g
琼脂	2 g
胆汁	2.5 mL
或胆盐	0.3 g
柠檬酸铁	0.2 g
蒸馏水	100 mL

pH6.4～6.6

5.15.2 制法

上述成分加热溶解,调 pH 至 6.4～6.6,分装试管,121℃灭菌 15 min,放成斜面备用。

5.15.3 使用方法

用固体培养物沿斜面划线接种,(36±1)℃培养 18～24 h。

5.15.4 结果观察

培养基呈黑色者为阳性,不变色者为阴性。

5.16 西蒙氏柠檬酸盐培养基

5.16.1 成分

氯化钠	5 g
硫酸镁($MgSO_4 \cdot 7H_2O$)	0.2 g
磷酸二氢铵	1 g
磷酸氢二钾	1 g
柠檬酸钠	5 g
琼脂	20 g
蒸馏水	1 000 mL
pH6.8	

5.16.2 制法

先将盐类溶解于水中,再加入琼脂,加热溶化,然后加入指示剂,混匀后分装小试管,每管 2～3 mL,121℃灭菌 15 min,趁热放置成斜面,凝固后冷藏备用。

5.16.3 使用方法

用固体培养物沿斜面划线接种,(36±1)℃培养 18～24 h。

5.16.4 结果观察

培养基由绿变蓝者为阳性,不变色者为阴性。

5.17 丙二酸钠

5.17.1 成分

酵母浸膏	1 g
硫酸铵	2 g
磷酸氢二钾	0.6 g
磷酸二氢钾	0.4 g
氯化钠	2 g
丙二酸钠	3 g
0.2%溴麝香草酚蓝溶液	12 mL
蒸馏水	1 000 mL
pH6.8	

5.17.2 制法

除指示剂外,用水溶解上述成分,校正 pH 后再加入指示剂,分装小试管,每管 2～3 mL,121℃灭菌 15 min,趁热放成斜面,凝固后冷藏备用。

5.17.3 使用方法

用固体培养物沿斜面划线接种,(36±1)℃培养 18～24 h。

5.17.4 结果观察

培养基由绿变蓝者为阳性,不变色者为阴性。

5.18 马尿酸钠水解试验培养基

5.18.1　成分

马尿酸钠	1 g
肉浸液	100 mL

5.18.2　制法

将马尿酸钠溶解于肉浸液内,分装于小试管内,并于管壁内划一横线,121℃灭菌 20 min 备用。

5.18.3　试剂

三氯化铁(FeCl₃·6H₂O)12 g 溶于 2%盐酸中,总量为 100 mL。

5.18.4　使用方法

将纯培养物接种于培养基中,于 42℃培养 48 h,取出用蒸馏水补充损失水分至刻度处,1 500 r/min 离心 5～10 min 后,吸取上清液 0.8 mL,加入三氯化铁试剂 0.2 mL,混合均匀,静置 10～15 min,然后观查结果。

5.18.5　结果观察

出现稳定不变的褐色沉淀为阳性。

5.19　TTC 琼脂

5.19.1　成分

胰蛋白胨	17 g
大豆胨	3 g
葡萄糖	6 g
氯化钠	2.5 g
硫乙醇酸钠	0.5 g
琼脂	15 g
L-胱氨酸-盐酸	0.25 g
亚硫酸钠	0.1 g
1%氯化血红素溶液	0.5 mL
1%维生素 K₁溶液	0.1 mL
2,3,5-氯化三苯四氮唑(TTC)	0.4 g
蒸馏水	1 000 mL

5.19.2　制法

除 1%氯化血红素、1%维生素 K₁ 和 TTC 外,混合其他成分,加热溶解。L-胱氨酸先用少量氢氧化钠溶液溶解后加入,校正 pH 至 7.2,然后加入 1%氯化血红素、1%维生素 K₁ 溶液,摇匀,分装每瓶 100 mL,121℃灭菌 15 min,作为基础培养基备用。临用前每 100 mL 中加入 TTC 40 mg,充分摇匀,倾注平皿,凝固后冷藏备用。

5.20　1%甘氨酸培养基

5.20.1　成分

胰蛋白胨	10 g
蛋白胨	10 g
葡萄糖	1 g
酵母浸膏	2 g
氯化钠	5 g
焦亚硫酸钠	0.1 g
硫乙醇酸钠	1.5 g
琼脂	1.6 g
甘氨酸	10 g

蒸馏水　　　　　　　　　　　1 000 mL

5.20.2　制法

混合上述成分,加热溶解,调 pH6.8～7.2,分装小试管,每管 2～3 mL,121℃灭菌 15 min,放成高层,凝固后冷藏备用。

5.20.3　使用方法

用接种针挑取菌落,穿刺接种,置微氧环境,42℃培养 48 h。

5.20.4　结果观察

空肠弯曲菌在培养基表面出现云雾状生长。

5.21　氰化钾培养基

5.21.1　成分

蛋白胨	10 g
氯化钠	5 g
磷酸二氢钾	0.225 g
磷酸氢二钠	4.5 g
蒸馏水	1 000 mL
5%氰化钾溶液	1.5 mL
pH7.6	

5.21.2　制法

将除氰化钾以外的成分混合,溶解后调整 pH,121℃灭菌 15 min。待其充分冷却后每 100 mL 中加入 5%氰化钾溶液 0.15 mL,分装小试管,每管 2～3 mL,用灭菌胶塞塞紧。同时分装不加氰化钾的培养基,作为对照。培养基冷藏备用,可使用两个月。

5.21.3　使用方法

将琼脂培养物同时接种于氰化钾培养基和对照培养基,35℃培养 24～72 h。

5.21.4　结果观察

试验管和对照管均生长者为氰化钾试验阳性;对照管生长,而试验管不生长者为阴性。

5.22　葡萄糖铵培养基

5.22.1　成分

氯化钠	5 g
硫酸镁($MgSO_4 \cdot 7H_2O$)	0.2 g
磷酸二氢铵	1 g
磷酸氢二钾	1 g
葡萄糖	2 g
琼脂	20 g
蒸馏水	1 000 mL
0.2%溴麝香草酚蓝溶液	40 mL
pH6.8	

5.22.2　制法

先将盐类和糖溶解于水内,校正 pH,再加琼脂,加热溶化,然后加入指示剂,混合均匀后分装试管,121℃高压灭菌 15 min,放成斜面。

5.22.3　试验方法

用接种针轻轻触及培养物的表面,在盐水管内作成极稀的悬液,肉眼观察不见混浊,以每一接种环内含菌数在 20～100 之间为宜。将接种环灭菌后挑取菌液接种,同时再以同法接种普通斜面一支作为对照。于(36±1)℃培养 24 h。阳性者葡萄糖铵斜面上有正常大小的菌落生长;阴性者不生长,但在对照培养基上生长良好。如在葡萄糖铵斜面生长极微小的菌落可视为阴性结果。

注：容器使用前应用清洁液浸泡，再用清水、蒸馏水冲洗干净，并用新棉花做成棉塞，干热灭菌后使用。如果操作时不注意,有杂质污染时,易造成假阳性结果。

ICS 65.020.30

B 44

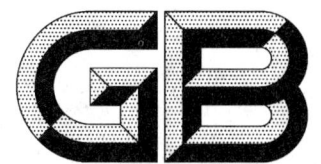

中华人民共和国国家标准

GB/T 14926.44—2001

实验动物　念珠状链杆菌检测方法

Laboratory animal—Method for examination of
Streptobacillus moniliformis

2001-08-29 发布

2002-05-01 实施

中 华 人 民 共 和 国
国家质量监督检验检疫总局 发布

前　　言

本标准规定了念珠状链杆菌的检测方法。

念珠状链杆菌是人兽共患病病原菌,在我国啮齿类实验动物中已有发现并导致疾病流行,故在此增加该菌的检测方法。

本标准由中华人民共和国科学技术部提出并归口。

本标准起草单位:中国实验动物学会。

本标准主要起草人:李红。

中 华 人 民 共 和 国 国 家 标 准

实验动物 念珠状链杆菌检测方法

GB/T 14926.44—2001

Laboratory animal—Method for examination of
Streptobacillus moniliformis

1 范围

本标准规定了实验动物念珠状链杆菌的检测方法。

本标准适用于小鼠、大鼠、豚鼠和地鼠念珠状链杆菌的检测。

2 引用标准

下列标准所包含的条文,通过在本标准中引用而构成为本标准的条文。本标准出版时,所示版本均为有效。所有标准都会被修订,使用本标准的各方应探讨使用下列标准最新版本的可能性。

GB/T 14926.42—2001 实验动物 细菌学检测 标本采集

GB/T 14926.43—2001 实验动物 细菌学检测 染色法、培养基和试剂

3 原理

念珠状链杆菌为革兰阴性多形性杆菌,主要寄居于啮齿类上呼吸道,该菌在人工培养条件下营养要求较高,故在分离培养和鉴定用培养基中均加入血液或血清。根据本菌特殊的形态、分离部位和生化反应特性可以进行分离培养和检测。

4 主要设备和材料

4.1 普通恒温培养箱。

4.2 生物显微镜。

5 培养基和试剂

5.1 血琼脂平皿。

5.2 含10%马血清的糖发酵培养基。

5.3 含10%马血清的肉汤培养基。

6   检测程序

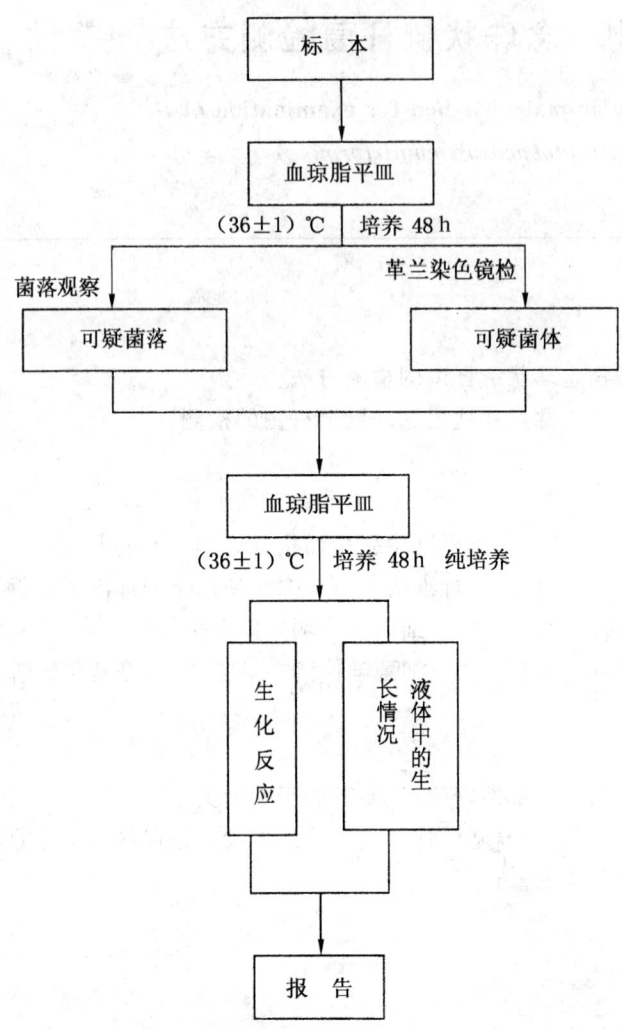

7   操作步骤

7.1   采样

取呼吸道分泌物、病灶分泌物、脓汁。

7.2   分离培养

将接种的血琼脂平皿置(36±1)℃培养48 h。

7.3   鉴定

7.3.1   菌落特征

念珠状链杆菌在血琼脂平皿(36±1)℃培养48 h可形成1 mm左右、灰白色、不溶血、涂片不易乳化的菌落。

7.3.2   菌体特征

本菌在人工培养基上极易形成L型变异,血琼脂平皿上形成革兰阴性细长杆菌,多形性、散在或成团排列,而脓汁直接涂片染色,菌体为革兰阴性短杆菌。

7.3.3   生化反应

分解葡萄糖、果糖、麦芽糖、淀粉、半乳糖和甘露糖,产酸不产气;不分解甘露醇、乳糖、阿拉伯糖、蔗糖、卫矛醇、肌醇、菊糖、棉子糖、山梨醇和鼠李糖。

7.3.4 本菌在液体培养基中(36±1)℃,12 h后形成微白色颗粒,并沿管壁逐渐沉淀至管底。

8 结果报告

凡符合上述各项检测结果者作出阳性报告,不符合者作出阴性报告。

ICS 65.020.30
B 44

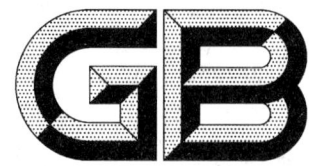

中华人民共和国国家标准

GB/T 14926.45—2001

实验动物　布鲁杆菌检测方法

Laboratory animal—Method for examination of *Brucella sp*.

2001-08-29 发布

2002-05-01 实施

中 华 人 民 共 和 国
国家质量监督检验检疫总局 发 布

前　　言

　　本标准规定了犬布鲁杆菌的检测方法。由于犬的布鲁杆菌具有"S"型和"R"型抗原,本标准写明了两种抗原的检测方法及判定标准。

　　本标准由中华人民共和国科学技术部提出并归口。

　　本标准起草单位:中国实验动物学会。

　　本标准主要起草人:黄韧。

中 华 人 民 共 和 国 国 家 标 准

实验动物 布鲁杆菌检测方法

GB/T 14926.45—2001

Laboratory animal—Method for examination of *Brucella sp.*

---

1 范围

本标准规定了实验动物布鲁杆菌的检测方法。

本标准适用于犬布鲁杆菌的检测。

2 引用标准

下列标准所包含的条文,通过在本标准中引用而构成为本标准的条文。本标准出版时,所示版本均为有效。所有标准都会被修订,使用本标准的各方应探讨使用下列标准最新版本的可能性。

GB/T 14926.42—2001 实验动物 细菌学检测 标本采集

GB/T 14926.43—2001 实验动物 细菌学检测 染色法、培养基和试剂

3 原理

"S(光滑)型"和"R(粗糙)型"布鲁杆菌是犬必需排除的病原菌。从布鲁杆菌标准抗原(R 型和 S 型)与犬血清试管凝集效价,可以判定犬是否感染布鲁杆菌。

4 主要设备和材料

普通恒温培养箱

5 培养基及试剂

5.1 布鲁杆菌标准抗原(R 型和 S 型)。

5.2 布鲁杆菌标准阴性、阳性血清。

5.3 生理盐水。

中华人民共和国国家质量监督检验检疫总局 2001-08-29 批准 2002-05-01 实施

6 检测程序

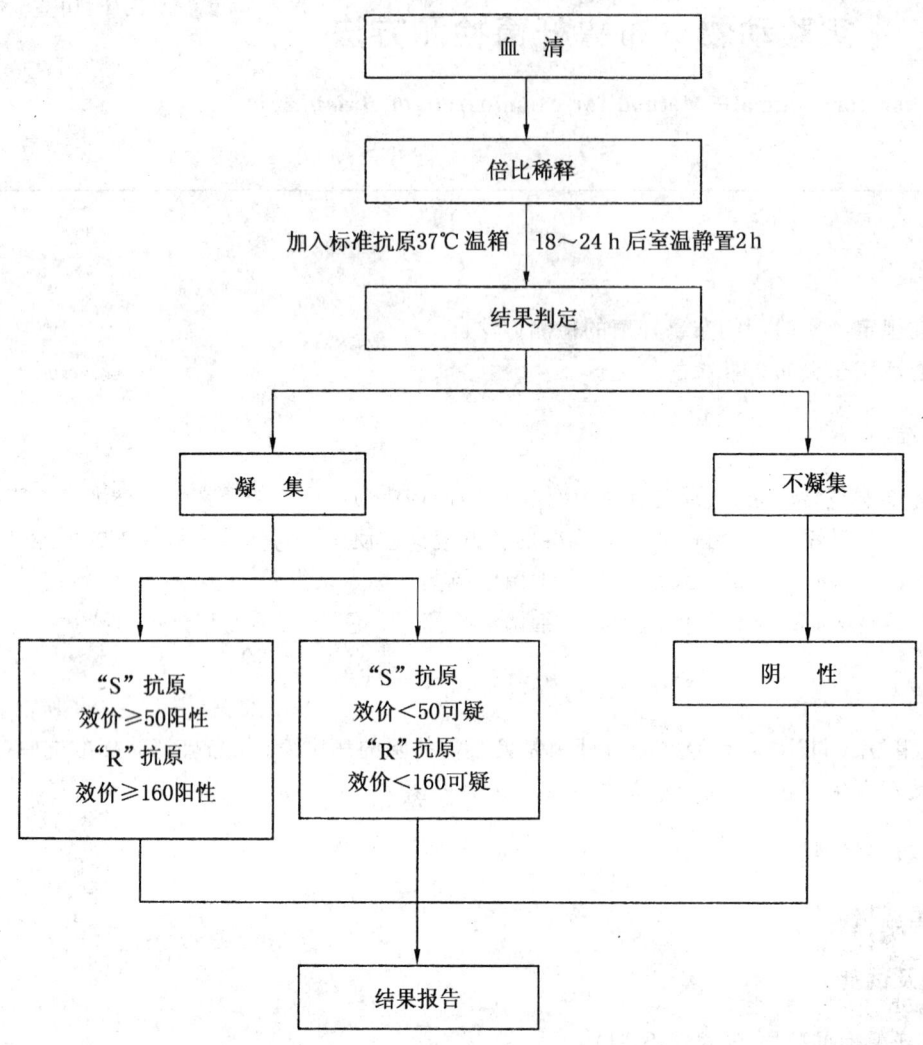

7 操作步骤

7.1 采样

取血、分离血清。

7.2 "S"抗原试管凝集试验

7.2.1 血清稀释 参照表1进行。

取小试管5只,置于试管架上,标明编号。第1管内加入生理盐水0.84 mL,第2~5管加入0.5 mL。取待检血清0.16 mL加入第1管内,混匀,取0.5 mL加入第2管内,混匀,取0.5 mL加入第3管内…如此稀释至第5管,弃去0.5 mL。此时各管血清稀释倍数为1∶6.25,1∶12.5,1∶25,1∶50,1∶100。

7.2.2 加入抗原

将各管加入标准抗原0.5 mL,混匀,此时各管血清稀释倍数为1∶12.5,1∶25,1∶50,1∶100,1∶200。具体操作见表1。置37℃温箱18~24 h,取出后室温静置2 h,观察结果。

表 1 布鲁杆菌"S"抗原试管凝集试验操作方法

试管编号	1	2	3	4	5
生理盐水,mL	0.84	0.5	0.5	0.5	0.5
待检血清,mL	0.16↗	0.5↗	0.5↗	0.5↗	0.5↗弃去0.5
标准抗原,mL	0.5	0.5	0.5	0.5	0.5
稀释度	1/12.5	1/25	1/50	1/100	1/200

7.3 "R"抗原试管凝集试验

7.3.1 血清稀释 参照表2进行。

取小试管5只,置于试管架上,标明编号。第1管内加入生理盐水0.95 mL,第2～5管加入0.5 mL。取待检血清0.05 mL加入第1管内,混匀,取0.5 mL加入第2管内,混匀,取0.5 mL加入第3管内…如此稀释至第5管,弃去0.5 mL。此时各管血清稀释倍数为1:20,1:40,1:80,1:160,1:320。

7.3.2 加入抗原

将各管加入抗原0.5 mL,混匀,此时各管血清稀释倍数为1:40,1:80,1:160,1:320,1:640。具体操作见表2。置37℃温箱18～24 h,取出后室温静置2 h,观察结果。

表 2 布鲁杆菌"R"抗原试管凝集试验操作方法

试管编号	1	2	3	4	5
生理盐水,mL	0.95	0.5	0.5	0.5	0.5
待检血清,mL	0.05↗	0.5↗	0.5↗	0.5↗	0.5↗弃去0.5
标准抗原,mL	0.5	0.5	0.5	0.5	0.5
稀释度	1/40	1/80	1/160	1/320	1/640

7.4 对照管的制作

每次试验须作三种对照:

阴性血清对照:阴性血清的稀释和加抗原的方法与待检血清相同。

阳性血清对照:阳性血清须稀释到原有的滴度,加抗原的方法与待检血清相同。

抗原对照:试验中所用的适当稀释抗原0.5 mL,加0.5 mL石炭酸生理盐水。

7.5 比浊管的配制

每次试验须配制比浊管作为判定清亮程度(凝集反应程度)的依据。

配制方法:取本次试验用的抗原稀释液,加入等量的0.5%生理盐水作倍比稀释,然后按表3配制比浊管。

表 3 比浊管配制

试管号	1	2	3	4	5
抗原稀释液,mL	0.00	0.25	0.50	0.75	1.00
生理盐水,mL	1.00	0.75	0.50	0.25	0.00
清亮度,%	100	75	50	25	0
凝集度标记	++++	+++	++	+	-

7.6 结果判定

结果判定标准如下:

++++:液体完全透明,管底出现大片的伞状沉淀。

+++:液体几乎透明,管底出现明显的伞状沉淀。

++:液体不甚透明,管底出现片状沉淀,振荡时易碎成小絮片状。

+:液体不透明,管底有松散沉淀。

－:液体不透明,管底无伞状沉淀,菌体下沉呈圆点状。

7.6.1 对"S"抗原,待检血清凝集效价在1∶50达到"＋＋"或以上时,均判为阳性反应;凝集效价在1∶25达到"＋＋"或1∶50达到"＋"时,均判为可疑反应。

7.6.2 对"R"抗原,待检血清凝集效价在1∶160达到"＋＋"或以上时,均判为阳性反应;凝集效价在1∶80达到"＋＋"或1∶160达到"＋"时,均判为可疑反应。

7.6.3 可疑反应犬,间隔3~4周须重新采血,再次检验,如凝集价不断上升,可判为阳性,若重检仍为可疑反应,同时该犬群中既无本病流行情况,又无临床病例时,则可判为阴性。

8 结果报告

凡符合上述检测结果者作出阳性报告,不符合者作出阴性报告。

ICS 65.020.30
B 44

中华人民共和国国家标准

GB/T 14926.46—2008
代替 GB/T 14926.46—2001

实验动物 钩端螺旋体检测方法

Laboratory animal—Method for examination of *Leptospira* spp.

2008-12-03 发布

2009-03-01 实施

中华人民共和国国家质量监督检验检疫总局
中国国家标准化管理委员会 发布

前　言

GB/T 14926《实验动物》共 54 个部分,为不同微生物和病毒检测技术方法。

本部分自实施之日起代替 GB/T 14926.46—2001《实验动物　钩端螺旋体检测方法》。

本部分与 GB/T 14926.46—2001 相比主要技术差异如下:

a)　原理部分增加显微镜凝集试验原理;

b)　原标准中"6.1　试管凝集实验"修改为"显微镜凝集实验";"6.1.2.2　表 1　钩端螺旋体定量显凝试验操作方法"更改为"钩端螺旋体定量显微镜凝集试验操作方法";

c)　修改原标准中所有关于酶联免疫吸附试验的内容;

d)　在原标准中增加了"7　结果判定"。

本部分由全国实验动物标准化技术委员会提出并归口。

本部分由全国实验动物标准化技术委员会负责起草。

本部分主要起草人:范薇、田克恭、贺争鸣。

本部分所代替标准历次版本发布情况为:

——GB/T 14926.46—2001。

实验动物 钩端螺旋体检测方法

1 范围

GB/T 14926 的本部分规定了实验动物钩端螺旋体的检测方法。

本部分适用于犬钩端螺旋体的检测。

2 规范性引用文件

下列文件中的条款通过 GB/T 14926 的本部分的引用而成为本部分的条款。凡是注日期的引用文件,其随后所有的修改单(不包括勘误的内容)或修订版均不适用于本部分,然而,鼓励根据本部分达成协议的各方研究是否可使用这些文件的最新版本。凡是不注日期的引用文件,其最新版本适用于本部分。

GB/T 14926.42 实验动物 细菌学检测 标本采集

GB/T 14926.43 实验动物 细菌学检测 染色法、培养基和试剂

GB/T 14926.50 实验动物 酶联免疫吸附试验

3 原理

钩端螺旋体抗原与相应特异性抗体相遇,在适宜的电解质存在下发生凝集现象,此种凝集一般须用暗视野显微镜检查。

钩端螺旋体抗原与待检血清中的特异性抗体结合,形成抗原抗体复合物。此抗原抗体复合物仍保持其抗原活性,可与相应的第二抗体酶结合物结合。在酶的催化作用下底物发生反应,产生有色物质。颜色反应的深浅与待检血清中所含有的特异性抗体的量成正比。

4 主要设备和材料

4.1 普通恒温培养箱。

4.2 实体显微镜。

4.3 恒温水浴箱。

4.4 高速离心机。

4.5 超声波细胞粉碎器。

4.6 酶标仪。

4.7 微量加样器,容量 5 μL～50 μL 和 50 μL～200 μL。

5 培养基及试剂

5.1 犬型钩端螺旋体标准抗原。

5.2 标准阳性血清。

5.3 标准阴性血清。

5.4 生理盐水。

5.5 显微镜凝集抗原:各群钩端螺旋体标准株接种 Korthof 培养基,28 ℃培养 5 d～7 d。取样作暗视野显微镜检查,每 400 倍视野不少于 50 条,运动活泼并无自凝现象者,可作为抗原。

5.6 ELISA 抗原

5.6.1 钩端螺旋体培养:各群钩端螺旋体标准株接种 Korthof 培养基,28 ℃培养 5 d～7 d。

5.6.2 生长良好的培养物用 10 000 r/min 离心 30 min,沉淀用 PBS 在相同条件下洗 2 次。

5.6.3 上述沉淀用 PBS 悬浮,超声波打碎后,10 000 r/min 离心 20 min,上清即为 ELISA 抗原。

5.7 酶结合物:辣根过氧化物酶标记羊或兔抗犬 IgG 抗体,辣根过氧化物酶标记葡萄球菌蛋白 A(SPA)。

5.8 阳性血清:钩端螺旋体免疫 SPF 犬所获得的血清,或自然感染犬后所获得的血清。

5.9 阴性血清:无钩端螺旋体感染犬血清。

5.10 培养基和试剂溶液的配制:参照 GB/T 14926.43 和 GB/T 14926.50 执行。

6 检测方法

6.1 显微镜凝集实验

6.1.1 检测程序

检测程序见图 1。

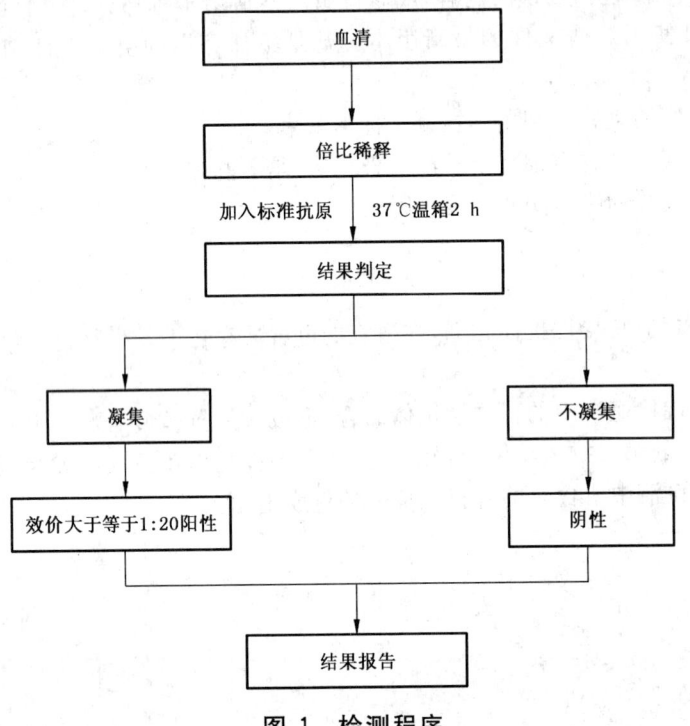

图 1 检测程序

6.1.2 操作步骤

6.1.2.1 采样

采血、分离血清。采样方法参照 GB/T 14926.42 执行。

6.1.2.2 血清稀释

参照表 1 进行。

表 1 钩端螺旋体定量显微镜凝集试验操作方法

凹孔板编号	1	2	3	4	5	6	7	8	9	10	11	12
生理盐水/mL	0.16	0.1	0.1	0.1	0.1	0.1	0.1	0.1	0.1			0.1
待检血清/mL	0.04 ↗	0.1 ↗	0.1 ↗	0.1 ↗	0.1 ↗	0.1 ↗	0.1 ↗	0.1 ↗	0.1 ↗	弃去	0.1	
阴性血清/mL										0.1		
阳性血清/mL											0.1	
标准抗原/mL	0.1	0.1	0.1	0.1	0.1	0.1	0.1	0.1	0.1	0.1	0.1	0.1
血清最终稀释度	1/10	1/20	1/40	1/80	1/160	1/320	1/640	1/1 280	1/2 560			

6.1.2.2.1 待检血清灭活：将待检血清以 56 ℃ 水浴灭活 30 min 后备用。

6.1.2.2.2 取 96 孔板，第 1 孔加入生理盐水 0.16 mL，以后每孔加入生理盐水 0.1 mL，一直加到第 9 孔。

6.1.2.2.3 在第 1 孔中加入血清 0.04 mL，混匀后，吸取 0.1 mL 到第 2 孔，如此类推，直到第 9 孔，弃去 0.1 mL。

6.1.2.3 对照

另标明 10、11、12 孔，第 10 孔加入阴性血清 0.1 mL，第 11 孔加入阳性血清 0.1 mL，第 12 孔加入生理盐水 0.1 mL。

6.1.2.4 加入抗原

将各孔加入标准抗原 0.1 mL，混匀，此时各孔血清稀释度为 1∶10，1∶20，1∶40，1∶80，1∶160，1∶320，1∶640，1∶1 280，1∶2 560。具体操作见表 1。置 37 ℃ 温箱 2 h，取出后摇匀，用接种环挑取各孔中的反应物置于载玻片上，在暗视野下观察结果。

6.1.2.5 结果判定

结果判定如下：

a) ＋＋＋＋：几乎全部钩端螺旋体呈蝌蚪状或折光率高的团块，或有大小不等的点状或块状残片，仅有少数游离的钩端螺旋体；

b) ＋＋＋：75% 的钩端螺旋体被凝集，大部分呈块状或蜘蛛状，尚有 25% 菌体游离；

c) ＋＋：50% 左右的钩端螺旋体被凝集，尚有 50% 菌体游离；

d) ＋：25% 左右的钩端螺旋体被凝集，尚有 75% 菌体游离；

e) —：全部菌体正常，分散，无凝集块，菌数与对照相同。

待检血清凝集效价在 1∶20 达到"＋＋"或以上时，均判为阳性反应。

6.2 酶联免疫吸附试验（ELISA）

6.2.1 包被抗原

根据滴定的最适工作浓度，将抗原用包被液稀释。每孔 100 μL，置 37 ℃ 1 h 后再 4 ℃ 过夜。

6.2.2 用洗涤液洗 3 次，每次 5 min，叩干。

6.2.3 加样

待检血清和阴性、阳性血清分别用稀释液做 1∶160 稀释，每孔 100 μL，37 ℃ 1 h，洗涤同上。

6.2.4 加酶结合物

用稀释液将酶结合物稀释至适当浓度，每孔加入 100 μL，37 ℃ 1 h，洗涤同上。

6.2.5 加底物溶液

每孔加入新配制的底物溶液 100 μL，置 37 ℃，避光显色 10 min～15 min。

6.2.6 终止反应

每孔加入终止液 50 μL。

6.2.7 测 A 值

在酶标仪上，于 490 nm 处读出各孔 A 值。

6.2.8 结果判定

在阴性和阳性血清对照成立的条件下，进行结果判定。

6.2.8.1 同时符合下列 2 个条件者，判为阳性：

a) 待检血清的 A 值大于等于 0.2；

b) 待检血清的 A 值/阴性对照血清的 A 值大于等于 2.1。

6.2.8.2 均不符合上述 2 个条件者，判为阴性。

6.2.8.3 仅有 1 条符合者，判为可疑，需重试。如仍为阳性则判为阳性。

6.2.8.4 对阳性结果需重试，如仍为阳性则判为阳性。

7 结果判定

7.1 基础级犬

如接种疫苗后,经 ELISA 检测抗体效价大于等于 1∶160,或显微镜凝集检测抗体效价大于等于 1∶20 判为合格。被检动物免疫抗体合格率大于等于 70%可判为该犬群免疫合格。

$$免疫抗体合格率=(被检动物抗体阳性数/被检动物总数)\times 100\%$$

7.2 SPF 级犬

不应进行疫苗接种,或未进行免疫的基础级犬,对阳性检测结果,选用同一种方法或另一种方法重试。如仍为阳性则判为阳性。

8 结果报告

根据判定结果,作出报告。

ICS 65.020.30
B 44

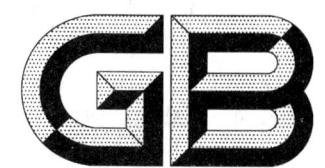

中华人民共和国国家标准

GB/T 14926.47—2008
代替 GB/T 14926.47—2001

实验动物　志贺菌检测方法

Laboratory animal—Method for examination of *Shigella* spp.

2008-12-03 发布

2009-03-01 实施

中华人民共和国国家质量监督检验检疫总局
中国国家标准化管理委员会　发 布

前　言

GB/T 14926《实验动物》共54个部分,为不同微生物和病毒检测技术方法。

本部分自实施之日起代替GB/T 14926.47—2001《实验动物　志贺菌检测方法》。

本部分与GB/T 14926.47—2001相比主要技术差异如下:

a) 对GB/T 14926.47—2001《实验动物　志贺菌检测方法》部分内容进行了修订和增加;

b) 在原标准"5 培养基及试剂"中增加了"5.2 GN 增菌液",将原标准中"5.3 S.S 琼脂"修改为"5.4 XLD 琼脂";

c) 在原标准"6 检测程序"中增加了"GN 增菌液(36±1)℃培养6 h~8 h"这一程序;

d) 在原标准"6 检测程序"中将"S.S 琼脂"修改为"XLD 琼脂";

e) 原标准"7.2 分离培养将已接种的麦康凯琼脂和S.S 琼脂平皿置(36±1)℃培养18~24h。"修改为"7.2 增菌分离培养将已接种的GN 增菌液置(36±1)℃培养6 h~8 h,转种麦康凯琼脂和XLD 琼脂平皿,置(36±1)℃培养18 h~24 h";

f) 原标准"7.3.1 菌落特征志贺菌在麦康凯和S.S 琼脂平皿上形成无色透明、圆形、扁平或微凸起,光滑湿润,边缘整齐,直径约2 mm 的菌落。宋内氏志贺菌菌落一般较大,半透明,有时可出现扁平,边缘不整齐的粗糙型菌落。"修改为"7.3.1 菌落特征 志贺菌在麦康凯琼脂平皿上形成无色、凸起、直径2 mm~3 mm 的菌落。在XLD 琼脂平皿形成红色、光滑、直径1 mm~2 mm 的菌落。痢疾志贺氏菌1型在上述两种培养基上形成的菌落较其他志贺菌属菌落要小";

g) 原标准"7.3.5 表1志贺菌生化反应"中"七叶苷脱羧酶"修改成"七叶苷"。

本部分由全国实验动物标准化技术委员会提出并归口。

本部分由全国实验动物标准化技术委员会负责起草。

本部分主要起草人:黄韧。

本部分所代替标准的历次版本发布情况为:

——GB/T 14926.47—2001。

实验动物　志贺菌检测方法

1　范围

GB/T 14926 的本部分规定了实验动物志贺菌的检测方法。

本部分适用于猴志贺菌的检测。

2　规范性引用文件

下列文件中的条款通过 GB/T 14926 的本部分的引用而成为本部分的条款。凡是注日期的引用文件,其随后所有的修改单(不包括勘误的内容)或修订版均不适用于本部分,然而,鼓励根据本部分达成协议的各方研究是否可使用这些文件的最新版本。凡是不注日期的引用文件,其最新版本适用于本部分。

GB/T 14926.42　实验动物　细菌学检测　标本采集

GB/T 14926.43　实验动物　细菌学检测　染色法、培养基和试剂

3　原理

志贺菌是革兰氏阴性短杆菌,在三糖铁或双糖铁等培养基上具有特定的生长和生化特征。因此,可通过选择性培养基培养、生化和血清试验鉴定志贺菌。

4　主要设备和材料

普通恒温培养箱。

5　培养基及试剂

5.1　Cary-Blair 运送培养基:成分及配制方法见 GB/T 14926.43。

5.2　GN 增菌液:成分及配制方法见 GB/T 14926.43。

5.3　麦康凯琼脂:成分及配制方法见 GB/T 14926.43。

5.4　XLD 琼脂:成分及配制方法见 GB/T 14926.43。

5.5　克氏双糖铁琼脂:成分及配制方法见 GB/T 14926.43。

5.6　三糖铁琼脂:成分及配制方法见 GB/T 14926.43。

5.7　西蒙氏柠檬酸盐培养基:成分及配制方法见 GB/T 14926.43。

5.8　氨基酸脱羧酶试验培养基:成分及配制方法见 GB/T 14926.43。

5.9　尿素琼脂:成分及配制方法见 GB/T 14926.43。

5.10　半固体琼脂:成分及配制方法见 GB/T 14926.43。

5.11　糖发酵培养基:成分及配制方法见 GB/T 14926.43。

5.12　氰化钾生长培养基:成分及配制方法见 GB/T 14926.43。

5.13　葡萄糖铵培养基:成分及配制方法见 GB/T 14926.43。

5.14　志贺菌多价诊断血清。

6 检测程序

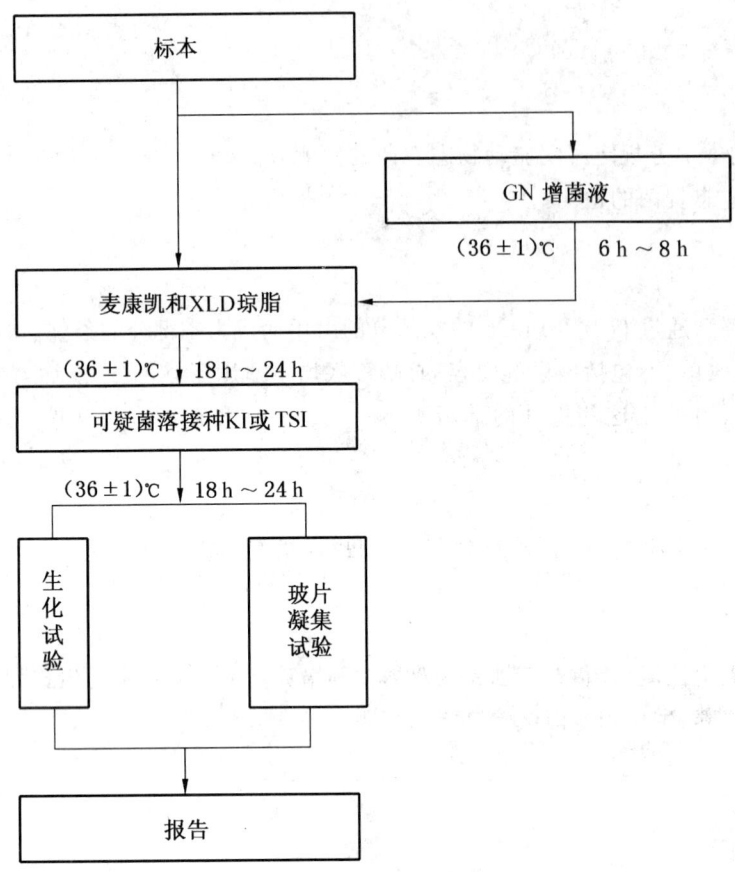

图 1 检测程序

7 操作步骤

7.1 采样

采取粪便或肛拭子标本,采样方法见 GB/T 14926.42。

7.2 增菌分离培养

将已接种的 GN 增菌液置(36±1)℃培养 6 h～8 h,转种麦康凯琼脂和 XLD 琼脂平皿,置(36±1)℃培养 18 h～24 h。

7.3 鉴定

7.3.1 菌落特征

志贺菌在麦康凯琼脂平皿上形成无色、凸起、直径 2 mm～3 mm 的菌落。在 XLD 琼脂平皿形成红色、光滑、直径 1 mm～2 mm 的菌落。痢疾志贺氏菌 1 型在上述两种培养基上形成的菌落较其他志贺菌属菌落要小。

7.3.2 菌体特征

革兰氏阴性小杆菌,无鞭毛,无芽孢。

7.3.3 培养特性

本菌接种克氏双糖铁或三糖铁琼脂,(36±1)℃培养 18 h～24 h 后,斜面不产酸,底层产酸不产气,硫化氢阴性。

7.3.4 动力半固体试验

阴性。

7.3.5 本菌生化特征

见表 1。

表 1 志贺菌生化反应

生化检测项目	判 定 结 果	生化检测项目	判 定 结 果
葡萄糖铵	—	赖氨酸脱羧酶	—
七叶苷	—	尿素	—
鸟氨酸脱羧酶[a]	—	西蒙氏柠檬酸盐	—
KCN 生长	—	水杨苷	—
注："+"表示阳性,"—"表示阴性。			
[a] C 群 13 型和 D 群为阳性。			

7.3.6 血清玻片凝集试验阳性。

8 结果报告

凡符合上述各项检测结果者作出阳性报告,不符合者作出阴性报告。生化反应不符合的菌株,即使能与某种志贺菌分型血清发生凝集,仍不得判定为志贺菌属的培养物。

ICS 65.020.30
B 44

中华人民共和国国家标准

GB/T 14926.48—2001

实验动物 结核分枝杆菌检测方法

Laboratory animal—Method for examination of
Mycobacterium tuberculosis

2001-08-29 发布　　　　　　　　　　2002-05-01 实施

中 华 人 民 共 和 国
国家质量监督检验检疫总局 发 布

前　言

本标准规定了猴结核分枝杆菌的检测方法。本标准特别指出了结核菌素试验复检结果的标准。

本标准由中华人民共和国科学技术部提出并归口。

本标准起草单位:中国实验动物学会。

本标准主要起草人:黄韧。

中 华 人 民 共 和 国 国 家 标 准

实验动物　结核分枝杆菌检测方法　　　　GB/T 14926.48—2001

Laboratory animal—Method for examination of
Mycobacterium tuberculosis

1　范围

本标准规定了实验动物结核分枝杆菌的检测方法。

本标准适用于猴结核分枝杆菌的检测。

2　引用标准

下列标准所包含的条文,通过在本标准中引用而构成为本标准的条文。本标准出版时,所示版本均为有效。所有标准都会被修订,使用本标准的各方应探讨使用下列标准最新版本的可能性。

GB/T 14926.42—2001　实验动物　细菌学检测　标本采集

3　原理

结核菌素能使感染结核分枝杆菌的动物产生迟发型超敏反应。因此,可从猴上眼睑皮内注射结核菌素后注射部位的炎症反应情况,判定动物是否感染结核分枝杆菌。

4　主要设备和材料

普通恒温培养箱

5　培养基及试剂

5.1　牛型提纯结核菌素(PPD)。

5.2　生理盐水。

6　检测程序

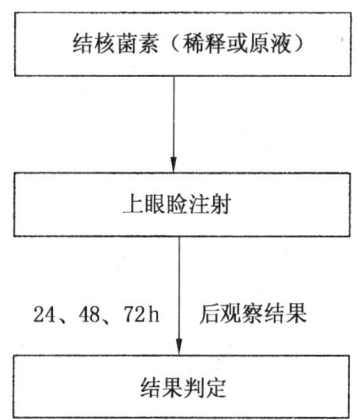

7 操作步骤

7.1 结核菌素工作浓度

根据购买说明使用,一般使用 2 000 U。

7.2 动物保定

由助手保定猴,术者以左手抓紧头部,不让其摆动,右手注射。

7.3 注射

眼睑局部消毒后,将结核菌素 0.1 mL 注射于上眼睑皮内。

7.4 结果观察

注射后 24,48,72 h 后观察结果。注射部位出现发红、肿胀、坏死、化脓等为阳性反应(+)。

7.5 结果判定

观察结果按下列标准判定:

+++:肿胀严重,甚至全眼闭合,有明显的眼眦,常在数天后破溃,一周内不恢复。

++:肿胀明显,上眼睑发红,两只眼明显不一样,72 h 后逐渐消退。

+:肿胀不明显,发红波及到整个上眼睑,48 h 明显,72 h 后消退。

±:无肿胀,注射部位轻度发红,48 h 消退。

—:眼睑无任何反应,与未注射眼一样。

出现阳性反应猴,进行复试。

7.6 复检

凡判定为可疑反应的猴,于 25～30 d 进行复检,如结果仍为可疑反应,经 25～30 d 再进行复检。

三次试验中,一次"±"或"+",二次"—",判"—";二次以上"±",判"±";一次"—"或"±",二次"+",判"+"。

8 结果报告

凡符合上述各项检测结果者作出阳性报告,不符合者作出阴性报告。

ICS 65.020.30
B 44

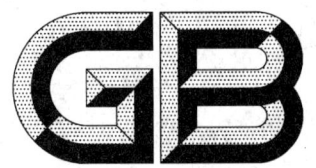

中华人民共和国国家标准

GB/T 14926.49—2001

实验动物 空肠弯曲杆菌检测方法

Laboratory animal—Method for examination of
Campylobacter jejuni

2001-08-29 发布

2002-05-01 实施

中 华 人 民 共 和 国
国家质量监督检验检疫总局 发 布

GB/T 14926.49—2001

前　　言

　　本标准规定的猴空肠弯曲杆菌的检测方法,非等效参照国家标准 GB 4789.9—1994 中空肠弯曲杆菌的检测方法以及医学检验中空肠弯曲杆菌的检测方法制定而成。

　　本标准由中华人民共和国科学技术部提出并归口。

　　本标准起草单位:中国实验动物学会。

　　本标准主要起草人:范薇。

中 华 人 民 共 和 国 国 家 标 准

实验动物　空肠弯曲杆菌检测方法

GB/T 14926.49—2001

Laboratory animal—Method for examination of
Campylobacter jejuni

1 范围

本标准规定了实验动物空肠弯曲杆菌的检测方法。

本标准适用于猴空肠弯曲杆菌的检测。

2 引用标准

下列标准所包含的条文,通过在本标准中引用而构成为本标准的条文。本标准出版时,所示版本均为有效。所有标准都会被修订,使用本标准的各方应探讨使用下列标准最新版本的可能性。

　　GB/T 14926.42—2001　实验动物　细菌学检测　标本采集

　　GB/T 14926.43—2001　实验动物　细菌学检测　染色法、培养基和试剂

3 原理

空肠弯曲杆菌在培养基上有特定的生长、形态和生理生化特征。

4 主要设备和材料

4.1　厌氧罐。

4.2　混合气体　5%氧气、10%二氧化碳和85%氮气。

4.3　真空泵。

5 培养基及试剂

5.1　Cary-Blair 运送培养基。

5.2　Skirrow 琼脂平皿。

5.3　改良 Camp-BAP 琼脂平皿。

5.4　血琼脂平皿。

5.5　TTC 琼脂。

5.6　三糖铁琼脂。

5.7　克氏双糖铁琼脂。

5.8　氧化酶试剂。

5.9　过氧化氢酶试剂。

5.10　甘氨酸培养基。

5.11　硝酸盐培养基。

5.12　1%马尿酸钠溶液。

中华人民共和国国家质量监督检验检疫总局 2001-08-29 批准　　　　　　2002-05-01 实施

5.13 30 μg 萘啶酮酸药敏纸片。

6 检测程序

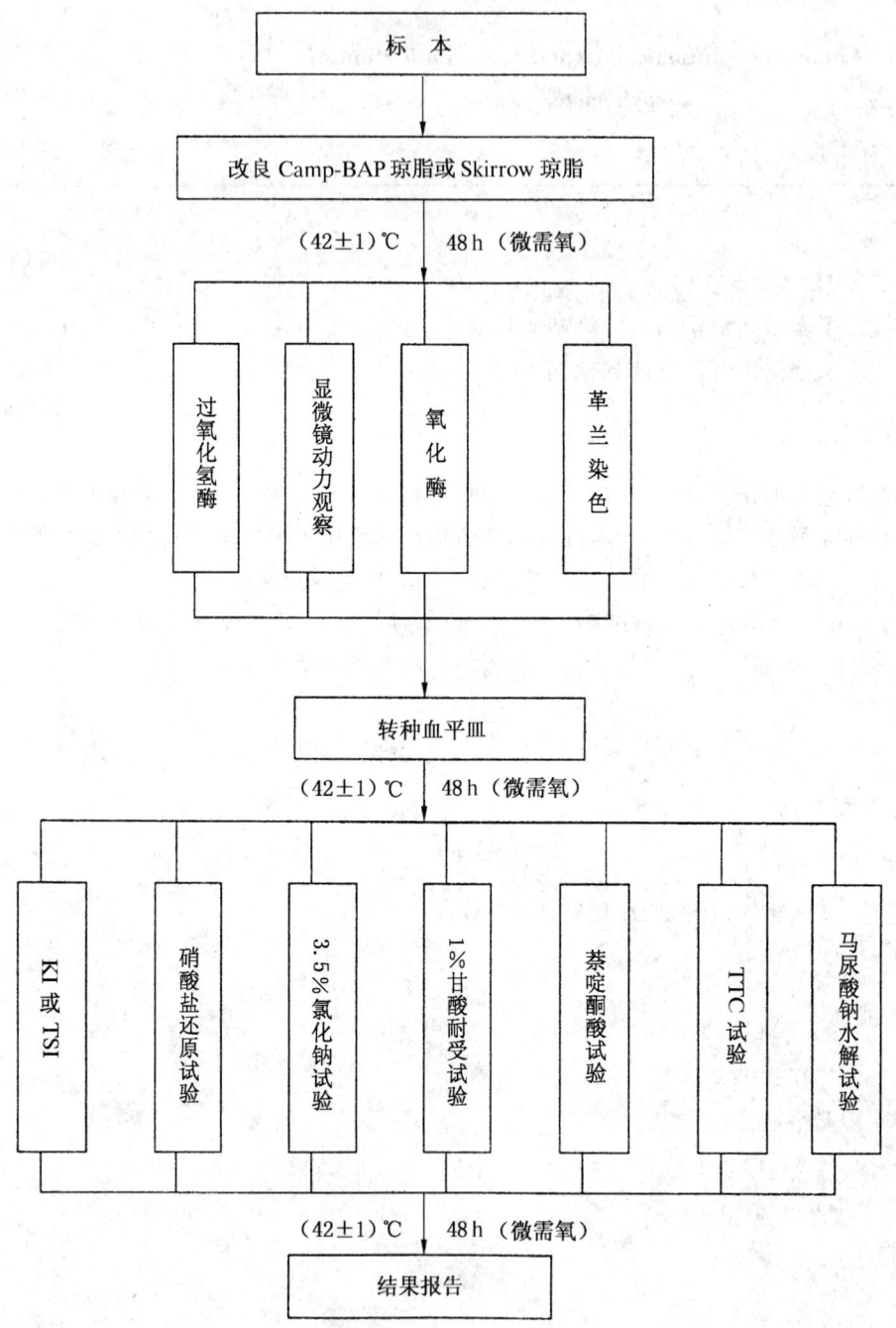

7 操作步骤

7.1 采样

采取粪便或肛拭子。

7.2 分离培养

将已接种的改良 Camp-BAP 琼脂或 Skirrow 琼脂尽快放入厌氧罐或玻璃干燥器内。如用厌氧罐，则先抽去罐内空气至负压 7.3×10⁴ Pa(550 mmHg)，输入混合气使罐内压力恢复于零；再将罐内空气抽至负压 7.3×10⁴ Pa(550 mmHg),同样输入混合气使罐内压力恢复于零,即可放置温箱培养。如用玻璃干燥器,则按烛缸法进行,待蜡烛熄灭后放入恒温培养箱,(42±1)℃培养 48 h。

7.3 鉴定

7.3.1 菌落特征

本菌在改良 Camp-BAP 琼脂或 Skirrow 琼脂平皿上(42±1)℃ 48 h 可形成两型菌落。第一型菌落不溶血,灰色、扁平、湿润、有光泽,看上去呈水滴样,有从接种线上向外扩散的倾向;第二型菌落也不溶血,常呈分散凸起的单个菌落,直径为 1～2 mm,边缘完整、湿润、有光泽。

7.3.2 菌体特征

本菌为革兰阴性菌,呈 S 形、螺旋型或纺锤形,在固体培养基上培养时间过久或条件不适宜的情况下常呈现球形菌。大小为(0.3～0.4)μm×(1.5～3)μm。在暗视野显微镜或相差显微镜下观察,动力明显。

7.3.3 过氧化氢酶和氧化酶试验均为阳性。

7.3.4 本菌接种克氏双铁或三糖铁(42±1)℃微需氧环境下培养 48～72 h,斜面和底层皆呈碱性反应;硫化氢纸条法显示阳性。

7.3.5 甘氨酸耐受试验阳性

本菌接种于 1%甘氨酸培养基中,培养 48 h 呈云雾状生长。

7.3.6 不耐受 3.5%氯化钠

接种于 3.5%氯化钠肉汤培养基培养 48 h,不生长。

7.3.7 萘啶酮酸试验

将本菌涂布血平皿,贴上含 30 μg 萘啶酮酸药敏纸片,培养 48 h 出现抑菌环。

7.3.8 TTC 琼脂试验阳性。将本菌涂布 TTC 琼脂平皿,培养 48 h,生长出紫色菌苔并有光泽。

7.3.9 马尿酸钠水解试验阳性。

7.3.10 硝酸盐还原试验阳性。

8 结果报告

凡符合上述各项检测结果者作出阳性报告,不符合者作出阴性报告。

———————

ICS 65.020.30

B 44

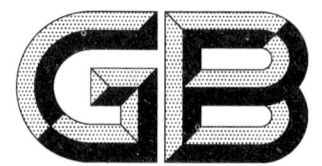

中华人民共和国国家标准

GB/T 14926.50—2001

实验动物 酶联免疫吸附试验

Laboratory animal—Enzyme-linked immunosorbent assay(ELISA)

2001-08-29 发布

2002-05-01 实施

中 华 人 民 共 和 国
国家质量监督检验检疫总局 发 布

GB/T 14926.50—2001

前　言

　　本标准修订了 GB/T 14926.18—1994《实验动物　淋巴细胞脉络丛脑膜炎病毒检测方法》中的酶联免疫吸附试验方法,将其作为一个独立标准列出。

　　本标准由中华人民共和国科学技术部提出并归口。

　　本标准起草单位:中国实验动物学会。

　　本标准主要起草人:贺争鸣。

中华人民共和国国家标准

实验动物 酶联免疫吸附试验

GB/T 14926.50—2001

Laboratory animal—Enzyme-linked immunosorbent assay(ELISA)

1 范围

本标准规定了酶联免疫吸附试验(ELISA)所用试剂、器材和操作步骤等。

本标准适用于实验动物病毒抗体的检测。

2 原理

包被于固相载体表面的已知抗原与待检血清中的特异性抗体结合形成免疫复合物。此抗原抗体复合物仍保持其抗原活性,可与相应的第二抗体酶结合物结合。在酶的催化作用下底物发生反应,产生有色物质。颜色反应的深浅与待检血清中所含有的特异性抗体的量成正比。

3 主要试剂和器材

3.1 试剂

3.1.1 抗原

3.1.1.1 特异性抗原

将病毒接种其敏感细胞培养增殖(表 1),当细胞病变达＋＋＋～＋＋＋＋时收获,冻融三次或超声波处理后,低速离心去除细胞碎片,上清液再经超速离心浓缩后制成 ELISA 抗原。

3.1.1.2 正常抗原

未接种病毒的相应细胞冻融破碎后,经低速离心去除细胞碎片而获得的上清液。

3.1.2 酶结合物

ELISA 法常用以下两类酶结合物。

3.1.2.1 辣根过氧化物酶标记羊或兔抗小鼠、大鼠、豚鼠、地鼠、兔、犬或猴 IgG 抗体。用于检测相应动物血清抗体。

3.1.2.2 辣根过氧化物酶标记葡萄球菌蛋白 A(SPA)。用于检测小鼠、豚鼠、兔、犬和猴血清抗体。

3.1.3 对照血清

3.1.3.1 阳性血清

用病毒抗原免疫清洁或 SPF 小鼠、大鼠、豚鼠、地鼠或普通级兔、犬、猴所获得的抗血清;或自然感染恢复后的犬、猴血清。

3.1.3.2 阴性血清

清洁或 SPF 小鼠、大鼠、豚鼠、地鼠血清;或确认无相应病毒感染的兔、犬、猴血清。

3.1.4 包被液(0.05 mol/L pH9.6)

碳酸钠	1.59 g
碳酸氢钠	2.93 g
蒸馏水	加至 1 000 mL

3.1.5 PBS(0.01 mol/L pH7.4)

氯化钠	8 g
氯化钾	0.2 g
磷酸二氢钾	0.2 g
磷酸氢二钠($Na_2HPO_4 \cdot 12H_2O$)	2.83 g
蒸馏水	加至 1 000 mL

3.1.6 洗涤液

PBS(0.01 mol/L pH7.4)	1 000 mL
Tween-20	0.5 mL

3.1.7 稀释液 含 10% 小牛血清的洗涤液。

3.1.8 磷酸盐-柠檬酸缓冲液(pH5.0)

柠檬酸	3.26 g
磷酸氢二钠($Na_2HPO_4 \cdot 12H_2O$)	12.9 g
蒸馏水	700 mL

3.1.9 底物溶液

磷酸盐-柠檬酸缓冲液(pH5.0)	10 mL
邻苯二胺(OPD)	4 mg
30% 过氧化氢	2 μL

3.1.10 终止液(2 mol/L 硫酸)

硫酸	58 mL
蒸馏水	442 mL

3.2 器材

3.2.1 酶标仪。

3.2.2 聚苯乙烯板: 40 孔、55 孔或 96 孔(可拆或不可拆),用前洗净晾干,在紫外线下 20 cm 处照射 1 h。

3.2.3 微量加样器: 容量 5~50 μL、50~200 μL。

3.2.4 37℃ 培养箱。

4 操作步骤

4.1 包被抗原

根据滴定的最适工作浓度,将特异性抗原和正常抗原分别用包被液稀释。每孔 100 μL,置 37℃ 1 h 后再 4℃ 过夜。

4.2 用洗涤液洗 5 次,每次 3 min,叩干。

4.3 加样

待检血清和阴性、阳性对照血清分别用稀释液做 1∶40 稀释,分别加入两孔(特异性抗原孔和正常抗原孔),每孔 100 μL,37℃ 1 h,洗涤同上。

4.4 加酶结合物

用稀释液将酶结合物稀释成适当浓度,每孔加入 100 μL,37℃ 1 h,洗涤同上。

4.5 加底物溶液

每孔加入新配制的底物溶液 100 μL,置 37℃,避光显色 10~15 min。

4.6 终止反应

每孔加入终止液 50 μL。

4.7 测 *A* 值

在酶标仪上,于 490 nm 处读出各孔 *A* 值。

5 结果判定

在阴性和阳性对照血清成立的条件下,进行结果判定。

5.1 同时符合下列 3 个条件者,判为阳性。

5.1.1 待检血清与正常抗原和特异性抗原反应有明显的颜色区别;

5.1.2 待检血清与特异性抗原反应的 A 值≥0.2;

5.1.3 待检血清与特异性抗原反应的 A 值/阴性对照血清与特异性抗原反应的 A 值≥2.1。

5.2 均不符合上述 3 个条件者,判为阴性。

5.3 仅有 1~2 条符合者,判为可疑。需选用同一种方法或另一种方法重试。

表 1　ELISA 抗原的制备

病毒	细胞、鸡胚	收获时间,d	细胞病变
HV	E6	10~14	—
LCMV	Vero	7~10	+++~++++
Ect.	BHK21,Vero	2~3	++~+++
MHV	DBT,L929	2~4	+++~++++
Sendai	鸡胚	3	+++~++++
Reo3	BSC-1,BHK21	4~5	++++
PVM	BHK21	10~14	++~+++
TMEV	BHK21	5~6	++++
MVM	ME,3T3	7~10	++++
MAd	MK,ME,3T3	3~5	++++
Polyoma	ME,3T3	10~14	+++~++++
KRV	RE	7~12	+++~++++
H-1	RE	7~12	+++~++++
RCV/SDAV	DBT,L929	2~3	+++~++++
RRV	MA-104	2~3	+++~++++
RV	BHK21	6~7	+++~++++
CPV	FK81	3~5	+++~++++
ICHV	MDCK	3~4	+++~++++
CDV	Vero	8~10	+++~++++
B Virus	Vero	1~2	+++~++++
SRV	Raji	10~14	细胞融合
SIV	CM-174	10~14	细胞融合
SPV	BHK21	2~3	++~+++

注:MK-小鼠肾细胞;ME-小鼠胚细胞;RE-大鼠胚细胞。

ICS 65.020.30
B 44

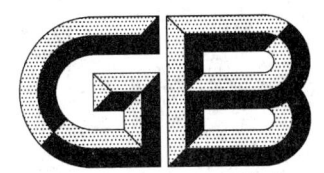

中华人民共和国国家标准

GB/T 14926.51—2001

实验动物 免疫酶试验

Laboratory animal—Immunoenzyme assay(IEA)

2001-08-29 发布　　　　　　　　　　　　　　　2002-05-01 实施

中 华 人 民 共 和 国
国家质量监督检验检疫总局 发 布

前　言

　　本标准修订了 GB/T 14926.18—1994《实验动物　淋巴细胞脉络丛脑膜炎病毒检测方法》中的免疫酶试验方法,将其作为一个独立标准列出。

　　本标准由中华人民共和国科学技术部提出并归口。

　　本标准起草单位:中国实验动物学会。

　　本标准主要起草人:贺争鸣。

中华人民共和国国家标准

实验动物 免疫酶试验

GB/T 14926.51—2001

Laboratory animal—Immunoenzyme assay(IEA)

1 范围

本标准规定了免疫酶试验(IEA)所用试剂、器材和操作步骤等。

本标准适用于实验动物病毒抗体的检测。

2 原理

含有病毒抗原的细胞固定于玻片上,遇相应抗体形成抗原抗体复合物。此抗原抗体复合物仍保持其抗原活性,可与相应的第二抗体酶结合物结合,遇酶底物产生颜色反应。在普通显微镜下,根据颜色的反应判定结果。

3 主要试剂与器材

3.1 试剂

3.1.1 抗原片

3.1.1.1 抗原片的制备

将病毒接种敏感细胞(表1),待细胞出现病变或确知细胞内含有丰富的病毒抗原后,用胰酶消化分散细胞,PBS 洗涤三次,最后用适量 PBS 悬浮细胞。将细胞悬液滴于玻片孔内。同时消化不感染病毒的同批同种细胞,滴加同一玻片另一孔内,作为正常细胞对照。孔内滴加的细胞以细胞铺开、不重叠为宜。室温干燥后,冷丙酮(4℃)固定 10 min。用蒸馏水漂洗后充分干燥,置于−20℃备用。

3.1.1.2 抗原片的鉴定

每批抗原片在使用前,用相应的阳性血清和阴性血清进行鉴定。鉴定方法可用 IEA 或免疫荧光试验。在阴性血清与正常细胞和病毒感染细胞反应无色;阳性血清与正常细胞反应无色,而与病毒感染细胞呈棕褐色,且阳性细胞数达 30%～50% 时,此批抗原片可以使用。

3.1.2 酶结合物

抗小鼠、大鼠、地鼠、豚鼠、兔、犬或猴 IgG 抗体辣根过氧化物酶结合物用于检查相应动物的血清抗体。葡萄球菌蛋白 A(SPA)辣根过氧化物酶结合物可代替抗小鼠、豚鼠、兔、犬和猴 IgG 抗体辣根过氧化物酶结合物使用。

3.1.3 阳性血清

用病毒抗原免疫清洁或 SPF 级小鼠、大鼠、豚鼠、地鼠或普通级兔、犬、猴所获得的抗血清;或自然感染恢复后的犬、猴血清。

3.1.4 阴性血清

清洁或 SPF 级小鼠、大鼠、豚鼠、地鼠血清;或确认无相应病毒感染的兔、犬、猴血清。

3.1.5 PBS(0.01 mol/L,pH7.4)

氯化钠	8 g
氯化钾	0.2 g

中华人民共和国国家质量监督检验检疫总局 2001-08-29 批准　　　　　　2002-05-01 实施

磷酸二氢钾	0.2 g
磷酸氢二钠(Na$_2$HPO$_4$·12H$_2$O)	2.83 g
蒸馏水	加至 1 000 mL

3.1.6 底物溶液(现用现配)

3,3-二胺基联苯胺盐酸盐(DAB)	40 mg
PBS(0.01 mol/L,pH7.4)	100 mL
丙酮	5 mL
33%过氧化氢	0.1 mL

3.2 器材

3.2.1 普通显微镜。

3.2.2 印有 10～40 个小孔的玻片。

3.2.3 微量加样器,容量 5～50 μL。

3.2.4 恒温水浴箱。

4 操作步骤

4.1 取出抗原片,室温干燥后,滴加适当稀释的待检血清和阴性、阳性血清,每份血清加两个病毒细胞孔和一个正常细胞孔,置湿盒内,37℃ 30 min。

4.2 PBS 洗三次,每次 5 min,室温干燥。

4.3 滴加适当稀释的酶结合物,置湿盒内,37℃ 30 min。

4.4 PBS 洗 3 次,每次 5 min。

4.5 将玻片放入底物溶液中,在室温下显色 5～10 min。PBS 漂洗 2 次,再用蒸馏水漂洗 1 次。

4.6 吹干后,在光镜下判定结果。

5 结果判定

在阴性、阳性对照血清成立的情况下:即阴性血清与正常细胞和病毒感染细胞反应无色;阳性血清与正常细胞反应无色,与病毒感染细胞呈棕褐色,即可判定结果。

5.1 待检血清与正常细胞和病毒感染细胞反应均呈无色,判为阴性。

5.2 待检血清与正常细胞反应呈无色,而与病毒感染细胞反应呈棕褐色,判为阳性。根据颜色深浅可判为＋～＋＋＋＋。

表 1 IEA 细胞抗原片的制备

病毒	敏感细胞	收获时间,d	病变	涂片制备
HV	E6	7～10	—	分散细胞涂片,固定鉴定,保存
LCMV	Vero	7～10	++	
Ect.	BHK21	2～3	++～+++	
MHV	DBT,L929	1～2	++～+++	
Sendai	BHK21	2～4	++～+++	
PVM	BHK21	5～7	++	
Reo3	BHK21	3～4	++～+++	
TMEV	BHK21	4～5	++～+++	
MAd	MK	2～4	++～+++	
MVM	RE,ME	7～12	++～+++	
Polyoma	ME	10～12	++～+++	
RCV	RK	2～3	++～+++	
KRV	RE	7～12	++～+++	

表 1(完)

病毒	敏感细胞	收获时间,d	病变	涂片制备
H-1	RE	7～12	＋＋～＋＋＋	分散细胞涂片,固定鉴定,保存
SA11	MA-104	2～3	＋＋～＋＋＋	
CDV	Vero	5～7	＋＋～＋＋＋	
BVirus	Vero	1～2	＋＋＋	
SPV	BHK21	1～2	＋＋～＋＋＋	
注：MK-小鼠肾细胞;ME-小鼠胚细胞;RK-大鼠肾细胞;RE-大鼠胚细胞。				

ICS 65.020.30

B 44

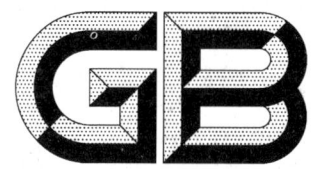

中华人民共和国国家标准

GB/T 14926.52—2001

实验动物　免疫荧光试验

Laboratory animal—Immunofluorescence assay（IFA）

2001-08-29 发布

2002-05-01 实施

中 华 人 民 共 和 国
国家质量监督检验检疫总局 发 布

前　　言

本标准修订了 GB/T 14926.18—1994《实验动物　淋巴细胞脉络丛脑膜炎病毒检测方法》中的免疫荧光试验方法,将其作为一个独立标准列出。

本标准由中华人民共和国科学技术部提出并归口。

本标准起草单位:中国实验动物学会。

本标准主要起草人:贺争鸣。

中 华 人 民 共 和 国 国 家 标 准

实验动物 免疫荧光试验

GB/T 14926.52—2001

Laboratory animal—Immunofluorescence assay(IFA)

1 范围

本标准规定了免疫荧光试验(IFA)所用试剂、器材和操作步骤等。

本标准适用于实验动物病毒抗体的检测。

2 原理

含有病毒抗原的细胞(组织培养细胞或动物组织细胞)固定于玻片上,遇相应抗体形成抗原抗体复合物。此抗原抗体复合物仍保持其抗原活性,可与相应的第二抗体荧光素结合物结合。荧光素在紫外光或蓝紫光的照射下,可激发出可见的荧光。因此,在荧光显微镜下以荧光的有无和强弱判定结果。

3 主要试剂与器材

3.1 试剂

3.1.1 抗原片的制备

将病毒接种于敏感细胞上(见表1),待细胞出现病变或确知细胞内含有丰富的病毒抗原后,用胰酶消化下细胞,PBS 洗涤三次,用适量 PBS 悬浮细胞,将细胞悬液滴于玻片孔中。同时消化未感染病毒的同批细胞,滴加同一玻片另一孔内,作为正常细胞对照。孔内滴加的细胞以细胞铺开、不重叠为宜。室温干燥后,冷丙酮(4℃)固定 10 min。PBS 漂洗后,充分干燥,置于-20℃备用。在-20℃条件下可保存一年。

3.1.2 羊或兔抗小鼠、大鼠、地鼠、豚鼠、兔、犬或猴 IgG 异硫氰酸荧光素结合物,使用时用含 0.01%～0.02%伊文思蓝 PBS 稀释至适当浓度。

3.1.3 阳性血清

用病毒抗原免疫清洁或 SPF 小鼠、大鼠、豚鼠、地鼠或普通级兔、犬、猴所获得的抗血清;或自然感染恢复后的犬、猴血清。

3.1.4 阴性血清

清洁或 SPF 小鼠、大鼠、豚鼠、地鼠血清;或确认无相应病毒感染的兔、犬、猴血清。

3.1.5 PBS(0.01 mol/L,pH7.4)

氯化钠	8 g
氯化钾	0.2 g
磷酸二氢钾	0.2 g
磷酸氢二钠(Na$_2$HPO$_4$ · 12H$_2$O)	2.83 g
蒸馏水	加至 1 000 mL

3.1.6 50%甘油 PBS

甘油	5 mL
PBS(0.01 mol/L,pH7.4)	5 mL

中华人民共和国国家质量监督检验检疫总局 2001-08-29 批准

2002-05-01 实施

3.2 器材

3.2.1 荧光显微镜。

3.2.2 超净工作台。

3.2.3 低温冰箱。

3.2.4 37℃培养箱。

3.2.5 恒温水浴箱。

3.2.6 印有 10～40 个小孔的玻片。

3.2.7 微量加样器,容量 5～50 μL。

4 操作步骤

4.1 取出抗原片,室温干燥后,将适当稀释的待检血清和阴性、阳性血清分别滴于抗原片上,每份血清加两个病毒细胞孔和一个正常细胞孔,置湿盒内,37℃ 30～45 min。

4.2 PBS 洗三次,每次 5 min,室温干燥。

4.3 取适当稀释的荧光抗体,滴加于抗原片上,置湿盒内,37℃ 30～45 min。

4.4 PBS 洗三次,每次 5 min。

4.5 50%甘油 PBS 封片,荧光显微镜下观察。

5 结果判定

在阴性、阳性对照血清成立的条件下,即阴性血清与正常细胞和病毒感染细胞反应均无荧光;阳性血清与正常细胞反应无荧光,与病毒感染细胞反应有荧光反应,即可判定结果。

5.1 待检血清与正常细胞和病毒感染细胞均无荧光反应,判为阴性。

5.2 待检血清与正常细胞反应无荧光,与感染细胞有荧光反应,判为阳性。根据荧光反应的强弱可判定为＋～＋＋＋＋。

表 1 IFA 细胞抗原片的制备

病毒	敏感细胞	收获时间,d	病变	涂片制备
LCMV	Vero	7～10	＋＋	分散细胞涂片,固定鉴定,保存
Ect.	BHK21	2～3	＋＋～＋＋＋	
MHV	DBT,L929	1～2	＋＋～＋＋＋	
Sendai	BHK21	2～3	＋＋～＋＋＋	
PVM	BHK21	5～7	＋＋	
Reo3	BHK21	3～4	＋＋～＋＋＋	
TMEV	BHK21	4～5	＋＋～＋＋＋	
MAd	MK	2～4	＋＋～＋＋＋	
MVM	RE,ME	7～12	＋＋～＋＋＋	
Polyoma	ME	10～12	＋＋～＋＋＋	
RCV	RK	2～3	＋＋～＋＋＋	
KRV	RE	7～12	＋＋～＋＋＋	
H-1	RE	7～12	＋＋～＋＋＋	
SA11	MA-104	2～3	＋＋～＋＋＋	
SRV	Raji	10～14	＋＋～＋＋＋	
SIV	CM-174	10～14	＋＋～＋＋＋	
STLY-1	MT-4	10～14		
注:MK-小鼠肾细胞;ME-小鼠胚细胞;RK-大鼠肾细胞;RE-大鼠胚细胞。				

ICS 65.020.30

B 44

中华人民共和国国家标准

GB/T 14926.53—2001

实验动物　血凝试验

Laboratory animal—Haemoglutination test（HA）

2001-08-29 发布　　　　　　　　　　　　　　2002-05-01 实施

中华人民共和国
国家质量监督检验检疫总局 发布

前　　言

本标准修订了 GB/T 14926.24—1994《实验动物　小鼠肺炎病毒检测方法》中的血凝试验方法，将其作为一个独立标准列出。

本标准由中华人民共和国科学技术部提出并归口。

本标准起草单位：中国实验动物学会。

本标准主要起草人：贺争鸣。

中华人民共和国国家标准

实验动物 血凝试验

GB/T 14926.53—2001

Laboratory animal—Haemoglutination test(HA)

1 范围

本标准规定了血凝试验(HA)所用试剂、器材和操作步骤等。

本标准适用于实验动物病毒抗原的检测。

2 原理

某些病毒在一定的条件下,能够选择性地凝集某些动物红细胞,产生可见的凝集反应。

3 主要试剂与器材

3.1 试剂

3.1.1 血凝素

血凝素抗原除部分病毒(如痘类病毒)能与感染性颗粒分开外,大部分是与病毒的感染性颗粒相关联,凡培养于鸡胚或组织培养中的病毒及其抗原物质,经离心除去沉淀,均可用作血凝试验的抗原(见表1、表2)。

表 1 血凝素制备方法

病毒	细胞	收毒(d)	病变(+)	抗原处理	滴度(HA)	备注
KRV	RE	7～12	2～3	冻融2～3次,2 000 r/min	64～128	
H-1	RE	7～12	2～3	离心10～20 min,取上清	128	
CPV	FK81	3～5	3～4	离心10～20 min,取上清	＞640	
ICHV	MDCK	3～4	3～4	培养物冻融后离心,取上清,经60℃水浴作用10～20 min	＞1 280	
RV	BHK21	4～5	2～3	冻融2～3次,2 000 r/min 离心20 min 取上清	＞320	基础液中含0.2%～0.4%牛血清白蛋白

表 2 血凝素制备方法

病毒	动物(日龄)	接种途径剂量	抗原取材	时间(d)	抗原处理	滴度(HA)
TMEV	小鼠(14～21)	ic0.02 mL	脑	5～7	研磨成10%悬液,冻化2～3次 1 000 r/min离心10 min,上清对倍加0.5%胰酶,4℃可短期保存	128～512
Sendai	鸡胚(9)	尿囊0.2 mL	尿囊液	3	2 000 rpm 离心10 min,取上清液	640
RHDV	兔	sc 2 mL	肝	2～4	研磨成10%悬液3 000 r/min离心10 min取上清	8 190

中华人民共和国国家质量监督检验检疫总局2001-08-29批准

2002-05-01实施

3.1.2 红细胞悬液

根据不同病毒血凝所需敏感红细胞制备悬液,一般将血液保存于阿氏溶液内,使用前用 pH7.4 PBS 洗三次,再悬于 pH7.4 PBS 中。

3.1.3 PBS(0.01 mol/L,pH7.4)

氯化钠	8 g
氯化钾	0.2 g
磷酸二氢钾	0.2 g
磷酸氢二钠($Na_2HPO_4 \cdot 12H_2O$)	2.83 g
蒸馏水	加至 1 000 mL

3.1.4 阿氏溶液

葡萄糖	2.05 g
枸橼酸钠	0.8 g
枸橼酸	0.055 g
氯化钠	0.42 g
蒸馏水	100 mL

115℃灭菌 30 min,保存于 4℃。

3.2 器材

3.2.1 恒温培养箱。

3.2.2 微量震荡器。

3.2.3 微量血凝反应板(U 型或 V 型)。

3.2.4 微量加样器(容量 5～50 μL)或微量稀释棒。

4 操作步骤

4.1 将血凝素用 PBS 做连续倍比稀释,每稀释度留 25 μL 于微量血凝板孔内。

4.2 每孔内再加 25 μL PBS 与 50 μL 红细胞悬液,摇匀。同时设立红细胞对照。

4.3 置所需温度作用 30～60 min。

5 结果判定

将出现血凝"＋＋"的最高稀释度定为该血凝素的效价。

各孔血凝结果以＋＋＋＋、＋＋＋、＋＋、＋、－表示。

＋＋＋＋:红细胞一片凝集,均匀铺于孔底。

＋＋＋:红细胞凝集基本同上,孔底有大圈。

＋＋:红细胞于孔底形成一个中等大的圈,四周有小凝块。

＋:红细胞于孔底形成一个小圈,四周有少许凝块。

－:红细胞完全不凝集,沉于孔底。

ICS 65.020.30
B 44

中华人民共和国国家标准

GB/T 14926.54—2001

实验动物 血凝抑制试验

Laboratory animal—Haemoglutination inhibition test（HAI）

2001-08-29 发布

2002-05-01 实施

中 华 人 民 共 和 国
国家质量监督检验检疫总局　发　布

前　　言

　　本标准修订了 GB/T 14926.24—1994《实验动物　小鼠肺炎病毒检测方法》中的血凝抑制试验方法，将其作为一个独立标准列出。

　　本标准由中华人民共和国科学技术部提出并归口。

　　本标准起草单位：中国实验动物学会。

　　本标准主要起草人：贺争鸣。

中 华 人 民 共 和 国 国 家 标 准

实验动物 血凝抑制试验

GB/T 14926.54—2001

Laboratory animal—Haemoglutination inhibition test(HAI)

1 范围

本标准规定了血凝抑制试验(HAI)所用试剂、器材和操作步骤等。

本标准适用于实验动物病毒抗体的检测。

2 原理

某些病毒在一定的条件下,能够选择性的凝集某些动物红细胞。这种凝集红细胞的能力可被特异性抗体所抑制。

3 主要试剂与器材

3.1 试剂

3.1.1 血凝素抗原

血凝抗原除部分病毒(如痘类病毒)能与感染性颗粒分开外,大部分是与病毒的感染性颗粒相关联,凡培养于鸡胚或组织培养中的病毒及其抗原物质,经离心除去沉淀,均可用作血凝抑制试验的血凝素抗原。见 GB/T 14926.52—2001 中表1、表2。

3.1.2 红细胞悬液

根据不同病毒血凝所需敏感红细胞制备悬液。一般将血液保存于阿氏溶液内,使用前 pH7.4 PBS 洗三次,再悬于 pH7.4 PBS 中。

3.1.3 阳性血清

3.1.4 阴性血清

3.1.5 PBS(0.01 mol/L,pH7.4)

氯化钠	8 g
氯化钾	0.2 g
磷酸二氢钾	0.2 g
磷酸氢二钠($Na_2HPO_4 \cdot 12H_2O$)	2.83 g
蒸馏水	加至 1 000 mL

3.1.6 阿氏溶液

葡萄糖	2.05 g
枸橼酸钠	0.8 g
枸橼酸	0.055 g
氯化钠	0.42 g
蒸馏水	100 mL

115℃,30 min 灭菌,保存于 4℃。

3.2 器材

中华人民共和国国家质量监督检验检疫总局 2001-08-29 批准

2002-05-01 实施

3.2.1 恒温培养箱。

3.2.2 微量震荡器。

3.2.3 微量血凝反应板（U 型或 V 型）。

3.2.4 微量加样器（容量 5～50 μL）或微量稀释棒。

4 操作步骤

4.1 血凝素滴定

将血凝素用 PBS 做连续倍比稀释，每稀释度留 25 μL 于微量血凝板孔内，再加 25 μL PBS 和 50 μL 红细胞悬液，摇匀。同时设立红细胞对照。置所需温度 30～60 min，判定结果时将出现凝集"＋＋"的最高稀释度定为血凝素的效价。

4.2 待检血清处理

将被检血清置 56℃水浴 30 min。有的血清含有非特异性抑制素，可用霍乱滤液处理，即 1 份血清加 4 份滤液，混匀后置 37℃水浴过夜，再置 56℃水浴 30 min。有的血清含有非特异性凝集素，可按血清体积 1/10 量加入 50%红细胞悬液置 4℃ 16 h 或室温 2 h，然后离心除去血球。

4.3 血清稀释

在微量血凝反应板（U 型或 V 型）上，自 1∶10 起作一系列倍比稀释，每稀释度留 25 μL 于血凝板孔内，另取 1∶10 稀释的血清 25 μL，作血清对照（见表 1）。

4.4 滴加血凝素

在已稀释好的血清孔内（除血清对照孔外）加 25 μL 血凝素（根据血凝素不同，稀释成 4U 或 8U）。血清对照孔加 25 μL PBS。摇均后置所需温度作用 30 min（见表 3）。

4.5 血凝素单位校对

滴加血凝素的同时，将 8U 血凝素稀释成 4U、2U、1U 和 1/2U，每孔 25 μL，摇匀后置所需温度作用一定时间（见表 2）。

4.6 红细胞对照 加 PBS 50 μL（见表 2）。

4.7 血清对照（见表 2）。

4.8 滴加红细胞悬液 全部试验和对照孔内，均加 50 μL 红细胞悬液，摇匀后置所需温度作用一定的时间（见表 3），判定结果。

5 结果判定

在对照系统（阴性血清、阳性血清、待检血清、抗原和红细胞）成立的条件下判定结果。

判定时以完全不出现血凝的血清最高稀释度为血清的血凝抑制滴度。

各孔血凝结果以＋＋＋＋、＋＋＋、＋＋、＋、－表示。

＋＋＋＋:红细胞一片凝集，均匀铺于孔底。

＋＋＋:红细胞凝集基本同上，孔底有大圈。

＋＋:红细胞于孔底形成一个中等大的圈，四周有小凝块。

＋:红细胞于孔底形成一个小圈，四周有少许凝块。

－:红细胞完全不凝集，沉于孔底。

表 1 血球凝集抑制试验(检测系统)操作方法

孔号	1	2	3	4	5	6	7	8	9	10	11	12
稀释度	1/10	1/10	1/20	1/40	1/80	1/160	1/320	1/640	1/1 280	1/2 560	1/512	红细胞对照
待检血清,μL	25	25	25	25	25	25	25	25	25	25	25	
血凝素,μL		25	25	25	25	25	25	25	25	25	25	
在所需温度条件下作用一定时间												
PBS,μL	25											50
红细胞,μL	50	50	50	50	50	50	50	50	50	50	50	50

表 2 血球凝集抑制试验(对照系统)操作方法

孔号	1	2	3	4	5	6	7	8	9	10	11	12
血凝素单位	4	2	1	1/2								
PBS,μL	25	25	25	25	25	25	25	25	25	25	25	25
血凝素,μL	25	25	25	25								
阳性血清,μL					25	25	25	25				
阴性血清,μL									25	25	25	25
红细胞,μL	50	50	50	50	50	50	50	50	50	50	50	50

表 3 血凝抑制试验条件

病毒	血凝单位	红细胞	抗原抗体作用 时间,min	抗原抗体作用 温度,℃	加红细胞后作用温度,℃	判定阳性滴度	备注
TMEV	8	人"0"	60	22	22	20	
Sendai	4	鸡、豚鼠	30	22	22	10	
KRV	8	豚鼠	30	22	22	20	
H-1	8	豚鼠	30	22	22	20	
RHDV	8	人"0"	30	22	22	10	疫苗保护效果滴度(HAI)
CPV	8	猪	30	22或37	4	80	疫苗保护效果滴度(HAI)
ICHV	4	人"0"	30	37	37	160	疫苗保护效果滴度(ELISA)
RV	4	鹅	120	22	4	160	疫苗保护效果滴度(ELISA)

ICS 65.020.30

B 44

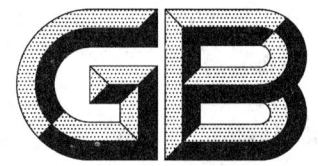

中华人民共和国国家标准

GB/T 14926.55—2001

实验动物 免疫酶组织化学法

Laboratory animal—Immunohistochemistry(IH)

2001-08-29 发布

2002-05-01 实施

中 华 人 民 共 和 国
国家质量监督检验检疫总局
发 布

前　　言

本标准规定了免疫酶组织化学法所用试剂、器材和操作步骤等。

本标准由中华人民共和国科学技术部提出并归口。

本标准起草单位:中国实验动物学会。

本标准主要起草人:贺争鸣。

中华人民共和国国家标准

实验动物 免疫酶组织化学法

GB/T 14926.55—2001

Laboratory animal—Immunohistochemistry(IH)

1 范围

本标准规定了免疫酶组织化学法(IH)所用试剂、器材和操作步骤等。

本标准适用于实验动物病毒抗原的检测。

2 原理

用已知的特异性抗体与标本中待测抗原反应,如待测抗原是特异性抗体的相应抗原则形成抗原抗体复合物。此抗原抗体复合物仍保持其抗原活性,可与相应的第二抗体酶结合物结合,遇酶底物产生颜色反应。在普通显微镜下,根据颜色的反应判定结果。

3 主要试剂与器材

3.1 试剂

3.1.1 抗病毒单克隆抗体或抗血清。

3.1.2 羊或兔抗小鼠、大鼠、地鼠、豚鼠、兔、犬、猴 IgG 抗体标记辣根过氧化物酶。

3.1.3 PBS(0.01 mol/L,pH7.6)

氯化钠	8.5 g
磷酸二氢钠($NaH_2PO_4 \cdot 2H_2O$)	0.20 g
磷酸二氢钠($NaH_2PO_4 \cdot 12H_2O$)	3.12 g
蒸馏水	加至 1 000 mL

3.1.4 底物溶液

3,3-二胺基联苯胺盐酸盐(DAB)	40 mg
PBS	100 mL
丙酮	5 mL
3%过氧化氢	0.1 mL

3.2 器材

3.2.1 石蜡切片机或冰冻切片机。

3.2.2 载玻片及盖玻片。

3.2.3 普通显微镜。

4 操作步骤

4.1 冰冻切片风干后用丙酮固定10～15 min,石蜡切片,常规脱蜡至 PBS(切片应用白胶或铬矾明胶做粘合剂,以防脱片)。

4.2 去内源酶

用0.3%过氧化氢甲醇溶液或1%盐酸酒精37℃作用30 min。

4.3 胰蛋白酶消化

需要时用胰蛋白酶消化处理,以便充分暴露抗原。

4.4 漂洗

PBS 洗 3 次,每次 5 min。

4.5 封闭

5％小牛血清或 1∶10 稀释的正常马血清,37℃湿盒中作用 30 min。

4.6 加适当稀释的已知单抗或抗血清,37℃湿盒中作用 1 h 或 30 min 后 4℃过夜。

4.7 漂洗同 4.4。

4.8 加适当稀释的第二抗体酶结合物,37℃湿盒作用 1 h。

4.9 漂洗同 4.4。

4.10 底物显色

新鲜配制的 DAB 溶液显色 5～10 min 后漂洗。

4.11 衬染

苏木素或甲基绿衬染细胞核或细胞质。

4.12 常规脱水、透明、封片、显微镜观察。

5 结果判定

对照片本底清晰,背景无非特异着染,被检物呈黄至棕褐色着染,即可判为阳性。

ICS 65.020.30
B 44

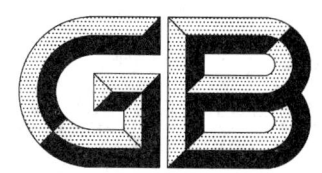

中华人民共和国国家标准

GB/T 14926.56—2008
代替 GB/T 14926.56—2001

实验动物　狂犬病病毒检测方法

Laboratory animal—Method for examination of Rabies virus

2008-12-10 发布
2009-03-01 实施

中华人民共和国国家质量监督检验检疫总局
中国国家标准化管理委员会　发布

前　言

GB/T 14926《实验动物》共 54 个部分,为不同微生物和病毒检测技术方法。

本部分自实施之日起代替 GB/T 14926.56—2001《实验动物　狂犬病病毒检测方法》。

本部分与 GB/T 14926.56—2001 相比主要技术差异如下:

a)　删除原标准中"2　引用标准"内容;

b)　对原标准中"3　原理"中所有内容改为"在微孔板上预包被纯化狂犬病毒抗原,使免疫反应在固相载体上进行。当被检血清中有狂犬病病毒抗体存在时,则与孔壁上的抗原形成抗原-抗体复合物,再与抗犬 IgG 酶标记物反应,最后通过测定酶作用底物催化后的产物,进行定性检测";

c)　删除原标准中所有关于血凝抑制试验的试剂、方法及结果判定;

d)　对原标准中所有关于酶联免疫吸附试验的内容进行修改,包括试剂、方法及结果判定等;

e)　对原标准中"6　结果判定"中增加了"6.3　基础级犬群体免疫抗体合格率:免疫抗体合格率＝(被检动物抗体阳性数/被检动物总数)×100%。基础级犬群体免疫抗体合格率达到 70% 以上可判为该犬群免疫合格"内容。

本部分由全国实验动物标准化技术委员会提出并归口。

本部分由全国实验动物标准化技术委员会负责起草。

本部分主要起草人:田克恭、陈西钊、曹振、王传彬、何秀敏、汤汉文。

本部分所代替标准的历次版本发布情况为:

——GB/T 14926.56—2001。

实验动物 狂犬病病毒检测方法

1 范围

GB/T 14926 的本部分规定了狂犬病病毒（RV）的检测方法、试剂等。

本部分适用于犬 RV 的检测。

2 原理

在微孔板上预包被纯化狂犬病毒抗原，使免疫反应在固相载体上进行。当被检血清中有狂犬病病毒抗体存在时，则与孔壁上的抗原形成抗原-抗体复合物，再与抗犬 IgG 酶标记物反应，最后通过测定酶作用底物催化后的产物，进行定性检测。

3 主要试剂和器材

3.1 试剂

犬狂犬病毒 IgG 抗体检测试剂盒（定性），包括：

a) 预包被狂犬病毒抗原的微孔板；

b) 狂犬病毒 IgG 酶标记物；

c) 狂犬病毒 IgG 阳性对照；

d) 狂犬病毒 IgG 临界对照；

e) 狂犬病毒 IgG 阴性对照；

f) 显色液 A：磷酸氢二钠-柠檬酸缓冲液（0.05 mol/L，pH5.0）1 000 mL，30% 过氧化氢 H_2O_2（MW34.0）3.5 mL；

g) 显色液 B：柠檬酸 1.052 g，乙二胺四乙酸二钠（EDTA-Na$_2$）0.186 g，四甲基联苯胺（TMB）0.25 g，二甲基亚砜（DMSO）8.0 mL，纯化水 992 mL；

h) 终止液：98% 硫酸 27.8 mL，纯化水 972.2 mL；

i) 10 倍浓缩洗涤液：PBS（0.1 mol/L pH7.2～7.4）995 mL，吐温-20，5 mL；

j) 样品稀释液：硼酸盐缓冲液（0.01 mol/L pH8.0）956.0 mL，甘油（MW92.09）40.0 mL，酪蛋白（casein）10% 硫柳汞钠溶液 2.0 mL，吐温-20，1.0 mL 1% 酚红溶液，1.0mL。

试剂在使用前应恢复至室温（18 ℃～25 ℃）。

3.2 器材

器材包括：

a) 精密移液器 10 μL～100 μL；

b) 一次性移液器吸头；

c) 振荡器；

d) 酶标仪（含 450 nm 波长滤光片）；

e) 37 ℃恒温培养箱；

f) 蒸馏水或去离子水；

g) 100 mL 量筒；

h) 离心机；

i) 吸水纸。

4 检测方法

4.1 样品的准备

将采集到的待检犬血液样品离心,分离出待检犬血清或血浆。应避免使用染菌、溶血和高血脂的样品;室温保存样品不应超过 8 h,若试验在 8 h 以后进行,需将样品保存在 2 ℃~10 ℃,如保存超过 1 周,则应保存在 −20 ℃并避免反复冻融。

4.2 试剂配置

将 10 倍浓缩洗涤液恢复至室温,并振摇,然后用去离子水或蒸馏水作 10 倍稀释。

4.3 稀释样品

将已分离好的犬血清或血浆用样品稀释液做 1∶10 稀释,即取 50 μL 血清或血浆加入到 500 μL 样品稀释液中,并充分混匀。

4.4 加样

取所需量的预包被微孔板条固定于板架上,依次加入稀释好的样品,100 μL/孔,然后将阳性、阴性对照各加 1 孔,临界对照加 3 孔,100 μL/孔,另留一孔不加样品作为空白对照,在记录纸上记录各样品和对照的次序或位置,剩余的板条放入密封袋中保存。

4.5 孵育

加样完成后,用封板膜覆盖板条,置 37 ℃恒温培养箱中孵育 30 min。

4.6 洗板

甩净孔中液体,拍干,用稀释好的洗涤液加满每孔,停留 1 min 后甩净、拍干,如此重复洗涤 3 次。

4.7 加酶

除空白对照外,其余各孔垂直滴加酶标记物 1 滴(50 μL),置 37 ℃恒温培养箱孵育 30 min。

4.8 显色

重复步骤 4.6 洗板 3 次,拍干后每孔(含空白对照孔)垂直滴加显色液 A、B 液各 1 滴,置 37 ℃恒温培养箱避光显色 10 min。

4.9 终止

每孔(含空白对照孔)立即加入终止液 1 滴,混匀后以空白孔调零,用酶标仪 450 nm 波长测定 A 值。

5 结果判定

5.1 试验结果符合下列条件,方为有效:以空白孔调零,阴性对照值小于等于 0.10,临界对照 A 值应在 0.15~0.40 之间,证明试验成立。

5.2 结果判定

5.2.1 待检样品 A 值大于等于临界对照 A 值的平均值,判为阳性;

5.2.2 待检样品 A 值小于临界对照 A 值的平均值,判为阴性。

6 结果解释

6.1 基础级犬:接种疫苗后,经 ELISA 检测抗体效价达到阳性值判为合格。

6.2 SPF 级犬,不应进行疫苗接种,对阳性检测结果,选用同一种方法或另一种方法重试。如为阳性则判为阳性。

6.3 基础级犬群体免疫抗体合格率:

免疫抗体合格率=(被检动物抗体阳性数/被检动物总数)×100%

基础级犬群体免疫抗体合格率达到 70%以上可判为该犬群免疫合格。

7 结果报告

根据判定结果,作出报告。

ICS 65.020.30
B 44

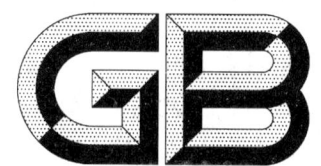

中华人民共和国国家标准

GB/T 14926.57—2008
代替 GB/T 14926.57—2001

实验动物 犬细小病毒检测方法

Laboratory animal—Method for examination of Canine parvovirus

2008-12-03 发布

2009-03-01 实施

中华人民共和国国家质量监督检验检疫总局
中国国家标准化管理委员会 发布

前 言

GB/T 14926《实验动物》共 54 个部分,为不同微生物和病毒检测技术方法。

本部分自实施之日起代替 GB/T 14926.57—2001《实验动物 犬细小病毒检测方法》。

本部分与 GB/T 14926.57—2001 相比主要技术差异如下:

a) 在"3 原理"中"或根据 CPV 在一定的条件下,能凝集猪的红细胞,这种凝集红细胞的能力可被特异性抗体所抑制的原理,检测犬血清中 CPV 抗体"修改为"或根据 CPV 在一定的条件下,能凝集猪或恒河猴的红细胞,这种凝集红细胞的能力可被特异性抗体所抑制的原理,检测犬血清中 CPV 抗体";

b) "4.1.6 猪红细胞"修改为"4.1.6 猪或恒河猴红细胞";

c) "6 结果判定"中增加了"6.3 基础级犬群体免疫抗体合格率 免疫抗体合格率=(被检动物抗体阳性数/被检动物总数)×100%。基础级犬群体免疫抗体合格率大于等于 70% 以上可判为该犬群免疫合格"内容。

本部分由全国实验动物标准化技术委员会提出并归口。

本部分由全国实验动物标准化技术委员会负责起草。

本部分主要起草人:田克恭、贺争鸣、范薇。

本部分所代替标准的历次版本发布情况为:

——GB/T 14926.57—2001。

实验动物　犬细小病毒检测方法

1　范围

GB/T 14926 的本部分规定了犬细小病毒(CPV)的检测方法、试剂等。

本部分适用于犬 CPV 的检测。

2　规范性引用文件

下列文件中的条款通过 GB/T 14926 的本部分的引用而成为本部分的条款。凡是注日期的引用文件,其随后所有的修改单(不包括勘误的内容)或修订版均不适用于本部分,然而,鼓励根据本部分达成协议的各方研究是否可使用这些文件的最新版本。凡是不注日期的引用文件,其最新版本适用于本部分。

GB/T 14926.50　实验动物　酶联免疫吸附试验

GB/T 14926.54　实验动物　血凝抑制试验

3　原理

根据免疫学原理,采用 CPV 抗原检测犬血清中 CPV 抗体;或根据 CPV 在一定的条件下,能凝集猪或恒河猴的红细胞,这种凝集红细胞的能力可被特异性抗体所抑制的原理,检测犬血清中 CPV 抗体。

4　主要试剂和器材

4.1　试剂

4.1.1　ELISA 抗原

4.1.1.1　特异性抗原

CPV 感染 FK81 细胞,接种 3 d～5 d 后,当病变达＋＋＋～＋＋＋＋(－阴性;＋轻;＋＋中;＋＋＋重;＋＋＋＋严重,下同)时收获。冻融三次或超声波处理后,低速离心去除细胞碎片,上清液再经超速离心浓缩后制成 ELISA 抗原。

4.1.1.2　正常抗原

FK81 细胞冻融破碎后,经低速离心去除细胞碎片而获得的上清液。

4.1.2　血凝素

CPV 接种 FK81 细胞,培养 3 d～5 d,当病变达＋＋＋～＋＋＋＋时收获。冻融三次或超声波处理后,低速离心去除细胞碎片,上清液分装后低温保存。

4.1.3　阳性血清

CPV 实验感染或自然感染的犬血清。

4.1.4　阴性血清

无 CPV 感染、未经免疫的犬血清。

4.1.5　酶结合物

辣根过氧化物酶标记羊或兔抗犬 IgG 抗体。

4.1.6　猪或恒河猴红细胞。

4.2　器材

4.2.1　酶标仪。

4.2.2　37 ℃培养箱或水浴箱。

4.2.3　4 ℃冰箱。

5　检测方法

5.1　采用 ELISA 方法(见 GB/T 14926.50)进行血清学检测。

5.2　采用 HAI 方法(见 GB/T 14926.54)进行血清学检测。

6　结果判定

6.1　基础级犬,接种疫苗后,经 ELISA 检测抗体效价大于等于 1∶160,或 HAI 检测抗体效价大于等于 1∶80 判为合格。

6.2　SPF 级犬,不应进行疫苗接种,对阳性检测结果,选用同一种方法或另一种方法重试。如为阳性则判为阳性。

6.3　基础级犬群体免疫抗体合格率:

免疫抗体合格率＝(被检动物抗体阳性数/被检动物总数)×100%

基础级犬群体免疫抗体合格率大于等于 70% 以上可判为该犬群免疫合格。

7　结果报告

根据判定结果,作出报告。

ICS 65.020.30
B 44

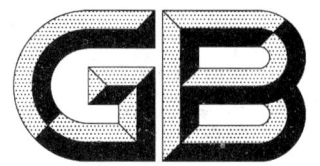

中华人民共和国国家标准

GB/T 14926.58—2008
代替 GB/T 14926.58—2001

实验动物 传染性犬肝炎病毒检测方法

Laboratory animal—Method for examination of
Infectious canine hepatitis virus

2008-12-03 发布

2009-03-01 实施

中华人民共和国国家质量监督检验检疫总局
中国国家标准化管理委员会 发布

前　言

GB/T 14926《实验动物》共 54 个部分,为不同微生物和病毒检测技术方法。

本部分自实施之日起代替 GB/T 14926.58—2001《实验动物　传染性犬肝炎病毒检测方法》。

本部分与 GB/T 14926.58—2001 相比主要技术差异如下:

a)　传染性犬肝炎是犬的主要烈性传染病之一,在我国犬群中广泛流行,是基础级犬和 SPF 犬的
　　必检项目;

b)　"6　结果判定"中增加了"6.3　基础级犬群体免疫抗体合格率:免疫抗体合格率=(被检动物
　　抗体阳性数/被检动物总数)×100%。基础级犬群体免疫抗体合格率大于等于 70% 以上可判
　　为该犬群免疫合格"内容。

本部分由全国实验动物标准化技术委员会提出并归口。

本部分由全国实验动物标准化技术委员会负责起草。

本部分主要起草人:田克恭、贺争鸣、范薇。

本部分所代替标准的历次版本发布情况为:

——GB/T 14926.58—2001。

实验动物　传染性犬肝炎病毒检测方法

1　范围

GB/T 14926 的本部分规定了传染性犬肝炎病毒(ICHV)的检测方法、试剂等。

本部分适用于犬 ICHV 的检测。

2　规范性引用文件

下列文件中的条款通过 GB/T 14926 的本部分的引用而成为本部分的条款。凡是注日期的引用文件,其随后所有的修改单(不包括勘误的内容)或修订版均不适用于本部分,然而,鼓励根据本部分达成协议的各方研究是否可使用这些文件的最新版本。凡是不注日期的引用文件,其最新版本适用于本部分。

GB/T 14926.50　实验动物　酶联免疫吸附试验

GB/T 14926.54　实验动物　血凝抑制试验

3　原理

根据免疫学原理,采用 ICHV 抗原检测犬血清中 ICHV 抗体;或根据 ICHV 在一定的条件下,能凝集人"O"型红细胞,这种凝集红细胞的能力可被特异性抗体所抑制的原理,检测犬血清中 ICHV 抗体。

4　主要试剂和器材

4.1　试剂

4.1.1　ELISA 抗原

4.1.1.1　特异性抗原

用 ICHV 感染 MDCK 细胞,接种 3 d～4 d 后,当病变达＋＋＋～＋＋＋＋(－阴性;＋轻;＋＋中;＋＋＋重;＋＋＋＋严重,下同)时收获。冻融三次或超声波处理后,低速离心去除细胞碎片,上清液再经超速离心浓缩后制成 ELISA 抗原。

4.1.1.2　正常抗原

MDCK 细胞冻融破碎后,经低速离心去除细胞碎片而获得的上清液。

4.1.2　血凝素

ICHV 接种 MDCK 细胞,培养 3 d～4 d,当病变达＋＋＋～＋＋＋＋时收获培养物。冻融三次或超声波处理后,低速离心去除细胞碎片,上清液分装后低温保存。

4.1.3　阳性血清

ICHV 实验感染或自然感染的犬血清。

4.1.4　阴性血清

无 ICHV 感染、未经免疫的犬血清。

4.1.5　酶结合物

辣根过氧化物酶标记羊或兔抗犬 IgG 抗体。

4.1.6　人"O"型红细胞。

4.2　器材

4.2.1　酶标仪。

4.2.2　37 ℃培养箱或水浴箱。

5　检测方法

5.1　采用 ELISA 方法(见 GB/T 14926.50)进行血清学检测。

5.2　采用 HAI 方法(见 GB/T 14926.54)进行血清学检测。

6　结果判定

6.1　基础级犬,接种疫苗后,经 ELISA 检测抗体效价大于等于 1∶160,或 HAI 检测抗体效价大于等于 1∶16 判为合格。

6.2　SPF 级犬,不应进行疫苗接种,对阳性检测结果,选用同一种方法或另一种方法重试,如为阳性则判为阳性。

6.3　基础级犬群体免疫抗体合格率:

免疫抗体合格率=(被检动物抗体阳性数/被检动物总数)×100%

基础级犬群体免疫抗体合格率大于等于 70% 以上可判为该犬群免疫合格。

7　结果报告

根据判定结果,作出报告。

————————————

ICS 65.020.30

B 44

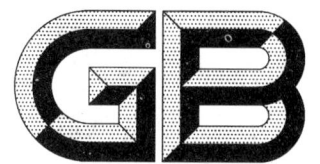

中华人民共和国国家标准

GB/T 14926.59—2001

实 验 动 物
犬瘟热病毒检测方法

Laboratory animal—Method for examination of
canine distemper virus（CDV）

2001-08-29 发布   2002-05-01 实施

中 华 人 民 共 和 国
国家质量监督检验检疫总局 发 布

前　　言

本标准规定了犬瘟热病毒的检测方法。

犬瘟热是犬的主要烈性传染病之一,在我国犬群中广泛流行,是目前危害我国养犬业最为严重的疾病,是普通级犬和 SPF 犬的必检项目。因此增加该病毒的检测方法。

本标准由中华人民共和国科学技术部提出并归口。

本标准起草单位:中国实验动物学会。

本标准主要起草人:田克恭。

中 华 人 民 共 和 国 国 家 标 准

实 验 动 物
犬瘟热病毒检测方法

GB/T 14926.59—2001

Laboratory animal—Method for examination of
canine distemper virus (CDV)

1 范围

本标准规定了犬瘟热病毒(CDV)的检测方法、试剂等。

本标准适用于犬 CDV 的检测。

2 引用标准

下列标准所包含的条文,通过在本标准中引用而构成为本标准的条文。本标准出版时,所示版本均为有效。所有标准都会被修订,使用本标准的各方应探讨使用下列标准最新版本的可能性。

GB/T 14926.50—2001 实验动物 酶联免疫吸附试验

GB/T 14926.51—2001 实验动物 免疫酶试验

3 原理

根据免疫学原理,采用 CDV 抗原检测犬血清中 CDV 抗体。

4 主要试剂和器材

4.1 试剂

4.1.1 ELISA 抗原

4.1.1.1 特异性抗原

用 CDV 感染 Vero 细胞,接种 8～10 d 后,当病变达＋＋＋～＋＋＋＋时收获。冻融三次或超声波处理后,低速离心去除细胞碎片,上清液再经超速离心浓缩后制成 ELISA 抗原。

4.1.1.2 正常抗原

Vero 细胞冻融破碎后,经低速离心去除细胞碎片而获得的上清液。

4.1.2 抗原片

CDV 接种 Vero 细胞,接种后 5～7 d,病变达＋＋～＋＋＋时,用胰酶消化分散,PBS 洗涤,涂片。室温干燥的同时,在紫外线下 20 cm 处照射 30 min,冷丙酮固定 10 min,—20℃保存。

4.1.3 阳性血清

CDV 实验感染或自然感染的犬血清。

4.1.4 阴性血清

无 CDV 感染、未经免疫的犬血清。

4.1.5 酶结合物

中华人民共和国国家质量监督检验检疫总局 2001-08-29 批准

2002-05-01 实施

辣根过氧化物酶标记羊或兔抗犬 IgG 抗体;或辣根过氧化物酶标记葡萄球菌 A 蛋白(SPA)。

4.2　器材

4.2.1　酶标仪。

4.2.2　普通显微镜。

4.2.3　37℃培养箱或水浴箱。

5　检测方法

5.1　采用 ELISA 方法(见 GB/T 14926.50—2001)进行血清学检测。

5.2　采用 IEA 方法(见 GB/T 14926.51—2001)进行血清学检测。

6　结果判定

6.1　普通级犬,接种疫苗后,经 ELISA 检测抗体效价≥1:160,或 IEA 检测抗体效价≥1:20 判为合格。

6.2　SPF 级犬,不应进行疫苗接种,对阳性检测结果,选用同一种方法或另一种方法重试。如仍为阳性则判为阳性。

7　结果报告

根据判定结果,作出报告。

ICS 65.020.30

B 44

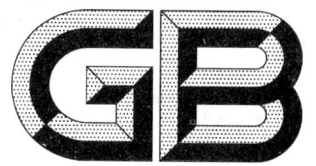

中华人民共和国国家标准

GB/T 14926.60—2001

实 验 动 物

猕猴疱疹病毒Ⅰ型（B 病毒）检测方法

Laboratory animal—Method for examination of

cercopithecine herpesvirus 1（B virus）

2001-08-29 发布

2002-05-01 实施

中 华 人 民 共 和 国
国家质量监督检验检疫总局   发 布

前　　言

本标准规定了猕猴疱疹病毒 I 型(B 病毒)的检测方法。

B 病毒属人兽共患病原,对人的致死率极高,是普通级猴和 SPF 猴的必检项目。因此增加该病毒的检测方法。

本标准由中华人民共和国科学技术部提出并归口。

本标准起草单位:中国实验动物学会。

本标准主要起草人:田克恭。

中 华 人 民 共 和 国 国 家 标 准

实 验 动 物
猕猴疱疹病毒Ⅰ型(B 病毒)检测方法

GB/T 14926.60—2001

Laboratory animal—Method for examination of
cercopithecine herpesvirus 1（B virus）

1 范围

本标准规定了猕猴疱疹病毒Ⅰ型(BV)的检测方法、试剂等。

本标准适用于猴 BV 的检测。

2 引用标准

下列标准所包含的条文,通过在本标准中引用而构成为本标准的条文。本标准出版时,所示版本均
为有效。所有标准都会被修订,使用本标准的各方应探讨使用下列标准最新版本的可能性。

GB/T 14926.50—2001 实验动物 酶联免疫吸附试验

GB/T 14926.51—2001 实验动物 免疫酶试验

3 原理

根据免疫学原理,采用 BV 抗原检测猴血清中 BV 抗体。

4 主要试剂和器材

4.1 试剂

4.1.1 ELISA 抗原

4.1.1.1 特异性抗原

在 P_3 实验条件下,用 BV 感染 Vero 细胞,当病变达＋＋＋～＋＋＋＋时,收获培养液。冻融三次
后,加终浓度为 1％～2％的脱氧胆酸钠,37℃作用 90 min 灭活,低速离心去除细胞碎片,上清液再经超
速离心浓缩后制成 ELISA 抗原。

4.1.1.2 正常抗原:Vero 细胞冻融破碎后,经低速离心去除细胞碎片而获得的上清液。

4.1.2 抗原片:在 P_3 实验室条件下,BV 感染 Vero 细胞,接种后 1～2 d,病变达＋＋＋时,在负压超净
台上将细胞用胰酶消化分散,PBS 洗涤,涂片。室温干燥的同时,在紫外线下 20 cm 处照射 30 min,冷丙
酮固定 10 min。－20℃保存。

4.1.3 阳性血清

BV 抗原免疫或自然感染的猴血清。

4.1.4 阴性血清

无 BV 感染的猴血清。

4.1.5 酶结合物

辣根过氧化物酶标记羊或兔抗猴 IgG 抗体;或辣根过氧化物酶标记葡萄球菌 A 蛋白(SPA)。

4.2 器材

4.2.1 酶标仪。

4.2.2 普通显微镜。

4.2.3 37℃培养箱或水浴箱。

5 检测方法

5.1 采用 ELISA 方法(见 GB/T 14926.50—2001)进行血清学检测。

5.2 采用 IEA 方法(见 GB/T 14926.51—2001)进行血清学检测。

6 结果判定

对阳性检测结果,选用同一种方法或另一种方法重试。如仍为阳性则判为阳性。

7 结果报告

根据判定结果,作出报告。

ICS 65.020.30
B 44

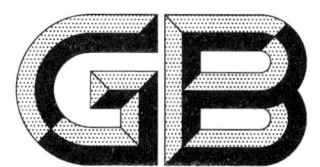

中华人民共和国国家标准

GB/T 14926.61—2001

实 验 动 物
猴逆转 D 型病毒检测方法

Laboratory animal—Method for examination of
simian retrovirus D（SRV）

2001-08-29 发布

2002-05-01 实施

中 华 人 民 共 和 国
国家质量监督检验检疫总局 发 布

前　　言

本标准规定了猴逆转 D 型病毒的检测方法。

猴逆转 D 型病毒主要侵害猴的免疫系统,引起免疫器官的病变和免疫机能紊乱,从而干扰实验研究,是普通级猴和 SPF 猴的必检项目。因此增加该病毒的检测方法。

本标准由中华人民共和国科学技术部提出并归口。

本标准起草单位:中国实验动物学会。

本标准主要起草人:田克恭。

中华人民共和国国家标准

实 验 动 物
猴逆转 D 型病毒检测方法

GB/T 14926.61—2001

Laboratory animal—Method for examination of
simian retrovirus D（SRV）

1 范围

本标准规定了猴逆转 D 型病毒(SRV)的检测方法、试剂等。

本标准适用于猴 SRV 的检测。

2 引用标准

下列标准所包含的条文,通过在本标准中引用而构成为本标准的条文。本标准出版时,所示版本均为有效。所有标准都会被修订,使用本标准的各方应探讨使用下列标准最新版本的可能性。

GB/T 14926.50—2001 实验动物 酶联免疫吸附试验

GB/T 14926.52—2001 实验动物 免疫荧光试验

3 原理

根据免疫学原理,采用 SRV 抗原检测猴血清中 SRV 抗体。

4 主要试剂和器材

4.1 试剂

4.1.1 ELISA 抗原

4.1.1.1 特异性抗原:用 SRV 感染 Raji 细胞,接种 10～14 天,细胞融合明显时,收获培养液。冻融三次或超声波处理后,低速离心去除细胞碎片,上清液再经超速离心浓缩后制成 ELISA 抗原。

4.1.1.2 正常抗原:Raji 细胞冻融破碎后,经低速离心去除细胞碎片而获得的上清液。

4.1.2 抗原片

SRV 感染 Raji 细胞,接种后 10～14 d,病变达＋＋～＋＋＋时,800 r/min 离心 5～10 min,PBS 洗涤,涂片。室温干燥的同时,在紫外线下 20 cm 处照射 30 min,冷丙酮固定 10 min。－20℃保存。

4.1.3 阳性血清

SRV 抗原免疫或自然感染的猴血清。

4.1.4 阴性血清

无 SRV 感染的猴血清。

4.1.5 酶结合物

辣根过氧化物酶标记羊或兔抗猴 IgG 抗体。

4.1.6 异硫氰酸荧光素标记羊或兔抗猴 IgG 抗体。

4.2 器材

4.2.1 酶标仪。

4.2.2 荧光显微镜。

4.2.3 37℃培养箱或水浴箱。

5 检测方法

5.1 采用 ELISA 方法(见 GB/T 14926.50—2001)进行血清学检测。

5.2 采用 IFA 方法(见 GB/T 14926.52—2001)进行血清学检测。

6 结果判定

对阳性检测结果,选用同一种方法或另一种方法重试。如仍为阳性则判为阳性。

7 结果报告

根据判定结果,作出报告。

ICS 65.020.30
B 44

中华人民共和国国家标准

GB/T 14926.62—2001

实　验　动　物
猴免疫缺陷病毒检测方法

Laboratory animal—Method for examination of
simian immunodeficiency virus（SIV）

2001-08-29 发布

2002-05-01 实施

中 华 人 民 共 和 国
国家质量监督检验检疫总局 发 布

前　　言

本标准规定了猴免疫缺陷病毒的检测方法。

猴免疫缺陷病毒主要侵害猴的免疫系统,引起免疫器官的病变和免疫机能紊乱,从而干扰实验研究,是普通级猴和 SPF 猴的必检项目。因此增加该病毒的检测方法。

本标准由中华人民共和国科学技术部提出并归口。

本标准起草单位:中国实验动物学会。

本标准主要起草人:田克恭。

中华人民共和国国家标准

实 验 动 物
猴免疫缺陷病毒检测方法

GB/T 14926.62—2001

Laboratory animal—Method for examination of
simian immunodeficiency virus（SIV）

1 范围

本标准规定了猴免疫缺陷病毒(SIV)的检测方法、试剂等。

本标准适用于猴 SIV 的检测。

2 引用标准

下列标准所包含的条文,通过在本标准中引用而构成为本标准的条文。本标准出版时,所示版本均为有效。所有标准都会被修订,使用本标准的各方应探讨使用下列标准最新版本的可能性。

GB/T 14926.50—2001 实验动物 酶联免疫吸附试验

GB/T 14926.52—2001 实验动物 免疫荧光试验

3 原理

根据免疫学原理,采用 SIV 抗原检测猴血清中 SIV 抗体。

4 主要试剂和器材

4.1 试剂

4.1.1 ELISA 抗原

4.1.1.1 特异性抗原:用 SIV 感染 CM-174 细胞,接种 10～14 d,细胞融合明显时,收获培养液。冻融三次或超声波处理后,低速离心去除细胞碎片,上清液再经超速离心浓缩后制成 ELISA 抗原。

4.1.1.2 正常抗原:CM-174 细胞冻融破碎后,经低速离心去除细胞碎片而获得的上清液。

4.1.2 抗原片

SIV 感染 CM-174 细胞,接种 10～14 d,病变达＋＋～＋＋＋时,800 r/min 离心 5～10 min,PBS 洗涤,涂片。室温干燥的同时,在紫外线下 20 cm 处照射 30 min,冷丙酮固定 10 min。－20℃保存。

4.1.3 阳性血清

SIV 抗原免疫的猴血清。

4.1.4 阴性血清

无 SIV 感染的猴血清。

4.1.5 酶结合物

辣根过氧化物酶标记羊或兔抗猴 IgG 抗体。

4.1.6 异硫氰酸荧光素标记羊或兔抗猴 IgG 抗体。

中华人民共和国国家质量监督检验检疫总局 2001-08-29 批准　　　　　　　　2002-05-01 实施

4.2　器材

4.2.1　酶标仪。

4.2.2　荧光显微镜。

4.2.3　37℃培养箱或水浴箱。

5　检测方法

5.1　采用 ELISA 方法(见 GB/T 14926.50—2001)进行血清学检测。

5.2　采用 IFA 方法(见 GB/T 14926.52—2001)进行血清学检测。

6　结果判定

对阳性检测结果,选用同一种方法或另一种方法重试,如仍为阳性则判为阳性。

7　结果报告

根据判定结果,作出报告。

ICS 65.020.30
B 44

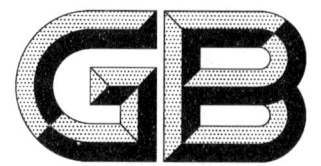

中华人民共和国国家标准

GB/T 14926.63—2001

实 验 动 物
猴 T 淋巴细胞趋向性病毒 I 型检测方法

Laboratory animal—Method for examination of
Simian T Lymphotropic Virus type 1（STL V-1）

2001-08-29 发布　　　　　　　　　　　　　2002-05-01 实施

中 华 人 民 共 和 国
国家质量监督检验检疫总局　发 布

前　　言

本标准规定了猴 T 淋巴细胞趋向性病毒 I 型的检测方法。

猴 T 淋巴细胞趋向性病毒 I 型主要侵害猴的免疫系统,引起免疫器官的病变和免疫机能紊乱,从而干扰实验研究,是普通级猴和 SPF 猴的必检项目。因此增加该病毒的检测方法。

本标准由中华人民共和国科学技术部提出并归口。

本标准起草单位:中国实验动物学会。

本标准主要起草人:田克恭。

中华人民共和国国家标准

实 验 动 物

猴 T 淋巴细胞趋向性病毒 I 型检测方法　　　　GB/T 14926.63—2001

Laboratory animal—Method for examination of
Simian T Lymphotropic Virus type 1 (STLV-1)

1 范围

本标准规定了猴 T 淋巴细胞趋向性病毒 1 型(STLV-1)的检测方法、试剂等。

本标准适用于猴 STLV-1 的检测。

2 引用标准

下列标准所包含的条文,通过在本标准中引用而构成为本标准的条文。本标准出版时,所示版本均为有效。所有标准都会被修订,使用本标准的各方应探讨使用下列标准最新版本的可能性。

GB/T 14926.52—2001　实验动物　免疫荧光试验

3 原理

根据免疫学原理,采用 STLV-1 抗原检测猴血清中 STLV-1 抗体。

4 主要试剂和器材

4.1 试剂

4.1.1 抗原片

HTLV-1 感染 MT4 细胞,接种 10～14 d,800 r/min 离心 5～10 min,PBS 洗涤,涂片。室温干燥的同时,在紫外线下 20 cm 处照射 30 min,冷丙酮固定 10 min。−20℃保存。

4.1.2 阳性血清

HTLV-1 抗原免疫的猴血清。

4.1.3 阴性血清

无 HTLV-1、STLV-1 感染的猴血清。

4.1.4 酶结合物

辣根过氧化物酶标记羊或兔抗猴 IgG 抗体。

4.1.5 异硫氰酸荧光素标记羊或兔抗猴 IgG 抗体。

4.2 器材

4.2.1 荧光显微镜。

4.2.2 37℃培养箱或水浴箱。

5 检测方法

采用 IFA 方法(见 GB/T 14926.52—2001)进行血清学检测。

6 结果判定

对阳性检测结果,选用同一种方法重试,如仍为阳性则判为阳性。

7 结果报告

根据判定结果,作出报告。

ICS 65.020.30
B 44

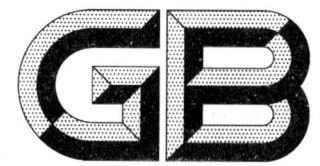

中华人民共和国国家标准

GB/T 14926.64—2001

实 验 动 物
猴痘病毒检测方法

Laboratory animal—Method for examination of
Simian Poxvirus（SPV）

2001-08-29 发布

2002-05-01 实施

中 华 人 民 共 和 国
国家质量监督检验检疫总局 发 布

前　　言

　　本标准规定了猴痘病毒的检测方法。

　　猴痘病毒属人兽共患病原,猕猴是猴痘病毒的自然宿主,猴痘病毒是普通级猴和 SPF 猴的必检项目,因此增加该病毒的检测方法。

　　本标准由中华人民共和国科学技术部提出并归口。

　　本标准起草单位:中国实验动物学会。

　　本标准主要起草人:田克恭。

中 华 人 民 共 和 国 国 家 标 准

实 验 动 物
猴痘病毒检测方法

GB/T 14926.64—2001

Laboratory animal—Method for examination of
Simian Poxvirus (SPV)

1 范围

本标准规定了猴痘病毒(SPV)的检测方法、试剂等。

本标准适用于猴 SPV 的检测。

2 引用标准

下列标准所包含的条文,通过在本标准中引用而构成为本标准的条文。本标准出版时,所示版本均为有效。所有标准都会被修订,使用本标准的各方应探讨使用下列标准最新版本的可能性。

GB/T 14926.50—2001 实验动物 酶联免疫吸附试验

GB/T 14926.51—2001 实验动物 免疫酶试验

3 原理

痘苗病毒与 SPV 有密切的抗原关系。根据免疫学原理,采用痘苗病毒抗原检测猴血清中 SPV 抗体。

4 主要试剂和器材

4.1 试剂

4.1.1 ELISA 抗原

4.1.1.1 特异性抗原:在生物安全柜内,用痘苗病毒感染 BHK21 细胞,接种 2～3 d 后,当病变达＋＋～＋＋＋时收获。冻融三次或超声波处理后,低速离心去除细胞碎片,上清液再经超速离心浓缩后制成 ELISA 抗原。

4.1.1.2 正常抗原:BHK21 细胞冻融破碎后,经低速离心去除细胞碎片而获得的上清液。

4.1.2 抗原片

痘苗病毒接种 BHK21 细胞,接种后 1～2 d,病变达＋＋时,在生物安全柜内,用胰酶消化分散,PBS 洗涤,涂片,室温干燥的同时,在紫外线下 20 cm 处照射 30 min,冷丙酮固定 10 min,−20℃保存。

4.1.3 阳性血清

痘苗病毒抗原免疫的猴血清。

4.1.4 阴性血清

无 SPV、痘苗病毒感染的猴血清。

4.1.5 酶结合物

中华人民共和国国家质量监督检验检疫总局 2001-08-29 批准

2002-05-01 实施

辣根过氧化物酶标记羊或兔抗猴 IgG 抗体;或辣根过氧化物酶标记葡萄球菌 A 蛋白(SPA)。

4.2 器材

4.2.1 酶标仪。

4.2.2 普通显微镜。

4.2.3 37℃培养箱或水浴箱。

5 检测方法

5.1 采用 ELISA 方法(见 GB/T 14926.50—2001)进行血清学检测。

5.2 采用 IEA 方法(见 GB/T 14926.51—2001)进行血清学检测。

6 结果判定

对阳性检测结果,选用同一种方法或另一种方法重试,如仍为阳性则判为阳性。

7 结果报告

根据判定结果,作出报告。

ICS 65.020.30
B 44

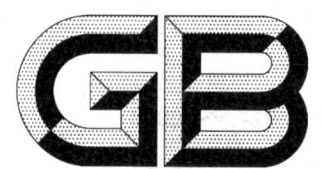

中华人民共和国国家标准

GB/T 14927.1—2008
代替 GB/T 14927.1—2001

实验动物 近交系小鼠、
大鼠生化标记检测法

Laboratory Animals—
Methods for biochemical markers of inbred mice and rats

2008-12-10 发布

2009-03-01 实施

中华人民共和国国家质量监督检验检疫总局
中国国家标准化管理委员会 发布

前　言

GB/T 14927 共分 2 个部分：

——第 1 部分为《实验动物　近交系小鼠、大鼠生化标记检测法》；

——第 2 部分为《实验动物　近交系小鼠、大鼠免疫标记检测法》。

本部分为 GB/T 14927 的第 1 部分。

本部分自实施之日起代替 GB/T 14927.1—2001《实验动物　近交系小鼠、大鼠生化标记检测方法》。

本部分与 GB/T 14927.1—2001 相比主要技术差异如下：

a)　在近交系小鼠、大鼠生化标记检测方法中的电泳结果模式图基础上，增加电泳图谱；

b)　调整了近交系小鼠、大鼠生化标记检测方法中的部分生化位点，小鼠增加了肽酶-3（pep3）位点，大鼠增补血清碱性磷酸酶（Alp）和血红蛋白（Hbb）两个生化位点；

c)　对部分溶液配方进行调整。

本部分的附录 A、附录 B、附录 C 和附录 D 为资料性附录。

本部分由全国实验动物标准化技术委员会提出并归口。

本部分起草单位：全国实验动物标准化技术委员会。

本部分主要起草人：邢瑞昌、刘双环、岳秉飞、鲍世民、张连峰。

本部分所代替标准的历次版本发布情况为：

——GB/T 14927.1—1994，GB/T 14927.1—2001。

实验动物 近交系小鼠、大鼠生化标记检测法

1 范围

GB/T 14927 的本部分规定了对近交系小鼠、大鼠生化标记进行检测的醋酸纤维膜(板、硬膜)的电泳方法及判断标准。

本部分适用于近交系小鼠和大鼠任何品系。

2 术语和定义

下列术语和定义适用于 GB/T 14927 的本部分。

2.1

生化标记 biochemical marker

表明遗传特征并采用生化方法识别的记号。在小、大鼠中多为一些同工酶和异构蛋白。

2.2

生化遗传概貌 biochemical genetic profile

各种近交系多个生化遗传标记表型资料的汇总,从一定程度上反应了各种品系的遗传特征。

2.3

纯合性 homozygosity

同源染色体的相对位置上具有相同基因的状态。近交系动物通过连续的近亲交配绝大部分的位点都具有纯合性。一个品系内任何个体间进行交配产生的后代也具有纯合性。

2.4

同基因性 isogenicity

一个近交品系中所有个体在遗传上是同源的。因此在同一品系内任何个体间进行皮肤和肿瘤移植不被当作异己而受到排斥。如对近交系动物的基因进行检测,一个品系内不同个体的基因型完全一致。

2.5

个体性 individuality

就整个近交系动物而言,每个品系在遗传上都是独特的,表现在相当广泛的特性上,如生化遗传概貌等。大多数近交品系可通过各自的生化遗传概貌相互区别。

3 方法原理

在小鼠和大鼠体内存在着一些同工酶和同种异构蛋白。可依据它们在特定电场内携带的电荷不同采用电泳的方法将它们区分,并根据电泳带型即蛋白质的表现型推断其基因型,建立各种近交系的遗传概貌,定期对它们进行质量监测。

4 设备和材料

4.1 常压电泳仪(0～600 V)。

4.2 醋酸纤维素膜(板、硬膜)电泳槽。

4.3 电泳点样装置。

4.4 醋酸纤维素膜(7 cm×9 cm)。

4.5　醋酸纤维素板(6 cm×8 cm)。

4.6　醋酸纤维素硬膜(7 cm×9 cm)。

4.7　4 ℃冰箱。

4.8　−20 ℃或−40 ℃冰箱。

4.9　4 ℃低温高速离心机。

4.10　振荡仪。

4.11　组织匀浆机(2 mL 或 5 mL)。

4.12　抗凝毛细管。

4.13　抗凝毛细管塞子。

4.14　毛细管离心机。

4.15　吸耳球。

4.16　小砂轮。

4.17　解剖板。

4.18　手术剪,手术镊。

4.19　竹镊子。

4.20　微波炉。

4.21　37 ℃温箱。

4.22　玻璃器皿。

4.23　6 cm×8 cm 或 7 cm×9 cm 玻璃板。

4.24　普通滤纸。

4.25　分析天平。

4.26　pH 计。

4.27　紫外监测仪。

4.28　实验室常规用品。

4.29　化学试剂:见表1。

表 1　化学试剂

中文名称	英文名称(或简写)	分子式	规　格
三羟甲基氨基甲烷	Tris	$C_4H_{11}NO_3$	分析纯或化学纯
乙二胺四乙酸	EDTA	$C_{10}H_{16}N_2O_8$	分析纯或化学纯
硼酸	boric acid	H_3BO_3	分析纯或化学纯
甘氨酸	glycine	$C_2H_5NO_2$	分析纯或化学纯
盐酸	hydrochloric acid	HCl	分析纯或化学纯
双氧水	hydrogen peroxide 30% solution	H_2O_2	分析纯或化学纯
柠檬酸	citrate acid monohudrate	$C_6H_8O_7 \cdot H_2O$	分析纯或化学纯
磷酸氢二钠	sodium phosphate dibasic	$Na_2HPO_4 \cdot 12H_2O$	分析纯或化学纯
磷酸二氢钾	potassium dihydrogen phosphate	KH_2PO_4	分析纯或化学纯
氢氧化钠	sodium hydroxide	$NaOH$	分析纯或化学纯
无水醋酸钠	odium acetate anhydrous	$NaC_2H_3O_2$	分析纯或化学纯
琼脂粉	agar	—	分析纯或化学纯
醋酸镁	magnesium acetate	$Mg(C_2H_2O_2)_2$	分析纯或化学纯

表 1（续）

中文名称	英文名称（或简写）	分子式	规　格
氯化锰	manganese chloride	$MnCl_2$	分析纯
丽春红-S	ponceau S	$C_{22}H_{12}N_4Na_4O_{13}S_4$	分析纯
三氯乙酸	trichloroacetic acid	CCl_3COOH	分析纯或化学纯
磺基水杨酸	salfosalicylic acid	$C_7H_6O_6S \cdot 2H_2O$	分析纯或化学纯
巴比妥	barbital	$C_8H_{12}N_2O_3$	分析纯或化学纯
巴比妥钠	sodium barbital	$C_8H_{12}N_2NaO_3$	分析纯或化学纯
氯化镁	magnesium chloride	$MgCl_2 \cdot 6H_2O$	分析纯或化学纯
乙二胺四乙酸二钠	Na_2 EDTA	$C_{10}H_{14}N_2Na_2O$	分析纯或化学纯
三氯化铁	ferric chloride anhydrous	$FeCl_3$	分析纯或化学纯
铁氰化钾	ferricyanntum kalium	$K_3[Fe(CN)_6]$	分析纯或化学纯
氢氧化铵	ammonium hydroxide	NH_4OH	分析纯或化学纯
醋酸	acetic acid	CH_3COOH	分析纯或化学纯
丙酮	acetone	CH_3COCH_2	分析纯或化学纯
葡萄糖-1-磷酸	glucose-1-phosphate	$C_6H_{11}O_9PNa_2$	
胱胺盐酸盐	cystamine dihydrochloride	$C_4H_{14}Cl_2N_2S_2$	
二硫苏糖醇	1,4-dithiohreitol(DTT)	$C_4H_{10}O_2S$	
4-甲基散形乙酸盐	4-methyl-umbellifery acetate	$C_{10}H_8O_3$	
β-乙酸萘酯	β-naphthyl acette	$C_{12}H_{10}O_2$	
β-磷酸萘酯钠盐	β-naphthyl acid phosphate	$C_{10}H_8O_4PNa$	
β-磷酸萘酚二钠盐	β-naphthyl phosphate disodium salt	$C_{10}H_7O_4PNa_2$	
D-果糖-6-磷酸	D-fructose-6-phosphate disodium salt	$C_6H_{11}O_9Na_2P$	
溴化甲基噻唑蓝	thiazolyl blue tetrazolium bromide(MTT)	$C_{18}H_{16}BrN_8S$	
辅酶 II	β-nicotinamide adenine dinucleotide(TPN)	$C_{21}H_{27}N_7O_{17}P_3$	
甲硫吩嗪酸酯	N-methyl phenazinium methyl sulfate(PMS)	$C_{13}H_{11}N_2CH_3SO_4$	
异柠檬酸三钠盐	DL-isocitric acid trisodium salt	$C_6H_5O_7Na_3$	
葡萄糖-1,6-二磷酸	glucose-1,6-diphosphate	$C_6H_{10}O_{12}P_2$	
葡萄糖-6-磷酸	D-glucose-6-phosphate	$C_6H_{13}O_9PNa_2$	
葡萄糖-6-磷酸脱氢酶	glucose-6-phosphate dehydrogenase	—	
苹果酸	DL-malic acid	$HO_2CCH_2(OH)CO_2H$	
坚固蓝 RR 盐	fast blue RR salt	$C_{15}H_{14}N_3O_3 + 1/2ZnCl_4$	
L-白氨酰替-L-丙氨酸	L-leucyl-L-alanine	$C_9H_{18}N_2O_3$	
过氧化物酶	peroxidase	—	
邻二甲氧基联苯胺盐酸盐	o-dianisidine dihydrochloride	$[C_6H_3(OCH_3)NH_2]_2$	
β-磷酸萘酚	β-naphthyl acid phosphate	$C_{10}H_8O_4PNa_2$	
硫酸镁	magnesium sulfate	$MgSO_4 \cdot 7H_2O$	分析纯或化学纯

5 生化标记检测方法总则

5.1 电泳样品的制备

5.1.1 血浆

以抗凝毛细管行眼眶采血术,500×g,离心 5 min,分离血浆和血球,吸出血浆备用。

5.1.2 溶血素

在去除血浆的富含红血球的试管内加入蒸馏水,红血球与蒸馏水的比例一般为 1∶4(V/V),振荡 1 min,成为红色透明液体,即为溶血素。

5.1.3 组织匀浆上清液

采用安死术处死动物,剖腹,小鼠取肾脏 1 只,肝脏 1 叶;大鼠取肾脏 1 只,小肠 6 cm~8 cm,睾丸 1 只,并开胸取肺脏 1 叶。分别加入适量预冷蒸馏水,蒸馏水与组织的比例一般为 2∶1(V/m)。分别用组织匀浆器匀浆。匀浆液置 4 ℃低温高速离心机中,2 000×g,30 min。以吸管吸取上清液存入小试管中备用。

5.1.4 样品保存

上述制备样品均宜新鲜使用,在 4 ℃普通冰箱中只能保存一天,在 −20 ℃或 −40 ℃低温冰箱中保存不超过一个月。

5.2 电泳步骤

5.2.1 浸膜

将醋酸纤维素膜(板、硬膜)轻轻浸入相应的电泳缓冲液(参见附录 A)中,浸入时应避免膜(板、硬膜)上出现气泡。

5.2.2 点样

将浸透的膜(板、硬膜),取出以滤纸吸干,纤维素膜(板、硬膜)面朝上,平置在点样板上,以点样器取预置在样品槽内的编号样品,在膜(板、硬膜)上点样。一次点样量为 0.3 μL,为增加膜(板、硬膜)上的样品量,可重复点样,最适点样量不宜超过 0.9 μL(三次)。

5.2.3 电泳

以记号笔在膜(板、硬膜)上标明原点,泳动方向,迅速将膜(板、硬膜)搭在事先放入缓冲液的电泳槽纸桥上,盖上电泳槽,接通电源,电泳条件见相关条款。

5.3 染色

5.3.1 蛋白染色法

电泳结束后取出膜(板、硬膜)置入 0.2%丽春红染液中,5 min 后以竹镊子取出换以 5%~7%醋酸脱色直至电泳区带清晰可见。

5.3.2 酶显色板法

适用于醋酸纤维素膜。

5.3.2.1 将酶显色液(参见附录 B)新鲜混和。加入 2%热琼脂 3 mL~4 mL,迅速混匀,均匀倒置在 7 cm×9 cm 的玻璃板上,制成酶显色板。

5.3.2.2 电泳结束后取出膜将点样面贴在酶显色板上,注意将膜与酶显色板间的气泡排尽,但不可移动膜的位置。

5.3.2.3 将带膜显色板移至 37 ℃温箱保温,直至酶区带清晰显现。

5.3.2.4 取下已显色的膜浸入 5%~7%醋酸中终止反应。

5.3.3 琼脂覆盖法

适用于醋酸纤维素板(硬膜)。

5.3.3.1 电泳结束后取出醋酸纤维素板(硬模)。

5.3.3.2 新鲜混和酶显色液,迅速与 2 mL～3 mL 2%热琼脂混匀,均匀倒放在水平放置的醋酸纤维素板(硬模)上。

5.3.3.3 待琼脂冷却固定后,将醋酸纤维素板(硬模)移入 37 ℃温箱,直至酶区带清晰显现。

5.3.3.4 将醋酸纤维素板(硬模)放入 5%～7%醋酸中终止反应。

6 小鼠生化标记检测细则

6.1 碱性磷酸酶-1(alkaline phosphatase-1, *Akp1*)Chr.1

6.1.1 样品:肾匀浆,0.6 μL。

6.1.2 缓冲液:Tris-Citrate pH 8.3 参见附录 A 的第 A.9 章。

6.1.3 电泳支持物:醋酸纤维硬膜(板)。

6.1.4 电泳条件:$U=200$ V,$t=40$ min,移动方向由负极至正极。

6.1.5 染色方法:琼脂覆盖法。

6.1.6 染色液:参见附录 B 的第 B.11 章。

6.1.7 标准对照:

Akp1	a	C57BL/6J	快带
Akp1	b	CBA/N	慢带

6.1.8 判断方法:参照上述对照动物读出带型后与附录 C 作比较。

6.1.9 *Akp1* 电泳结果及模式图,见图 1。

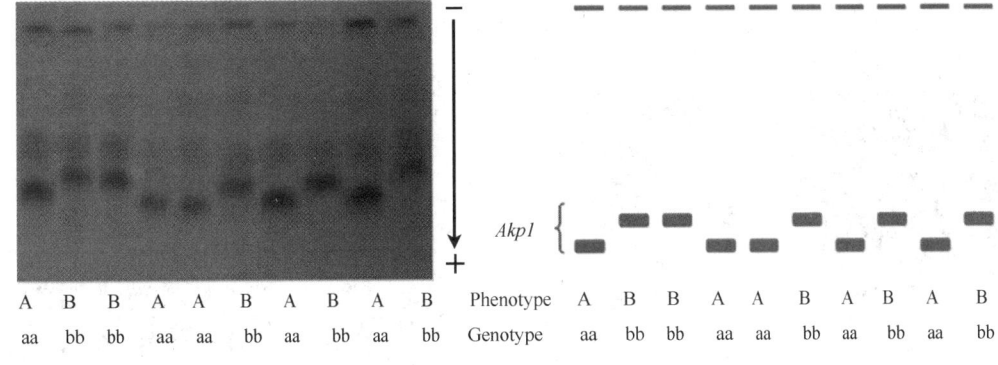

图 1 *Akp1* 电泳结果及模式图谱

6.2 碳酸酐酶-2 (carbonic anhydrase-2,*Car2*)Chr.3

6.2.1 样品:溶血素,0.3 μL。

6.2.2 缓冲液:$NaC_2H_3O_2$-EDTA pH 5.4 参见附录 A 的第 A.1 章。

6.2.3 电泳支持物:醋酸纤维素硬膜。

6.2.4 电泳条件:$U=200$ V,$t=40$ min,移动方向由正极至负极。

6.2.5 染色方法:蛋白染色法。

6.2.6 染色液:参见附录 B 的第 B.6 章。

6.2.7 标准对照:

Car2	a	C57BL/6J	慢带
Car2	b	BALB/cJ	快带

6.2.8 判断方法:参照上述对照动物读出带型后与附录 C 作比较。

6.2.9 *Car2* 电泳结果及模式图,见图 2。

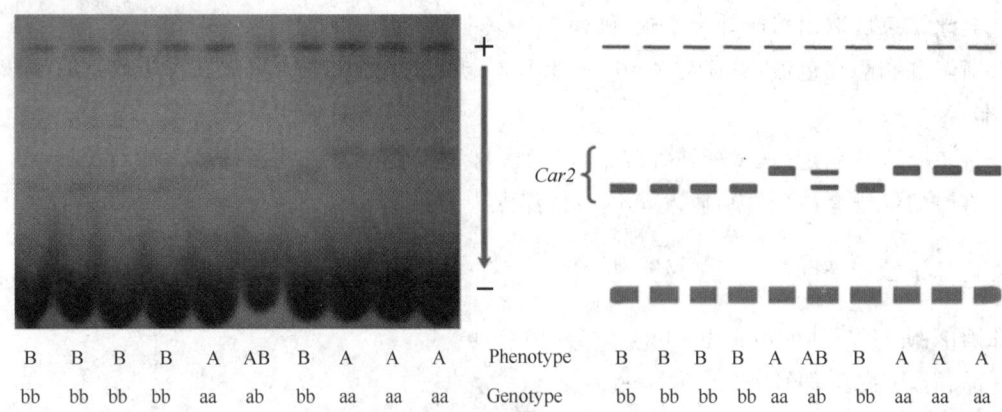

图 2　Car2 电泳结果及模式图谱

6.3　肾过氧化氢酶-2（kidney catelase,Ce2）Chr.7

6.3.1　样品:肾匀浆以蒸馏水 1∶3 稀释,0.3 μL。

6.3.2　缓冲液:Tris-Citrate　pH 7.6 参见附录 A 的第 A.3 章。

6.3.3　电泳支持物:醋酸纤维素膜。

6.3.4　电泳条件:U＝200 V,t＝25 min,移动方向由负极至正极。

6.3.5　染色方法:酶显色板法。

6.3.6　染色液:参见附录 B 的第 B.8 章。

6.3.7　标准对照:

| Ce2 | a | BALB/cJ | 快带 |
| Ce2 | b | CBA/N | 慢带 |

6.3.8　判断方法:参照上述对照动物读出带型后与附录 C 作比较。

6.3.9　Ce2 电泳结果及模式图,见图 3。

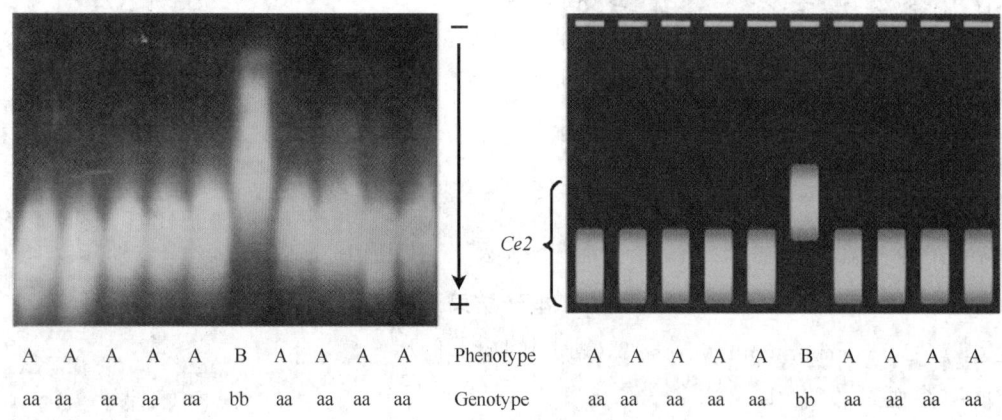

图 3　Ce2 电泳结果及模式图谱

6.4　酯酶-1(esterase-1,Es1)Chr.8

6.4.1　样品:血清,0.3 μL。

6.4.2　缓冲液:phosphate buffer　pH 7.0 参见附录 A 的第 A.2 章。

6.4.3　电泳支持物:醋酸纤维膜。

6.4.4　电泳条件:U＝140 V,t＝30 min,移动方向由负极至正极。

6.4.5　染色方法:酶显色板法。

6.4.6　染色液:参见附录 B 的第 B.1 章。

6.4.7　标准对照:

| Es1 | a | C57BL/6J | 快带 |
| Es1 | b | CBA/N | 慢带 |

6.4.8 判断方法:参照上述对照动物读出带型后与附录 C 作比较。

6.4.9 *Es1* 电泳结果及模式图,见图 4。

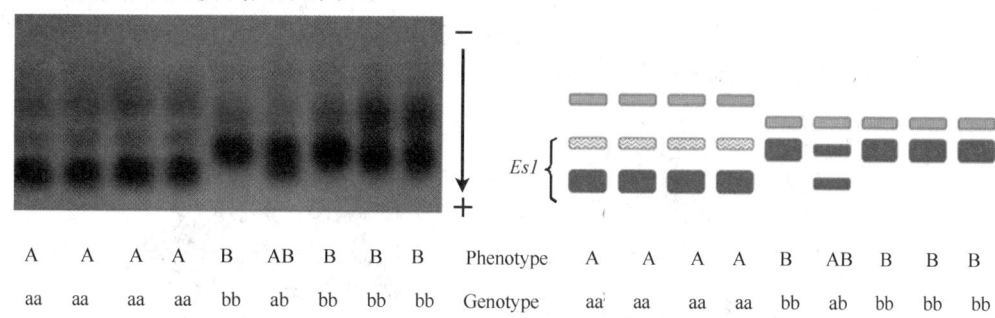

| A | A | A | A | B | AB | B | B | B | Phenotype | A | A | A | A | B | AB | B | B | B |
| aa | aa | aa | aa | bb | ab | bb | bb | bb | Genotype | aa | aa | aa | aa | bb | ab | bb | bb | bb |

图 4 *Es1* 电泳结果及模式图谱

6.5 酯酶-3(esterase-3,*Es3*)Chr.11

6.5.1 样品:肾匀浆。

6.5.2 缓冲液:Tris-Glycine pH 8.9 参见附录 A 的第 A.7 章。

6.5.3 电泳支持物:醋酸纤维硬膜。

6.5.4 电泳条件:$U=280$ V,$t=28$ min,移动方向由负极至正极。

6.5.5 染色方法:琼脂覆盖法。

6.5.6 染色液:参见附录 B 的第 B.1 章。

6.5.7 标准对照:

Es3	a	BALB/cJ	慢带
Es3	b	TW	快带
Es3	c	CBA/N	最慢带

6.5.8 判断方法:参照上述对照动物读出带型后与附录 C 作比较。

6.5.9 *Es3* 电泳结果及模式图,见图 5。

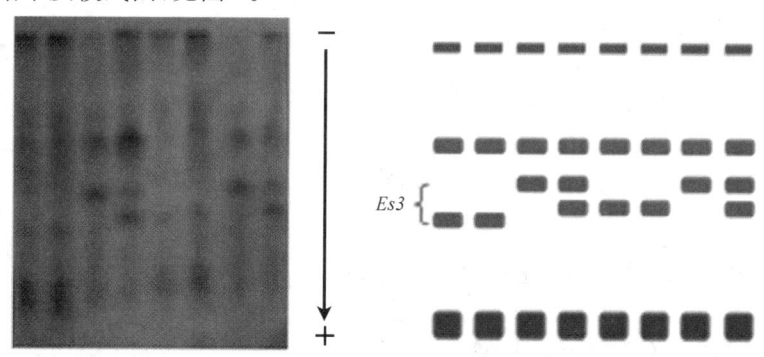

| B | B | C | AC | A | A | C | AC | Phenotype | B | B | C | AC | A | A | C | AC |
| bb | bb | cc | ac | aa | aa | cc | ac | Genotype | bb | bb | cc | ac | aa | aa | cc | ac |

图 5 *Es3* 电泳结果及模式图谱

6.6 酯酶-10(esterase-10,*Es10*)Chr.14

6.6.1 样品:肾、肝匀浆。

6.6.2 缓冲液:Tris-Glycine pH 8.9 参见附录 A 的第 A.7 章。

6.6.3 电泳支持物:醋酸纤维素板(硬膜)。

6.6.4 电泳条件:$U=280$ V,$t=28$ min,移动方向由负极至正极。

6.6.5 染色方法琼脂覆盖法。

6.6.6 染色液:参见附录 B 的第 B.2 章。

6.6.7 标准对照:

Es10	a	BALB/cJ	慢带
Es10	b	CBA/N	快带
Es10	c	TW	最慢带

6.6.8 判断方法:参照上述对照动物读出带型后与附录 C 作比较。

6.6.9 Es10 电泳结果及模式图,见图 6。

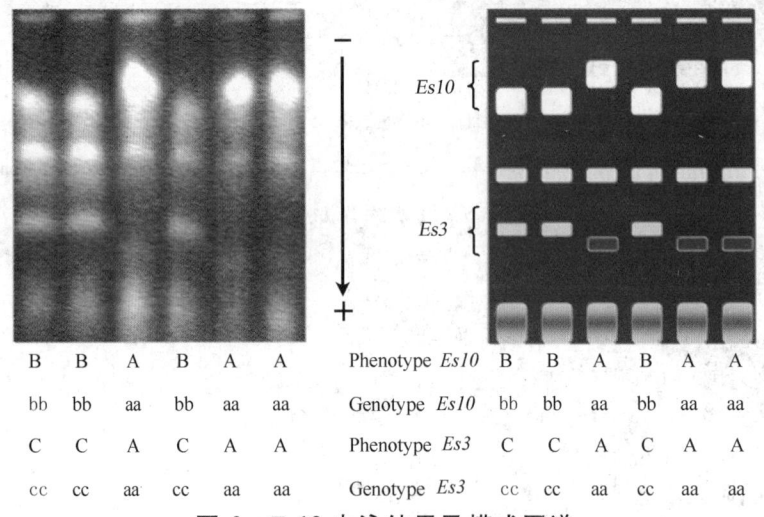

B	B	A	B	A	A	Phenotype Es10	B	B	A	B	A	A
bb	bb	aa	bb	aa	aa	Genotype Es10	bb	bb	aa	bb	aa	aa
C	C	A	C	A	A	Phenotype Es3	C	C	A	C	A	A
cc	cc	aa	cc	aa	aa	Genotype Es3	cc	cc	aa	cc	aa	aa

图 6 Es10 电泳结果及模式图谱

6.7 葡萄糖-6-磷酸脱氢酶-1(glucose-6-phosphate dehydrogenase-1, Gpd1)Chr.4

6.7.1 样品:新鲜肝或肾匀浆,0.9 μL。

6.7.2 缓冲液:Tris-Glycine pH 8.9 参见附录 A 的第 A.7 章。

6.7.3 电泳支持物:醋酸纤维素板(硬膜)。

6.7.4 电泳条件:$U=200$ V,$t=45$ min,移动方向由负极至正极。

6.7.5 染色方法:琼脂覆盖法。

6.7.6 染色液:参见附录 B 的第 B.7 章。

6.7.7 标准对照:

Gpd1	a	C57BL/6J	慢带
Gpd1	b	BALB/cJ	快带
Gpd1	c	TW	最慢带

6.7.8 判断方法:参照上述对照动物读出带型后与附录 C 作比较。

6.7.9 Gpd1 电泳结果及模式图,见图 7。

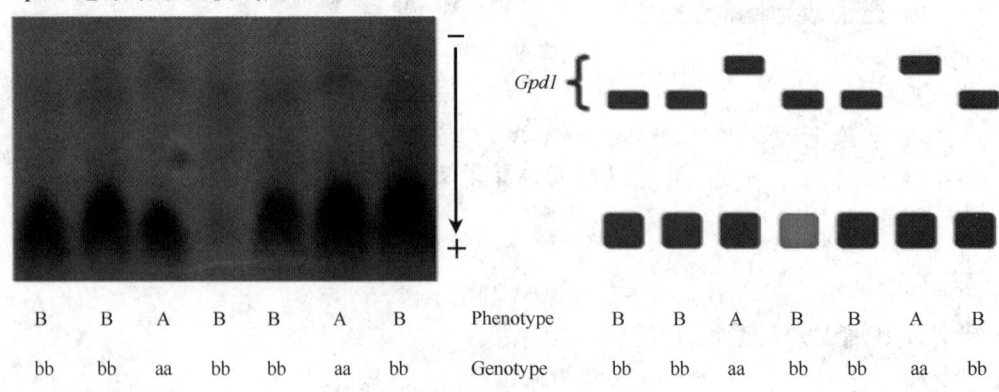

| B | B | A | B | B | A | B | Phenotype | B | B | A | B | B | A | B |
| bb | bb | aa | bb | bb | aa | bb | Genotype | bb | bb | aa | bb | bb | aa | bb |

图 7 Gpd1 电泳结果及模式图谱

6.8 葡萄糖磷酸异构酶-1(glucosephosphate isomerase-1,Gpi1)Chr.7

6.8.1 样品:溶血素,0.3 μL。

6.8.2 缓冲液:Tris-Glycine pH 8.5 参见附录 A 的第 A.6 章。

6.8.3 电泳支持物:醋酸纤维素硬膜。

6.8.4 电泳条件:$U=200$ V,$t=30$ min,移动方向由正极至负极。

6.8.5 染色方法:琼脂覆盖法。

6.8.6 染色液:参见附录 B 的第 B.3 章。

6.8.7 标准对照:

Gpi1	a	BALB/cJ	慢带
Gpi1	b	C57BL/6J	快带

6.8.8 判断方法:参照上述对照动物读出带型后与附录 C 作比较。

6.8.9 *Gpi1* 电泳结果及模式图,见图 8。

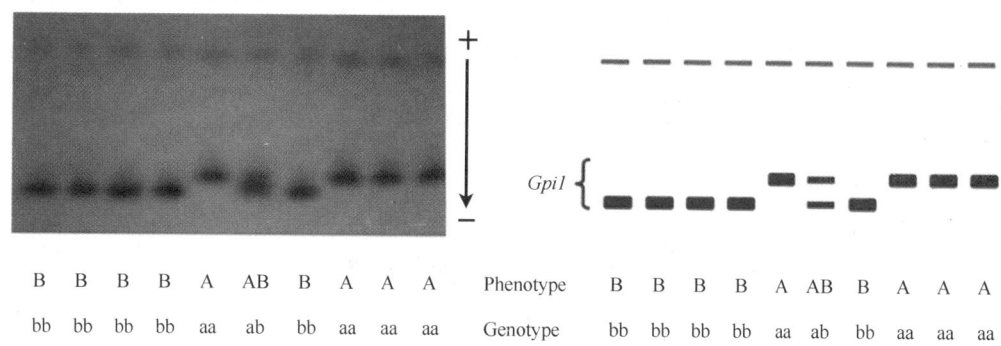

图 8 *Gpi1* 电泳结果及模式图谱

6.9 血红蛋白-β 链(hemoglobinβ-chain,*Hbb*)Chr.7

6.9.1 样品:溶血素内加入 1/4 体积的烷化剂,参见附录 B 的第 B.9 章,0.3 μL。

6.9.2 缓冲液:Tris-Glycine pH 8.5 参见附录 A 的第 A.6 章。

6.9.3 电泳支持物:醋酸纤维素膜。

6.9.4 电泳条件:$U=200$ V,$t=30$ min,移动方向由负极至正极。

6.9.5 染色方法:蛋白染色法。

6.9.6 染色液:参见附录 B 的第 B.6 章。

6.9.7 标准对照:

Hbb	s	C57BL/6J	快带
Hbb	d	BALB/cJ	慢带

6.9.8 判断方法:参照上述对照动物读出带型后与附录 C 作比较。

6.9.9 *Hbb* 电泳结果及模式图,见图 9。

不加烷化剂处理的电泳结果及模式图,见图 10。

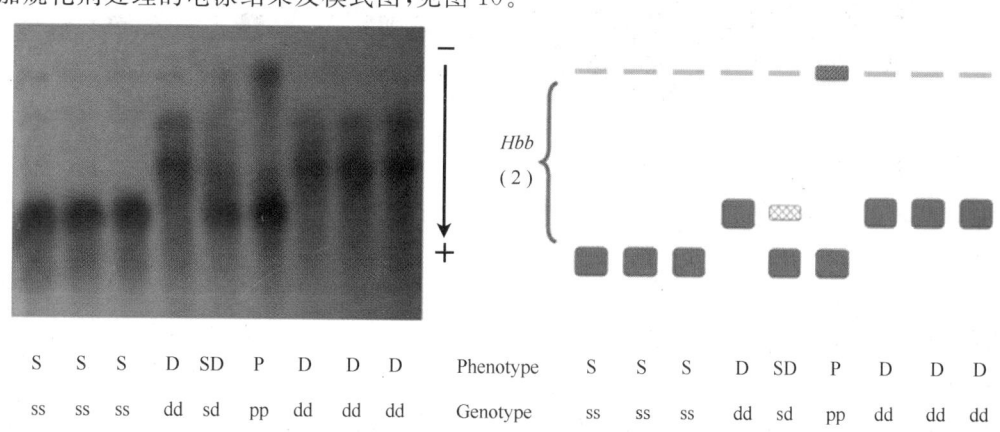

图 9 *Hbb* 电泳结果及模式图谱

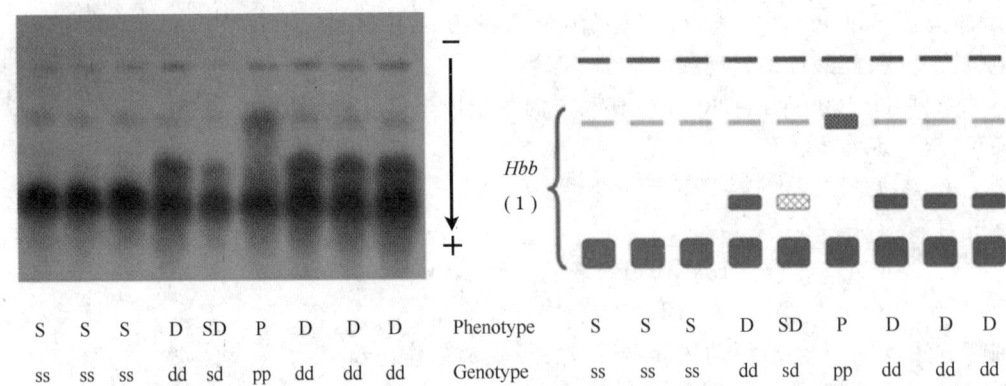

| S | S | S | D | SD | P | D | D | D | Phenotype | S | S | S | D | SD | P | D | D | D |
| ss | ss | ss | dd | sd | pp | dd | dd | dd | Genotype | ss | ss | ss | dd | sd | pp | dd | dd | dd |

图 10 *Hbb* 电泳结果及模式图谱(未烷化)

6.10   异柠檬酸脱氢酶-1 和苹果酸酶-1(isocitrate dehydorgenase-1,malic enzyme-1,*Idh1* 和*Mod1*)
Chr.1,9

6.10.1   样品:肾匀浆 0.3 μL。

6.10.2   缓冲液:Tris-Citrate   pH 7.6 参见附录 A 的第 A.3 章。

6.10.3   电泳支持物:醋酸纤维素硬膜。

6.10.4   电泳条件:$U=200$ V,$t=35$ min,移动方向由负极至正极。

6.10.5   染色方法:琼脂覆盖法。

6.10.6   染色液:参见附录 B 的第 B.4 章。

6.10.7   标准对照:

Idh1	a	BALB/c	慢带
Idh1	b	CBA/N	快带
Mod1	a	BALB/c	快带
Mod1	b	CBA/N	慢带

6.10.8   判断方法:参照上述对照动物读出带型后与附录 C 作比较。

6.10.9   *Idh1* 和*Mod1* 电泳结果及模式图,见图 11。

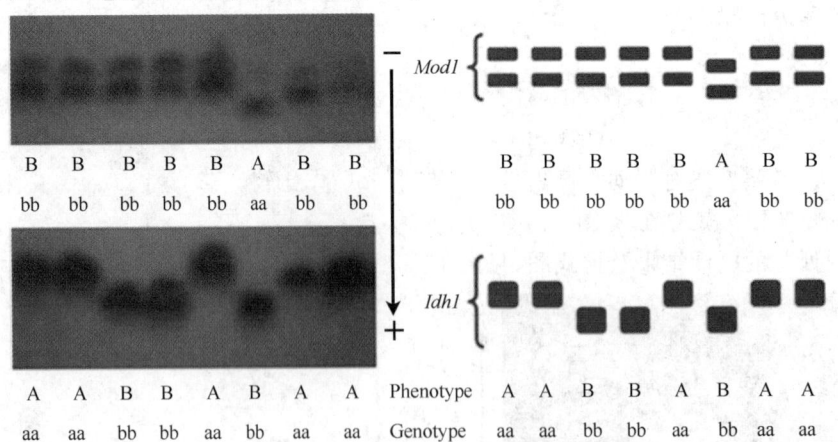

| B | B | B | B | B | A | B | B | | B | B | B | B | B | A | B | B |
| bb | bb | bb | bb | bb | aa | bb | bb | | bb | bb | bb | bb | bb | aa | bb | bb |

| A | A | B | B | A | B | A | A | Phenotype | A | A | B | B | A | B | A | A |
| aa | aa | bb | bb | aa | bb | aa | aa | Genotype | aa | aa | bb | bb | aa | bb | aa | aa |

图 11   *Idh1* 和*Mod1* 电泳结果及模式图

6.11   肽酶-3(peptidase-3,*Pep3*)Chr.1

6.11.1   样品:肾匀浆,0.6 μL。

6.11.2   缓冲液:Tris-Glycine   pH 8.5 参见附录 A 的第 A.6 章。

6.11.3   电泳支持物:醋酸纤维硬膜。

6.11.4   电泳条件:$U=200$ V,$t=30$ min,移动方向由负极至正极。

6.11.5   染色方法:琼脂覆盖法。

6.11.6 染色液:参见附录 B 的第 B.12 章。

6.11.7 标准对照:

Pep3	a	C57BL/6J	慢带
Pep3	b	CBA/N	快带
Pep3	c	TA1/TM	最快

6.11.8 判断方法:参照上述对照动物读出带型后与附录 C 作比较。

6.11.9 *Pep3* 电泳结果及模式图,见图 12。

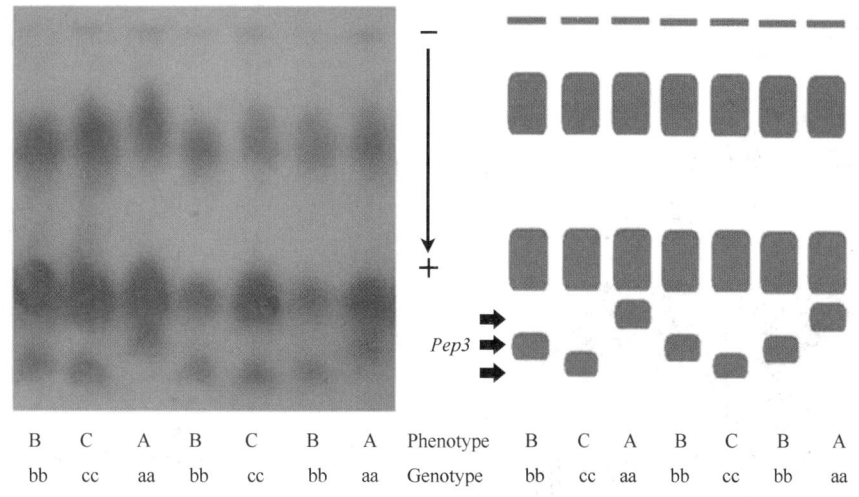

图 12 **Pep3** 电泳结果及模式图

6.12 磷酸葡萄糖转位酶-1(phosphoglcomulase-1，*Pgm1*)Chr.5

6.12.1 样品:肾匀浆,0.6 μL。

6.12.2 缓冲液:Tris-Glycine pH 8.5 参见附录 A 的第 A.6 章。

6.12.3 电泳支持物:醋酸纤维素硬膜。

6.12.4 电泳条件:$U=200$ V,$t=40$ min,移动方向由负极至正极。

6.12.5 染色方法:琼脂覆盖法。

6.12.6 染色液:参见附录 B 的第 B.5 章。

6.12.7 标准对照:

Pgm1	a	C57BL/6J	快带
Pgm1	b	CBA/N	慢带

6.12.8 判断方法:参照上述对照动物读出带型后与附录 C 作比较。

6.12.9 *Pgm1* 电泳结果及模式图,见图 13。

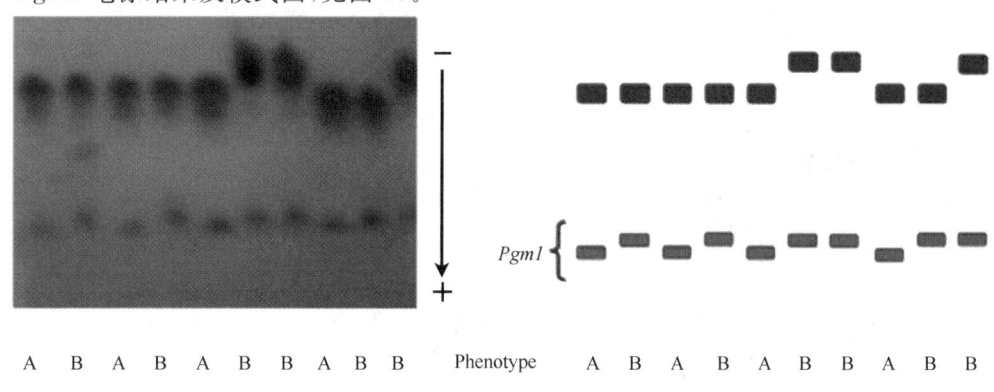

图 13 **Pgm1** 电泳结果及模式图

6.13 转铁蛋白(transferrin,Trf)Chr.9

6.13.1 样品:血清,0.3 μL。

6.13.2 缓冲液:Tris-Glycine pH 8.5 参见附录 A 的第 A.6 章。

6.13.3 电泳支持物:醋酸纤维素膜。

6.13.4 电泳条件:$U=200$ V,$t=25$ min,移动方向由负极至正极。

6.13.5 染色方法:蛋白染色法。

6.13.6 染色液:参见附录 B 的第 B.6 章。

6.13.7 标准对照:

| Trf | a | CBA/N | 快带 |
| Trf | b | C57BL/6J | 慢带 |

6.13.8 判断方法:参照上述对照动物读出带型后与附录 C 作比较。

6.13.9 Trf 电泳结果及模式图,见图 14。

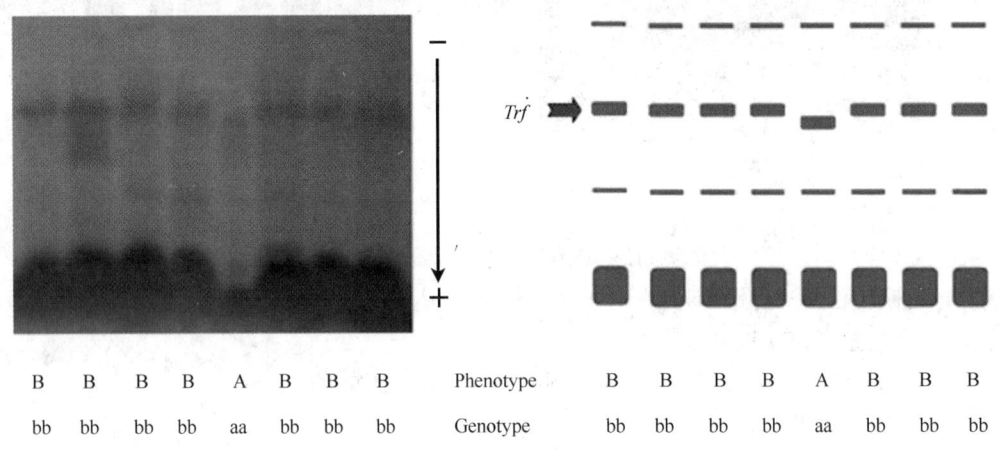

									Phenotype	B	B	B	B	A	B	B	B
	B	B	B	B	A	B	B	B										
	bb	bb	bb	bb	aa	bb	bb	bb	Genotype	bb	bb	bb	bb	aa	bb	bb	bb

图 14 Trf 电泳结果及模式图

7 大鼠生化标记检测细则

7.1 碱性磷酸酶-1(alkaline phosphatase-1,Akp1)Chr.9

7.1.1 样品:肾匀浆,0.3 μL。

7.1.2 缓冲液:Tris-EDTA-Borate-MgCl$_2$ pH 7.6 参见附录 A 的第 A.8 章。

7.1.3 电泳支持物:醋酸纤维素硬膜。

7.1.4 电泳条件:$U=200$ V,$t=40$ min,移动方向由负极至正极。

7.1.5 染色方法:琼脂覆盖法。

7.1.6 染色液:参见附录 B 的第 B.10 章。

7.1.7 标准对照:

| Akp1 | a | F334/N | 一条带 |
| Akp1 | b | WKY | 缺失一条带 |

7.1.8 判断方法:参照上述对照动物读出带型后与附录 D 作比较。

7.1.9 Akp1 电泳结果及模式图,见图 15。

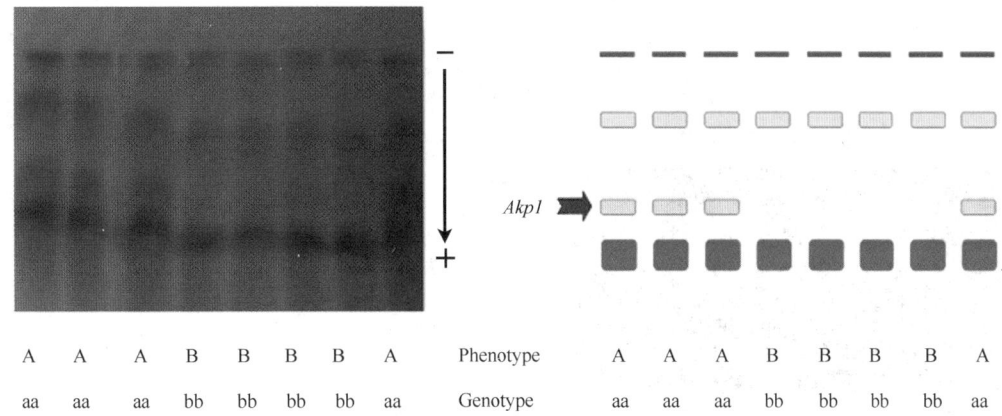

A	A	A	B	B	B	B	A	Phenotype	A	A	A	B	B	B	B	A
aa	aa	aa	bb	bb	bb	bb	aa	Genotype	aa	aa	aa	bb	bb	bb	bb	aa

图 15 *Akp1* 电泳结果及模式图

7.2   血清碱性磷酸酶-1(plasma alkaline phophatase-1，*Alp1*)Chr. 9

7.2.1   样品:血清,0.3 μL。

7.2.2   缓冲液:Tris-EDTA-Borate   pH 8.4 参见附录 A 的第 A.5 章。

7.2.3   电泳支持物:醋酸纤维硬膜。

7.2.4   电泳条件:$U=200$ V,$t=30$ min,移动方向由负极至正极。

7.2.5   染色方法：琼脂覆盖法。

7.2.6   染色液:参见附录 B 的第 B.13 章。

7.2.7   标准对照:

Alp1	a	SHR	快带
Alp1	b	BN	慢带

7.2.8   判断方法:参照上述对照动物读出带型后与附录 D 作比较。

7.2.9   *Alp1* 电泳结果及模式图,见图 16。

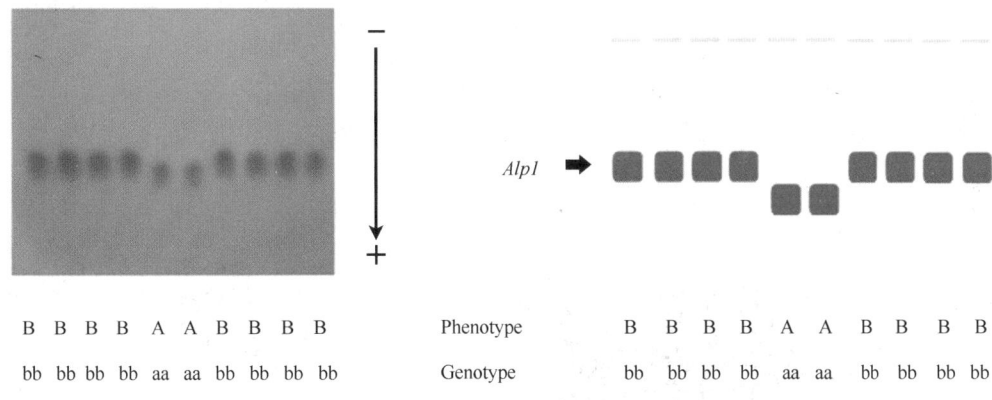

B	B	B	B	A	A	B	B	B	B	Phenotype	B	B	B	B	A	A	B	B	B	B
bb	bb	bb	bb	aa	aa	bb	bb	bb	bb	Genotype	bb	bb	bb	bb	aa	aa	bb	bb	bb	bb

图 16 *Alp1* 电泳结果及模式图

7.3   过氧化氢酶-1(Catalase-1,*Cs1*)Chr. 2

7.3.1   样品:溶血素,0.6 μL。

7.3.2   缓冲液:Tris-EDTA-Borate   pH 8.4 参见附录 A 的第 A.5 章。

7.3.3   电泳支持物:醋酸纤维素膜。

7.3.4   电泳条件:$U=200$ V,$t=30$ min,移动方向由负极至正极。

7.3.5   染色方法:酶显色板法。

7.3.6   染色液:参见附录 B 的第 B.8 章。

7.3.7   标准对照:

Cs1	a	F334/N	快带
Cs1	b	WKY	慢带

7.3.8 判断方法:参照上述对照动物读出带型后与附录 D 作比较。

7.3.9 *Cs1* 电泳结果及模式图,见图 17。

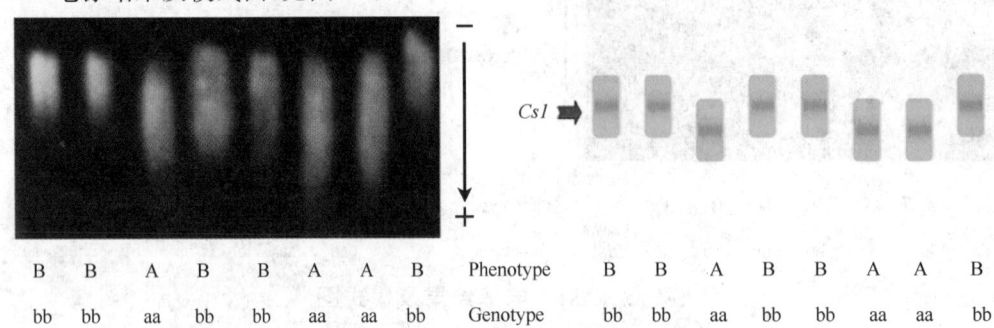

图 17 *Cs1* 电泳结果及模式图

7.4 酯酶-1 和酯酶-3(esterase-1,esterase-3, *Es1* 和*Es3*)Chr.19,11

7.4.1 样品:小肠组织匀浆,0.3 μL。

7.4.2 缓冲液:Tris-EDTA-Borate pH 8.4 参见附录 A 的第 A.5 章。

7.4.3 电泳支持物:醋酸纤维素硬膜。

7.4.4 电泳条件:$U=200$ V,$t=35$ min,移动方向由负极至正极。

7.4.5 染色方法:琼脂覆盖法。

7.4.6 染色液:参见附录 B 的第 B.1 章。

7.4.7 标准对照:

Es1	a	F334/N	一条带
Es1	b	ACI	缺失带
Es3	a	F334/N	快带
Es3	b	SHR	最慢带
Es3	d	WKY	慢带

7.4.8 判断方法:参照上述对照动物读出带型后与附录 D 作比较。

7.4.9 *Es1* 和*Es3* 电泳结果及模式图,见图 18。

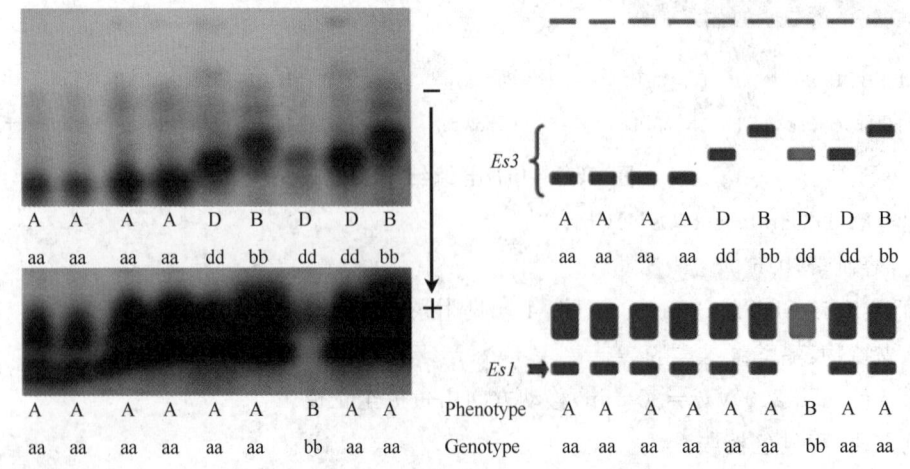

图 18 *Es1* 和*Es3* 电泳结果及模式图

7.5　酯酶-4(esterase-4,Es4)Chr.19

7.5.1　样品:肾匀浆,0.3 μL。

7.5.2　缓冲液:Tris-EDTA-Borate　pH 8.4 参见附录 A 的第 A.5 章。

7.5.3　电泳支持物:醋酸纤维素硬膜。

7.5.4　电泳条件:$U=200$ V,$t=35$ min,移动方向由负极至正极。

7.5.5　染色方法:琼脂覆盖法。

7.5.6　染色液:参见附录 B 的第 B.1 章。

7.5.7　标准对照:

| Es4 | a | SHR | 三条快带 |
| Es4 | b | WKY | 三条慢带 |

7.5.8　判断方法:参照上述对照动物读出带型后与附录 D 作比较。

7.5.9　Es4 电泳结果及模式图,见图 19。

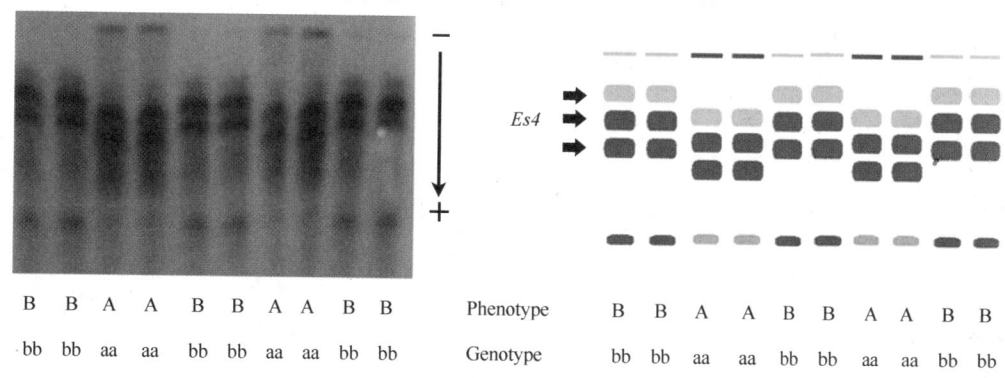

图 19　Es4 电泳结果及模式图

7.6　酯酶-6,8,9(esterase-6,8,9,Es6,8,9)Chr.8,19,19

7.6.1　样品:睾丸匀浆,0.6 μL。

7.6.2　缓冲液:Tris-EDTA-Borate　pH 8.4 参见附录 A 的第 A.5 章。

7.6.3　电泳支持物:醋酸纤维素板(硬膜)。

7.6.4　电泳条件:$U=200$ V,$t=35$ min,移动方向由负极至正极。

7.6.5　染色方法:琼脂覆盖法。

7.6.6　染色液:参见附录 B 的第 B.1 章。

7.6.7　标准对照:

Es6	a	F344/N	快带
Es6	b	BN	慢带
Es8	a	BN	快带
Es8	b	F344/N	慢带
Es9	c	BN	快带
Es9	a	F344/N	慢带

7.6.8　判断方法:参照上述对照动物读出带型后与附录 D 作比较。

7.6.9　Es6,8,9 电泳结果及模式图,见图 20。

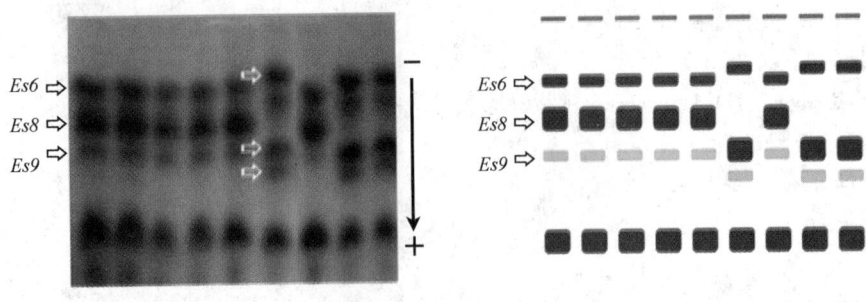

A	A	A	A	A	B	A	B	B	Es6	Phenotype	A	A	A	A	A	B	A	B	B
aa	aa	aa	aa	aa	bb	aa	bb	bb	Es6	Genotype	aa	aa	aa	aa	aa	bb	aa	bb	bb
B	B	B	B	B	A	B	A	A	Es8	Phenotype	B	B	B	B	B	A	B	A	A
bb	bb	bb	bb	bb	aa	bb	aa	aa	Es8	Genotype	bb	bb	bb	bb	bb	aa	bb	aa	aa
A	A	A	A	A	C	A	C	C	Es9	Phenotype	A	A	A	A	A	C	A	C	C
aa	aa	aa	aa	aa	cc	aa	cc	cc	Es9	Genotype	aa	aa	aa	aa	aa	cc	aa	cc	cc

图 20 *Es6,8,9* 电泳结果及模式图

7.7 酯酶-10(esterase-10,*Es10*)Chr.19

7.7.1 样品:肺匀浆,0.6 μL。

7.7.2 缓冲液:Tris-EDTA-Borate pH 8.4 参见附录 A 的第 A.5 章。

7.7.3 电泳支持物:醋酸纤维素硬膜。

7.7.4 电泳条件:$U=200$ V,$t=35$ min,移动方向由负极至正极。

7.7.5 染色方法:琼脂覆盖法。

7.7.6 染色液:参见附录 B 的第 B.1 章。

7.7.7 标准对照:

| *Es10* | a | F344/N | 三条慢带 |
| *Es10* | b | BN | 三条快带 |

7.7.8 判断方法:参照上述对照动物读出带型后与附录 D 作比较。

7.7.9 *Es10* 电泳结果及模式图,见图 21。

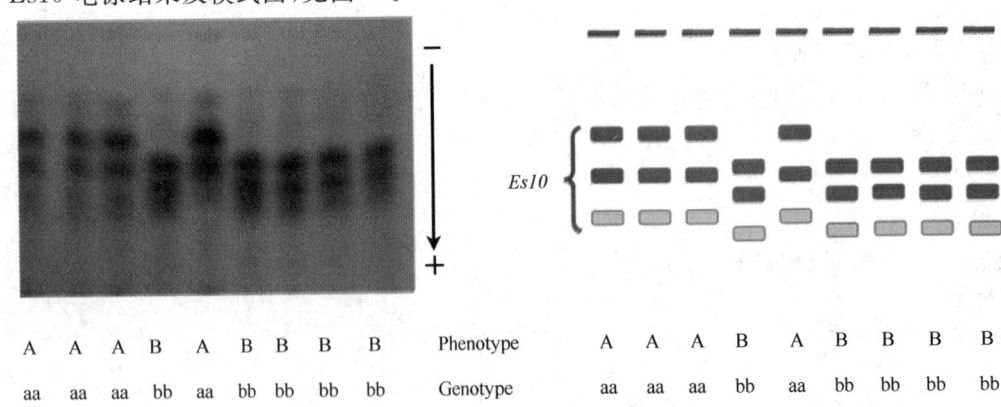

A	A	A	B	A	B	B	B	B	Phenotype	A	A	A	B	A	B	B	B	B
aa	aa	aa	bb	aa	bb	bb	bb	bb	Genotype	aa	aa	aa	bb	aa	bb	bb	bb	bb

图 21 *Es10* 电泳结果及模式图

7.8 血红蛋白-β 链(hemoglobinβ-chain,*Hbb*)Chr.1

7.8.1 样品:溶血素,0.6 μL(溶血素:6 mol/L 尿素=1:3)。

7.8.2 缓冲液:Tris-EDTA-Borate pH 8.4 参见附录 A 的第 A.5 章。

7.8.3 电泳支持物:醋酸纤维硬膜。

7.8.4 电泳条件:$U=200$ V,$t=35$ min,移动方向由负极至正极。

7.8.5 染色方法:蛋白染色法。

7.8.6 染色液:参见附录 B 的第 B.6 章。

7.8.7 标准对照：

| Hbb | a | F334/N | 两条带 |
| Hbb | b | LEW/M | 缺失一条带 |

7.8.8 判断方法：参照上述对照动物读出带型后与附录 D 作比较。

7.8.9 Hbb 电泳结果及模式图，见图 22。

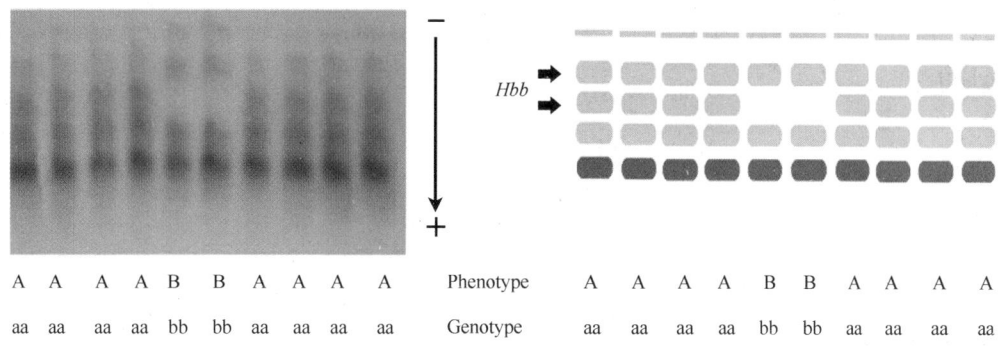

图 22 Hbb 电泳结果及模式图

8 近交系大、小鼠常规遗传监测判断标准

近交系动物具有纯合性，同基因性和个体性，因此送检动物每个生化标记的表型都应为纯合型；每个品系内个体间生化标记表型都应一致；经检测获得的生化遗传概貌应与原品系的生化遗传概貌相符。

依据近交系小鼠大鼠生化检测标记细则，完成检测并符合上述标准的近交系可视为经常规遗传监测未发现遗传变异的合格品系。

如果某些品系检测结果与上述标准不相符，应依据以下原则做出分析和处理（见表 2）。

表 2 遗传检测结果的分析与处理原则

位点类型	不相符的类型	可能发生变异的原因	处理意见
杂合型	多于一个位点	近期发生遗传污染	淘汰、重新引种
	一个位点	近期发生遗传漂变	再次送检
纯合型	多于一个位点	早期发生遗传污染	淘汰、重新引种
	一个位点	一个新的亚系 发生遗传突变已经固定	再次送检

再次送检时，动物应根据监测机构的要求选送。再次检测时如未发现带杂合型位点的动物，该品系可被视为合格的近交系品系，但应注明突变基因的名称，必要时参照实验动物遗传标准对品系的名称加以修订。如再次检测时仍发现带有杂合型位点的动物，该品系应予以淘汰，重新引种。

附　录　A
（资料性附录）
缓 冲 液 配 方

A.1 Acetate-EDTA　　　　　pH5.4（用时 1∶4 稀释）

$NaC_2H_3O_2$　　　　　　　　　　　　　　　　　　　10.60 g

EDTA　　　　　　　　　　　　　　　　　　　　　2.48 g

distilled water up to　　　　　　　　　　　　　　1 000 mL

A.2 phosphate buffer　　　　pH7.0

$Na_2HPO_4 \cdot 12H_2O$　　　　　　　　　　　　　　8.63 g

KH_2PO_4　　　　　　　　　　　　　　　　　　　　3.77 g

distilled water up to　　　　　　　　　　　　　　1 000 mL

A.3 Tris-Citrate　　　　　pH7.6（用时 1∶5 稀释）

Tris　　　　　　　　　　　　　　　　　　　　　12.10 g

distilled water　　　　　　　　　　　　　　　　600 mL

10%Citrate acid　　　　　适量调至 pH7.6

distilled water up to　　　　　　　　　　　　　　1 000 mL

A.4 Tris-HCl　　　　　　　pH8.0

Tris　　　　　　　　　　　　　　　　　　　　　24.20 g

distilled water　　　　　　　　　　　　　　　　800 mL

HCl 0.1 mol/L　　　　　　适量调至 pH8.0

distilled water up to　　　　　　　　　　　　　　1 000 mL

A.5 Tris-EDTA-Borate　　　pH8.4

Tris　　　　　　　　　　　　　　　　　　　　　10.90 g

EDTA　　　　　　　　　　　　　　　　　　　　0.60 g

boric acid　　　　　　　　　　　　　　　　　　3.10 g

distilled water up to　　　　　　　　　　　　　　1 000 mL

A.6 Tris-Glycine　　　　　pH8.5

Tris　　　　　　　　　　　　　　　　　　　　　3.00 g

glycine　　　　　　　　　　　　　　　　　　　14.40 g

distilled water up to　　　　　　　　　　　　　　1 000 mL

A.7 Tris-Glycine　　　　　pH8.9

Tris　　　　　　　　　　　　　　　　　　　　　5.16 g

glycine　　　　　　　　　　　　　　　　　　　3.48 g

distilled water up to　　　　　　　　　　　　　　1 000 mL

A.8 Tris-EDTA-Borate-$MgCl_2$　　pH7.6

Tris　　　　　　　　　　　　　　　　　　　　　1.81 g

Na_2EDTA　　　　　　　　　　　　　　　　　　1.86 g

boric Acid　　　　　　　　　　　　　　　　　　0.33 g

$MgCl_2 6H_2O$　　　　　　　　　　　　　　　　　2.03 g

distilled water up to   1 000 mL

A. 9   Tris-Citrate   pH8. 3

Tris   16. 64 g

citrate acid   4. 20 g

distilled water up to   1 000 mL

附 录 B

（资料性附录）

染 色 液 配 方

B. 1 β-naphthyl acetate	10 mg
aceton	0.5 mL
fast blue RR salt	25 mg
0.05 mol/L phosphate buffer(pH7.0)	9.5 mL
过滤使用	
2% agar	3 mL
B. 2 0.05 mol/L phosphate buffer(pH7.0)	3 mL
umbelliferyl acetate	3 mg
aceton	0.2 mL
2% agar(热)	3 mL
紫外监测仪下观察	
B. 3 0.2 mol/L Tris-HCl(pH8.0)	2 mL
0.25 mol/L Mg($C_2H_3O_2$)$_2$	150 μL
10% D-fructose-6-phosphate disodium salt	150 μL
1% MTT	150 μL
1% TPN	150 μL
glucose-6-phosphate dehydrogenase	5IU
0.25% PMS	150 μL
2% agar(热)	3 mL
B. 4 0.2 mol/L Tris-HCl(pH8.0)	
1% MTT	150 μL
1% TPN	150 μL
0.1 mol/L MnCl$_2$	50 μL
0.5 mol/L DL-malic acid(pH8.0)	600 μL
10% DL-isocitric acid trisodium salt	50 μL
0.25% PMS	150 μL
2% agar(热)	3 mL
B. 5 0.2 mol/L Tris-HCl(pH8.0)	2 mL
0.25 mol/L Mg($C_2H_3O_2$)$_2$	200 μL
1% glucose-1,6-diphosphate	20 μL
10% glucose-1-diphosphate	200 μL
1% MTT	100 μL
1% TPN	150 μL
glucose-6-phosphate dehydrogenase	5IU
0.25% PMS	100 μL
2% agar(热)	3 mL
B. 6 ponceau S	0.40 g
trichloroacetic acid	6.00 g

salfosalicylic acid	6. 00 g
distilled water	200 mL

B. 7 0. 2 mol/L Tris-HCl(pH8. 0)　　　　　　　　　　　　　　2 mL

0. 25 mol/L $Mg(C_2H_3O_2)_2$　　　　　　　　　　150 μL

0. 5 mol/L glucose-6-phosphate dehydrogenase　　300 μL

1% MTT　　　　　　　　　　　　　　　　150 μL

0. 25% PMS　　　　　　　　　　　　　　150 μL

1% TPN　　　　　　　　　　　　　　　150 μL

2% agar(热)　　　　　　　　　　　　　　3 mL

B. 8 1% $FeCl_3$　　　　　　　　　　　　　　　　　4 mL

1% $K_3[Fe(CN)_6]$　　　　　　　　　　　　4 mL

2% agar(热)　　　　　　　　　　　　　　3 mL

电泳后将膜浸入 0.3% 的双氧水中 30 s,再用蒸馏水漂洗 2 遍后贴在 B8 酶显色板上。

B. 9 烷化剂

cystamine dihydrochloride	112. 5 mg
1,4-dithiohreitol	5 mg
NH_4OH	25 μL
distilled water	1 mL

B. 10 0. 2 mol/L Tris-HCl(pH8. 0)　　　　　　　　　　　　　5 mL

β-naphthyl acid phosphate　　　　　　　　10 mg

fast blue BB salt　　　　　　　　　　　10 mg

0. 2 mol/L $MnCl_2$　　　　　　　　　　　0. 1 mL

2% agar(热)　　　　　　　　　　　　　3 mL

B. 11 β-naphthyl acid phosphate　　　　　　　　　　　　10 mg

fast blue RR salt　　　　　　　　　　　10 mg

0. 2 mol/L $MnCl_2$　　　　　　　　　　　0. 1 mL

distilled water　　　　　　　　　　　　5 mL

2% agar(热)　　　　　　　　　　　　　3 mL

B. 12 0. 2 mol/L NaH_2PO_4(pH7. 5)　　　　　　　　　　　5 mL

L-leucyl-l-alanine　　　　　　　　　　5 mg

peroxidase　　　　　　　　　　　　　2. 0 mg

0. 2 mol/L MnCl　　　　　　　　　　　0. 1 mL

o-dianisidine dihydrochloride　　　　　　0. 2 mL

crotalus adamanteus venom　　　　　　2. 0 mg

B. 13 0. 2 mol/L Tris-HCl(pH8. 0)　　　　　　　　　　　　5. 0 mL

β-naphthyl phosphate disodium salt　　　5. 0 mg

fast blue RR salt　　　　　　　　　　8. 0 mg

$MgSO_4 \cdot 7H_2O$　　　　　　　　　　6. 0 mg

附　录　C

（资料性附录）

常用近交系小鼠生化位点标记基因

常用近交系小鼠生化位点标记基因见表 C.1。

表 C.1　常用近交系小鼠生化位点标记基因

Loci Strain	Akp1	Car2	Ce2	Es1	Es3	Es10	Gpd1	Gpi1	Hbb	Idh1	Mod1	Pgm1	Pep3	Trf
A/-	b	b	a	b	c	a	b	a	d	a	a	a	b	b
AKR/-	b	a	b	b	c	b	b	a	d	b	a	a	b	b
C3H/He	b	b	b	b	c	b	b	b	d	a	a	b	b	b
C57BL/6	a	a	a	a	a	a	a	b	s	a	a	a	a	b
CBA/J	a	b	b	b	c	b	b	b	d	b	a	b	b	a
CBA/OLa	b	a	b	b	c	b	b	b	d	b	a	b	b	a
BALB/c	b	b	a	b	a	a	b	a	d	a	a	a	a	b
DBA/1	a	a	b	b	c	a	b	a	d	b	a	b	b	b
DBA/2	a	b	a	b	c	b	b	a	d	a	a	b	b	b
615	a	a	b	b	c	a	b	a	s	a	b	a	b	a
TA1/TM[a]	b	b	b	a	c	b	b	b	s	a	b	a	c	b
TA2	b	a	b	b	c	a	b	b	d	a	b	a	b	b
TW	b	a	a	a	b	c	c	a	p	b	a	b	b	b
^a 为 TA1 的天医突变系。

附　录　D
（资料性附录）
常用近交系大鼠生化位点标记基因

常用近交系大鼠生化位点标记基因见表 D.1。

表 D.1　常用近交系大鼠生化位点标记基因

Loci Strain	Akp1	Alp	Cs1	Es1	Es3	Es4	Es6	Es8	Es9	Es10	Hbb
F344/N	a	b	a	a	a	b	a	b	a	a	a
LOU/C	a	b	a	a	a	b	b	b	a	a	a
SHR	a	a	b	a	b	a	a	b	a	a	a
WKY	b	b	b	a	d	b	a	a	c	b	a
LEW/M	a	b	a	a	d	b	a	b	c	a	b
ACI	b	b	a	b	a	b	b	b	a	a	b
BN	a	b	a	a	d	b	b	a	c	b	a

ICS 65.020.30
B 44

中华人民共和国国家标准

GB/T 14927.2—2008
代替 GB/T 14927.2—2001

实验动物
近交系小鼠、大鼠免疫标记检测法

Laboratory animal—
Immunological marker of inbred mice and rats

2008-12-10 发布

2009-03-01 实施

中华人民共和国国家质量监督检验检疫总局
中国国家标准化管理委员会
发布

前　言

GB/T 14927 共分 2 个部分：

——第 1 部分为《实验动物　近交系小鼠、大鼠生化标记检测法》；

——第 2 部分为《实验动物　近交系小鼠、大鼠免疫标记检测法》。

本部分为 GB/T 14927 的第 2 部分。

本部分自实施之日起，代替 GB/T 14927.2—2001《实验动物　近交系小鼠、大鼠皮肤移植检测法》。

本部分与 GB/T 14927.2—2001 相比主要技术差异如下：

a)　修订实验动物近交系小鼠、大鼠皮肤移植法部分内容；

b)　增加小鼠 H-2 单倍型微量细胞毒检测法；

c)　本部分名称修改为"实验动物　近交系小鼠、大鼠免疫标记检测法"。

本部分附录 A 为资料性附录。

本部分由全国实验动物标准化技术委员会提出并归口。

本部分由全国实验动物标准化技术委员会负责起草。

本部分主要起草人：邢瑞昌、刘双环、马丽颖、岳秉飞、鲍世民。

本部分所代替标准的历次版本发布情况为：

——GB/T 14927.2—1994,GB/T 14927.2—2001。

实验动物
近交系小鼠、大鼠免疫标记检测法

1 范围

GB/T 14927 的本部分规定了近交系小鼠、大鼠皮肤移植术法和近交系小鼠 H-2 单倍型（Haplotype）检测方法。

本部分近交系小鼠、大鼠皮肤移植术法适用于近交系小鼠和大鼠在培育过程中遗传纯度的检查以及近交系小鼠和大鼠在繁殖饲养过程中的遗传监测。近交系小鼠 H-2 单倍型（Haplotype）检测方法适用于近交系小鼠培育和繁殖饲养过程中的遗传监测，主要检测 H-2 复合体 D 区和 K 区的抗原分型。

2 近交系小鼠和大鼠皮肤移植术法

2.1 技术原理

移植物在同一近交系中可以被互相接受，即同系移植（isograft）是成功的。

移植物在不同近交系中互相排斥，亦即同种移植（allograft）是不成功的。

F1 代动物可以接受任何一个双亲的组织移植物，双亲则不能接受 F1 代的移植物。

F1 代动物可以接受 F2 代以后各代动物的移植物。

亲本品系可以接受某些 F2 代以后各代动物的移植物，但是绝大部分被排斥。

本部分采用背部皮肤移植法和尾部皮肤移植法。两种方法原理相同，并具有同等标准效力。

2.2 背部皮肤移植法

2.2.1 设备和材料

2.2.1.1 固定板（18 cm×12 cm）。

2.2.1.2 戊巴比妥钠（医用）。

2.2.1.3 医用橡皮膏。

2.2.1.4 医用凡士林。

2.2.1.5 粉剂青霉素 G 钠（80 万 U，人或兽用）。

2.2.1.6 3％碘酒棉球。

2.2.1.7 75％酒精棉球。

2.2.1.8 眼科剪刀。

2.2.1.9 眼科镊子。

2.2.1.10 一次性注射器（1 mL）。

2.2.1.11 纱布（剪成 40 mm 长，25 mm 宽若干条；厚 2 层～3 层若干块，其上涂医用凡士林及粉剂青霉素 G 钠）。

2.2.1.12 脱脂棉做成的棉球。

2.2.1.13 将手术器材置于高压锅内 121 ℃、40 min 高压灭菌。

2.2.2 操作步骤

2.2.2.1 随机取同性别 4 周龄～8 周龄的动物 10 只，动物可来自基础群或血缘扩大群。

2.2.2.2 每只动物分别编号并称取体重，详细记录品系名称、性别、出生年月日、谱系及其他特征。

2.2.2.3 用无菌生理盐水配制 0.7％戊巴比妥钠溶液。

2.2.2.4 采用腹腔注射 0.7％戊巴比妥钠溶液麻醉动物。小鼠每 10 g 体重注射 0.1 mL，大鼠每 20 g

体重注射 0.1 mL。因不同品系动物对麻醉剂敏感性不同,注射量可适当增减(手术时室温应控制在 25 ℃～28 ℃之间)。

2.2.2.5 待动物麻醉失去知觉后,将其背部朝上放在固定板上,固定动物,剪去被毛,并用 3％碘酒棉球和 75％酒精棉球消毒。

2.2.2.6 在背部剪下直径 5 mm～10 mm 的皮肤左右各一块(其中一块用做自体移植,另一块用做异体移植)。

2.2.2.7 将剪好的皮片翻转过来放入带少量生理盐水的双碟(直径为 6 cm)中,用眼科剪刀,轻轻地切去皮下组织至真皮,然后放在无菌生理盐水中冲洗一下。

2.2.2.8 两只动物的皮片,除左侧皮片做自体移植外,右侧皮片循环交换,逆毛方向移植并使之吻合。

2.2.2.9 覆盖涂过凡士林和青霉素 G 钠的纱布块,3 层～4 层,用 1 cm 宽橡皮膏固定,松紧适度。

2.2.2.10 手术结束待动物苏醒后,把动物放入鼠盒内,并挂上标记卡片,10 d 后拆除包扎。

2.2.3 结果观察

2.2.3.1 拆包后,发现皮片干瘪、脱落则为技术失败。如皮片脱痂,手术部位平整、一周后有新毛长出则为手术成功。对照自体移植,技术失败率不得大于 10％。

2.2.3.2 如果皮片在 2 周～3 周内脱落,则为急性排斥。遗传污染通常引起急性排斥。

2.2.3.3 如果皮片在 3 周脱落,则为慢性排斥。移植物有否慢性排斥至少观察 100 d,遗传突变通常引起慢性排斥。

2.2.3.4 如果对结果怀疑,则要进行重新移植,可以使用一批新的动物,也可以使用已做过移植但对结果产生怀疑的动物。如果是后者,则排斥更迅速、更典型。

2.3 尾部皮肤移植法

2.3.1 设备和材料

2.3.1.1 11 号手术刀柄。

2.3.1.2 11 号手术尖刀片。

2.3.1.3 玻璃套管(直径 8 mm,大鼠可适当大些)。

2.3.1.4 其他材料见 2.2.1。

2.3.2 操作步骤

2.3.2.1 随机取同性别 4 周龄～8 周龄的动物 10 只,动物可来自于基础群、血缘扩大群或生产群。

2.3.2.2 每只动物分别编号并称取体重,详细记录品系名称、性别、出生年月日、谱系及其他特征。

2.3.2.3 用无菌生理盐水配制 0.7％戊巴比妥钠溶液。

2.3.2.4 采用腹腔注射麻醉 0.7％戊巴比妥钠溶液动物,小鼠每 10 g 体重注射 0.1 mL,大鼠每 20 g 体重注射 0.1 mL。因不同品系动物对麻醉剂敏感性不同,注射量可适当增减(手术时室温应控制在 25 ℃～28 ℃之间)。

2.3.2.5 待动物麻醉失去知觉后,将 5 只一组按顺序采取仰卧式放在一块滤纸上,并用 3％碘酒棉球和 75％酒精棉球消毒鼠尾。

2.3.2.6 用左手食指按住动物尾根,左手拇指按住尾尖,固定鼠尾并使其微微伸展,然后右手持解剖刀,刀面朝上,与尾部皮肤成 20°～30°夹角,在尾静脉上部或两条尾静脉之间,在离尾部 5 mm 处削下一片宽约 2 mm～3 mm,长约 7 mm～8 mm 的皮肤,其厚度前者以没有严重出血,后者能足以暴露出白色的肌腱但又不割伤血管为宜。

2.3.2.7 右手将刀片逆时针方向交给左手,附着在刀片上的皮片相应转 180°,将皮片用眼科镊子取下贴在原创面上,并尽量使其吻合,用一小片滤纸覆盖,再轻轻按压一下,然后取掉滤纸片,该移植作为自体移植对照。

2.3.2.8 按照 2.3.2.6 和 2.3.2.7 步骤,完成另 4 只动物的自体移植对照。

2.3.2.9 按照 2.3.2.6 和 2.3.2.7 步骤,参照皮肤移植相互循环系统图示,进行循环皮肤移植。亦即前边鼠的第三片皮和后边相邻鼠的第二片皮进行相互交换植皮,具体操作见图1。

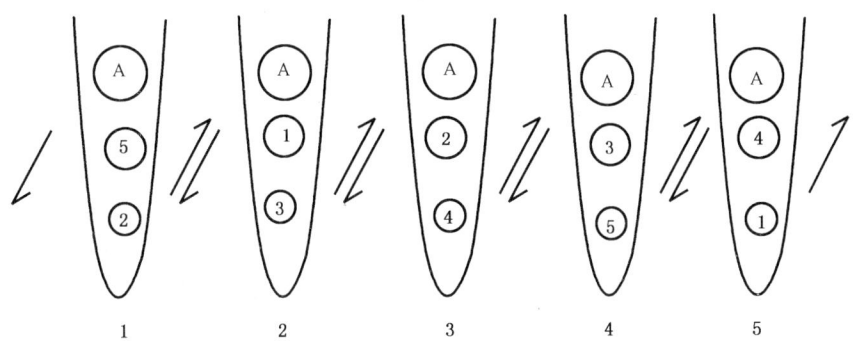

注:A表示自体移植对照;圆圈中的阿拉伯数字表示编号小鼠供体的皮片。

图 1　皮肤移植相互循环系统

2.3.2.10　取五支玻璃套管,分别轻轻套入动物尾巴至根部3 mm处,用医用胶布在尾巴远端靠近套管处将尾巴粘住,胶布往返粘贴2圈~3圈,使套管可做轻微上下活动但不脱落。

2.3.2.11　套好玻璃管后,用落地手术灯照射动物大约15 min~30 min。然后将动物仰躺着放入鼠盒中挂上标记卡片。

2.3.2.12　24 h后取下套管,此时可看到皮片已粘在创面上。

2.3.3　结果观察

2.3.3.1　皮片在第一周内苍白、干瘪、脱落,则为技术失败。对照自体移植,技术失败率不得大于10%。

2.3.3.2　皮片在第2周至第3周内发炎、水肿、坏死、结痂直至脱落,则为急性排斥。遗传污染通常引起急性排斥。

2.3.3.3　皮片在第3周至第9周内逆毛逐渐脱落,直至无毛;或者因排斥留下凹陷疤痕,都为慢性排斥。遗传突变通常引起慢性排斥。

2.3.3.4　皮片在100 d的观察期内,始终有逆毛,则为永久接受的标志。

2.3.3.5　如果对结果有怀疑,则要进行重新移植,以得出明确结果。

3　近交系小鼠H-2单倍型检测方法——微量细胞毒法

3.1　技术原理

在免疫遗传学中,能引起强烈移植排斥反应的抗原系统称为主要组织相容性抗原系统。小鼠的主要组织相容性原系统称为H-2复合体(major histocompatibility complex,H-2 complex),是定位于第17号染色体上的一个区段。不同品系的近交系小鼠,其H-2复合体组成不同,表现在H-2单倍型的不同。H-2单倍型可以通过抗原抗体反应进行判别。

单克隆抗体能够特异性地与抗原进行反应,具有专一性,能够识别出对应的抗原物。利用H-2复合体D区和K区所对应的单抗,通过微量细胞毒法可以判定D区和K区的类型。

3.2　设备与材料

3.2.1　单克隆抗体

纯化非标记的单克隆抗体H-2Db(27-11-13)、H-2Dd(34-5-8S)、H-2Dk(15-5-5.3)、H-2Kk(16-3.22.4)。

3.2.2　小牛血清。

3.2.3　补体制备

2周龄~3周龄新西兰仔兔,取动脉血,4 ℃冰箱静置12 h,3 000 r/min离心15 min分离血清,筛选不致小鼠脾细胞死亡的兔血清,分装,−70 ℃低温冰箱保存。

3.2.4 PBS pH7.2

$Na_2HPO_4 \cdot 12H_2O$	1.27 g
KH_2PO_4	0.21 g
NaCl	3.40 g
蒸馏水	至 500 mL

3.2.5 Hank's 液

NaCl	8.00 g
$MgSO_4 \cdot 7H_2O$	0.41 g
KCl	0.40 g
KH_2PO_4	0.10 g
$NaHCO_3$	1.27 g
葡萄糖	2.00 g
蒸馏水	至 100 mL

3.2.6 伊红染色液(6%)

曙红 B(水溶性) Eosin B	0.6 g
蒸馏水	至 10 mL

3.2.7 甲醛溶液(10%)

甲醛	1 mL
蒸馏水	至 10 mL

3.2.8 离心机:500 r/min～4 000 r/min 离心机。

3.2.9 倒置显微镜:低倍。

3.2.10 37 ℃恒温水浴箱。

3.3 操作

3.3.1 脾细胞的制备

3.3.1.1 取待检小鼠脾剥去脂肪等附着物。

3.3.1.2 置于盛有 1 mL 10%小牛血清(9 mL PBS,1 mL 小牛血清)的平皿中,用小镊子撕碎。

3.3.1.3 将此混合物转移至离心管中,再用 1 mL 10%小牛血清清洗平皿转移至同一离心管中,静置 15 min。

3.3.1.4 吸上清于另一离心管中,弃去沉淀。

3.3.1.5 离心上清液,3 000 r/min 离心 5 min。

3.3.1.6 弃掉上清液,保留沉淀。在沉淀中加入 4.5 mL 蒸馏水用吸管充分吸打搅匀,从加入蒸馏水时严格计时,40 s 后加入 0.5 mL Hank's 液,用吸管充分吸打搅匀,静置 10 min。

3.3.1.7 吸上清于另一离心管中,弃掉下部沉淀团块,离心上清液,3 000 r/min 离心 5 min。

3.3.1.8 弃掉上清液,保留沉淀。在沉淀中加入 0.5 mL 20%小牛血清(8 mL PBS,2 mL 小牛血清)。

3.3.1.9 细胞记数,使细胞终浓度为 $1 \times 10^6/\text{mL}$～$5 \times 10^6/\text{mL}$。

3.3.2 细胞反应程序

3.3.2.1 采用 2.0 mL 离心管,每一动物品系均设立空白对照和补体对照。

3.3.2.2 每管中加入 20 μL 充分摇匀的细胞悬液,然后加入 20 μL 抗体(对照管中只加 20%小牛血清)充分摇匀,37 ℃水浴中保温 15 min。

3.3.2.3 每管加 30 μL 补体(用 20%小牛血清 2 倍稀释),空白对照只加 20%小牛血清,37 ℃水浴中反应 30 min～40 min。

3.3.2.4 每管中加入 20 μL Eosin(伊红)染色液(6% Eosin 用 20%小牛血清等倍稀释)37 ℃保温 10 min。

3.3.2.5 加入 20 μL 10％甲醛(固定液)以提高实验结果的稳定性。

3.3.2.6 摇匀,从每管中取细胞悬液 10 μL 加在细胞板上,在倒置显微镜下观察结果。

3.4 实验结果评定

3.4.1 细胞形态判别

阳性细胞(死亡细胞)体积较大,伊红着色后失去折光性,阴性细胞(仍存活细胞)不着色,体积较小,而有折光性。

3.4.2 计算公式

$$细胞死亡率 = \frac{死细胞数}{全部细胞数} \times 100\% \quad \cdots\cdots\cdots\cdots\cdots(1)$$

$$细胞毒指数 = \frac{实验组淋巴细胞死亡率(\%) - 阴性对照组淋巴细胞死亡率(\%)}{100\% - 阴性对照组淋巴细胞死亡率(\%)} \quad \cdots\cdots(2)$$

3.4.3 判别标准

H-2 单抗的细胞毒指数大于 0.70,判为同一单倍型。常用近交系小鼠的 H-2 单倍型参见附录 A。

附　录　A

（资料性附录）

近交系小鼠 H-2 单倍型

常用近交系小鼠 H-2 单倍型见表 A.1。

表 A.1　常用近交系小鼠 H-2 单倍型

品系	H-2D	H-2K	H-2 单倍型
129	b	b	b
615	k	k	k
C3H	k	k	k
C57BL/6	b	b	b
C57BL/10	b	b	b
FVB	b	b	b
TA1	b	b	b
TA2	b	b	b
T739	b	b	b
BALB/c	d	d	d
DBA/2	d	d	d
Scid	d	d	d

ICS 65.020.30
B 44

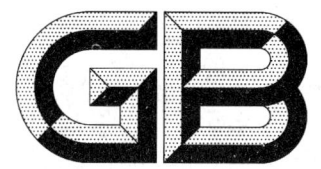

中华人民共和国国家标准

GB/T 18448.1—2001
代替 GB/T 14926.33—1994

实验动物 体外寄生虫检测方法

Laboratory animal—Method for examination of ectoparasites

2001-08-29 发布　　　　　　　　　　　　2002-05-01 实施

中 华 人 民 共 和 国
国家质量监督检验检疫总局　发 布

前　言

本标准由 GB/T 14926.33—1994《实验动物　体外寄生虫检验方法》修订而成。

本标准增加了犬和猴体外寄生虫的检测内容及犬、猴中常见寄生虫的描述。

本标准增加了检测原理。将几种常见实验动物寄生螨的形态特征描述作为附录,供参考。

本标准的附录 A 是提示的附录。

本标准由中华人民共和国科学技术部提出并归口。

本标准起草单位:中国实验动物学会。

本标准主要起草人:李冠民、诸欣平、潘振业、刘兆铭。

本标准于 1994 年 1 月首次发布。

中华人民共和国国家标准

GB/T 18448.1—2001

实验动物 体外寄生虫检测方法

代替 GB/T 14926.33—1994

Laboratory animal—Method for examination of ectoparasites

1 范围

本标准规定了实验动物体外寄生虫的取样、检测方法及结果判定标准。

本标准适用于小鼠、大鼠、地鼠、豚鼠、兔、犬及猴等实验动物体外寄生虫的检测。

2 原理

寄生部位取样,用显微镜观察,直接查找虫体或虫卵。

3 材料和试剂

3.1 显微镜。

3.2 载玻片、盖玻片。

3.3 透明胶带(约 2 cm 宽)。

3.4 甘油。

3.5 2.5 mol/L 氢氧化钠溶液。

4 检测步骤

4.1 肉眼观察

用肉眼或借助于放大镜对动物进行仔细观察。体外寄生虫感染严重时,可引起动物脱毛、毛糙甚至由搔痒引起溃疡、结痂。检查时尤其注意动物易感染部位,如耳根、颈后、眼周、背部、臀部及腹股沟等处。用梳子梳理动物毛发可发现蚤、虱和螨等节肢类寄生虫。

4.2 取样

4.2.1 透明胶带粘取法取样(适用于小动物)

将透明胶带剪成与载玻片近等长的胶条,贴于载玻片上,将其一端胶面相对反折约 0.5 cm(便于揭拉)。用时拉住重叠部分揭开胶带(使其另一端仍粘在载玻片上),在待检动物的易感染部位依次按压,并逆毛向用力粘取,拔下少许被毛为宜。然后将胶带复位于载玻片上,不要留有气泡或皱褶,编号待检。

4.2.2 拔毛取样(适用于较大动物)

用镊子在实验动物易感染部位分别拔取少许被毛,散放于载玻片上,用透明胶带压住(或加一滴生理盐水后,覆以盖玻片),编号待检。

4.2.3 刀片刮取皮层物取样(适用于皮层内寄生螨类的检测)

用解剖刀或刀片刮取动物溃疡或结痂部位深层碎屑或挤破脓疮取其内容物,置于干净载玻片上,加两滴 2.5 mol/L 氢氧化钠溶液使之液化(或加两滴甘油使之透明),然后覆以盖玻片,编号待检。

4.2.4 除以上方法外,其他方法(如适用于小动物的黑背景检查法、解剖镜下整体检查法等)可参考使用,以提高准确性。

中华人民共和国国家质量监督检验检疫总局 2001-08-29 批准

2002-05-01 实施

5 结果判定

用光学显微镜对取样标本片进行仔细检查,综合肉眼观察结果,凡发现虫卵、幼虫、若虫、成虫均为阳性。常见实验动物寄生螨的主要形态特征见附录 A(提示的附录),其他节肢类寄生虫的形态参考有关资料。

6 结果报告

根据判定结果,作出报告。

附　录　A

（提示的附录）

几种常见实验动物寄生螨的特征描述

表 A1　几种常见实验动物寄生螨的主要特征

	鼠癣螨 *Myocoptes musculinus*	鼠肉螨 *Myobia musculi*	拉德佛螨 *Radfordia spp.*	兔痒螨 *Psoroptes cuniculi*	犬蠕形螨 *Demodex canis*
成虫大小	♀约 0.3 mm×0.17 mm ♂约 0.2 mm×0.14 mm	♀长 0.4～0.5 mm ♂长 0.28～0.3 mm	♀似鼠肉螨 ♂似鼠肉螨	♀约 0.7 mm×0.5 mm ♂约 0.6 mm×0.4 mm	♀约 0.18 mm×0.3 mm ♂约 0.22 mm×0.26 mm
主要形态特征	♀虫第一二对足简单，第三四对足呈黑棕色，强几丁质化，呈钩夹样。♂虫前三对足与♀相同，第四对足粗壮，向后包绕成抱握器，体后两对长刚毛，而♀虫为一对	第一对足短小，向前伸，各足间呈叶状突起，第二对足末端无爪，仅一爪间垫样结构，体后端具两根长刚毛，♂虫两毛基距较♀虫近	第二对足末端爪以及腹部背毛的形态特点可作种内和种间区别，其他特征同鼠肉螨	♀虫第三对足有较长的刚毛，无吸盘。♂虫第四对足无吸盘，明显短于第三对足，其余各足末端都有钟状吸盘。体后缘具两个叶状突起	体细长呈蠕虫状，乳白色，半透明，颚体宽短，位于躯体前方，体后部呈细窄有环节状结构。有四对足，位于体前部腹面。♀生殖孔位于腹面第四对足之间。♂阴茎位于体背面的第二对足之间
虫卵特征	椭圆形，粘于毛发中段，大小约 0.2 mm×0.5 mm，淡黄色	长卵形，粘于毛发基部，白色，大小约 0.2 mm×0.1 mm	与鼠肉螨相似	椭圆形，大小约 0.3 mm×0.1 mm	无色半透明，呈蘑菇状，长约 0.1 mm，最宽处 0.04 mm
宿主种类	小鼠	小鼠	大鼠、小鼠	兔	犬
常见寄生部位	肩、颈部、臀部	耳后、颈部、口周	耳后、颈部、口周	耳部、并可蔓延到头及全身	面部、耳部的毛囊内
主要症状	瘙痒，肩、背部脱毛，重者引起皮肤溃疡	瘙痒、脱毛、过敏、皮炎等	瘙痒，脱毛、过敏、皮炎等	皮肤充血，结黄色疮痂等	脱毛、皮脂溢出、银白色粘性皮屑脱落

ICS 65.020.30
B 44

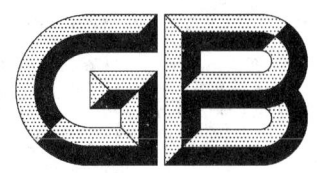

中华人民共和国国家标准

GB/T 18448.2—2008
代替 GB/T 18448.2—2001

实验动物　弓形虫检测方法

Laboratory animal—Method for examination of *Toxoplasma gondii*

2008-12-03 发布

2009-03-01 实施

中华人民共和国国家质量监督检验检疫总局
中国国家标准化管理委员会　发　布

前　言

GB/T 18448《实验动物》由 10 项实验动物寄生虫检测方法组成。

本部分为 GB/T 18448 的第 2 部分《实验动物　弓形虫检测方法》。

本部分自实施之日起代替 GB/T 18448.2—2001。

本部分与 GB/T 18448.2—2001 相比主要技术差异如下：

a)　增加弓形虫酶联免疫吸附试验(ELISA)和免疫酶染色试验(IEA)，将 PCR 检测方法列入附录
　　内容，保留间接血凝试验(IHA)作为推荐方法之一；

b)　将检测方法所需的"材料与试剂"和"检测步骤"分别叙述。

本部分附录 A 是规范性附录。

本部分由全国实验动物标准化技术委员会提出并归口。

本部分起草单位：全国实验动物标准化技术委员会。

本部分主要起草人：潘振业、屈霞琴、陈俏梅、李冠民、王彦平。

本部分所代替标准的历次版本发布情况为：

——GB/T 14926.34—1994,GB/T 18448.2—2001。

实验动物　弓形虫检测方法

1　范围

GB/T 18448 的本部分规定了实验动物弓形虫的检测方法和试剂等。

本部分适用于小鼠、大鼠、地鼠、豚鼠、兔、犬及猴等实验动物弓形虫的检测。

2　原理

根据免疫学原理,采用弓形虫抗原检测被检动物血清中的弓形虫抗体。

3　主要试剂和器材

3.1　试剂

3.1.1　ELISA 抗原

3.1.1.1　特异性抗原

弓形虫(RH 株)速殖子腹腔接种清洁级以上实验小鼠(KM、ICR、BALB/c 等均可),3 d～5 d 后,以无菌生理盐水灌洗被接种小鼠的腹腔,收集含有虫体的小鼠腹腔液,3 000 r/min 离心 10 min,取沉淀,PBS 洗 3 次。沉淀物加适量蒸馏水反复冻融 5 次,或用超声波处理后,10 000 r/min 离心 30 min,取上清液。上清液用葡聚糖凝胶 G200 进行纯化(柱内径×柱高:1.5 cm×60 cm),流速为 0.2 mL/min。每管收集 2 mL 左右。共收集 60 管以上。分别测定每个收集管中蛋白在 280 nm 下的吸光度值。分离纯化后,出现 2 个蛋白峰;将第一峰各管合并,即为弓形虫特异性抗原(也称弓形虫可溶性抗原)。

3.1.1.2　正常抗原

以无菌生理盐水注射清洁级以上实验小鼠(与制备抗原的小鼠同品种或品系)腹腔,3 d～5 d 后,以无菌生理盐水灌洗被注射小鼠腹腔,收集小鼠腹腔液,3 000 r/min 离心 10 min,取沉淀,PBS 洗 3 次。沉淀物加适量蒸馏水反复冻融 5 次,或用超声波处理后,10 000 r/min 离心 30 min,取上清液,即为正常抗原。

3.1.2　抗原片

弓形虫 RH 株速殖子腹腔接种清洁级以上实验小鼠(KM、ICR、BALB/c 等均可),3 d～5 d 后处死,收取虫体,胰酶消化,以一定浓度涂片,充分晾干后冷丙酮固定,−20 ℃保存。

3.1.3　弓形虫抗原致敏绵羊红细胞

将绵羊红细胞与一定浓度的鞣酸液反应,制成鞣化红细胞,然后,用弓形虫可溶性抗原在适宜的条件下致敏鞣化红细胞,制成弓形虫抗原致敏绵羊红细胞。

3.1.4　正常对照绵羊红细胞。

3.1.5　阳性对照血清

自然感染弓形虫的相应动物抗体阳性血清,或弓形虫免疫血清。

3.1.6　阴性对照血清

确证无弓形虫感染的动物血清。

3.1.7　酶结合物

辣根过氧化物酶标记的抗小鼠、大鼠、地鼠、豚鼠、兔、犬和猴 IgG 抗体;或辣根过氧化物酶标记葡萄球菌蛋白 A(SPA)。

3.1.8　荧光素结合物

异硫氰氢酸荧光素标记的抗小鼠、大鼠、地鼠、豚鼠、兔、犬和猴 IgG 抗体。

3.1.9　包被液(0.05 mol/L,pH 9.6)

碳酸钠	1.59 g
碳酸氢钠	2.93 g
蒸馏水	加至 1 000 mL

3.1.10　PBS(0.01 mol/L,pH 7.4)

氯化钠	8 g
氯化钾	0.2 g
磷酸氢二钠(Na$_2$HPO$_4$·12H$_2$O)	2.83 g
蒸馏水	加至 1 000 mL

3.1.11　洗涤液

PBS(0.01 mol/L,pH 7.4)	1 000 mL
Tween-20	0.5 mL

3.1.12　稀释液

含1%牛血清白蛋白的PBS。

3.1.13　磷酸盐-柠檬酸缓冲液(pH 5.0)

柠檬酸	3.26 g
磷酸氢二钠(Na$_2$HPO$_4$·12H$_2$O)	12.9 g
蒸馏水	700 mL

3.1.14　ELISA 底物溶液

磷酸盐-柠檬酸缓冲液(pH 5.0)	10 mL
邻苯二胺(OPD)	4 mg
30%过氧化氢	2 μL

3.1.15　终止液(2 mol/L 硫酸)

硫酸	58 mL
蒸馏水	442 mL

3.1.16　IEA 底物溶液

3,3-二胺基联苯胺盐酸盐(DAB)	40 mg
PBS(0.01 mol/L,pH 7.4)	100 mL
丙酮	5 mL
30%过氧化氢	0.1 mL

3.2　器材

3.2.1　酶标仪。

3.2.2　荧光显微镜。

3.2.3　常规的光学显微镜。

3.2.4　37 ℃培养箱或水浴箱。

3.2.5　微量血凝反应板(U 型或 V 型)。

3.2.6　震荡器。

3.2.7　微量加样器(5 μL～100 μL)。

4　检测方法

4.1　间接血凝法(IHA)

4.1.1　取样

4.1.1.1　采血约1 mL(小鼠、大鼠、地鼠眶静脉窦采血;豚鼠心脏采血;兔耳部采血;犬和猴后肢静脉采血),凝血试管斜放待凝,置 4 ℃冰箱 2 h。

4.1.1.2 2 h 后,从冰箱中取出凝血试管,轻轻吸取血清移入另一试管中。

4.1.1.3 将分离出的血清置 56 ℃水浴中灭活 30 min,备用。

4.1.2 加样

在微量反应板上,依次对每份血清进行倍比稀释,每份血清稀释两横排,每孔留量为 25 μL。同时设阳性对照、阴性对照和空白对照。

4.1.3 加致敏红细胞

第一横排滴加弓形虫致敏红细胞 25 μL,第二横排滴加正常对照绵羊红细胞 25 μL。将加好样品的微量反应板置震荡器上震荡 3 min～5 min,使致敏红细胞与待检的稀释血清充分混合,置 15 ℃～28 ℃室温下过夜后判定结果。

4.1.4 结果记录

在对照系统(阴性血清对照、阳性血清对照、空白对照)成立的条件下判定结果。

4.1.4.1 红细胞呈膜状均匀沉于孔底,中央无沉点或沉点小如针尖,记为"＋＋＋＋"。

4.1.4.2 红细胞虽呈膜状沉着,但颗粒较粗,中央沉点较大,记为"＋＋＋"。

4.1.4.3 红细胞部分呈膜状沉着,周围有凝集团点,中央沉点大,记为"＋＋"。

4.1.4.4 红细胞沉集于中心,周围有少量颗粒状沉着物,记为"＋"。

4.1.4.5 红细胞沉集于中心,周围无沉着物,分界清楚,记为"－"。

4.1.5 结果判定

出现"＋＋"孔的血清最高稀释倍数定为本间接血凝试验的凝集效价。小于或等于 1∶16 判为阴性;1∶32 判为可疑;等于或大于 1∶64 判为阳性。

4.2 酶联免疫吸附试验法(ELISA)

4.2.1 包被抗原

根据滴定的最适工作浓度,将特异性抗原和正常抗原分别用包被液稀释。每孔 100 μL,置 37 ℃ 2 h,4 ℃过夜。

4.2.2 洗涤液洗 5 次,每次 3 min,叩干。

4.2.3 加样

4.2.3.1 采血样约 1 mL/只(小鼠、大鼠、地鼠眶静脉窦采血;豚鼠心脏采血;兔耳部采血;犬和猴后肢静脉采血),凝血试管斜放待凝,置 4 ℃冰箱 2 h 至过夜。

4.2.3.2 2 h 后,从冰箱中取出凝血试管,轻轻吸取血清移入另一试管中。

4.2.3.3 将待检血清用稀释液做 1∶20 稀释,分别加入两孔(特异性抗原孔和正常抗原孔),每孔 100 μL,同时做阴性、阳性对照血清和空白对照,置 37 ℃ 1 h～1.5 h 后,洗涤同上。

4.2.4 加酶结合物

用稀释液将酶结合物稀释成适当浓度,每孔加入 100 μL,置 37 ℃ 1 h～1.5 h,洗涤同上。

4.2.5 加底物溶液

每孔加入新配制的底物溶液 100 μL,置室温,避光显色 5 min～10 min。

4.2.6 终止反应

每孔加入终止液 50 μL。

4.2.7 测 A 值

在酶标仪上,于 490 nm 处读出各孔 A 值。

4.2.8 结果判定

4.2.8.1 在对照系统(阴性血清对照、阳性血清对照、空白对照)成立的条件下判定结果。

4.2.8.2 同时符合下列 3 个条件者,判为阳性:

a) 待检血清与正常抗原和特异性抗原反应有明显的颜色区别;

b) 待检血清与特异性抗原反应的 A 值≥0.2；

c) 待检血清与特异性抗原反应的 A 值/阴性血清与特异性抗原反应的 A 值≥2.1。

4.2.8.3 均不符合上述 3 个条件者，判为阴性；仅有 1 条~2 条符合者，判为可疑；需选用同一种方法或另一种方法重试。

4.3 免疫荧光试验法（IFA）

4.3.1 取出抗原片(3.1.2)，置室温干燥或冷风吹干。

4.3.2 将待检血清(4.2.3.1~4.2.3.2)用 PBS 按 1:10 稀释后，滴于抗原片上，置湿暗盒内，37 ℃ 45 min。同时做阴性、阳性血清对照和空白对照。

4.3.3 PBS 漂洗 3 次~5 次，每次 3 min，室温干燥或冷风吹干。

4.3.4 将适当稀释的荧光抗体滴加于抗原片上，置湿暗盒内，37 ℃ 45 min。

4.3.5 PBS 漂洗 3 次~5 次，每次 3 min。

4.3.6 50%甘油 PBS 封片，荧光显微镜下观察。

4.3.7 结果判定：在对照系统成立的条件下，即阴性血清和 PBS 与抗原片上的弓形虫虫体反应均无荧光；阳性血清与弓形虫虫体反应有荧光，即可判定结果。

待检血清与弓形虫虫体反应无荧光，判为阴性。

待检血清与弓形虫虫体反应有荧光反应，判为阳性。根据荧光反应的强弱可判为＋~＋＋＋＋。

4.4 免疫酶试验法（IEA）

4.4.1 取出抗原片(3.1.2)，置室温干燥或冷风吹干。

4.4.2 将待检血清(4.2.3.1~4.2.3.2)用 PBS 按 1:10 稀释后，滴于抗原片上，置湿暗盒内，37 ℃ 45 min。同时做阴性、阳性血清对照和空白对照。

4.4.3 PBS 漂洗 3 次~5 次，每次 3 min，室温干燥或冷风吹干。

4.4.4 将适当稀释的酶结合物滴加于抗原片上，置湿暗盒内，37 ℃ 45 min。

4.4.5 PBS 漂洗 3 次~5 次，每次 3 min。室温干燥或冷风吹干。

4.4.6 将底物溶液滴加于抗原片上，置室温暗盒内，显色 5 min~10 min。PBS 漂洗 3 次，再用蒸馏水漂洗 1 次。

4.4.7 中性树脂封片，光学显微镜下观察。

4.4.8 结果判定：在对照系统成立的条件下，即阴性血清和 PBS 与抗原片上的弓形虫虫体反应均无色；阳性血清与弓形虫虫体反应呈棕褐色，即可判定结果。

待检血清与弓形虫虫体反应呈无色，判为阴性。

待检血清与弓形虫虫体反应呈棕褐色，判为阳性。根据颜色深浅可判为＋~＋＋＋＋。

4.5 PCR 检测方法

见附录 A。

5 结果判定

待检样品用一种方法检测出现可疑或阳性时，应选用同一种或另一种方法重检，重检阳性则为阳性。

6 结果报告

根据判定结果，作出报告。

附　录　A
（规范性附录）
实验动物　弓形虫检测方法（PCR 法）

A.1　范围

本附录规定了实验动物弓形虫 PCR 检测方法。

本附录适用于小鼠、大鼠、地鼠、豚鼠、兔、犬及猴等实验动物弓形虫的检测。

A.2　原理

虫体 DNA 加热变性后，人工合成的两条特异性引物分别与虫体 DNA 两翼序列特异变性，在合适条件下，由耐热 DNA 聚合酶催化引物引导的虫体 DNA 合成（即延伸），完成热变性——复性——延伸的 PCR 循环，通过 30 次左右的循环扩增，可通过琼脂糖凝胶电泳检查虫体 DNA 特异性条带。

A.3　主要试剂和器材

A.3.1　试剂

A.3.1.1　血细胞洗涤液：若样品为全血，采用 0.83% NH₄Cl 溶液洗涤。

A.3.1.2　DNA 裂解液[10 mmol/L Tris(pH 7.4)，10 mmol/L EDTA，150 mmol/L NaCl，0.4% SDS，100 μg/mL 蛋白酶 K]。

A.3.1.3　苯酚-三氯甲烷抽提液(苯酚：三氯甲烷为 1:1)。

A.3.1.4　TE 缓冲溶液(1 mL 1 mol/L Tris-His pH 8.0，0.2 mL 0.5 mol/L EDTA pH 8.0，总体积 100 mL)。

A.3.1.5　TBE 缓冲液。

A.3.1.6　*Taq* DNA 聚合酶。

A.3.1.7　引物

A.3.1.7.1　一次 PCR 引物　按 B1 基因序列设计

1. 上游引物:5'GGAACTGCATCCGTTCATGAG3'(694 bp～714 bp)

2. 下游引物:5'TCTTTAAAGCGTTCGTGGTC3'(887 bp～868 bp)

扩增产物为 194 bp。

A.3.1.7.2　套式 PCR 引物　按 P30 基因序列设计引物

P1 为 5'GCGAATTCATGTCAGATCCCCCT3'

P2 为 5'GTGGATCCTCACGCGACACAAGCT3'

P3 为 5'CGACAGCCGGTCATTCTC3'

P4 为 5'GCAACCAGTCAGCGTCGTCC3'

P1 和 P2 的预扩增产物为 889 bp，P3 和 P4 的预扩增产物为 520 bp。

A.3.1.8　10×PCR 反应缓冲液（含 MgCl₂ 15 mmol/L）。

A.3.1.9　dNTP:各为 10 mmol/L。

A.3.1.10　阳性对照（模板 DNA）:弓形虫 DNA 片段。

制备方法(有条件的实验室可参考):将 RH 株弓形虫速殖子接种小鼠腹腔，3 d～4 d 后处死。用 NS 洗腹腔，收集腹腔液，离心弃上清，沉淀悬浮于裂解液（含 SDS 和蛋白酶 K）中，55 ℃消化 2 h，再 100 ℃处理 10 min。虫体消化液用苯酚，三氯甲烷抽提数次，70%乙醇沉淀 DNA，再溶解于 TE 溶液内。

A.3.1.11 阴性对照:蒸馏水或 TE 溶液。

A.3.1.12 DNA marker。

A.3.1.13 2%琼脂糖。

A.3.1.14 0.5×TBE 电泳缓冲液。

A.3.1.15 0.5 mg/mL 溴乙锭。

A.3.2 器材

A.3.2.1 DNA 扩增仪。

A.3.2.2 微量移液器。

A.3.2.3 冷冻高速离心机。

A.3.2.4 电泳仪。

A.3.2.5 水浴锅。

A.3.2.6 紫外检测仪。

A.3.2.7 摄影器材。

A.3.2.8 0.5 mL 和 1.5 mL 塑料离心管。

A.4 操作步骤

A.4.1 待检标本的处理

A.4.1.1 抽取待检动物的血液或腹腔液,以及相关组织。

A.4.1.2 全血:取待检动物全血 0.2 mL,加入 5×体积的 0.83% NH_4Cl 中,冰浴 20 min,6 000 r/min 离心 5 min,弃上清,在细胞沉淀中再加入 1 mL 上述溶液,6 000 r/min 离心,重复 1 次~2 次(去除红细胞),在沉淀中加入 250 mL 裂解液。消化,提纯过程同模板 DNA 的制备。

A.4.1.3 腹水:取待检动物腹水离心弃上清,在沉淀中加入 250 mL 裂解液,消化,提纯过程同模板 DNA 的制备。

A.4.1.4 各种组织:取适量待检动物肝、脾、子宫、肾脏等制成匀浆,加入等体积裂解液,消化,提纯过程同模板 DNA 的制备。

A.4.2 PCR 实验

A.4.2.1 一次 PCR

总体积 50 μL,内含 10 mmol/L pH 8.3 Tris-HCl,50 mmol/L KCl,2 mmol/L $MgCl_2$,0.2 mmol/L dNTPs,样品 3 μL~5 μL,引物 1、引物 2 各 10 pmol。上述反应液先预变性,然后加入 Taq 酶 2 U,混匀。覆盖液体石蜡 50 μL,进行扩增。PCR 反应条件:预变性为 94 ℃,3 min;94 ℃,30 s,60 ℃,30 s,72 ℃,30 s,41 个循环,最后 72 ℃,7 min。

A.4.2.2 套式 PCR

第 1 次扩增:总体积 50 μL,内含 10 mmol/L pH 8.3 Tris-HCl,50 mmol/L KCl_2,2 mmol/L $MgCl_2$,0.2 mmol/L dNTPs,样品 1 μL~2 μL,引物 P1 和 P2 各 10 pmol。上述反应液先预变性,然后加入 Taq 酶 2U,混匀,覆盖液体石蜡 50 μL。第 2 次扩增:取第一次扩增产物 1 μL~2 μL,引物 P3 和 P4 各 10 pmol,其他同第 1 次扩增。巢式 PCR 反应参数:预变性为 94 ℃,3 min;94 ℃,1 min,55 ℃,1 min,72 ℃,2 min,30 个循环,最后 72 ℃,8 min。

A.4.3 扩增产物的检定

A.4.3.1 一次 PCR:5 μL 扩增产物经 2%琼脂糖凝胶电泳(含 0.5 mg/mL 溴乙锭)分离,(0.5×TBE 电泳缓冲液电泳,电压 5 V/cm,1 h~1.5 h),在紫外灯检测仪观察是否有 194 bp 扩增条带。

A.4.3.2 套式 PCR:第一次扩增后(同一次 PCR)产物,经第二次扩增后,电泳检测(同一次 PCR),在紫外灯检测仪观察是否有 520 bp 的扩增带。

A.5 结果判断

A.5.1 一次 PCR:在阳性、阴性对照成立的条件下,即模板 DNA 的扩增产物经电泳检测可见到194 bp 扩增条带,阴性对照的扩增产物经电泳检测未见到 194 bp 扩增时,可判定弓形虫检测结果。

琼脂糖凝胶电泳板在紫外灯检测仪上观察到 194 bp 扩增条带,弓形虫检测阳性。

琼脂糖凝胶电泳板在紫外灯检测仪上未观察到 194 bp 扩增条带,弓形虫检测阴性。

A.5.2 套式 PCR:在阳性、阴性对照成立的条件下,即模板 DNA 的第一次扩增产物经第二次扩增后,电泳检测,可以见到有 520 bp 的扩增带;阴性对照未见到相应扩增带,可判定弓形虫检测结果。

第一次扩增后产物经第二次扩增后见到有 520 bp 的扩增带,弓形虫检测阳性。

第一次扩增后产物经第二次扩增后未见到有 520 bp 的扩增带,弓形虫检测阴性。

A.6 注意事项

A.6.1 整个检测工作应遵循 PCR 实验室规范,加强安全防护,应有四个隔开的工作区域,分别从事试剂储存和准备、标本制备、扩增和扩增产物分析,以避免发生潜在的交叉污染。

A.6.2 整个检测工作应加强生物安全防护意识,特别是由虫蛛攻击小鼠产生阳性腹水,并制备模板 DNA 的工作,必须在生物安全防护 2 级的条件下进行。

ICS 65.020.30
B 44

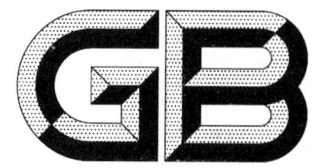

中华人民共和国国家标准

GB/T 18448.3—2001
代替 GB/T 14926.35—1994

实验动物 兔脑原虫检测方法

Laboratory animal—Method for examination of *Encephalitozoon cuniculi*

2001-08-29 发布

2002-05-01 实施

中 华 人 民 共 和 国
国家质量监督检验检疫总局 发 布

前　　言

本标准由 GB/T 14926.35—1994《实验动物　兔脑胞内原虫检验方法》修订而成。

本标准删除了原标准中不宜操作的"3.1.1 活体动物的取样"的有关内容。将"脑胞内原虫"改为"脑原虫"。

本标准由中华人民共和国科学技术部提出并归口。

本标准起草单位：中国实验动物学会。

本标准主要起草人：李冠民、诸欣平、潘振业、刘兆铭。

本标准于 1994 年 1 月首次发布。

中 华 人 民 共 和 国 国 家 标 准

GB/T 18448.3—2001

实验动物　兔脑原虫检测方法

代替 GB/T 14926.35—1994

Laboratory animal—Method for examination of *Encephalitozoon cuniculi*

---

1 范围

本标准规定了兔脑原虫的取样、染色检测方法及结果判定,并描述了其形态特征。

本标准适用于兔脑原虫的检测。

2 原理

主要在腹腔巨噬细胞内增殖的脑原虫,通过涂片染色可直接用显微镜观察。

3 材料和试剂

3.1 载玻片。

3.2 甘油。

3.3 甲醇。

3.4 姬姆萨(Giemsa)染液:姬姆萨染剂粉　　　1 g

　　　　　　　　　　　　　纯甘油　　　　50 mL

　　　　　　　　　　　　　甲醇　　　　　50 mL

3.5 姬姆萨稀释液:15～20 份 PBS 液与 1 份姬姆萨染液充分混合。

3.6 显微镜。

4 检测步骤

4.1 取样

麻醉处死动物,立即打开腹腔,用吸管吸取少许腹腔液涂片,或用干净载玻片在动物腹腔脏器表面轻压一下,制成压印片,编号。

4.2 固定和染色

涂片或压印片晾干,用甲醇固定 5 min,中性缓冲液冲洗,晾干。姬姆萨稀释液染色 15 min～20 min,中性缓冲液冲去多余染液,蒸馏水冲洗,晾干。

也可取兔脑组织固定,常规石蜡切片,HE 染色。

5 结果判定

在光学显微镜高倍镜或油镜下对染好的涂片、压印片或组织切片进行仔细检查,在腹腔巨噬细胞或脑细胞胞质内查找原虫子孢子,检查到孢子或滋养体都判为阳性。

兔脑原虫的孢子为卵圆形或杆形,平均大小为 1.5 μm～2.5 μm,内有一核及少量空泡、囊壁厚、两端或中间有少量空泡;一端有极体,由此发出极丝,沿内壁盘绕。极丝常自然伸出。该虫在宿主脑细胞或腹腔巨噬细胞胞质内行孢子生殖,姬姆萨染色将孢子染成蓝色。检查中在巨噬细胞内常见的是假包囊

（直径约 30 μm），无囊壁，上百个滋养体聚积在一起。

6 结果报告

根据判定结果，作出报告。

────────

ICS 65.020.30
B 44

中华人民共和国国家标准

GB/T 18448.4—2001
代替 GB/T 14926.36—1994

实验动物 卡氏肺孢子虫检测方法

Laboratory animal—Method for examination of *Pneumocystis carinii*

2001-08-29 发布
2002-05-01 实施

中 华 人 民 共 和 国
国家质量监督检验检疫总局 发布

前　言

本标准由 GB/T 14926.36—1994《实验动物　卡氏肺孢子虫检验方法》修订而成。

本标准增加了实验动物处死前的麻醉。将原标准中"腹部消毒"改为"胸部消毒",删除"暴露胸腔内容物"。

本标准由中华人民共和国科学技术部提出并归口。

本标准起草单位:中国实验动物学会。

本标准主要起草人:李冠民、诸欣平、潘振业、刘兆铭。

本标准于 1994 年 1 月首次发布。

中华人民共和国国家标准

GB/T 18448.4—2001

实验动物 卡氏肺孢子虫检测方法

代替 GB/T 14926.36—1994

Laboratory animal—Method for examination of *Pneumocystis carinii*

1 范围

本标准规定了实验动物的卡氏肺孢子虫的检测方法和结果判定,并描述了其形态特征。

本标准适用于小鼠、大鼠、地鼠等实验动物的卡氏肺孢子虫的检测。

2 原理

主要寄生于肺细胞内(或释放于细胞外)的卡氏肺孢子虫经固定、染色,可直接在显微镜下观察。

3 材料和试剂

3.1 显微镜。

3.2 载玻片。

3.3 姬姆萨稀释液。

4 检测步骤

4.1 取样

麻醉处死动物,胸部消毒,切开胸腔,取出肺脏,用生理盐水冲洗。用手术刀切开肺脏的各叶,分别涂压在同一载玻片上,自然干燥。

4.2 固定和染色

将自然干燥后的肺印片,用甲醇固定 5 min,然后自来水冲洗,自然干燥。用姬姆萨稀释液染色 15 min～20 min,自来水冲洗,干燥待检。

5 结果判定

经染色后的肺印片,油镜检查。此方法可检查出卡氏肺孢子虫的包囊和滋养体。在显微镜下检查到包囊或滋养体皆为阳性。

包囊为圆形或卵圆形,直径 4 μm～8 μm,平均 5.5 μm,内含一些细胞质、残余线粒体和新月形囊内小体,数目 2～8 个,成熟包囊含 8 个囊内小体,呈半月形。姬姆萨染色细胞质呈浅蓝色,细胞核呈深紫色,囊壁不着色。

滋养体大小为 1.2 μm～5.0 μm。单核,有一个核仁,胞质中还有一些糖原颗粒与脂肪粒。

6 结果报告

根据结果判定,作出报告。

中华人民共和国国家质量监督检验检疫总局 2001-08-29 批准

2002-05-01 实施

ICS 65.020.30

B 44

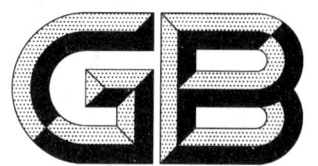

中华人民共和国国家标准

GB/T 18448.5—2001

代替 GB/T 14926.37—1994

实验动物　艾美耳球虫检测方法

Laboratory animal—Method for examination of *Eimeria spp*.

2001-08-29 发布

2002-05-01 实施

中 华 人 民 共 和 国
国家质量监督检验检疫总局　发 布

前　　言

本标准由 GB/T 14926.37—1994《实验动物　爱美尔球虫检验方法》修订而成。

本标准将原标准中"爱美尔球虫"改为"艾美耳球虫"。同时修改了解剖方法、采样方法及卵囊形态描述。

本标准由中华人民共和国科学技术部提出并归口。

本标准起草单位:中国实验动物学会。

本标准主要起草人:李冠民、诸欣平、潘振业、刘兆铭。

本标准于 1994 年 1 月首次发布。

中华人民共和国国家标准

GB/T 18448.5—2001

实验动物 艾美耳球虫检测方法

代替 GB/T 14926.37—1994

Laboratory animal—Method for examination of *Eimeria spp.*

1 范围

本标准规定了兔艾美耳球虫检测方法和结果判定,并描述了其形态特征。

本标准适用于兔的艾美耳球虫的检测。

2 引用标准

下列标准所包含的条文,通过在本标准中引用而构成为本标准的条文。本标准出版时,所示版本均为有效。所有标准都会被修订,使用本标准的各方应探讨使用下列标准最新版本的可能性。

GB/T 18448.6—2001 实验动物 蠕虫检测方法

3 材料和试剂

3.1 显微镜。

3.2 载玻片。

3.3 解剖用具。

4 检测步骤

4.1 取样

收集新鲜兔粪,压碎,混匀,称取 2 g 于漂浮管中,不能立刻检测的标本可在漂浮管内滴加 1~2 滴生理盐水,密封后于 4℃保存,时间不超过 2 d。

4.2 饱和盐水漂浮法

方法见 GB/T 18448.6—2001 中 3.2.3。在静置 20 min 后用接种环沾取表面液膜,抖落于载玻片上镜检。

4.3 解剖法

麻醉、解剖后发现有结节病灶的兔肝脏,取病变组织直接涂片镜检。

5 结果判定

在显微镜下检查到球虫卵囊即为阳性。

卵囊呈椭圆形、卵圆形或近球形,壁两层厚薄不均。卵囊内有 4 个孢子囊,每个孢子囊内有 2 个子孢子。微孔、残体等的有无,视虫种而定。

6 结果报告

根据结果判定,作出报告。

ICS 65.020.30

B 44

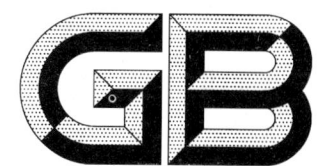

中华人民共和国国家标准

GB/T 18448.6—2001

代替 GB/T 14926.38—1994

实验动物 蠕虫检测方法

Laboratory animal—Method for examination of helminth

2001-08-29 发布

2002-05-01 实施

中 华 人 民 共 和 国
国家质量监督检验检疫总局 发 布

前　　言

本标准由 GB/T 14926.38—1994《实验动物　肠道蠕虫检验方法》修订而成。

本标准将原标准中"肠道蠕虫"改为"蠕虫"。同时将鼠膀胱线虫的检测方法一起纳入到本标准中,废除了 GB/T 14926.39—1994《实验动物　鼠膀胱线虫检验方法》。增加了肝囊虫的检测以及犬、猴等实验动物的蠕虫检测的内容。补充了沉淀集卵法和直接涂片法。

将常见实验动物寄生蠕虫虫卵的形态特征作为提示的附录列出,除标准中列出的种类外,检查到其他种类的蠕虫或虫卵,也一律判为阳性。

本标准附录 A 是提示的附录。

本标准由中华人民共和国科学技术部提出并归口。

本标准起草单位:中国实验动物学会。

本标准主要起草人:李冠民、诸欣平、潘振业、刘兆铭。

本标准于 1994 年 1 月首次发布。

中 华 人 民 共 和 国 国 家 标 准

GB/T 18448.6—2001

实验动物　蠕虫检测方法

代替 GB/T 14926.38—1994

Laboratory animal—Method for examination of helminth

1 范围

本标准规定了实验动物蠕虫的检测方法和结果判定,并描述了实验动物常见蠕虫的形态特征。

本标准适用于小鼠、大鼠、地鼠、豚鼠、兔、犬及猴等实验动物蠕虫的检测。

2 原理

肉眼直接观察和显微镜下观察结合。

3 材料和试剂

3.1 显微镜。

3.2 试管(可用青霉素瓶代替)。

3.3 透明胶纸。

3.4 饱和盐水。

4 检测步骤

4.1 粪便检测

4.1.1 标本采集

a) 小鼠、大鼠、地鼠粪便采集提起尾部,动物即可排出粪便。小鼠取粪便约 0.1 g,大鼠、地鼠取粪便约 0.3 g,置于漂浮管中编号待检。

b) 豚鼠、兔粪便采集将豚鼠单个放置于洁净笼舍中,数小时后取笼内新鲜粪便 2 g 于漂浮管中编号待检。

c) 犬、猴粪便采集到饲养笼内现场采集犬、猴的新鲜粪便适量,置于容器内编号待检。

4.1.2 标本的保存

不能立刻检测的标本,可在漂浮管内加入 2～3 滴生理盐水,密封,置 4℃冰箱保存,时间不能超过 2 d。

4.1.3 样品检测

a) 饱和盐水漂浮法检测　在有粪便标本的漂浮管内加少许饱和盐水并调匀,加饱和盐水至漂浮管 3/4 处,放置 3 min～5 min。挑去粗渣,加饱和盐水至液面微高出管口,取盖玻片轻轻压于液面,静置 20 min;将盖玻片垂直提起,放在载片上于镜下检查;再次搅拌粪液,加饱和盐水至微高出管口,压第二张盖玻片,20 min 后镜下检查。

b) 沉淀集卵法检测　取待检粪便标本置于相应大小的烧杯中,加入少量蒸馏水调为糊状,再加水调稀,经铜丝筛(40～60 目)过滤倒入尖底量杯中,静置 20 min 后,倒去上清液,沉渣中再加入蒸馏水,调匀,过滤,静置 20 min。重复 3～4 次,直至上层液体变清。最后倒去上层液,取做涂片镜检。

4.2 透明胶纸粘取

将 5 cm×2.5 cm 的透明胶纸粘在载玻片上,胶纸的一端反折 0.5 cm,以便揭取胶纸,检查时揭下胶纸在动物肛门周围粘取数次,再将其复位于载片上,于显微镜下检查。主要检测隐匿管状线虫虫卵。

4.3 解剖检测

动物麻醉处死后,剖开腹腔,首先检查腹膜及各脏器表面,视有无结节。动物肝脏表面有巨颈囊尾蚴(*Cysticercus fasciolaris*)寄生时,可见其外观呈豆粒大小的白色囊泡,部开囊泡可见其内有一条带状幼虫(偶有多个囊泡)。然后,取下动物(主要是大鼠)膀胱和肾脏,放入盛有生理盐水的平皿内,剪开膀胱和肾脏,用肉眼或借助于放大镜或解剖镜,检查膀胱内壁皱褶及肾盂内有无乳白色线形虫体(鼠膀胱线虫 *Trichosomoides crassicauda*)。

4.4 直接涂片

同 GB/T 18448.10—2001 中的检测方法。

5 结果判定

实验动物常见寄生蠕虫的形态特征见附录 A(提示的附录)。实验动物寄生蠕虫的种类很多,除表 A1 中描述的种类外,其他种类也可检查到。无论何种方法检测,只要用肉眼或用显微镜下检查到虫体或虫卵一律判为阳性。

6 结果报告

根据结果判定,作出报告。

附　录　A

（提示的附录）

几种常见实验动物肠道蠕虫的虫卵形态特征描述

表 A1　几种常见实验动物肠道蠕虫的虫卵形态特征

名　称	大　小	形　态	内含物	其　他	适用方法
隐匿管状线虫 *Syphacia obvelata*	134 μm×36 μm	肾形　不对称	发育中的幼虫	两端尖	粘取、涂片、漂浮
鼠管状线虫 *S. muris*	75 μm×29 μm	肾形　不对称	发育中的幼虫	两端较锐	粘取、涂片、漂浮
四翼无刺线虫 *Aspiculuris tetraptera*	(70~98) μm×(28~50) μm	椭圆	桑椹期胚细胞	胚细胞与卵壳间有空隙	涂片、漂浮
微小膜壳绦虫 *Hymenolepis nana*	(48~60) μm×(36~38) μm	圆或椭圆	六钩蚴	胚膜两端发出4~6根丝状物	涂片、漂浮
缩小膜壳绦虫 *H. diminuta*	58 μm~70 μm	圆	六钩蚴	胚膜无丝状物	涂片、漂浮
疑似栓尾线虫 *Passalurus ambiguus*	(95~103) μm×43 μm	一侧扁平，对称	桑椹期胚细胞或发育期幼虫	卵膜与卵壳间充满无色透明胶质物	涂片、漂浮
犬钩口线虫 *Ancylostoma caninum*	(56~76) μm×(36~40) μm	椭圆形，壳薄，无色透明	多为8个卵细胞	卵壳与细胞间有明显的空隙	涂片、漂浮
犬弓首蛔虫 *Toxocara canis*	(68~85) μm×(64~72) μm	椭圆形，壳厚	卵细胞	表面有许多凹陷呈麻点状	涂片、漂浮、沉淀
犬复孔绦虫 *Dipylidium caninum*	35 μm~50 μm	圆球形，透明，两层薄的卵壳	六钩蚴	常2~40个卵聚集在一起	涂片、漂浮
猴结节线虫 *Oesophagostomum apiostomum*	(60~68) μm×(27~40) μm	长圆形	桑椹胚细胞		涂片、漂浮、沉淀
粪类圆线虫 *Strongyloides stercoralis*	(50~70) μm×(30~40) μm	椭圆形，壳薄，无色透明	多个卵细胞	部分卵内含幼胚	涂片、漂浮
鼠膀胱线虫 *Trichosomoides crassicauda*	约30 μm	卵圆形，暗棕色、外壳厚，两端有塞	卵细胞或幼虫		尿液涂片，膀胱剖检

ICS 65.020.30

B 44

中华人民共和国国家标准

GB/T 18448.7—2001

实验动物 疟原虫检测方法

Laboratory animal—Method for examination of *Plasmodium spp.*

2001-08-29 发布

2002-05-01 实施

中 华 人 民 共 和 国
国家质量监督检验检疫总局 发 布

前　　言

本标准规定了疟原虫检测方法,是临床常用的检测方法,简便易行,检出率高,不需要特殊的仪器设备,便于推广。

本标准描述了我国非人灵长类中常见的猴诺氏疟原虫和食蟹猴疟原虫的形态特征。

本标准由中华人民共和国科学技术部提出并归口。

本标准起草单位:中国实验动物学会。

本标准主要起草人:诸欣平、李冠民、潘振业、刘兆铭。

中华人民共和国国家标准

实验动物 疟原虫检测方法

GB/T 18448.7—2001

Laboratory animal—Method for examination of *Plasmodium spp.*

1 范围

本标准规定了猴疟原虫的检测方法和结果判定,并描述了其形态特征。

本标准适用于猴的疟原虫检测。

2 原理

寄生于红细胞内的各期疟原虫经固定、染色,可在显微镜下直接观察。

3 材料和试剂

3.1 显微镜。

3.2 载玻片。

3.3 染色皿。

3.4 消毒取血针。

3.5 甲醇固定液。

3.6 姬姆萨稀释液。

4 检测步骤

用70%酒精棉球消毒猴耳,用消毒针取血,滴一滴于载玻片上,用一端边缘光滑的载玻片为推片,将血滴推成均匀的薄血膜。待血膜充分晾干后,滴上甲醇固定液,晾干,在血膜上加姬姆萨稀释液,室温下静止30 min后流水冲洗(切勿直接冲在血膜上),晾干后镜检。

5 结果判定

高倍显微镜下仔细检查,发现到任何期的疟原虫都判为阳性。

红细胞内各期猴诺氏疟原虫,(*Plasmodium knowlesi*)的形态特征:环状体较小,大小约为红细胞直径的1/5～1/4,核圆形,常位于环内,双核形多见;晚期滋养体空泡渐趋消失,胞质较致密,疟色素颗粒粗大,黑褐色,被寄生的红细胞不胀大,具一茂氏小点;成熟裂殖体所含裂殖子平均10个,多者达16个,疟色素集合成一黑色团块;雌配子体呈圆形,充满红细胞,胞质染成蓝色,核位于边缘,疟色素呈黑色颗粒状,分散于胞质内;雄配子体较雌配子体小,胞质浅紫红色,核大,可占虫体一半。

红细胞内各期食蟹猴疟原虫(*Plasmodium cynomolgi*)的形态特征:环状体直径约为红细胞的1/4～1/3,核常为单个,有时为双核;滋养体期虫体伸出伪足,出现分布不均的棕黄色疟色素,红细胞胀大,出现淡红色薛氏小点;成熟裂殖体含裂殖子14～20个,平均16个,疟色素集中成团,位于虫体中央或边缘;雌配子体胞质较致密,染成蓝色,色素多而分散,核致密,常位于边缘;雄配子体胞质常呈淡紫红色,核大而疏松,常占虫体的大部分。

6 结果报告

根据结果判定作出报告。

ICS 65.020.30
B 44

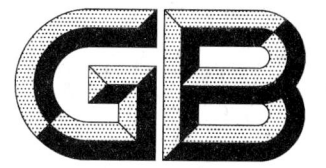

中华人民共和国国家标准

GB/T 18448.8—2001

实验动物 犬恶丝虫检测方法

Laboratory animal—Method for examination of *Dirofilaria immitis*

2001-08-29 发布

2002-05-01 实施

中 华 人 民 共 和 国
国家质量监督检验检疫总局 发 布

前　　言

　　本标准规定了犬恶丝虫的检测方法,是临床常用的检测方法,简便易行,不需要特殊的仪器设备,便于推广。

　　犬恶丝虫虽属于蠕虫类,但由于寄生部位是血液,取样具有特殊要求,因此单独列出。

　　本标准由中华人民共和国科学技术部提出并归口。

　　本标准起草单位:中国实验动物学会。

　　本标准主要起草人:诸欣平、李冠民、潘振业、刘兆铭。

中华人民共和国国家标准

实验动物 犬恶丝虫检测方法

GB/T 18448.8—2001

Laboratory animal—Method for examination of *Dirofilaria immitis*

1 范围

本标准规定了犬恶丝虫的检测方法和结果判定,并描述了其形态特征。

本标准适用于实验犬的犬恶丝虫的检测。

2 原理

寄生于血液中的犬恶丝虫在血涂片上可用显微镜直接观察。

3 材料和试剂

3.1 显微镜。

3.2 载玻片。

3.3 消毒取血针。

4 检测步骤

犬恶丝虫微丝蚴随时可出现在宿主末梢血中,但以夜晚较多。由犬耳部针刺取血,滴于载玻片上,制成血压滴标本(注意保温),不必染色,马上镜检,可见到运动非常活泼的幼虫;或制成厚血膜,常规染色镜检。

5 结果判定

显微镜下检查到任何期的丝虫都判为阳性。

微丝蚴大小为$(301\sim332)\ \mu m\times6.8\ \mu m$,无鞘,前端尖,后端钝直,色透明。

6 结果报告

根据判定结果,作出报告。

————————

中华人民共和国国家质量监督检验检疫总局 2001-08-29 批准　　　　　　　　2002-05-01 实施

ICS 65.020.30
B 44

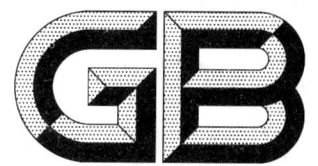

中华人民共和国国家标准

GB/T 18448.9—2001

实验动物 肠道溶组织内阿米巴检测方法

Laboratory animal—Method for examination of *Entamoeba histolytica*

2001-08-29 发布

2002-05-01 实施

中 华 人 民 共 和 国
国家质量监督检验检疫总局 发布

前　　言

　　本标准规定了肠道溶组织阿米巴的检测方法,同时描述了我国犬猴等实验动物中常见的溶组织阿米巴的形态特征。是临床常用的检测方法,简便易行,检出率高,不需要特殊的仪器设备,便于推广。

　　本标准由中华人民共和国科学技术部提出并归口。

　　本标准起草单位:中国实验动物学会。

　　本标准主要起草人:诸欣平、李冠民、潘振业、刘兆铭。

中华人民共和国国家标准

实验动物 肠道溶组织内阿米巴检测方法

GB/T 18448.9—2001

Laboratory animal—Method for examination of *Entamoeba histolytica*

1 范围

本标准规定了肠道溶组织内阿米巴包囊检测的检测方法和结果判定,并描述了其形态特征。

本标准适用于实验犬、猴的肠道溶组织内阿米巴的检测。

2 原理

阿米巴经碘液染色,可在显微镜下直接观察。

3 材料与试剂

3.1 显微镜。

3.2 载玻片、盖玻片。

3.3 碘液:碘化钾 4 g,碘 2 g,蒸馏水 100 mL。

4 检测步骤

滴加一滴碘液于载玻片上,用竹签或牙签挑取少许粪便在碘液中涂抹均匀,加盖玻片后置镜下观察。

5 结果判定

显微镜下检查到包囊即可判为阳性。

包囊直径 10 μm~20 μm,低倍镜下,包囊呈黄色折光小圆点。高倍镜下可见包囊圆球形,棕黄色,囊壁发亮,不着色,有明显界限,核 1~2 个或 4 个,呈小亮圈状。在有 1~2 个核的包囊内,核较大,常可见到糖原泡和拟染体。糖原泡为棕红色,边界不清楚,呈块状。拟染体为亮棒或亮块状,有折光性。如包囊不典型,应以铁苏木素染色鉴定。

6 结果报告

根据结果判定,作出报告。

ICS 65.020.30
B 44

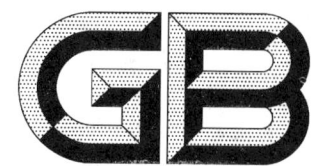

中华人民共和国国家标准

GB/T 18448.10—2001
代替 GB/T 14926.40—1994

实验动物　肠道鞭毛虫和纤毛虫检测方法

Laboratory animal—Method for examination of *Flagellata and ciliata*

2001-08-29 发布

2002-05-01 实施

中 华 人 民 共 和 国
国家质量监督检验检疫总局 发 布

前　言

本标准由 GB/T 14926.40—1994《实验动物　肠道鞭毛虫和小袋纤毛虫检验方法》修订而成。

实验动物感染的寄生鞭毛虫和纤毛虫,用直接涂片法很容易检测到。但种类很多,无法一一描述,本标准中仅描述了几个常见代表性种类,除所描述的外,检查到其他种类,也一律判为阳性。

本标准由中华人民共和国科学技术部提出并归口。

本标准起草单位:中国实验动物学会。

本标准主要起草人:李冠民、诸欣平、潘振业、刘兆铭。

本标准于 1994 年 1 月首次发布。

中华人民共和国国家标准

实验动物 肠道鞭毛虫和纤毛虫检测方法

GB/T 18448.10—2001

Laboratory animal—Method for examination of
Flagellata and *ciliata*

代替 GB/T 14926.40—1994

1 范围

本标准规定了肠道鞭毛虫及纤毛虫的检测方法和结果判定,并描述了其形态特征。

本标准适用于小鼠、大鼠、地鼠、豚鼠等实验动物肠道鞭毛虫及纤毛虫的检测。

2 材料和试剂

2.1 显微镜。

2.2 载玻片。

2.3 染色皿。

2.4 Schaudinn 氏固定液

饱和氯化汞水溶液	2 份
95%乙醇	1 份

混匀后每 100 mL 中加入冰乙酸 5 mL。

2.5 苏木素染液

苏木素染料	10 g
95%或 100%乙醇	100 mL

加塞置室温 6～8 周成熟后即可使用。用时 1 份原液加蒸馏水 19 份。

2.6 2%铁明矾溶液

硫酸铁铵 2 g 溶于蒸馏水 100 mL 中,置于棕色瓶中,4℃冰箱保存,以防出现沉积物。

3 检测步骤

3.1 直接涂片

于载玻片上滴加 1 滴生理盐水,可直接取新鲜粪便作涂片检查,或解剖动物后立即用接种环挑取新鲜小肠、盲肠、结肠内容物,分别与生理盐水混合涂制成薄而均匀的粪膜。盖上盖玻片后于显微镜下检查。

3.2 苏木素染色

用牙签挑取粪便少许,如粪便不易粘于玻片上,可加入适量的血清,均匀涂抹于载玻片上;将粪膜立刻放入 40℃ Schaudinn 氏液中 3 min～5 min;

置于 50%、70%酒精中各 10 min;

置于 70%碘酒精中 10 min;70%酒精中 1 h 或过液(也可放置数日);

转入 50%酒精 5 min,并用水冲洗 10 min;

放入 40℃ 0.5%铁苏木素染液中 10 min,取出于流水中冲洗 30 min;

2%铁明矾液中褪色 10 min～20 min,褪色过程中应注意观察,具体时间以在显微镜下能看清结构而定;

在流水中冲洗 10 min 以上;

顺序在 50%、70%、85%、95%酒精、纯酒精Ⅰ、纯酒精Ⅱ中脱水 2 min～5 min;

以加拿大树胶封片,于显微镜下观察。

4 结果判定

实验动物寄生的鞭毛虫和纤毛虫种类很多,除本标准描述的种类外,其他种类的鞭毛虫或纤毛虫都可检查到,凡在显微镜下检查到鞭毛虫或纤毛虫的滋养体或包囊都判为阳性。

鼠三毛滴虫(*Tritrichomonas muris*)滋养体呈梨形,有一明显的波动膜呈波浪状运动,虫体以转圈形式运动。大小为(16～26) μm×(10～14) μm,染色后可见虫体前端有一椭圆形核,从核前端的毛基体发出前鞭毛为 3 根,后鞭毛即波动膜的游离缘向后行,末端伸出虫体尾端成为游离。鞭毛有一贯穿虫体全长并从尾部伸出体外的轴柱。

鼠贾第鞭毛虫(*Giardia muris*)滋养体正面观为梨形,侧面观为半月形,虫体运动形式为左右晃动。大小为(7～13) μm×(5～10) μm,左右对称,腹面有一大吸盘,两个核位于虫体前部。有 4 对鞭毛,按部位分为前、后鞭毛、腹鞭毛、尾鞭毛,各 1 对。包囊为椭圆形,大小为 15 μm×7 μm,囊壁厚,未成熟包囊有 2 个核,成熟后有 4 个核,位于包囊内一端。

鼠六丝鞭毛虫(*Spironucleus muris*)滋养体呈细长形,以直线形式运动,且速度较快。(7～9) μm×(2～3) μm,较其他类鞭毛虫小,左右对称,两个核位于虫体前端,核间的毛基体发出 6 根前鞭毛和 2 根后鞭毛,2 根轴柱贯穿虫体,但未伸出体外。

纤毛虫(*Balantidium spp.*)滋养体虫体透明无色或呈淡绿色,外形近似椭圆形,周身纤毛不停振动,且虫体不停转动。虫体前端有胞口,呈短小豆状,后端有一小而不明显的胞肛,有一大一小两个核,大的为肾形,小的为圆粒形,多位于大核凹陷处,虫体中部、后部各有一伸缩泡。体表有许多斜形排列的纤毛。包囊壁稍厚、淡绿色,囊内结构同滋养体,唯食物泡少;新形成的包囊可见囊内虫体仍能活动。

5 结果报告

根据结果判定,作出报告。